高性能与超高性能混凝土技术

TECHNOLOGY OF HPC & UHPC

冯乃谦　编著

中国建筑工业出版社

图书在版编目（CIP）数据

高性能与超高性能混凝土技术/冯乃谦编著. —北京：
中国建筑工业出版社，2015.6（2022.9 重印）
ISBN 978-7-112-18014-1

Ⅰ. ①高… Ⅱ. ①冯… Ⅲ. ①高强混凝土-研究
Ⅳ. ①TU528.31

中国版本图书馆 CIP 数据核字（2015）第 070058 号

混凝土技术随着社会的发展和进步而不断更新，不断前进。高性能混凝土与超高性能混凝土从强度与耐久性方面把混凝土技术推向了一个新的高度，使混凝土技术有了突破性的进展。今后，将引领混凝土技术向更高的层次发展。

本书作者长期从事混凝土材料研究，结合生产实际，前后经历了两年才完成本书的写作，从多方面论述了高性能、超高性能及多功能混凝土技术。全书共分 28 章，主要内容包括：混凝土技术的历史与发展；粉体技术与高性能超高性能混凝土的发展；高性能超高性能混凝土对水泥的选择；骨料；新型高效减水剂的研发与应用；天然硅质掺合料；天然沸石；偏高岭土超细粉；粉煤灰；微珠超细粉；硅粉；水淬矿渣超细粉（矿粉）；混凝土用膨胀材料；造纸白泥的应用；石灰石细粉；其他的无机细粉；水下不分散混凝土；自密实混凝土的研发与应用；多功能混凝土技术的研发和应用；普通混凝土高性能化的研究与应用；免蒸压免蒸养（双免）C80 管桩的研发与生产；超高强、超高性能混凝土的研制与应用；混凝土的超高泵送技术；混凝土耐久性病害综合症及特种混凝土技术；新建钢筋混凝土结构物的耐久性；钢管混凝土；绿色（生态）混凝土；工业废弃物资源化与混凝土应用的研究；混凝土技术的展望。

本书适用于高等院校的有关师生，同时也可供有关工程技术人员参考！

责任编辑：郭　栋　辛海丽
责任设计：李志立
责任校对：陈晶晶　赵　颖

高性能与超高性能混凝土技术
TECHNOLOGY OF HPC & UHPC
冯乃谦　编著
*
中国建筑工业出版社出版、发行（北京西郊百万庄）
各地新华书店、建筑书店经销
霸州市顺浩图文科技发展有限公司制版
北京中科印刷有限公司印刷
*
开本：787×1092 毫米　1/16　印张：32½　字数：635 千字
2015 年 6 月第一版　2022 年 9 月第六次印刷
定价：**78.00** 元
ISBN 978-7-112-18014-1
（27256）

前　言

混凝土技术是随着社会的发展和进步而不断提高的。从我国大地湾遗址中，发掘出的与古罗马相似的混凝土，这种大约 5000 年前的混凝土，具有令人吃惊的耐久性。日本鹿岛公司、日本电气化学工业和石川岛建材等，利用了我国大地湾遗址混凝土的基本原理，共同研发出来的 EIEN（永远）的混凝土技术，预测寿命可达一万年，故这种混凝土也称为“万年混凝土”。20 世纪 70 年代，挪威人为了提高海上钢筋混凝土钻井平台的耐久性，在普通混凝土中掺入了硅灰，其结果不单混凝土的耐久性提高，而且强度也提高，流动性也得到了改善。这种混凝土是不能以某一种性能来衡量的，后来被命名为高性能混凝土。在粉体技术的提高和减水剂技术发展的基础上，又由高性能混凝土进一步发展为超高性能混凝土。现在，日本已将强度为 180MPa 的超高性能混凝土应用于超高层建筑的底层柱中。在美国，强度为 250MPa 的超高性能混凝土已商业化；在欧洲，强度为 200～250MPa 的超高性能混凝土已用于桥梁及特殊结构中。加拿大的魁北克，已有 250MPa 的超高性能混凝土用于桥面板等。挪威的混凝土专家指出：“超高性能混凝土是混凝土技术突破性的进展”。

我们在原有高性能混凝土的基础上，把强度等级拓宽，由 C30 扩展到 C130，并掺入了多孔微晶无机粉体及特种添加剂，使混凝土具有自密实，自养护，低收缩，低水化热，高保塑和高耐久性等多种功能。这样，就改变了混凝土的生产控制和出厂监控、改变了现场施工工艺和养护技术，更重要的是混凝土的质量得到了保证，使混凝土结构的使用寿命得以延长。这是一种省力化、省资源、省能源的低碳绿色混凝土，我们把这种混凝土称之为多功能混凝土。现在这种多功能混凝土已有 C30、C50 及 C60 等强度等级的用于楼板、梁及柱等建筑结构中；C40 的多功能混凝土已用于自密实成型的钢筋混凝土下水管试产中；C130 的多功能混凝土曾在广州东塔项目工程中试验泵送至 510m 的高度。

混凝土技术和其他方面的技术一样，其发展是不断更新，不断前进的。多功能混凝土的研发和应用，虽然取得了阶段性的成果，但是要变成一套完整可用的混凝土技术，仍有很长的路要走。希望得到社会同仁更多的指导和帮助！

本书共分 28 章。第 1 章阐述了混凝土技术的历史与发展；第 2 章阐述了粉体技术与高性能超高性能混凝土的发展；第 3 章阐述了高性能超高性能混凝土对水泥的选择；第 4 章阐述了高性能超高性能混凝土用的骨料；第 5 章阐述了新型高效减水剂的研发与应用；第 6 章～第 16 章阐述了粉体技术和掺合料与高性能超高性能混凝土技术的关系；第17章阐述了水下不分散混凝土；第18章阐述了自密实混凝土的研发与应用；第19章阐述了多功能混凝土技术的研发和应用；第20章阐述了普通混凝土高性能化的研究与应用；第21章阐述了免蒸压免蒸养（双免）C80管桩的研发与生产；第22章阐述了超高强、超高性能混凝土的研制与应用；第23章阐述了混凝土的超高泵送技术；第24章～第25章阐述了混凝土与混凝土结构的耐久性及特种混凝土技术；第26章阐述了钢管混凝土；第27章、第28章阐述了绿色（生态）混凝土技术。书中的内容从多方面论述了高性能、超高性能及多功能混凝土技术；有一部分内容是作者长期结合生产实际的研究成果；国际友人来华的讲座、报告也摘译了有关内容，作为本书的一部分；国内外杂志、专著作为本书的主要参考。前后经历了两年才完成本书的写作。

在本书编写前后，作者曾长期担任中建混凝土公司、广州天达混凝土公司、深圳建工集团公司的顾问，作者得到了这些单位的多方关照，特别是吴文贵先生对问题深入交谈和工作的开创精神，给予作者很大的激励和推动。作者还参与以中建四局为主的西塔、东塔和京基大厦三栋超高层建筑专家委员会，除了能从中学习以外，还指导了多项混凝土技术的研究。在此过程中，得到了叶浩文先生的大力支持！此外，陈乐雄先生、傅军先生等朋友也给予作者支持和帮助，对此表示衷心的感谢！

向井毅、笠井芳夫教授是作者在日本留学时的导师和朋友，虽已与世长辞，但他们治学严谨，待人诚恳的精神，作者终生难忘。西林新藏和阿部良弘两位教授来华讲学和交流，为编写本书注入了更多先进、科学的内容。对日本朋友表示衷心感谢！

本书可供高等院校的有关师生参考，也可供有关工程技术人员参考！书中常有错误和问题，望批评指正。

冯乃谦

于清华大学

目　　录

第1章　混凝土技术的历史与发展

混凝土是当前世界上应用最大宗的建筑工程材料，年产量人均约1t左右，也即全世界混凝土年产量约65亿～70亿t左右，其中，中国的产量最大，约占总产量的一半以上。

现代混凝土技术的历史，从1824年水泥的发明开始，到1835年左右出现了混凝土。虽然水泥混凝土的历史还不到200年，但是混凝土已经历了许多深层次高新技术的发展。回顾混凝土材料和技术发展和应用的历史，可以概括为：原始社会的混凝土，古罗马的火山灰混凝土，普通混凝土，高性能混凝土，超高性能混凝土，多功能混凝土与低碳技术的绿色混凝土等。特别是高性能混凝土、超高性能混凝土的兴起，使混凝土技术发生了突破性的进展。

1.1　超高性能混凝土（UHPC）——混凝土技术突破性进展

在第七届高强度/高性能混凝土（HS/HPC）的国际会议上，M. Schmid和E. Fehling在主题报告中指出："在混凝土技术方面的一种突破性进展就是超高性能混凝土。这种混凝土的强度高达250N/mm^2，而且耐久性比高性能混凝土明显的提高"。

超高性能混凝土完全可以代替钢材用于结构中，而且具有比钢结构更高的耐久性，说明了混凝土材料和技术已进入了高科技时代！

现在国际上对UHPC或HS/HPC的应用，概略如表1-1所示。

UHPC或HS/HPC的应用　　表1-1

1993～1999年	100(N/mm^2)	高层超高层住宅	日本
2001年	200(N/mm^2)	酒田未来桥	日本
2004年	130(N/mm^2)	高层超高层住宅	日本
1990年	105(N/mm^2)	Japan Center Office Frankfort	德国
1997年	200(N/mm^2)	Serbrooke. Pedestrian/bikeway bridge, Quebec	加拿大

在美国，HS/HPC多用于超高层建筑的梁、柱、和剪力墙。

1987年，在美国西雅图的Two Union Square，采用了131MPa的UHPC，获得了高弹性模量。

1988 年，在美国的芝加哥建造的 225West Wacker Drive，底层柱采用了 97.3MPa 的 UHPC，大大缩小了柱子尺寸。

2008 年前，美国已生产应用了强度达 250MPa（36000Psi）的 UHPC。日本的太平洋水泥集团于 2003 年开发了 100MPa 的高强度水泥；2008 年，又发表了应用于超高性能混凝土强度为 200MPa 级的特种水泥，根据日本建筑基准法第 37 条，可以配制 80～120MPa（最高达 150MPa）的超高性能混凝土。我国在许多工程中也试用了 C100～C120 强度等级的 UHPC，如北京财税大楼首层柱子，使用了 C110 的 HS/HPC。沈阳大西电业园、沈阳富林大厦，也使用了 C100 的 UHPC。广州西塔工程项目部 2008 年完成了 C100 的 UHPC 和 UHP-SCC 的研究，并泵送至 411m。深圳京基大厦研发和应用了 C120 的 UHPC，并在工程中试验应用，泵送到了 416m 的高度。国内外的经验表明，UHPC 的技术经济效果十分明显（表 1-2）。

高强度高性能混凝土的技术经济效果 **表 1-2**

混凝土强度	效 果
60MPa 代替 30～40MPa	降低 40％混凝土量； 降低 39％钢材用量； 降低工程造价 20％～35％
80MPa 代替 40MPa	构件体积、自重均缩减 30％
150MPa 代替 60～80MPa	柱子断面缩小，梁跨度增大，建筑物可利用空间增大，见图 1-2

以 C150 代替 C60～C80 的混凝土时，建筑结构体系不但发生变化，而且耐久性提高，氯离子扩散系数甚低，外部氯离子基本上不会渗透扩散到结构内部；快速冻融 300 次，超高性能混凝土的质量无损失，相对动弹模＞90％，抗硫酸盐腐蚀及抗磨损性能很高。说明 UHPC 不但强度高，而且耐久性能好，是一种低碳，省资源，省能源的新型混凝土。图 1-1 说明了应用这种混凝土使结构体系的变化。

HPC 和 UHPC 比普通混凝土具有如此优越的特性，故研究者和设计者都有一股动力来推动 UHPC 的发展。

在美国，20 世纪 50 年代，抗压强度 34.8MPa 的混凝土，就认为是高强混凝土，20 世纪 60 年代抗压强度 52.1MPa 的混凝土，20 世纪 70 年代抗压强度 62MPa 的混凝土，才认为是高强混凝土。而今天，ACI318 和 AASHTO 的设计标准中，抗压强度已达 125.1MPa。最近，在美国已能生产应用 250MPa 的 UHPC，在超高层建筑中的柱子和剪力墙，UHPC 提供了一种最经济的材料，去承受压荷载，而且在使用上，又能得到较大的空间。

近年来采用筒式结构

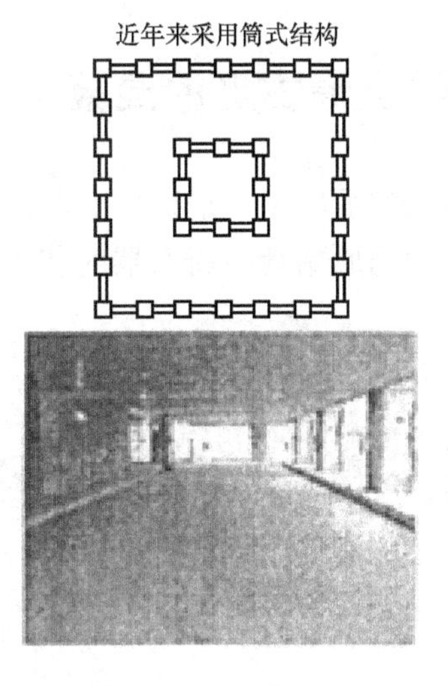

过去超高层建筑框架结构
现在超高层建筑筒式结构
空间增大，面积增大!

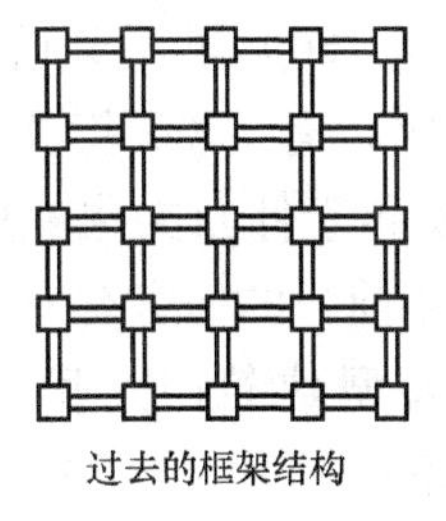

图 1-1　粗柱短梁的框架结构，过渡到细柱长梁的筒式结构

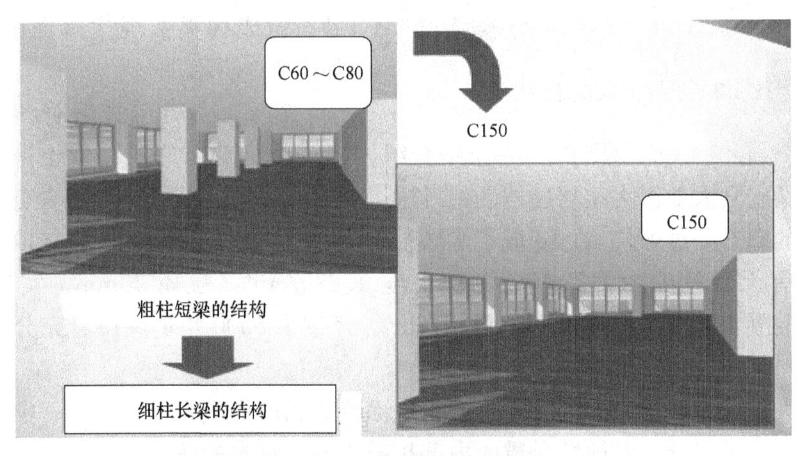

图 1-2　C150 代替 C60～C80 的混凝土结构变化
（柱子变细，梁的跨度增大，室内可利用的面积和空间增大）

1.2 世界上最古老的混凝土

原始社会的混凝土，是世界上最古老的混凝土。位于我国甘肃省天水市秦安县境内，大地湾原始社会新石器时代古文化遗址中。遗址总面积 110 万 m^2，最早距今 7800 年，最晚距今也有 4800 年，有 3000 年文化的连续。尤其是属于仰韶文化晚期（距今约 5000 年前）的一座有三门开和带檐廊的大型建筑；其房址面积 270 m^2，室内面积达 150 m^2。平地起建，面积达 130 m^2 的 F901 宫殿式建筑主室，全部地面材料为礓石和砂石做成的类似现代水泥的地面。如图 1-3 所示。

图 1-3 世界上最古老的混凝土

在日本笠井芳夫编著的“轻质混凝土”（轻量 CONCRETE）一书中介绍，“世界最古老的轻质混凝土是在中国甘肃省秦安县大地湾大型居住群的遗址中”。书中进一步阐明了：“用含有碳酸钙和黏土的礓石经过煅烧后，变成了水硬性水泥，骨料也是用同样礓石烧成的，变成了具有无数孔隙的人造轻骨料；密度 1.68g/cm^3，粒径 20mm，实体积率 67%；混凝土立方体抗压强度 110kgf/cm^2。经过了 5000 年仍保持着充分强度的结构材料。”

在大地湾挖掘出来的混凝土，因为表面碳酸钙的形成，如大理石一样的致密平滑，防止了水分及腐蚀性介质向内部扩散渗透。日本的鹿岛公司、电气化学工业、石川岛建材工业等，借鉴了这种最古老混凝土材料的化学原理，开发出了万年寿命的混凝土。并把这种材料称之为 EIEN（永远），用于超高耐久性的混凝土结构中。

1.3 古罗马的火山灰混凝土

古罗马建筑时期创造发明的混凝土材料，是人类在营建生活，生产家园建造过程中的主要工程材料之一。

距今约 2000 年前，古罗马人巧用罗马盛产的火山灰，石灰和大理岩碎屑，与水混合，成为火山灰混合物，也就是混凝土；能自动水化硬化成为混凝土。古罗马人用这种材料建造了古罗马建筑群，如斗兽场，教堂及万神庙等，历史上曾辉煌一时！如图 1-4 所示。

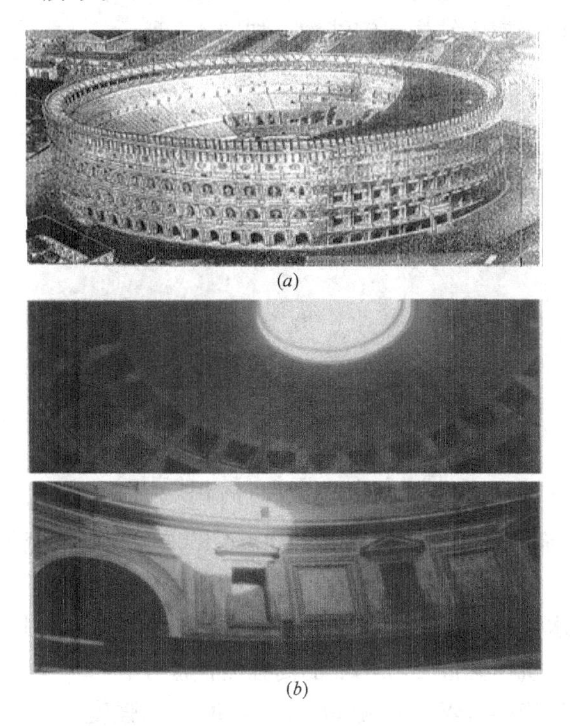

(a)

(b)

图 1-4 古罗马火山灰混凝土建筑物
(a) 古罗马 COLSSEO（公元 72～80 年）复原图；(b) 古罗马神殿

古罗马火山灰混凝土建造的古罗马建筑群，豪迈，并繁华一时。公元 1084 年，日耳曼人入侵罗马，罗马被洗劫一空，许多古建筑遂毁于兵燹，仅剩残迹供后人怀古兴叹。火山灰混凝土的力量之大，让后人惊叹！

1.4 普通混凝土

人类文明的发展，借助古罗马建筑文明的余晖，创造发明了水泥混凝土。

1824 年，英国的约瑟夫·阿斯普丁（Joseph Aspdin）获得了制造波特兰水泥的专利权。因这种水泥硬化后的颜色与英国的波特兰石的颜色相似，故有此命名。水泥的出现，为普通混凝土的诞生奠定了物质基础。以水泥∶砂∶石（卵石或碎石）＝1∶2∶4，然后根据施工需要加水拌合，硬化后得到了早期的混凝土。

第二次世界大战后，用水泥混凝土修复战争创伤，不仅老建筑物得以修复，新的宏伟建筑群像雨后春笋般耸立起来。这预示着水泥混凝土文明时代的到来。

1835 年，一名罗马水泥制造商约翰·巴斯雷—怀特（John Bazley-White）修建了第一座全混凝土的房屋；采用了混凝土墙体，屋瓦，窗樑以及装饰物，甚至花园的神像也用混凝土建造。其后许多全混凝土的房屋均参照他的模式修建。但是，当时的楼板仍属木结构或钢结构。如图 1-5 所示。

图 1-5 第一座全混凝土的房屋

1875 年，威廉·拉赛尔斯（Willian Lascellss）申请了一种预制混凝土低层住宅体系的专利，混凝土构件成型后，对新拌混凝土通过钢模施加外部压力，使混凝土中的拌合水通过模板孔隙向外溢出，混凝土的水灰比由原来的 31%降至 22%，从而得到了抗压强度 110MPa 的高强度混凝土。

1918 年水灰比定律（W/C）被提出来，混凝土的强度（R）与水灰比（W/C）成反比，耐久性的先决条件也以降低 W/C 为主要手段，为普通混凝土奠定了理论基础。水灰比定律至今仍对 HPC 与 UHPC 的配制起着指导作用。

普通混凝土是由骨料，水泥石及两者之间连接界面三相所组成的。为了提高普通混凝土的性能，从 20 世纪开始，混凝土技术工作者对混凝土组成三相开展了系统的研究，并极有成效；使普通混凝土的性能大幅度提高，工程服务的范围也不断扩大，工业与民用，航天与海洋，地下与地上，交通与运输等各项工程领域，都可以找到混凝土与混凝土结构耸立的踪影。

围绕着提高普通混凝土的性能，各项研究工作可归纳如图 1-6 所示。

1944 年，ACI 发表了化学外加剂报告，化学外加剂成为混凝土的主要组成材料之一。1979 年 ACI 成立了高强混凝土委员会。

1981 年，ACI 226 委员会开始研究 FA 和 BFS 在混凝土中的应用；提高了混凝土的耐久性及工业副产品的有效应用。

1986 年，抗压强度 12000PSI 的混凝土在美国已可商业化；同年日本东京大学开展了 SCC 的研究；20 世纪 70 年代挪威人开展了硅粉在混凝土中应用的研究，使混凝土不但提高了耐久性，也提高了强度和工作性，他们把这种混凝土称之为高性能混凝土（HPC）。

1993 年 ACI 成立了 HPC 委员会；并对 HPC 作了初步的定义：易于浇筑捣

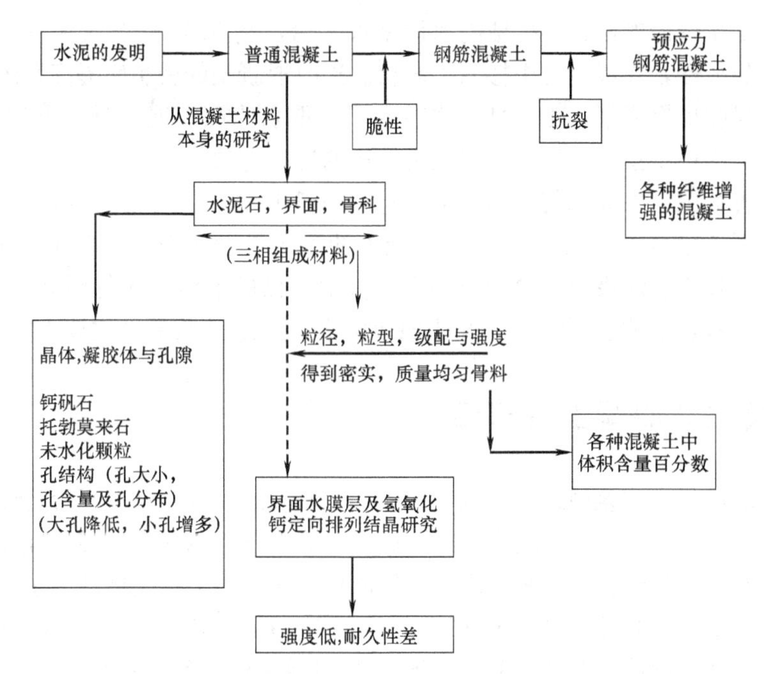

图 1-6　普通混凝土关键技术的研究内容

实，但不影响强度；早期强度高，长期力学性能好；韧性好；在恶劣环境下，长期性能好。

1996 年 RILEM 也相应成立了 SCC 及 HPC 委员会。

1998 年日本国土木学会正式颁布了 SCC 规范，并把 SCC 也称为 HPC，使 SCC 进入商业化的应用前景。

回顾 1824 年至 2001 年间，混凝土技术发展所追求的目标，有以下几个特点：

（1）强度提高。最典型实例：挪威 20 世纪 70 年代混凝土的强度 50MPa，20 世纪 90 年代混凝土的强度提高到 100MPa；在日本，昭和 28 年（1978 年）时，规范中规定的混凝土强度 f_c=105～210kg/cm^2；昭和 40 年，f_c=400kg/cm^2 以上；1997 年，36N/mm^2≤f_c≤60N/mm^2；2000 年后，日本已在工程中施工应用了 f_c≥150N/mm^2 的高强度混凝土；而且已生产了强度为 200MPa 的水泥。在我国，20 世纪 60 年代混凝土的强度为 20～40N/mm^2；20 世纪 90 年代 C60 以上的高强度混凝土已得到了广泛应用。

（2）工作性能的改善。挪威 20 世纪 70 年代混凝土的坍落度 120mm，20 世纪 90 年代混凝土的坍落度发展到 270mm，向 SCC 方向发展；德国研发和推广应用的流态混凝土；日本及其他国家研发的免振自密实混凝土（SCC）；我国研发和应用的 UHP-SCC 等等；都是不断改善工作性能，以适应不同施工的需求。

(3) 工作寿命的延长。挪威的海岸采油平台，高 370m，沉入水下约 300m。为了提高耐久性，在混凝土中掺入了硅粉。这时混凝土的密实度提高，耐久性提高，同时强度也提高了，工作性能也改善了。取名为高性能混凝土 HPC。现在许多国家均制订了按耐久性设计混凝土结构的标准与规范。

(4) 省资源、省能源与提高经济效益。1981 年 ACI 226 委员会开始研究 FA 和 BFS 在混凝土中的应用，提高了混凝土的耐久性及工业副产品的有效应用。工业废弃物与建设垃圾成了混凝土的有用资源，低碳节能，绿色环保，是 20 世纪混凝土技术发展的主要特点，也是 21 世纪混凝土技术发展的主要方向。

1.5 高性能混凝土（HPC）

高性能混凝土应该说最早起源于挪威。挪威在北海油田钻井平台建设中，为了提高混凝土的耐久性，在其中掺入了硅粉；结果不但耐久性、强度提高，而且工作性还有明显的改善。这种混凝土的性能仅从某一个方面是概括不了的；他们把这种混凝土称为高性能混凝土（HPC）。并于 1987 年在挪威的 Stavanger 召开了第一次高强高性能混凝土（HS/HPC）的国际会议。参加者有 24 个国家 235 人；虽然当时只有 56 篇论文，但论文集就有 688 页。这时挪威的混凝土强度已由 1970 年的 50MPa 发展到 1990 年的 100MPa 了。

HS/HPC 每隔 3 年召开一次国际会议，2011 年在新西兰召开第九次 HS/HPC 的国际会议。2014 年 9 月在北京召开了第十次 HS/HPC 的国际会议。

我国对 HS/HPC 组织了多项重大研究课题和在工程中试验应用。例如：

(1) 高强混凝土结构性能、设计方法及施工艺的研究，原建设部与国家自然科学基金会。

(2) 高强和高性能混凝土材料的结构与力学性态的研究，国家自然科学基金会、原建设部、原铁道部等。

(3) 重大工程中的混凝土安全性，国家科委。

各省市 HS/HPC 项目，如北京、上海、深圳等科委均立项研究。

如北京财税大楼首层柱子，使用了 C110 的 HS/HPC。沈阳大西电业园、沈阳富林大厦，也使用了 C100 的 UHPC。中国建筑总公司广州西塔工程项目部，于 2008 年完成了 C100 的 UHPC 和 UHP-SCC 的研究，在西塔工程中施工应用，并泵送至 411m 的高度。

深圳京基大厦研发和应用了 C120 的 UHPC，并在工程中试验应用，泵送到了 416m 的高度。

但我国对 UHPC 在工程中应用的后续发展，及 UHPC 性能提高和进一步完善的研究尚需做更多的工作。

高性能混凝土在性能上的重要特征是具有高的耐久性，而在组成材料上除了使用高效减水剂以外，无机粉体（超细粉）的应用是其重要的特征。

1.6 超细粒子密实填充的水泥基材料

这是 HPC 的物质基础。只有用密实填充的水泥基材料才能获得高强度，高耐久性和高流动性的 HPC。

由 Bache 详细阐述的专利，是在瑞典、挪威、冰岛等国家对硅粉的开发与应用的基础上发展起来的。日本电气化学工业公司将该项技术引入日本。其基本组成：水泥、硅粉、聚羧酸高效减水剂。粉体密实填充和高效减水剂的相互作用，如图 1-7 所示。

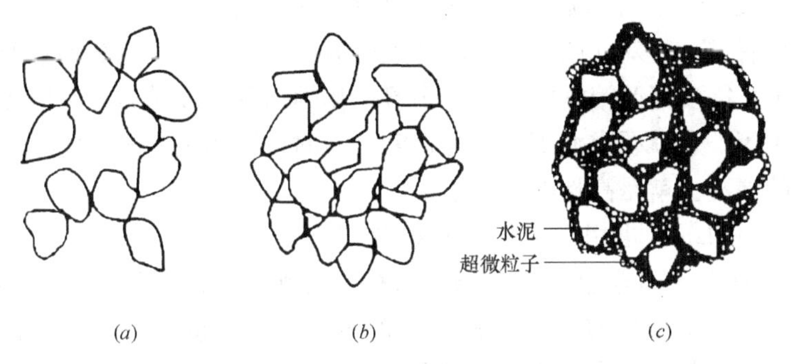

图 1-7　粉体+高效减水剂密实填充的模型（DSP 模型）

(*a*) 硅酸盐水泥浆；(*b*) 含高效减水剂水泥浆；(*c*) 添加硅粉的水泥浆

图 1-7（*c*）由于超细粉的掺入及高效减水剂的双重效应，硬化后的水泥石密实度大，强度高；如果用水量不变，则流动性更大。

粉体材料的颗粒组成与密实填充是 HPC 和 UHPC 的技术基础。

1.7 新型高效减水剂的应用使 HPC 和 UHPC 获得更高强度和性能

新型高效减水剂（聚羧酸系高效减水剂）的掺入，使相邻颗粒之间表面力的连接作用消除，黏性物质的应力场降低，流动性增大，使 HPC 和 UHPC 便于施工应用。

如以 20%～25% SF 代替相应的硅酸盐水泥，W/B=0.12～0.22，抗压强度≥500MPa，弹模≥80GPa，抗弯 75MPa。今后用高 C_2S 水泥+硅粉+聚羧酸系高效减水剂效果更好。

1.8 世界各国对HPC的技术标准

世界各国对HPC的技术标准是各有特色，甚至同一个国家不同行业协会对HPC的定义，差别也很大。

比较有代表性的是美国国家标准与技术研究院（NIST）与美国混凝土协会（ACI）于1990年5月共同提出的意见：HPC是具有某些性能要求的匀质混凝土。必须采取严格的施工工艺，采用优质的材料来配制。新拌混凝土不发生离析，易于浇筑捣实，但不影响强度；长期力学性能好；早期强度高；在恶劣环境下长期强度好，体积稳定性好，耐久性好；HPC特别适用于高层建筑、桥梁及暴露于严酷环境下的建筑结构物。1998年，ACI进一步指出，当混凝土的某些特性是为了某一特定的用途和环境而制定时，这就是高性能混凝土。

本书作者进一步对此阐明：如海洋工程混凝土结构物，在潮水中干湿变化部分的混凝土，需要经受浪溅的作用，干湿变化的作用，冻融循环作用及海盐的渗透扩散作用等，这就要求混凝土有高强度，高耐久性和抗冲击韧性等，满足这些性能要求的混凝土就是高性能混凝土。

1996年RILEM也相应成立了SCC及HPC委员会。

1998年日本土木学会正式颁布了SCC规范，并把SCC也称为HPC，使SCC进入商业化的应用前景。并把SCC的技术与国际接轨，而各国的混凝土技术工作者也把SCC作为研发的重大课题。

1993年我国土木学会，在预应力钢筋混凝土分会下成立了高强混凝土委员会；1998年在硅酸盐学会，水泥混凝土分会下成立了高性能混凝土（HPC）委员会。

现在，许多国家都制订了高性能混凝土技术标准，在这些标准中都包含了HPC的设计和施土；此外，还有大量HPC的文献和图书，覆盖了HPC的工程技术和提供了相关的指导，拓宽了使用者掌握这种特殊技术的能力。

1.9 超高性能混凝土（UHPC）的发展

超高性能混凝土一般系指强度≥100MPa的混凝土。UHPC比HPC具有更密实的结构，更高的抗渗性与耐久性。UHPC对原材料，对生产工艺和施工技术的要求更加严格。但是HPC与UHPC两者均系在DSP材料的基础上发展起来的，如图1-8所示。

按图1-8，UHPC可分为两大系列。（1）在DSP材料中掺入纤维材料，以及磨细石英粉等，得到的超高性能混凝土材料，在国外也称为UHPC。如工程

图 1-8　HPC 及 UHPC 的开发

复合胶凝材料（ECC），活性粉末材料（RPC）等。抗压强度可达 250～300MPa，这种材料在西欧生产和应用较多。(2) 在 DSP 材料中掺入砂，碎石等粗细骨料，得到超高强度高性能混凝土，也即 UHPC。在日本，这种混凝土的强度已达 180MPa。

1.10　低碳技术混凝土材料与制品

混凝土组成材料中，碳排放量最多的是水泥生产，生产 1t 水泥熟料，约排放 1t CO_2，故混凝土材料要低碳首先是降低水泥用量，节省水泥，也即提高矿物掺合料的用量，尽可能利用再生骨料。而对于混凝土制品，还与其生产工艺过程有关。免除生产过程中的蒸养及蒸压，可以大幅度的节省能源和资源，保证生产的绿色环境。

在广州东塔工程项目施工中，中建四局与广州天达混凝土公司合作，在本书作者指导下，完成了强度等级为 C80 的低碳、绿色、高强度高性能混凝土的研发与应用，达到了自密实、自养护、低水化热、低收缩、高强度与高性能的多项性能的要求，也即多功能混凝土。

本章所述的高性能与超高性能混凝土将在有关章节中进一步阐述。

第2章　粉体技术与高性能超高性能混凝土的发展

在19世纪末期，混凝土材料的研究从骨料、界面到水泥石的研究，逐步转入粉体技术应用到混凝土中的研究，比较典型的是20世纪70～90年代，挪威把硅粉掺入混凝土中，提高混凝土的各种性能，开发出了高性能混凝土。随后，日本开发了超细矿粉、球状水泥、级配水泥等，近年来还开发了强度为200MPa的水泥；在美国，开发了偏高岭土超细粉；在中国开发了天然沸石超细粉；这些都大大地推动了高性能超高性能混凝土的发展。

2.1　超细粉在HPC与UHPC中的功能与效果

矿物超细粉在HPC与UHPC中的功能首先表现在填充的密实效应。如图2-1所示。

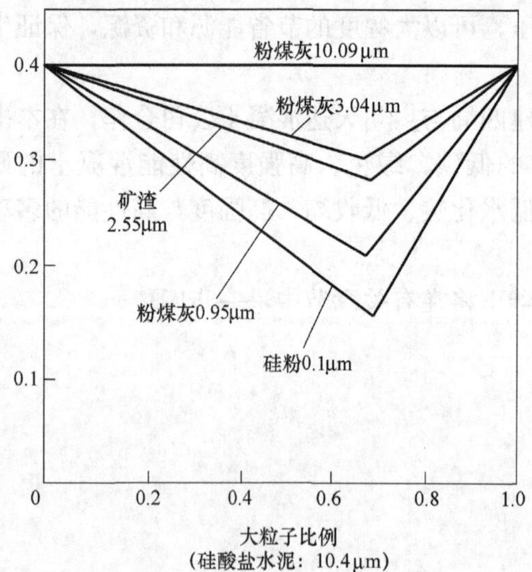

图2-1　不同粒径的粉体与水泥组合孔隙体积变化

由图2-1可知，粉煤灰平均粒径10.09μm，硅酸盐水泥的平均粒径10.4μm，两者以任意百分比配合，其孔隙体积均无变化。但若以平均粒径为0.1μm的硅粉与之配合，当硅粉的体积为30%，硅酸盐水泥的体积为70%时，两者复合后粉体的孔隙体积达到最低，约15%。如以平均粒径为0.95μm的粉煤灰，以30%的体积与70%硅酸盐水泥的体积复合时，复合后粉体的孔隙体积达到最低，约为20%。也就是说两种粉体的粒径比为1/10～1/20时，按70%与30%的体积比复配时，粉体的孔隙体积达到最低，密实度达到最大。这样，在单方混凝土用水量相同的情况下，浆体的流动性最好；如果达到相同流动性的浆体，则这种复合粉体的用水量最低，硬化水泥石的强度最高。混凝土的强度最高，耐久性也最好。

这也就是说，由超细粉的填充效应，引发出了超细粉的流化效应，强度效应与耐久性效应等。但是这种功能和效果，不同品种的粉体是不同的。

2.2　超细粉与高效减水剂双掺的流化效果

1. 水泥与超细粉按不同比例配合时浆体的流动性

基准水泥浆的加水量为 27%，萘系高效减水剂的掺量为 1.0%，浆体的沉入度 32 mm。以不同品种的超细粉等量取代水泥，其他条件不变。分别测定浆体沉入度如表 2-1 所示，试验矿粉的比表面积如表 2-2 所示。

各种超细粉浆体的沉入度（mm）　　表 2-1

水泥：粉体	95：5	90：10	85：15	80：20	75：25
矿渣粉	33.5	34	35	37	38
磷渣粉	34	35.5	36	38	38.5
沸石粉	31	30	26	20	16.5
硅粉	31	21	14.5	—	—

试验矿粉的比表面积　　表 2-2

名称	比表面积（cm^2/g）	粉体的性质	名称	比表面积（cm^2/g）	粉体的性质
磷渣粉	6820	玻璃态	磷渣粉(2)	8560	玻璃态
矿渣粉	6820	玻璃态	矿渣粉(2)	8560	玻璃态
沸石粉	6820	多孔结晶	沸石粉(2)	8560	多孔结晶
硅粉	200000	玻璃态			

由表 2-1 可见：（1）磷渣和矿渣超细粉掺入水泥浆中后，填充于水泥颗粒间的孔隙及絮凝结构中，占据了充水的空间，水被挤放出来，使浆体变稀，流动性增大；（2）沸石超细粉除了上述填充作用之外，由于其系多孔的晶体粒子，能吸收一部分水，吸水的稠化作用比排水的流化作用占优势，使浆体流动性降低；（3）硅粉比表面积大，表面吸附水量大，使浆体稠度明显增大。

无论何种超细粉，均有表面能高的特点。由玻璃体研磨制成的超细粉，在研磨过程中，产生极多断裂键，表面能高的特点尤为突出。其自身或对水泥颗粒所产生的吸附作用，也会在一定程度上形成絮状结构的浆体，加上某些超细粉（如天然沸石粉）的吸水性和表面吸水性带来的稠化作用，可能会使超细粉的填充稀化效果降低或不能表现出来。

2. 浆体中高效减水剂掺入与否的流动效果

以水泥和超细粉按不同比例配合，$W/B=29\%$，外掺萘系高效减水剂

(NF) 0.9%，基准净浆流动度为240mm，含不同超细粉净浆流动度如图2-2及表2-3所示。

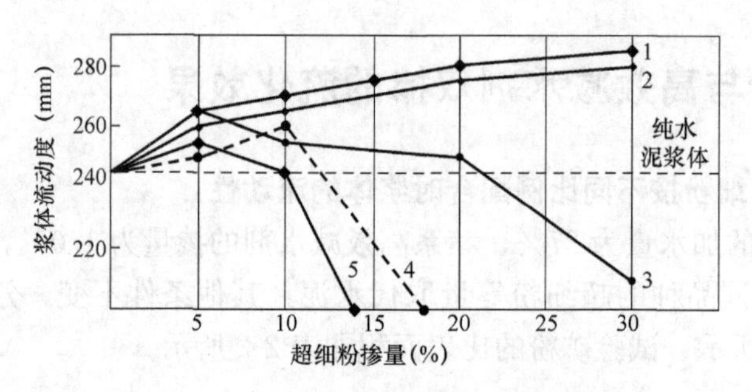

图2-2 含不同超细粉净浆流动度

1—磷渣（PS）；2—矿渣（BFS）；3—沸石-矿粉复合（ZN-BFS）；
4—沸石-硅粉复合（NZ-SF）；5—沸石粉（NZ）

不同超细粉不同掺量的浆体流动性 表2-3

粉体种类 \ 水泥：超细粉	95：5	90：10	80：20	70：30	超细粉100% 不掺NF	超细粉100% 掺NF
沸石粉(2)	255	242	不流动		不流动	不流动
矿渣粉(2)	260	265	270	280	80	285
磷渣粉(2)	265	270	275	285	85	230
沸-硅粉(2)	250	260	170			
沸-矿粉(2)	265	258	246	215		

由此可见，沸石超细粉浆体中，按29%的用水量配成浆体，减水剂掺入与否，浆体都无流动性，但超细矿粉及超细磷渣粉掺与不掺减水剂均产生流动．这是由于超细粉的性质不同造成的。

3. 高效减水剂掺量的影响

试验方案浆体的类型有四种：水泥，水泥+20%BFS，水泥+20%PS，水泥+10%NZ。BFS—超细矿粉，PS—超细磷渣粉，NZ—超细天然沸石粉。高效减水剂NF掺量由0.4%～0.9%；结果如表2-4所示。

高效减水剂掺量的影响（流动值mm） 表2-4

NF掺量%	0.4	0.5	0.6	0.7	0.8	0.9
水泥	129	138	155	190	235	236
C+20%BFS	125	136	185	230	265	267

续表

NF 掺量%	0.4	0.5	0.6	0.7	0.8	0.9
C+20%PS	132	170	215	250	270	272
C+10%NZ	—	不流	130	195	237	237

当高效减水剂 NF 掺量 0.4%时，C+20%BFS 的流动性低于基准浆体；NF 掺量 0.5%时，两者差别不大；NF 掺量 0.6%时，C+20%BFS 的流动性高于基准浆体。这表明对于不同超细粉，为了克服超细粉的吸附现象，高效减水剂 NF 有一最低掺量。而当高效减水剂 NF 掺量到某一数值时，浆体流动值趋于某一稳定值，再增加高效减水剂 NF 掺量，流动值也不增大。如表中 NF 掺量 0.8%～0.9%，浆体的流动值基本不变。

试验证明，高效减水剂 NF 与超细粉共掺，比单独掺入高效减水剂，或比单独掺入超细粉时，浆体的流动值大得多。

100% NZ 或 SF 超细粉，即使掺入了高效减水剂 NF，也无流动性，只有矿渣和磷渣，经过超细化以后，在浆体中吸附高效减水剂，使浆体中的粒子产生分散现象，如图 2-3 所示。

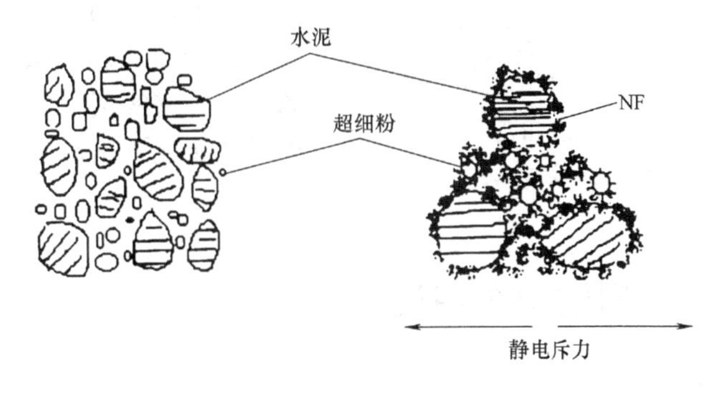

图 2-3　高效减水剂 NF 与超细粉共掺流化效应

超细粉在水泥颗粒孔隙中，吸附高效减水剂分子后，在粒子表面也形成双电层电位，与水泥粒子双电层电位叠加，而且超细粉粒子在水泥颗粒孔隙中作用力场，相当于尖劈作用，水泥颗粒更容易分散。

磷渣和矿渣超细粉属分散性超细粉，而天然沸石超细粉及硅粉则属于填充性超细粉。

2.3　水泥基材料硬化体的孔隙和强度

水泥基材料硬化体是一种多孔质材料，有毛细管孔，凝胶孔等，如表 2-5 所示。

水泥石孔隙及对性能的影响　　表 2-5

名　称	直　径	分　类	对水泥石性能影响
毛细管孔隙	10～0.05μm	大毛细孔	强度，渗透性
毛细管孔隙	500～25Å	中等毛细孔	强度渗透性及干缩
凝胶孔隙	100～25Å	小的凝胶孔	RH%＜50%下的干缩
凝胶孔隙	25～5Å	微孔	干缩，徐变
凝胶孔隙	＞5Å	层间孔	干缩，徐变

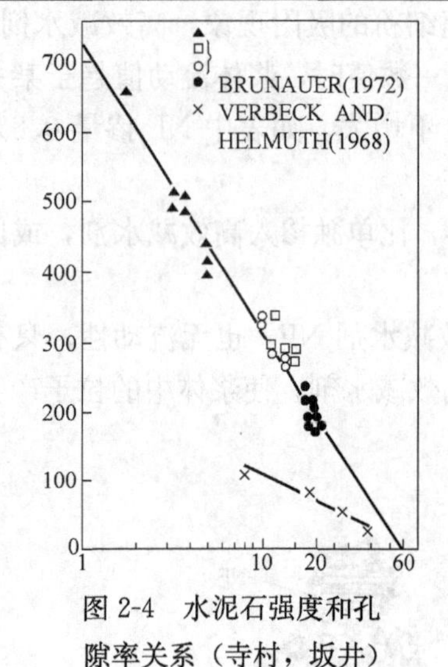

图 2-4　水泥石强度和孔隙率关系（寺村，坂井）

由此可见，毛细管孔对宏观力学性能及抗渗性影响较大，而凝胶孔对干缩性能影响较大。混凝土要达到高性能和超高性能首先要降低毛细管孔的含量。业界不同学者，用不同的工艺方法，得到不同孔隙含量与强度的水泥石，其中英国学者获得的水泥石强度最高，达抗压强度 665MPa，水泥石中孔隙含量只有 2%。如图 2-4 所示。

故超细粉与高效减水剂双掺，能获得流动性好、密实度大与强度高的水泥石，也就是能配制出高流动性高强度混凝土。

2.4　水泥基材料的两个模型

为了提高水泥混凝土的性能，国际上对水泥基材料的高强度高性能进行了系统的研究；并提出了高性能水泥基材料的两个模型。

1. MDF（macro-defect free）（无宏观缺陷水泥）

由 Birchall 提出，1979 年英国化学工业公司和牛津大学共同研究；随后，美国、日本、瑞典也开展了该项研究。

采用硅酸盐水泥或铝酸盐水泥（90%～99%）；掺入水溶性树脂（4%～7%），水灰比≤20%。

采用强制式高效剪切搅拌机，热压成型工艺。能得到的 MDF 的性能：抗压 300MPa，抗弯 150MPa，弹模 50GPa。

制备工艺：（水泥＋PVA＋外加剂）→制成混凝土→剪切搅拌→热压成型→养护→制品。

该模型的主导思想是采用水溶性树脂填充水泥粒子间的孔隙，同时水溶性树脂粒子又把水泥粒子粘结起来，以获得密实度高，强度高的水泥石结构。

但由于制成工艺困难，实用化较难！

2. DSP（density system containing homogenously arranged ultra-fine particles）（超细粒子密实填充的水泥材料）

由 Bache 详细阐述（专利），是在瑞典、挪威、冰岛等国家对硅粉开发与应用的基础上发展起来的。日本电气化学工业公司将该项技术引入日本。基本组成：水泥、硅粉、聚羧酸高效减水剂。DSP 模样图及性能如图 2-4 所示，密实填充体系是由硅酸盐水泥＋超细硅粉＋高效减水剂及水组成的。超细粉的粒径为水泥粒径 1/10～1/100 时，就可以达到微填充效果。这时拌合水可达到最低，掺入高效减水剂，获得最佳的流动性，便于施工应用。当今的 HPC 与 UHPC 均采用该项技术的基本原理。该材料的抗压强度可达 180～300MPa；抗弯可达 20～40MPa。

以 DSP 模型为基础，掺入 SF 及石英砂纤维等材料，可配制 ECC 等超高性能混凝土；而以 DSP 模型为基础，掺入砂石，可配制 HPC 及 UHPC 等高性能超高性能混凝土。

第3章　高性能超高性能混凝土对水泥的选择

3.1　引言

如第1章所述，混凝土的抗压强度与水灰比成反比；降低水灰比（W/C），混凝土中水泥石的结构构造致密，强度提高；但是，水灰比（W/C）降低太大，混凝土的工作性不能保证，不能密实成型，也会造成内部结构的缺陷，导致混凝土强度降低。

近年来，由于粉体技术及聚羧酸高效减水剂的出现与应用，混凝土的水灰比（W/C）可以降低到15%以下；在这种背景下，出现了超高性能混凝土（UHPC）。

选择高性能超高性能混凝土所用的水泥时，可以从致密化的观点出发，以硅酸盐水泥为基础，与水泥粗粉和硅粉及超细矿粉相配合，获得密实度大的胶凝材料；从矿物组成的观点来看，选择 C_3A 及 C_3S 含量低，C_2S 含量较高的水泥，可以降低水化热，降低单方混凝土的用水量，也即可以降低水灰比（W/C）。

改善水泥粒子的形状，也可以降低单方混凝土的用水量；因此，日本利用高速气流冲击法，研发和生产了球状水泥。另一方面，利用球状粉煤灰、微珠和硅粉，作为胶凝材料的一部分，以改善部分粒子的形状，这种应用的实例较多。

水泥是通过闭路粉磨生产制造出来的，粒子形状有棱角，与粉煤灰相比粒形较尖，粒度分布曲线属于连续分布，孔隙率较大。故国外采用调整粒度分布的水泥，也即在硅酸盐水泥的基础上，加入粗粉（烧水泥时回收的粉尘）和超细粉（如微珠、硅粉和石灰石超细粉），这样，胶凝材料的粒度拓宽，级配也密实，性能优良，得到了调粒水泥。日本太平洋水泥公司通过粉磨出的硅酸盐水泥（也可能是球状水泥），掺入硅粉及其他材料，生产出了强度为200MPa的超高强度水泥，并用该水泥配制强度＞150MPa的超高性能混凝土。调粒水泥配制混凝土时，用水量可以降低，流动性得到改善，很适宜于配制超高性能混凝土。通过调整胶凝材料组成的粒度分布，以达到密实填充的目的，除了调粒水泥外，DSP水泥基材料，MDF无宏观缺陷的水泥基材料，以及RPC活性粉末材料也属此类。

水泥粒子的间隙中，填入超细粉，降低了胶凝材料的孔隙率，使混凝土达到目标流动性时，用水量降低；如果超细粉为球状玻璃体又具有火山灰活性，除了提高流动性以外，还能提高强度及其他性能。这种高性能与超高性能混凝土技术，是在制造混凝土时组成材料达到致密化，而且硬化混凝土也达到致密化。

硬化混凝土达到致密化，除了上述手法外，其途径还有很多。如采用钙矾石系列的高强度掺合料，在混凝土中生成钙矾石；又如用树脂或硫黄浸渍混凝土，使混凝土密实度提高，强度提高。

在这里仅仅论述了胶凝材料对混凝土高性能与超高性能的手法，但混凝土不是一种匀质材料，为了使混凝土达到高性能与超高性能，骨料的选择也相当重要。

关于高性能与超高性能混凝土选用的水泥，要点汇总如下：

（1）抑制矿物组成；（2）改善水泥颗粒的粒形；（3）改善颗粒的粒度分布，降低孔隙率；（4）掺入矿物质超细粉，降低胶凝材料中水泥的用量。

3.2　低热硅酸盐水泥

在配制高性能与超高性能混凝土时，应选用低热硅酸盐水泥，由于水泥用量大，水灰比低，自收缩大，容易产生自收缩开裂；水泥用量大，水化放热量大，结构混凝土芯样的强度增长会停滞，要避免这个问题的出现，最好是选择低热水泥。低热硅酸盐水泥与中热硅酸盐水泥的矿物组成不同，硅酸二钙（C_2S）的含量高，铝酸三钙（C_3A）的含量低；水泥矿物组成中，抑制硅酸三钙（C_3S）和铝酸三钙（C_3A）的含量，不但对混凝土结构强度增长有利，而且抗硫酸盐侵蚀也具有重要的意义。

1. 低热硅酸盐水泥的矿物组成

在日本普通硅酸盐水泥，中热硅酸盐水泥，低热硅酸盐水泥的矿物组成如表 3-1 所示。

硅酸盐水泥的矿物组成　　表 3-1

水泥类型	C_3S	C_2S	C_3A	C_4AF
普通水泥	51	25	9	9
中热水泥	43	35	5	12
低热水泥	27	58	2	8

低热水泥的硅酸三钙及铝酸三钙分别约为普通水泥的 1/2 及 1/4 左右，故水化热低，后期强度高，耐久性好，在我国也如此。

2. 低热硅酸盐水泥配制混凝土的特征

（1）降低混凝土的黏度。如图 3-1 所示，普通硅酸盐水泥，中热硅酸盐水泥和低热硅酸盐水泥配制的混凝土，水泥用量相同，用水量相同（均为 165kg/m^3），掺入的外加剂品种及用量均相同。混凝土坍落度试验时扩展度达到 50cm 时所需时间，普通硅酸盐水泥混凝土为 9s，而低热硅酸盐水泥混凝土仅为 6s；而且在 L 形流动仪中的初速度大大提高，普通硅酸盐水泥混凝土为 7.1cm/s，中热硅酸盐水泥混凝土为 8.5cm/s，而低热硅酸盐水泥混凝土为 11cm/s。低热硅酸盐水泥混凝土黏度低，流动速度快，便于混凝土泵送施工。

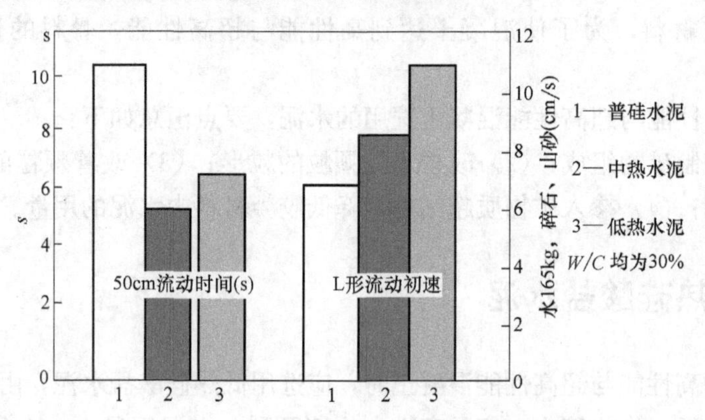

图 3-1 不同品种水泥对流动性的影响

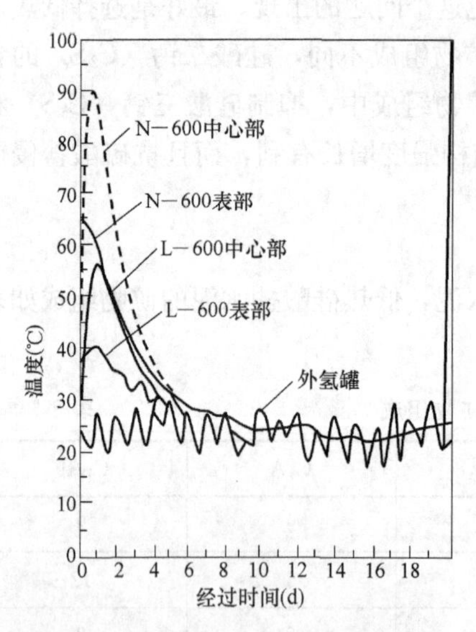

图 3-2 不同品种水泥的水化热温升

（2）水化热低。钢筋混凝土结构物的温度上升小，如图 3-2 所示，采用普通硅酸盐水泥 600kg/m^3 配制的混凝土 N600，和采用 600kg/m^3 低热硅酸盐水泥配制的混凝土 L600；其模拟柱的温度履历差别很大。在柱的端部，混凝土 L600 的最高温度为 40℃，而混凝土 N600 则为 65℃；在柱的中心部，混凝土 L600 的最高温度为 57℃，而 N600 混凝土则为 90℃。低热硅酸盐水泥配制的混凝土结构，内外温差为 57℃－40℃＝17℃，远低于规范规定的 25℃；而普通硅酸盐水泥混凝土结构内外温差为 90℃－65℃＝25℃，正好处于规范规定的最大值。采用普通硅酸盐水泥配制的混凝土，易因水化热过高而开裂。

3. UHPC 本身高温的履历下，更有利于强度发展

UHPC 的胶凝材料用量大，水泥用量也偏高，而 W/B 也相对较低，故 UHPC 的构件水化热也相对较大。如图 3-3 所示，混凝土的 W/B＝30％，采用简易绝热养护（温度达到 35℃），混凝土强度 7d 达 80MPa，28d 达 90MPa，而标准养护试件的强度 28d 只有 60MPa，但 90d 龄期时，标养与 35℃绝热养护的混凝土强度大体相同。

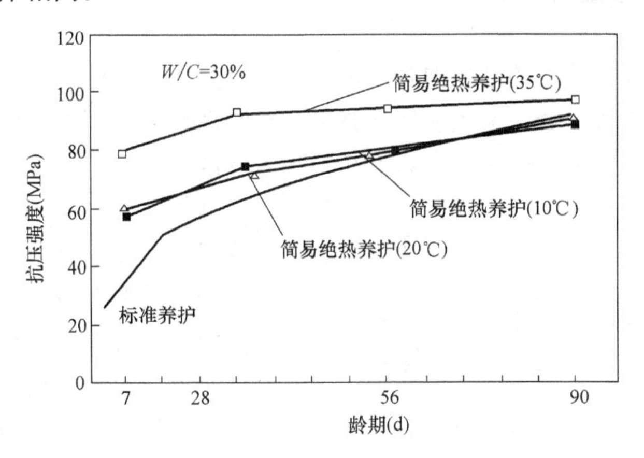

图 3-3　简易绝热养护与标养的混凝土强度

4. 自收缩很小

如图 3-4 所示，W/C=30%的混凝土，从初凝开始到第 7 天龄期，低热硅酸盐水泥配制的混凝土的自收缩约为 100μm 左右，而普通硅酸盐水泥混凝土则达到了－400μm。低热硅酸盐水泥混凝土的自收缩仅为普通硅酸盐水泥混凝土的 1/4。

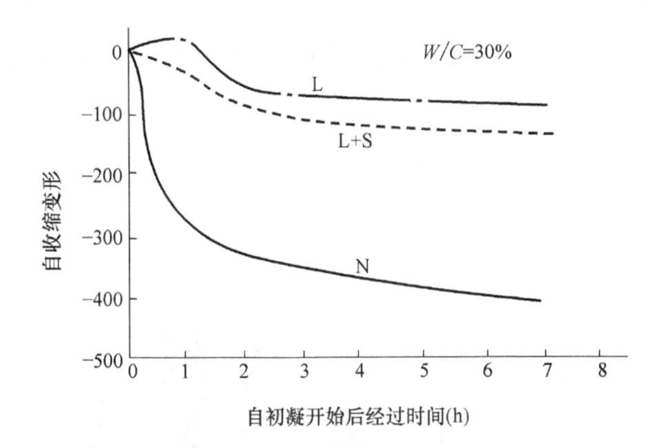

图 3-4　不同水泥混凝土（W/C=0.3）的自收缩变形

N—普通；L—低热；L+S—低热+硅粉

混凝土设计基准强度进一步提高时，低热硅酸盐水泥混凝土也不容易保证施工性能，这时用低热硅酸盐水泥配制的 UHPC 可以掺入 8%左右的硅粉，能改善施工性能并提高强度。因为硅粉的粒子的粒径约为水泥的 1/100 左右，掺入水泥中能获得密实的填充。

3.3 硅粉混合水泥

在日本市场上销售的硅粉混合水泥，是将低热水泥和硅粉在生产工厂混合而成；也有在硅酸盐水泥中掺入矿渣石膏混合材和硅粉混合而成；后者多用于高强混凝土；而且已有关于矿渣石膏系混合材技术标准。

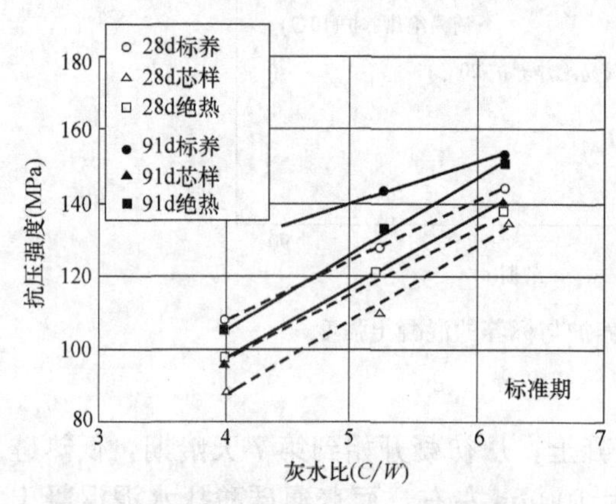

图 3-5 单掺硅粉低热硅酸盐水泥混凝土的模拟柱强度（简易绝热养护和标养）

硅粉混合水泥中，硅粉的混合量约为 8%～10%左右；根据强度要求，硅粉的混合量约为 5%～20%的范围内。在日本，太平洋水泥公司研发并销售了 200MPa 的超高强度水泥，也是掺入了硅粉的混合水泥，用来生产强度为 150MPa 的 UHPC。硅粉混合水泥配制的 UHPC 具有以下特性：

（1）如能采用适当的化学外加剂，混凝土的水灰比可做到很低（$W/C \leqslant 15\%$），UHPC 的强度和 C/W 成直线关系，如图 3-5 所示。

（2）硅粉单掺 8%左右到低热硅酸盐水泥中，能进一步降低混凝土的黏度；如图 3-6 所示。

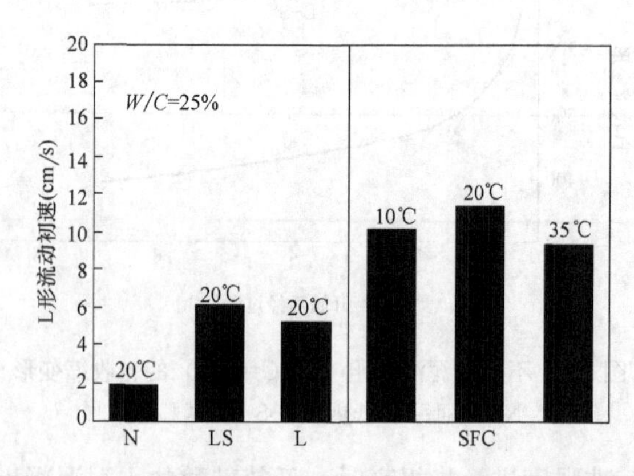

图 3-6 低热硅酸盐水泥中单掺硅粉的混凝土流动初速

SFC=L+8%SF；N—普硅水泥；L—低热水泥；LS—低热水泥+硅粉

当温度为 20℃时，LS 水泥混凝土的流动初速最快，也即混凝土的黏度降低；这对高强、超高强混凝土的施工应用很重要。

（3）低热硅酸盐水泥中单掺硅粉能降低水化热

低热硅酸盐水泥混凝土的绝热温升很低，但单掺 8％硅粉，还能降低水化热，也即混凝土的绝热温升更低，如图 3-7 所示。

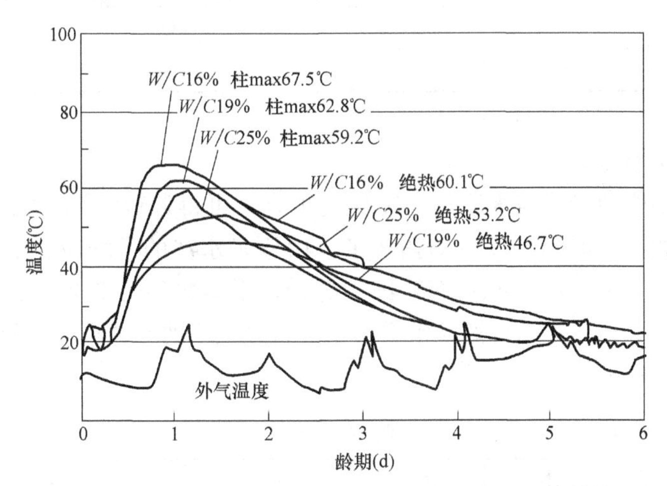

图 3-7　单掺硅粉水泥混凝土模拟柱的最高温度和绝热养护温度

	低热水泥	单掺硅粉低热水泥
W/C 16％	Max 温度 67.2℃	Max 温度 60.1℃
W/C 19％	Max 温度 62.8℃	Max 温度 53.2℃
W/C 25％	Max 温度 59.2℃	Max 温度 53.2℃

单掺硅粉低热硅酸盐水泥混凝土，水化热均低于基准混凝土。

3.4　调粒水泥（改善颗粒的粒度分布，降低孔隙率）

在 DSP 材料基础上，研发出了调粒水泥。特征如下：

（1）调整水泥组成中粒度分布，提高填充率。

（2）增大水泥粒子粒径，粒度分布向粗方向移动。

（3）掺入超细粉，获得最密实填充。

能得到水泥浆流动性好，早期强度高，水化热低，水化放热慢。省资源、省能源、高性能的混凝土。

1. 调粒水泥用的原材料（表 3-2）

调粒水泥用的原材料　　表 3-2

原材料	代号	相对密度	比表面积(cm^2/g)	平均粒径(μm)
硅酸盐水泥	N	3.17	3400	19.57
水泥粗粉	O	3.17	600	90.74
石灰石粉	W	2.71	18000	6.04

续表

原材料	代号	相对密度	比表面积(cm^2/g)	平均粒径(μm)
硅粉	S	2.26	200000	0.2
粉煤灰	F	2.18	4320	17.38
矿渣粉	K	2.92	6260	7.86

注：最粗粒 90.47μm，最细粒 0.2μm。

2. 调粒水泥组成

用不同细度的粉体与水泥按一定比例配合，可得调粒水泥，如表 3-3 所示。由此可见，调粒水泥的粒度范围拓宽了，由原来水泥的平均粒径 19.57μm，扩大到粗粉的粒径为 90.74μm；而特细的硅粉，平均粒径为 0.2μm。也即水泥组成的粒子变得更细了，而且调粒水泥由不同粒径大小的粉体组合，故胶凝材料的粉体密实度提高了。

调粒水泥组成　　**表 3-3**

编号	代号	(N)水泥	(O)粗粉	(W)石灰石粉	(S)硅粉	(F)粉煤灰	(K)矿渣
1	N7W30	70		30			
2	N7W10	70	20	10			
3	N7S10	70	20		10		
4	N7F10	70	20			10	
5	N7K10	70	20				10
6	N	100					

3. 调粒水泥的性能

（1）水泥浆体的流动值，水化热及强度

按表 3-3，各种编号的调粒水泥，进行了浆体的流动值，水化热及抗压强度的测定，对比各组调粒水泥性能的优劣，分别如图 3-8～图 3-10 所示。

由图 3-8 可见，调粒水泥流动值及 15 次撞击的跳桌流动值具有相同的规律：N—纯水泥浆体的流动值最低；N7.3（N7W3），N7W10 及 N7K10 的流动值最大，三者大体相同；而 N7S10 和 N7F10 的流动值也比较低。从浆体的流动性来看，调粒水泥的组合应当是：N7.3（N7W3)—水泥 70%，超细石灰石粉 30%；N7W10—水泥 70%，粗粉 20%，超细石灰石粉 10%；N7K10 水泥 70%，粗粉 20%，超细矿粉 10%；才能获得比较好的流动性。

由图 3-9，调粒水泥的水化热最高的是 N—纯水泥，3d 龄期达到 209.3J/g，28d 龄期达 251.2J/g；水化热最低的是 N6W8—硅酸盐水泥 60%，粗粉 32%，石灰石粉 8%；其次是 N7W5—硅酸盐水泥 70%，粗粉 25%，石灰石粉 5%；水化

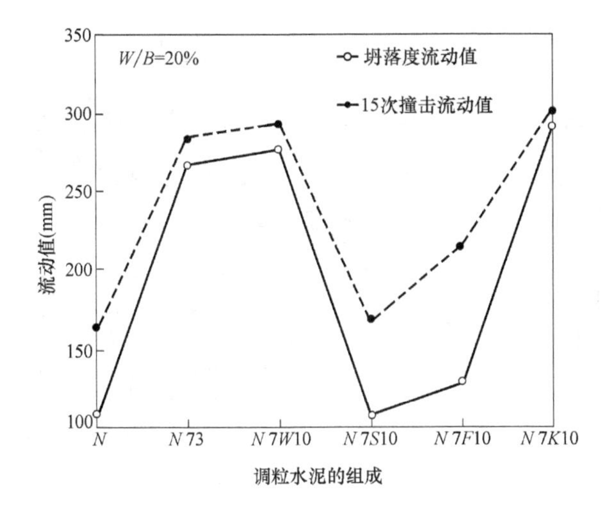

图 3-8　调粒水泥浆体的流动值

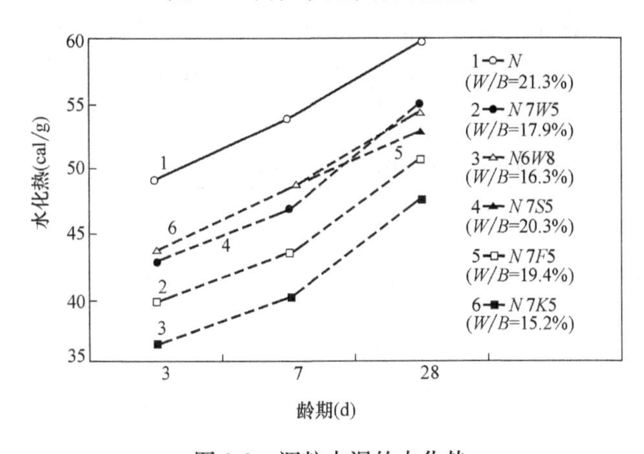

图 3-9　调粒水泥的水化热

热最低的 N6W8，3d 龄期为 150.7J/g，28d 龄期为 196.7J/g。在调粒水泥中，含粗粉和石灰石粉的水化热均大幅度降低。

由图 3-10 可见，达到相同流动性时，不同组成的调粒水泥，需水量不同，因而水粉体比（W/B）不同。代号 N 的硅酸盐水泥需水量大，与其他调粒水泥相比，28d 龄期强度偏低；约 120MPa；但 N7S5—硅酸盐水泥 70%，粗粉 25%，硅粉 5%，以及 N7W5—硅酸盐水泥 70%，粗粉 25%，石灰石粉 5%，强度偏高，28d 龄期强度达 140MPa。

从浆体的流动性、水化热及抗压强度三方面，综合评价调粒水泥的组成时，N7W5 或 N7S5 较好。这是配制 HPC 和 UHPC 的新型胶凝材料。

（2）粉体的填充率与调粒水泥浆体流动性及强度

将调粒水泥与超细粉适当配合，可以得到一种更密实填充的粉体结构，这时

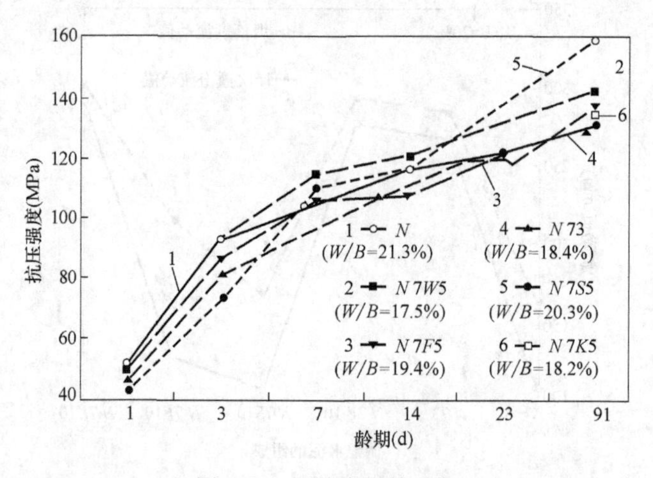

图 3-10 调粒水泥的强度

的需水量低，流动性好，强度也高。如表 3-4 所示。由此可见，调粒水泥掺入 20％细粉时，粉体的填充率比纯水泥的高。外加剂掺量比纯水泥的降低近 30％，但坍落度比纯水泥的高 1 倍。而且 7d、28d、91d 的抗压强度均高于纯水泥。

调粒水泥浆体的流动性及强度（$W/C=0.2$） **表 3-4**

水泥(％) 细粉(％)	100 0	80 20	70 30	60 40
粉体填充率(％)	50	56	58	60
外加剂掺量(％)	3.2	2.5	2.2	2.0
坍落度(mm)	108	212	265	282
流动值(mm)	163	235	284	—
初凝(小时-分) 终凝(小时-分)	7-05 9-35	7-10 9-00	8-05 10-35	9-10 12-10
7d 强度(MPa) 28d 强度(MPa) 91d 强度(MPa)	107.3 129.9 142.4	121.6 126.4 146.3	106.8 119.6 130.1	83.4 103.6 113.6

(3) 硅酸盐水泥与超细粉的不同比例与砂浆抗压强度

将硅酸盐水泥与超细粉的不同比例配合，得到不同组合的胶凝材料，按相同的水胶比，配制砂浆；其强度变化如图 3-11 所示。

由图 3-11 可见，调粒水泥中，硅酸盐水泥含量为 80％，超细粉含量为 20％时，配制的砂浆的抗压强度，在龄期为 7d、28d 和 91d 时，均比其他配比的调粒水泥强度高。

这是硅酸盐水泥与超细粉双组分搭配的调粒水泥。如果为多组分配制，如前所述，则由于粉体之间的更密实填充，其流动性更好，抗压强度会更高。

4. 调粒水泥混凝土

通过采用不同细度，不同性能的粉体，相互匹配组合，得到了调粒水泥及其相应的性能。下面我们进一步将调粒水泥配制HPC与UHPC。

(1) 原材料、粉体的配合比例及混凝土配比

调粒水泥及砂、石原材料如表3-5所示，调粒水泥的配比组成如表3-6所示，调粒水泥混凝土配比如3-7所示。

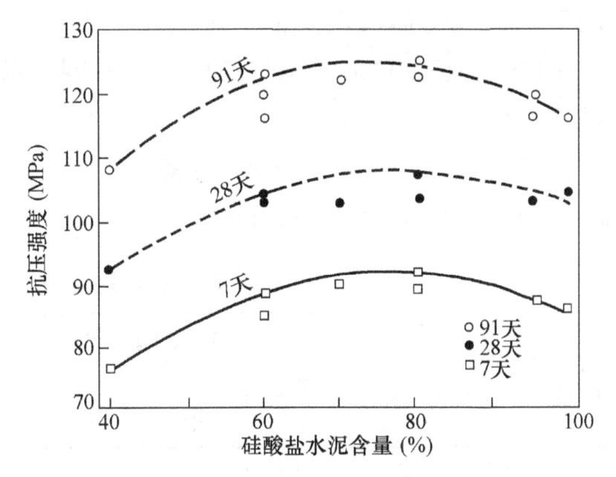

图3-11　胶凝材料中硅酸盐水泥含量与抗压强度关系

原材料及有关性能　表3-5

材　料	密　度	比表面积(cm^2/g)	平均粒径(μm)	细度模量
硅酸盐水泥	3.17	3400	19.57	
水泥粗粉	3.17	600	90.74	
石灰石粉	2.71	18000	6.04	
硅粉	2.26	200000		
细骨料	2.58			2.73
粗骨料	2.62			6.63

不同代号的调粒水泥组成　表3-6

代　号	硅酸盐水泥	水泥粗粉	石灰石粉	硅粉	填充率
A	100	0			0.5
B	70	30			0.57
C	70	20	10		0.55
D	70	20		10	0.55
E	70	20	5	5	0.55

根据A，B，C，D，E五个系列调粒水泥，每个系列水泥中又有不同水灰比，配制15系列混凝土，如表3-7所示。在表3-7中：

A25，A30，为普通硅酸盐水泥混凝土，水灰比分别为25%和30%；

B20，B25，B30为表3-5中，B系列调粒水泥混凝土，水灰比分别为20%，25%和30%；

C17.5，C20，C25，C30为表3-5中，C系列调粒水泥混凝土，水灰比分别

为17.5%，20%，25%和30%；

D20，D25，D30为表3-5中，D系列调粒水泥混凝土，水灰比分别为20%，25%和30%；

E17.5，E20，E25，E30为表3-5中，E系列调粒水泥混凝土，水灰比分别为17.5%，20%，25%和30%。

调粒水泥混凝土配比 表3-7

试验代号	W/B (%)	s/a (%)	重量(kg/m³)				化学外加剂($B\times\%$)		含气量(%)
			单位水量	水泥粉体	细骨料	粗骨料	高减水性外加剂	含气量调节剂	
A25	25.0	39.6	165	660	618	950	1.8	0.008	2.0
A30	30.0	43.8	155	533	736	950	1.4	0.006	2.1
B20	20.0	33.8	165	825	482	950	2.4	0.015	2.4
B25	25.0	40.7	160	640	647	950	1.4	0.007	2.5
B30	30.0	44.7	155	517	762	950	1.4	0.006	2.2
C17.5	17.5	30.2	160	914	409	950	3.5	0.018	1.7
C20	20.0	36.3	155	776	537	950	2.4	0.012	1.1
C25	25.0	42.6	150	600	700	950	1.8	0.008	1.9
C30	30.0	46.3	145	483	812	950	1.5	0.006	2.5
D20	20.0	30.6	170	850	417	950	3.2	0.018	2.5
D25	25.0	38.7	165	660	594	950	2.3	0.012	2.8
D30	30.0	43.2	160	533	718	950	2.0	0.015	2.5
E17.5	17.5	27.0	165	943	348	950	4.0	0.028	1.9
E20	20.0	34.2	160	800	490	950	3.0	0.018	1.5
E25	25.0	41.1	155	620	658	950	2.0	0.014	2.7
E30	30.0	45.3	150	500	781	950	2.0	0.014	2.9

(2) 各系列调粒水泥混凝土的性能

通过试验可对比相同W/B下，各系列调粒水泥混凝土性能。如表3-8所示。

各系列调粒水泥混凝土的试验结果 表3-8

试验符号	W/B (%)	混凝土物性		砂浆的物性		抗压强度			
		坍落度(cm)	坍落度流动值(cm)	黏度(s)	屈服值(Pa)	3d	7d	28d	91d
A25	25.0	26.0	61	16.1	67.5	76.5	92.7	105.3	118.3
A30	30.0	26.5	65	11.9	44.2	63.6	77.8	92.6	103.0
B20	20.0	27.0	63	24.6	91.1	77.2	93.7	110.1	117.2

续表

试验符号	W/B (%)	混凝土物性		砂浆的物性		抗压强度			
		坍落度 (cm)	坍落度流动值(cm)	黏度 (s)	屈服值 (Pa)	3d	7d	28d	91d
B25	25.0	25.0	68	10.8	27.8	64.8	80.6	94.7	110.9
B30	30.0	26.5	64	11.9	38.3	45.6	64.5	78.6	92.4
C17.5	17.5	26.5	60	54.0	161.8	86.0	96.3	108.3	121.3
C20	20.0	—	74	18.5	17.6	86.7	95.4	109.8	122.9
C25	25.0	28.0	71	13.6	15.9	63.2	77.6	91.2	100.0
C30	30.0	25.5	59	8.9	43.5	55.0	69.7	84.2	97.2
D20	20.0	27.0	64	38.1	111.7	76.8	95.8	124.5	135.3
D25	25.0	27.5	66	17.2	41.9	58.8	80.5	107.9	127.1
D30	30.0	27.0	64	13.9	40.5	51.2	71.6	101.0	109.4
D17.5	17.5	27.0	62	59.7	158.3	82.6	99.1	125.0	133.7
D20	20.0	—	70	26.6	28.6	88.0	102.9	124.8	143.1
E25	25.0	—	68	16.5	27.4	65.9	84.5	106.8	117.1
E30	30.0	27.0	66	13.1	24.7	53.6	70.9	96.6	113.3

由表3-8混凝土的试验结果可见：

1）各组调粒水泥混凝土的 W/C 均在25%及30%时，混凝土的坍落度从25～28cm，其中以C25的坍落度最大，达28cm；扩展度从59～71cm，其中以C25的扩展度最大，达71cm；屈服值也是C25的最低，为15.9Pa。

2）各组调粒水泥混凝土的 W/C 均在25%时，D25的28d和91d龄期强度最高，分别为107MPa与127MPa。

3）编号为D20的调粒水泥混凝土，坍落度流动值70cm，91d龄期强度143.1MPa，得到了高流动性超高性能混凝土。

4）在坍落度相同的情况下，调粒水泥混凝土的 W/C 比基准的硅酸盐水泥混凝土可降低5%左右。

3.5　球状水泥

球状水泥是将水泥的粒子加工成球状。这种水泥与普通硅酸盐水泥相比，具有许多特性。例如粒径为10～30μm的球状水泥，其球形系数为0.85；用其拌制砂浆，灰砂比1∶2，W/C=55%时，水泥胶砂的流动度可达277mm；而普通硅酸盐水泥，颗粒球形系数为0.67，其同条件下水泥胶砂的流动度仅为177mm。如胶砂的流动度相同，球状水泥可降低 W/C10%以上。球状水泥配制的混凝土，与普通硅酸盐水泥混凝土相比，可降低9%～30%的用水量。各龄期混凝土的强度提高的幅度在10%～50%之间；球状水泥是一种性能优良的水泥。

我国建材研究院的研究人员，对我国一些水泥生产厂的水泥粉磨工艺及水泥的球状系数进行了系统分析，提出了改善水泥颗粒形貌的相关措施。日本小野田水泥公司和清水建设共同研发了球状水泥的生产工艺，并投入了生产。

1. 球状水泥生产工艺原理

水泥熟料通过高速气流粉碎及特殊处理之后而得到球状水泥。

图3-12（*a*）球状化处理前的水泥粒子，有棱角，粉尘多；

图3-12（*b*）经粉磨，凸出部分棱角受磨损，微粉增加；

图3-12（*c*）经处理，大粒子表面黏附微粉；

图3-12（*d*）通过机械处理，微粉被固定在粒子表面；这样处理后，粒形为椭圆形，粉尘减少，粒度分布合理，没有凝聚状态的微粉，分散状态良好。

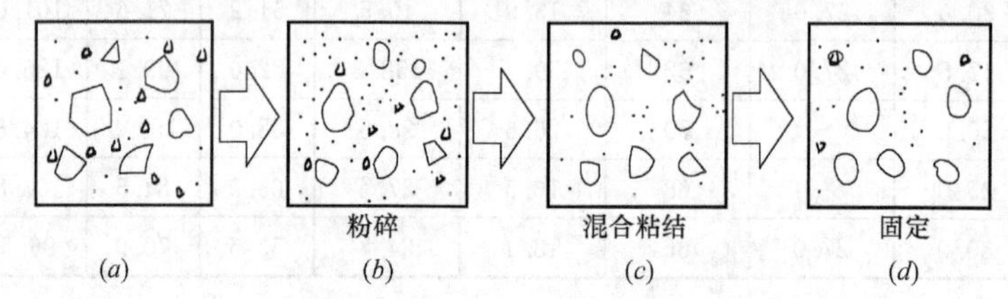

图3-12　球状水泥的生产工艺过程

使用球状水泥生产混凝土，是混凝土达到高流动性，高强度与高耐久性的重要手段。

2. 球状水泥的特性

球状水泥与普通水泥的粒子形状分别如图3-13所示。

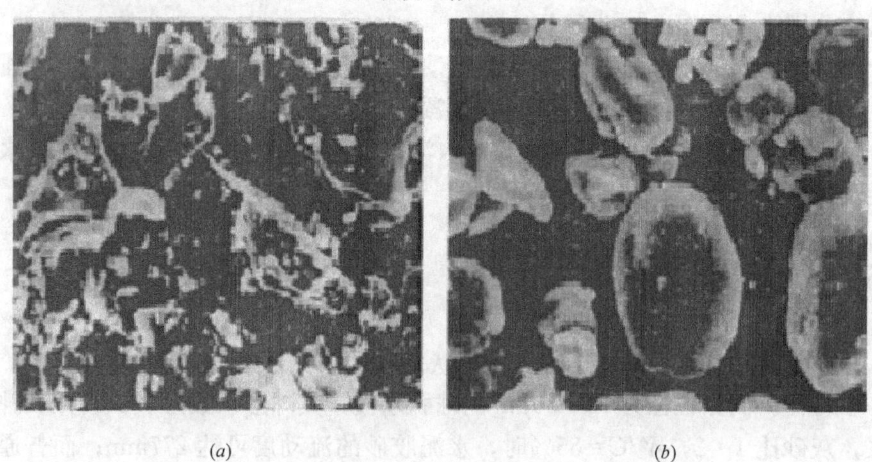

(*a*)　　(*b*)

图3-13　普通水泥与球状水泥粒子的SEM图谱

（*a*）普通水泥；（*b*）球状水泥

普通水泥的粒子形状如图 3-13（*a*）所示，表面有棱角，如粗骨料中的碎石形状；而球状水泥（图 3-13*b*），凹凸部分与棱角部分消失了，呈球状，如粗骨料中的卵石形状；而且几乎都是 1～30μm 大小的粒子。根据 SEM 的观测，并通过图像处理，在球状水泥中，变化比较明显的是 10μm 以下的粒子。评价球状水泥是按其粒子的球状度去评价，球状度按下式求得：

粒子的球状度＝粒子投影面积相等的圆的直径/粒子投影面最小外接圆直径

普通硅酸盐水泥的球状度是 0.67，球状水泥是 0.85；球状水泥的球状度与真球（球状度＝1）相接近。

球状水泥表面由于摩擦粉磨，熟料表面没有裂缝，而且粉尘还通过特殊处理，固结于粒子表面。水泥粒子表面经过改性后，具有高流动性与填充性，使混凝土的质量提高。

（1）球状化与填充性

如图 3-14 所示为水泥，以及水泥丨砂了混合后的表观密度。球状水泥的表观密度（1.88）比普通水泥（1.63）大，约增加 15%；水泥与砂（标准砂与普通砂）混合后约增加 2%～3%。说明球状粒子的填充性提高；也暗示出水泥浆体的流动性提高。

一般粉体的孔隙率以下式表示：

$$孔隙率\ k=(n/d)$$

式中，k，n 为常数；d 为平均粒径；普通水泥 $k=1.01$，$n=0.290$，根据这些参数，与球状水泥具有相同平均粒径（11.34μm）的普通水泥，其孔隙率约 50%。而根据表观密度试验的数据计算，球状水泥孔隙率仅 40%，比普通水泥表观密度提高 10%，如图 3-14 所示。

（2）球状化与流动性

球状水泥（SC）与普通水泥（OPC）的流动性如图 3-15 所示，球状水泥

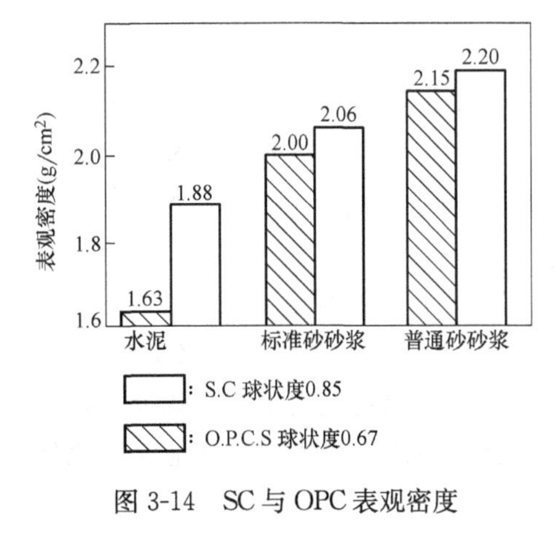

图 3-14　SC 与 OPC 表观密度

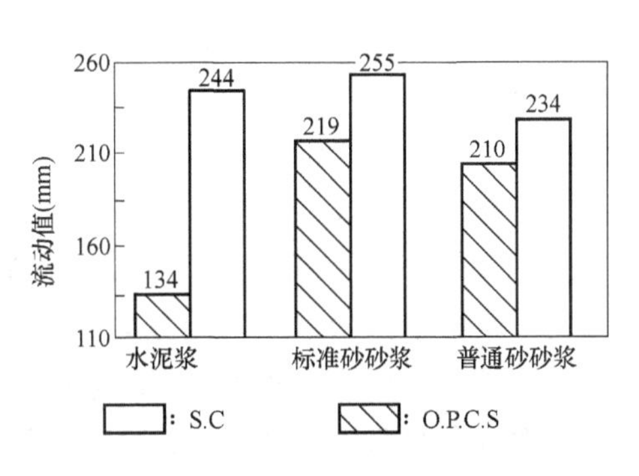

图 3-15　SC 和 OPC 的流动值

(SC) 的流动性与普通水泥（OPC）相比，净浆流动值增大 110mm，约增大 80%；标准砂砂浆增大 36mm，约增大 16%；普通砂砂浆增大 24mm，约增大 11%。这是由于球状化后，需水量降低，在相同的用水量下，球状水泥的流动性可以提高。

(3) 粒度分布与微粉量

以 OPC，SC 及分级水泥（OPCS）分别进行筛分试验，进行对比，如图 3-16 (*a*)所示。5μm 以下粒子的筛余量百分率降低，5～40μm 粒子的筛余量百分数增加。

从图 3-16 (*b*) 所示的 OPC 与 SC 的粒度分布可见：SC≥40μm 的大粒子消失，≤3μm 的粒子减少，粒度分布变窄。大粒子消失与粉尘的减少，都是由于球状化处理的结果．通过球状化处理后，微粉固结到大粒子表面上，使球状水泥中的微粉含量降低。

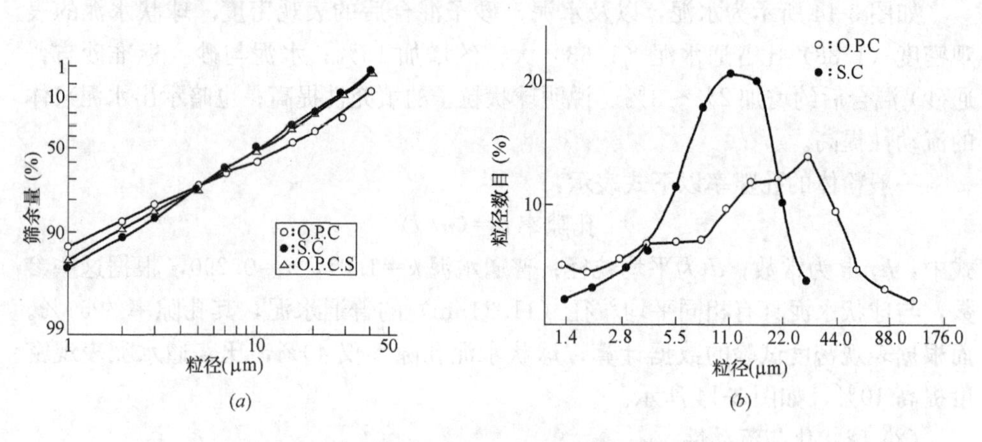

图 3-16　OPC，SC 及 OPCS 的粒度分布曲线
(*a*) 粒度分布曲线；(*b*) 水泥粒度分布

(4) 球状水泥表面元素及其 Zeta 电位

用 X 射线对球状水泥表面进行微观分析，如图 3-17 所示。在球状水泥表面普遍存在 Al，Fe 及 S 等元素；也就是一些间隙相的物质，以及石膏等容易粉碎的东西。通过球状化处理后成为粉尘，黏附于大粒子表面上，而普通水泥粒子表面就没有这种元素的普遍存在。

表 3-9 及图 3-18 表明了一部分水泥粒子 Zeta 电位的测定结果。SC 与 OPC 相比，Zeta 电位向（+）侧方向变化；间隙相成分 C3A，C4AF 的 Zeta 电位可以认为是（+）的，SC 的 Zeta 电位也是（+）的，这可能由于球状化处理，粒子表面含有间隙相成分之故。SC 的 Zeta 电位约为 OPC 的 3 倍，这是球状化处理后，粒子间静电斥力引起的。

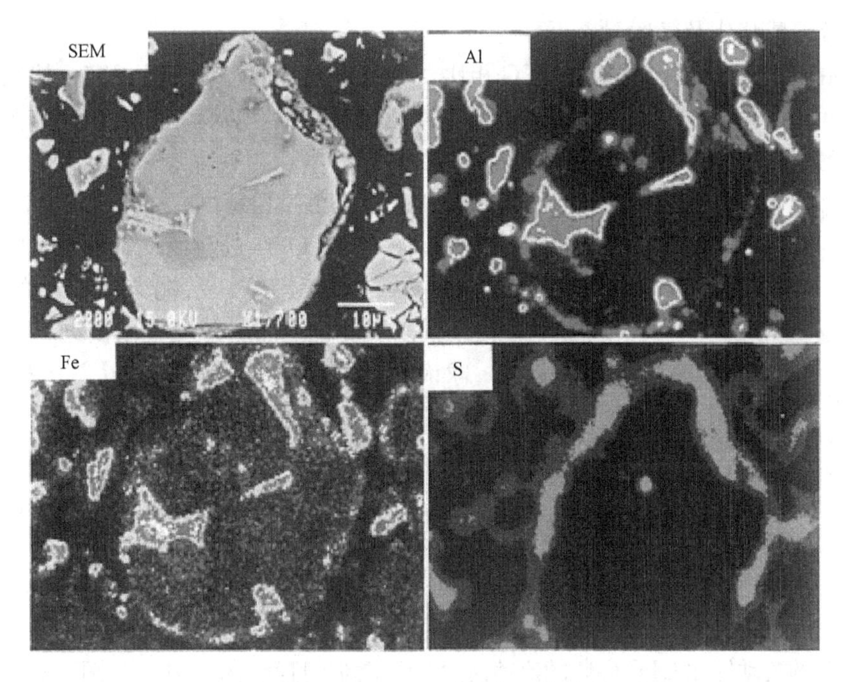

图 3-17　X 射线及 SEM 对球状水泥粒子表面分析

球状水泥粒子表面 Zeta 电位及粉末性质　表 3-9

	Zeta 电位（mV）	平均粒径（μm）	Blaine（cm^2/g）	B. E. T（cm^2/g）	松堆密度（g/cm^3）	密实堆密度（g/cm^3）
OPC	−1.13	13.5	3270	9694	0.98	1.86
SC	+3.42	10.1	2480	5026	1.19	1.91

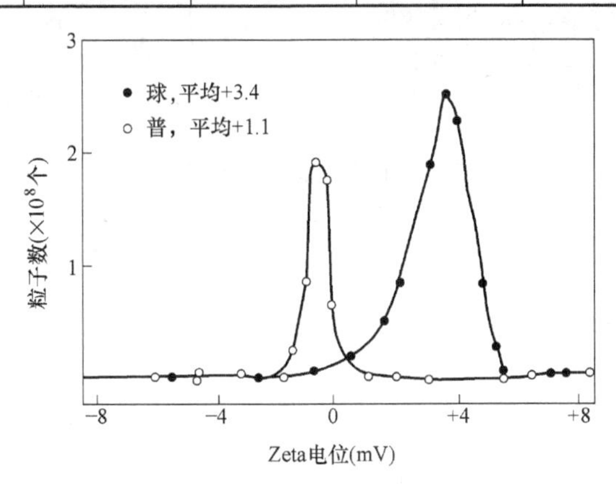

图 3-18　SC 与 OPC 的 Zeta 电位

（5）比表面积

由表 3-9 可知，通过球状化处理后，球状水泥的平均粒径变小。但是与此相反，Blaine 法与 B. E. T 法测定的比表面积的数值，SC 都变小了。其原因可能是由于粒子球状化及微粉量降低。

由表 3-9 还可见，SC 与 OPC 相比，表观密度增大，填充性提高，特别是松堆密度的提高更为明显。水泥浆体与混凝土的流动性与粉体的密实填充有关；球状水泥的高流动性与其颗粒间的填充性及球状性密切相关。

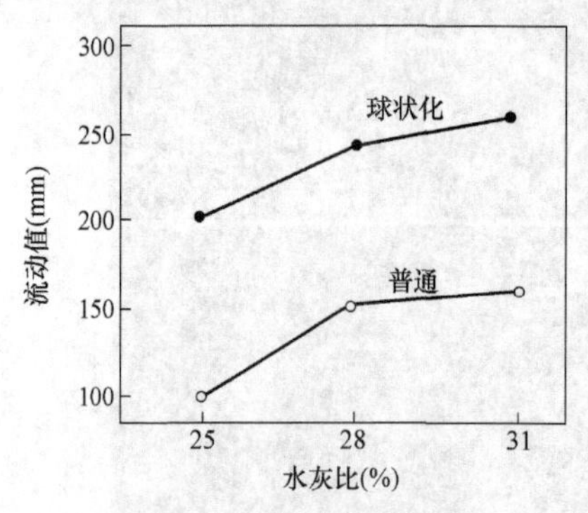

图 3-19 不同水灰比下 SC 与 OPC 浆体的流动值

3. 流动性试验

将 SC 与 OPC 进行流动性对比试验，观测在相同水灰比下，水泥浆、砂浆的流动性，以及混凝土的坍落度，以便进一步了解球状水泥的特性。

(1) 水泥浆的流动性

SC 与 OPC 的流动值如图 3-19 所示。在相同的水灰比下，SC 净浆的流动值比 OPC 的约高 100mm。

(2) 砂浆的流动性

SC 与 OPC 砂浆的流动值如图 3-20 所示。SC 砂浆的流动性比 OPC 砂浆的流动性大幅度提高，且经时变化小，如图 3-21 所示。

SC 与 OPC 相比，在相同的流动值下，可降低用水量 10%，如图 3-22 所示。

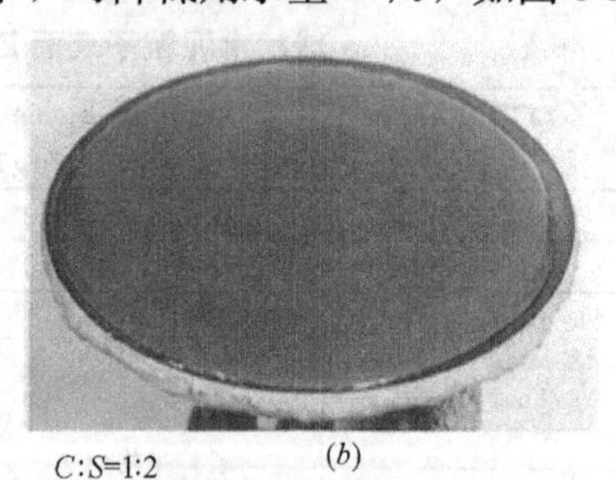

(*a*) W/C=0.55 C:S=1:2 (*b*)

图 3-20 砂浆的流动性试验对比

(*a*) OPC 砂浆 177mm；(*b*) SC 砂浆 277mm

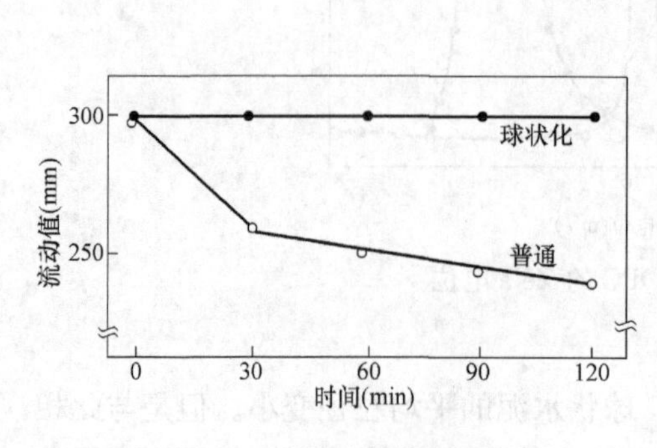

图 3-21 砂浆的流动值经时变化

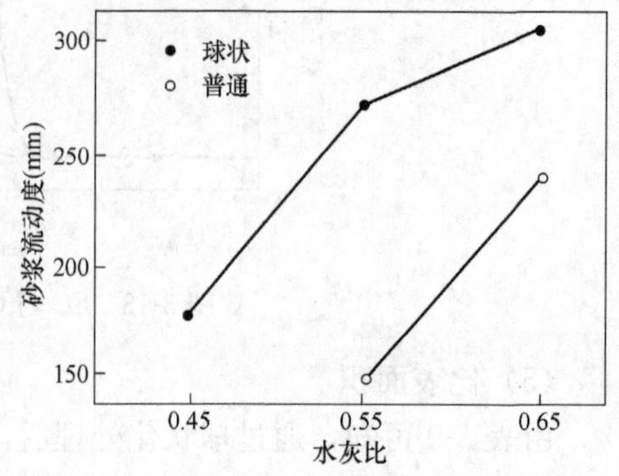

图 3-22 SC 与 OPC 砂浆的流动度与水灰比关系

当水灰比为0.55时，SC砂浆的流动值约260mm，而OPC砂浆的流动值只有150mm；可见球状水泥具有优异的流动性能，这是由于球状水泥球形表面比碎石状表面的OPC需水量低，另一方面球状水泥的密实度大，在用水量相同条件下（*W/C*相同）球状水泥的流动性能较OPC的优异。

我国建材研究院王昕等人对不同水泥熟料的OPC与SC，按GB/T 2494—92（水泥胶砂流动度测定方法）检测了胶砂流动值；由原来的OPC改变为SC之后，圆形系数增大，水泥胶砂的流动值普遍增大，水泥净浆标准稠度用水量普遍减小，这与日本小野田水泥公司的试验结果一致。

（3）混凝土的流动性

两种水泥，SC与OPC进行混凝土对比试验，相同的水灰比下，SC混凝土的坍落度增大（最大达22cm），如图3-23中，*W/C*均为25%，OPC混凝土的坍落度约5cm，但SC混凝土的坍落度约20cm，显示出良好的流动性。另一方面，如果SC与OPC混凝土的坍落度相同，则SC混凝土的用水量比OPC混凝土的用水量可降低9%～30%。

用SC配制高性能与超高性能混凝土，在混凝土的流动性方面具有很多突出的优点。

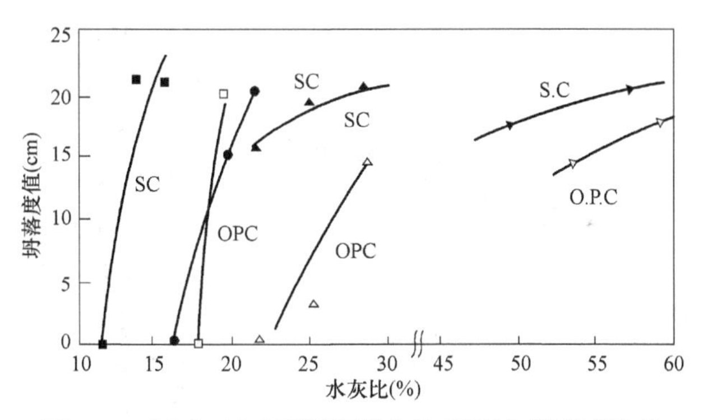

图3-23　SC与OPC配制混凝土的*W/C*与坍落度关系

4. SC的水化热与结合水

水化放热低是高性能超高性能混凝土的基本要求。结合水关系到水泥的水化收缩，即自收缩的大小。

（1）SC的水化热

通过微热量计测得72h球状水泥和普通水泥的水化放热速度及累计放热量，如图3-24（*a*）、（*b*）所示。

球状水泥与普通水泥相比，在放热速度图谱中，SC的第一，第二放热峰值比OPC低，放热速度也慢；从累计发热量图谱来看，SC早期水化热被抑制而降低了25%。其原因主要是$<3\mu m$的粉体比OPC的少。

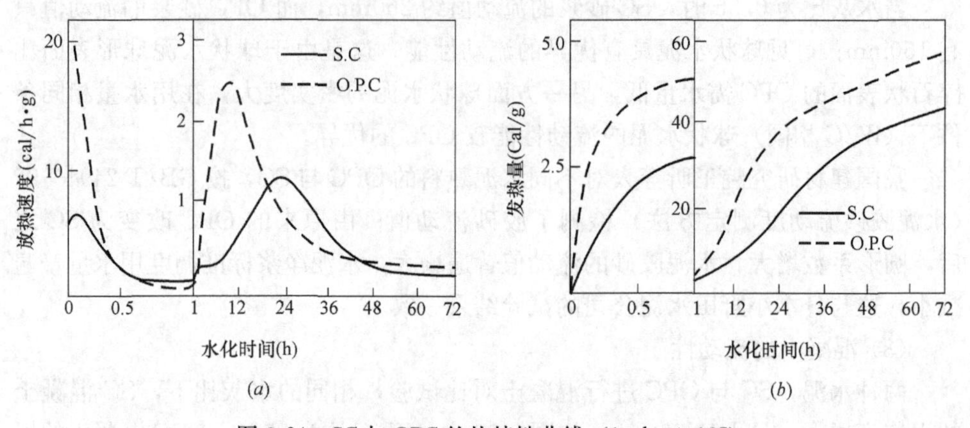

图 3-24 SC与OPC的热特性曲线（1cal=4.18J）

(a) SC与OPC放热速度；(b) SC与OPC累计发热量

(2) 结合水

SC与OPC相比，7d龄期时，OPC的结合水比SC的多12%～30%；7d龄期后，SC结合水增加的百分率大；91d龄期时，SC和OPC的结合水大体相同；如图3-25所示。

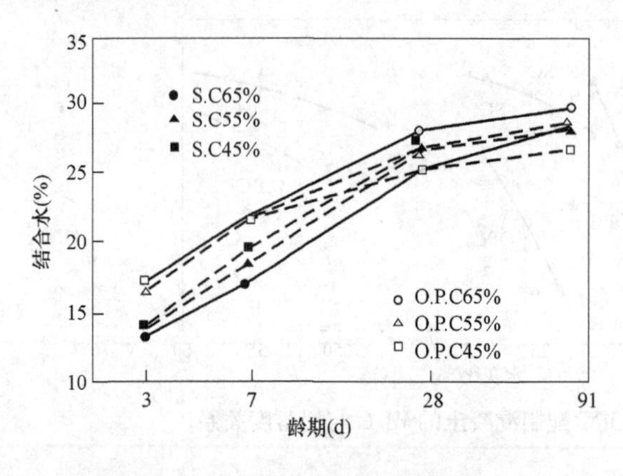

图 3-25 SC与OPC不同龄期结合水

SC的水化放热量与结合水量具有相同的规律；早期抑制水化反应，随着龄期增长而恢复，但长龄期SC的水化反应比OPC的大。

5. 球状水泥混凝土的特性

为了对比球状水泥与普通水泥混凝土的特性，按表3-10进行试验。混凝土试件尺寸为$\phi 10\times 20$cm，标养条件下，7d、28d及56d龄期进行抗压试验，结果如图3-26所示。同时还测定了弹性模量，以及碳化性能。

(1) 抗压强度

如图3-26所示。①对普通混凝土，球状水泥与普通水泥混凝土相比，7d龄期约提高10%，28d龄期约提高15%，56d龄期约提高30%；②对于高强混凝土也与普通混凝土具有类似规律；③对于超高强混凝土，球状水泥与普通水泥混凝土相比，7d、28d及56d龄期的强度，提高的幅度更大，约50%左右。球状水泥混凝土7d龄期的强度≥100MPa，56d龄期的强度150MPa。

球状水泥与普通水泥混凝土配合比 表 3-10

水泥	坍落度 (cm)	含气量 (%)	水灰比 (%)	砂率 (%)	混凝土材料用量(kg/m³) 水泥	水	砂	碎石	减水剂
OPC	18	4	54	49	310	167	882	936	p(0.75)A(1.5)
	21	1	32	45	492	157	785	978	M(6.0)
	21	1	20	37	517(SF58)	115	660	1143	M(23.0)
SC	18	4	49	49	310	152	902	957	p(0.75)A(1.5)
	21	1	27	45	492	133	816	1017	M(6.0)
	21	1	14	37	517(SF58)	81	673	1182	M(23.0)

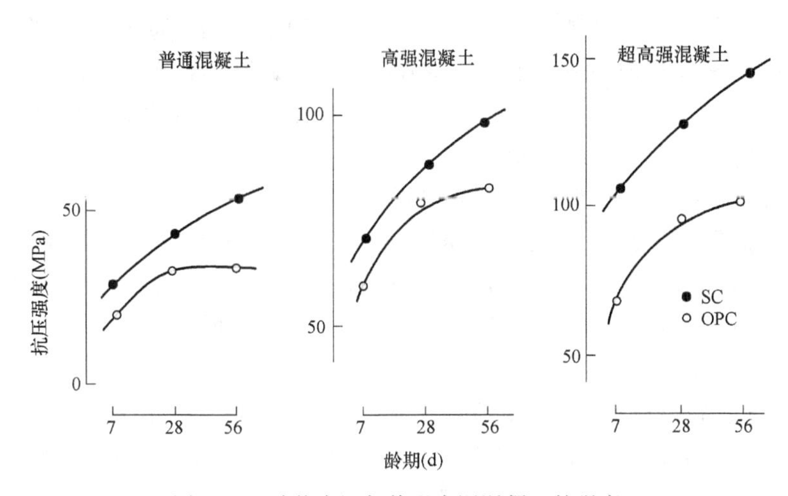

图 3-26 球状水泥与普通水泥混凝土的强度

(2) 强度与弹性模量关系

球状水泥与普通水泥混凝土抗压强度与弹性模量关系如图 3-27 所示。球状水泥混凝土抗压强度为 30～50MPa 时，弹性模量为（2.5～3.5）×10000MPa，抗压强度为 70～140MPa 时，弹性模量为（4.0～4.8）×10000MPa；抗压强度超过为 110MPa 时，弹性模量几乎不增长。在抗压强度为 100MPa 时，球状水泥与普通水泥混凝土的弹性模量无明显差别。

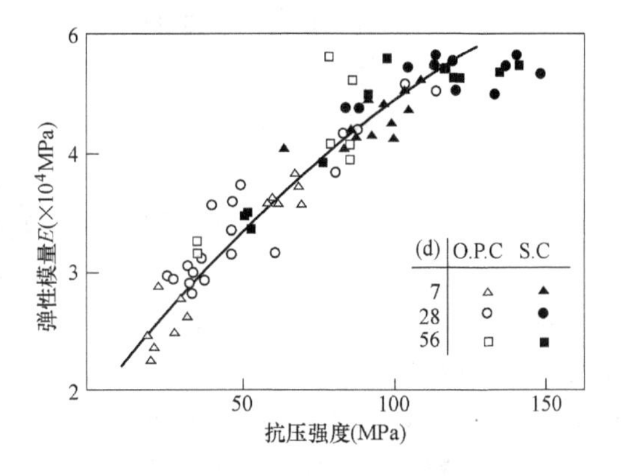

图 3-27 抗压强度与弹性模量关系

(3) 混凝土的碳化速度

一般的情况下，$W/C=40\%$ 以下的混凝土，碳化速度相当慢，因此，当混凝土的 $W/C>40\%$ 时，才考虑混凝土的碳化问题。

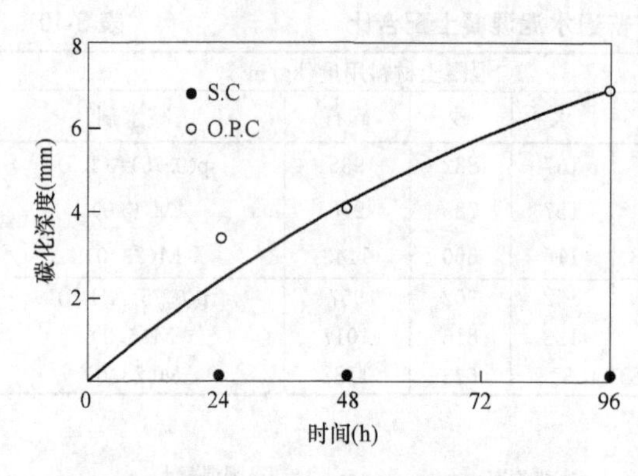

图 3-28 球状水泥与普通水泥混凝土的碳化

为了对比球状水泥与普通水泥混凝土的碳化速度，配合比试验时，使两者的坍落度相同，但达到相同坍落度时，两者的 W/C 不同。球状水泥混凝土为 $W/C=48\%$；普通水泥混凝土的 $W/C=54\%$。配制出的混凝土坍落度为 180mm。按标准制出的试件，在二氧化碳浓度为 100%，压力为 0.3MPa 的条件下进行试验，经 96h 进行碳化；球状水泥混凝土碳化深度=0，而普通水泥混凝土的碳化深度为 7mm。如图 3-28 所示。

6. 球状水泥高流动性机理及微观结构

球状水泥与普通水泥相比，相同 W/C 下，球状水泥浆比普通水泥提高 110mm（提高 80%），标准砂砂浆堤高 36mm（提高 16%），河砂砂浆提高 24mm（提高 11%）。这是由于球状化以后，能有效地提高流动性。

(1) 粒子转动要求的水量

一个水泥粒子在水中自由转动时要求的水量，可以计算出来，计算时的概念图如图 3-29 所示。计算时以 SEM 图像为基础，选择球状水泥与普通水泥的标准粒子，在 XY 坐标轴上进行，计算如下式所示：

$$S_o=(S-S_1)/S_1 \tag{3-1}$$

$$S_\kappa=(S-S_2)/S_2 \tag{3-2}$$

式中 S_o——相当于普通水泥粒子转动时要求的水分面积/粒子断面面积；

S_κ——相当于球状水泥粒子转动时要求的水分面积/粒子断面面积；

S——粒子外接圆的面积；

S_1——普通水泥粒子断面面积；

S_2——球状水泥粒子断面面积。

根据式（3-1）、式（3-2），普通水泥粒子和球状水泥粒子转动时要求的水量平均值，分别为 1.07 与 0.41. 可见，粒子为球状时，在相同用水量下，流动性效果明显提高。

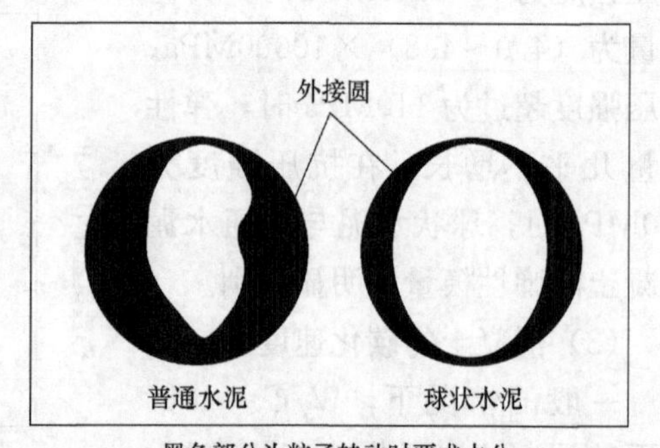

黑色部分为粒子转动时要求水分

图 3-29 球状水泥与普通水泥粒子转动时要求的水分

（2）粒度分布与微粉量与流动性关系

球状水泥与普通水泥相比，粒度分布比较狭窄，3μm 以下的粉尘较少。为了了解粒度分布和粉尘量对水泥浆及砂浆流动性的影响，对分级水泥及普通水泥的流动值进行了对比试验。结果如图 3-30 所示。

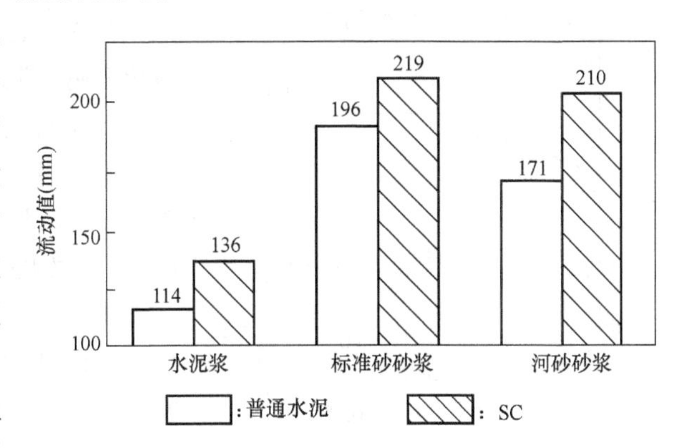

图 3-30　水泥中微粉含量不同时流动值比较

普通水泥的微粉含量，3μm 以下的粉尘≥14.2%

分级水泥的微粉含量，3μm 以下的粉尘≤9.0%

由图 3-30 可见，分级水泥的流动值与普通水泥相比，水泥浆的流动值增大 22mm，砂浆的流动值增大 22～40mm，约增大 10%～20%。这是由于 3μm 以下的粉尘黏滞，凝聚性大，故含 3μm 以下的粉尘多时流动性差。此外，3μm 以下的粉尘活性高，分级水泥的粉尘少，早期水化慢，也有利于流动性提高，这也是高流动性原因之一。而且分级水泥与普通水泥相比，40μm 以上的大粒子也剔除了，但剔除大粒子对增加流动性的贡献不大，分级水泥与普通水泥流动性的差别主要是微粉含量。

球状水泥，一方面由于球状化，另一方面由于 3μm 以下的粉尘含量降低，使球状水泥能获得高的流动性。

（3）减水剂与流动性的关系

图 3-31 是普通水泥，球状水泥对减水剂的等温吸附曲线。对球状水泥，减水剂的添加量达 1%时，达到饱和。球状水泥对减水剂的饱和吸附量约 5mg/g，但普通水泥的饱和吸附量约 16mg/g，两者差别很大。即使考虑两者比表面积的差，对减水剂的饱和吸附量，球状水泥也只是普通水泥的 1/2 左右。

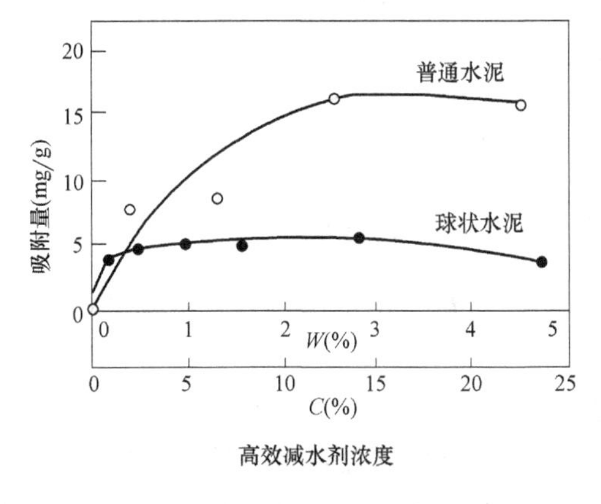

图 3-31　减水剂添加量与吸附量关系

故对球状水泥，即便减水剂的添加量少，其流动性也比普通水泥好。在 W/C 相同，减水剂浓度相同的情况下，球状水泥流动性比普通水泥好得多。图 3-32 是减水剂掺量与流动性关系。

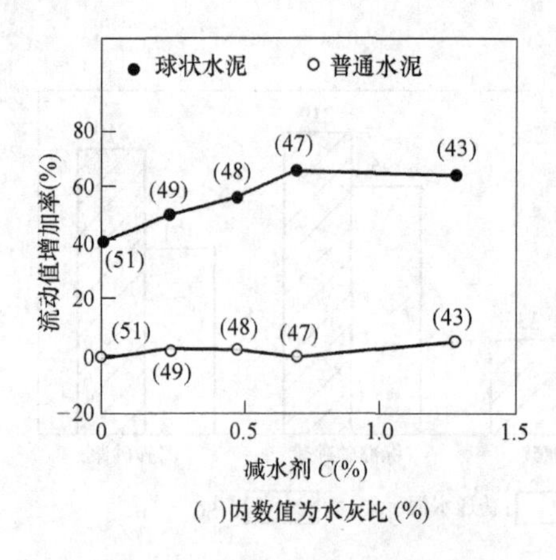

图 3-32　减水剂添加量与流动值关系

(4) 微观结构

按表 3-11 的配合比配制混凝土，对比球状水泥与普通水泥混凝土的微观结构。

制作的试件，在标准条件下，水中养护以后，用压汞法测定其结构，同时观测骨料与水泥浆的界面。其孔结构如图 3-33 所示，界面的 SEM 如图 3-34 所示。

由图 3-33 可见，水泥石中的细孔总含量及 50nm 以上的细孔含量 SC 比 OPC 的都低。图 3-34 界面上的 SEM 进一步说明，SC 混凝土界面过渡层很小，结构致密，粘结强度高，强度和耐久性均提高。

混凝土配合比　　**表 3-11**

编号	水泥	SLUMP	含气量	W/C	砂率	水泥量	外加剂
7	SC	18cm	4%	48%	50%	310	
8	OPC	18cm	4%	54%	50%	310	

注：表中外加剂：P—改性木质素磺酸盐 0.75%；A—引气剂 1.5%。

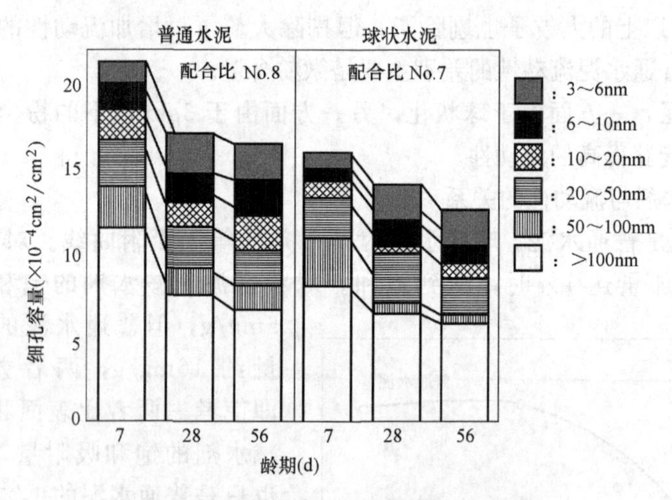

图 3-33　水泥石中不同龄期的细孔含量

上述可见，用 SC 配制混凝土，由于需水量少，水灰比低，混凝土强度高，很适合于配制 UHPC。

7. 提高水泥球状系数的技术途径

在日本，小野田和清水建设研发和生产的球状水泥，是一种专利技术。在水泥磨细的过程中，微粉黏附于大颗粒的粒子表面上，再经机械打击，使微粉固定

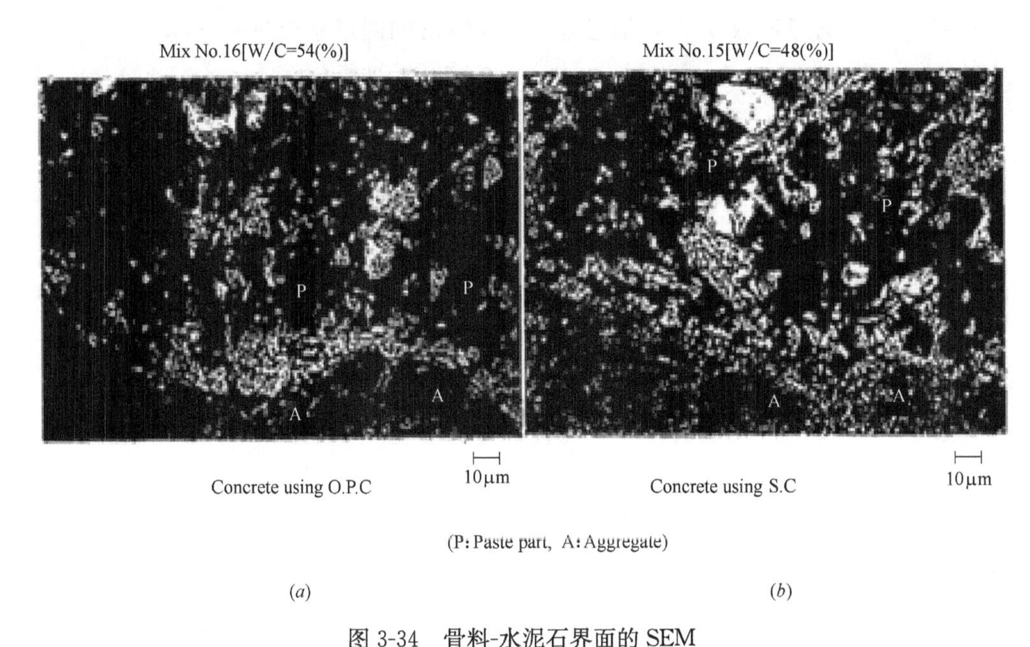

图 3-34　骨料-水泥石界面的 SEM

(a) OPC 的界面 SEM；(b) SC 的界面 SEM

在粒子表面上而成为球状水泥。

我国一些大、中型水泥厂，采用不同的粉磨工艺，其水泥样品的颗粒形貌分析如表 3-12 所示。水泥颗粒球状系数在 0.51～0.73 之间。

不同的粉磨工艺对水泥颗粒形貌的影响　　表 3-12

项目 \ 类型	球磨机				辊压预粉磨系统	高细磨
	闭路			开路		
	一般选粉	高效选粉	椭圆介质			
圆形系数波动	0.56～0.72	0.54～0.72	0.63	0.51～0.61	0.58～0.61	0.70
圆形系数平均值	0.65	0.62	0.63	0.57	0.65	0.70
参加统计样品数	7	7	1	5	4	1
圆形系数>0.7	1	2	—	无	1	1

注：本表引自王昕，白显明等的论文。

由表 3-12 可见，采用高细磨有利于提高水泥颗粒的圆形度。因高细磨在尾仓以小直径的研磨体（小钢球，钢段），取代了大直径研磨体，大大地提高了球磨机的研磨能力，故水泥颗粒的圆形系数≥0.7，比普通水泥用开路磨的圆形系数高得多。

由表 3-12 还可见，采用辊压机与球磨机联合粉磨工艺，水泥颗粒的圆形系数相对较高，为 0.58～0.73，颗粒形貌较好。采用辊压机预粉磨工艺，再进入球磨机研磨，物料易磨性提高，颗粒形貌改善。

对于不同的粉磨工艺，水泥颗粒越细，圆形系数相对较高。例如，粒径

17～34μm 的圆形系数 0.78，而粒径 35～49μm 的圆形系数只有 0.53。

3.6 小结

综合上述，高强度高性能混凝土对水泥的选择，以下方面是值得注意的：(1) 低水化热的水泥，对水泥的矿物组成要 C_3A，C_3S 的含量要低，C_2S 的含量要高；(2) 水泥粒子的颗粒似球状，圆形系数相对较高；(3) 水泥（胶凝材料）粒子间的级配要好，孔隙率要低，如低热水泥＋8％硅粉，或调粒水泥都能达到这方面要求的性能。

第4章　骨　　料

4.1　引言

骨料就是作为混凝土骨架的材料；在混凝土总体积中约占70%，是混凝土的主要组成成分。

混凝土骨料有粗细之分，粒径范围0.15～5mm，为细骨料，如天然砂，海砂及石屑等；粒径范围5mm以上，到150mm为粗骨料，如卵石、碎石及碎卵石等。此外，为了将资源再生利用，还有再生骨料，也即将拆除房屋的建筑垃圾，如混凝土块、砖块等，破碎成的粗细骨料，也属本章介绍的范围。

在混凝土中骨料具有重要的技术、经济和环保作用。正确地选择骨料，符合有关技术标准的要求，是配制高性能超高性能混凝土的基础。在普通混凝土中，一般骨料的强度，高于混凝土强度的3～4倍，由于骨料的不同，混凝土抗压强度差别很小。但是配制高性能超高性能混凝土时，随着混凝土强度的提高，骨料的差别对混凝土抗压强度影响很大。如图4-1所示，当混凝土抗压强度50MPa

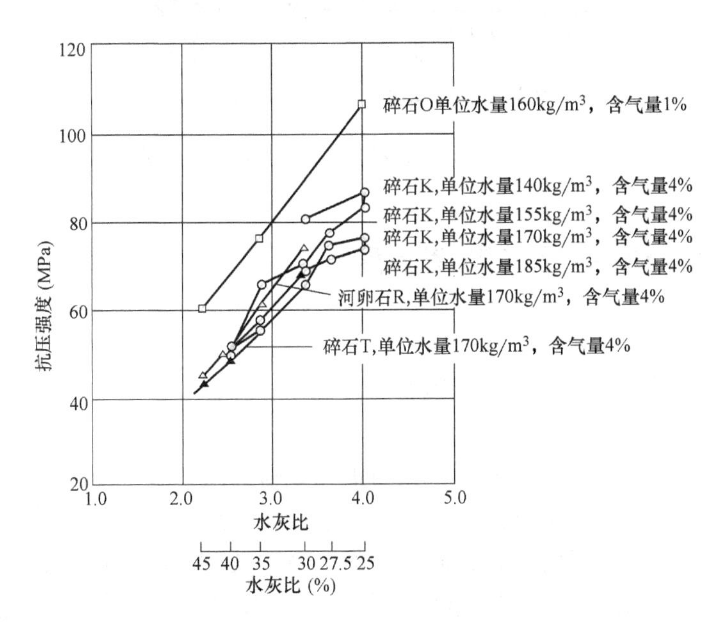

图4-1　不同骨料混凝土的水灰比与抗压强度

以下时，也即水灰比 0.4 左右，这时用碎石 K 及河卵石 R 配制混凝土，其抗压强度均大体相同。但当水灰比<0.35 以后，用不同品种的粗骨料，在相同的水灰比下配制混凝土时，抗压强度的差别比较明显。碎石本身的强度及其界面结构均比卵石有利，故其混凝土强度高。

过去，一般把混凝土看成是水泥砂浆与粗骨料的两相复合材料，以此来分析外力作用下的应力与应变，以找出混凝土组成材料的数量与质量对强度的影响。但是，实际上混凝土是由三相复合而成，也即骨料、水泥浆与界面过渡层所组成，如图 4-2 所示。高性能超高性能混凝土中，界面过渡层则是相对薄弱环节，如何改善与提高界面过渡层的性能，是提高高性能超高性能混凝土强度、耐久性与抗渗性的技术关键。故必须研究骨料与水泥浆之间的相互作用，并研究骨料的品种，数量与质量对界面过渡层的影响。

图 4-2　水泥浆与骨料界面过渡层的微观结构

4.2　骨料与水泥浆的粘结强度

关于骨料界面与水泥浆的粘结问题，是提高混凝土强度的基本问题，必须对有关理论进行研究，关于粘结理论就是其中的一方面。

1. 粘结理论

不同种类的两种物质接触时，相互间产生一种附着力，这就是粘结力。这是构成物质的分子，原子间相互作用的引力造成的。分子间的引力是由范德华引力及两个氢原子间键形成的结合力而构成的。固体被粘结时，在其表面涂上胶粘剂，经固化后，固体被粘结在一起，这种现象，被称之为粘结。这种粘结现象，从液体胶粘剂润湿被粘结的固体开始。

粘结力与润湿角有关，如图 4-3 所示。润湿角越小，则容易润湿；而越容易润湿，粘结力越大。

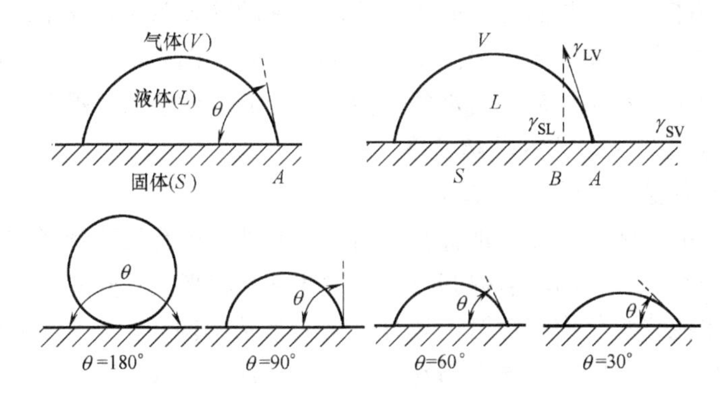

图 4-3　润湿角与界面张力（θ 越小，越容易润湿）

图 4-3 中，A 点是气、液、固三相的交点。各作用力在 A 点平衡时：

$$\gamma_{sv}=\gamma_{sl}+\gamma_{lv}\cos\theta \tag{4-1}$$

式中　γ_{lv}——气相 V 与液相 L 之间的作用力（水的界面张力）；

γ_{sv}——固相 S 与气相 V 之间的作用力；

γ_{sl}——固相 S 与液相 L 之间的作用力。

粘结功＝固体表面张力＋液体表面张力－固体与液体之间的界面张力：

$$W_A=\gamma_s+\gamma_{lv}-\gamma_{sl} \tag{4-2}$$

将式（4-1）代入公式（4-2），如 $\gamma_s=\gamma_{sv}$时，则 $W_A=\gamma_{lv}\cdot(1+\cos\theta)$。润湿角 θ 越小，W_A 越大，粘结性能好。此外，在固体中有临界的表面张力 γ_c，为了润湿物体的表面，液体表面张力 γ_{sl}必须大于 γ_c。

此外，关系到粘结强度的溶解度因子（Solubility Parameter，简称 SP），与凝聚能（Cohesive Energy Denceties，简称 CED ）之间有以下关系：

$$SP=(CED)^{1/2} \tag{4-3}$$

$$CED=\Delta E/V=\Delta H-RT/V=d/M(\Delta H-RT) \tag{4-4}$$

式中　ΔE——蒸发能量；

V——分子体积；

ΔH——蒸发潜热；

R——气体常数；

d——密度；

M——克分子量；

T——绝对温度。

根据上式，可计算出凝聚能 CED，再根据（4-3）式，可计算溶解度因子

SP，相互间的 *SP* 越相近，则易润湿，粘结强度增大。

上述理论适用于水泥浆-骨料之间的界面。日本的大岸等研究了数种建设工程材料的界面能对强度与润湿方面的影响，我国的陈志源等研究了水泥浆与大理石的粘结，这些都与润湿角有关。R. Zimbelmann 为了改善水泥水化物与骨料的粘结性能，使用一种添加剂，使水的表面张力降低，粘结强度提高 2～2.8 倍。

2. 水泥浆与骨料之间的粘结机理

(1) 粘结强度与混凝土的破坏

混凝土中的水泥浆，除了把骨料粘结在一起外，还有保持骨料粒子间的基体部分强度的作用，这与用环氧树脂将两个物体粘结起来是不同的。

此外，水泥浆水化物的粘结，与有机物的粘结不同；由于胶粘剂是水泥浆，随着龄期的增长，其结构与强度都发生变化；而且，因水灰比、养护条件，以及骨料的物理化学性质而异。也就是说，界面范围的强度与下列因素有关：①水泥浆的强度；②骨料本身的强度；③骨料与水化物的粘结力；④水化物的凝聚力；⑤水化物与硬化水泥浆的结合。因此，混凝土的破坏，有各种不同的情况，水泥石部分、界面、骨料或者这些因素的复合状态。

川村等人通过显微硬度计，连续地测定了在界面处水泥浆一侧及骨料一侧的两边硬度，进一步探明了界面区的物理化学特征；还通过裂缝微观分析，说明了界面裂缝发生与发展的情况。谷川等人把混凝土中与粗骨料有关的裂缝归纳如下：①由于泌水，骨料下部形成原生裂缝；②砂浆与粗骨料界面处，由于温度产生变形差异而产生的裂缝；③在砂浆处发生的裂缝；④砂浆处发生的裂缝与骨料裂缝联结在一起，长大的裂缝；⑤粗骨料内部发生的裂缝等。

普通混凝土的破坏，发生在粗骨料与水泥石的界面处，或水泥石处发生；但强度超过 80～100MPa 的高强混凝土的破坏，则由于骨料的破坏的比例较大。

(2) 界面状态

在粗骨料与水泥石的界面处形成一个过渡带，其特征是粗大的孔隙富集（参阅图 4-2）。

在过渡带范围内，接触层与骨料表面处，几乎是垂直板状或是层状的 $Ca(OH)_2$（以 CH 代表）结晶；中间层则分布着 CH 及钙矾石的粗大结晶，以及少量的 C-S-H 凝胶，强度不好，硅酸盐水泥混凝土中，大量的 CH 结晶，在骨料表面形成一个粗糙的结构；强度低，抗渗性和耐久性均不好。

3. 骨料类型与粘结强度

(1) 骨料表面磨光与水泥浆的粘结强度

将不同岩石的粗骨料，磨光表面，制备成低水灰比的试件，测定其与水泥浆的粘结强度，如图 4-4 所示。

由图 4-4 可见，粘结强度比较好的是砂岩、安山岩及石英斑岩，其次是石灰岩、玄武岩。

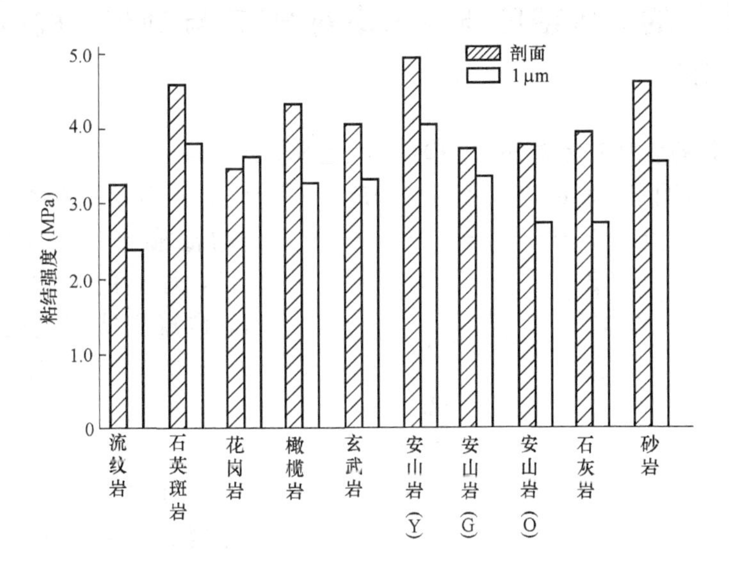

图 4-4 岩石与水泥浆的粘结强度

(2) 表面物理凹凸及不同矿物岩石试件的粘结

在这种情况下，水泥浆中含与不含硅粉时，粘结强度差别很大。掺硅粉时，界面粘结强度很高，28d 龄期时，纯拉的抗拉强度达到 11MPa。但离散性大，为了获得稳定强度的 HPC 必须充分注意。

(3) 化学成分与活性对粘结强度的影响

在高温高压条件下，骨料表面具有活性，变成活性骨料，与水泥浆发生化学反应，生成托勃莫来石，强度高。故多使用石英质骨料，即使常温下，使用石英质骨料，1d 龄期强度也可达 10MPa。石灰石的骨料在常温下的粘结强度也很好，用石灰石的骨料配制混凝土，可获得 120MPa 强度的 UHPC。

在获得混凝土最高强度的实例中，有用钢砂代替骨料拌制砂浆的，通过高温高压工艺，抗压强度可达 300MPa，而同条件的硅砂砂浆试件，强度只有 220MPa，约高 38%。这说明选择骨料时，骨料强度至关重要。关于骨料强度，一般都采用压碎指标试验方法。HPC 与 UHPC 的强度与其中粗骨料强度有很好的相关性。据报道，综合的评价粗骨料强度与粘结性能，可以评价其是否适用于 HPC 与 UHPC 的标准。在进行混凝土抗压强度试验时，改变粗骨料的用量，观察混凝土抗压强度降低的比例，综合评价骨料的数量与质量对混凝土强度的影响。$W/B=0.25\sim0.40$ 的 HPC 的试验结果表明，这种影响十分明显。此外，粗骨料的粒型与粒径对混凝土的流动性和强度也有很大的影响。

4.3 骨料的表观密度与吸水率对 HPC 与 UHPC 抗压强度的影响

1. 骨料的表观密度与 HPC、UHPC 抗压强度的关系

图 4-5 说明了骨料的表观密度与 HPC、UHPC 抗压强度的关系。相同水灰比的混凝土中，例如 $W/C=0.25$，骨料的表观密度≤2.5时，混凝土抗压强度较低，约50～70MPa；但当骨料的表观密度≥2.65 时，同样 $W/C=0.25$ 的混凝土，强度可达 110MPa；$W/C=0.25\sim0.35$，骨料的表观密度 2.65～3.0 时，配制的混凝土强度均较高。也就是说，配制 HPC 与 UHPC 时，骨料的表观密度要选择 2.65g/cm^3 以上。

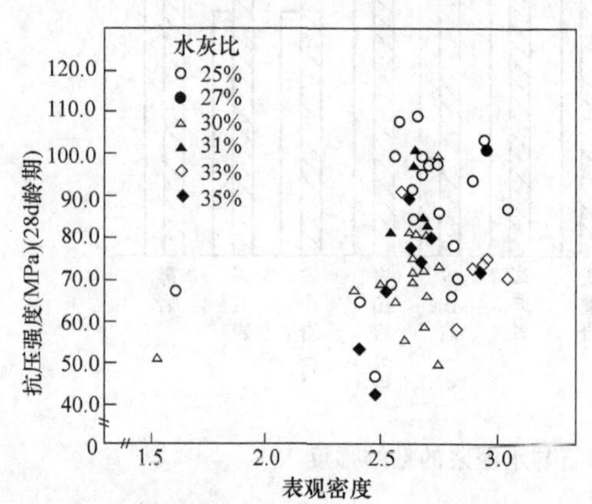

图 4-5 骨料的表观密度与 HPC、UHPC 强度关系

2. 骨料的吸水率对 HPC 与 UHPC 抗压强度的影响

水灰比相同的混凝土，骨料的吸水率大，强度低，如图 4-6 所示。

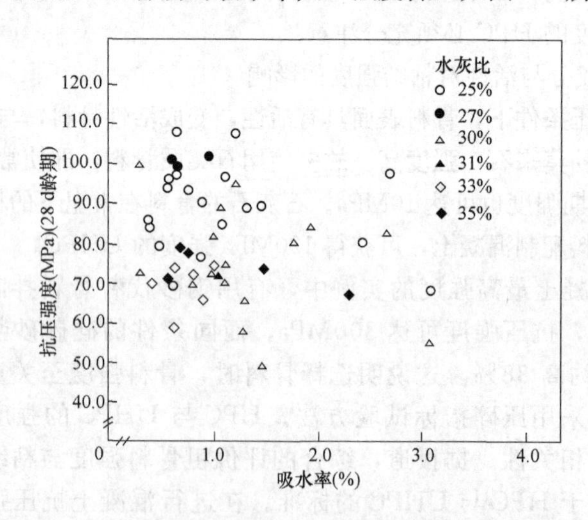

图 4-6 骨料的吸水率与 HPC，UHPC 抗压强度的关系

水灰比 0.25～0.35 的混凝土，骨料的吸水率≤1.0%时，强度均较高；骨料的吸水率较大时，混凝土强度均较低，故配制 HPC 与 UHPC 时，应选用吸水率在 1.0%左右的粗骨料。

3. 不同品种的细骨料与 HPC、UHPC 抗压强度的关系

配制 HPC 与 UHPC 时，细骨料有河砂、山砂、水洗海砂、碎石砂及陆砂等。不同品种砂配制的砂浆，其抗压强度如图 4-7 所示。

河砂、碎石砂、水洗海砂的砂浆强度较高，陆砂、山砂的砂浆强度较低；故 HPC 及 UHPC 均使用河砂、碎石砂、水洗海砂。

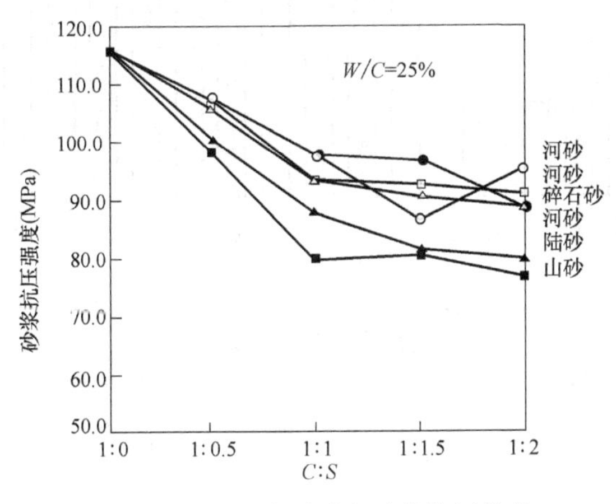

图 4-7 细骨料的种类与砂浆抗压强度

4.4 骨料对混凝土强度及变形性能的影响

1. 抗压强度

为了测定粗骨料的强度，将母岩制成 5cm×5cm×5cm 或 $\phi5\times5$cm 的试件，在水中浸泡 48h，测抗压极限值，与混凝土强度等级之比不低于 1.5；或压碎值 $Q_A<10\%$。一般来说，碎石比卵石好；碎石中母岩强度大，致密的硬质砂岩及安山岩强度高。水灰比＝0.25，用各种粗骨料配制混凝土强度约差 40MPa，而不同细骨料造成的凝土强度约差 20MPa。不同品种骨料对混凝土强度的影响如图 4-8、图 4-9 所示。由此可见，硬质砂岩砂与硬质砂岩碎石配制的混凝土强度最高，达 120MPa；用石英片岩粗骨料与烧矾土细骨料配制的混凝土强度，4 周龄期为 150MPa，13 周龄期为 160MPa。

2. 骨料用量与抗压强度关系

单方混凝土中，粗骨料用量多少比较合适？试验结果如图 4-10 所示。由此可见，对于碎石混凝土，粗骨料用量 300L/m^3 时，混凝土差别不大；但粗骨料用量400L/m^3 时，混凝土抗压强度有明显差别。卵碎石与硬质砂岩碎石相比，强度约差 10MPa。抗压强度≥100MPa 的 UHPC 应选用硬质砂岩碎石，粗骨料用量 400L/m^3 左右。

3. 骨料用量与混凝土弹性模量关系

不同粗骨料配制的混凝土，弹性模量不同，如图 4-11 所示。

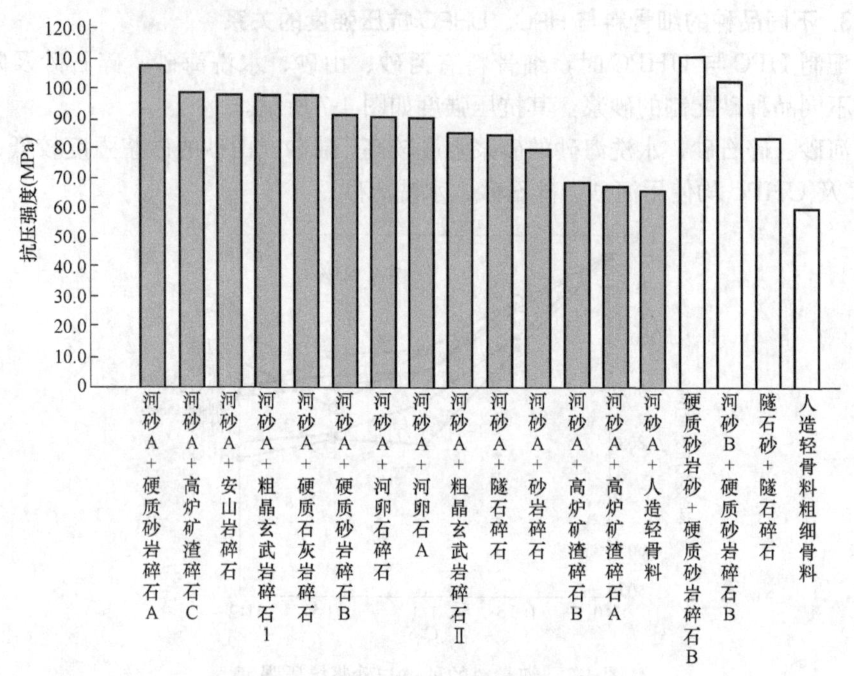

图 4-8　不同类型骨料与混凝土强度的关系

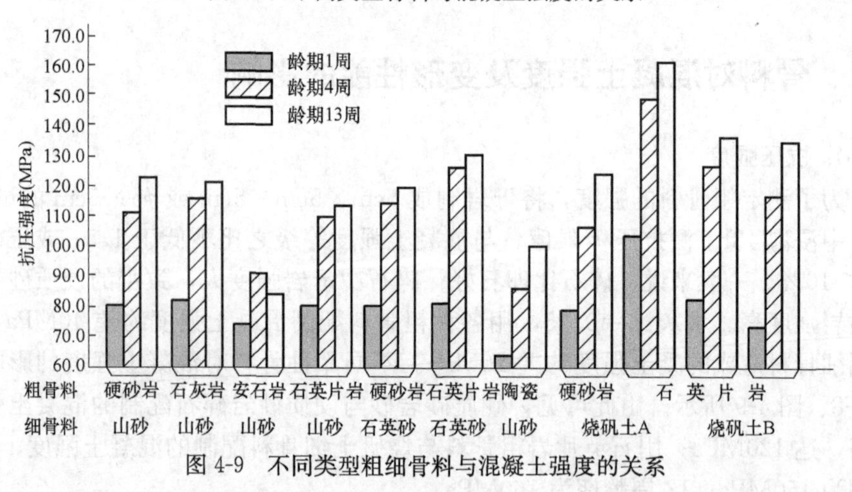

图 4-9　不同类型粗细骨料与混凝土强度的关系

一般情况下，混凝土的密度和抗压强度越大，静力弹性模量也越高。一般认为混凝土的静力弹性模量以 0.5 倍的抗压强度增加。HPC 和 UHPC 的静力弹性模量要根据所用骨料，配制成混凝土进行实测而定。由图 4-11 可见，$W/C=0.25$，用河砂与硬矿渣碎石（或砂岩碎石、燧石碎石）配制混凝土的静力弹性模量较高，达 4.5×10^4MPa。

4. 不同骨料对泊松比的影响

不同骨料配制的混凝土，对泊松比的影响较小。强度为 50～100MPa，用不同骨料配制的混凝土的泊松比是0.16～0.26。即使改变水泥和骨料的品种进行试验，泊松比也在上述范围内。但是，如用水泥熟料配制混凝土，抗压强度为90～00MPa时，泊松比是0.19～0.25。

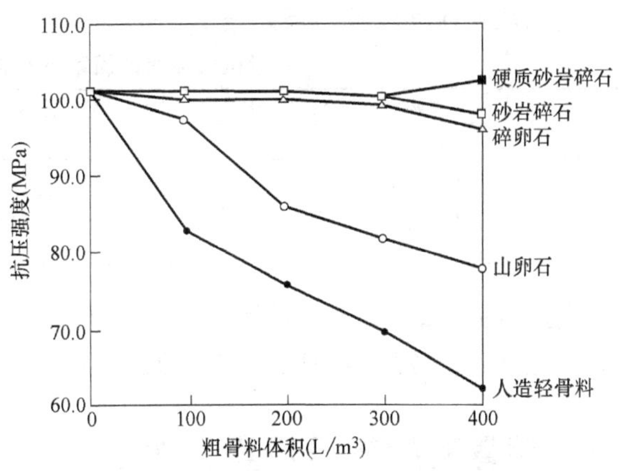

图4-10　骨料用量与抗压强度关系

5. 粗骨料的粒型对混凝土流动性与抗压强度影响

配制C80预应力管桩时，采用了三种粗骨料，在相同的配合比下配制C80管桩混凝土，对比其流动性与抗压强度。三种粗骨料为：1号，三业产的针片状较多碎石，压碎值6.5%；2号，三亚产的粒径较好的碎石，压碎值8.1%；3号，海口产的粒径较好的碎石，压碎值3.6%。混凝土配合比如表4-1所示。

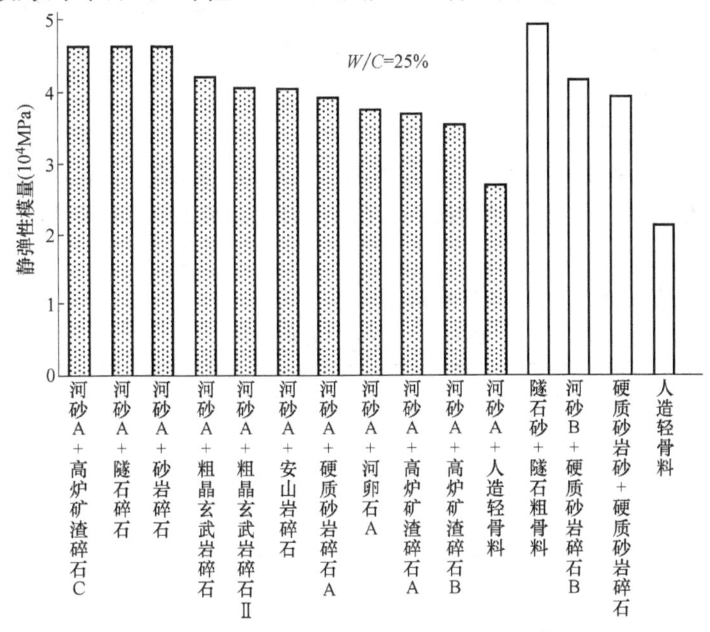

图4-11　不同粗骨料混凝土的静力弹性模量

C80管桩混凝土配比（kg/m³）　　**表4-1**

NO.	C	MB	BFS	S	G	W	AG
1号	360	60	80	700	1250	107	2.1%
2号	360	60	80	700	1250	107	2.1%
3号	360	60	80	700	1250	107	2.1%

流动性及强度试验结果如表 4-2 所示。

管桩混凝土的流动性与强度 表 4-2

编号	太阳棚养护强度(MPa)			室外湿养护强度(MPa)			坍落度
	1d	3d	7d	1d	3d	28d	(cm)
1号	52.3	72.1	77.7	42.3	70.1	86.5	3.5
2号	77	86.8	92.2	60.7	89.3	107	6.7
3号	78.2	87.1	87	64.2	94.7	107	6.7

由此可见，2 号、3 号粗骨料，由于粒型较好，针片状较少，混凝土的流动性好，强度高。故配制 HPC 与 UHPC 应选择反击破、粒型较好的碎石。

4.5 粗骨料的体积用量，粒径对 HPC 和 UHPC 抗压强度影响的数学模型

抗压强度为 C30 的普通混凝土，在受压破坏时，粗骨料是完整的，没受破坏，但在 HPC 和 UHPC 中，混凝土受压破坏时，粗骨料几乎完全断裂破坏。用不同品种的粗骨料，改变其在混凝土中的体积用量，最大粒径，进行混凝土强度试验，总结出数学模型，用以评价不同骨料的性能。

1. 试验原材料及方案

(1) 试验原材料

水泥：52.5 普通硅酸盐水泥；萘系高效减水剂；超细矿粉，8000cm²/g；河砂，中砂；粗骨料：①硬质砂岩碎石；②石英片岩碎卵石；③人造轻骨料。

(2) 试验方案

试验的因素与水平如表 4-3 所示。

混凝土试验的因素与水平 表 4-3

因素	水平			
	1	2	3	4
W/C(%)	20	25	35	65
品种	A	B	C	—
用量	0	200	400	—
最大粒径(mm)	10	15	20	—

注：A—硬质砂岩碎石；B—石英片岩碎卵石；C—人造轻骨料。

2. 试验结果

粗骨料体积含量 V_g 与最大粒径 D_{max}，与砂浆强度 F_m 及相应混凝土强度 F_c 关系

V_g 对混凝土强度 F_c 的影响如图 4-12 所示；D_{max} 对混凝土强度 F_c 的影响如图 4-13 所示。

由图 4-12 及图 4-13 可知，在 $W/C=0.65$ 的普通混凝土中，体积含量和最

大粒径增大时，混凝土强度降低；但随着混凝土强度提高后，在粗骨料A中，混凝土强度随着V_g和D_{max}的增大而增大；在粗骨料B和C中，对$W/C=0.65$的普通混凝土，与粗骨料A的情况类似；但当$W/C=0.25\sim0.35$时，随着V_g和D_{max}的增大，强度反而降低了。

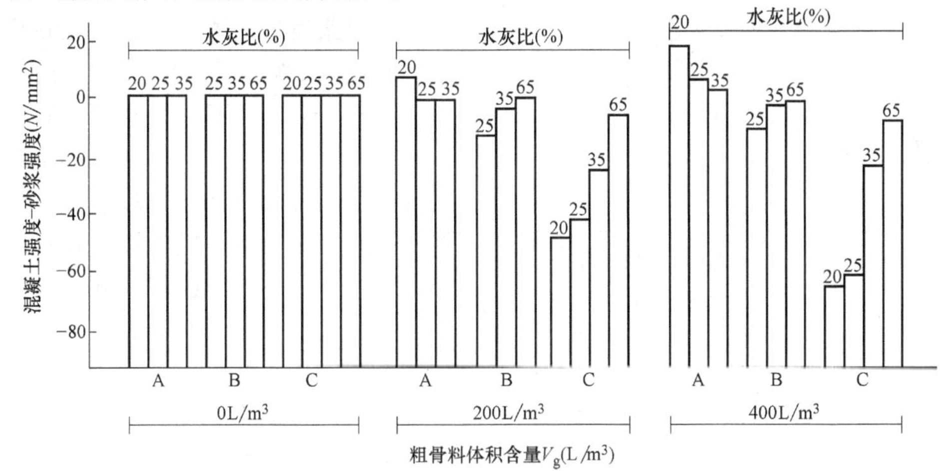

图4-12 粗骨料体积含量对混凝土强度F_c的影响

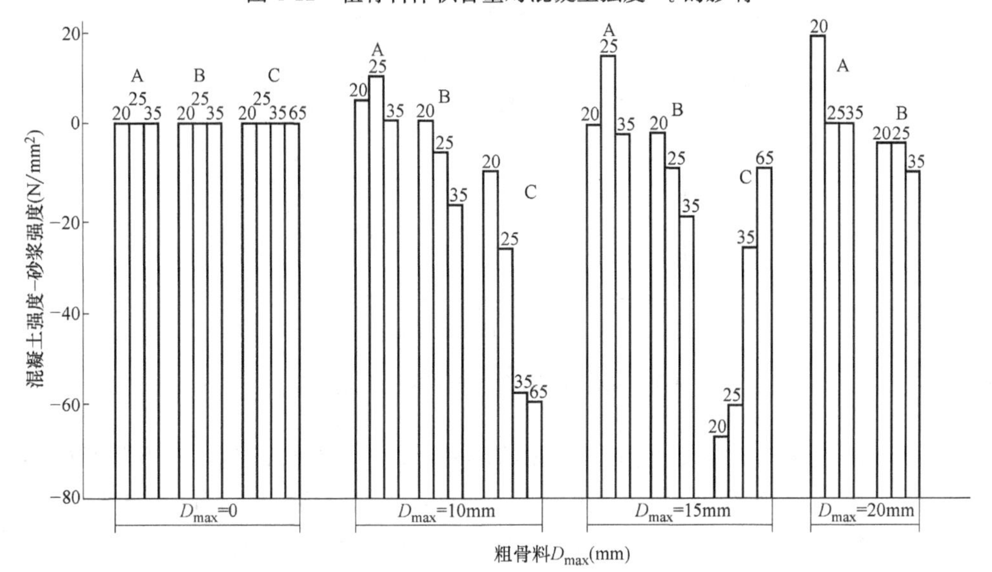

图4-13 粗骨料最大粒径对混凝土强度F_c的影响

3. 骨料对混凝土强度F_c影响的计算模型

普通混凝土中（$W/C=0.65$），不管粗骨料的品种如何，随着V_g及D_{max}的增大，混凝土强度降低。但随着W/C的降低：①粗骨料A混凝土强度由低转高；②粗骨料B和C的混凝土强度仍急剧下降。把这种结果变成模型化时，如图4-14和图4-15所示。

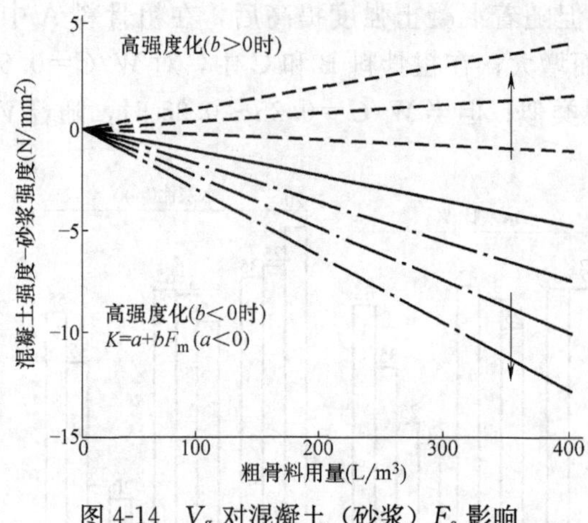

图 4-14　V_g 对混凝土（砂浆）F_c 影响

图 4-14 为 V_g 对混凝土（砂浆）F_c 影响的模型化。当 D_{max} 为定值时，混凝土强度 F_c、砂浆强度 F_m 和 V_g 成增减关系。比例常数 K 是砂浆强度 F_m 的函数，V_g 对抗压强度的影响可用公式（4-5）表示。

$$F_{c1}-F_m=KV_g=(a+bF_m)V_g \tag{4-5}$$

常数 $K=a+bF_m$

式中　a、b——粗骨料与砂浆物性有关的参数，但 $a<0$。

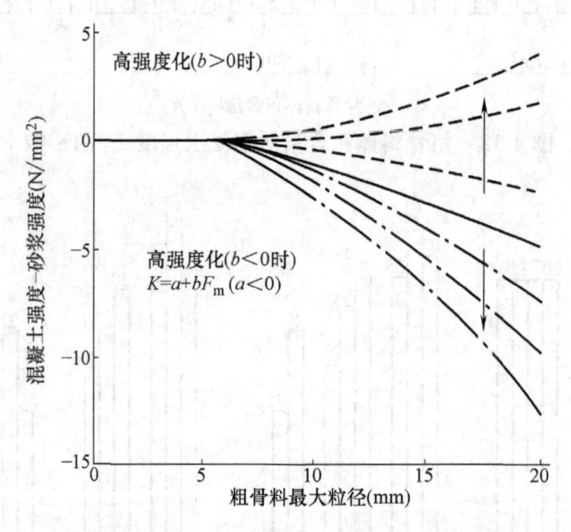

图 4-15　D_{max}对混凝土（砂浆）F_c 的影响

图 4-15 为 D_{max}对混凝土强度 F_c 影响的模型。D_{max}为 5mm 时，没有粒径的影响，D_{max}为 5mm 的骨料已变为砂浆，超过 5mm 时，其对强度的影响成指数关系。D_{max}对强度的影响与 V_g 的影响相同，有增强度效应，也有负效应，如下式所示：

$$F_{c2}-F_m=cK(D_{max}-5)d=c\ (a+bF_m)(D_{max}-5)\ d \tag{4-6}$$

式中　c——粗骨料对强度的影响度与 D_{max}对强度的影响度之比。

因此，V_g 与 D_{max}对强度的影响，综合考虑时，如下式所示：

$$F_c-F_m=\ (a+bF_m)[V_g+c(D_{max}-5)d]=K[V_g+c(D_{max}-5)d] \tag{4-7}$$

式中　a——为负值，砂浆与骨料弹性模量相等时，a 为 0。

b——内部缺陷敏感性参数，受 W/C 的影响。在 HPC 和 UHPC 中，薄弱环节为粗骨料和粗骨料与砂浆的界面。两者均强时，b 为正值；其中有一为薄弱环节时，b 为负值。例如：含矿物超细粉的 HPC，界面层强化，粗骨料与砂浆的界面强度增大。如骨料强度比砂浆强度高，掺入粗骨料，砂浆强度提高，b 为正值。

c——为 D_{max} 对混凝土强度影响的比值参数。

K——抗压强度增加的相关系数（$b>0$）；或是抗压强度降低的相关系数（$b<0$）。

砂浆强度与混凝土强度关系的模型如图 4-16 所示。由此可见，骨料的强度影响很大，而且在某水胶比下，混凝土强度＞砂浆强度。

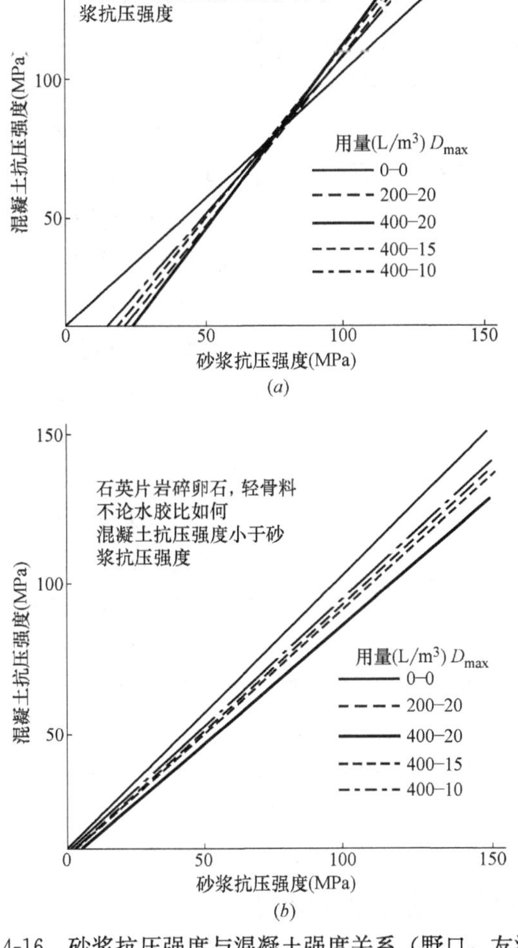

图 4-16　砂浆抗压强度与混凝土强度关系（野口，友泽）

（a）$b>0$；（b）$b<0$

4.6 粗骨料对混凝土耐久性的影响

耐久性是HPC与UHPC的重要性能，也是HPC与UHPC设计的重要依据。在此仅介绍粗骨料对混凝土抗冻性及干燥收缩性能的影响。对HPC与UHPC其他方面的耐久性，将在其他章节加以陈述。

1. 抗冻性

一般，HPC与UHPC的水灰比都比较低（$W/C<35\%$），即使不掺引气剂其抗冻性也很好。但如使用吸水率高的骨料，即使混凝土的水灰比都比较低，抗冻性也不好，如图4-17所示。不同骨料的吸水率如表4-4所示。

骨料的吸水率　　表4-4

编号	种类	吸水率(%)	编号	种类	吸水率(%)
A	硬质砂岩	0.78	a	河砂	1.69
B C	安山岩	1.49(B) 2.44(C)	b	河砂	3.80
D	安山岩	2.30	c	碎石砂	4.90

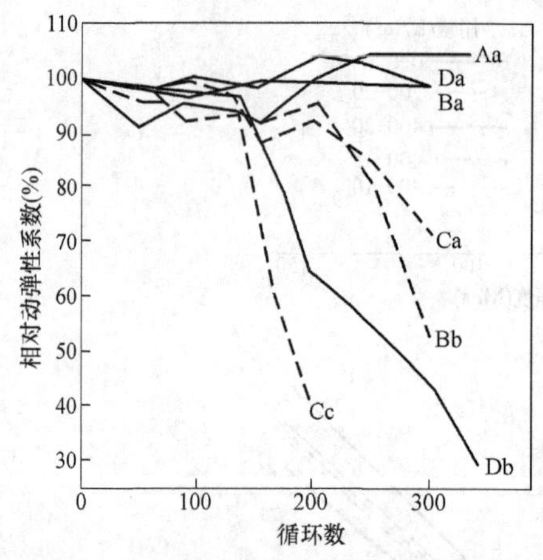

图4-17　粗骨料对混凝土耐久性的影响

由此可见，粗细骨料搭配的Aa、Da、Ba混凝土（$W/C=30\%$），虽经300次冻融循环，相对动弹模仍在100%上下波动，但粗细骨料搭配的Db、Ca、Bb、Cc混凝土（$W/C=30\%$），经150～200次冻融循环后，相对动弹模迅速下降，这与骨料吸水率有很大的关系，如表4-4所示。因此，配制HPC与UHPC要注意选择吸水率低的骨料。

2. 干燥收缩性能

骨料对HPC与UHPC的收缩影响大。使用吸水率大的粗细骨料，混凝土的收缩值增大，使用石灰石骨料混凝土收缩低。HPC与UHPC的早期收缩影响大，但由于W/C低，最终的收缩值与普通混凝土相同或偏低。按规范，混凝土的总收缩为0.5‰～0.7‰。如收缩过大，混凝土表面产生裂纹，会引起中性化或腐蚀性离子扩散渗透加快，进一步引起钢筋的锈蚀。HPC与UHPC要注意早期收缩和自收缩。

4.7 粗骨料的最大粒径的选择

在配制普通混凝土时，应尽可能选用大粒径的骨料，以降低单方混凝土的用水量，或在相同的用水量下，提高混凝土的流动性。但在 HPC 与 UHPC 中，粗骨料的最大粒径 D_{max}应如何选择？

根据 Jennings H M 的推荐，配制 HPC 和 UHPC 应选用强度高的硬质骨料，最大粒径 $D_{max}<10mm$ ，而且粒度分布要处于密实填充状态。

选用最大粒径 D_{max}小的粗骨料，骨料与水泥石的界面变狭了，难以发生大的缺陷。处于密实填充状态的骨料，空隙率低，水泥浆的用量可以降低，有利于强度与耐久性。

混凝土的强度基本上也属于固体材料的破坏强度，可用 Griffith 理论进行分析。对一个受均匀拉伸的无限大弹性板中的一条贯穿椭圆裂纹，得到以下公式：

$$\partial_0=\sqrt{2E\gamma/\pi a} \tag{4-8}$$

式中 E——弹性模量；

γ——表面能；

∂_0——断裂应力；

a——把潜在缺陷作为椭圆孔时的长径。

公式（4-8）是关于二维弹性板的模型，推广到三维弹性板模型时，可用下面公式表示：

$$\partial_0=\sqrt{\pi E\gamma/2\ (1-\upsilon)\ a} \tag{4-9}$$

式中 ν——材料的泊松比；其他符号意义同式（4-4）。

式（4-9）中，如 $E=4.5\times10^4$MPa，$\gamma=10\times10^2$g/cm^2，$\nu=0.20$，如果潜在缺陷尺寸（椭圆孔的半径）a 几乎可以看成骨料的 D_{max}；设 $D_{max}=10$mm，此时相对应的断裂应力 ∂_{10}，$D_{max}=20$mm 时的断裂应力 ∂_{20}。则 $\partial_{20}=0.7\partial_{10}$。也即骨料粒径增大，断裂应力降低。因此，在 HPC 和 UHPC 中的粗骨料的 D_{max}应尽可能降低，一般认为 $D_{max}\leqslant10$mm，最大也不超过 20mm。我们的研究工作证明，当 D_{max}超过 20mm 后，∂_0 随着粒径的增大而降低。

4.8 粗骨料的细度模量与质量系数

1. 粗骨料的细度模量 M_z

粗骨料的细度模量 M_z 也是评价粗骨料质量的一个重要指标。其计算方法与细骨料的相似。用 40，20，10，5，2.5，1.25，0.63，0.315 及 0.16 筛孔的筛子，对粗骨料进行筛分，求出各筛上累计筛余量，如表 4-5 所示，并按下面公式计算 M_z：

$$M_z=[(A_2+A_3+A_4+A_5+A_6+A_7+A_8+A_9)\ -6A_1]\ /\ (100-A_1) \tag{4-10}$$

骨料的筛分结果 表 4-5

筛孔(mm)	累计筛余量(%)	筛孔(mm)	累计筛余量(%)
40	$A_1=a_1$	1.25	$A_6=a_1+a_2+a_3+a_4$
20	$A_2=a_1+a_2$	0.63	$A_7=a_1+a_2+a_3+a_4$
10	$A_3=a_1+a_2+a_3$	0.315	$A_8=a_1+a_2+a_3+a_4$
5	$A_4=a_1+a_2+a_3+a_4$	0.16	$A_9=a_1+a_2+a_3+a_4$
2.5	$A_5=a_1+a_2+a_3+a_4$		

因粗骨料的粒径 $d>5$mm，故 $d<5$mm 筛孔的累计筛余量均相同。

粗骨料的细度模量 M_z，一般情况下为 6～8。

2. **骨料的质量系数 K**

质量系数 K 是一个综合评价混凝土骨料质量的指标，既可用于细骨料，又可用于粗骨料。

$$K=M_z\ (50-p) \tag{4-11}$$

式中 K——骨料的质量系数；

M_z——骨料的细度模量；

p——骨料空隙体积百分率。

骨料的质量系数 K 与骨料的细度模量 M_z 和空隙体积百分率 P 有关。K 值大，骨料的质量系数高，级配好。

4.9 HPC 与 UHPC 对骨料的选择

根据当前国内外对 HPC 的要求，其强度等级应在 C60 以上，耐久性应在百年以上。按此目标，对骨料的选择必须考虑到以下问题。

1. **骨料级配**

级配好的骨料，孔隙率低，水泥浆用量低，混凝土的收缩变形小，水化热低，体积稳定性好，对强度和耐久性均好，所以 HPC 与 UHPC 用的骨料要综合评价质量的优劣，采用骨料的质量系数 K。

2. **骨料物理性质**

选择较大的骨料表观密度（>2.65）和松堆密度（>1450kg/m^3），吸水率要低（1.0%左右），这样的骨料空隙率低，致密性高。还要求粒子方正，针片状少，能降低水泥浆用量，提高混凝土的流动性和强度。常用的是石灰石碎石或硬质砂岩碎石，粒径≤20mm。而对 UHPC 则选用安山岩或辉绿岩碎石，粒径≤10mm。

3. **骨料力学性能**

不能含有软弱颗粒或风化颗粒的骨料，按建材行业标准 JGJ 153 的规定，骨料岩石的抗压强度应为混凝土的抗压强度的 1.5 倍。岩石强度试验采用 50mm 的立方体试件或 $\phi 50 \times 50$mm 的圆柱体，在饱水状态下测定抗压强度值，其值不宜低于 80MPa，压碎指标＜10%。混凝土的弹性模量与骨料的弹性模量有以下关系：

$$Y = 2.50 + 0.20X \tag{4-12}$$

式中　Y——混凝土的弹性模量；

X——骨料的弹性模量。

由此可见，骨料的弹性模量越大，混凝土的弹性模量也相应增大，故要选择弹性模量大的骨料。

4. 骨料化学性能

首先要选择非活性骨料，不含泥块，含泥量＜1.0%，应不含有机物、硫化物和硫酸盐等杂质。

4.10　骨料的现状与问题

当前，我国每年商品混凝土产量约 20 亿 m^3，消耗大量的粗细骨料。用以配制 HPC 与 UHPC 的骨料更令人担忧，一方面是骨料的资源匮乏，另一方面是骨料的质量太差。

1. 骨料的资源

以珠江三角洲为例，改革开放以来，这里的建设均采用东江、西江与北江的河砂，偶尔也混杂一定的海砂；但“三江”的河砂经 30 多年的挖掘，资源已基本耗尽，已转入大规模的开发水洗海砂。但海砂资源也经不起 10 年的挖掘，粗骨料也已濒入无米之炊的境地。由于粗骨料大都取材于石灰石，绿色山峦遭到严重破坏，天然骨料的开挖也带来了对环境严重的污染，政府下令封山不再开采。因此，骨料价格暴涨。原来 80～85 元/m^3，现在涨价到了 125 元/m^3；而且货源困难。在这种情况下，解决骨料的资源是混凝土材料当务之急。

2. 骨料的质量问题

当前，我国的骨料市场销售的骨料质量差，针片状颗粒太多，空隙率大，粒径一般大于 25mm，甚至 30mm 以上。利用这种骨料配制 HPC 与 UHPC 较困难。市场上也有一部分反击破，粒型较好的粗骨料，但价格高。

3. 碱活性骨料

我国北方的一些石灰石骨料，如北京南口的石灰石、山东潍坊的石灰石采石场、天津某石灰石采石场的骨料，含有活性 SiO_2，或黏土质石灰岩，能与水泥中的 K_2O、Na_2O 反应，生成碱氧化硅，或碱碳酸盐，造成结构的破坏。如北京的四元立交桥，原西直门桥及天津八里台立交桥等，均发现了碱骨料反应对桥墩，对梁的破坏。HPC及UHPC中的水泥用量偏高，会使混凝土中碱含量超过$3kg/m^3$，如用含有碱活性的骨料，存在着碱骨料反应的危害。因此，对骨料的碱活性必须严格检测。

4. 砂中的氯离子含量

我国有些靠海边的城市，由于河砂的短缺，往往掺入海砂拌制混凝土。如海砂带入混凝土中的氯离子超过了$0.3kg/m^3$，会引起混凝土中的钢筋锈蚀，混凝土结构开裂，如图4-18所示。

图4-18 钢筋锈蚀，混凝土结构开裂

因此，工程上常将海砂水洗，并与河砂或人工砂复合使用，这样更能保证安全。如日本冲绳的某跨海大桥的预应力钢筋混凝土箱梁使用的C50混凝土，就是用50%水洗海砂及50%人工砂配制的，如图4-19所示。

图4-19 水洗海砂与人工砂预应力钢筋混凝土箱梁

砂的氯离子含量不应超过规范要求的0.1%，混凝土中总的氯离子含量不超过$0.3kg/m^3$，钢筋混凝土结构才能保证安全。

第 5 章　新型高效减水剂的研发与应用

5.1　概述

高效减水剂（high-range water-reducing admixture）在混凝土中应用，保持坍落度一定值时，可以大幅度地降低单方混凝土的用水量，或单方混凝土的用水量一定的条件下，可以大幅度地增大混凝土的坍落度，这称之为高效减水剂。1962 年，日本发明了萘系高效减水剂，这对日本混凝土技术起了很大的推动作用。利用萘系高效减水剂的分散性、缓凝性及引气性低等特性，生产 100MPa 的预应力管桩及铁路桥的桁架等，使桥梁的跨度增大，无噪声，中国萘系高效减水剂的研究起步较晚，1974 年，清华大学的卢璋与中冶建研院的熊大玉和方德珍等才开始研究，但进展很大。1980 年左右，我国的萘系高效减水剂就已投入生产应用。

另一方面，1971 年左右，西德研发出了三聚氰胺高效减水剂，并研发出了流态混凝土；1975 年，日本引进了流态混凝土技术，并在日本实用化；1976 年，英国混凝土协会，把日本和西德开发做这些高效减水剂汇总入 State of Art 中，用了 Super-plasticizer 的术语，在全世界都传开了。

5.2　高效减水剂的分类

高效减水剂，从其化学结构来看，可分为萘系、三聚氰胺系、氨基磺酸盐系、聚羧酸系（丙烯酸系和聚醚系）及马来酸系五大类，如图 5-1 所示。聚羧酸系减水剂中，有一种具有侧向聚氧化乙烯接枝聚合物的，及丙烯酸系和马来酸系。这些高效减水剂比任何减水剂的减水率都高，故配制高强混凝土及自密实混凝土都采用这些高效减水剂。

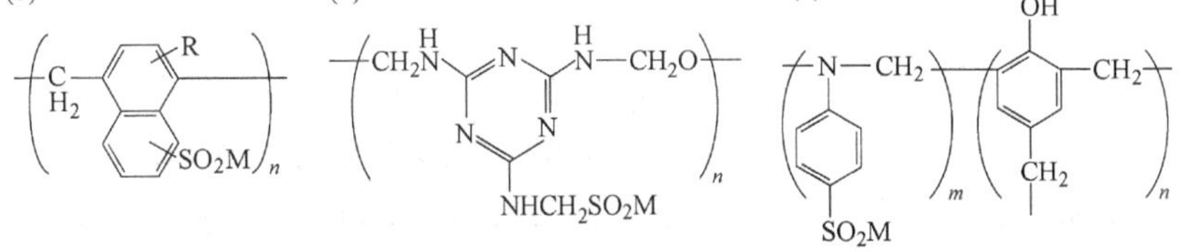

图 5-1　高效减水剂的类型与结构（一）

（1）萘系；（2）三聚氰胺系；（3）氨基磺酸系

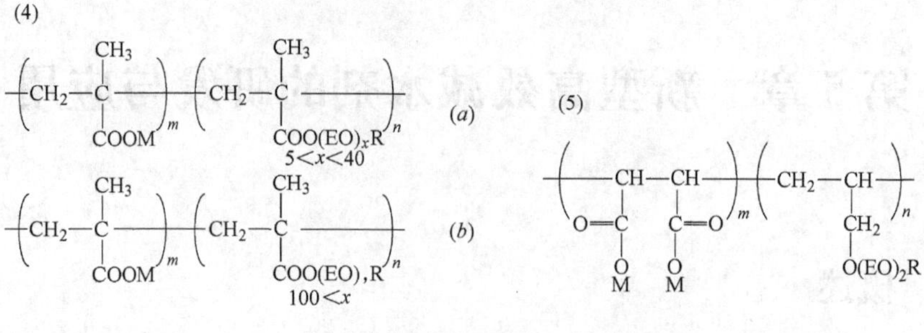

(4)

$$-\!\left(CH_2-\underset{COOM}{\overset{CH_3}{\underset{|}{\overset{|}{C}}}}\right)_m\!\left(CH_2-\underset{COO(EO)_xR}{\overset{CH_3}{\underset{|}{\overset{|}{C}}}}\right)_n\!-\quad 5<x<40 \qquad (a)$$

$$-\!\left(CH_2-\underset{COOM}{\overset{CH_3}{\underset{|}{\overset{|}{C}}}}\right)_m\!\left(CH_2-\underset{COO(EO)_xR}{\overset{CH_3}{\underset{|}{\overset{|}{C}}}}\right)_n\!-\quad 100<x \qquad (b)$$

(5)

$$-\!\left(\underset{O=C-OM}{CH}-\underset{C=O,\ OM}{CH}\right)_m\!\left(CH_2-\underset{CH_2-O(EO)_2R}{CH}\right)_n\!-$$

图 5-1　高效减水剂的类型与结构（二）

（4）聚羧酸系：(*a*) 丙烯酸系，(*b*) 聚醚系；（5）聚羧酸系（马来酸系）

5.3　高效减水剂的作用和效果（高效减水机理）

1. 分散机理

图 5-2 是萘系、三聚氰胺系高效减水剂的用量与 Zeta 电位的关系。聚羧酸系减水剂的用量与 Zeta 电位的关系也同在一个图中。前两者随着掺量的增加，Zeta 电位增大，说明其对水泥粒子的分散性随着掺量的增加而增大。但当掺量到达一定范围后，Zeta 电位即趋于稳定状态，不再增大。而聚羧酸系减水剂的 Zeta 电位是相对较低的，大体上只有前者的 50% 左右，但其对水泥粒子的分散性比前者高得多，这就需要从高效减水剂的分子与水泥粒子间的吸附形态加以说明。

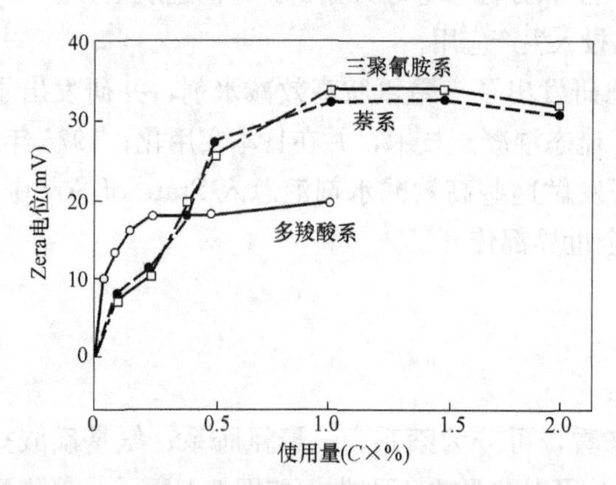

图 5-2　高效减水剂的掺量与 Zeta 电位的关系

在水泥浆中，掺入高效减水剂后，在固液界面上，高分子的各种吸附形态如图 5-3 所示。

这种对水泥粒子的吸附形态不同，表现出减水剂性能及对坍落度损失的控制有很大的影响。萘系及三聚氰胺系对水泥粒子的吸附形态如图 5-3 (*f*)；而聚羧酸减水剂对水泥粒子的吸附形态如图 5-3 (*h*)；氨基磺酸系减水剂对水泥粒子的吸附形态如图 5-3 (*a*) 或图 5-3 (*g*)，是环型或引线型的。对水泥粒子表面形成的吸附层如图 5-4 (*a*) 所示，并形成折线型的密度分布，如图 5-4 (*b*) 所示。

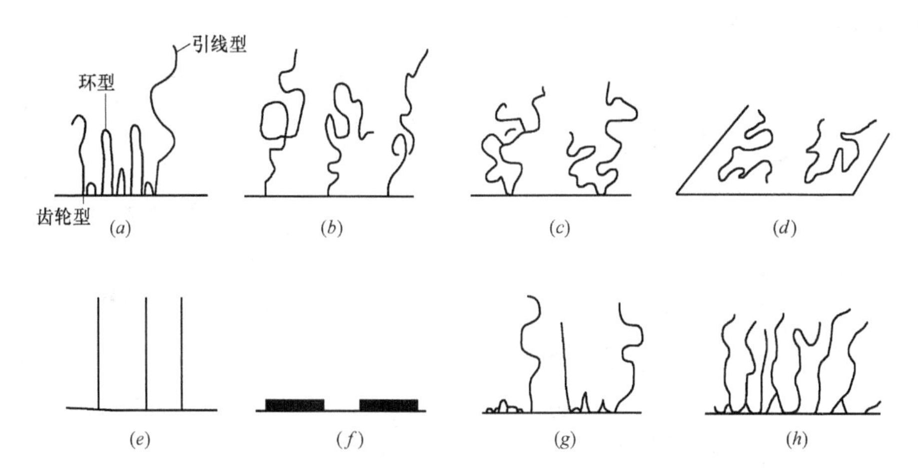

图 5-3 水泥粒子表面吸附高效减水剂分子的形态

(a) 同聚物(环型、齿轮型、引线型);(b) 末端吸附(引线型);(c) 点吸附(2根引线型);(d) 平面状吸附;(e) 垂直吸附;(f) 刚性链横卧吸附;(g) 齿轮型,引线型;(h) 接枝共聚物齿轮型吸附

图 5-4 (b) 中,从线段层到环形层的线段交界处,密度有很大的变化,静电力场之间的排斥力是立体状的,具有更大的分散效果。

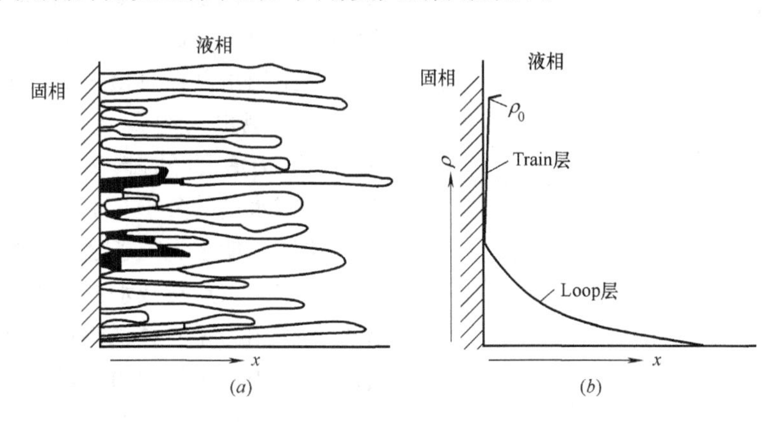

图 5-4 固-液界面的高效减水剂吸附层

水泥粒子与聚羧酸高效减水剂的分子吸附后,粒子间作用的全能量曲线如图 5-5 所示。

立体排斥力和范德华引力的总和为全能量曲线,是粒子间的移动力。其总和为"+"时,粒子处于分散状态;其总和为"-"时,粒子处于凝聚状态。因而,可以理解为与 DLVO 理论具有类似的性质。但由于其立体分散作用,分散效果更大。

2. 保持分散机理

水泥浆拌合后经时变化与 Zeta 电位的关系如图 5-6 所示。混凝土坍落度经时变化如图 5-7 所示。

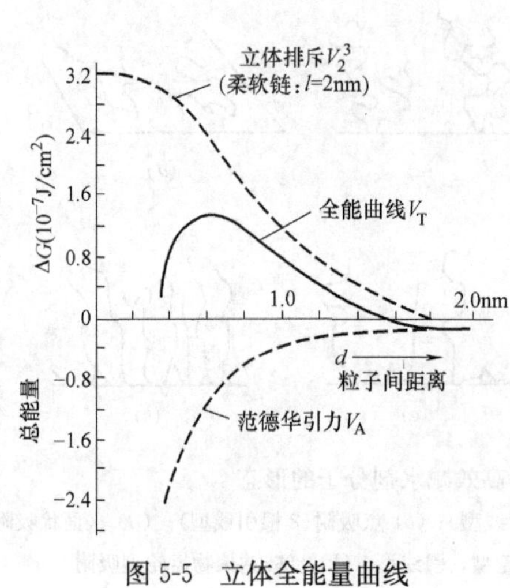

图 5-5 立体全能量曲线

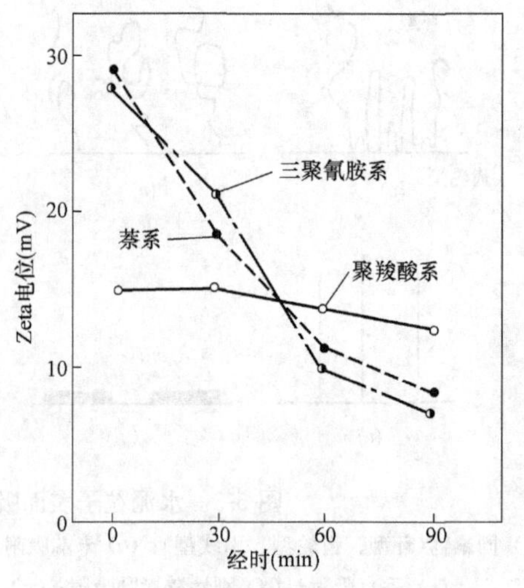

图 5-6 水泥浆经时变化与 Zeta 电位

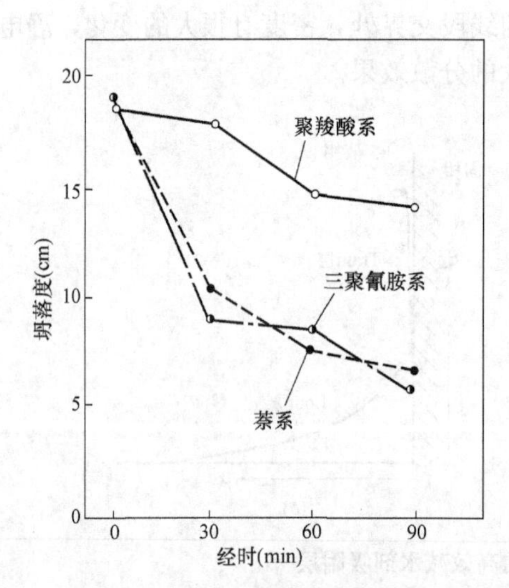

图 5-7 混凝土坍落度经时变化

图 5-6 与图 5-7 有明显的相关性。萘系与三聚氰胺系减水剂的 Zeta 电位，经时降低很快，而用这两种减水剂配制的混凝土坍落度经时损失很快很大；但聚羧酸系减水剂的 Zeta 电位，经时降低很少，坍落度经时损失很低。这主要是因为减水剂的分子与水泥粒子的吸附形态不同，使水泥粒子之间吸附层的作用力不同。聚羧酸减水剂与水泥粒子吸附层的作用力是立体的静电斥力，Zeta 电位变化小。保塑的功能好。

如果在这种聚羧酸减水剂中，加入能保持分散的组分，例如，能溶于碱不溶于水的高分子化合物，坍落度的损失会得到更有效的控制。

5.4 高效引气型减水剂

所谓高效引气型减水剂（air-entraining and high-range water-reducing admixture），是指这种减水剂掺入混凝土中，使混凝土具有一定的含气量，并且比一般引气型减水剂具有更高的减水率，以及良好的保塑功能。各种减水剂与减水率的关系如图 5-8 所示。

高效引气型减水剂由于减水率高，保塑性好（减水率 18％以上，保持坍落度 60min 以上无变化），故很快得到推广应用，普及了市场。大量用于普通混凝土、高强混凝土、高流动性混凝土、高耐久性混凝土、大体积混凝土、多孔混凝土、喷射混凝土以及水下浇筑混凝土等。

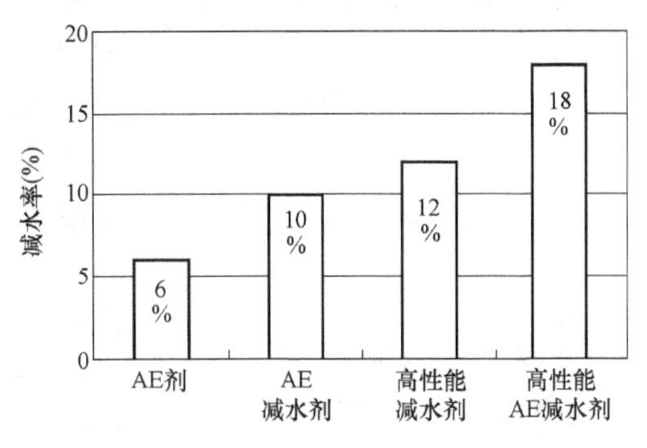

图 5-8　各种减水剂及其减水率（JIS A 6204：2006）

1. 高效引气减水剂的分类与种类

作为高效引气减水剂的代表品种有：萘磺酸盐甲醛缩合物；三聚氰胺磺酸盐甲醛缩合物；氨基磺酸盐甲醛缩合物；以及聚羧酸系四个系列。基本结构式如图 5-1 所示。在日本，各种高效引气减水剂的发展与应用的状况如图 5-9 所示。当前，日本普遍应用聚羧酸系引气减水剂，普及率占 80％ 。

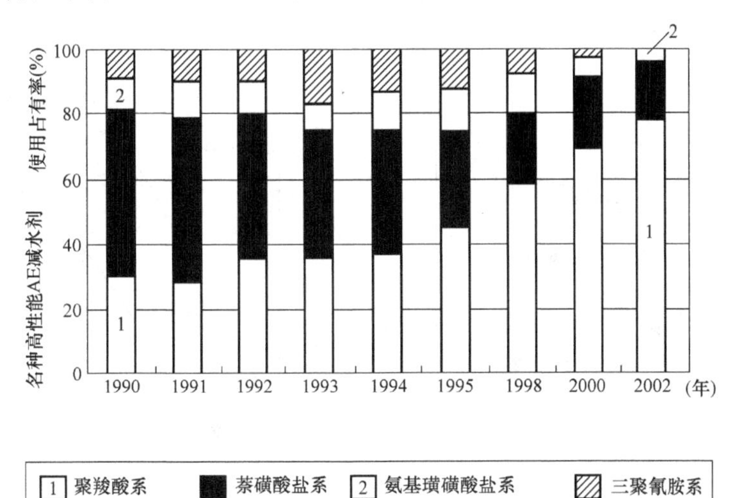

图 5-9　在日本各种高效引气减水剂的变化

2. 高效引气减水剂的作用与效果

高效引气减水剂的主成分是，在分子中有长的主链和官能团，以及侧链结构的高分子界面活性剂。如图 5-3 所示。聚羧酸高效引气减水剂如图 5-3 中的 (h)，主链起吸附作用，而侧链在水中形成立体分散的保护膜。高效引气减水剂的减水作用，是把水泥粒子分散，使受约束于水泥粒子间的约束水，变成自由水，流动性增大；水泥粒子被分散后的稳定性是由于水泥粒子吸附高效引气减水剂的分子后，粒子间的静电排斥力及立体障碍的排斥力造成的。静电排斥力对水泥粒子的分散及其稳定性，可根据 DLVO 理论加以说明。萘系及三聚氰胺减水剂对水泥粒子的分散可以用静电排斥力 DLVO 理论加以说明。而立体障碍对分散稳定性可根据 Mackor 信息叠加的效果理论加以说明。立体障碍的排斥力，能根据界面活性剂的构造和吸附形态，或吸附层厚度的信息叠加的效果，计算出来。聚羧酸系减水剂，在混凝土中被吸附于水泥粒子表面，羧酸基粒子带负电，妨碍水泥粒子的靠近。EO 链产生立体排斥力，由图 5-10 及图 5-11 所示，水泥粒子对聚羧酸系减水剂比萘系和三聚氰胺减水剂的吸附量少，静电排斥力也小。

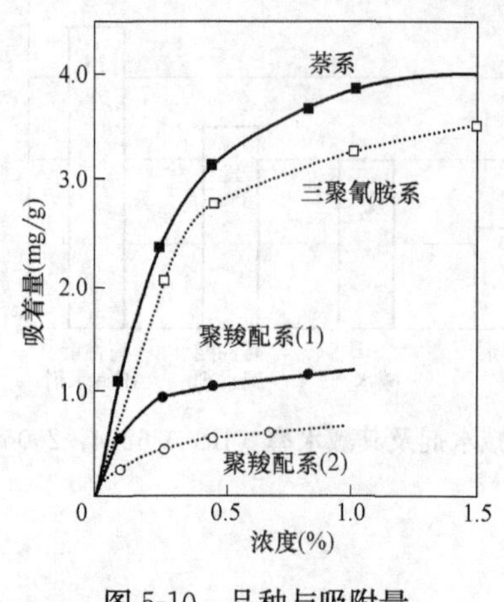

图 5-10 品种与吸附量

图 5-12 说明了不同减水剂的掺量与减水率的关系；聚羧酸系减水剂的掺量很少，但减水率很高。

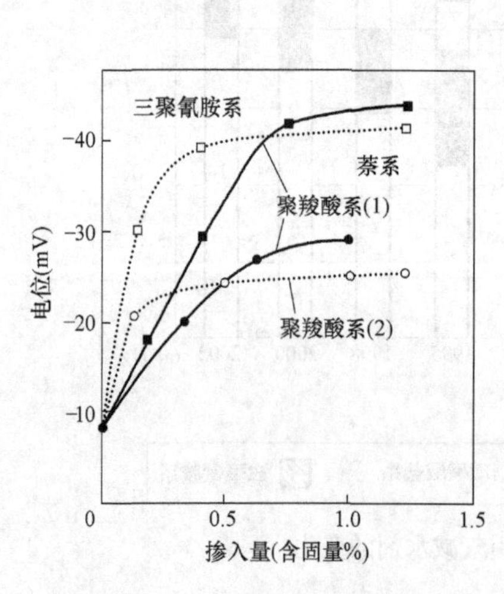

图 5-11 品种与 Zeta 电位

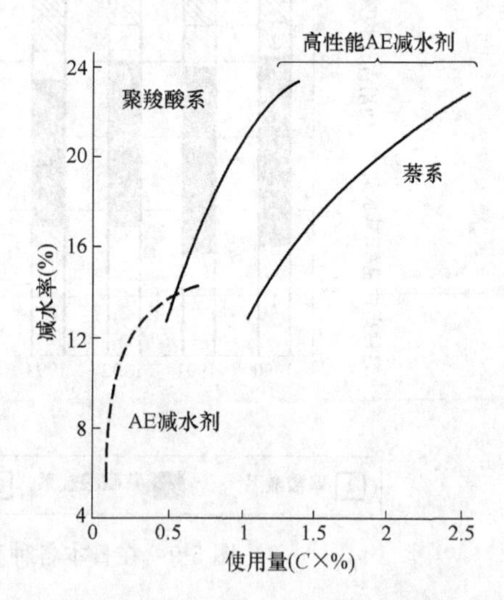

图 5-12 高效引气减水剂的使用量与减水率

3. 高效引气减水剂混凝土的性能

(1) 控制坍落度损失的功能

高效引气减水剂的性能与其他减水剂的最大不同点，是具有优异的控制坍落度损失的功能，如图 5-13 所示。

萘系与三聚氰胺系减水剂从结构上是不能抑制水泥粒子对其的吸附速度的，而聚羧酸系减水剂可以调整其分子结构，使第一分子团（m）与第二分子团（n）的比例改变，能自由地改变吸附速度，很容易地控制坍落度损失，如图 5-14 及图 5-15 所示。

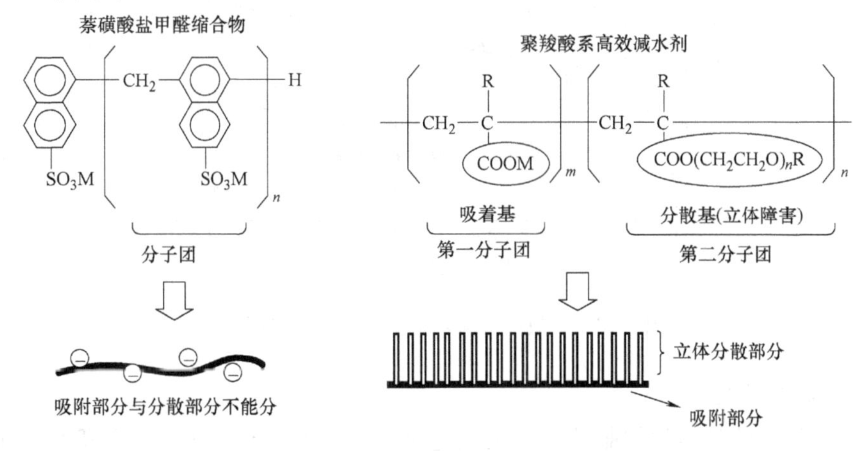

图 5-13 萘系与聚羧酸系的分子结构

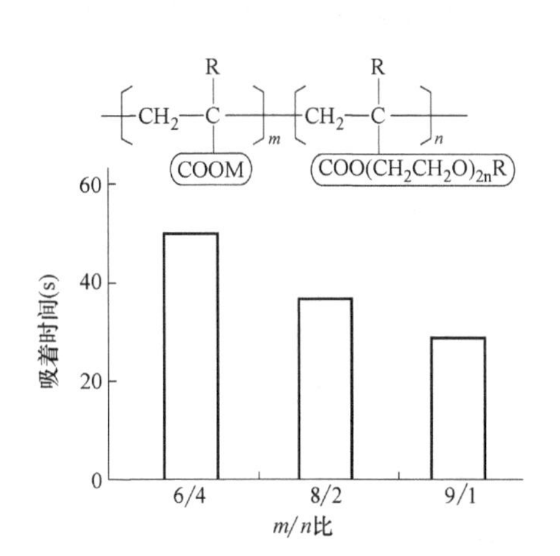

图 5-14 m/n 比值对吸附速度的影响

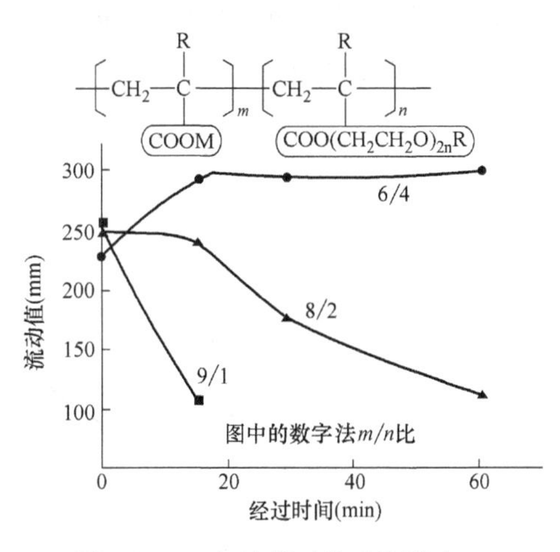

图 5-15 m/n 比值对流动性影响

如图 5-15 所示，当 m/n 比值=4/6 时，对流动性控制的效果很好，60 分钟内没有变化。使用高效引气减水剂时，使混凝土获得相同的坍落度时，掺量比其他减水剂低。

（2）凝结性能

使用聚羧酸系减水剂的混凝土，无缓凝现象，如图 5-16 所示。聚羧酸系减水剂的掺量为水泥量的 0.5%～1.0%时，初凝时间为 7～9h，终凝时间为 10～12h，与普通掺引气型减水剂的凝结时间相同。

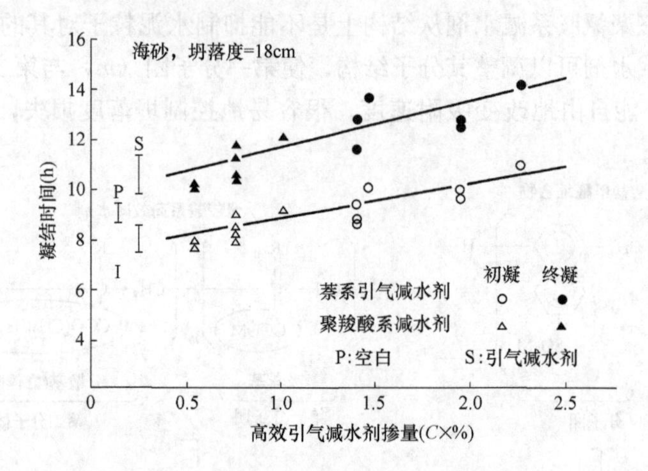

图 5-16 高效引气减水剂的掺量与凝结时间

(3) 抗压强度

抗压强度的基本规律服从于水灰比定律。相同水灰比条件下，掺高效引气减水剂的混凝土的抗压强度，与掺普通引气减水剂的一样。但是，如图 5-17 所示，当用水量由 180kg/m^3 降至 150kg/m^3 时，即使水灰比相同，但掺高效引气减水剂的混凝土的抗压强度高。

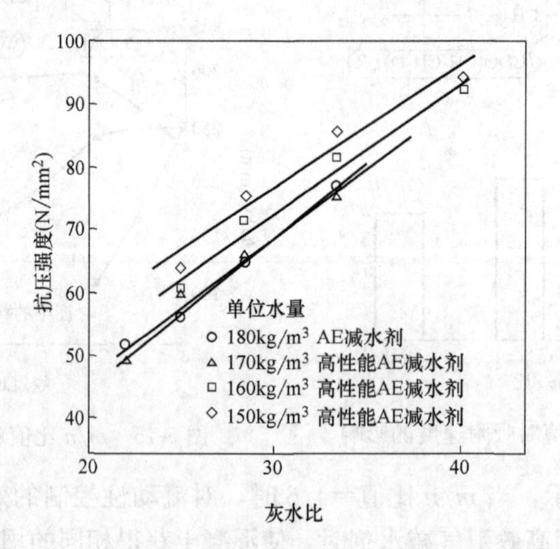

图 5-17 改变单方混凝土用水量时 C/W 与强度关系

(4) 抗冻性

一般情况下，满足抗冻性要求的混凝土的含气量为 4%～6%，使用高效引气减水剂的引气量也一样。图 5-18 为使用高效引气减水剂混凝土的抗冻性，抗冻性优异。

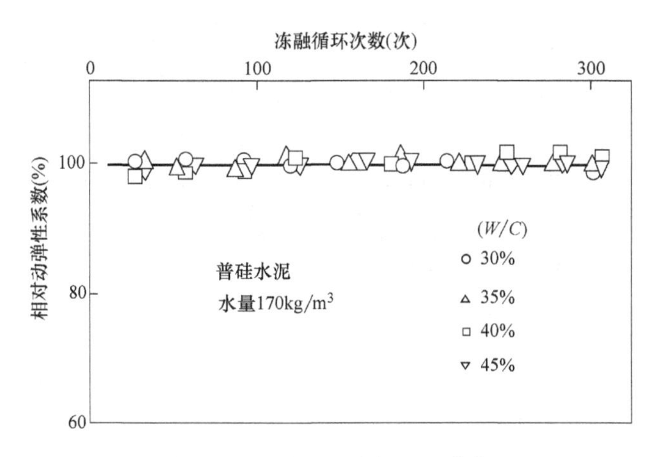

图 5-18 抗冻性（含气量 4%时）

5.5 接枝共聚物高效减水剂

1. 接枝共聚物的构成与特性

接枝共聚物的分子骨架由官能基和含有烷基组分的多组分系构成．其官能基以羧基和磺酸基为主，而羧基又以结合成悬挂状的接枝状链（聚乙二醇链）为主要成分。这种聚合物通过单体合成，获得明确的分子结构。接枝共聚物的化学结构式如图 5-19 所示。

接枝共聚物不但具有对水泥粒子的高分散性，而且还能保持其 Zeta 电位，抑制混凝土的坍落度损失。单独使用聚羧酸高效减水剂，初始 Zeta 电位较高，但经时变化还较大；接枝共聚物的初始 Zeta 电位较低，但经时增大；如能将两者配合使用，则初始坍落度将较大，坍落度损失也将较低，如图 5-20 所示。

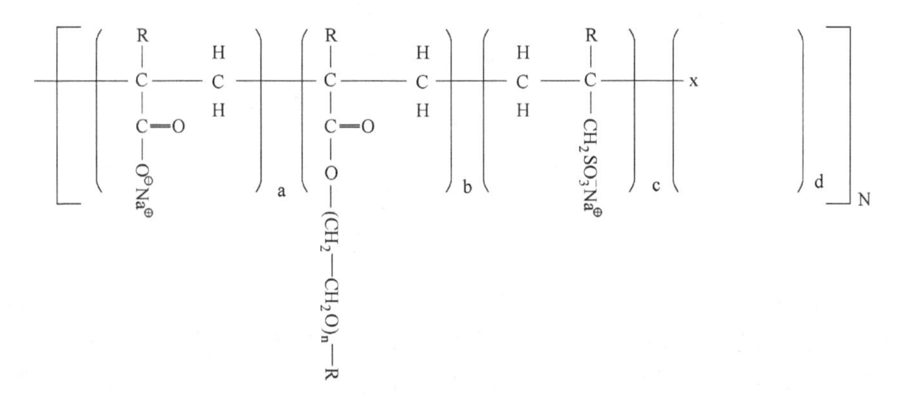

图 5-19 接枝共聚物的化学结构式

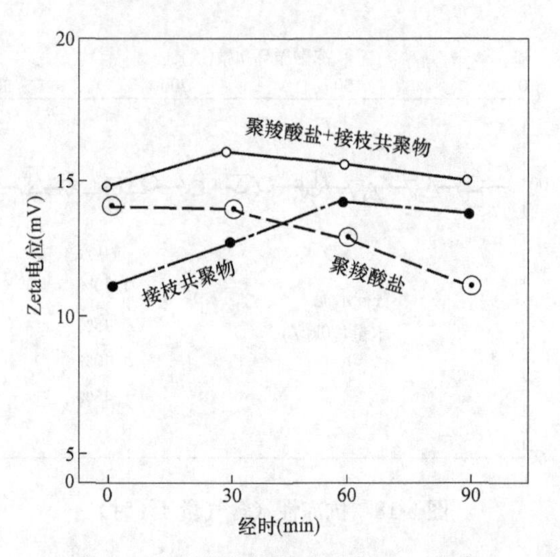

图 5-20 聚羧酸-接枝共聚物 Zeta 电位

本章所谈的接枝共聚物是利用碱与酯化合加水分解反应而形成的聚羧酸接枝共聚物，其分子量分布如图 5-21 中的实线所示。在中性溶液中没什么变化，但当液相的 pH 值为 12～13 时，随着时间的增长，接枝部分慢慢地被切断，放出聚羧酸分子，维持 Zeta 电位，控制坍落度损失。

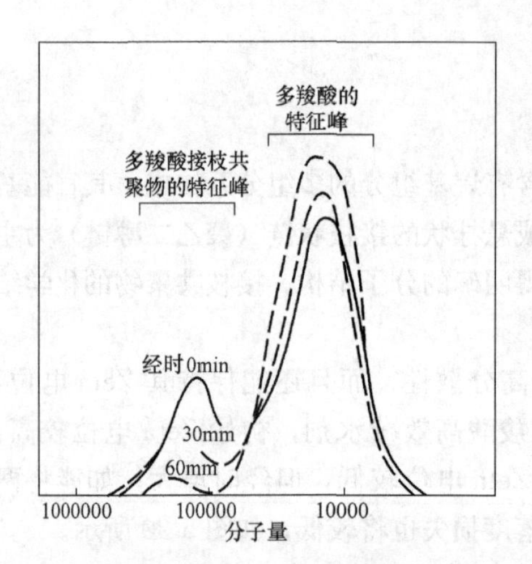

图 5-21 碱液中分子量变化

2. 接枝共聚物的减水率

试验中采用了两种接枝共聚物，牌号为 GP-1 及 GP-2，其化学性质如表 5-1所示。

接枝共聚物的化学性质 **表 5-1**

种 类	功能基团		接枝部分		分子量（Mn）
	COOH 摩尔(%)	SO_3H 摩尔(%)	分子量	接枝比率	
GP-1	58	8	400	80%	5300
GP-2	59	10	1000	160%	6000

试验用水泥为硅酸盐水泥，$W/C=0.25$，改变 GP-1 及 GP-2 的掺量，观测浆体流动性变化。此外，还测定了一般减水剂的减水率与之对比，如图 5-22 所示。GP-1 及 GP-2 掺量增大，流动值增大，掺量较小时，流动值即很小，但掺量过多时，由于黏性增大，流动值反而降低。最优掺量为 0.5%～1.0%。GP-1

及 GP-2 的减水率在 20%～30%之间，如图 5-23 所示。

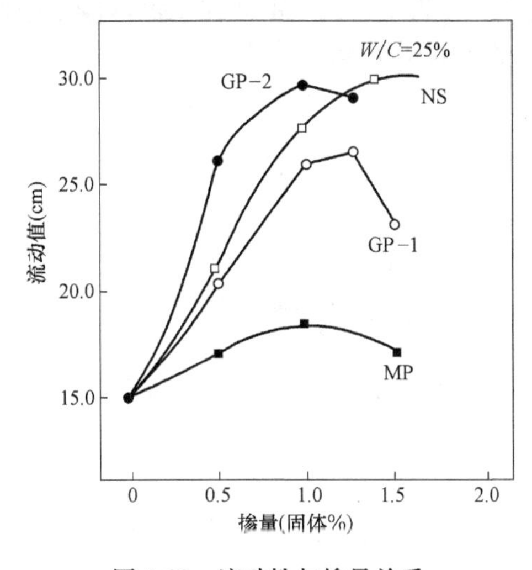

图 5-22　流动性与掺量关系

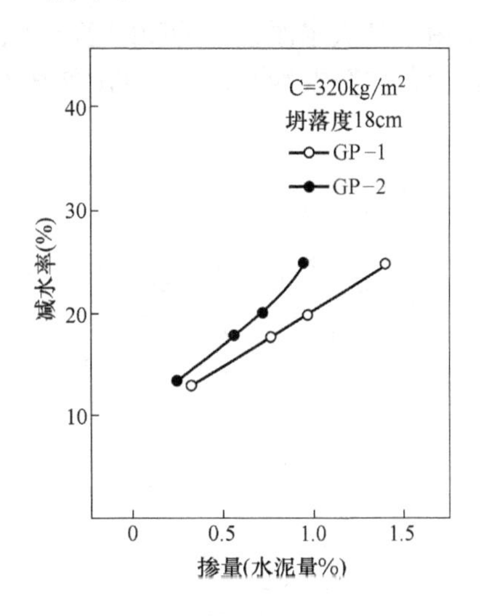

图 5-23　GP-1 及 GP-2 减水率

3. 抑制坍落度损失机理

水泥粒子对 GP-1，GP-2，NS 及 MF 的饱和吸附量如图 5-24 所示。接枝共聚物 GP-1 及 GP-2 达到饱和吸附量时比 NS 及 MF 的低得多。GP-1 约为 1/3NS，GP-2 为 1/7NS；这可能这些减水剂与水泥吸附的形态不同；共聚物 GP-1 及 GP-2的吸附模型如图 5-3（h）所示，是一种间隙大的立体吸附结构；而 NS 及 MF 的吸附模型如图 5-25 所示，粒子间容易产生凝聚，达到同样的 Zeta 电位时，吸附量大。

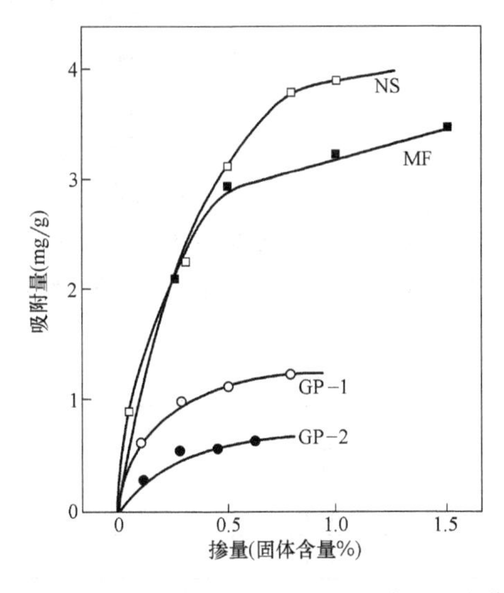

图 5-24　减水剂掺量与水泥粒子吸附量的变化

GP-1、GP-2 对水泥粒子的吸附量很低，但对水泥粒子的分散性很好，完全是由于其被水泥粒子的吸附形态不同之故，使得 GP-1、GP-2 在水泥混凝土中掺量少，但分散性好，而且 GP-2 比 GP-1 的吸附量更少。

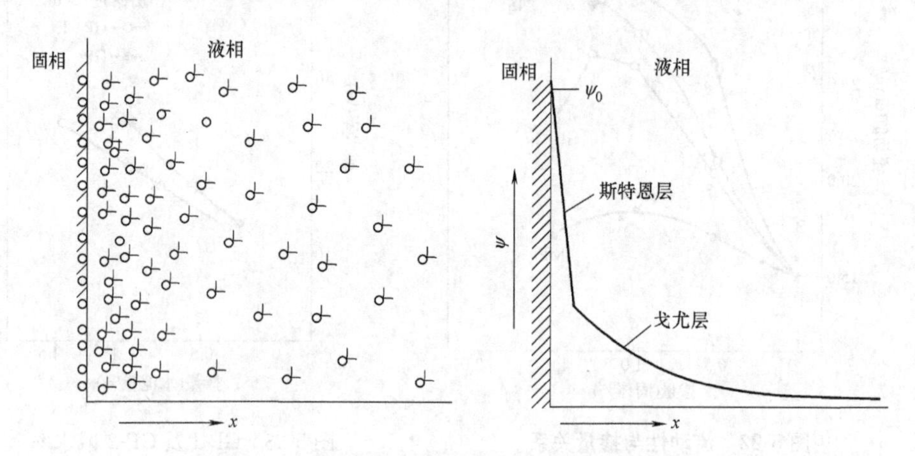

图 5-25　水泥粒子对减水剂吸附形成的双电层模型

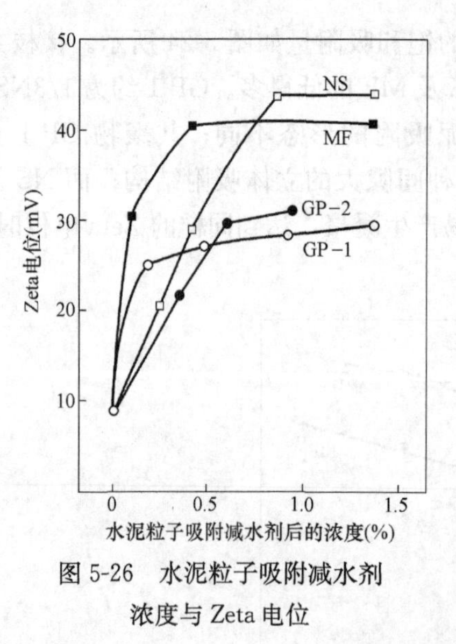

图 5-26　水泥粒子吸附减水剂浓度与 Zeta 电位

图 5-26 是电泳法测定 Zeta 电位的结果。GP-1 和 GP-2 的 Zeta 电位绝对值比 NS 及 MF 稍低，这是由于水泥粒子对这些减水剂的吸附量不同而造成的。由于水泥粒子对接枝共聚物的吸附模型及吸附量不同，水泥浆中粒子达到相同的分散状态时，所需的电荷量比 NS 和 MF 少得多，因而在相同掺量下，接枝共聚物对水泥粒子的分散效果大。

4. 混凝土坍落度的经时变化

试验混凝土的配合比如表 5-2 所示。基准混凝土为空白项，普通 AE 减水剂混凝土掺量为 0.5%，GP-1 掺量为 0.2%，GP-2 掺量为 0.18%。

试验混凝土配合比（kg/m³）　　　　**表 5-2**

No.	水泥	水	砂	碎石	掺量%
空白	320	198	888	933	—
AE 剂	320	175	825	978	0.6
GP-1	320	163	859	975	0.2
GP-2	320	163	859	975	0.18

GP-1 及 GP-2 的坍落度变化如图 5-27 所示。水泥粒子沉降时间如图 5-28 所示。

图 5-27 中的 GP-1 及 GP-2 的 Zeta 电位与经时变化很小，故坍落度变化很小，而普通减水剂 NS 的 Zeta 电位经时降低快坍落度损失大。

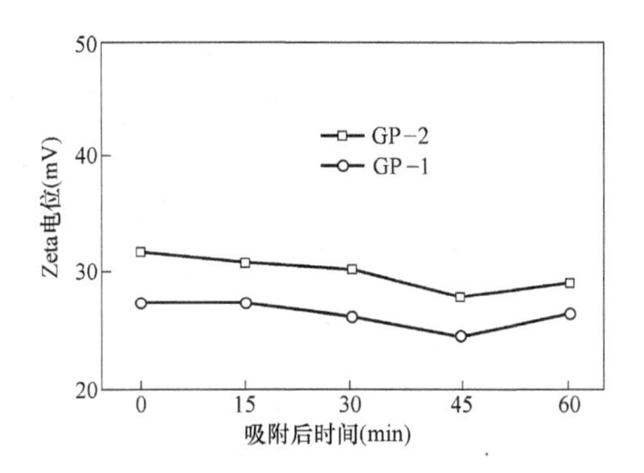

图 5-27 GP-1 及 GP-2 的 Zeta 电位与经时变化

接枝共聚物与适当的引气并用，可以得到稳定的混凝土拌合物。混凝土坍落度损失试验结果如图 5-29 所示。接枝共聚物 GP-1、GP-2 的坍落度损失很小，含气量经时变化也小。

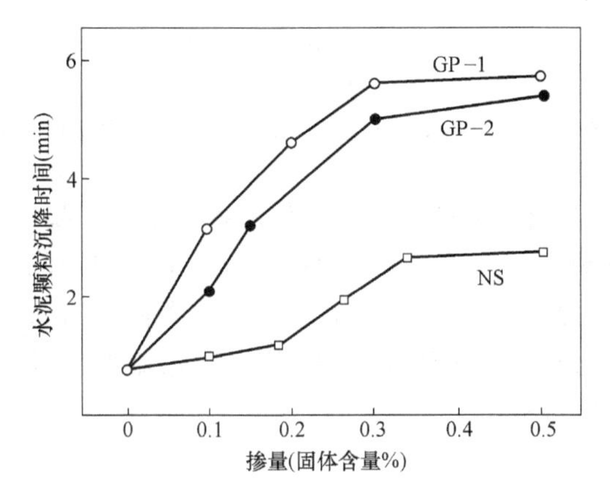

图 5-28 水泥粒子的沉降时间与掺量关系

而 AE 减水剂及掺 NS 的混凝土，坍落度损失均大；特别是掺 NS 的混凝土，半小时后，坍落度由 18cm 降至 12cm，损失约 33%。

5. 混凝土的抗压强度

混凝土按表 5-2 的配合比，水泥用量均为 320kg/m^3，坍落度相同时，接枝共聚物的添加量与抗压强度的关系如图 5-30 所示。

由于减水剂添加量增大，减水率提高，混凝土的抗压强度几乎直线提高。

6. 凝结时间

改性接枝共聚物的添加量与混凝土的凝结时间如图 5-31 所示。随着添加量的增大，凝结时间延长，在减水率为 18%时，GP-1 的掺量为 0.75%，凝结时间为 60min；GP-2 的掺量为 0.57%，凝结时间为 20min。一般来讲，聚羧酸系减

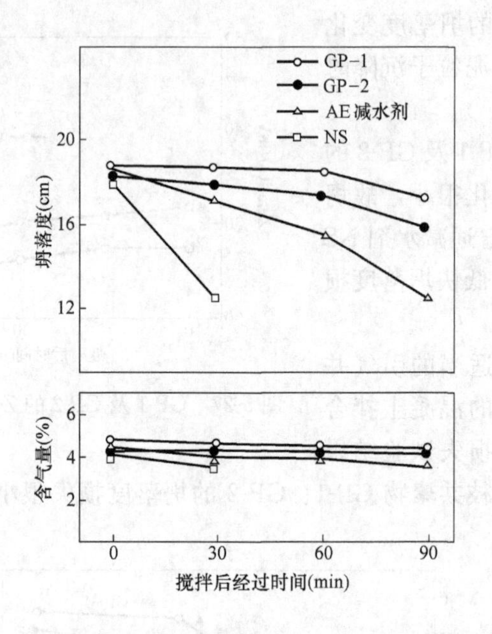

图 5-29　不同品牌减水剂坍落度与含气量的经时变化

水剂具有缓凝性，但接枝共聚物 GP-2 的缓凝性很小。缓凝的主要原因是水泥粒子表面吸附了缓凝剂成分，缓和了水泥的水化反应而引起的。GP-2 的分子结构中含有的缓凝剂成分是羧基，其含量百分率比聚羧酸系减水剂少得多。GP-2 比 GP-1 含的缓凝剂成分更少，而且，由于 GP-2 少量添加就得到较大的减水效果，因而对水泥的水化影响极小。

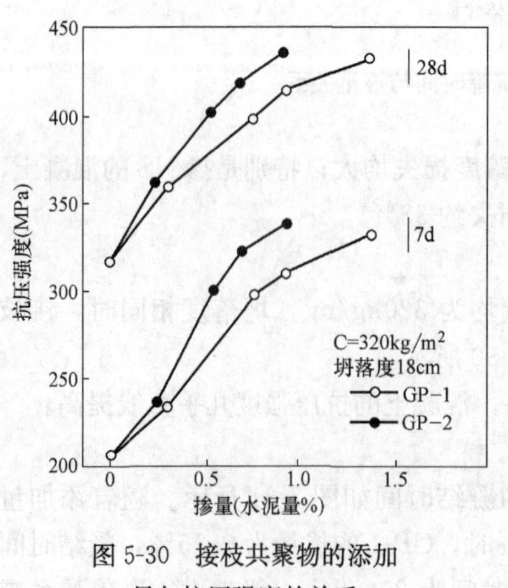

图 5-30　接枝共聚物的添加量与抗压强度的关系

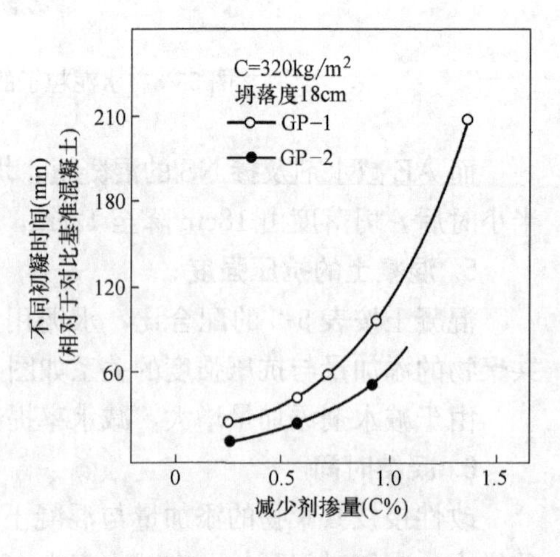

图 5-31　接枝共聚物的添加量与混凝土的凝结时间关系

5.6　氨基磺酸盐系高效减水剂的生产与应用

氨基磺酸盐系高效减水剂的减水率高，保塑效果好，配制的混凝土耐久性好，生产工艺较萘系与聚羧酸系简便。作者曾以氨基磺酸盐系高效减水剂与萘系高效减水剂各按35%的含固量，以1∶1的比例复配，在复配液中外掺3%～5%的超细粉，以这种固液复配减水剂，研发出了能保塑3h的C120超高性能混凝土，并在深圳京基大厦工程中应用，泵送至416m的高度。氨基磺酸盐系高效减水剂是一种有发展前途的高效减水剂，作者在山东潍坊及深圳宝安都生产应用了这种减水剂。

1. 制备原理

以芳香族氨基磺酸盐与甲醛加热缩合而成；其主要产物的分子式为：

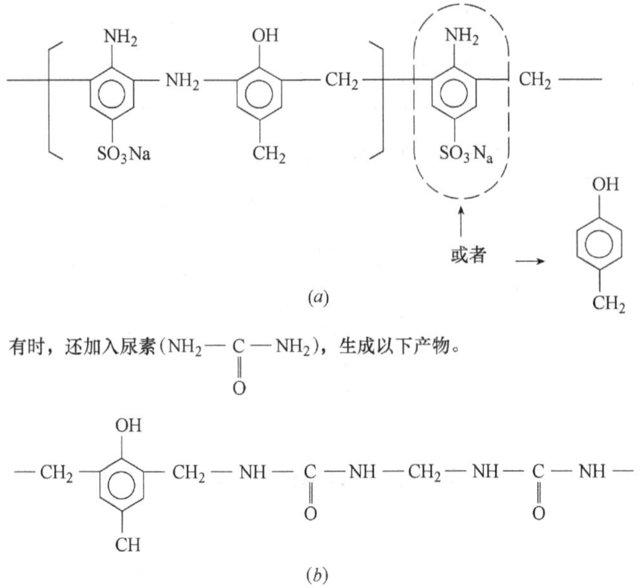

(*a*)

有时，还加入尿素($NH_2—CO—NH_2$)，生成以下产物。

(*b*)

图5-32　氨基磺酸盐减水剂的分子结构

(*a*) 氨基磺酸盐减水剂的分子结构；(*b*) 加入尿素后的分子结构

其分子结构的特点是分支较多，疏水基分子段较短，极性强。

2. 水泥净浆及混凝土试验

(1) 试验用原材料

氨基磺酸系减水剂（AS）；及其与萘系高效减水剂复配品AN1及AN2水泥：小野田52.5普硅（1）；东方龙52.5普硅（2）；大宇52.5普硅（3）；及韶峰52.5普硅（4）。

砂：中偏粗，密度2.65，表观密度1.45；级配及有机物含量符合国家规范要求。

碎石：石灰石碎石，粒径5～25mm，密度2.65，表观密度1.46；级配合格。

其他外加剂：防腐剂（天津产）；脂肪酸系减水剂（南宁产），含固量40%。

(2) 净浆流动度试验

水泥500g，W/C=29%，外加剂掺量0.7%；在试验用原材料中的各种水泥净浆流动度及其经时变化如表5-3～表5-5所示。

水泥净浆流动度及其经时变化（AS） **表5-3**

水泥品种	流动度经时变化(cm)				
	初始	30min	60min	90min	120min
1	25×25	25×25	25×25	26×26	25×25
2	24×24	25×25	25×25	25×25	24×24
3	24×25	25×25	24×25	24×24	24×24
4	26×25	25×25	25×25	25×25	24×24.5

水泥净浆流动度及其经时变化（AN2） **表5-4**

水泥品种	流动度经时变化(cm)			
	初始	60min	120min	180min
1	26×26	26×26	26×26	—
2	27×26	26×26	26×26	—
3	25×25	25×25	25×25	24×24
4	26×26	26×26	26×26	25×25

水泥净浆流动度及其经时变化（AN1） **表5-5**

水泥品种	流动度经时变化(cm)			
	初始	60min	120min	180min
1	26×26	26×26	26×26	—
2	28×28	27×28	26×26	—
3	25×25	26×26	24×24	25×26
4	28×28	27×27	25×25	

表5-3中净浆配比：水泥500g，水145mL，AS3.5g；表5-4中净浆配比：水泥500g，水145mL，AN27.5g；表5-5中，净浆配比与表5-4同。

由水泥净浆试验可见：AS，AN1，AN2三种氨基磺酸系列减水剂，对四种水泥均有很好的适应性；初始流动性大，经2h，净浆流动度基本无损失，减水率高，控制流动度损失功能好，这是氨基磺酸系列减水剂的特点之一。AN1 及 AN2 的掺量偏高，是 AS 掺量的 2 倍以上。

(3) 混凝土试验

混凝土试验用的配合比如表 5-6 所示。其中 AN1 的含固量 37%，AS 含固量 42%，混凝土试验时要扣除减水剂中用水量，配合比中的粉体为：①矿粉与粉煤灰复合粉；②Ⅱ级粉煤灰；③矿粉与硅粉复合粉体。

混凝土试验配合比　**表 5-6**

水泥	W/B	混凝土用料(kg/m³)						减水剂
		水泥	粉体	砂	豆石	碎石	水	
小野田	0.40	300	140(1)	760	—	1000	180	AS0.7%
大　宇	0.43	340	75(2)	800	150	850	180	AN1 2.0%
珠江 52.5	0.30	385	165(3)	750	150	850	165	AS3.0%

混凝土的坍落度，扩展度的经时变化如表 5-7 所示，强度与电通量及氯离子扩散系数如表 5-8 所示。由表 5-7 可知，坍落度、扩展度在 60 min 内基本上无变化；120min 后，坍落度、扩展度的损失也很小。由表 5-8 可知，小野田水泥 300kg+ 140kg 复合矿粉，$W/B=0.4$，28d 强度达 60MPa；且流动性优良，2h 基本无坍落度损失。三组混凝土 56d 的电通量均低于 750 库仑/6h，56d 的氯离子扩散系数低于 $6.2676\times10^{-9}cm^2/s$，属高耐久性混凝土。

坍落度，扩展度的经时变化（cm/mm）　**表 5-7**

水泥	初始	60min	120min
小野田	24.5/680	24.5/630	23.0/480
大宇	24.0/630	21.0/620	20.0/560
珠江 52.5	23.0/580	22.0/560	22.0/540

强度与电通量及氯离子扩散系数　**表 5-8**

水泥	抗压强度(MPa)			电通量(库仑)		Cl^- 扩散系数($\times10^{-9}cm^2/s$)	
	3d	7d	28d	28d	56d	28d	56d
小野田	35.6	46.6	60.7	2605	700	15.3943	6.0216
大宇	32.5	42.7	58.5	2760	750	16.1568	6.2676
珠江 52.5	56.4	64.8	81.2	1605	495	10.4743	5.0131

不同减水剂混凝土的坍落度经时变化如图 5-33 所示。三种减水剂（氨基系、萘系、三聚氰胺系）配制的混凝土，经过 60min 后，萘系、三聚氰胺系减水剂的混凝土坍落度由原来的 20cm 降低到了 5cm 左右，而氨基系减水剂的混凝土坍落度能保持 1.5h 基本不变。

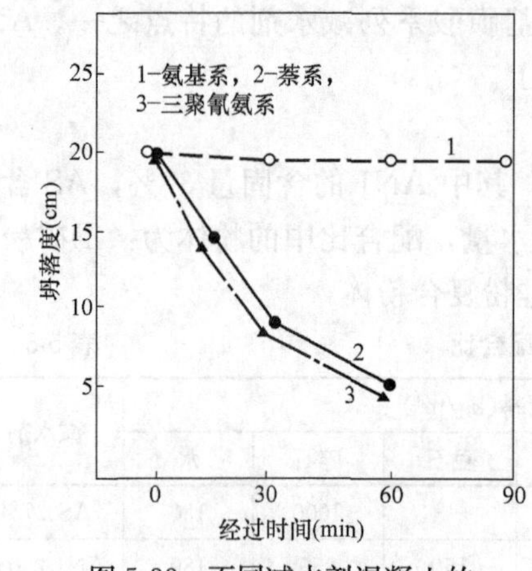

图 5-33　不同减水剂混凝土的坍落度经时变化

3. 氨基磺酸盐高效减水剂控制坍落度损失机理

由图 5-32 可知，氨基磺酸盐高效减水剂控制坍落度损失效果良好，这与水泥粒子对这种减水剂分子的吸附形态有关。如图 5-33 所示。

氨基磺酸高效减水剂为水泥粒子吸附是刚性垂直键吸附，有立体分散的效果，使水泥粒子稳定分散，坍落度经时损失小。而萘系、三聚氰胺系减水剂是平面排斥力，水泥粒子容易产生凝聚，坍落度损失快（图 5-34）。

	萘系、三聚氰氨系	氨基酸系
掺入高效减水剂前	CEMENT H_2O	H_2O
掺入高效减水剂后	H_2O	H_2O
经60–90min后	H_2O	H_2O
	物理凝聚 (坍落度降低)	稳定分散 (维持坍落度)

图 5-34　萘系、三聚氰胺系、氨基系为水泥粒子吸附与坍落度损失

5.7 萘系及三聚氰胺系减水剂的混凝土坍落度损失及其抑制机理

从水泥粒子的分散与凝聚，液相中减水剂浓度与坍落度变化及屈服值变化的关系，进一步阐明坍落度损失及其抑制机理。

1. 水泥粒子的凝聚与分散

在水泥浆中掺入高效减水剂后，高效减水剂分子为水泥粒子所吸附，水泥粒子表面形成双电层电位（Zeta 电位），静电斥力提高，水泥浆体的网状结构被破坏，释放出被网状结构约束的水分，浆体流动性增大，如图 5-35（*a*）所示。但是，由于物理分散和化学分散，水泥浆中微粒子增多，为了降低粒子的表面能，粒子间相互靠近、吸附，使水泥粒子产生凝聚，坍落度降低。

服部健一认为，如果水泥粒子的布朗运动和重力，机械力的作用，超越了双电层电位造成的势垒 V_{max}，水泥粒子就会产生凝聚，如图 5-35（*b*）、（*c*）所示。

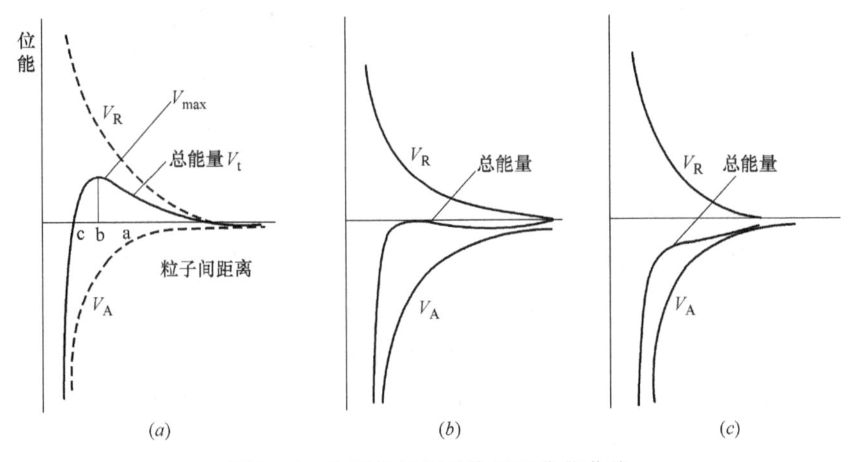

图 5-35　水泥粒子相互作用的位能曲线

设系统中最初水泥颗粒总数（个/mL），由于相互碰撞而减少到一半的时间 $t/2$ 为：

$$t/2=(2\pi a^2/3k)(1+\rho_c W/C)\exp(V_{max}/KT) \tag{5-1}$$

式中　K——实验常数；

a——水泥粒子半径；

W/C——水灰比；

ρ_c——水泥密度；

T——绝对温度。

粒子数减半的时间 $t/2$，也即混凝土坍落度降至一半的时间，称为半衰期。

从上式可见，势垒 V_{max} 数值的大小，对半衰期的影响最大；水泥越细，即 a 越小；W/C 越小，半衰期越短，坍落度损失也越大。

2. 水泥浆屈服值与坍落度损失及液相中减水剂残存量的关系

试验证明，水泥浆中掺入高效减水剂后，随着时间的延长，高效减水剂（SP）在液相中的残存量减少，对应的水泥浆屈服值增大，坍落度损失增大，如图 5-36、图 5-37 所示。

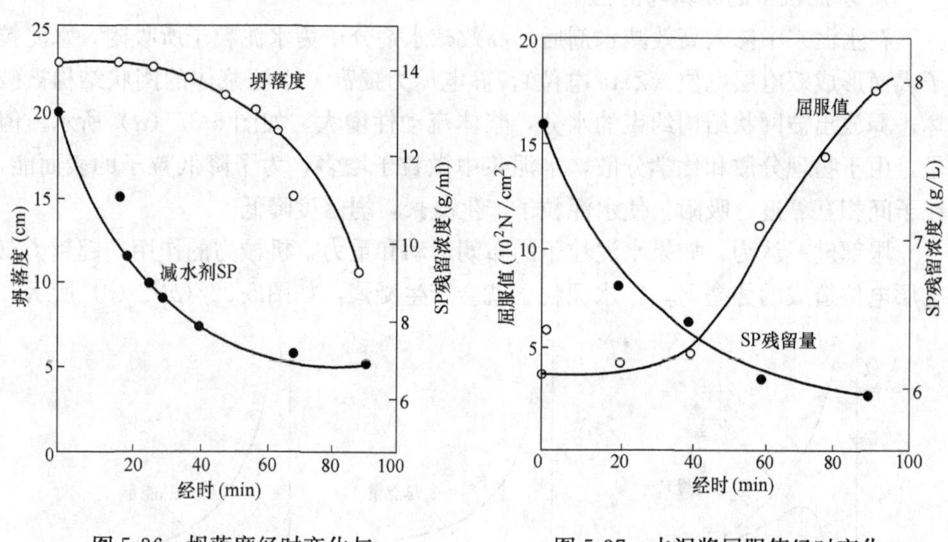

图 5-36　坍落度经时变化与高效减水剂残存量

图 5-37　水泥浆屈服值经时变化与高效减水剂残存量

由图 5-36、图 5-37 可见，如能及时补充高效减水剂在混凝土中的残存量，水泥浆屈服值或混凝土的坍落度损失是可以抑制的，如图 5-38 所示。

混凝土的初始坍落度 20cm，经过 20min 后，坍落度损失到 15cm 左右；再

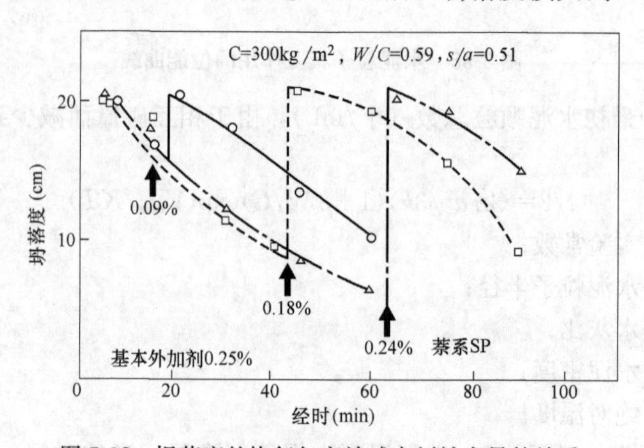

图 5-38　坍落度的恢复与高效减水剂补充量的关系

掺入 0.09%的减水剂，坍落度恢复到原来状态或者从初始状态，再经过 40min，坍落度损失到 10cm 以下，再掺入 0.18%的减水剂，坍落度又恢复到原来状态。如此类推，离初始状态 60min 后，要再掺入 0.24%×C 的减水剂，才能使坍落度恢复到原来状态。

图 5-39 是同样的高效减水剂，在不同时间添加对坍落度恢复的效果。混凝土拌合后 4～87min 的时间内添加高效减水剂，坍落度恢复的幅度是不同的，但自初始状态经过 90min 后，坍落度均相同。

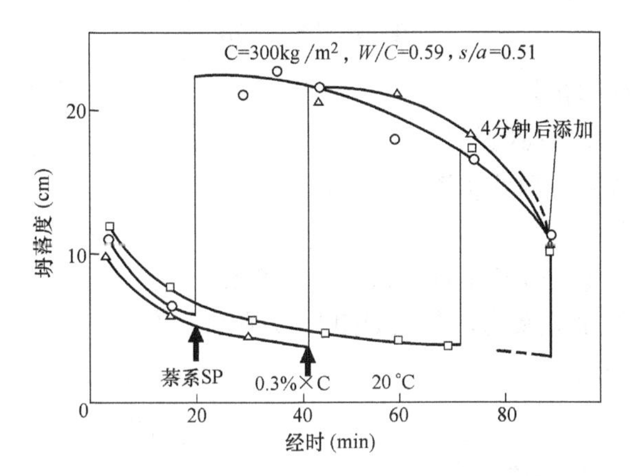

图 5-39　高效减水剂添加的时间对坍落度恢复的效果

服部健一的试验证明，采用多次添加萘系高效减水剂，能维持坍落度在 2h 以上不变，且对混凝土的性能没有不良影响。

3. 坍落度损失与恢复的模型

通过以上的试验分析，可以考虑图 5-40 的模型。

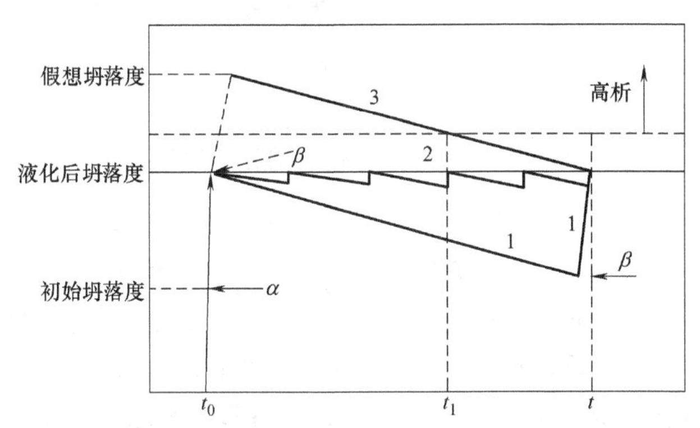

图 5-40　高效减水剂添加，坍落度损失与恢复的模型

图中：曲线 1——通过最后添加高效减水剂，使坍落度损失恢复；

曲线 2——通过多次添加高效减水剂，使坍落度损失恢复；

曲线 3——在 t_0 时间里再添加高效减水剂 β，混凝土发生离析。

在混凝土中，掺入高效减水剂α，混凝土达到流化后坍落度；经过t时间后，坍落度损失；若与初始坍落度相同，必需掺入高效减水剂β，即图中曲线1。而将高效减水剂β分成几次掺入，以恢复坍落度的方法，如曲线2，称之为反复添加。但如果将高效减水剂$\alpha+\beta$一次掺入混凝土中，混凝土将产生离析，质量不能保证。

将高效减水剂掺入混凝土中，在t时间内保持坍落度不变，可采用公式(5-2)的曲线形式添加高效减水剂。

$$A=a(T-T_0)b \tag{5-2}$$

式中 A——累计掺量；

T——坍落度维持时间；

T_0——高效减水剂开始掺入时间；

a——常数；

b——决定于高效减水剂添加方案的常数。

高效减水剂添加方案与坍落度如图5-41所示。

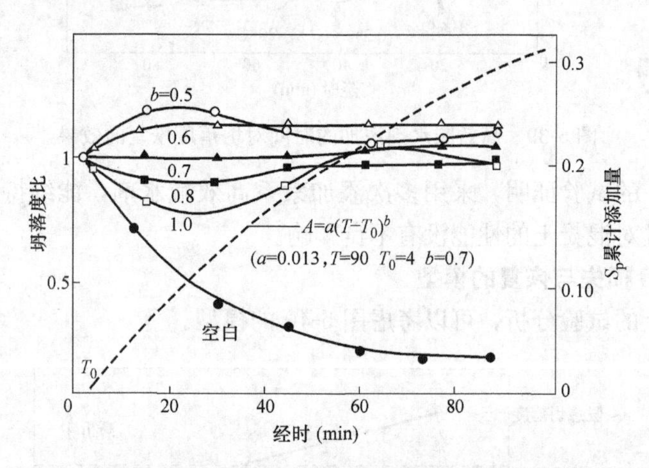

图5-41 高效减水剂添加方案与坍落度

如果A=胶凝材料用量X 0.3%（减水剂的固体含量），T= 90min；b在0.5，0.6，0.7，0.8和1.0的范围内变化，以调整坍落度变化。实际上b不同，表示了在4～30min内添加高效减水剂的量不同，其结果如图5-41所示。当b=0.7时，经过90min，坍落度变化平稳，损失很少；b=0.5，0.6时，20～30min期间，坍落度变化太大；而b=0.8，1.0时，坍落度太低。因此，根据公式$A=a(T-T_0)b$添加高效减水剂，以维持坍落度时，采用b=0.7是最适宜的。此时高效减水剂的经时添加量的曲线如图5-41中的虚线所示，而不继续外掺高效减水剂的混凝土，坍落度经时变化，如图5-41中的空白曲线所示。

5.8　缩合度低的分散剂控制坍落度损失

有两种水泥混凝土的分散剂（高效减水剂），其化学组成相同，但缩合度不同，一种 B 为 5，另一种 A 为 10。两者的掺量都是 0.3%时，混凝土坍落度损失均大。但 B 掺量达 0.5%时，初始坍落度值与其他外加剂的相同，而且经时变化小，如图 5-42 所示。

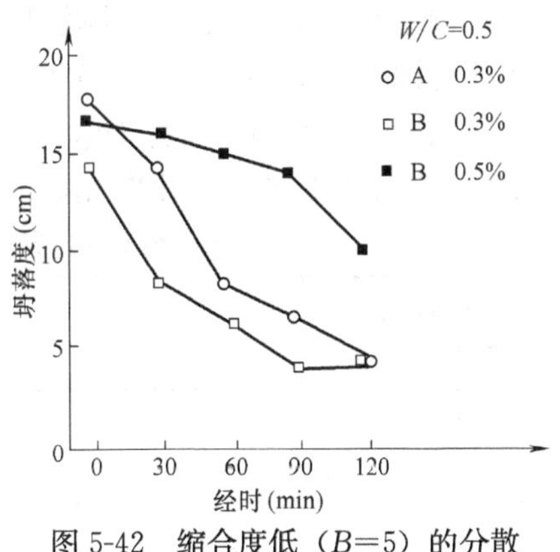

图 5-42　缩合度低（B=5）的分散剂控制坍落度损失

这是由于 B 的分散能力低，被水泥粒子吸附的量少，故 B 在液相中残存的量多，而如果 A 的掺量达 0.5%，则混凝土发生离析，混凝土的质量不能保证。因此，缩合度低的分散剂 B，掺量稍多一些，对于控制混凝土坍落度损失是有效的。一般情况下，采用缩合度低的分散剂可控制坍落度在 90mim 以内，其损失约 10%左右。

5.9　沸石减水保塑剂的研发与应用

以天然沸石超细粉吸附高效减水剂，制得沸石减水保塑剂。沸石减水保塑剂可用于普通混凝土、高性能混凝土及超高性能混凝土，使混凝土流动性增大，并控制流动性的经时变化；在超高性能混凝土中，还能降低新拌混凝土的黏度，便于泵送施工。

沸石减水保塑剂能控制新拌混凝土的经时损失，主要是由于在混凝土中能缓慢释出高效减水剂，维持水泥粒子对减水剂的吸附量，使水泥粒子表面具有一定值的 Zeta 电位，使水泥浆处于分散状态。沸石减水保塑剂掺入混凝土中还能改善硬化混凝土的结构，提高混凝土的强度。

1. 天然沸石粉对高效减水剂的吸附与解吸的试验

（1）试验原材料

天然沸石粉：山东潍坊产的斜发沸石，阳离子交换容量 120meg/100g，细度 $600m^2/kg$。

高效减水剂：萘系，代号 A，粉剂，减水率约 20%；氨基磺酸盐系，代号 B，液剂，含固量约 45%，减水率＞25%；聚羧酸系，代号 C，液剂，含固量约 40%，减水率＞30%。

水泥：三菱牌 P. O42.5；潍坊水泥（立窑）P. O32.5；越秀牌 P. O52.5。

骨料：河砂，中砂，级配合格，表观密度 2.60，松堆密度 1450kg/m³；石灰石碎石，粒径 5～20mm，级配合格，表观密度 2.60，松堆密度 1450kg/m³。

水：饮用水。

(2) 沸石粉对高效减水剂的吸附与解吸试验

将天然沸石粉 100g 共 4 份，分别放入含固量 45%的水剂高效减水剂中，每隔 30min 将含沸石粉的水剂抽滤、冲洗、烘干、称重，得到沸石粉浸泡 30min，60min，90min 及 120min 后的重量。计算出沸石粉对减水剂的吸附量，如表 5-9 所示。

沸石粉对减水剂的等温吸附量（g/10g） 表 5-9

减水剂类型 \ 时间(min)	30	60	90	120
A	2.5	3.5	5.6	5.7
B	2.6	3.6	5.5	5.8

沸石减水剂在水溶液中的等温排放量（g/10g） 表 5-10

减水剂类型 \ 时间(min)	30	60	90	120
减水剂 A	2.3	3.3	4.1	4.5
减水剂 B	2.4	3.4	4.0	4.6

将沸石粉对高效减水剂吸附饱和后，得到的沸石减水剂 A 及 B，取样 100g，放入水溶液中，测定 30min，60min，90min 及 120min 的减水剂排放量。如表 5-10 所示。

按表 5-9，表 5-10 作图，得到天然沸石粉对减水剂 A 和 B 的吸附与排放曲线如图 5-43、图 5-44 所示。由此可知，天然沸石粉对减水剂 A、B 的吸附量，

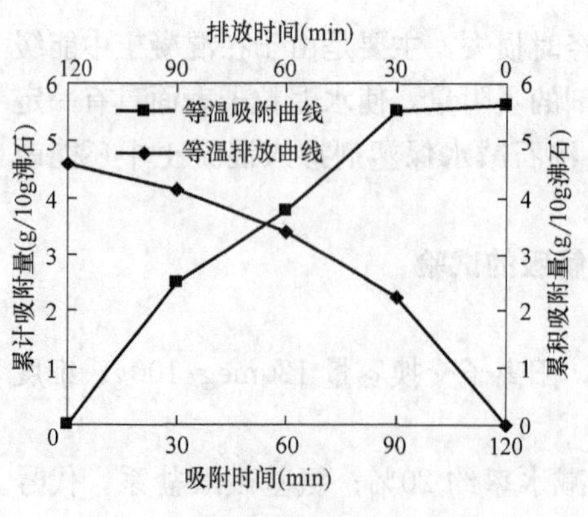

图 5-43 沸石粉对减水剂 A 的吸附与排放曲线

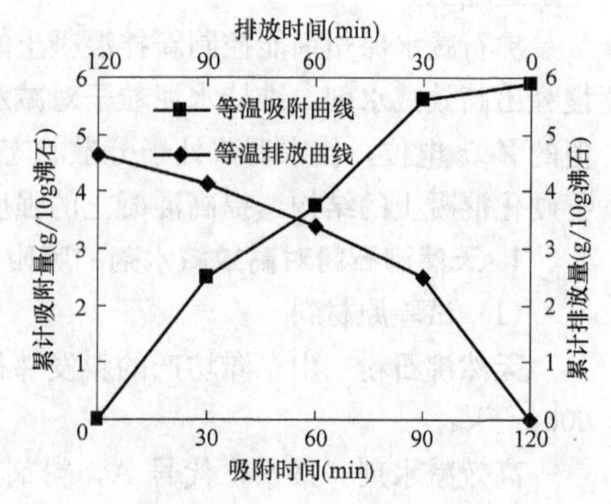

图 5-44 沸石粉对减水剂 B 吸附与排放曲线

90min前几乎是线性增加，90min后，基本达到饱和状态，对减水剂饱和吸附值约5.6～5.8g/10g，继续延长时间，吸附量增加甚微。沸石减水剂在水中的排放量随着时间的增长不断增加，但其排放量的极限值在饱和吸附值以下。

2. 沸石减水剂对水泥净浆流动度影响

以水泥500g，水150ml，沸石减水剂10g，按GB/T 8077—2000进行净浆流动度试验，并测定其经时变化，结果如表5-11所示。由此可见沸石减水剂能有效地控制水泥净浆流动度损失。在120min内对三菱水泥净浆流动度不仅不降低，反而增加了9.2%；而对潍坊立窑水泥约降低20%，可能是由于水泥中的f-CaO或C_3A含量过高造成的。

水泥净浆流动度（mm）的经时变化　　表5-11

水泥品种	流动度经时变化				
	初始	30min	60min	90min	120min
三菱P·O42.5	238	240	240	270	260
潍坊P·O32.5	220	200	200	180	175

3. 混凝土坍落度经时变化

混凝土试验的配合比如表5-12所示。测定的混凝土2h内坍落度经时变化及各龄期的强度如表5-13所示。由试验结果可见，经过2h，混凝土坍落度由20cm降至16.5cm，降低了17.5%。但坍落度仍在16cm以上，仍能满足泵送施工要求。

混凝土配合比　　表5-12

W/C	单方混凝土材料用量(kg/m³)						备注
	水泥	粉煤灰	砂	碎石	水	沸石减水剂	三菱水泥
0.40	350	100	750	1100	180	11.25(2.5%)	

混凝土的坍落度经时变化及强度　　表5-13

坍落度(cm)经时变化			抗压强度(MPa)		
初始时间(11:20)	70min(12:30)	120min(1:20)	3d	7d	28d
20	19	16.5	16.4	25.6	42

4. 沸石减水剂对混凝土坍落度损失控制机理

试验证明，混凝土的坍落度损失和水泥浆的表观屈服值增大都与液相中高效减水剂的残存量（实为水泥粒子对减水剂的吸附量）减少有关，如图5-45、图5-46所示。以$W/C=0.4$的水泥浆，对比掺与不掺沸石减水剂时的Zeta电位的变化，结果如图5-47所示。不含沸石减水剂的水泥浆的Z电位绝对值迅速降低，

30min 由 5.5mV 降至 4.7mV，1h 时降至 4.2mV。但含沸石减水剂的水泥浆，初始 5.95mV，140min 内基本上维持在 6mV 的水平，水泥浆保持良好的分散状态和流动性。

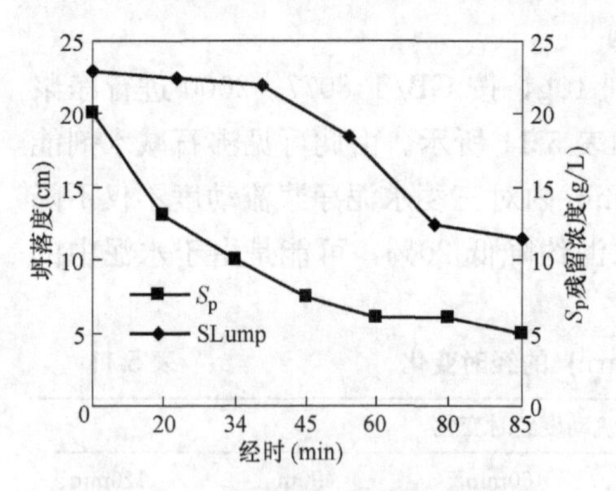

图 5-45 坍落度经时变化与高效减水剂残存浓度（长潼）

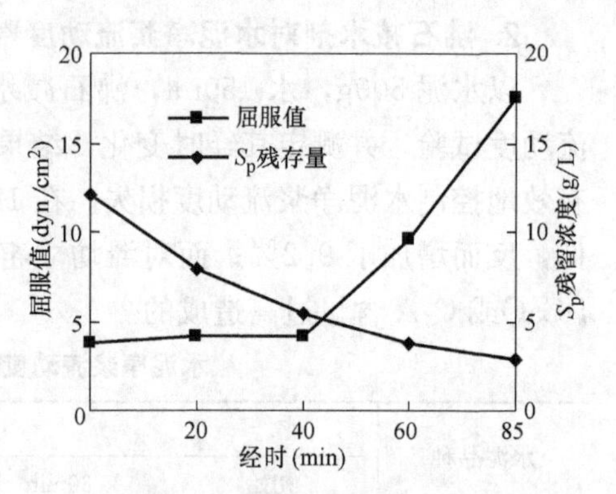

图 5-46 水泥浆屈服值经时变化与高效减水剂残存浓度（服部）

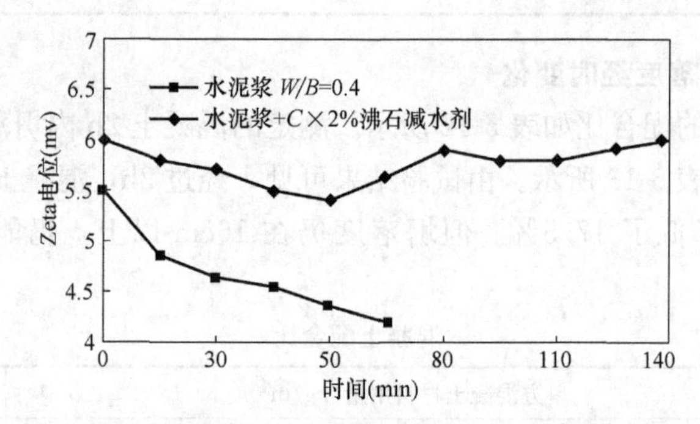

图 5-47 水泥浆体中水泥颗粒表面 Zeta 电位经时变化

沸石减水剂对水泥浆体的剪切强度和结构黏度也有很大的影响。$W/C=0.3$ 水泥浆中掺入 0.6%的萘系高效减水剂，以及掺入 2.0%的沸石减水剂，两个试样，采用 Warming 搅拌机搅拌水泥浆，用 Fanning 黏度计测定水泥浆在 40min 内的剪切强度和结构黏度的变化。结果如图 5-48 所示。

由上述可见，沸石减水剂能缓慢排放吸附的高效减水剂到水泥浆中，维持水泥颗粒表面对减水剂的吸附量，从而维持水泥颗粒表面的 Zeta 电位，使水泥粒子处于分散状态。水泥浆的结构黏度和剪切强度也处于稳定状态，混凝土坍落度损失得以控制。

5. 施工应用

实例 1：高强高流动性混凝土的坍落度损失控制

试验用原材料：

水泥：邯郸 52.5 硅酸盐水泥；粗骨料：河卵石 5～40mm；细骨料：中砂、

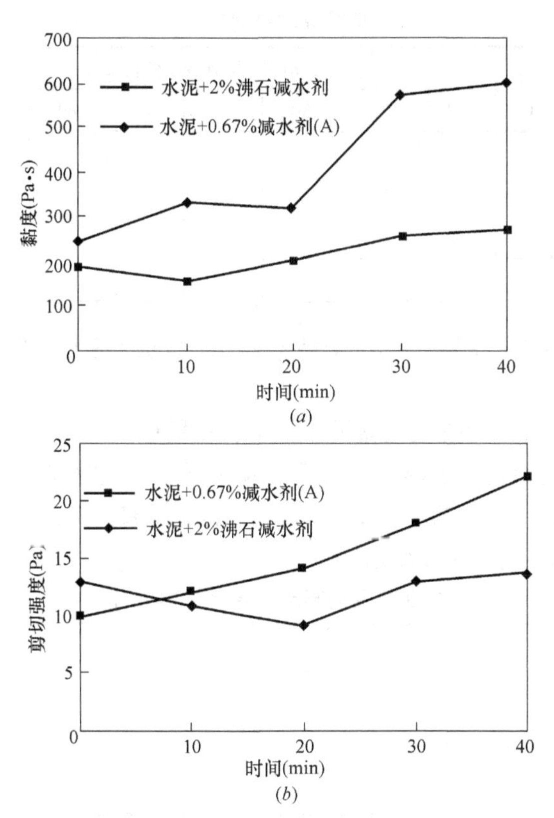

图 5-48　含与不含沸石减水剂时的结构黏度和剪切强度经时变化

(*a*) 结构黏度的变化；(*b*) 剪切强度的变化

河砂；萘系减水 UNF。

混凝土的配合比如表 5-14 所示。

高强高流动性混凝土的配合比 (kg/m³)　　表 5-14

No.	W/C(%)	C	水	砂	石	M-Ca	UNF	CFA
1	35	500	175	675	1100	—	C×0.6%	—
2	35	500	175	675	1100	C×0.25%	C×0.6%	C×1.0%
3	38.8	450	175	680	1100	—	C×1.0%	—
4	38.8	450	175	680	1100	—	C×1.0%	C×1.5%

表 5-14 中的 C 代表水泥用量 (kg/m³)，CFA—控制坍落度损失外加剂（沸石减水保塑剂），UNF—高效减水剂，M-Ca—木钙。NO. 2 掺入 CFA 为水泥用量的 1.0%，NO. 4 掺入 CFA 为水泥用量的 1.5%。混凝土坍落度的经时变化如表 5-15 所示。由此可见，含 CFA 为 C×1.0%或 C×1.5%的混凝土能控制坍落度在 2h 内无变化。

坍落度的经时变化　　　　　　表 5-15

No.	经过时间(分)及坍落度变化(cm)										
	0	20	30	40	50	60	70	80	90	120	
1	18			14							
2	20	20		21		21				19	
3	19		12								
4	21		21			20			20	19	

由此可见，含 CFA 为 $C\times1.0\%$或 $C\times1.5\%$的混凝土能控制坍落度在 2h 内无变化。

实例 2：C35 普通混凝土在盛世华庭工程中的应用

混凝土生产配合比、混凝土的坍落度及扩展度的经时变化，以及混凝土的抗压强度，分别如表 5-16、表 5-17、表 5-18。盛世华庭的施工现场及 CFA 的投料方式分别如图 5-49、图 5-50 所示。

施工应用混凝土配合比（kg/m³）　　　　　　表 5-16

材料 / 混凝土类型	水泥	粉煤灰	矿渣	河砂	碎石	水	FDN	CFA
基准混凝土	230	90	100	710	1080	180	9.0	—
CFA 混凝土	230	90	100	710	1080	180	—	11.76

混凝土坍落度扩展度经时变化（mm）　　　　　　表 5-17

经时变化 / 混凝土	0h	1h	2h
基准混凝土	205/360	160/—	—
CFA 混凝土	190/510	195/500	190/480

注：分子为坍落度，分母为扩展度。

混凝土凝结硬化及抗压强度　　　　　　表 5-18

性能 / 混凝土类型	凝结时间(h)		抗压强度(MPa)		
	初凝	终凝	3d	7d	28d
基准混凝土	13.5	18	21.3	29.8	45.1
CFA 混凝土	10	14.5	24.8	32.8	51.5

由表 5-16、表 5-17、表 5-18 可见，掺 CFA 的混凝土坍落度和扩展度，能维持 2h 以上基本不变，保证了混凝土泵送施工要求；混凝土初凝和终凝时间也比基准混凝土缩短；混凝土 3d、7d 及 28d 强度均高于基准混凝土强度的 10%以上，其原因是载体沸石粉参加了水泥的水化反应。

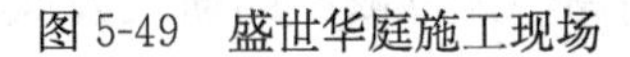

图 5-49　盛世华庭施工现场

图 5-50　CFA 在施工现场的应用

实例 3：CFA（沸石减水保塑剂）在超高性能混凝土中应用

2008 年 10 月，在广州珠江新城西塔项目工程中，进行了强度等级 C100 的超高性能混凝土的研发及超高泵送试验。为降低混凝土的黏性，控制混凝土工作性能的经时变化，混凝土中掺入了 2%的 CFA（聚羧酸减水剂含固量 23%），可使新拌混凝土的工作性能经时 3h，基本不变，如表 5-19 及图 5-51 所示。

初始　240mm/630mm

1h　255mm/640mm

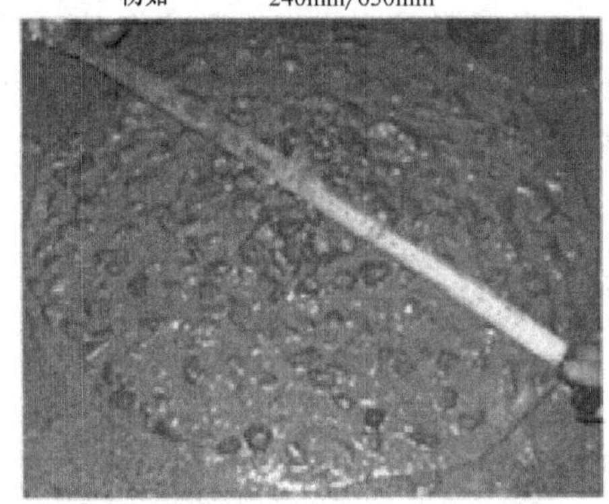

2h　240mm/570mm

3h　SL240mm/530mm

图 5-51　扩展度与坍落度经时变化

CFA 掺入超高性能混凝土中的保塑效果 表 5-19

技术指标 / 经过时间(min)	坍落度(cm)	扩展度(cm)	混凝土倒筒流下时间(s)
初始	24	64/62	6.0
60	25.5	61/67	4.4
120	23	56/57	5.3
180	24	52/54	9.0

采用沸石减水保塑剂 CFA 掺入超高性能混凝土中，同样能保塑 3h 以上，保证超高泵送混凝土的施工。在京基大厦 C120 超高性能混凝土的研发及其超高泵送试验中，在水剂高效减水剂中，也应用了沸石粉体保塑剂，使 C120 超高性能混凝土保塑了 3h，并由地面泵送至 417m 的高度。

5.10 在混凝土中掺入减水剂的方法及其效果

在混凝土搅拌时，掺入减水剂的方法有同掺与后掺两种。同掺法是搅拌混凝土时，将减水剂先溶于拌合水中，和水一起倒入搅拌机内，共同搅拌；后掺法是将砂、碎石、胶凝材料及水等，在搅拌机内拌合成混凝土之后，再单独掺入减水剂进行搅拌。由于减水剂的掺入方法不同，其效果也不同。在减水剂的掺量相同的情况下，后掺法比同掺法混凝土的坍落度大，流动性好。其原因与水泥的初期水化反应有关。

1. 水泥矿物水化时对高效减水剂的吸附量

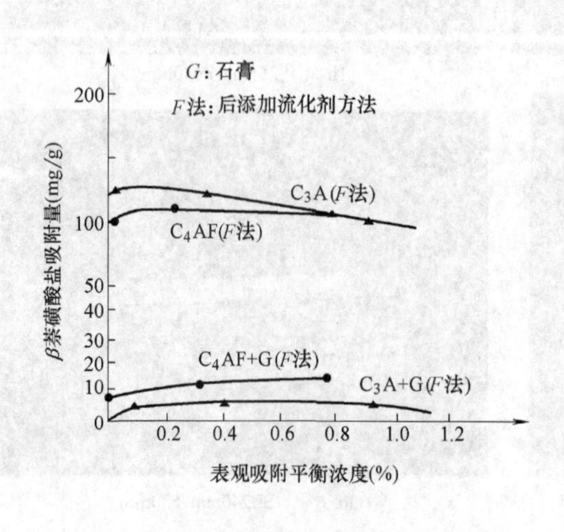

图 5-52 水泥水化时对 SMF 的吸附曲线

不同品种的水泥，其矿物组成不同，水化产物对高效减水剂的吸附量不同。水泥矿物对三聚氰胺系（代号 SMF ）的吸附如图 5-52 所示。

V. S. Ramachandran 对水/固＝2 的水泥试样，在不同时间里对溶液中 SMF 的吸附量进行测定。发现在水的介质中，C_3A 对 SMF 的吸附很强烈。在几秒钟之内就吸附了相当数量的 SMF，而 C_3S 在水化初期对 SMF 的吸附量则很低。

服部健一的试验证明，在没有石膏掺入的条件下，当溶液中表观吸附平衡浓度为 0.2%，温度为 20℃，吸附时间为 10min 时，C_4AF 及 C_3A 的水化物对萘系减水剂的吸附量高达 100mg/g 以上。掺入石膏时，C_4AF 及 C_3A 与石膏反应，在其表面生成不容易吸附高效减水剂的水化物，吸附量只有 10mg/g，甚至更低些，如图 5-53 所示。

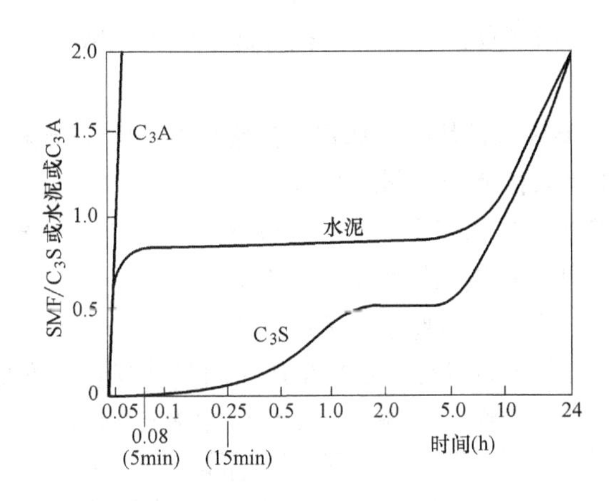

图 5-53 有否石膏存在的吸附量及曲线

由于 C_4AF 及 C_3A 的水化速度快，水化物对高效减水剂的吸附量大，因而在液相中残存的高效减水剂的量少，也即 C_3S 水化时可利用的高效减水剂的量少，对提高水泥粒子表面的 ξ 电位是不利的。但由于掺入石膏，改变了 C_4AF 及 C_3A 的初期水化物，降低了对高效减水剂的吸附量，液相中残存较多高效减水剂的量，为水泥的主要矿物成分 C_3S 及 C_2S 的水化物所吸附，水泥粒子表面的 ξ 电位增大；也即势垒值 V_{max}增大，使水泥粒子更有效的分散．也就是后掺法比同掺法混凝土的坍落度大，流动性好。

2. 选用适当品种的水泥可以改善坍落度损失

上述试验也说明了，采用 C_2S 含量高的中低热水泥，对于混凝土坍落度损失的控制是有效的。

Meyer 和 Perenchio 认为，水泥矿物中 C_3A 含量，溶液中 SO_3 的含量，化学外加剂的种类及掺量，关系到钙矾石的形成及坍落度损失。Khalil 和 Ward 认为，含有高效减水剂的混凝土中，SO_3 的含量增大，也即石膏的含量增加，延迟 C_3A 的水化，可以改善坍落度损失。坍落度损失是由于初期水化反应，高效减水剂的消耗造成的。因而水泥中的 C_3A 含量多，吸附高效减水剂的量大，坍落度损失也大。

5.11 聚羧酸减水剂合成工艺的新进展

聚羧酸减水剂合成的时候，往往需要100℃以上的高温，惠州居龙减水剂公司研发出了一种催化剂。在聚羧酸高效减水剂合成的时候，投入少量催化剂，可在常温下合成聚羧酸减水剂，免除了高温加热，可不烧锅炉；减少了生产过程中废气排放的污染，节省了能源和资源，也降低了成本，减水剂的某些性能还优于同类的减水剂.

1. 以甲基烯丙醇聚氧乙烯醚（如辽阳克隆的F-1088、吉林众鑫的ZX306等）为主要原料的聚羧酸高性能减水剂。其特点：

a. 原料成本较低，减水率高，按有效成分计，0.12%掺量减水率≥25%；

b. 对混凝土早期及后期的增强效果显著；

c. 坍落度损失偏大，对有些水泥适应性不良。

每吨该产品（40%有效成分含量）生产投料量及材料成本如表5-20所示。

聚羧酸减水剂每吨该产品生产投料量及材料成本 **表5-20**

原料名称	符号	原料吨耗	价格(元/t)	金额
甲基烯丙醇聚氧乙烯醚	HPEG	324.90	13700.00	4451.13
丙烯酸	AA	39.02	11500.00	448.73
丙烯酰多羧酸	AC150	29.04	10000.00	290.40
过硫酸铵	APS	3.87	5000.00	19.35
催化剂	Ct-2B	5.17	13500.00	69.80
巯基乙酸	TGA	2.87	30000.00	116.10
96%氢氧化钠	SH	13.97	3000.00	41.91
原料成本	5437.42			

含固量40%的聚羧酸减水剂每吨该产品生产材料成本约5437元。

2. 以异戊烯醇聚氧乙烯醚（如辽阳克隆的F-108、吉林众鑫的ZX504等）为主要原料的聚羧酸高性能减水剂，其特点：

a. 减水率高，按有效成分计，0.15%掺量减水率≥25%；

b. 有着优异的保坍效果；

c. 与各种水泥的适应性好；

d. 原料成本偏高。

每吨该产品（40%有效成分含量）生产投料量及材料成本如表5-21所示。由表可见，以异戊烯醇聚氧乙烯醚为主要原料的聚羧酸高性能减水剂，成本较高，每吨原材料成本约5708元。

每吨该产品（40%有效成分）生产投料量及材料成本　　表 5-21

原料名称	符号	原料吨耗	价格(元/t)	金额
异戊烯醇聚氧乙烯醚	TPEG	326.94	14500.00	4740.63
丙烯酸	AA	36.32	11500.00	417.68
丙烯酰多羧酸	AC150	29.23	10000.00	292.30
过硫酸铵	HPO	5.22	5000.00	26.10
催化剂	Ct-2B	6.98	13500.00	94.23
巯基丙酸	MPA	1.93	50000.00	96.50
96%氢氧化钠	SH	13.79	3000.00	41.37
合计	5708.81			

3. 生产工艺的特点与设备

1）常温常压反应，无需热源。

2）工艺控制简单且可靠，产品有很好的质量稳定性。

3）产品配方已成系列，可根据不同地区及不同用途选择生产配方。

4）生产周期短，生产效率高；单套设备，每 12h 可生产 10～16t 40%聚羧酸母液。

5）生产过程无尾气和污水排放；为绿色化工项目。

6）生产设备配置合理，投资少，但产出效率高，可操控性强。根据需要，生产过程中的滴料可选择手动、半自动和全自动控制。主要生产设备如表 5-22 所示。

主要生产设备　　表 5-22

编号	设备名称	规格型号	配套装置	数量
1	PP 塑料反应釜	容积 6000L，Φ2000×2000	锚式搪玻璃搅拌，摆线减速机，减速机功率 5.5kW，速比=1∶23	1
2	PP 塑料配料/滴料釜	容积 1000L，Φ1200×1000	锚式搪玻璃搅拌，摆线减速机，减速机功率 1.1kW，速比=1:23	2
3	电子秤	2t，分度值 1kg；秤盘尺寸 1500×1500		2
4	出料泵	不锈钢自吸泵，电机功率 3.0kW		1
5	滴料泵	不锈钢自吸泵，电机功率 0.55kW		3
6	软水机	水处理量≥$2m^3/h$		1
7	螺旋上料机	全不锈钢，Φ169，L=4.5m		1
8	配电箱			1
9	电加热器及自动温度控制装置（低温天气用于熔化丙烯酸）			1

4. 生产应用设备实例

图 5-54 常温反应釜

图 5-55 A 组分与 B 组分配料的反应釜

图 5-56 A 组分与 B 组分配料后滴入合成釜 C 中

5. 技术效果与经济分析

1）缓释型保塑聚羧酸高效减水剂

该减水剂的净浆流动度试验结果如下：

水泥（PO42.5）500g，水 135g，W/C=27%，外掺 1.1%减水剂（含固量 20%）；初始净浆流动度 260mm；3h 后仍保持流动度 260mm。

2）高强型聚羧酸高效减水剂

以该减水剂配制超高强混凝土，1d 拆模强度达 63MPa，3d 强度达 93MPa，7d 强度达 103MPa，28d 强度达 128MPa。混凝土具体配比如表 5-23 所示，新拌混凝土的性能如表 5-24 所示。

超高强混凝土配比（kg/m^3） 表 5-23

水泥	超细灰	硅灰	水	砂	粗骨料	减水剂	CFA
500	175	75	135	760	850	1.9%	2.0%

新拌混凝土的性能 表 5-24

性能 经时	坍落度(mm)	扩展度(mm)	倒筒时间(s)	U 形仪升高
初始	270	720×720	2.6	340(5s)
3h 后	265	710×700	3.5	—

新拌混凝土的流动性，保塑性均很好．这种混凝土泵送到了 510m 的高度。

3）经济分析

用于预拌混凝土的混凝土泵送剂掺量一般控制在 1.8％～2.0％，对于多数地区的大部分水泥，可按下述配方配制：

40％聚羧酸减水剂　170kg；

葡萄糖酸钠　20kg；

水　800kg。

其材料成本：（180×5708.81＋20×6200.00）/1000＝1094.50 元/t。与此减水率接近，如果使用粉状萘系减水剂，粉状萘系减水剂的用量至少使用 300kg/t。目前，粉状萘系减水剂的市场价格约 4000.00 元/t。则使用粉状萘系减水剂配置泵送剂的材料成本为：（300×4000.00＋20×6200.00）/1000＝1324.00 元/t。这样，低材料成可降约 17％。

以聚羧酸母液，按以上比例配置混凝土泵送剂，不仅可降低成本，其对不同水泥的适应性、混凝土坍落度的保持能力以及对混凝上物理力学性能的改善，远远优于萘系减水剂。

第6章 天然硅质掺合料

天然硅质掺合料，包括天然火山灰、天然沸石、硅藻土以及偏高岭土等。在这些材料中都含有无定形结构的 SiO_2，其中 Si 原子和 O 原子是无序排列的。由于这种无序排列，在室温下无定形硅能与 $Ca(OH)_2$ 反应，生成水化硅酸钙凝胶 C-S-H 相，被称为火山灰活性。天然硅质掺合料都具有这种活性。

6.1 天然火山灰

1. 概述

混凝土的历史可以追溯到古罗马时代。当时建造的神殿、竞技场、水道桥等大规模建造的结构物中，都采用了混凝土。其规模宏大，可以说是前无古人。

古罗马人用盛产的火山灰、煅烧石灰和当地的大理石碎屑，与水混合，成为火山灰混合物，即混凝土。这是大约 2000 年前的混凝土。

当时罗马帝国的“波佐利的灰尘”，被称之为火山灰，降落积聚起来，得到了火山灰混合材料。波佐利是那不勒斯西部的地名。现在混凝土中采用的掺合料“普浊里”，就是“波佐利”的派生语，是古代遗留下来的名称。

在近年的调查中，从中国大地湾遗址中，发现了与古罗马相似的混凝土。这种大约 5000 年前的混凝土，以原始状态遗留下来，具有令人吃惊的耐久性。面积达 130m2 的宫殿式建筑主室，全部为礓石和砂石混凝而成，类似于现代水泥混凝土地面。这里所述的天然火山灰如表 6-1 所示，有火山玻璃，黏土质火山灰及硅质火山灰等。

天然火山灰的种类　　表 6-1

<table>
<tr><td rowspan="3">天然火山灰</td><td rowspan="2">硅;铝质</td><td>火山玻璃</td><td>流纹岩型;安山岩型;响石型</td></tr>
<tr><td>黏土</td><td>高岭土族
蒙脱石族
叶蜡石族</td></tr>
<tr><td>硅质</td><td colspan="2">蛋白石质燧石;硅藻土</td></tr>
</table>

2. 火山玻璃

硅铝质的火山玻璃是火山喷发时，喷出的细小粒子受到急冷，大部分变成玻璃质的火山灰。R. Sersale 调查认为：火山玻璃的化学成分为，最大烧失量达 10%，SiO_2 45%～60%，Al_2O_3+Fe_2O_3 15%～30%，CaO+MgO+Na_2O+K_2O 约 15%左右；1980 年美国华盛顿州某地火山灰的分析值如表 6-2 所示。根据取样点的不同成分有所不同，但 SiO_2 的含量大多超过 60%。

美国华盛顿州某火山灰的化学组成（%）　　表 6-2

样品地点	SiO_2	Al_2O_3	Fe_2O_3	CaO	MgO	SO_2	K_2O+Na_2O	TiO_2	Cl^-	烧失量
Spokane	64.5	16.4	4.2	4.2	1.5	0.37	6.3	0.70	0.06	2.2
Yakima	58.5	18.3	6.5	6.2	3.3	0.14	5.3	1.00	0.03	0.4
Portland	63.3	16.9	4.68	5.0	1.8	0.16	6.0	0.89	0.01	0.8
Catalina	61.2	17.1	4.68	5.0	1.8	0.09	6.0	0.84	0.06	2.9
Beaverton	62.8	17.5	5.08	5.3	2.0	0.03	6.0	0.89	0.01	0.2

3. 黏土质火山灰

黏土可以分为硅、镁质及火山灰质两大类。表 6-3 列出了部分地方黏土的化学组成。

黏土的化学组成（%）　　表 6-3

火山灰样	烧失量	SiO_2	Al_2O_3	Fe_2O_3	CaO	MgO	K_2O	SO_3
Caiz(法国)	5.9	79.6	7.1	3.2	2.4	1.0	—	0.9
Moler(丹麦)	5.6	66.7	11.4	7.8	2.2	2.1	—	1.4
日本白土	6.9	70.4	15.7	3.2	1.2	2.1	1.4	—

黏土矿物由于结晶结构的不同，有高岭土族（六角片状）和蒙脱石族（板状）等矿物。天然火山灰的化学成分，依产地不同而不同。而根据工程对象不同，对天然火山灰性能的关注点也不同。如 100 多年前日本的明治时代，建造小樽港和佐世保港时，混凝土工程中用的火山灰主要是提高耐海水性能，因此其实际应用和检测的性能都以此为依据。当时小樽港的单方混凝土配比中采用了水泥 168kg/m^3，火山灰 96kg/m^3，砂 596kg/m^3，卵石 1404kg/m^3，水 130kg/m^3。用这种混凝土砂浆做成“8”模试块，放于海水中及空气中长期试验。试验说明，当龄期为 30～40 年时，抗拉强度达最大值，然后随龄期增长而下降。其中使用火山灰的试件比纯水泥试件稍好一些，在海水中保存的试件，抗拉强度残存率约 65%，而纯水泥试件只有 60%。

4. 硅质火山灰

硅质火山灰的代表是蛋白石，组成表达式为 $SiO_2 \cdot nH_2O$，是一种非晶质含水的硅酸矿物。经温泉作用变质之后的火成岩，及其充满孔隙后而产生出来的东西，其他还有玉髓、方晶石等也称之为硅质矿物。硅藻土是称为硅藻的单细胞藻类的遗体，沉积于海底，湖沼而形成的硅酸质的堆积岩。硅藻土有很多形状，实例如图 6-1 所示。

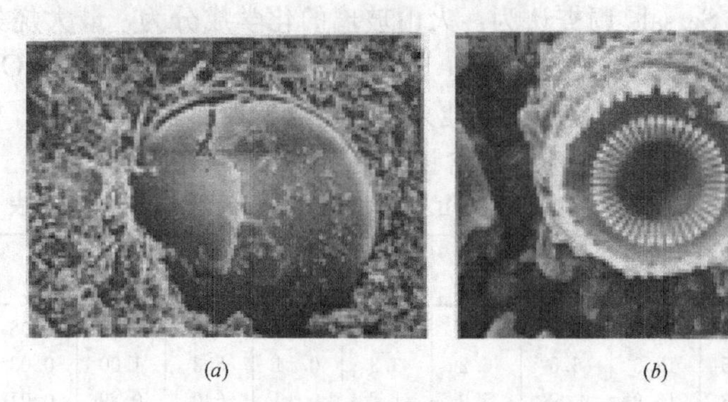

(a) (b)

图 6-1 硅藻土的 SEM（飞内）

6.2 火山灰与水泥反应

1. 火山灰与水泥的主要矿物 C_3S，C_2S 反应

硅酸盐水泥的主要矿物 C_3S，C_2S 水化时产生 Ca（$OH)_2$，和火山灰反应，生成新的水化物。其类型与组成由火山灰的化学成分、矿物组成及反应条件而定。当火山灰反应时 Al_2O_3 量少，生成 C-S-H 凝胶；而当 Al_2O_3 量多时，并存在少量石膏时，生成 $C_3A \cdot CaSO_4 \cdot 12H_2O$；当存在多量石膏时，生成 $C_3A \cdot 3CaSO_4 \cdot 32H_2O$。石膏必然存在的条件下，生成 C-S-H 凝胶的同时，短期里会生成 C_4AH_{13}—C_3ACaCO_3 和 C_2ASH_8。

长期转变为稳定的 $C_3AS_2H_2$ 或 C_3AH6，火山灰促进了 C_3S 的水化反应。竹本、内川等人进行试验，确定了火山灰物质早期水化的活动，求出了 C_3S 的水化率，如图 6-2 所示。说明火山灰的粒子促进了水泥粒子的分散，微粉效应使水泥水化物能析出的空间增大，火山灰吸附了溶液中的 Ca^{2+}，进一步加速了 C_3S 的水化反应。

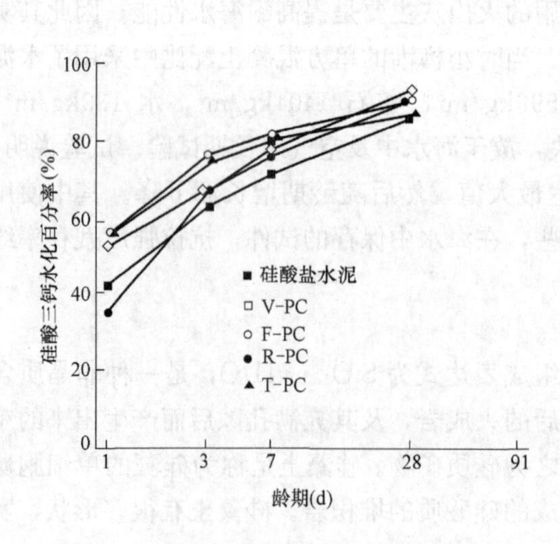

图 6-2 火山灰-水泥的硅酸三钙的水化率

2. 对混凝土的影响

天然火山灰对混凝土的影响，可以认为有以下方面：

（1）通过调整火山灰的粒型和粒度分布，提高混凝土的工作性；

（2）降低水化热，很适宜于

大体积混凝土；

（3）采用适当的养生方法，使长期强度增长；

（4）由于混凝土中的 $Ca(OH)_2$ 含量低，对硫酸盐等腐蚀的抵抗性提高；

（5）由于细孔含量降低，抗渗性提高；

（6）有效地抑制碱骨料反应的效果。

上述各项效果，均与火山灰的化学组成，特别是其中的 SiO_2，Al_2O_3，Fe_2O_3，K_2O，Na_2O 等有关，还与玻璃化率、细度、粒型、可溶物等种种特性有关。火山灰反应的机理还没有被充分地解析清楚，需要今后进一步研究。此外，适当的天然火山灰材料不仅能改善混凝土的质量，而且从省资源、省能源的观点出发也是有益的。

（天然沸石及高岭土另立章节叙述）

6.3　天然火山灰质材料研制的非烧结陶粒

以低品位的硅藻土为原料，掺入部分钙质材料和硅酸钠凝胶，经成球、养护，制成非烧结陶粒。其干密度 750～800kg/m³，筒压强度 5.0MPa，以这种陶粒为骨料，可配制出强度 10MPa 左右，重度 1200kg/m³ 的轻质混凝土。

（1）原材料

硅藻土：硅藻土的化学成分如表 6-4 所示。

硅藻土的化学成分（%）　　**表 6-4**

成分	SiO_2	Al_2O_3	Fe_2O_3	TiO_2	黏土矿物
含量	45	23	2	0.8	白云石，高岭石，方解石

此矿中主要硅藻种类是直链藻，在各矿层中的壳体含量为 30%～70%。

钙质材料：石灰，CaO 含量≥80%。

硅酸钠凝胶：水玻璃，模数 2.8。

（2）工艺过程

将硅藻土粉碎成粉，石灰粉，以及硅酸钠凝胶按一定比例配合，搅拌均匀，进入挤出机，在出口处将挤出的泥条切成粒状，然后进入成球盘成球，再进入太阳棚养护 24h，得到非烧结陶粒。

（3）非烧结陶粒的物理化学特性

物理特性：重度为 750～800kg/m³。筒压强度为 5.0MPa。吸水率为 30min，3%；60min，5%；90min，7%；120min，8%。最小粒径 5mm，最大粒径 10mm，粒度分布符合有关标准要求。

化学组分：经测试，该陶粒的化学组分如表 6-5 所示。烧失量 21.32%。

非烧结陶粒的化学组分（%）　　表 6-5

SiO_2	Al_2O_3	Fe_2O_3	CaO	TiO_2	MgO	Na_2O	K_2O	MnO_2	P_2O_5	CO_2
31.9	14.69	4.21	22.32	0.64	2.23	1.56	0.5	0.03	0.07	9.0

从表 6-5 可见，非烧结陶粒的 SiO_2 含量较原来硅藻土中的含量有所下降，而 CaO 含量明显增加，这与配料时掺入石灰有关。

(4) 微观结构

对非烧结陶粒进行了 XRD 及 SEM 的分析，通过 XRD 图谱分析，有方界石、白云石、高岭石及石英的衍射峰，未见硅酸钙的特征峰。

但从 SEM 的图谱分析，看到针状的水化硅酸钙．如图 6-3 所示。

(a)

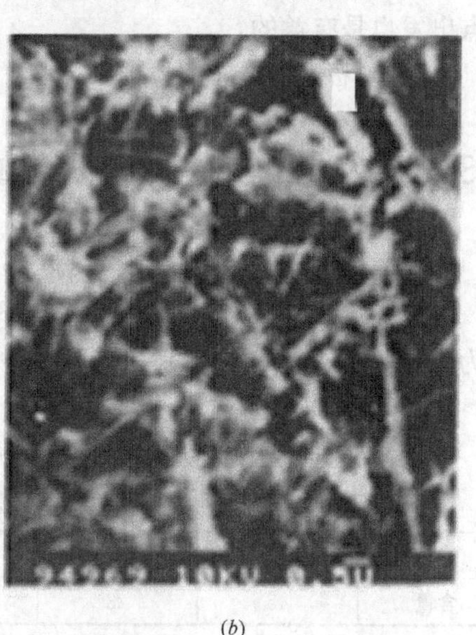
(b)

图 6-3　非烧结陶粒 SEM 图谱
(a) 放大 500 倍；(b) 放大 10000 倍

(5) 非烧结陶粒轻质混凝土

以非烧结陶粒为骨料，配制轻质混凝土，组成材料如下：

陶粒	0.6m^3
PO52.5 水泥	200kg
一级粉煤灰	200kg
W/B	0.35～0.40
泡沫	0.5m^3

先将粉煤灰和水泥以及泡沫剂一起搅拌，边搅拌边加入称量的水，得到泡沫料浆，再倒入非烧结陶粒共同搅拌，得到轻质混凝土料浆。经成型，养护，得到轻质混凝土。混凝土重度 1000kg/m^3 左右，抗压强度 7.5～10MPa 导热系数

0.35～0.38W/(m·K)。

(6) 非烧结陶粒普通混凝土

以非烧结陶粒为骨料，配制普通混凝土，组成材料如下：

陶粒	0.6～0.7m^3
PO52.5 水泥	300kg
一级粉煤灰	150kg
矿渣砂	0.4～0.5m^3
W/B	0.40～0.45

将水泥、粉煤灰、矿渣砂拌合均匀后，倒入计量用水，搅拌成料浆，再倒入非烧结陶粒，拌合均匀，得到非烧结陶粒普通混凝土拌合物；再经成型养护，得到非烧结陶粒普通混凝土，重度 1800～2000kg/m^3，强度 30MPa 以上。

(7) 小结

非烧结硅藻土陶粒是利用硅藻土开发时的尾矿，与石灰及水玻璃配合，拌合，挤出及成球养护而成；是一种省资源、省能源的新型建材产品。可利用作为非烧结硅藻土陶粒资源的尾矿或工业废弃物，品种多，数量大，制造非烧结陶粒有着广阔的前景。

第7章 天然沸石

7.1 引言

沸石（Zeolite）是1756年，瑞典矿物学者Cronetedt发现的。他在冰岛的熔岩空洞中发现了似花瓶那样美丽的大结晶体，用吹管燃烧这个结晶体，能放出水蒸气，且发泡膨胀，希腊语中称之为沸腾的石头 zeo，（to boil）and lite（stone），zeolite来命名。和我国沸石具有相同的意思。

沸石是一族架状构造的含水铝硅酸盐矿物。以沸石为主要造岩矿物的岩石，称之为沸石岩，或称为天然沸石岩（天然沸石）。化学组成常用下式来表示：

$$(Na,K)_2(Mg,Ca,Sr,Ba)_y[Al_{(x+2y)} \cdot Si_{(n-(x+2y)} \cdot O_{2n})] \cdot mH_2O$$

式中，Al的个数等于阳离子的总价数；O的个数为Al和Si总数的2倍。

目前，世界上已发现的沸石种类有36种，其中常见且有用的有：斜发沸石、丝光沸石、菱沸石以及毛沸石等数种。我国以前两者居多。我国天然沸石的应用已有近50年的历史，最初用于水泥工业，特别是立窑水泥，使用天然沸石为掺合料，解决了小水泥的安定性不良的问题，使不合格的水泥变成了合格品。在混凝土及高性能混凝土方面，也得到了较多的应用。在自密实混凝土及自密实自养护混凝土、保塑混凝土方面，天然沸石的应用技术起着重要的作用。这方面的技术越来越多地受到了国内外的重视。

7.2 中国的天然沸石资源

我国自1972年在浙江缙云发现了具有工业意义的沸石矿床以来，随后在河南、山东、河北、黑龙江和内蒙古自治区等地也发现了沸石矿床。现在，在中国的21个省、自治区发现了120多处的沸石矿床。据有关资料介绍，我国有3个较大的沸石矿：河北省赤城县独石口沸石矿，如图7-1所示。浙江省缙云县沸石矿和黑龙江省海林市沸石矿。其中独石口沸石矿贮量最大，达4亿吨，为高品位的斜发沸石，矿物含量为50%～70%。

图 7-1 独石口沸石矿

7.3 沸石的化学、物理性质

1. 化学组成

沸石是含水的铝硅酸盐矿物，在中国常用的两种沸石是斜发沸石和丝光沸石，化学组成式如下：

斜发沸石 $Na_6(Al_6Si_{30}O_{72})\cdot 24H_2O$，通常含有 K、Ca、Mg，其含量 Na、K ≥Ca 、Mg，Si/Al=4.25～5.25。

丝光沸石 $Na_8(Al_8Si_{40}O_{96})\cdot 24H_2O$，有时含有 K、Ca、Na，其含量 Na、Ca≥K，Si/Al=4.17～5.0。

沸石的化学组成如表 7-1 所示。沸石的化学成分中 SiO_2 的含量超过了 70%，其次是 Al_2O_3，含量也超过了 10%，钾、钠的含量也高，为 3%～5%。其他组分的含量都很低。我国独石口的天然沸石的化学成分与此相近。

沸石的化学组成　　表 7-1

种　类	SiO_2	Al_2O_3	Fe_2O_3	CaO	MgO	SO_3	Na,K	烧失量
斜发沸石	71.65	11.77	0.81	0.88	0.52	0.34	5.24	9.04
丝光沸石	71.11	11.79	2.57	2.07	0.15	0.27	2.99	9.50

2. X 射线衍射，热分析

沸石的 X 射线衍射图如图 7-2 所示，TG-DTA 曲线如图 7-3 所示。和黏土矿物一样，在低衍射角处出现。

从图 7-3 的 DTA 曲线可见，从 50℃到 500℃有一缓慢吸热峰，这是沸石的结晶水脱水。从 TG 曲线可见，沸石的质量减少约 10%，与表 7-1 的烧失量一致。

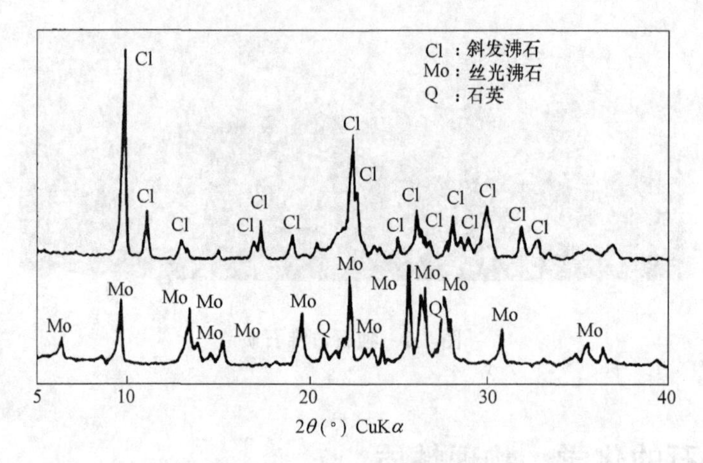

图 7-2 X射线衍射图

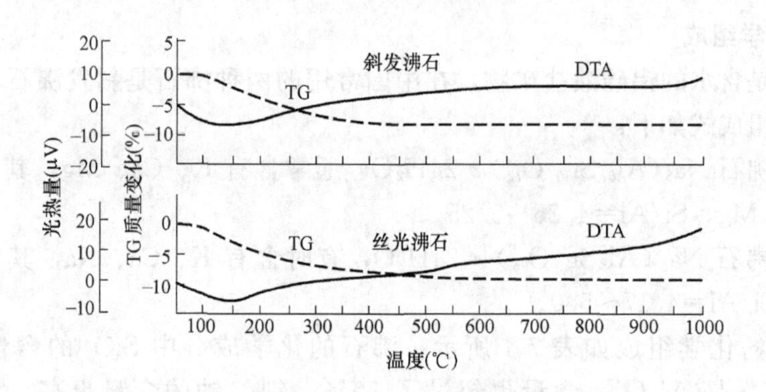

图 7-3 沸石的热分析结果实例（DTA 曲线）

3. 电子显微镜与偏光显微镜的观察

沸石的电子显微镜与偏光显微镜的观察如图 7-4、图 7-5 所示。我国独石口

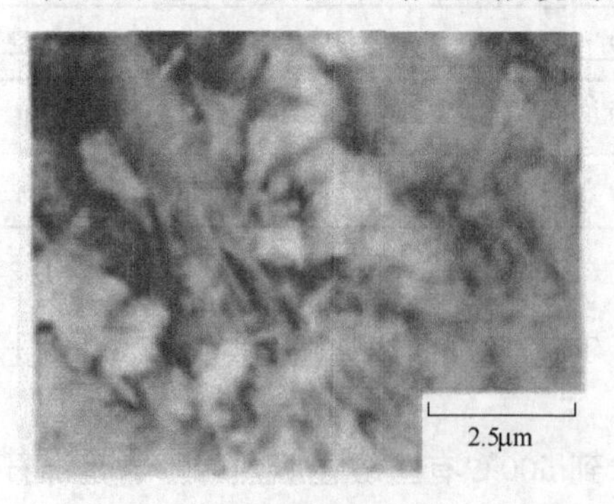

丝光沸石

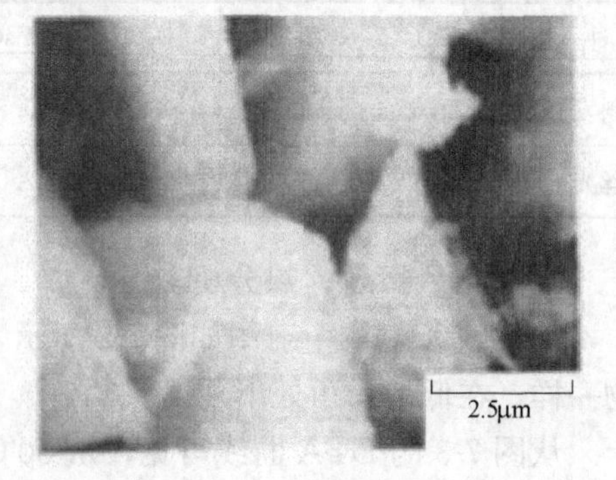

斜发沸石

图 7-4 沸石的电子显微镜（飞内）

及缙云的天然沸石的电子显微镜如图 7-6 所示。由图可见丝光沸石具有发丝状的结构，而斜发沸石具有板块状的结构。图 7-4 与图 7-5 是一致的。从图 7-6 偏光显微镜的观察中可以看出沸石样品中的各种矿物含量。

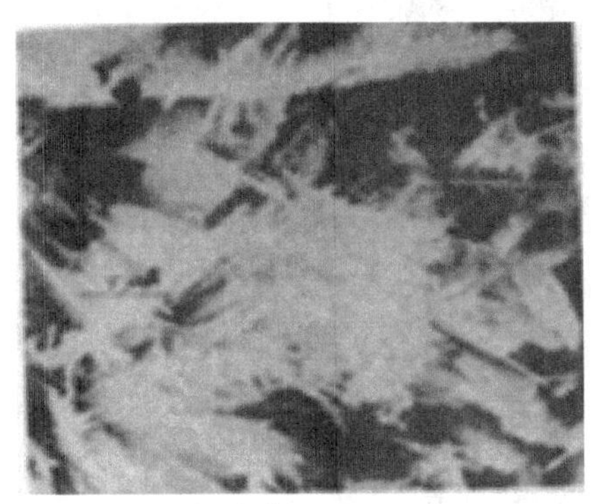

丝光沸石(缙云)

斜发沸石(独石口)

图 7-5 中国天然沸石的电子显微镜

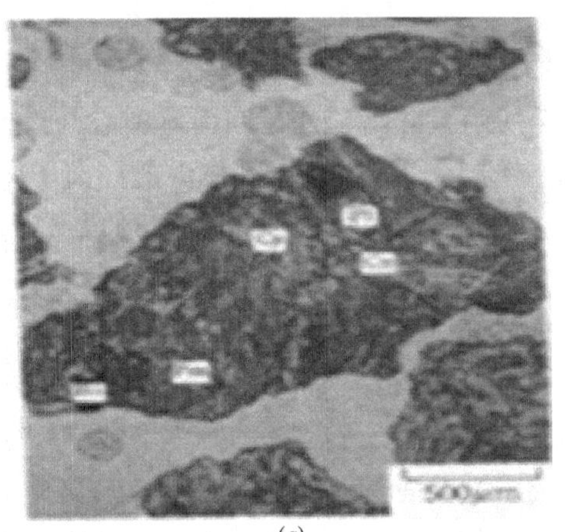

(a)

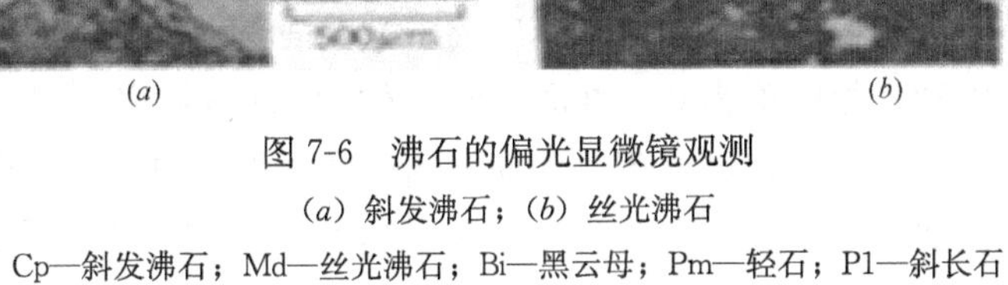

(b)

图 7-6 沸石的偏光显微镜观测

(a) 斜发沸石；(b) 丝光沸石

Cp—斜发沸石；Md—丝光沸石；Bi—黑云母；Pm—轻石；Pl—斜长石

4. 表观密度

表观密度如表 7-2 所示，约 2.1～2.3。

沸石的表观密度 **表 7-2**

沸石种类	表观密度	
	文献记载	飞内试验
斜发沸石	—	2.21
丝光沸石	2.30	2.24
	2.16	

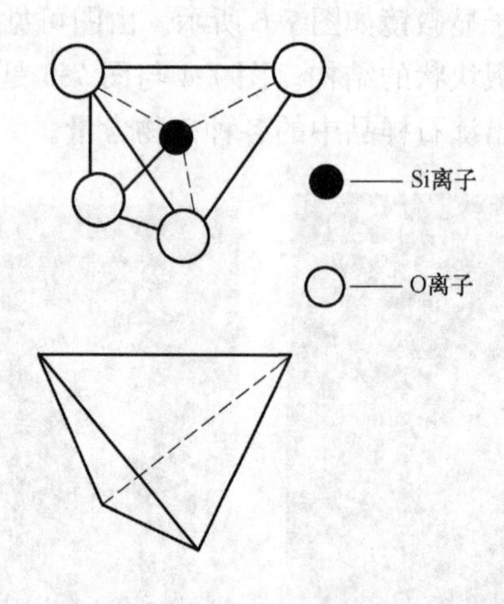

图 7-7　沸石中的硅氧四面体

5. 沸石的矿物特性

(1) 硅（铝）氧四面体

沸石是硅（铝）酸盐格架状构造的矿物，其基本单元是以 Si 为中心和周围 4 个氧离子排列而成的硅氧四面体，如图 7-7 所示。硅离子处在四面体中心，4 个氧离子处于四面体的角顶。硅-氧之间的距离约 1.6Å。硅氧四面体中的硅离子如为铝离子置换，就形成了铝氧四面体。在铝氧四面体中，铝氧离子间的距离约 1.75Å，氧与氧离子间的距离约为 2.86Å。

硅氧四面体只能够通过角顶互相连接构成硅氧四面体群。位于公共角顶上的氧离子为相邻的四个 硅氧四面体所共有，它的负二价电荷被相邻的两个四面体中心的硅离子中和；因此，角顶上的氧离子在电性上是不活泼的，为惰性氧。每个硅氧四面体中硅与氧之比为 1∶2，Si^{4+} 离子为四面体角顶上的四个氧离子（各以负一价）所中和，故电价为 0。如硅氧四面体中的硅被铝离子置换，则形成铝氧四面体。铝是正三价的，这样铝氧四面体的四个角顶中的四个氧离子，有一个得不到中和，因而出现了负电荷。为了中和其电性，相应就有金属阳离子进入。因此，沸石骨架中都含有碱金属、碱土金属离子。由于沸石中硅被铝离子置换的数量是变化的，故硅铝比不同，碱金属、碱土金属离子的含量也不同。

(2) 沸石水

硅氧四面体和铝氧四面体 通过角顶互相连接，便构成了各种形状的三维硅（铝）氧格架状的构造，即沸石结构。由于硅（铝）氧四面体多样性的连接方式，在沸石结构中便形成了许多孔隙和孔道，有的是一维的，有的是二维的，也有的是三维的。沸石结构内部的孔隙和孔道通常都充满了水，水分子以结晶形态存在，其在某一特定温度下加热而脱除，但不破坏沸石结构，这种水称之为“沸石水”。

（3）沸石分子筛

在沸石结构中，沸石水脱除后，留下了许多孔隙和孔道，具有吸附的性质。这时，比沸石内部的孔隙和孔道小的分子，被吸附而进入孔隙和孔道中；但比沸石内部的孔隙和孔道大的分子，则不能被吸附。因此沸石能起分子筛的作用，把不同分子大小的气体筛分出来；称之为沸石分子筛。

（4）阳离子交换容量

为了平衡沸石结构中的电荷，碱金属、碱土金属离子进入沸石晶体结构中。但这种离子可以被其他金属离子置换。把这种和盐基置换的容量，称之为阳离子交换容量。通常称为 CEC（Cation Exchange Capacity）。CEC 是根据 Shollenberger 氏的醋酸阿姆尼亚法测定的。通常 CEC 以每 100g 试样多少毫克当量来表示。沸石等黏土矿物对碱置换容量的实例如表 7-3 所示。

黏土矿物的 CEC 实例　　表 7-3

矿物名	CEC	交换的阳离子		
		Ca^{2+}	Na^{+}	K^{+}
沸石	153.0	15.9	72.1	74.9
膨润土	97.9	16.4	96.6	5.3

根据斜发沸石的阳离子交换顺序，用天然的 Ca 型和 Na 型的斜发沸石，可以通过离子交换除去水溶液中的放射性元素 Cs 和 NH_4 形态的氮。沸石中的碱金属、碱土金属离子和重金属离子也可以置换，其顺序是 $Pb^{2+}>Ca^{2+}>Cd^{2+}>Zn^{2+}$。置换不同的阳离子后，对结构的影响很小；但对沸石的阳离子交换性、催化性以及吸附性能则影响很大。

6. 沸石的化学反应活性

（1）沸石骨架中不同阳离子含量对化学反应活性影响

天然沸石（嫩江）原样，沸石含量≥60%；细度：4900 孔筛余 4%～5%。

将天然沸石原样通过离子交换，分别变成：NH^{4+}，Ca^{2+}，Na^{+}，及 K^{+} 型。各种沸石样品置换水泥 10%，做成标准试件，测 28d 抗折，抗压 强度如表 7-4 所示。

不同阳离子的天然沸石水泥强度（MPa）　　表 7-4

强度 / 类型	28d 龄期		备注
	抗折	抗压	
沸石原样	7.9	39.2	纯水泥试件强度 32.1
NH^{4+}	7.7	44.2	
Ca^{2+}	8.0	44.3	
Na^{+}	7.5	42.0	
K^{+}	7.8	39.5	

由表 7-4 可见，以各种沸石样品置换 10%的水泥，28d 龄期的抗压、抗折强度均高于基准试件的强度，其中以 Ca^{2+}，NH^{4+} 的效果最好，比基准强度提高 38%。

(2) 不同细度的影响

以独石口的斜发沸石磨细，分别通过 100 目、200 目、260 目及 360 目，分别置换水泥 20%和 40%，配制水泥胶砂试件，其 7d、28d 龄期强度如表 7-5 所示。

不同细度、不同置换率的沸石水泥强度 表 7-5

细度		100 目		200 目		260 目		360 目	
置换量(%)		20	40	20	40	20	40	20	40
强度	7d	8.3	5.6	7.9	6.7	8.5	7.0	8.7	8.6
	28d	26	21	27	23	30	25	34	28

由表 7-5 可见，相同置换率下，随着细度提高，沸石水泥 28d 强度也提高。不管哪一个细度，置换率 20%的沸石水泥 28d 强度，均高于置换率 40%的强度。细度对沸石的化学反应活性影响大。

(3) 沸石含量与石灰吸收值

用不同沸石含量的天然沸石与消石灰反应，活性越高，对消石灰吸收值越高；如表 7-6 所示。

沸石的石灰吸收值（mg CaO/g） 表 7-6

沸石种类	沸石含量（%）	30d 消石灰吸收值
缙云丝光沸石	≥50	≥150
宣化斜发沸石	≥50	176.12
海林斜发沸石(1)	≥60	196.58
海林斜发沸石(2)	≥70	262

中国国标规定的 30d 消石灰吸收值 50～60（mg CaO/g），故天然沸石比国家规定值高 4～5 倍，而且随沸石含量的提高而提高。

(4) 沸石的可溶硅、铝

沸石的石灰吸收值高、沸石含量高，其化学反应活性大，这可能与沸石中的可溶性硅铝有关，如表 7-7 所示。

沸石的可溶硅、铝 表 7-7

沸石种类	N_2 吸附 BET (m^2/g)	最可几孔径 (Å)	平均粒径 (μm)	铵交换量 (mol/100g)	可溶 SiO_2 (%)	可溶 Al_2O_3 (%)
沸石 1	34.30	23.30	5.90	107.81	12.08	8.93
沸石 2	19.54	25.00	5.00	147.82	8.08	8.20

表中沸石1的沸石含量约50%，沸石2的沸石含量约70%。沸石中含有可溶性硅铝，故与消石灰拌合后，早期就发生化学反应。

综上所述，沸石的活性与其铵离子交换容量（CEC）、沸石的类型（Ca^{+}，NH^{4+}）、沸石的可溶硅、铝含量，以及细度有关。

7.4 天然沸石粉载气体的研究与应用

气体载体多孔混凝土是一种新型轻质混凝土，用天然沸石粉作为气体载体，把空气或其他气体带进水泥浆中，使水泥浆膨胀，凝结硬化以后成为多孔混凝土，而且天然沸石还参与水泥的水化反应，故天然沸石粉载气体多孔混凝土的强度能随着龄期而提高。

作者在日本明治大学留学的过程中，在导师向井毅教授的指导下，采用日本的天然沸石——大谷石为原料，研发了载气体多孔混凝土。人谷石的土要特性如下：

（1）化学成分与矿物组成

大谷石的化学成分如表7-8所示。XRD图谱如图7-8所示。光学显微镜照片如图7-9所示。

大谷石的化学成分（%） **表7-8**

SiO_2	Al_2O_3	Fe_2O_3	CaO	MgO	Na_2O	K_2O	I。L
66.96	12.55	1.85	1.92	0.47	2.87	2.35	11.02

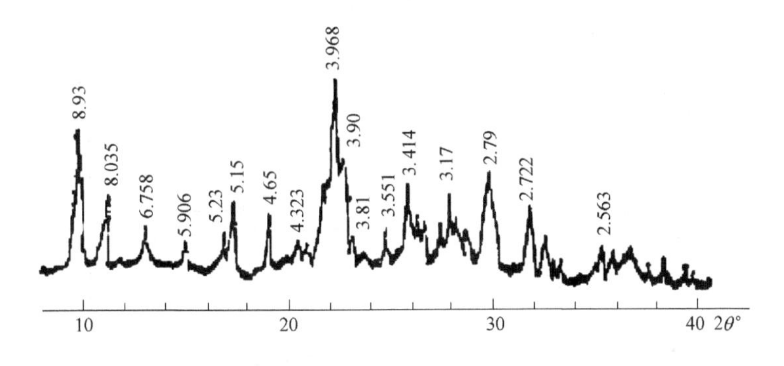

图7-8 大谷石的XRD图谱

由此可见，大谷石主要成分是SiO_2，Al_2O_3，Fe_2O_3和CaO，由XRD图谱可知，主要矿物成分是斜发沸石。通过铵离子交换测定，沸石含量约60%，但从光学显微镜照片可见，还有若干长石和石英。

（2）热的性质

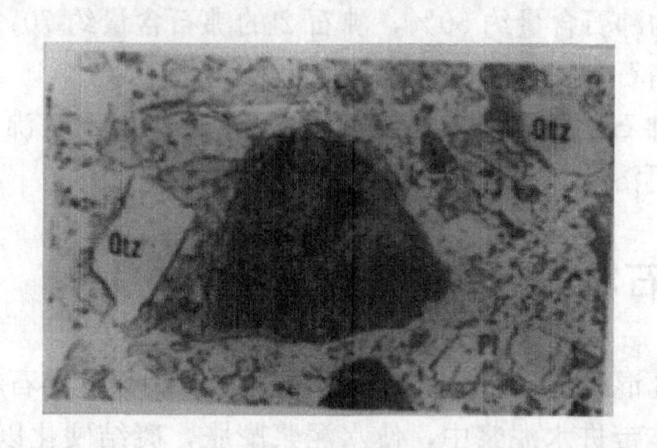

图 7-9　光学显微镜照片

大谷石的热失重（TG）与差热分析（DTA）的结果如图 7-10 所示。在差热分析（DTA）的曲线上，100℃附近，有明显的吸热变化；600℃的吸热变化也比较明显。在热失重（TG）的曲线上，60～500℃的范围内，占全部失重的80%～90%。主要是由于沸石的特有毛细水、层间水及沸石水脱水而造成的；而500℃以后的失重主要是由于结构水的脱水造成的；600～700℃范围内，失重很少。

（3）热处理温度、失重、比表面积变化及载气量关系

大谷石作为载气体必须首先要进行热处理，脱除沸石水后才能吸收气体。因此，要找出合理的脱水温度，图 7-11 是大谷石粉末 1.2mm 以下，在 300℃，500℃，700℃，及 800℃的温度下煅烧，恒温 2h 之后，放在干燥器中徐冷，测定其失重百分数、比表面积以及放入水中测定排放的气体量，与煅烧温度的关系。

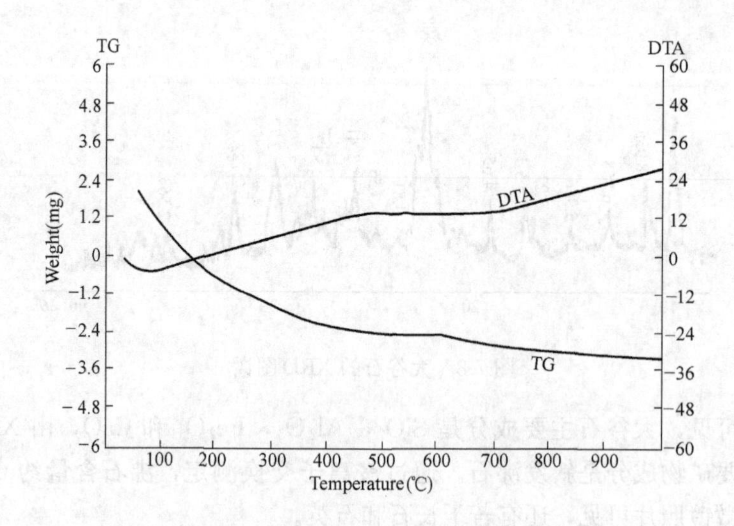

图 7-10　大谷石的热失重（TG）与差热分析（DTA）

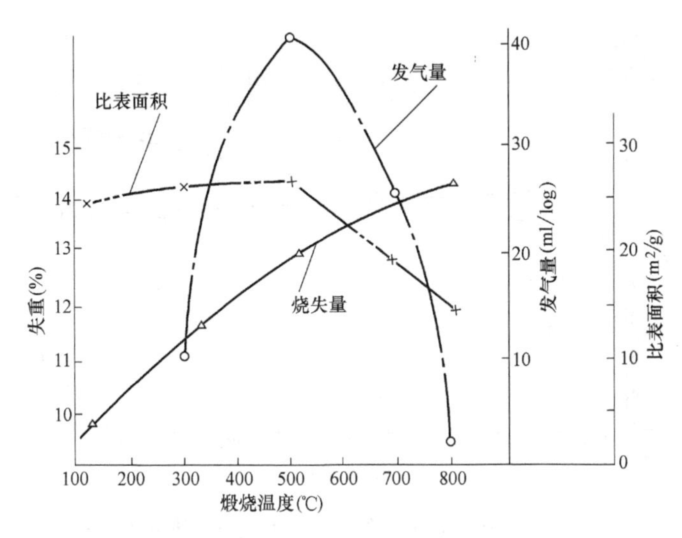

图 7-11　煅烧温度，失重，气体排放量及比表面积的关系

由图 7-11 可见，煅烧温度超过 500℃后，脱水量继续增大，但比表面积及气体排放量降低。由于煅烧温度过高，大谷石的结构受到破坏，比表面积降低，气体排放量也相应降低了。

图 7-12 是大谷石经不同温度处理后的 XRD 图谱。经 500℃及未经温度处理的大谷石，其 XRD 图谱基本相同；但经 800℃ 处理的大谷石，变成了玻璃体，沸石的特征峰消失。

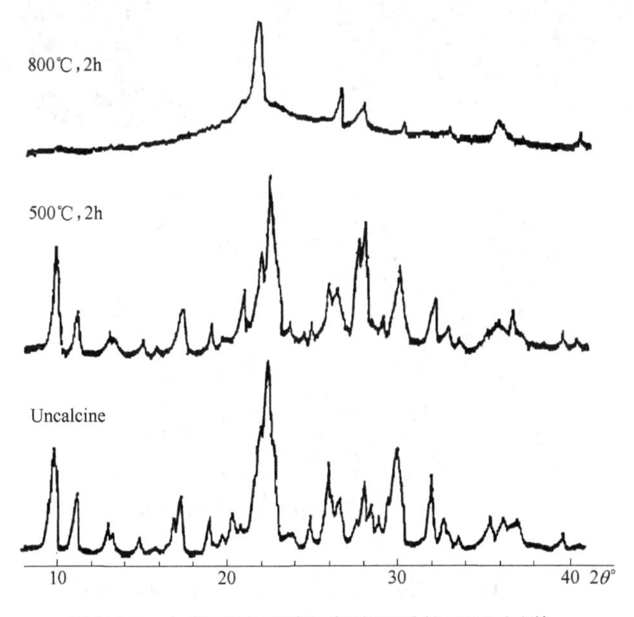

图 7-12　大谷石经不同温度处理后的 XRD 图谱

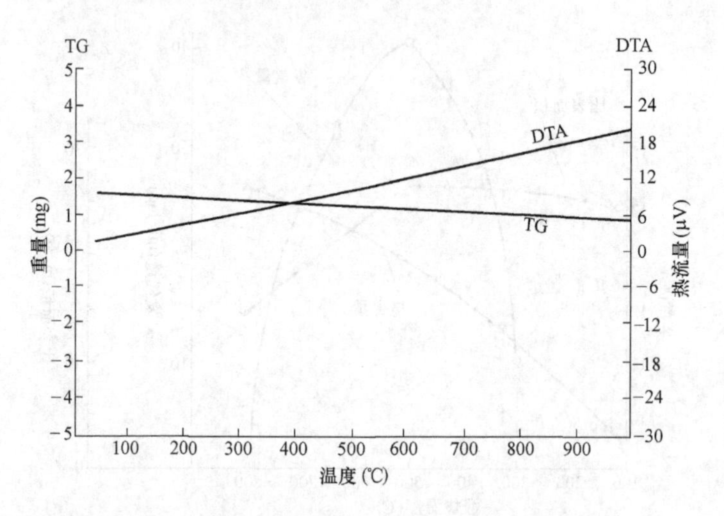

图 7-13　800℃ 处理大谷石的热失重与差热分析曲线

图 7-14　不同热处理温度的大谷石的 SEM 图谱

(*a*) 未经热处理；(*b*) 500℃热处理；(*c*) 800℃热处理

图 7-13 是大谷石经 800℃ 处理的大谷石的热失重（TG）与差热分析（DTA）曲线。DTA 曲线上已没有吸热的变化；热失重（TG）曲线失重也甚少。从 SEM 照片（图 7-14）也可看出，800℃ 处理的大谷石，沸石矿物已大部分玻璃化，成为粗大的团块结构。

大谷石的热处理温度应为≤500℃。在此温度下处理的大谷石，沸石水基本上被脱除，内部结构尚未发生变化，比表面积也未发生变化。在冷却过程中，由于超孔效应，大量吸空气或其他气体，再与水泥浆拌合时，由于亲水作用，水分子再次回到沸石的空腔和孔道中，把吸入的空气同时排放出来，使水泥浆体膨胀；凝结硬化后，形成多孔结构的混凝土。

(4) 热处理大谷石细度及其与 $Ca(OH)_2$ 的反应

将大谷石破碎至<0.15mm；以未经热处理，及经 500℃，800℃分别热处理 2h 后的粉末，与 $Ca(OH)_2$ 和水，按 3∶1∶2.6 的配比，制成试件，经标养及蒸压养护（180℃，3h）之后，进行各试件的 XRD，TG-DSC 及 SEM 分析，结果如图 7-15、图 7-16 及图 7-17 所示。由图 7-15（*b*）可见，标准养护条件下，不

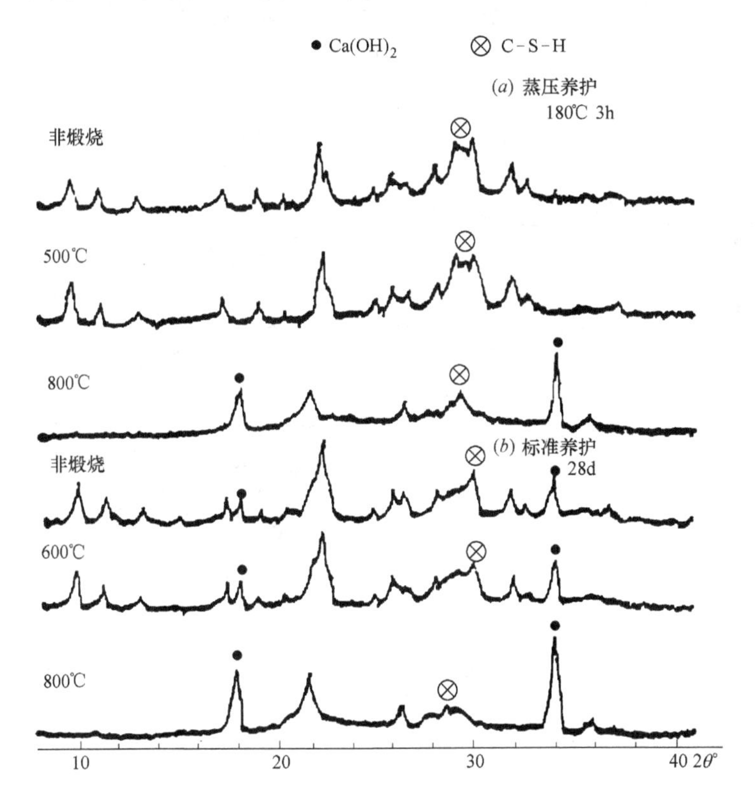

图 7-15　大谷石-$Ca(OH)_2$-水试件的 XRD 图谱

管大谷石热处理温度如何，都生成水化硅酸钙（C-S-H）和水化铝酸四钙（C_4AH_{12}，图中未标出）。由图 7-16（*a*）标准养护试件，水化硅酸钙（C-S-H）

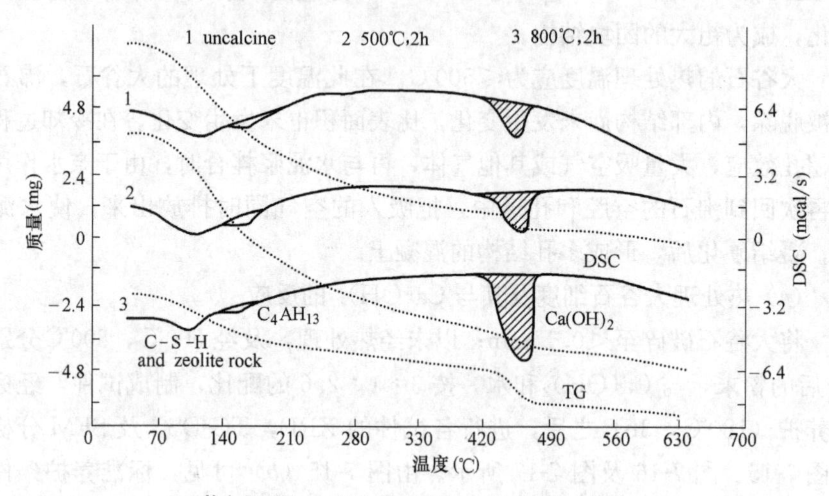

1.天然大谷石粉；2.500℃热处理2h；3.800℃热处理2h

(*a*)

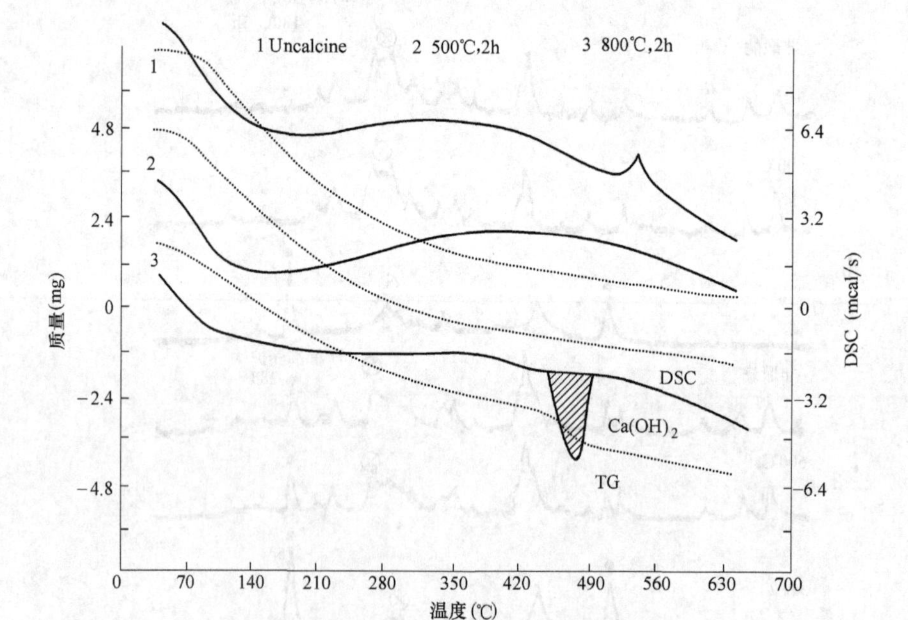

1.天然大谷石粉；2.500℃热处理2h；3.800℃热处理2h

(*b*)

图 7-16　大谷石-$Ca(OH)_2$-水试件的 TG-DSC 图谱

(*a*) 标准养护 20℃，28d 龄期；(*b*) 蒸压养护（180℃，3h）

是薄膜状的，与热处理温度几乎无关。另一方面，根据图 7-16（*a*）标准养护试件的 DSC 分析，试件中的 $Ca(OH)_2$ 与大谷石的反应，随热处理温度而变化。未经热处理与经 500℃热处理 2h 的大谷石，其与 $Ca(OH)_2$ 的反应性能大体相同；28d 龄期时，试件中 $Ca(OH)_2$ 的反应程度约 90%；但 800℃热处理的大谷石，反应性能下降，28d 龄期时，试件中 $Ca(OH)_2$ 的反应程度约 75%。

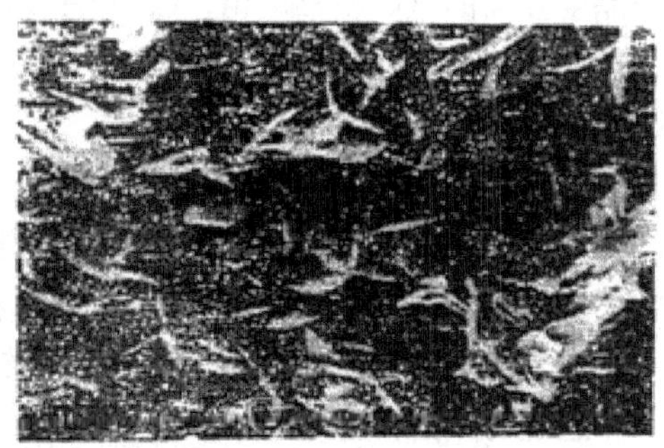

Uncalcined

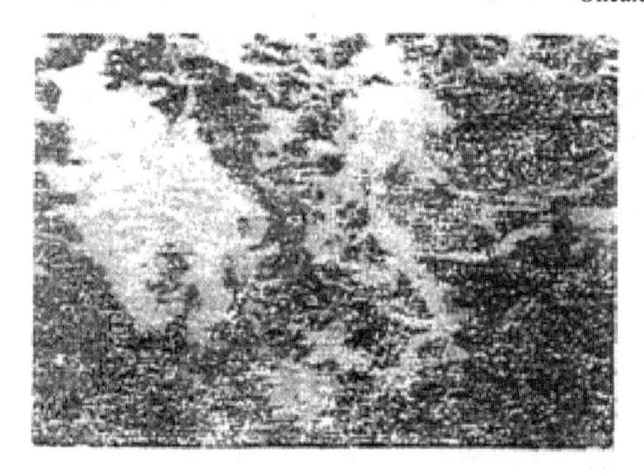

Calcined at 500℃

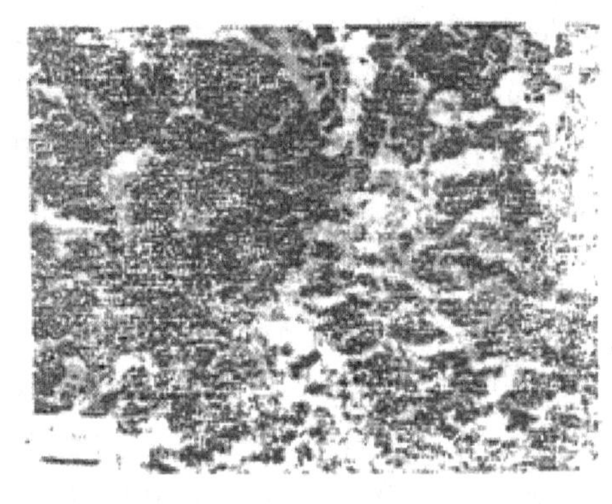

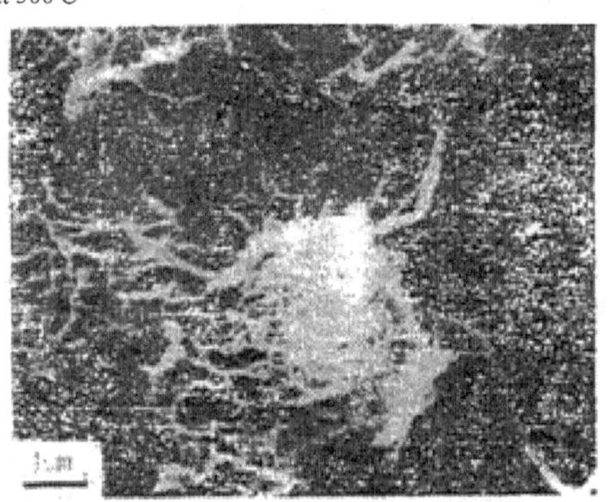

Calcined at 800℃

(*a*)　(*b*)

图 7-17　大谷石-$Ca(OH)_2$-水试件的 SEM 图谱

（*a*）标养试件；（*b*）蒸压试件

蒸压试件只生成 C-S-H 相，大谷石中的 Al_2O_3 固溶到 C-S-H 相中。从图 7-16（*b*）的 DSC 曲线分析可见，未经热处理与经 500℃热处理 2h 的大谷石试件，与 $Ca(OH)_2$ 能全部反应，没有残留；但 800℃热处理的大谷石试件，与 $Ca(OH)_2$ 只反应了 80%。从图 7-15 的 XRD 图谱也可以看出，未经热处理与经 500℃热处理 2h 的大谷石试件中的 $Ca(OH)_2$，已全部与 $Ca(OH)_2$ 的反应，生成结晶度较高的（C-S-H）相，$Ca(OH)_2$ 的特征峰消失。但 800℃热处理的大谷石试件还残留部分 $Ca(OH)_2$，XRD 图谱上仍可看到 $Ca(OH)_2$ 的特征峰；C-S-H 的结晶性也较差。

从图 7-17（*b*）蒸压试件中也发现，未经热处理与经 500℃热处理的大谷石试件，生成的是针叶状的 C-S-H 相；而经 800℃热处理的大谷石试件中，生成的是薄膜状的 C-S-H 相，覆盖于大谷石颗粒上。

（5）热处理与大谷石中的活性硅，铝含量

通过对未经热处理与经 500℃，800℃热处理的大谷石，进行活性硅，铝含量的分析，也进一步证明了，随着大谷石处理的温度提高，活性硅，铝含量下降，也即与 $Ca(OH)_2$ 反应能力降低，如表 7-9 所示。

热处理与大谷石中的活性硅，铝含量 **表 7-9**

热处理温度	原状大谷石	500℃	800℃
可溶 SiO_2(%)	12.08	11.81	9.02
可溶 Al_2O_3(%)	8.39	8.37	7.37

由此可见，在保证大谷石获得最大发气量的前提下，对大谷石热处理温度应尽可能低。

（6）粒度对发气量与 $Ca(OH)_2$ 反应能力

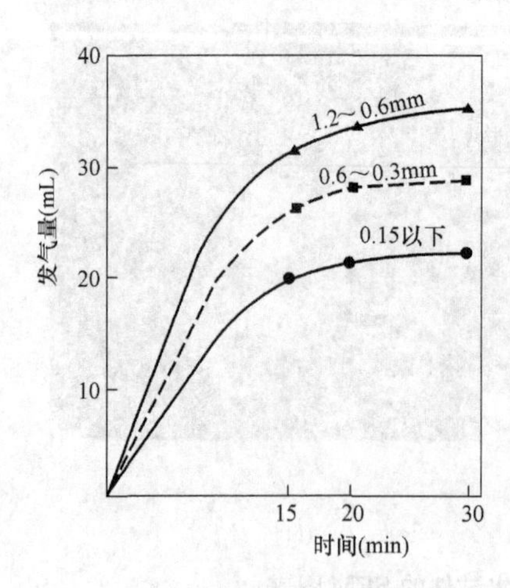

图 7-18 不同粒径大谷石的发气量

不同粒径的大谷石，1.2～0.6mm，0.3～0.15mm，以及 0.15mm 以下，三级粒度范围，在 500℃煅烧，恒温 2h，三组不同粒径的大谷石的气体发生量如图 7-18 所示。粒径 1.2～0.6mm 的发气量稍高，而粒径 0.15mm 以下大谷石发气量偏低。这可能是由于同样体积的大谷石，破碎成较细的粒度时，表面积增大，内部孔隙的面积相对减少，吸收的气体也相对减少。另一方面，细度大，吸湿性也大。

再将上述煅烧处理的大谷石，分别以 3：1：2.6 的比例，与 $Ca(OH)_2$ 及水拌制试件，经 180℃，3h 蒸压之后，进行 XRD，SEM 及 TG-DSC 分析，结果如图 7-19～图 7-21 所示。

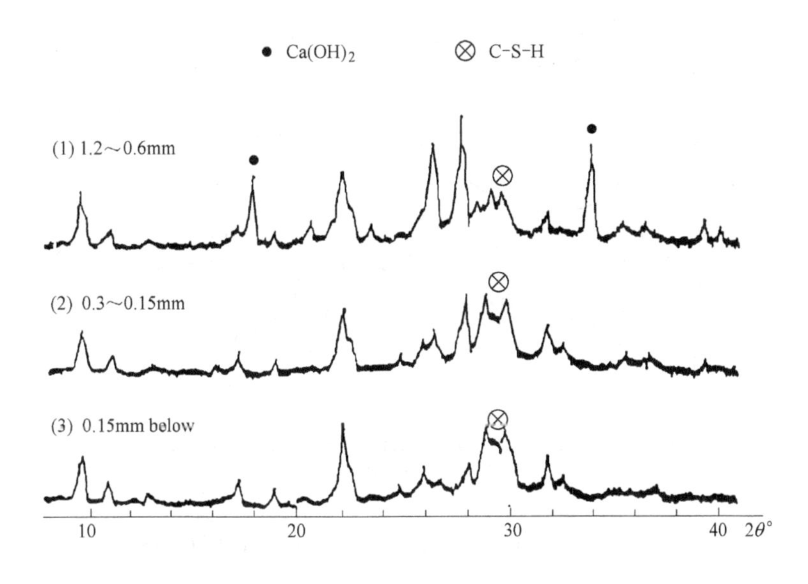

图 7-19　XRD 图谱

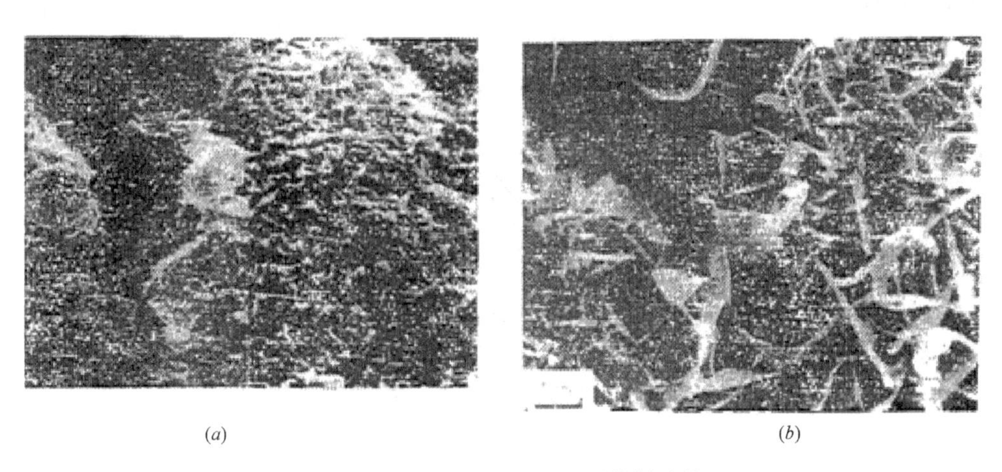

(*a*)　(*b*)

图 7-20　大谷石-$Ca(OH)_2$-H_2O 系统样品的 SEM

(*a*) 1.2～0.6mm；(*b*) 0.3～0.15mm

粒径 1.2～0.6mm 的大谷石与 $Ca(OH)_2$ 的反应性能显著降低，在硬化体中残存大量的 $Ca(OH)_2$，如图 7-19XRD 图谱中的（1），图 7-20（*a*），及图 7-21 中的 1。而粒径 0.3～0.15mm 的大谷石与 $Ca(OH)_2$ 反应的活性显著提高，在硬化体中没有残存的 $Ca(OH)_2$，从图 7-20（*b*）可见针叶状的 C-S-H 相。

一般情况下，粒度细，化学反应性能好；但是，粒度过细，气体发生量降

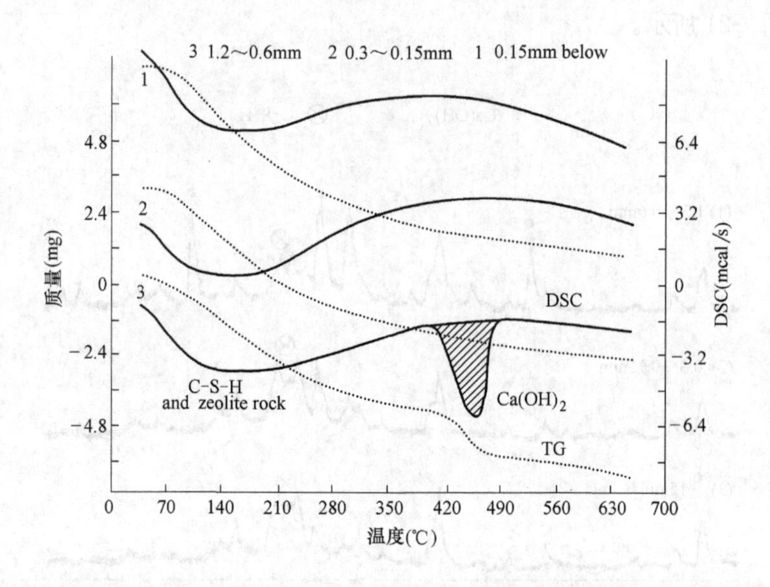

图 7-21 大谷石-$Ca(OH)_2$-H_2O 系统样品的 TG-DSC

低。考虑到这两方面的效果，大谷石作为载气体时，粉末级配应如图 7-22 中的虚线所示。

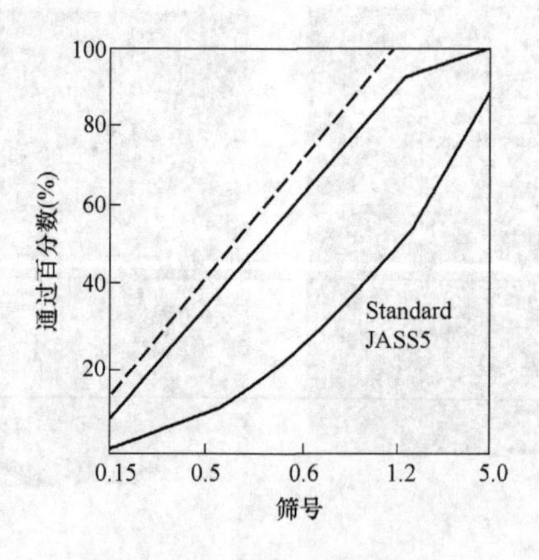

图 7-22 大谷石粉末级配

7.5 气体载体多孔混凝土

1. 配合比与料浆的膨胀倍数

以水泥，水及大谷石三成分做成的三角形坐标图，如图 7-23 所示。在该图中，阴影线的范围内，膨胀倍数为1.4～1.82，是最适宜的范围。在这范围内，载气体多孔混凝土的配比是：水泥19%～38%，大谷石粉末30%～38%，水31%～48%。

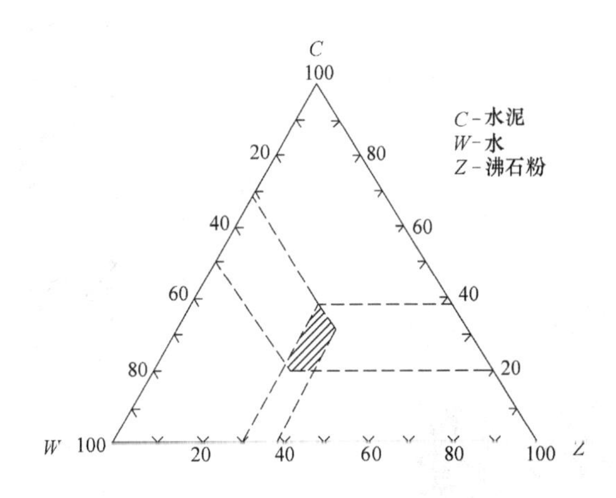

图7-23　载气体多孔混凝土膨胀范围

2. 多孔混凝土的强度

试验用的材料：

(1) 载气体-将大谷石破碎成粉体，其粒度范围如图7-25中的虚线所示。经500℃煅烧，恒温2h，大谷石的化学组成，XRD、SEM如表7-8及图7-18所示。

(2) 水泥-普通硅酸盐水泥，28d抗压强度410kN。

试件配合比如表7-10所示。试件尺寸为ϕ5×10cm（图7-24）；浇筑后第三天脱模，分别进行标养、蒸养及蒸压养护。

载气体多孔混凝土配比　　**表7-10**

NO.	水泥（C）	大谷石(Z)	$W/(C+Z)$
1	1.5	1	0.40
2	1.5	1	0.45
3	1.5	1	0.50
4	1.5	1	0.55

在不同条件下养护的试件强度如图7-25所示。标准养护条件下，28d龄期强度为4.1～5.3MPa；90d龄期强度为6.6～7.3MPa；强度随着龄期而增长。蒸养试件（90℃，3h），出池强度为3.6～4.8MPa；28d龄期时为5.0～8.5MPa；蒸压试件（180℃，3h）出池强度与标养28d强度相近，但随着存放龄期强度也不再增长。

3. 强度计算公式

在大量强度试验的基础上，得到了大谷石载气体多孔混凝土强度与水灰比的关系如表7-11所示。经回归分析，得到抗压强度公式如下：

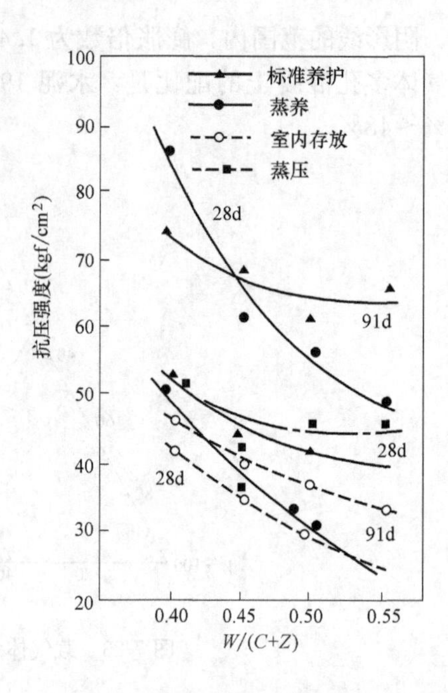

图 7-24　多孔混凝土试件

图 7-25　不同条件下养护的试件强度

$$R_{28}=R_{C}0.136(C/W-0.553) \tag{7-1}$$

式中：R_{28}——28d 抗压强度（kgf/cm^2）；

R_{C}——水泥的活性（kgf/cm^2）；

C/W——灰水比。

水灰比与抗压强度（kgf/cm^2）　　表 7-11

W/C	0.56	0.60	0.67	0.70	0.75	0.80	0.90	1.0
R_{28}	68	59	53	49	42	37	34	21

根据式（7-1）计算结果，与试验结果相比，误差较小，有很好的线性关系。

7.6　气体载体多孔轻骨料混凝土

在天然沸石气体载体多孔混凝土中，掺入部分轻骨料，得到气体载体多孔轻骨料混凝土，如图 7-26 所示。

图中左边为气体载体多孔混凝土的试件垂直剖面图，右边为载体多孔轻骨料混凝土试件垂直剖面图。其中黑色圆点为轻骨料，这是一种新型的多孔混凝土（NZCCC）。一部分是天然沸石载气体多孔混凝土（CC），另一部分是多孔轻骨料（NZC）。NZCCC 经 28d 标养后，强度达 12～14MPa，相应的表观密度为 900～1000kg/m³；而 CC 相应的表观密度为 700～900kg/m³，相应强度只有 5～7MPa。

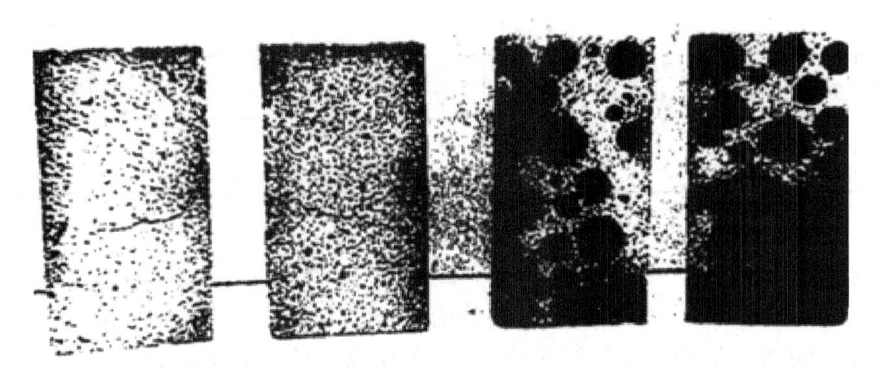

图 7-26 气体载体多孔混凝土与多孔轻骨料混凝土

1. 试验用原材料

水泥，天然沸石粉等同 7.5 节。人造轻骨料松堆密度 500kg/m³，筒压强度 5MPa，吸水率 2.0%。

2. 试验计划

试验分四个系列进行。

(1) 第 1 系列：天然沸石载气体多孔混凝土（CC），沸石载气体掺量分别为 10%，20%，30%，40%，50%；用水量分别为 35%，40%，45%，55%，62%。主要检验 CC 的强度与密度关系。

(2) 第 2 系列：在第 1 系列天然沸石载气体多孔混凝土（CC）中，掺入体积含量 30%的人造轻骨料，观察多孔轻骨料混凝土强度的变化。

(3) 第 3 系列：在相同配比的载气体多孔混凝土（CC）中，分别掺入不同体积含量的人造轻骨料，观察多孔轻骨料混凝土强度的变化。

(4) 第 4 系列：相同配合比的多孔轻骨料混凝土，不同养护方式对强度的影响，如表 7-12 所示。

多孔轻骨料混凝土试验计划 **表 7-12**

系列	编号	CC配合比(%)			人造轻骨料 V(%)	养护条件	目的
		水泥	载气体	水			
1	1	90	10	35	0	25℃水中	CC 的重度和抗压强度关系
	2	80	20	40	0		
	3	70	30	45	0		
	4	60	40	55	0		
	5	50	50	62	0		
2	6	90	10	35	30	25℃水中	相同体积的人造轻骨料掺入不同表观密度的 CC 中,抗压强度变化
	7	80	20	40	30		
	8	70	30	45	30		
	9	60	40	55	30		
	10	50	50	62	30		
3	11	80	20	40	0	25℃水中	不同体积的人造轻骨料掺入不同表观密度的 CC 中,抗压强度变化
	12	80	20	40	10		
	13	80	20	40	20		
	14	80	20	40	30		
	15	80	20	40	40		
	16	80	20	40	50		

续表

系列	编号	CC配合比(%)			人造轻骨料 V(%)	养护条件	目的
		水泥	载气体	水			
4	17 18	80 80	20 20	40 40	40 40	25℃水中 蒸压180℃10h	不同养护条件下的强度

3. 试验结果

试验结果如表7-13及图7-27所示。由表7-13可见：

(1) CC的强度与密度关系。随着密度增加，强度增大；但随着W/(C+NZAE)的增大而降低；NZAE为天然沸石载气体。如CC的绝干表观密度1000kg/m³左右，则W/(C+NZAE)的适宜比例是0.40～0.45，C/NZAE=4.0～2.3，相应CC的强度为10MPa左右。

(2) 多孔轻骨料混凝土的强度与密度关系，如表7-13中系列2所示。

试验结果　　表7-13

系列	编号	表观密度(kg/m³)						抗压强度(MPa)		蒸压试件	
		脱模后		经28d养护		干燥状态				表观密度(kg/m³)	抗压强度(MPa)
		CC	NZCC	CC	NZCC	CC	NZCC	CC	NZCC	CC	NZCC
1	1	1660		1720		1300					
	2	1440		1550		1100					
	3	1280		1330		920					
	4	1150		1200		800					
	5	1010		1060		700					
2	6	1660	1520			1300	1160				
	7	1440	1370			1100	1030				
	8	1280	1330			920	970				
	9	1150	1220			800	870				
	10	1010	1100			700	790				
3	11		1380				1082				
	12		1410				1090				
	13		1366				1066				
	14		1305				1005				
	15		1248				948				
	16		1251				950				
4	17 18					910	1080				

当C/NZAE=9，W/(C+NZAE)=0.35时，CC与NZCC抗压强度相等，为23MPa，为等强度点。这时NZCC的抗压强度由硬化的CC强度所制约。当W/(C+NZAE)=0.425，W/(C+NZAE)=0.3时，CC与NZCC表观密度相等，约为1000kg/m³，称为等密度点。等密度点与等强度点反映了CC与NZCC的组成材料与内部结构的变化，在等密度点左边的CC的配比是经济合理的。

(3) 在第一系列CC中，掺入不同体积含量的轻骨料，表观密度与强度的变化。CC中掺入不同体积含量的轻骨料（重度500kg/m³以下），既能提高强度，又能降低表观密度。当轻骨料的体积掺量为0.5m³左右时，NZCC的强度比CC提高60%。

(4) 养护条件对强度的影响。水中养护，CC 28d龄期强度达9.5MPa（比

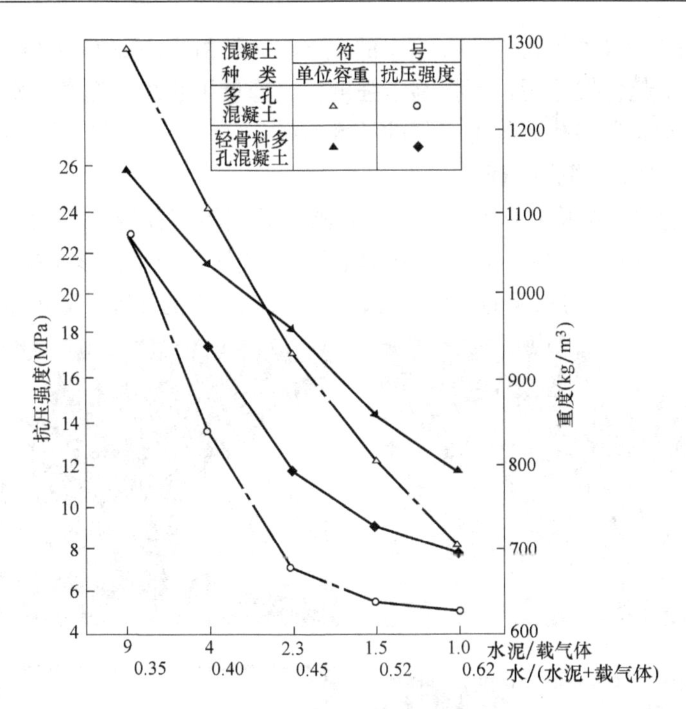

图 7-27　CC 与 NZCC 的抗压强度，重度和 W/(C+NZAE) 的关系

强度约 10.44)，而高压蒸养试件强度仅 7.1MPa（比强度约 7.45)。前者比后者提高了 26%。水中养护的 NZCC 的 28d 抗压强度为 15.5MPa（比强度约 14.35)；高压蒸养的 NZCC 试件强度 15.0MPa（比强度约 15.7)，两者大体相等。水中养护的 NZCC 的 28d 抗压强度比 CC 高 63%；高压蒸养的 NZCC 强度比 CC 提高 111%。这就说明了在 CC 中，掺入了轻骨料（重度 500kg/m^3 以下)，无论是在水中养护或高压蒸养，NZCC 的强度均高于 CC 的强度，而水中养护对 NZCC 或 CC 的强度发展都较好。

7.7　沸石载气体多孔轻骨料混凝土内部结构与增强机理

1. 沸石载气体多孔混凝土的收缩

以水泥为胶结料，天然沸石粉为载气体多孔混凝土（CC）与掺入轻骨料的载气体多孔轻骨料混凝土（NZCC）的收缩如表 7-14 所示。

CC 与 NZCC 的收缩　　表 7-14

代号	测定项目	NO.1	NO.2	NO.3	NO.4	NO.5	平均
(1)	收缩率(%)	1.985	2.493	2.49	3.07	1.98	2.391
	蒸发率(%)	23.0	24.0	26.1	26.5	26.7	25.3
(2)	收缩率(%)	0.92	1.10	1.20	1.30	0.92	1.088

注：(1)—CC；(2)—NZCC。

NZCC的收缩率仅为CC收缩率的1/2，这是由于NZCC中掺入了轻骨料，在多孔混凝土起骨架作用，既提高了强度，又降低了收缩，提高了混凝土的耐久性。这是轻质高强多孔混凝土材料的技术途径。

2. 内部结构与增强机理

NZCC的内部结构有两个特点：(1) 沸石载气体多孔混凝土的特点，也就是天然沸石既是一种载气体，把气体带入料浆中，使体积膨胀，形成多孔结构；也是一种活性掺和料，参与水泥的水化反应，使多孔混凝土的强度随着龄期的提高而增

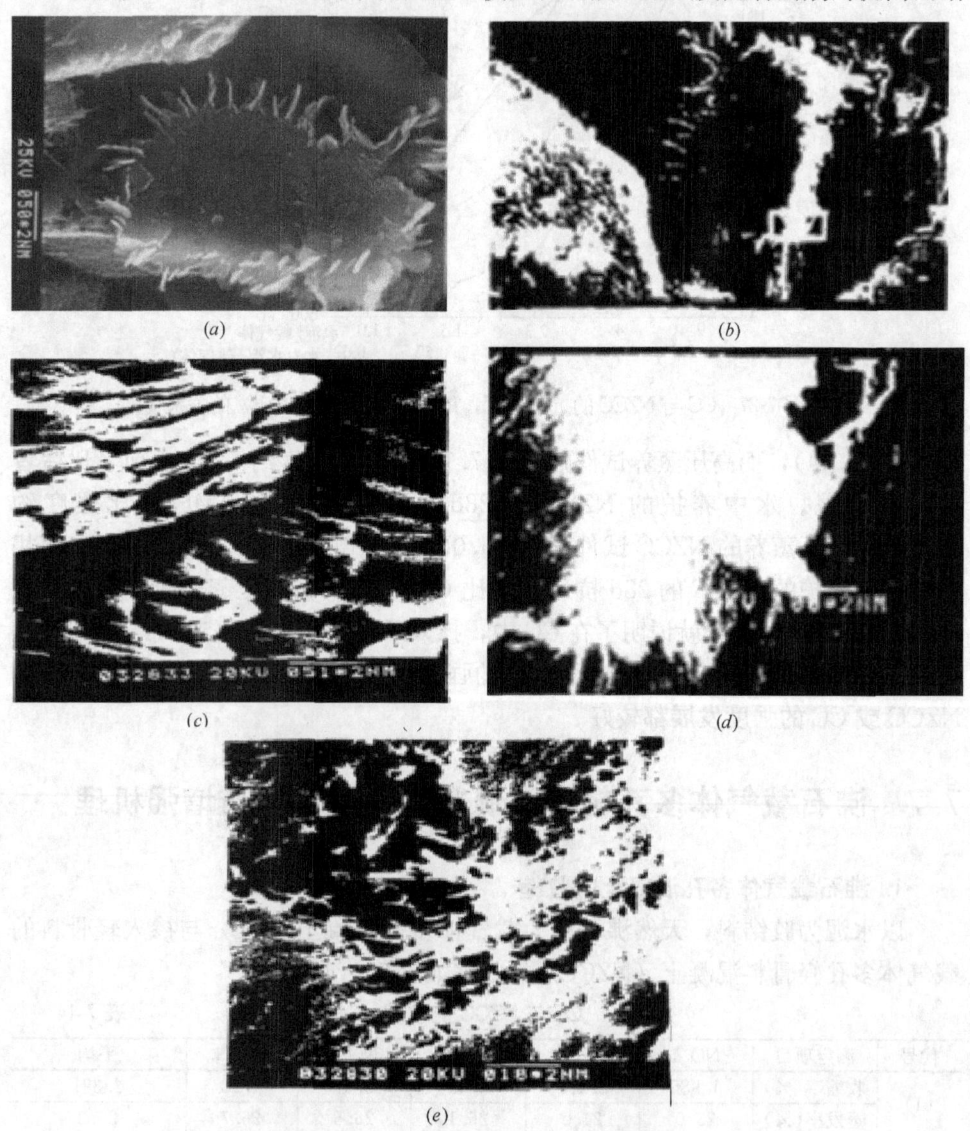

图7-28 天然沸石多孔结构混凝土的结构
(*a*) 沸石颗料；(*b*) 孔隙；(*c*) 孔隙中水化物；(*d*) 孔隙中水化物放大；(*e*) 孔隙中水化物放大

大。如图 7-28 所示。(2) 掺入轻骨料后的 NZCC 的结构特点：轻骨料毛细管在多孔料浆中吸水与析水，造成“自真空”作用，使轻骨料与料浆的粘结作用增强。界面强度提高，硬化多孔料浆的结构改善。以体积约 1.8cm³，表观密度 0.7g/cm³ 的轻骨料，放入 W/C=0.5 的水泥浆中，测定其毛细管压力的变化，如图 7-29 所示。

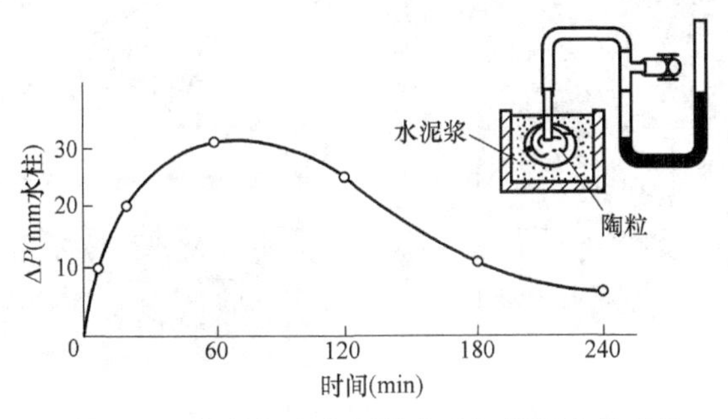

图 7-29　轻骨料在水泥浆中毛细管压力的变化

在轻骨料放入水泥浆中，经 60mim 时达最大值 30mm 水柱，这是由于毛细管吸水，排放出其中空气造成的。而水泥浆在硬化过程中，又吸收毛细管中的水分，使轻骨料的毛细管处于“自真空”状态。轻骨料与水泥浆的粘结强度提高，界面强度提高。

7.8　天然沸石多孔混凝土隔墙板的生产应用

图 7-30　沸石新材料试验楼

在河北张家口市曾建造了一栋三层 500m² 的沸石新材料试验楼，如图 7-30 所示。全部内隔墙板都采用了沸石载气体多孔混凝土。其生产过程如图 7-31、图 7-32 所示。

图 7-31 载气体多孔混凝土隔墙板

图 7-32 多孔混凝土隔墙板生产浇筑

沸石载气体多孔混凝土隔墙板有：

有分隔墙板：235×59.5×12cm；137kg/块；

户内隔墙板：263×59.5×9cm；110kg/块；

隔声：厚 90mm 的空心板，40.14Db；

强度：7d，2.6MPa；28d，6.9MPa。

该试验住宅，经 30 多年的使用，功能良好，耐久性也优良。

7.9　沸石陶粒的研制与应用

天然沸石压在高温下加热，可以发泡膨胀，故可作为轻骨料的原料，烧制人造轻骨料。沸石试样加热至1230℃开始膨胀，1265℃达到最大值，可从高温热台显微镜，观测其加热时体积变化的过程。

1. 各种人造轻骨料的断面构造

天然沸石、页岩、黏土及粉煤灰分别为原料，烧制的人造轻骨料的断面，在电子显微镜下的照片如图7-33所示。

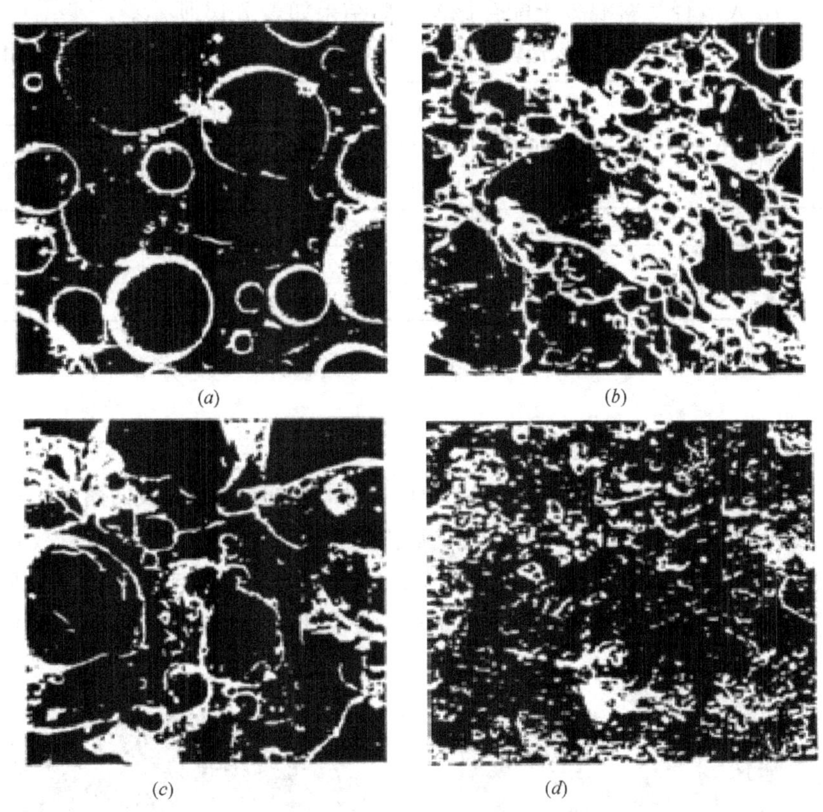

图7-33　陶粒断面的SEM图谱

(*a*) 沸石陶粒；(*b*) 页岩陶粒；(*c*) 黏土陶粒；(*d*) 粉煤灰陶粒

由图7-33可见，沸石陶粒内部孔隙是球状的，不连续的，而且表面层有一层釉。而其他三种陶料内部孔隙是连通的，不规则的，而且表面开孔，故后三者吸水率高，强度低，配制的混凝土强度也低。

2. 沸石陶粒混凝土

为了对比，进行了上述四种陶粒混凝土的试验。这四种混凝土的细骨料都用沸石陶粒破碎而成。具体配比如表 7-15 所示。

人造轻骨料混凝土的配合比　　表 7-15

编号	骨料品种	细骨料	W/C(%)	水	细骨料率(%)	目标坍落度(cm)	配比(质量比)		
							水泥	细	粗
4	沸石	沸石	50	225	48	3～1	1.0	1.0	1.17
5	页岩	沸石	50	262	46	3～1	1.0	1.0	1.05
6	黏土	沸石	50	246	48	3～1	1.0	1.0	1.17

细骨料系将沸石陶粒破碎而成。

表 7-15 人造轻骨料混凝土配合比的试验结果如表 7-16 所示。

人造轻骨料混凝土的试验结果　　表 7-16

编号	骨料品种	坍落度(cm)	含气量(%)	表观重度(kg/m^3)		抗压强度(MPa)		弹性模量(×10MPa)
				脱模时	绝干	7d	28d	
4	沸石	2.8	4.0	1660	1508	29	37.3	2.3
5	页岩	2.5	4.1	1900	1740	19	27.8	2.0
6	黏土	2.3	4.1	1730	1560	19	25.3	1.9

由此可见沸石人造轻骨料混凝土的表观重度低，抗压强度高，弹性模量也高。

3. 骨料与水泥浆的界面

本试验用的沸石人造轻骨料在生产时，用回转窑烧成时，表面落上了一层粉煤灰，该粉煤灰层能与石灰反应，生成水化物，如图 7-34（*a*）所示。故骨料与水泥浆的界面增强，强度提高，如图 7-34（*b*）所示，骨料与水泥浆的界面很紧密，成一体性。而黏土人造轻骨料与页岩人造轻骨料混凝土的界面构造如图7-35

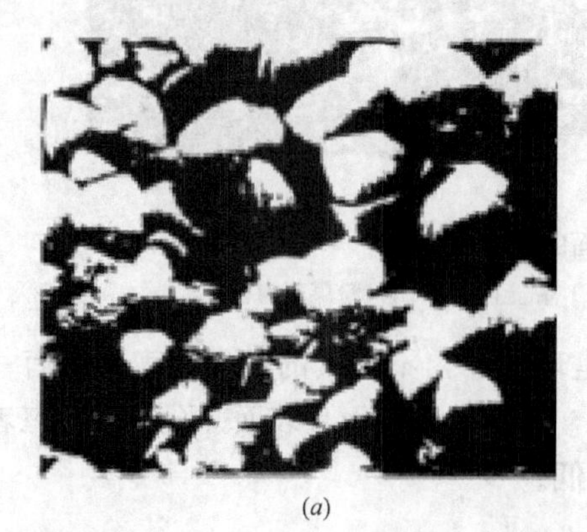

(*a*)

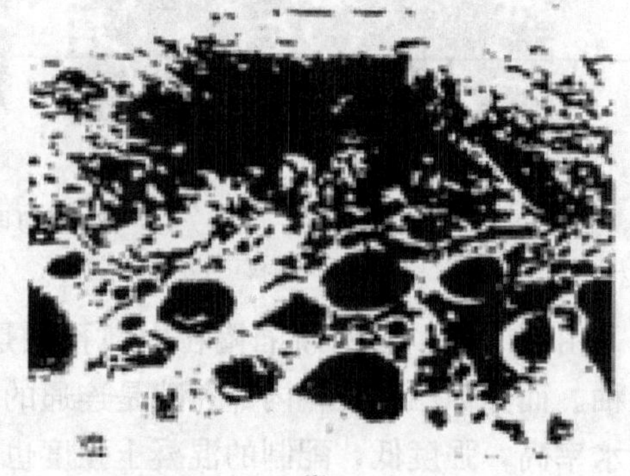

(*b*)

图 7-34　骨料与水泥浆的界面

（*a*）表层水化物；（*b*）界面构造

图 7-35 黏土与页岩人造轻骨料与水泥浆的界面

所示，有明显的界面裂缝。

4. 沸石人造轻骨料混凝土的抗弯强度

为了进一步验证沸石人造轻骨料混凝土的界面构造致密，进行了抗弯强度的试验。试验时沸石人造轻骨料和砂浆的体积比是 40～50：60～50；水灰比＝0.40～0.50. 制成 10cm×10cm×40cm 试件，在标准条件下养护，14d 龄期时进行抗弯强度的试验。普通骨料混凝土在砂浆与粗骨料之间的界面处破坏，而沸石人造轻骨料混凝土在界面处没有观测到裂纹，完全是由于轻骨料破坏，如图 7-36 所示。说明沸石人造轻骨料混凝土中，粗骨料与水泥浆粘结的界面强。

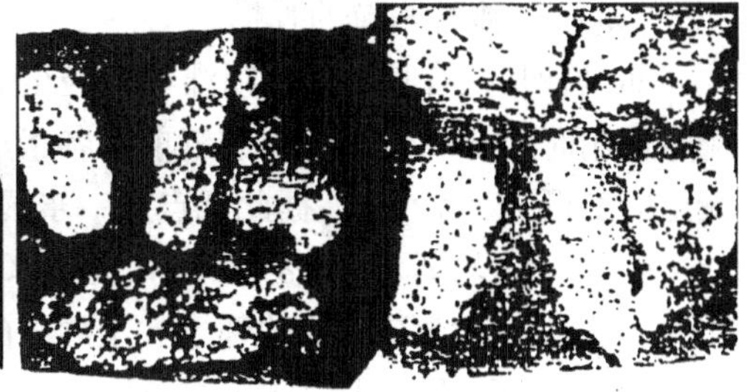

图 7-36 人造轻骨料混凝土粗骨料与水泥浆粘结的界面

7.10 沸石陶粒混凝土的强度模型

沸石陶粒混凝土可看作砂浆与陶粒做的两相复合材料；砂浆在混凝土中是连续相，陶粒是分散相；因此，沸石陶粒混凝土的抗压强度与刚性，粗骨料含量，界面的性质等有关。

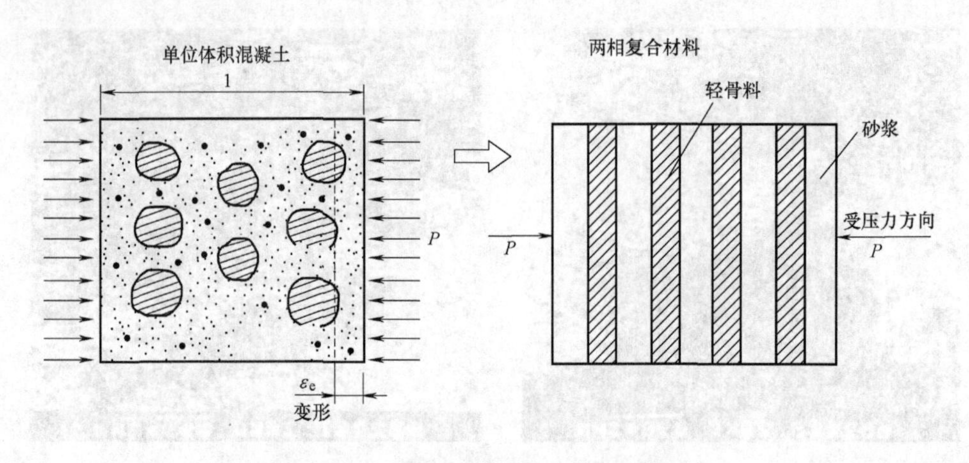

图 7-37 沸石陶粒混凝土应力与变形关系模型

在图 7-37 中，混凝土受轴向压力的情况下，在弹性阶段，混凝土的变形是砂浆的变形与骨料变形之和，如式（7-2）所示。

$$\varepsilon_c = \varepsilon_p + \varepsilon_k = (\sigma_p / E_p) + (\sigma_k / E_k) \tag{7-2}$$

式中 ε_c——沸石陶粒混凝土的变形；

ε_p——砂浆的变形；

ε_k——沸石陶粒的变形；

σ_p——砂浆的应力；

σ_k——沸石陶粒的应力；

E_p——砂浆的弹模；

E_k——沸石陶粒的弹模。

如以砂浆的含量为 p，则沸石陶粒的含量为 $1-p$。沸石陶粒混凝土受到压应力作用时，混凝土未发生裂缝前，各组成相受到的压应力都是一样的。也即混凝土的变形 $\varepsilon_c = \varepsilon_p = \varepsilon_k$。据此观点进一步展开，可得图 7-38。并得到下述两点：

(1) $n = E_k / E_p > 1$，$\sigma > 1$ 时，在 ABC 三角形中，混凝土的弹模比砂浆的弹模大，这是由于沸石陶粒的弹模大于砂浆的弹模之故；

(2) $n = E_k / E_p < 1$，$0 < \sigma < 1$ 时，在 DBO 三角形中，混凝土的弹模比砂浆的弹模小，这是由于沸石陶粒的弹模小于砂浆的弹模。故要获得高强度陶粒混凝土，必须要有高强度的轻质骨料。沸石陶粒是一种轻质高强度的陶粒，能配制出强度 50MPa 的轻质混凝土。

7.11 原材料的数量与质量对混凝土强度的影响

由图 7-38 可见：

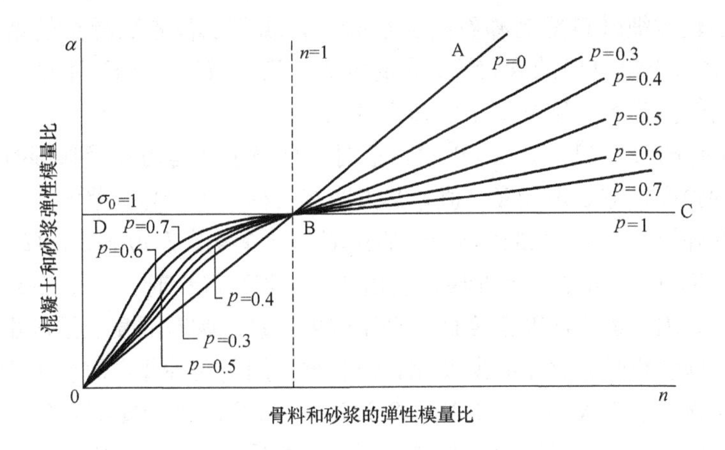

图 7-38　混凝土和砂浆的弹模比及骨料和砂浆的弹模比关系

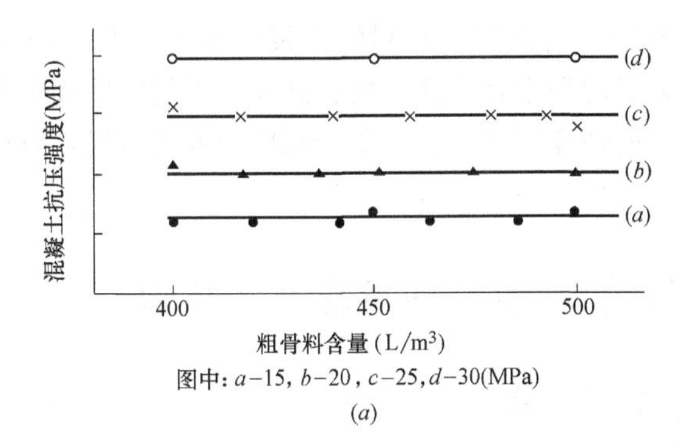

(a)

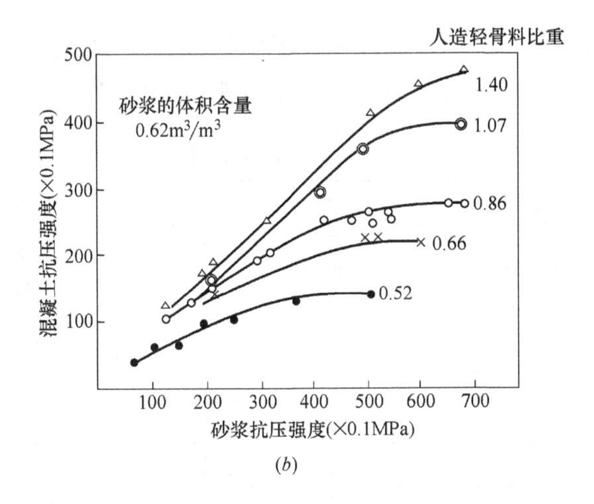

(b)

图 7-39　混凝土强度与砂浆强度关系

(a) 黏土陶粒混凝土强度与陶粒体积含量关系；(b) 不同表观密度的人造轻骨料配制的混凝土

（1）$n=E_k/E_p>1$，沸石陶粒的弹模大于砂浆的弹模，这就相当于用抗压强度很低的轻质细骨料配制沸石陶粒混凝土，或者是普通混凝土的情况。$E_k>E_p$ 的区间，由于粗骨料的含量高，σ 值也高。$E_k=\sigma E_p$，如 E_p 不变，则混凝土中，砂浆的含量越大，则混凝土的强度越低。

（2）$n=E_k/E_p<1$，$0<\sigma<1$ 时，这时，相当于结构用轻骨料混凝土。要提高混凝土的强度，就必须提高 σ 值，其方法有两种：①提高砂浆的含量；②提高沸石陶粒的弹模 E_k 与砂浆的弹模 E_p 的比值。可参考图 7-40（*a*）、（*b*）。

由图 7-39（*a*）可见，粗骨料含量由 400～500L/m^3 时，黏土陶粒混凝土强度基本不变。因为黏土陶粒强度低于砂浆强度，黏土陶粒混凝土强度由砂浆的强度所制约，即使粗骨料含量有所变化，但骨架作用仍为砂浆，故黏土陶粒混凝土强度不同等级时：15MPa，20MPa，25MPa，30MPa 时，随着粗陶粒在混凝土中的含量有所变化，但强度变化甚微，为水平线的关系。表观密度不同的人造轻骨料混凝土强度与砂浆强度的关系如图 7-39（*b*）所示。可见，轻骨料混凝土的强度随着砂浆强度的提高而提高；相同的砂浆强度下，人造轻骨料的表观密度大，配制出来的轻骨料混凝土强度高。要达到高强度的轻质陶料混凝土，陶粒的表观密度要大，砂浆的强度要高。在砂浆的强度较低的时候，陶粒的表观密度对混凝土强度影响不甚明显。

7.12 天然沸石抑制碱-骨料反应及其机理

1. 原材料的物理化学性能

（1）碱活性骨料

碱活性骨料完全是以含有一种以上，能引起碱性反应的硅质硅物，且其含量也较多的岩石为对象。被认为具有反应的岩石如表 7-17 所示。

被认为具有碱活性的岩石 **表 7-17**

序号	岩石名称	序号	岩石名称
1	安山岩	9	燧石
2	砂粒碎屑岩	10	绿泥石砂岩
3	板岩	11	玉髓燧石
4	长石砂岩	12	石英安山岩
5	玄武岩	13	火石玻璃
6	黑曜岩	14	花岗岩
7	玉髓	15	花岗岩片麻岩
8	紫苏辉石花岗岩	16	花岗内绿岩片麻岩

续表

序号	岩石名称	序号	岩石名称
17	硬砂岩	28	石英质砂粒碎屑岩
18	角页岩	29	石英质玄武岩
19	隐微晶质石英	30	流纹岩
20	蛋白石	31	流纹岩黑岩
21	蛋白石硅质石灰岩	32	片岩
22	蛋白石质燧石	33	泥砂岩
23	蛋白石质砂岩	34	粘板岩
24	蛋白石质页岩	35	微粒碎屑岩
25	千枚岩	36	微粒硬砂岩
26	硅石	37	脉状石英
27	石英砂岩	38	火山玻璃

碱活性岩石的活性指标　　**表 7-18**

骨料	R_c(m mol/L)	S_c(m mol/L)	判断图
A	57.4	65.7	有害
B	87.4	984.1	有害
C	98.4	115.8	潜在有害

本研究采用的人工碱活性骨料有两种：硬玻璃 A 和高纯度的活性石英 B。天然活性骨料是从北京永定河中选择有代表性的流纹岩和黑色玉隧，代号为 C。骨料的活性指标根据表 7-18 及图 7-40 所示。

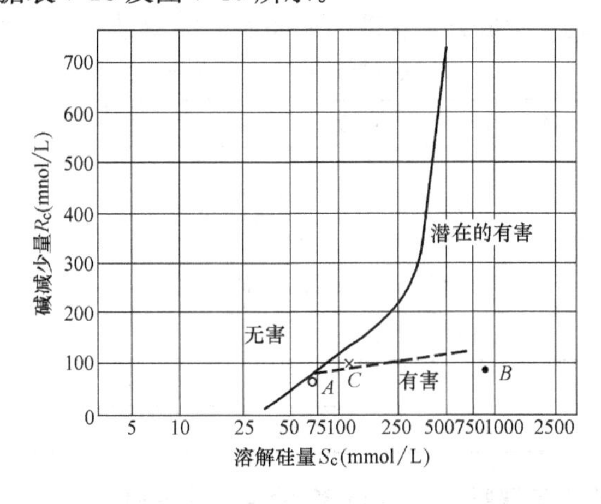

图 7-40　ASTM 289 判断图（化学法）

由图 7-40 可见，A，B 均为有害活性骨料；骨料 C 具有潜在反应活性。S_c 是骨料生成碱-硅酸盐凝胶量大小的指标。S_c 越大，生成碱-硅酸盐凝胶量越大。R_c 是生成碱-硅酸盐凝胶聚合度的指标。S_c 值相同时，R_c 大，表示硅聚合度低。S_c/R_c 的比值大者，由于硅的聚合度大而成为有害。骨料 A 的 S_c/R_c 的比值=1.14，骨料 B 的 S_c/R_c 的比值=11.26，可以推断，骨料 A 的活性大大低于骨料 B 的活性。

(2) 水泥

碱骨料反应中的碱，主要是由水泥带进的。一般规定水泥中的 Na^+ 含量不得超过 0.6 %，混凝土中的碱含量不得超过 3kg/m³。本试验所用的水泥为首都水泥厂的熟料加 4%的天然二水石膏磨细而成。比表面积为 5000cm²/g。熟料的矿物组成为（质量%）：

C_3S	C_2S	C_3A	C_4AF
33.92	37.91	4.80	15.96

试验中采用化学纯 NaOH 为外加碱，调节水泥的碱含量。

(3) 天然沸石

河北独石口及日本的大谷石两种，细度如表 7-19 所示。

天然沸石细度 表 7-19

种类	0.08mm 方孔筛筛余(%)				DBT-127 比表面积(cm²/g)			
独石口	15.6	7.8	2.5	1.0	2150	5280	6960	8920
大谷石	8.0				4800			

河北独石口沸石及日本的大谷石的沸石含量分别为 65%及 60%。

(4) 粉煤灰，矿渣

粉煤灰与矿渣的化学成分及物理性能如表 7-20 及表 7-21 所示。

粉煤灰与矿渣的化学成分 表 7-20

种类	SiO_2	Al_2O_3	Fe_2O_3	MgO	CaO	Na_2O	K_2O	TiO_2	烧失量
粉煤灰	47.7	37.1	3.53	0.8	3.2	0.25	0.62	1.62	2.88
矿粉	33.2	12.1	1.63	11.0	38.4	0.5	0.75	2.1	0.01

粉煤灰与矿渣的物理性能 表 7-21

种类	密度	比表面积(cm²/g)	0.08mm 筛余(%)	其他
粉煤灰	2.27	7040	0.4	
矿粉	2.96	6340	1.4	

2. 试验方法按水工混凝土 SD105-82 砂浆棒法试验

判断标准：(1) 14d 砂浆棒膨胀率<0.02%。(2) 标准砂浆与对比砂浆两者

14d 龄期的膨胀率之差与标准砂浆膨胀率之比值≥75%；且 56d 对比砂浆的膨胀率≤0.05%。如能满足上两项要求，就认为该水泥即使与碱活性骨料一起应用，也不会发生碱-骨料反应的危害。

3. 试验项目与结果

(1) 第一系列试验

1) 大坝水泥，沸石水泥（内掺 30%沸石粉）与活性骨料，结果如图 7-41 所示。

2) 沸石水泥（内掺 30%沸石粉）与活性骨料及非活性骨料的试验结果如图 7-42 所示。

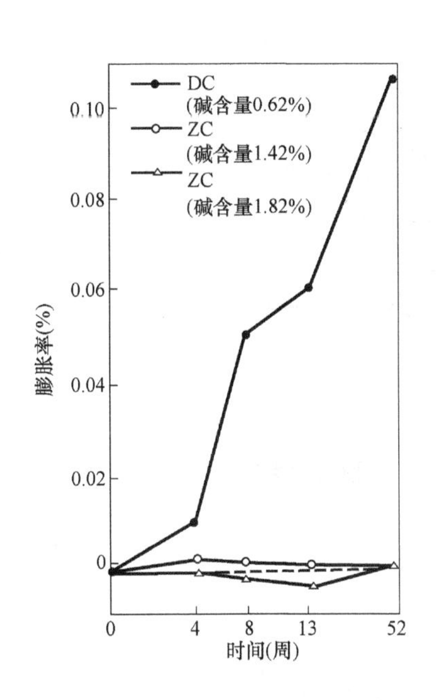

图 7-41 大坝水泥，沸石水泥与活性骨料反应

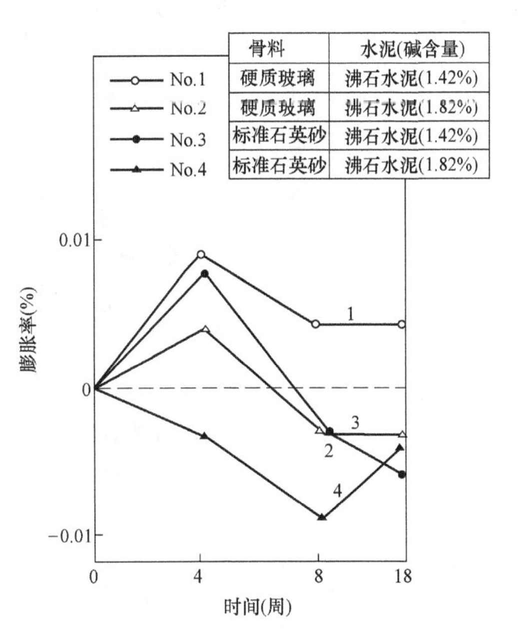

骨料	水泥(碱含量)
硬质玻璃	沸石水泥(1.42%)
硬质玻璃	沸石水泥(1.82%)
标准石英砂	沸石水泥(1.42%)
标准石英砂	沸石水泥(1.82%)

图 7-42 沸石水泥与活性骨料及非活性骨料的反应

由图 7-41 及图 7-42 可知：

① 对比砂浆 14d 龄期的膨胀率不大于 0.02%；

② 标准砂浆与对比砂浆 14d 膨胀率之差，与标准砂浆的比值：

对比砂浆 14d（用 28d 代替）龄期的膨胀率$E_t(-1)=0.009\%$

$$E_t(-2)=0.002\%$$

标准砂浆 14d 龄期的膨胀率 $E_t=0.093\%$

$$R_1(-1)=[(0.093-0.009)/0.093]\times(100\%)=90\%$$

$$R_2(-2)=[(0.093-0.002)/0.093]\times(100\%)=98\%$$

均大于75%。56d龄期对比砂浆的膨胀率，不管是 E_t（−1）或 E_t（−2）均小于0.05 %。也就是在水泥中掺入30%沸石粉，即使与活性骨料配制混凝土，也不会发生碱骨料反应。

(2) 第二系列试验：不同细度沸石粉对碱骨料反应的抑制效果

试验时采用三种骨料：1）活性骨料A，100%掺量；2）活性骨料B，20%掺量；3）标准砂。试验结果如图7-43、图7-44所示。

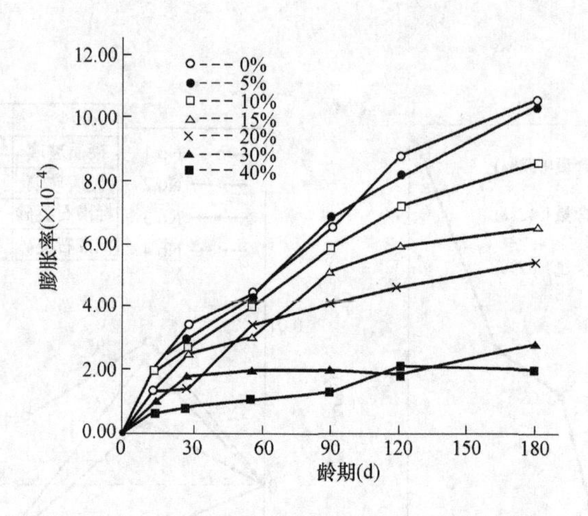

图7-43 细度Ⅰ沸石粉对骨料A引起膨胀的影响

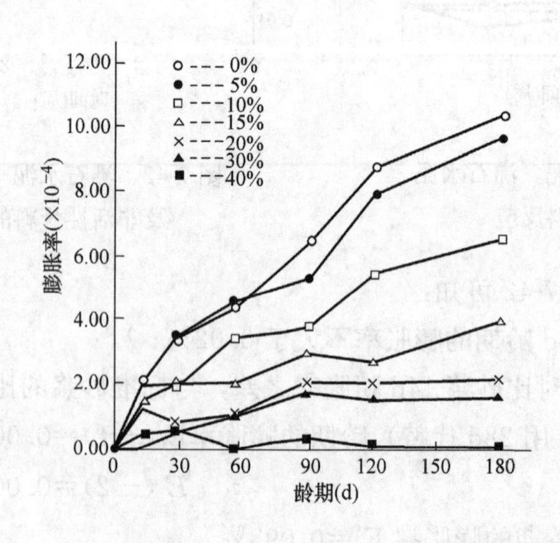

图7-44 细度Ⅱ沸石粉对骨料A引起膨胀的影响

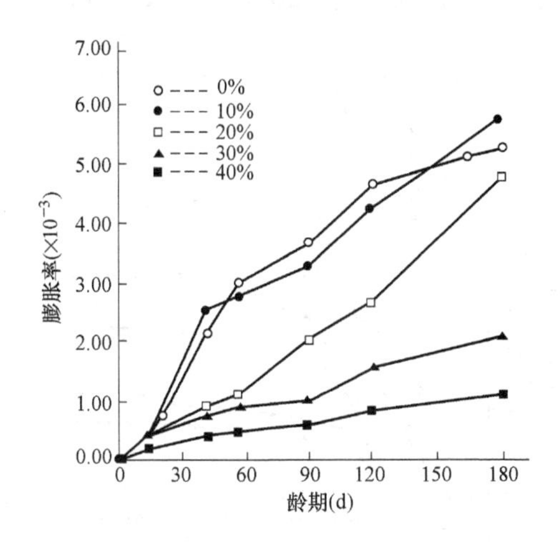

图 7-45 细度Ⅰ沸石粉对骨料 B 引起膨胀的影响

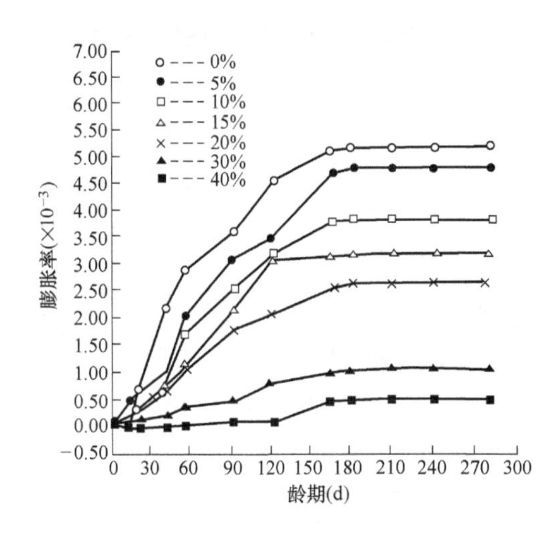

图 7-46 细度Ⅱ沸石粉对骨料 B 引起膨胀的影响

由图 7-43、图 7-44 及 图 7-49 所示，对于骨料 A，沸石粉细度对膨胀的影响：细度Ⅰ（比表面积 2510cm²/g）的沸石粉，对膨胀抑制的效果较差；但细度Ⅱ，Ⅲ的沸石粉（比表面积 5000cm²/g 及 7000cm²/g），对碱骨料反应膨胀的抑制效果较好；且两者差别不大。掺量 20%，180d 龄期的膨胀均在 0.04%以内；而细度Ⅰ的沸石，掺量在 30%以上，才能抑制 ASR。

由图 7-45～图 7-48、图 7-50 及图 7-51 所示，对于骨料 B，沸石粉细度对膨胀的影响较大。13 周（90d）龄期的膨胀率在 0.05%以下时，细度Ⅳ（比表面积 9000cm²/g）的沸石粉，只需掺 20%；但细度Ⅱ，Ⅲ的沸石粉则需掺 30%，而细度Ⅰ的沸石粉，则需掺40%。说明在混凝土中掺入沸石粉抑制ASR，除掺量外，还与其细度有关。

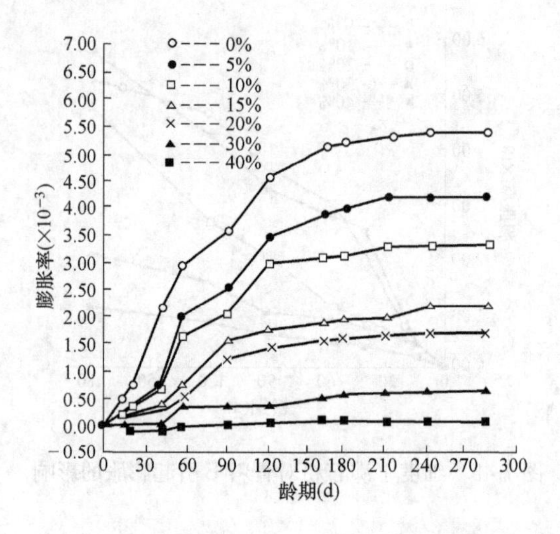

图7-47 细度Ⅲ沸石粉对骨料B引起膨胀的影响

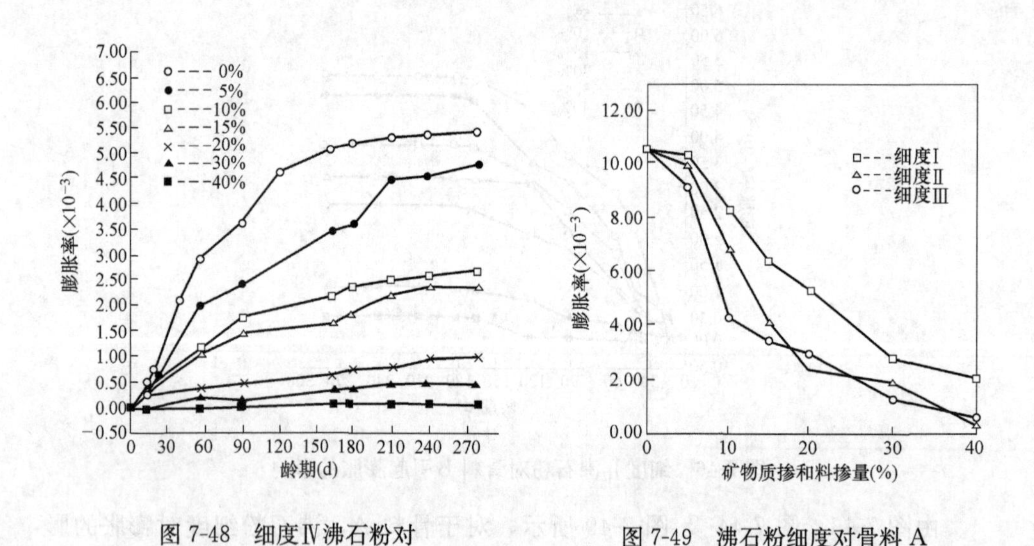

图7-48 细度Ⅳ沸石粉对骨料B引起膨胀的影响

图7-49 沸石粉细度对骨料A引起膨胀的影响（180d）

（3）第三系列试验：活化沸石对ASR膨胀的抑制

将天然沸石加热至500℃，恒温1h，对其进行活化；再经磨细至比表面积4350cm²/g；使用20%B种骨料，其余80%为标准砂；水泥含碱量调至20%；活化沸石粉分别以10%，20%，30%，40%掺入混凝土中，观测其对ASR膨胀的抑制。活化沸石粉与普通天然沸石粉抑制ASR膨胀的效果如图7-52、图7-53所示。

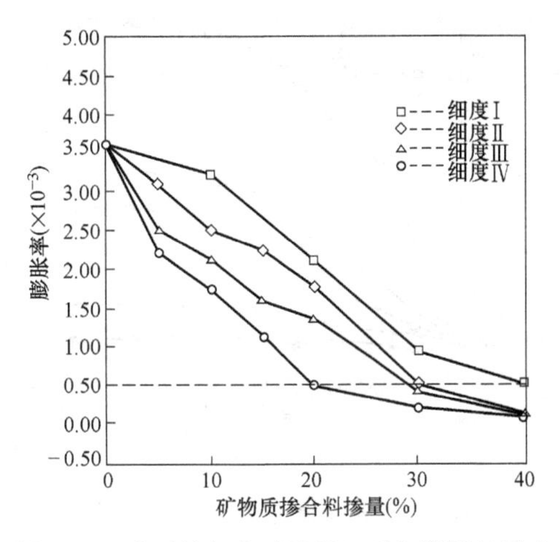

图 7-50 沸石粉细度对骨料 B 引起膨胀的影响(90d)

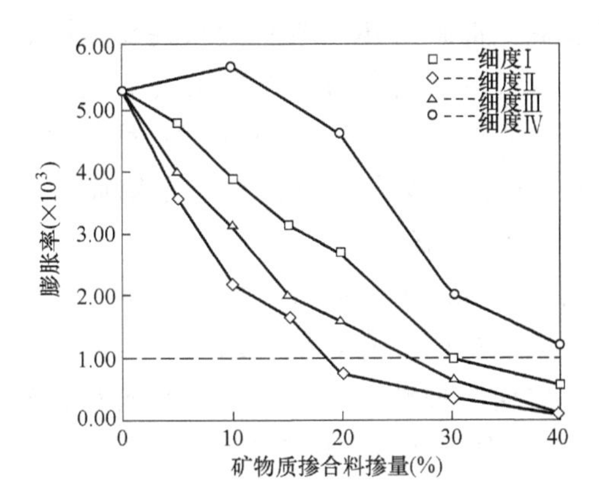

图 7-51 沸石粉细度对骨料 B 引起膨胀的影响(180d)

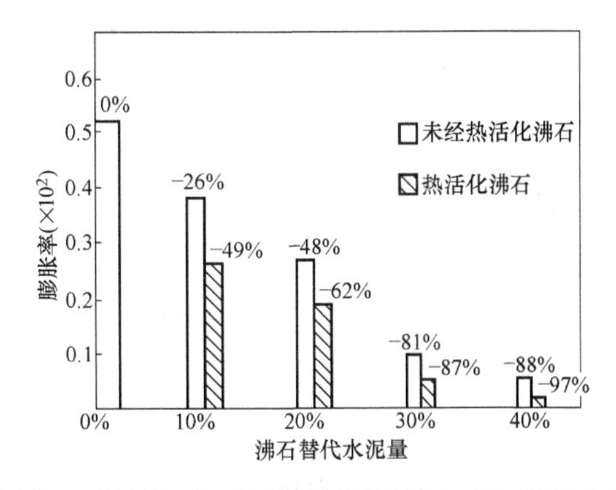

图 7-52 活化沸石与普通天然沸石抑制 ASR 膨胀的效果

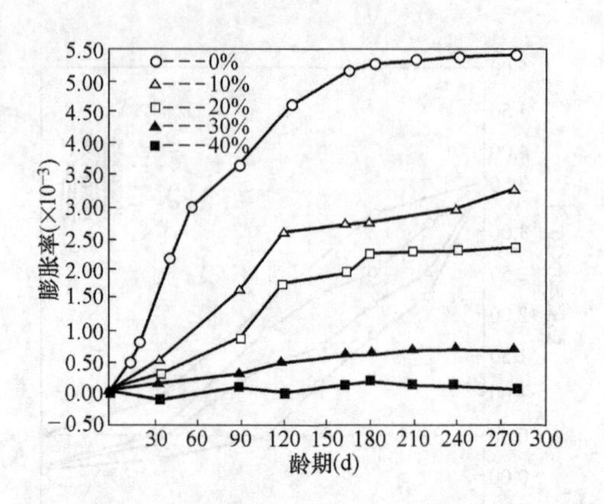

图 7-53 活化沸石抑制 ASR 效果

本试验活化沸石的 XRD 图谱证明，在 500℃加热处理的沸石，结构没有破坏，但离子交换能力提高，抑制 ASR 膨胀的效果提高。从图 7-53 可见，活化沸石掺量为 20%以上时，56d 的膨胀率均在 0.05 以下。与普通天然沸石相比，在相同掺量下，其膨胀率可降低 10%～20%。从图 7-54 也可见：比表面积 4350cm^2/g 的活化沸石，内掺 30%的试件，270d 的膨胀率均低于 0.05%，说明活化沸石抑制 ASR 膨胀能力提高。

(4) 第四系列试验：超细沸石粉对 ASR 膨胀的抑制

沸石粉的比表面积≥10000cm^2/g，代替水泥，内掺 10%，20%，30%，及 40%到砂浆棒试件中。使用 B 种骨料 20%与 80%标准砂配制细骨料，水泥中碱含量调至 2.2%，试验结果如图 7-54、图 7-55 所示。

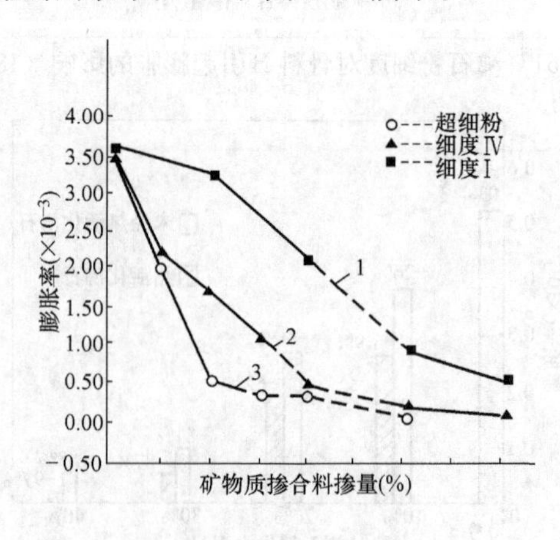

图 7-54 超细沸石抑制 ASR 膨胀（90d）

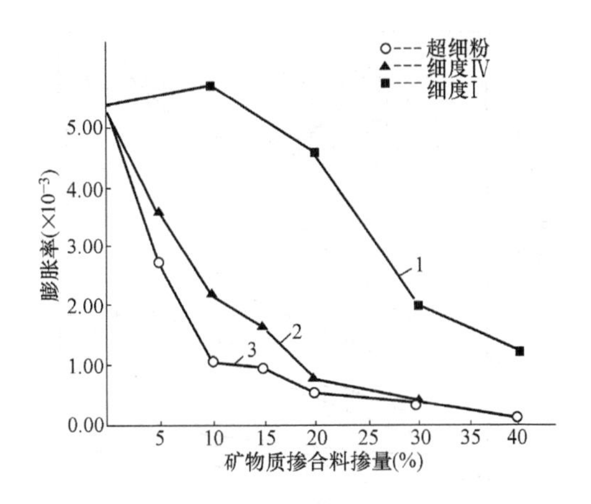

图 7-55 超细沸石抑制 ASR 膨胀（180d）

由图 7-54、图 7-55 可见，超细沸石掺入 10 时，90d 龄期膨胀率均低于 0.05%，180d 龄期膨胀率约 0.1%；超细沸石掺量>10%时，即可有效抑制 ASR 膨胀。

（5）第五系列试验：水泥中含碱量对抑制 ASR 膨胀的影响

沸石粉的比表面积≥7000cm²/g，使用 B 种骨料 20%与 80%标准砂配制细骨料，水泥中的碱含量用 NaOH 调整。试验方案如表 7-22 所示。

水泥中含碱量对沸石抑制 ASR 膨胀的影响　　表 7-22

序号	水泥含碱量(%)	沸石掺量(%)	B 种骨料含量(%)
1	1.09	0,10,15,20,30	20
2	1.40	0,10,15,20,30	20
3	1.80	0,10,15,20,30	20
4	2.20	0,10,15,20,30	20

试验结果如图 7-56 所示。对于沸石不同掺量的试件，随着水泥中含碱量的增加，ASR 膨胀增大；但随着沸石掺量的增加，水泥含碱量的影响减弱，当沸石掺量为 30%时，即使水泥含碱量达 2.2%，膨胀率也低于 0.05% 。

（6）第六系列试验：日本的大谷石与中国独石口沸石对比

日本的大谷石与中国独石口沸石对比　　表 7-23

大谷石	斜发沸石	沸石含量 60%	比表面积 4830cm²/g
独石口沸石	斜发沸石	沸石含量 65%	比表面积 5280cm²/g

水泥中含碱量 2.2%，B 种骨料 20%与 80%标准砂配制成细骨料。测得砂浆棒的膨胀率如图 7-57 所示。

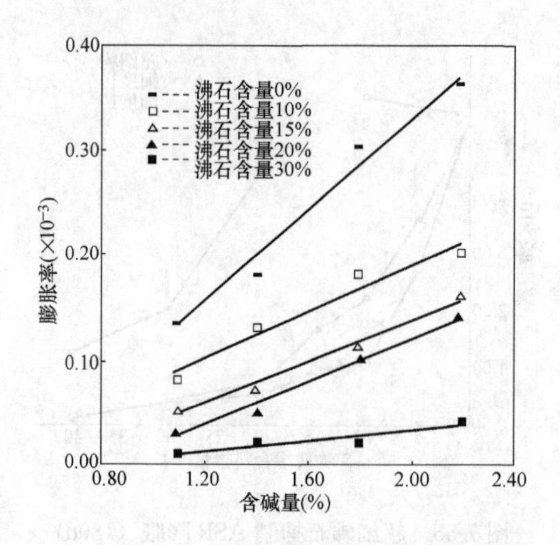

图 7-56 水泥中含碱量对沸石抑制 ASR 膨胀的影响

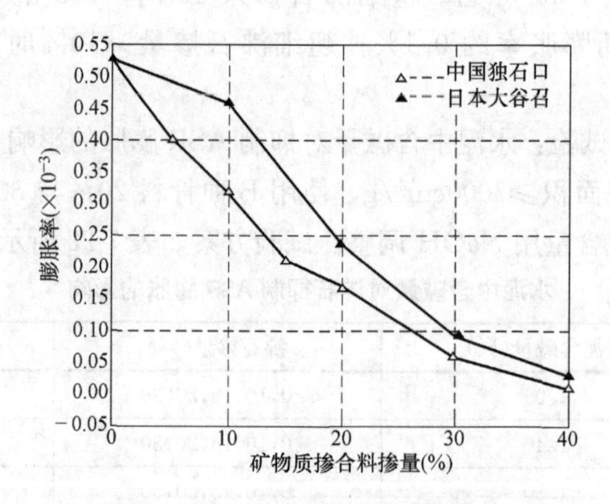

图 7-57 两种天然沸石抑制 ASR 膨胀对比

由图 7-57 可见，两种天然沸石抑制 ASR 膨胀的效果基本相同，当天然沸石粉的掺量为 30%时，即可有效的抑制 ASR 膨胀。

(7) 第七系列试验：不同掺合料对 ASR 膨胀的抑制效果

不同掺合料对活性骨料 A 引起的 ASR 膨胀的抑制效果，试验方案如表 7-24 所示。

不同掺合料对 ASR 膨胀的抑制试验 表 7-24

编号	掺合料名称	掺入量(%)	骨料 A,B 含量
1	天然沸石	5,10,15,20,30,40	100%(A);20%(B)
2	粉煤灰	同上	100%(A);20%(B)
3	矿粉	同上	100%(A);20%(B)
4	硅粉	同上	100%(A);20%(B)

A骨料试件中总碱量均为1.4％，骨料B试件中总碱量均为2.2％。试验结果如图7-58、图7-59所示。

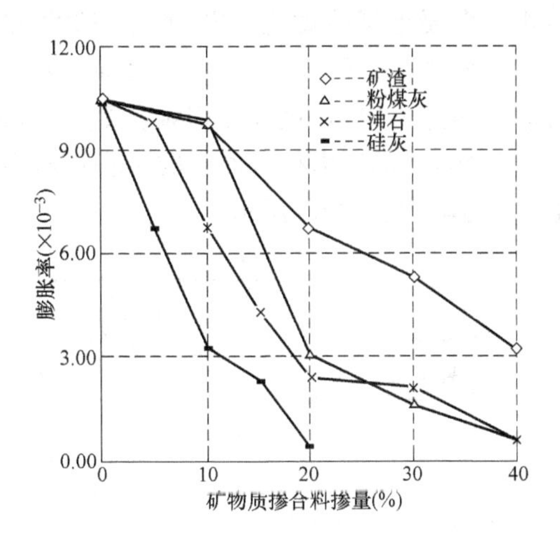

图7-58 不同掺合料对ASR膨胀的抑制效果（A骨料）

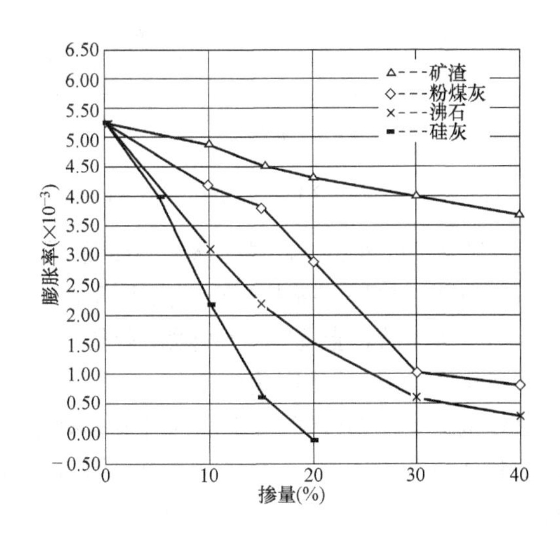

图7-59 不同掺合料对ASR膨胀的抑制效果（B骨料）

由图7-58可见，粉煤灰与天然沸石对于A骨料引起的ASR膨胀的抑制效果大体相同，掺量20％时，180d龄期的膨胀率＜0.03％。硅粉的效果较好，掺量10％时，即可达到上述效果。而矿粉的效果较差，掺量40％时，才能达到上述效果。由图7-59可见，对于B骨料引起的ASR膨胀的抑制效果，天然沸石掺量30％与硅粉掺量15％相同，180d龄期的膨胀率＜0.05％左右，而粉煤灰掺量30％时，180d龄期的膨胀率为上述2倍，达0.10％；而矿粉的效果较差，掺量为40％时，180d龄期的膨胀率仍达0.371％。

4. 抑制机理

(1) 砂浆孔隙液的 pH 值

砂浆棒制作按《水工混凝土试验规范》SD 105—1982 方法，其中活性骨料含量为 20%，分别以天然沸石、粉煤灰及矿粉代替水泥 10%，20%，30%，40%；各组试件的含碱量均为 2.2%，试件在相对湿度大于 95%的条件下，养护龄期为 180d。然后用 640N/m² 的压力把试件中的液相挤压出来，分析不同掺合料对砂浆棒孔隙溶液的影响，如图 7-60 所示。

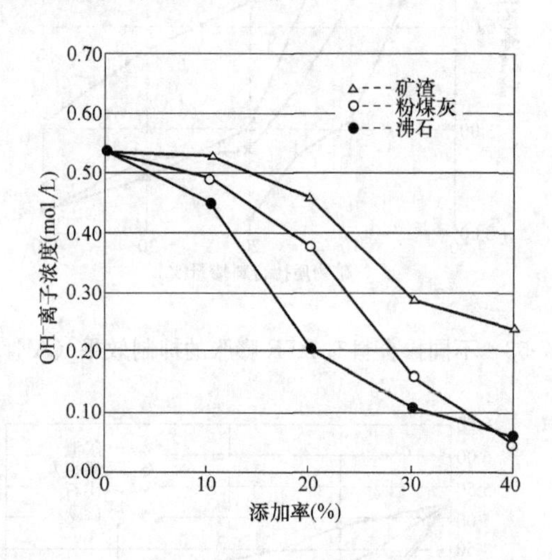

图 7-60 不同掺合料对砂浆孔隙溶液的影响

由图 7-60 可见，孔隙液的碱度随掺合料的掺量增加而下降。其降低效果依次是天然沸石，粉煤灰，矿粉较差。相应砂浆棒 180d 的膨胀率，掺 40%矿粉为 0.371%，20%天然沸石为 0.096%。天然沸石能通过离子交换降低孔隙中 Na^+ 含量。

(2) 天然沸石对饱和 $Ca(OH)_2$ 的影响作用

水泥水化生成大量的 $Ca(OH)_2$，碱骨料的活性硅是处于饱和 $Ca(OH)_2$ 溶液中的 Na^+，K^+ 和 OH^- 离子的作用下，天然沸石掺入水泥砂浆中，可有效地降低饱和的 $Ca(OH)_2$ 溶液的 pH 值及 Na^+，K^+ 浓度，如表 7-25、表 7-26 所示。

由表 7-25 可见，天然沸石比粉煤灰，矿粉能更有效的降低 $Ca(OH)_2$ 溶液中的 pH 值，而且随着龄期的增长，pH 值也随之下降。天然沸石细度越细，pH 值下降越多。矿渣降低 $Ca(OH)_2$ 溶液中的 pH 值较差；粉煤灰次之。

由表 7-26 可见，天然沸石能通过离子交换，使 Na^+，K^+ 进入沸石骨架，从而降低了 $Ca(OH)_2$ 溶液中的 Na^+，K^+ 浓度，而且随龄期增长而进一步降低。

(3) 界面的显微硬度

通过测定界面的显微硬度，可推测界面区域遭受碱骨料破坏的程度，不同龄期的界面的显微硬度如图 7-61 所示。

天然沸石，粉煤灰，矿渣对 pH 值的影响 表 7-25

掺量	7d			28d			90d		
	NZ	FA	BFS	NZ	FA	BFS	NZ	FA	BFS
10%	12.80	13.21	13.25	12.48	13.14	13.20	12.2	12.96	13.11
20%	12.12	13.19	13.24	11.76	12.87	13.02	11.6	12.42	12.80
30%	11.6	13.12	13.18	10.70	12.79	13.0	11.0	12.74	12.76
40%	10.95	13.11	13.16	12.52	13.0	12.74	10.2	12.30	12.74

注：NZ-天然沸石；FA-粉煤灰；BFS-矿渣。

天然沸石对饱和 $Ca(OH)_2$ 溶液中的 Na^+，K^+ 影响 表 7-26

掺量(%)	掺入沸石充分搅拌后测定		密封放置 28d 过滤后测定	
	Na^+(g/L)	K^+(mg/L)	Na^+(g/L)	K^+(mg/L)
0	4.99	19.0	4.99	19.0
10	2.06/3.75	12.5/12.0	1.23/2.17	6.5/11.0
20	1.26/1.31	12.0/14.0	0.50/0.75	4.5/8.0

注：天然沸石细度：分子 $8000cm^2/g$，分母 $2500cm^2/g$。

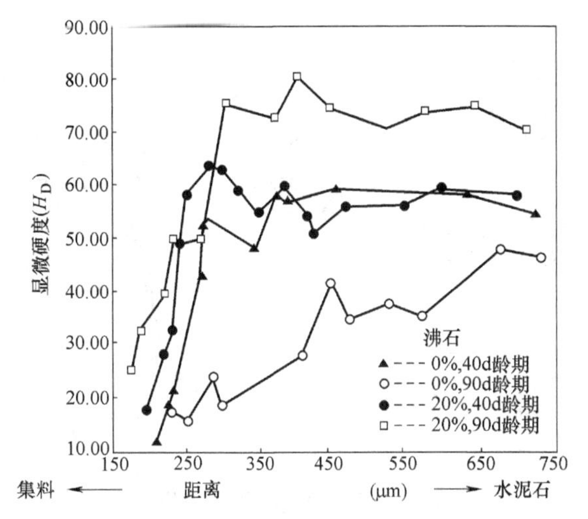

图 7-61 天然沸石对碱活性骨料界面显微硬度的影响

由于碱-骨料反应，在碱活性骨料表面生成碱硅凝胶，吸水膨胀，造成界面处开裂，显微硬度降低。由图 7-61 可见，40d 龄期时，未掺沸石的界面显微硬度比掺 20%沸石的低 20%左右；90d 龄期时，掺 20%沸石的界面显微硬度 75HV，而未掺沸石的界面显微硬度征 25HV。说明了沸石对抑制 ASR 的效果。

(4) 碱活性骨料界面区的能谱分析

对不同沸石掺量的试件，进行骨料界面区的能谱分析，其结果如图 7-62 所示。从界面区的 Si，K，Na，Ca 和 Al 的成分变化及其分布情况可以发现，骨料边缘有不同程度的 K，Na，Ca 成分侵入，界面区出现高含量的 K，Si，Ca 区域。但随着沸石掺量增加，侵入活性骨料边缘的 K，Na，Ca 成分大大减少，说明碱骨料反应的程度减轻。

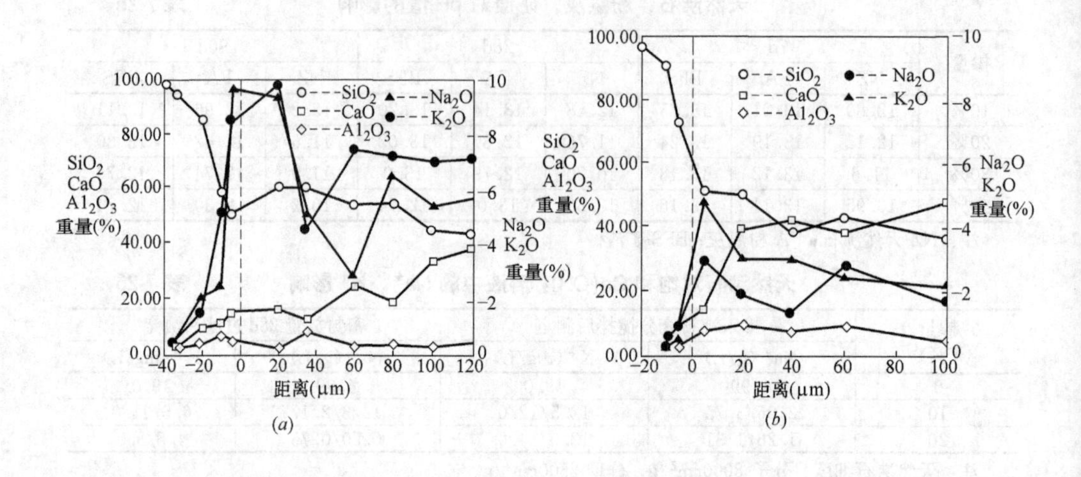

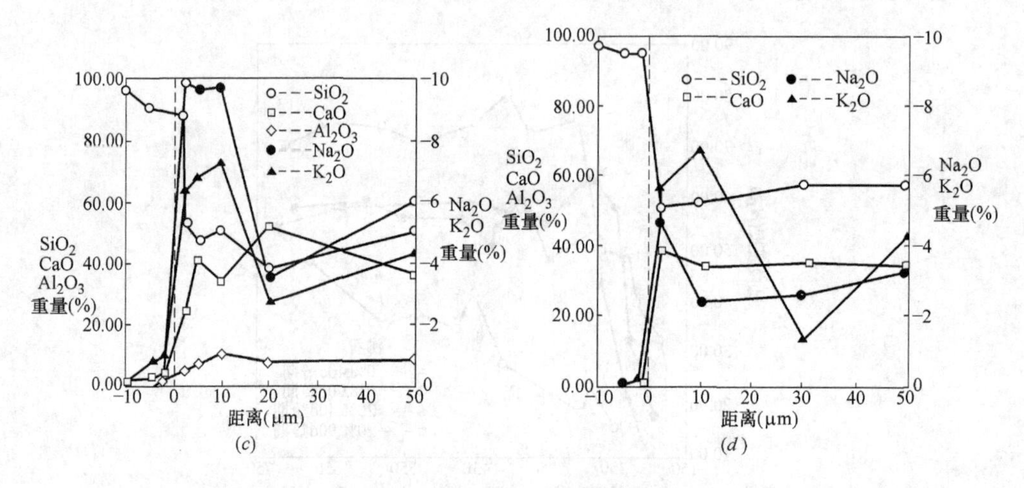

图 7-62 骨料界面区的能谱分析

(*a*) 沸石掺量 0%的试件；(*b*) 沸石掺量 10%的试件；

(*c*) 沸石掺量 20%的试件；(*d*) 沸石掺量 30%的试件

综上所述，天然沸石通过离子交换，使砂浆孔隙液中的 K^+，Na^+离子含量降低，有效降低 $Ca(OH)_2$ 溶液的 pH 值，提高了骨料界面的显微硬度，使侵入骨料边缘的 K，Na，Ca 成分大大减少，故能有效的抑制 ASR 的发生。

第 8 章　偏高岭土超细粉

8.1　引言

高岭土的主要矿物成分为高岭石和石英，在 XRD 图谱上高岭石和石英的衍射峰很明显，如图 8-1 所示。但经加热到 700～800℃后，高岭石转变成非晶态材料，衍射峰消失，仅存石英特征峰。

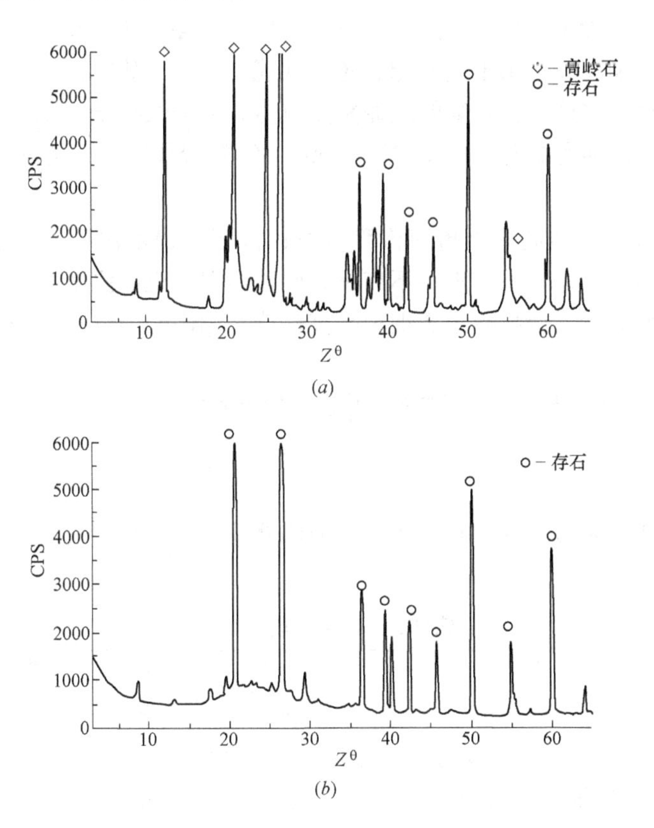

图 8-1　高岭土与偏高岭土的 XRD 图谱

(*a*) 高岭土；(*b*) 偏高岭土

偏高岭土是一种非晶态的高岭石和 SiO_2 的矿物质粉体。高岭土的化学式为 $Al_4(SiO_{10})(OH)_6$，或写成 $Al_2O_3 \cdot 2SiO_2 \cdot 2H_2O$，因最初在江西景德镇附近高岭的地方发现而得名。

我国的苏、浙、闽、赣、晋、冀、鲁、辽、吉、川、粤、桂及内蒙古等地，均有丰富的高岭土资源。郑直、吕达人等著的《中国主要高岭土矿床》一书中，把我国高岭土矿床主要成因类型介绍如表 8-1 所示。

中国高岭土矿床主要成因类型 表 8-1

成因类型		矿床实例
风化型	1. 风化残积亚型 2. 风化淋积亚型	福建同安郭山，湖南衡阳 四川叙水，古兰，山西阳泉
热液蚀变型	1. 岩浆浸入或火山热液蚀变亚型 2. 现代热泉蚀变亚型	江苏苏州，吉林长白 云南腾冲，西藏羊八井
沉积型	1. 近代和现代河湖海湾沉积亚型 2. 高岭石黏土岩亚型	广东清远源潭，福建同安 山西大同，内蒙古准格尔旗

在过去，高岭土已被广泛用于橡胶、陶瓷、搪瓷、造纸及涂料等行业。美国最早开展了将偏高岭土用于高性能、超高性能混凝土的研究。

高岭土经过水选，得到高岭土泥浆及沉渣，将泥浆挤干、脱水，得到的高岭土泥饼，经太阳能养护棚晒干，再经 600～700℃煅烧脱水，粉碎，得到偏高岭土超细粉。

以 15%左右的偏高岭土超细粉等量取代混凝土中水泥后，与基准混凝土相比，拌合物均匀性好，不泌水，不离析，硬化后混凝土的强度高，而且混凝土的耐久性大幅度提高。偏高岭土超细粉是高性能、超高性能混凝土的优异掺合料。

8.2 偏高岭土超细粉的物理化学特性

1. 化学成分

从广西合浦县的高岭土矿取样，经加热处理后，得到的偏高岭土的化学成分如表 8-2 所示。

偏高岭土的化学成分（%） 表 8-2

SiO_2	Al_2O_3	Fe_2O_3	CaO	MgO	K_2O+Na_2O	烧失量	其他
25～35	25～35	1～2.0	0.1～0.5	0.1～0.5	0.3～0.4	1.0～1.2	1.0

以 SiO_2 与 Al_2O_3 为主要成分，两者之和约 90%左右。对水泥有害的成分 K_2O+Na_2O 含量很低；以 15%～20%引入的碱含量甚微，可认为无害。

2. XRD 图谱

高岭土与偏高岭土的 XRD 图谱如图 8-1 所示。高岭石和石英的衍射峰，经煅烧处理后，高岭石变成非晶态材料，衍射峰消失，仅有石英特征峰。

3. 高岭土的热分析曲线

高岭土的热分析曲线如图 8-2 所示。

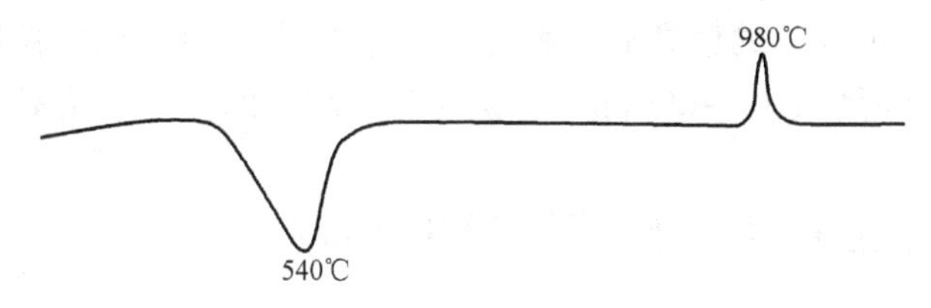

图 8-2　高岭土的热分析曲线

在 540℃有一吸热谷，是高岭土脱去羟基发生吸热反应所致。980℃有一放热峰，由于晶型转变，或生成了新的物质，放热而形成的。经 600～950℃热处理后，生成的偏高岭土，只有在微观结构上进一步调整，而主要化学成分没有多大变化。

4. 电子显微镜观测（SEM）

高岭土及偏高岭土的 SEM 图谱如图 8-3 所示。从高岭土 SEM 图中，可见有比较多的结晶高岭石，而偏高岭土的 SEM 图谱中主要是非晶态的物质。

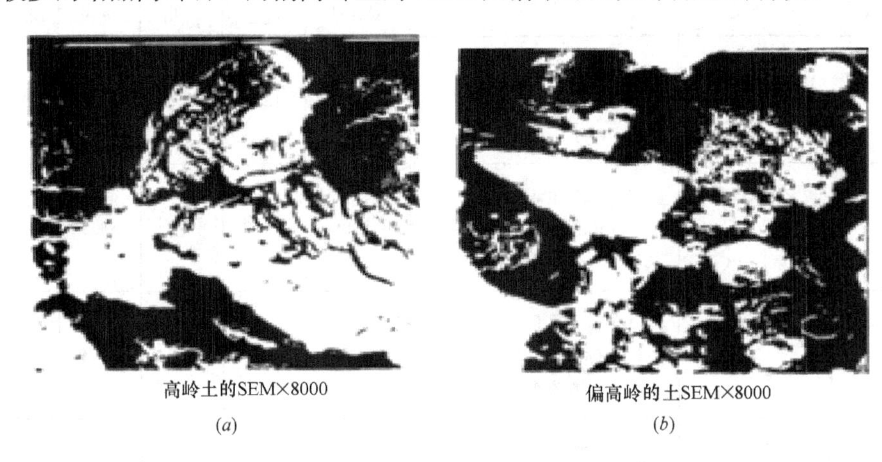

图 8-3　高岭土与偏高岭土的 SEM 图谱

(*a*) 高岭土 SEM×8000；(*b*) 偏高岭土 SEM×8000

5. 需水量

比表面积 600m^2/kg 的偏高岭土粉体，分别以 5%、10%和 15%，等量取代水泥，测定其标准稠度用水量，结果如表 8-3 所示。

偏高岭土的需水量　　**表 8-3**

编号＼性能	取代水泥%	标准稠度用水%	初凝(时分)	终凝(时分)
水泥	0	25.7	1∶37	2∶12
偏高岭土	5	25.9	1∶40	2∶20
偏高岭土	10	27.5	1∶45	2∶20
偏高岭土	15	28.1	1∶53	2∶30

由此可见，以15%的偏高岭土粉体等量取代水泥后，标准稠度用水量约提高3%，凝结时间延长15~20min，可认为对混凝土的性能影响不大。

8.3 偏高岭土对水泥砂浆强度的影响

1. 保持砂浆的流动度不变

以水泥540g，标准砂1350g，水230mL，砂浆流动度138mm。以5%偏高岭土及硅粉、10%偏高岭土及硅粉，以及15%偏高岭土，分别等量取代砂浆中的水泥，调整用水量，使砂浆流动度均为138mm，成型试件，测7d、28d的抗压及抗折强度结果如表8-4所示。

基准砂浆及含偏高岭土及硅粉砂浆强度 表8-4

力学性能 / 砂浆类型	砂浆组成	流动度(mm)	7d强度(MPa)		28d强度(MPa)	
			抗压	抗折	抗压	抗折
基准	水泥540g 标准砂1350g 水230mL	138	43.4	7.3	57.5	9.1
偏高岭土 5% 27g	水泥513g 标准砂1350g 水244mL	138	40.9	7.2	53.7	9.0
硅粉 5% 27g	水泥513g 标准砂1350g 水244mL	137	41.8	7.3	50.4	9.4
偏高岭土 10% 54g	水泥486g 标准砂1350g 水246mL	138.5	41.2	7.4	61.0	9.8
硅粉 10% 54g	水泥486g 标准砂1350g 水246mL	134	42.8	7.4	64.8	10.1
偏高岭土 15% 81g	水泥459g 标准砂1350g 水250mL	140	37.7	6.9	54.9	9.1

2. 保持砂浆用水量不变（230mL）

保持掺偏高岭土及掺硅粉砂浆的用水量与基准砂浆的用水量相同，均为230mL，但砂浆的流动度改变，试验结果如表8-5所示。

基准砂浆及含偏高岭土及硅粉砂浆强度　表 8-5

砂浆类型＼性能	组成材料	流动度(mm)	7d 强度(MPa)		28d 强度(MPa)	
			抗压	抗折	抗压	抗折
基准	水泥 540g 水 230mL	138	42.4	7.1	56.4	9.0
5%高岭土	水泥 513g 高岭土 27g	136	40.2	7.2	53.6	9.6
5%硅粉	水泥 513g 硅粉 27g	134	42.1	7.3	61.7	10.5
10%高岭土	水泥 486g 高岭土 54g	134	42.3	8.0	61.2	10.0
10%硅粉	水泥 486g 硅粉 54g	130	43.0	7.4	64.2	10.4

注：标准砂均为 1350g，水均为 230mL。

由表 8-5 可见，用水量不变时，随着偏高岭土对水泥的取代量增加至 10%时，砂浆流动度降低，但并不明显。28d 的抗压强度及抗折强度均高于基准砂浆。

8.4　偏高岭土对水泥混凝土强度的影响

1. 试验用原材料

水泥：三菱牌 P·O 42.5；高效减水剂 FDMⅡ，莱芜汶河化工产。

偏高岭土：广西合浦产，比表面积 $600m^2/kg$；硅粉：遵义产。

石灰石碎石：粒径 5～20mm，空隙率 45%；松堆密度 $1450kg/m^3$。

河砂：中砂，松堆密度 $1450kg/m^3$，表观密度 2.6。

2. 抗压强度试验

抗压强度试验配比如表 8-6 所示，混凝土性能对比如表 8-7 所示，强度对比如表 8-8 所示。

混凝土试验配比　表 8-6

编号	水灰(胶)比	混凝土材料用量(kg/m^3)					
		水泥	水	超细粉	砂	碎石	FDN
1	42%	400	168	—	800	1000	8
2	42%	340	168	偏高岭土 60	800	1000	8.8
3	42%	340	168	硅粉 60	800	1000	10

混凝土性能对比 表 8-7

编号	新拌混凝土性能	抗压强度(MPa)		
		3d	7d	28d
1	坍落度 19cm 泌水板结	20.1	35.3	37.4
2	坍落度 16cm 稍泌水	28.5	47.7	61.1
3	坍落度 5cm	26.4	42.3	52.4

混凝土强度对比 表 8-8

编号	3d	7d	28d
1	100%	100%	100%
2	142%	135%	163%
3	131%	120%	140%

由表 8-7 混凝土性能对比及表 8-8 混凝土强度对比可见：基准混凝土的坍落度最大，高效减水剂的用量也较低，但泌水，板结，性能差。而编号 2 含 15% 偏高岭土的混凝土，坍落度也比较大，但稍泌水，无板结，性能好。而编号 3 的混凝土，含硅粉 15%，坍落度很低，仅 5cm，高效减水剂的用量也较大。

内掺 15%偏高岭土的混凝土，3d，7d，28d 的强度均高于基准混凝土及掺硅粉 15%，的混凝土。

3. 偏高岭土对混凝土抗弯强度的影响

在相同水灰（胶）比的混凝土中，分别以 5%，10%及 15%的偏高岭土等量取代水泥，进行抗弯强度、轴压强度及静力弹性模量检测，对比如表 8-9～表 8-11 所示。

混凝土配合比 表 8-9

编号	水胶比	单方混凝土材料用量(kg/m³)					
		水泥	偏高岭土	水	砂	碎石	高效减水剂
4	0.40	430	—	172	740	1100	4.3
5	0.4	408.5	21.5	172	740	1100	4.3
6	0.4	387	43	172	740	1100	4.3
7	0.4	365.5	64.5	172	740	1100	4.3

混凝土抗弯强度（MPa） 表 8-10

编号	28d	90d	编号	28d	90d
4	4.6(100%)	5.7(100%)	6	6.1(132%)	6.4(113%)
5	4.7(102%)	5.8(102%)	7	6.4(138%)	7.0(124%)

混凝土轴压强度和静力弹性模量 表 8-11

龄期 编号	轴压强度(MPa)		静力弹性模量(GPa)	
	3d	28d	3d	28d
4	27(100%)	37(100%)	24(100%)	30.0(100%)
5	36(121%)	45(121%)	25.6(106%)	31.5(106%)
6	49(169%)	63(169%)	26.0(108%)	33.2(108%)
7	52(184%)	69(180%)	26.2(109%)	33.2(108%)

含偏高岭土 15%的混凝土与基准混凝土相比，轴压强度 3d 提高 84%，28d 提高 80%。静力弹性模量，3d 提高 9%，28d 提高 8%。

4. 偏高岭土（MK）对不同水灰比混凝土强度的影响

(1) 试验用原材料

水泥：小野田 52.5 普通硅酸盐水泥。偏高岭土：Ⅰ型（230 目）；Ⅱ型（350 目），均由广西合浦县提供。细骨料：河砂，中砂，合格。

粗骨料：石灰石碎石，D5～25mm，合格。高效减水剂：FDN。

(2) 试验方案

试验分四个系列混凝土，*W/B* 分别为 35%、40%、45%和 55%。在水灰比 35%、45%和 55%混凝土中，分别以 5%、10%和 15%的偏高岭土超细粉等量取代混凝土中的水泥；而在水胶比 40%混凝土中，在相同的偏高岭土掺量（15%）下，对比Ⅰ型（230 目）和Ⅱ型（350 目）偏高岭土对混凝土性能的影响。4 个系列试验的混凝土配比如表 8-12 所示。

混凝土试验方案汇总 表 8-12

系列	编号	*W/B*	水泥	水	MK	砂	碎石	FDM	备注
第一系列	1	35%	515	180	0	700	1000	0.8%	基准
	2		489	180	26	700	1000	0.8%	Ⅰ型
	3		463	180	52	700	1000	0.8%	Ⅰ型
	4		437	180	78	700	1000	0.8%	Ⅰ型
第二系列	5	40%	450	180	0	750	1050	63%	基准
	6		382	180	68	750	1050	0.8%	Ⅰ型
	7		382	180	68	750	1050	0.8%	Ⅱ型
第三系列	8	45%	400	180	0	650	1150	0.6%	基准
	9		380	180	20	650	1150	0.8%	Ⅰ型
	10		360	180	40	650	1150	0.8%	Ⅰ型
	11		340	180	60	650	1150	1.0%	Ⅰ型
第四系列	12	55%	330	180	0	660	1230	0.4%	基准
	13		313	180	17	660	1230	0.5%	Ⅰ型
	14		296	180	34	660	1230	0.6%	Ⅰ型
	15		280	180	50	660	1230	0.7%	Ⅰ型

(3) 试验结果

每个编号的混凝土配比，拌合 20L 混凝土物料，测定坍落度及观测实际混凝土拌合物性能，并成型 3d、7d 和 28d 的抗压试件，以及 28d 的劈裂抗拉试件，所得结果如表 8-13 所示。

试验结果汇总 **表 8-13**

系列	编号	MK 掺量(%)	坍落度(mm)	保水性	抗压强度(MPa)			劈裂抗拉(MPa)
					3d	7d	28d	
第一系列	1	0	135	泌水	68.7	81.1	84.9	5.3
	2	5	195	稍泌	67.0	79.9	84.8	5.3
	3	10	155	优	63.5	79.1	82.8	5.2
	4	15	145	优	61.9	77.8	85.3	5.4
第二系列	5	0	140	泌水	50.6	57.5	67.4	4.5
	6	15	185	优	55.1	68.8	79.1	4.9
	7	15	180	优	54.8	70.1	76.2	5.05
第三系列	8	0	170	泌水	45.8	52.8	64.2	4.34
	9	5	175	稍泌	48.8	56.6	64.6	3.73
	10	10	170	优	44.8	55.5	66.7	3.78
	11	15	160	优	46.7	55.5	65.8	3.55
第四系列	12	0	40	泌水	36.8	47.8	57.5	4.07
	13	5	145	泌水	35.7	45.3	51.8	3.58
	14	10	140	优	34.1	43.2	56.4	3.77
	15	15	75	优	38.5	50.2	65.1	3.45

由四系列、15 组试验可见：①低水胶比≤35%的情况下，基准混凝土与含 MK 粉体的混凝土，28d 的抗压强度劈裂抗拉强度大体相同，但基准混凝土泌水，而含 MK 粉体的混凝土保水性优良。②水胶比≤40%的情况下，含 15%MK 粉体的混凝土，抗压及劈裂抗拉强度，较基准混凝土提高 17%左右，且两种细度的 MK 粉体的效果相近。③水胶比≤45%的情况下，含 15%MK 粉体的混凝土，抗压及劈裂抗拉强度，与基准混凝土大体相同。④水胶比≤55%的情况下，含 15%MK 粉体的混凝土，28d 的抗压强度比基准混凝土约提高 13%。⑤含与否 MK 粉体的混凝土的强度，均随 W/C (W/B) 的增大而降低。

8.5 偏高岭土 (MK) 混凝土的耐久性

为了检验 MK 粉体对混凝土的耐久性的影响，进行了 MK 粉体抑制碱一骨料反应的试验，抗氯离子渗透扩散的电通量试验，抗冻融试验及早期收缩试验等。

1. 试验用原材料

水泥：三菱P·O 42.5硅酸盐水泥。

偏高岭土超细粉（MK）：比表面积4200cm²/g，化学成分见表8-14。

粗骨料：石灰石碎石，粒径10～30mm，表观密度2740kg/m³。

石英玻璃砂：粒径2.5～5.0mm。

NaOH溶液：USP级或技术级化学试剂，用水调成1M NaOH溶液；KOH：分析纯化学试剂。

水泥及偏高岭土的化学成分 表8-14

化学成分	SiO_2	Al_2O_3	Fe_2O_3	CaO	MgO	SO_3	K_2O	Na_2O	fCaO	LO_1
水泥	20.29	4.83	3.02	59.74	4.04	1.47	0.61	0.13	1.02	2.51
MK	60.27	28.08	1.90	2.38	1.46	—	—	—	—	5.86

2. 碱硅反应（ASR）的抑制效果

采用玻璃砂浆棒法和ASTM C441两种方法评价MK粉体抑制碱硅反应（ASR）的效果。

玻璃砂浆棒法：用5%的硅质玻璃砂和95%的标准砂为骨料，按AST-MC126-94快速砂浆棒法进行成型试件，养护和测定ASR的膨胀，当膨胀值<0.10%时，则MK粉体能有效抑制ASR。

本方法中砂浆干料为：水泥440g，标准砂和石英玻璃砂990g，其中石英玻璃砂为5%；$W/C=0.47$，用水量$W=440\times0.47=207$g，拌合成砂浆，制成2.5cm×2.5cm×28.5cm的试件3条。评价MK粉体抑制效果时，用与水泥同体积的MK粉体代替水泥。

试件成型后，标准养护24h脱模，测试件初始长度，然后放入80℃清水中养护24h，测试件基准长度；再浸入80℃，1N的NaOH溶液中养护至不同龄期，测定1d、3d、7d、14d龄期的强度，计算膨胀率。

试验中也用了ASTM C441方法进行检测，进一步评价掺MK粉体抑制效果。但此时用百分百的玻璃砂骨科代替全部天然骨料。

ASR试验所用的配比如表8-15。

碱骨料反应ASR试件配比 表8-15

代号	水泥(g)	MK(g)	水(g)	硅质玻璃(2.5～5mm)g	骨料不同粒径(mm)含量(g)				
					0.15～0.3	0.3～0.6	0.6～1.18	1.18～2.36	2.36～4.75
基准	440	—	207	49.5	141.1	235.1	235.1	235.1	94.1
MK15	354	66	207	49.5	141.1	235.1	235.1	235.1	94.1
MK25	330	110	207	49.5	141.1	235.1	235.1	235.1	94.1

试验结果如表 8-16、表 8-17 所示。

MK 对 ASR 抑制效果（5%石英玻璃砂浆棒法） 表 8-16

代号	14d 膨胀率(%)	平均值(%)
基准	0.1377；0.1175；0.1443	0.1332
MK15	0.1052；0.1275；0.1140	0.1156
MK25	0.0545；0.5596；0.3009	0.0686

按 ASTMC1260—94，5%石英玻璃砂浆棒法，当 MK 掺量为 25%时，砂浆棒的膨胀率均小于 0.1%。说明内掺 MK25%时，能有效地抑制 ASR 的膨胀。

MK 对 ASR 抑制的效果（ASTM C441 方法） 表 8-17

方法	试件名称	编号	14d 的膨胀率(%)	平均值(%)
ASTM C 441 法（100%玻璃砂，38℃养护）	基准砂浆	1	0.366	0.3743
		2	0.376	
		3	0.381	
	MK15%试件	1	0.160	0.1550
		2	0.152	
		3	0.153	
	MK25%试件	1	0.0946	0.0783
		2	0.0769	
		3	0.0634	
	FA25%试件	1	0.119	0.114
		2	0.115	
		3	0.108	

按 ASTM C441 法（100%玻璃砂，38℃养护），膨胀率为 0.0783%，也在 0.10%以下，而以 FA25%代替水泥试件，膨胀率为 0.114%，不能满足要求。也即 MK 对 ASR 的抑制，优于粉煤灰。

3. 对碱-碳酸盐反应的抑制效果

按南京化工大学提出的小混凝土柱法，用潍坊的碱碳酸盐活性骨料，以 20%的 MK 粉体等量取代水泥，测定 MK 对碱-碳酸盐反应的抑制效果。

将碱碳酸盐活性骨料破碎成 5-10mm 的粒径，水泥：骨料=1：1，W/C=0.3；用 KOH 将水泥含碱量调整为 1.5% Na_2O；拌合，成型 2cm×2cm×8cm 的试件，两端带有测头，试件放于 80℃、10%K 的 KOH 的溶液中养护。以 28d 的膨胀率是否超过 0.10%作为判断标准的膨胀，而含 20%MK 的试件膨胀率为 0.0717%，能有效地抑制 ACR 的膨胀。

4. 抗氯离子渗透扩散的电通量试验

按ASTMC1202的方法，成型ϕ100×50mm的混凝土试件，标养28d和56d，直接测定6h的电通量及氯离子扩散系数；氯离子扩散系数也可以按照公式：$Y=2.57765+0.00492X$计算．式中Y为氯离子扩散系数，X为6h电通量(库仑)。不同W/B的混凝土的抗压强度、电通量及抗冻融性能，按表8-18配制混凝土强度及电通量结果如表8-19、表8-20所示。

混凝土配合比（kg/m^3）　表8-18

W/B	代号	水泥	MK	水	砂	碎石	减水剂
30%	基准	500	—	150	780	1020	3.0%
	MK	425	75	150	780	1020	3.0
42%	基准	400	—	168	740	1080	1.2%
	MK	340	60	168	740	1080	1.2
50%	基准	350	—	175	750	1125	0.8%
	MK	297.5	52.5	175	750	1125	0.8

混凝土不同龄期抗压强度（MPa）　表8-19

W/B		3d	7d	28d
30%	基准	59.6	65.4	79.3
	MK粉	57.2	63.2	80.7
42%	基准	36.4	52.5	57.8
	MK粉	36.2	49.0	62.6
50%	基准	26.6	38.9	45.9
	MK粉	25.9	38.6	48.7

混凝土电通量（ASTMC1202）（库仑）　表8-20

W/B	名称	28d	56d
30%	基准混凝土	1751	1284
	MK混凝土	874	717
42%	基准混凝土	2660	2193
	MK混凝土	1500	1234
50%	基准混凝土	3296	2700
	MK混凝土	1950	1450

5. 抗冻融试验

按照$W/B=30\%$的基准混凝土及含MK混凝土，成型10cm×10cm×40cm

试件，标养 28d 龄期后，进行快速冻融试验；含 MK 混凝土达到 150 次，动弹模大于 60%；但基准混凝土仅 120 次，动弹模小于 60%，这是由于混凝土不引气之故。

6. 早期收缩

以 W/C=30%，50%配制基准混凝土及 MK 混凝土，配比同表 8-18；浇筑 100mm×100mm×400mm 试件，测不同龄期的收缩结果如表 8-21 所示。

混凝土不同龄期收缩（$\times10^{-4}$）　　表 8-21

龄期	W/C	基准	15%MK	W/C	基准	15%MK
12h	30%	−2.26	−3.38	50%	−1.22	−1.15
24h		−3.24	−4.36		−1.45	−1.32
10d		−3.65	−5.27		−2.23	−1.89
20d		−4.29	−6.41		−3.18	−2.40
30d		−4.93	−7.06		−3.75	−2.87

由对比试验可见：W/C=30%的情况下，含 15%MK 的混凝土试件的早期收缩均高于基准混凝土，但 W/C=50%的情况下，含 15%MK 的混凝土试件的早期收缩稍低于基准混凝土。

7. MK 对混凝土耐久性影响的初步结论

试验结果证明，在混凝土中以 15%～20%的 MK 等量取代水泥，可以使混凝土具有更高的耐久性：(1) 电通量比基准混凝土降低一半左右；(2) 能有效地抑制 ASR 及 ACR；(3) 具有比基准混凝土更高的抗硫酸盐腐蚀能力；(4) 抗冻融效果也高于基准混凝土。

第9章　粉　煤　灰

9.1　概述

粉煤灰是燃煤火力发电厂得到的飞灰（fly ash），如图9-1、图9-2所示。一般地说，粉煤灰比水泥还细，且含有大量的玻璃珠。

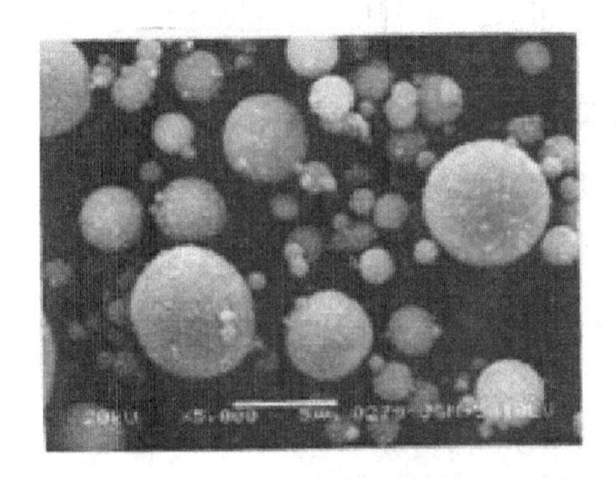

图9-1　粉煤灰

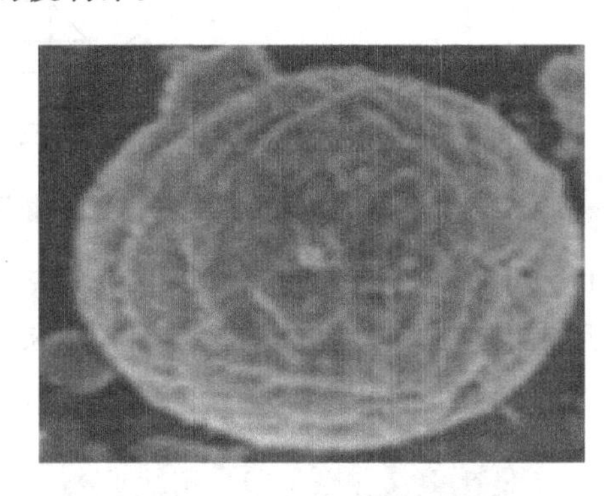

图9-2　磁铁矿和赤铁矿粒子

（笠井芳夫：新水泥混凝土掺合料）

在煤粉燃烧时，得到的产品是飞灰、底部灰及气体。飞灰是进入烟道气灰尘中最细的部分；底部灰是比较粗的颗粒被分离出来，沉淀在烟道里，或和炉渣沉积在一起，从燃烧带跑到炉子底部，如图9-3所示。

由煤粉中蒸发出来的水蒸气及分馏出来的气体，一部分排放到大气中，一部分凝聚在粉煤灰表面。在烟道排放的气体中，含有较多的SO_x气体，特别是燃烧含硫量比较高的煤粉时，为了减少环境污染，在烟道气排出之前，常常通入石灰石浆或石灰石粉，捕获排放气体中的SO_x气体。燃煤电厂排放的粉尘中，有75%～85%变成飞灰，剩余部分则为底部灰及炉灰。

粉煤灰的性能与许多因素有关，如煤的品种和质量、煤粉的细度、燃点、氧化条件、预处理及燃烧前脱硫情况，以及粉煤灰的收集和贮存方法等。

粉煤灰用作水泥混凝土的矿物质掺合料，大多数国家都有相应的技术标准。我国的标准GB 1596—2005；美国标准ASTMC 618—89；日本工业标准JIS A 6201等。

全世界粉煤灰的产量约400亿t左右，大多数用于修建码头、堤坝、筑路，

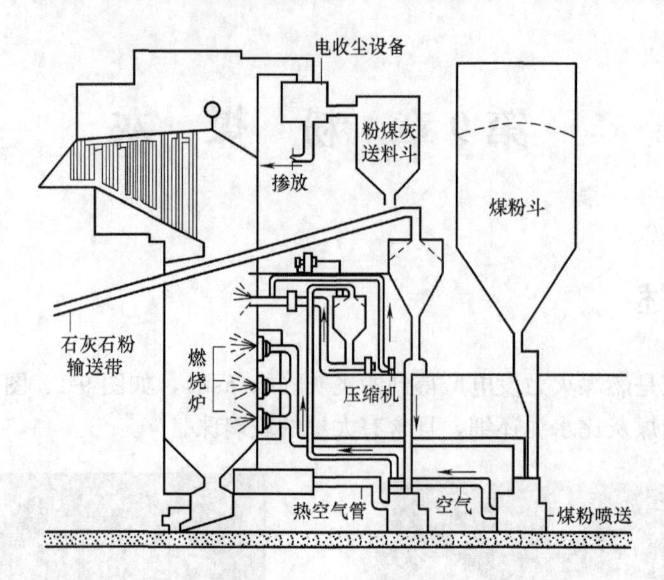

图 9-3 煤粉输送燃烧与粉煤灰的收集

以及用作混凝土的掺合料等。粉煤灰也是生产水泥的原料和混合材料。粉煤灰也用来生产砖、砌块及陶粒。用粉煤灰生产出非烧结陶粒（图 9-4），然后再用来生产砌块（图 9-5）或板材（图 9-6），是一种低碳、绿色、节能的墙体材料。

(*a*)

(*b*)

图 9-4 非烧结粉煤灰陶粒

(*a*) 卵石状粒型；(*b*) 碎石状粒型

目前，世界各国对粉煤灰的利用很不一样，高者可达 70%～80%，一般情况下是 30%～40%。即使在一个国家里，不同地区对粉煤灰的应用也不一样。例如，我国的广州、深圳，粉煤灰的应用达 100%，除了当地的粉煤灰全部用完以外，还要外运进去大量的粉煤灰。

在我国，年排灰量约 2 亿 t。主要用于建材、回填、筑路、建工和农业种植等方面。与世界各国相比，我国粉煤灰的利用量排在世界的前列。

图 9-5 非烧结粉煤灰陶粒砌块

图 9-6 非烧结粉煤灰陶粒板材（10cm×80cm×240cm）

粉煤灰中还含有有毒的金属，如砷（As）、铬（Cr）、硒（Se）、钛（Ti）和钒（Va）等；粉煤灰中还可能含有氡（Rn），是一种放射性元素，早年又称放射气。当含有这些有害金属的粉煤灰长期堆放于土地上或垃圾填埋池中，这些有毒金属离子会溶于水中，使水中有害阳离子增加。但当粉煤灰用作混凝土的掺合料时，水泥的水化物能与粉煤灰中有毒的金属反应，生成稳定的产物，从而将有毒的金属固定。粉煤灰产品中释放的氡（Rn）也很低，美国地质调查报告表明，粉煤灰制品的放射性，与传统的混凝土或红砖等建筑材料没有明显的差别。也就是说，粉煤灰中释放的氡量，不会危害人的健康，可与建筑砌块或其他建筑材料一样用于建筑物中。

9.2 粉煤灰的化学成分

粉煤灰是一种火山灰质的材料，化学成分是由原煤的化学成分和燃烧条件而决定。在 CaO-SiO_2-Al_2O_3 三元相图中，其组成和位置与火山灰质材料相近，是一种硅铝酸盐类矿物质掺合料。根据统计资料，我国粉煤灰的化学成分变动范围如表 9-1 所示。

我国粉煤灰的化学成分 表 9-1

成分	SiO_2	Al_2O_3	Fe_2O_3	CaO	MgO	SO_3	烧失量
变化范围	20～62	10～40	3～19	1～45	0.2～5	0.02～4	0.6～51

表中，云南开远电厂粉煤灰的 CaO 含量高达 45%；乌鲁木齐电厂粉煤灰的烧失量高达 51%。国外粉煤灰的化学成分，除烧失量较低外，也大致在表 9-1 的范围内。

SiO_2 和 Al_2O_3 是粉煤灰中的主要成分。我国多数电厂粉煤灰的 $SiO_2+Al_2O_3 \geqslant 60\%$。美国 ASTMC618 要求 $SiO_2+Al_2O_3+Fe_2O_3 \geqslant 70\%$；日本 JISA6201 要求 $SiO_2 \geqslant 45\%$；苏联 GOCT6269 要求 $SiO_2 \geqslant 40\%$；苏联有学者认为：Al_2O_3 含量为 20%～30%即属于高活性粉煤灰，Al_2O_3 含量≤20%的为低活性粉煤灰。

有的苏联学者提出用系数 K 表示粉煤灰的活性，$K=(Al_2O_3+CaO)/SiO_2$。根据 K 值把粉煤灰分成四大类，如表 9-2 所示。

K 值与粉煤灰的活性 表 9-2

K 值	0.8～1.0	0.6～0.8	0.4～0.6	<0.4
活性	高	中	较低	低

粉煤灰中的有害成分是未燃尽的煤粒；粉煤灰的烧失量主要是含碳量。含碳量高粉煤灰，吸水大，强度低，易风化，故为有害成分。粉煤灰中的含碳量，各国标准不一样。我国标准要求为 5%～15%，日本标准要求为≤5%，美国 ASTM 标准要求为≤10%，而美国垦务局标准要求为≤5%。

9.3 粉煤灰的矿物组成

通过 X 射线衍射来鉴定粉煤灰中的矿物组成，XRD 图谱如图 9-7 所示。

由图 9-7 可见，粉煤灰的矿物组成为：α 石英（高温型），图中符号 V，特征峰为：3.35，4.27，1.92，1.81，2.46，2.28A；莫来石微晶（$3Al_2 \cdot 2SiO_2$），特征峰为：5.40，3.39，2.69，2.52，2.20A；图中符号 O；α-Fe_2O_3（赤铁矿熔融体），特征峰为：2.69，1.69，2.51，1.84，1.68A，图中符号 X。

其中石英晶体矿物约占 7%～13%，莫来石占 8%～13%；它们的玻璃体约占 72%～80%。根据国内外的研究，一致认为主要是：玻璃体、莫来石、石英，

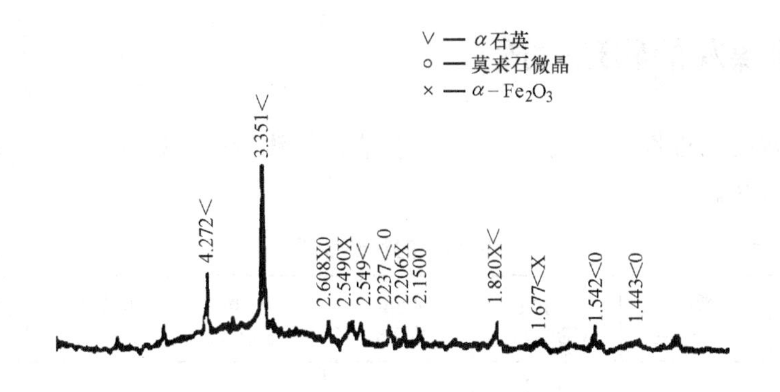

图 9-7 粉煤灰的 XRD 图谱

以及少量其他矿物。日本资料介绍粉煤灰的矿物组成如表 9-3 所示。

粉煤灰的矿物相含量及玻璃体含量（%） **表 9-3**

	石英	莫来石	磁铁矿	赤铁矿	玻璃体
范围 40 点	2.5～30.8	2.6～63.8	0～3.8	0～6.1	21.6～78
平均	13.9	28.7	0.6	0.5	52.4

粉煤灰的矿物相含量及玻璃体含量根据其种类差别很大。石英是原来煤炭中不含有的矿物相，是由 Si-Al 系黏土矿物变质而来；非晶质玻璃体是由于煤种中含有钾钠，使熔点降低而形成的；磁铁矿和赤铁矿粒子的非晶质含量是非常低的，粒子表面呈凹凸的球状体。

如图 9-8 所示，玻璃体中含 SiO_2 约 60%～65%，Al_2O_3 约 12%～20%，

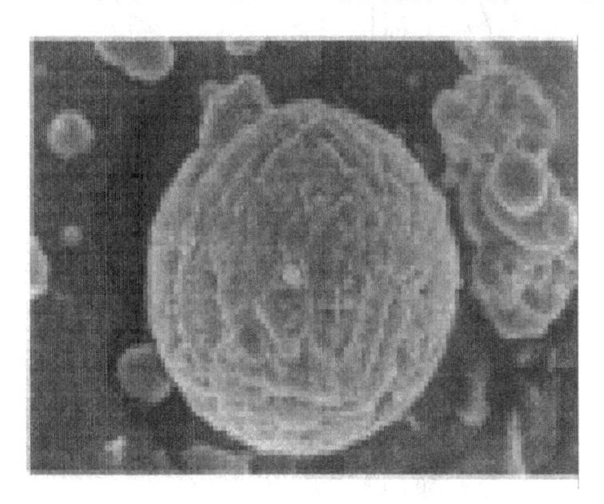
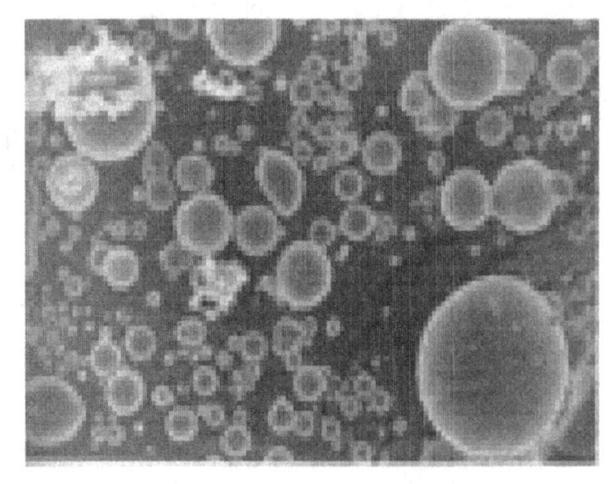

图 9-8 磁铁矿粒子和粉煤灰粒子

Fe_2O_3 约 9%～11%。说明粉煤灰中玻璃体含硅量较高，含铝量较低。此外，粉煤灰中尚有方解石，钙长石，β-C_2S，赤铁矿和较少量的硫酸盐，磷酸盐矿物。

9.4 粉煤灰的物理性质

粉煤灰的物理性质如表 9-4 所示。比表面积测定按 GB 207—63 水泥的比表面积测定方法。

粉煤灰的物理性质 表 9-4

粉煤灰	密度 (g/cm³)	45μm (筛余%)	20μm (筛余%)	10μm (筛余%)	比表面积 (cm²/g)	玻璃珠含量 (%)
原状灰	2.11	35.2	79	—	—	75
分级 10μm	2.84	—	—	1.4	7850	90
分级 25μm	2.43	—	1.0	22.6	5690	85-90
分级 45μm	2.31	5.7	41	—	3290	80
Ⅱ级灰	2.15	19.1	70	—	4200	35

分级灰的密度、比表面积，随着粒径的增加而降低。分级灰中粒径 10μm、25μm 的密度及比表面积明显大于Ⅱ级灰，分级灰 10μm 的比表面积高达 7850cm²/g，与微珠相近。粒度分布曲线如图 9-9 所示。

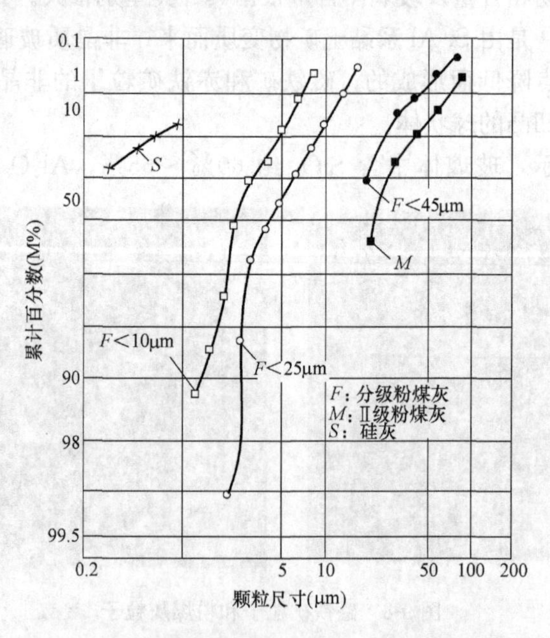

图 9-9 硅粉、分级粉煤灰及Ⅱ级粉煤灰的粒度分布

图中 M—Ⅱ级灰；S—硅粉；F—分级粉煤灰（F<10μm，F<25μm，F<

45μm 三种）；硅粉的粒度分布处于颗粒尺寸 0.2～1.0μm 范围内，累计百分数由 50%～10%；分级灰 $F<10\mu$m、$F<25\mu$m 的颗粒尺寸处于 1.0～20μm 范围内；Ⅱ级灰与 $F<45\mu$m 分级灰具有类似的粒度分布，颗粒尺寸处于 20～100μm 范围内。但对于 $F<45\mu$m 分级灰，即使大多数<25μm 的颗粒已经被提取，也比Ⅱ级灰细。

微珠也是通过干燥分离，从原状粉煤灰中提取出来的，属于 $F<10\mu$m 的分级粉煤灰。

粉煤灰的粒子如图 9-10 所示，大部分为表面光滑的球状粒子，而且具有空心构造。在这些球状粒子中掺杂多孔质的未燃烧粒子，在锅炉中燃烧时，石英粒子被黏土矿物包裹住变成不完全熔融的粒子。

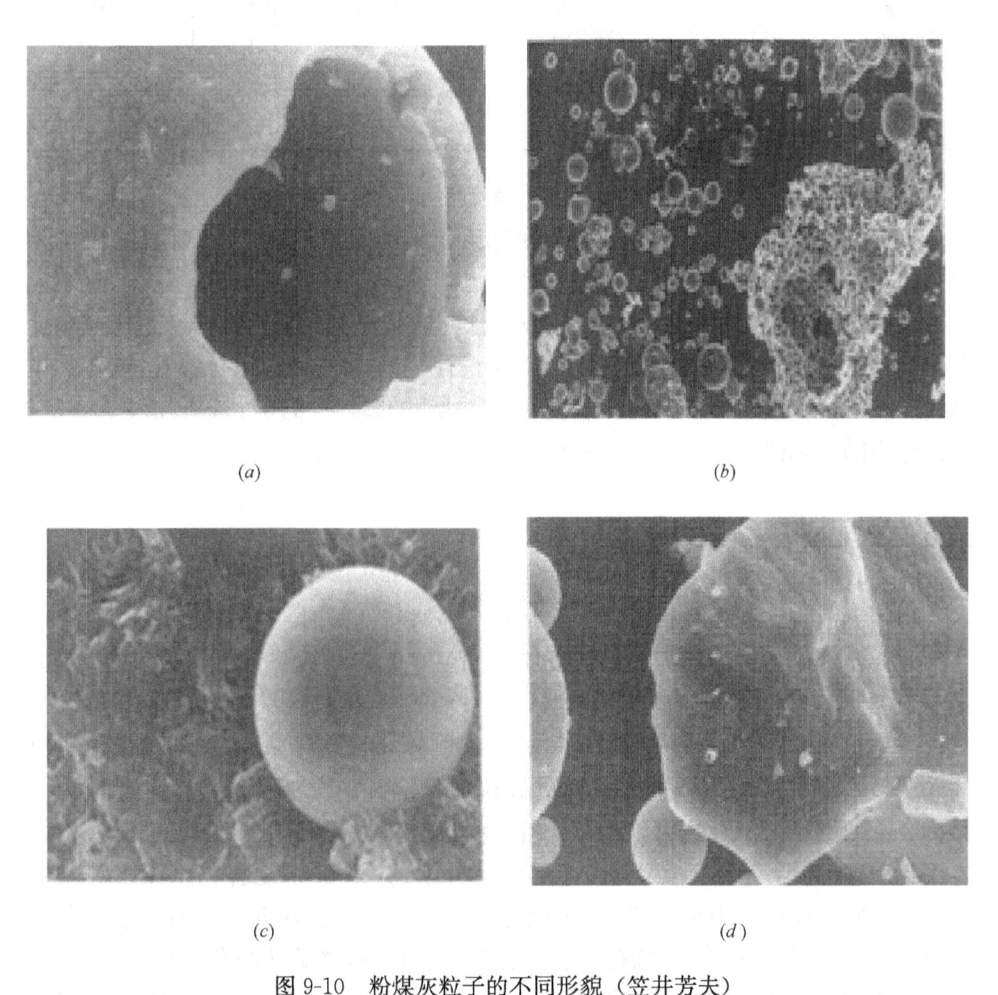

(*a*) (*b*)

(*c*) (*d*)

图 9-10 粉煤灰粒子的不同形貌（笠井芳夫）

(*a*) 粉煤灰的中空构造；(*b*) 多孔未然粒子；(*c*) 在粉煤灰粒子表面的水化物；(*d*) 不完全熔融粒子

9.5 粉煤灰的火山灰活性

评价粉煤灰的火山灰活性传统的方法有两种：(1) 石灰吸收值法；(2) 消石灰强度试验法。我国标准是以 30%的粉煤灰掺入水泥中，与不含粉煤灰的水泥，配制成相同流动度的砂浆，进行对比试验，以其 28d 抗压强度的比值，作为粉煤灰的火山灰活性的评价方法。部分粉煤灰的火山灰活性测定结果如表 9-5 所示。

粉煤灰火山灰活性测定的结果 **表 9-5**

粉煤灰	置换水泥（%）	胶砂比	需水量(%)	抗弯强度比%	抗压强度比%
基准	0	$S/C=2.5$	100	100	100
Ⅱ级灰	30	$S/(C+F)=2.5$	98	—	—
10μm	30	$S/(C+F)=2.5$	92	110	94
25μm	30	$S/(C+F)=2.5$	95	109	92
45μm	30	$S/(C+F)=2.5$	99	87	74

由表 9-5 可见：(1) 粉煤灰越细需水量越低，分级灰 10μm 需水量为 92%；分级灰 25μm 需水量为 95%；分级灰 45μm 需水量为 99%，与Ⅱ级灰的需水量 98%相当。(2) 抗压强度比及抗弯强度比也随着粉煤的细度提高而提高。这就说明了通过干分离技术，可有效改善粉煤灰质量，提高火山灰活性，从粉煤灰中分离出来的微珠就是其中的一例。此外，含粒径≤25μm 分级灰的砂浆，抗弯强度比明显高于抗压强度比；粉煤灰细度对抗弯强度的影响与其对抗压强度的影响，仍具有相同的规律。

9.6 火山灰反应的机理

所谓火山灰反应，在硅酸盐水泥水化反应进行的同时，在粉煤粒子周围形成一种独特的水化物，称之为火山灰反应，如图 9-9（*c*）所示。火山灰反应模型如图 9-11 所示。

通过 C_3S 与粉煤灰反应的模型可见：碱成分（OH^-），切断了非晶质的硅氧烷（Si-O-Si）键，水分子进入，变成硅烷醇基（Si-OH…HO-Si），生成短分子的负 2 价的 $H_2SiO_4^{2-}$，这时因有 Ca^{2+} 和硅烷醇基存在，吸附 Ca^{2+}，把 $H_2SiO_4^{2-}$ 连接起来（常温下 pH11.2 以上），形成高分子的 Ca-Si 系化合物。在水泥中掺入粉煤灰后，通过火山灰反应生成的水化物中，Ca/Si 比降低，其值与粉煤灰的掺量及 CaO 的含量有关。随着火山灰反应的进行，砂浆试件的孔结构发生变化；随着龄期增长，20～100nm 的细孔减少，10～20nm 的小孔增多；如图 9-12（*a*）所示。强度也相应提高。

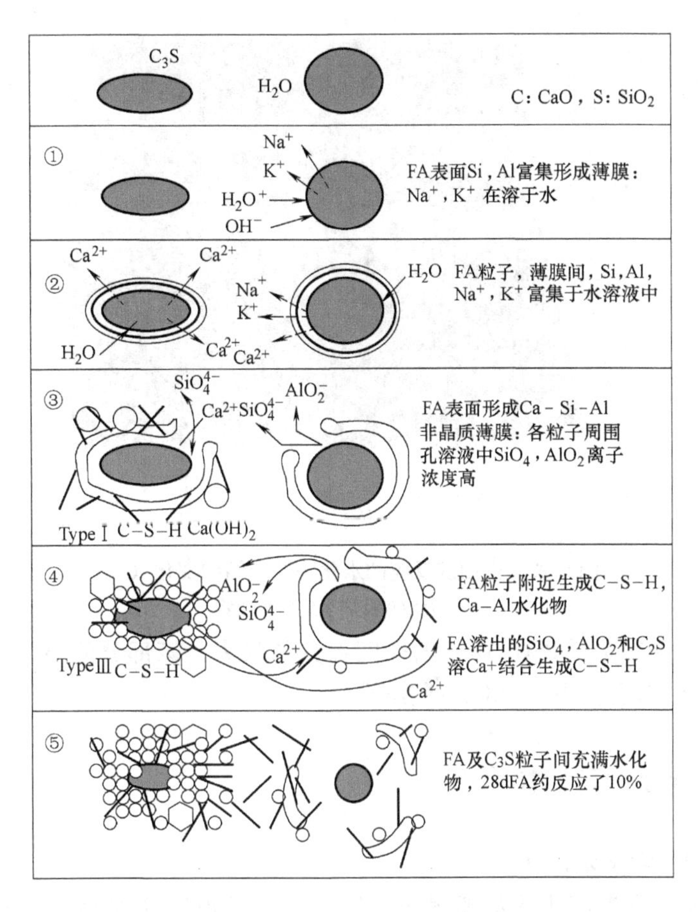

图 9-11 C_3S-粉煤灰之间火山灰反应的模型

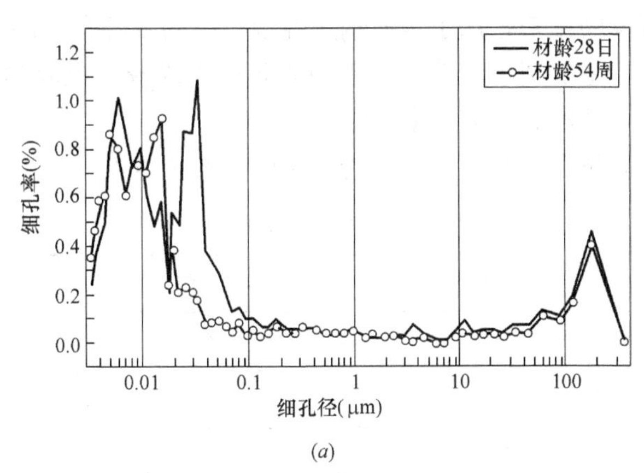

(*a*)

图 9-12 火山灰反应的水化物及孔结构变化（一）

（*a*）火山灰反应的水化物及孔结构变化

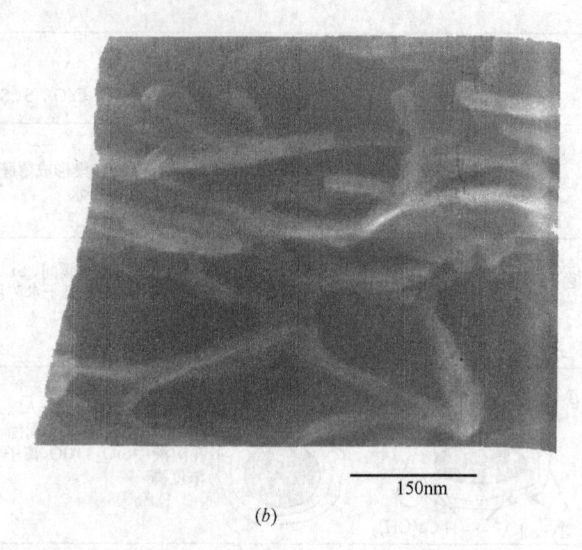

(*b*)

图 9-12　火山灰反应的水化物及孔结构变化（二）
（*b*）火山灰反应生成的水化物

图 9-12（*b*）是图 9-12（*a*）的中间部分的放大，该部分的厚度约为 15nm，板状结晶，内部生成 10～100nm 的细孔。

9.7　粉煤灰的技术标准

1. 我国国家技术标准

《用于水泥和混凝土中的粉煤灰》GB 1596—2005，对粉煤灰的质量要求如表 9-6 所示。

Ⅱ级粉煤灰属磨细灰，用于普通钢筋混凝土结构及轻骨料混凝土结构；Ⅲ级粉煤灰为原状灰，主要用于无筋混凝土和砂浆；Ⅰ级灰为电收尘得到的粉煤灰，质量优良，可用于预应力钢筋混凝土结构。

各国的煤种和技术水平不同，对粉煤灰质量要求也不同。

粉煤灰质量要求　　**表 9-6**

粉煤灰级别	Ⅰ级粉煤灰	Ⅱ级粉煤灰	Ⅲ级粉煤灰
来源	电收尘	磨细灰	原状灰
烧失量小于(%)	5	8	15
45μm 筛余(%)	<15	<25	<45
需水量比(%)	<95	<105	<115

2. 日本粉煤灰的工业标准（表 9-7）。

JIS A 6201—1998 对粉煤灰不同等级划分 表 9-7

等级		Ⅰ级	Ⅱ级	Ⅲ级	Ⅳ级
SiO_2 含量(%)		>45			
水分(%)		<1.0			
烧失量(%)		<3.0	<5.0	<8.0	<5.0
密度(g/cm^3)		>1.95			
细度	>45μm(%)	<10	<40	<40	<70
	比表面积	>5000	>2500	>2500	>1500
流动值比(%)		>105	>95	>85	>75
活性指数	28d	>90	>80	>80	>60
	91d	>100	>90	>90	>70

Ⅰ级粉煤灰是将原状灰经风选而得，是附加值比较高的粉煤灰；Ⅱ级粉煤灰是产量较大的普通粉煤灰；Ⅰ级和Ⅱ级粉煤灰在标准修订前是相同的，用作混凝土的掺合料；Ⅲ级和Ⅳ级粉煤灰用于混凝土掺合料需经试验论证。

3. 美国粉煤灰的技术标准

美国 ASTMC 618 按火山灰活性，把粉煤灰分成 N、F、C 和 S 级。N 级粉煤灰用作混凝土掺合料，其技术要求如表 9-8 所示。

N 级粉煤灰技术要求 表 9-8

项目		要求
$SiO_2+Al_2O_3+Fe_2O_3$	(%)	⩾70
SO_2	(%)	⩽4.0
最大含水量	(%)	⩽3.0
烧失量	(%)	⩽10
45μm 筛余量	(%)	⩽34
火山灰活性(28d 活性%)		⩾75
与石灰制作试件强度(MPa)		⩾55
需水量	(%)	⩽115
蒸压膨胀或收缩最大值	(%)	0.08
相对密度(平均值和最大值差)	(%)	5.00
45μm 筛余量(平均值和最大值差)	(%)	5.00
选择性要求		
28d 砂浆棒收缩值	(%)	⩽0.03
在碱液中，14d 砂浆棒膨胀值降低	(%)	⩾75
在碱液中，14d 砂浆棒膨胀值	(%)	⩽0.02

9.8　粉煤灰混凝土

1. 新拌混凝土的性能

(1) 混凝土的含气量

大量施工应用的粉煤灰混凝土，由于粉煤灰的出厂时间不同，粉煤灰烧失量的变动，对含粉煤灰新拌混凝土的性能管理是有困难的。2012 年夏天，作者在广州天达混凝土公司曾碰到这样的例子，C80 混凝土的配合比一样，但粉煤灰是新来的，结果混凝土坍落度损失很快，无法施工。原因是新粉煤灰需水量大，需要比原来配比更多的减水剂。图 9-13 是粉煤灰烧失量、含气量和坍落度的关系。

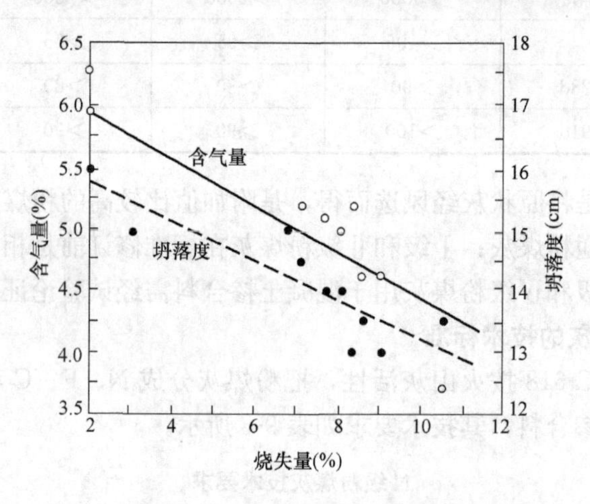

图 9-13　粉煤灰烧失量与含气量和坍落度的关系

在相同的 AE 减水剂掺量下，随着粉煤灰烧失量的增大，混凝土坍落度和含气量均相应降低；这是由于粉煤灰中含碳量高，对减水剂吸附量增大之故。

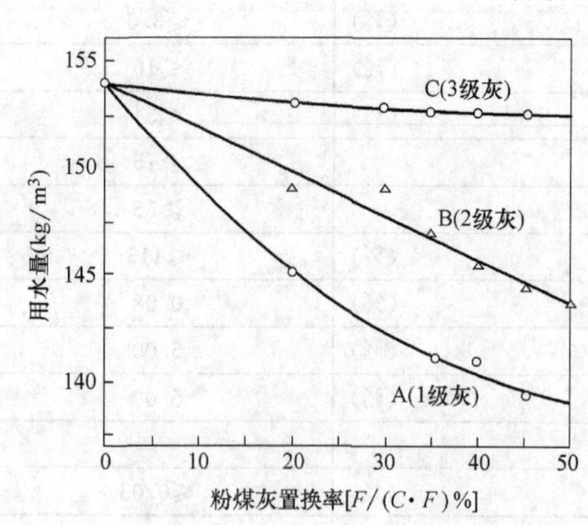

图 9-14　粉煤灰置换量与用水量关系

(2) 流动特性

粉煤灰中的粒子大部分是球状玻璃，与不定形的水泥粒子相比，表面吸附的水量少，故掺入粉煤灰后，混凝土为了获得所需坍落度用水量相应降低；特别是烧失量低，粒度细的粉煤灰，降低用水量更加明显；如图 9-14 所示。

曲线 C（Ⅲ级粉煤灰）由于灰

中含碳量高，灰又较粗，故粉煤灰对水泥取代量即使增大，但单方混凝土用水量仍无变化。

曲线B（Ⅱ级粉煤灰），虽然粉煤灰比表面积与Ⅲ级粉煤灰相同，均为$2500cm^2/g$，但含碳量低，故取代量增大，单方混凝土用水量降低。

曲线A（Ⅰ级粉煤灰），粉煤灰比表面积大，含碳量低，故对水泥取代量增大，单方混凝土用水量降低更加明显（注：原笠井书中AⅡ级有误）。

（3）泌水量

粉煤灰代替水泥内掺到混凝土中，置换率15%～45%的范围内，随着粉煤灰对水泥的置换率增大，泌水量增多。但如果混凝土水泥用量不变，粉煤灰代替部分细骨料时，置换率10%～30%范围内，无泌水现象。

（4）凝结时间

掺入比表面积大的粉煤灰，混凝土凝结时间长。这是因为水泥水化反应溶出的各个离子，被吸附到粉煤灰粒子表面，降低子孔隙液中离子浓度之故，如图9-15所示。

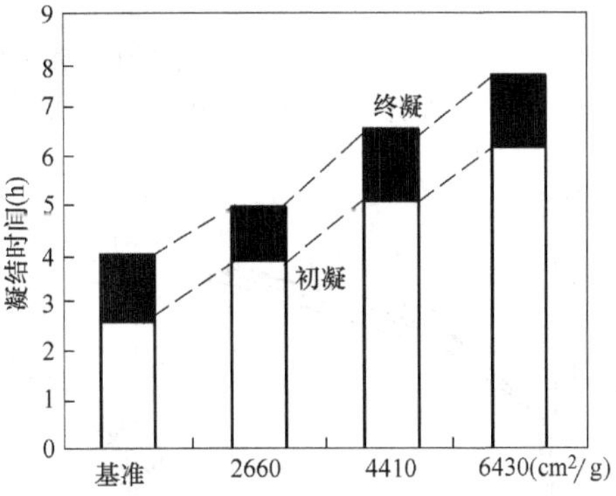

图9-15 粉煤灰比表面积与凝结时间关系

2. 水化放热

粉煤灰是抑制混凝土水化热最有效的一种掺合料，不同细度的粉煤灰掺入水泥砂浆中的绝热温升曲线如图9-16所示。

从图9-16可见：（1）基准砂浆的绝热温升很高，经30h到达80℃；（2）掺入不同比表面积粉煤灰的砂浆绝热温升均低于基准砂浆；（3）以B-3（50%）的砂浆的绝热温升最低，25h时，绝热温升也只有20℃；笠井等人通过传导热量计检测了多种胶凝材料加水24h后的水化放热发展；以水化时活化能来表示：硅酸盐水泥39.0kJ/mol，掺入17%粉煤灰时26.7kJ/mol；掺入7.5%硅粉时30.4kJ/mol；掺入70%矿粉时49.3kJ/mol。由此可见，掺入粉煤灰抑制水化热是很有效的。因此，大体积混凝土或高强度混凝土，为了降低水化热，常掺入粉煤灰，因为掺入粉煤灰比掺入矿粉能更有效地抑制水化热。

3. 硬化混凝土

（1）强度。粉煤灰混凝土的强度发展，与其配比、性能、温湿度、养护条件、外加剂及粉煤灰的种类有关。

1）粉煤灰代替不同水泥时（内掺）混凝土的强度

以4种不同的粉煤灰，分别取代10%、20%、30%的水泥，配制混凝土，比较其强度及强度发展，如图9-17所示。

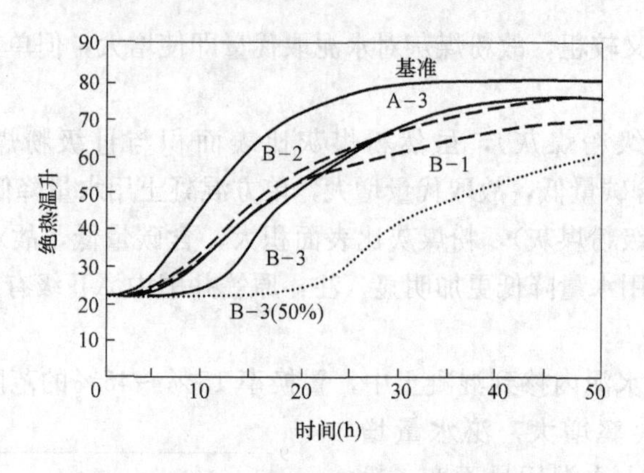

图 9-16　砂浆的绝热温升特性

A-3：7360cm²/g；B-1：2640cm²/g；B-2：4490cm²/g；B-3：9010cm²/g

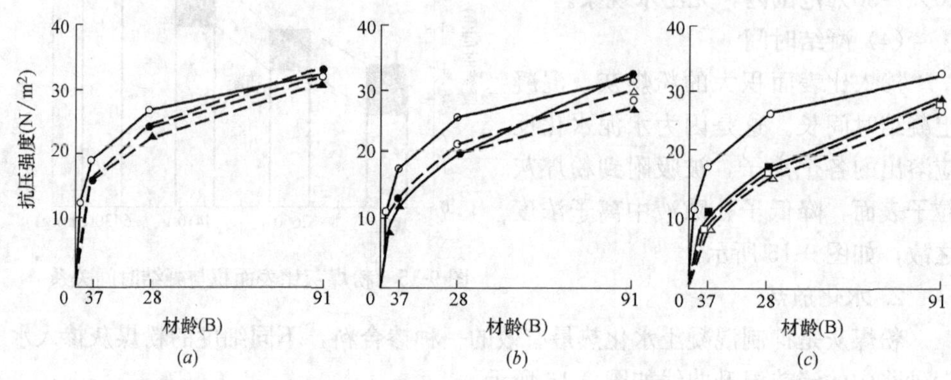

图 9-17　龄期与抗压强度关系（笠井）

(*a*) 置换率 10%；(*b*) 置换率 20%；(*c*) 置换率 30%

粉煤灰对水泥的置换率在 20%以下，91d 龄期的抗压强度与基准混凝土的强度基本相同。

粉煤灰水泥混凝土的强度，还与混凝土中水泥的用量有关；在水泥用量较多的富配合比中，粉煤灰对混凝土强度的影响更显著。如图 9-18 所示。

养护温度 28±2℃，相对湿度 75±15%（15cm×15cm×15cm 试件）。由图 9-18 可见，粉煤灰对水泥相同的置换量下，水泥含量高的强度发展快。胶凝材料 345kg/m³ 的混凝土中，含 20%粉煤灰的混凝土，28d 龄期的强度比基准混凝土的强度还高。这可能是水泥含量高的混凝土碱的浓度较高，早期水化放热较大，有利于粉煤灰的水化，从而提高其强度。

2）外掺粉煤灰时混凝土的强度

为了提高粉煤灰混凝土的早期强度，常常以粉煤灰代替部分细骨料掺入混凝

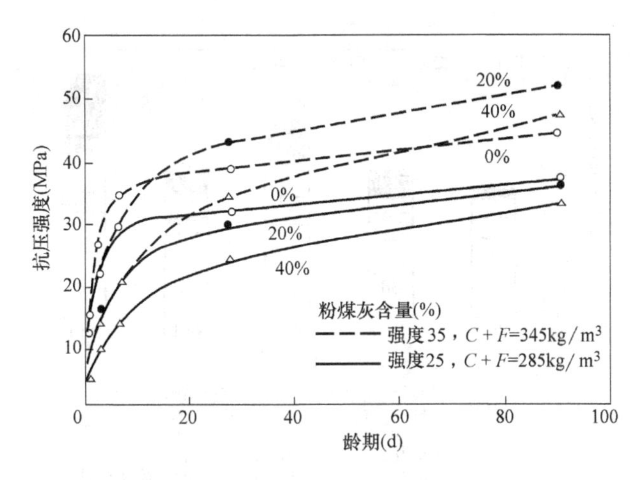

图 9-18　富配合比混凝土中粉煤灰对强度的影响

土中，使总的胶凝材料用量提高，不改变单方混凝土的用水量，粉煤灰掺入量达水泥量 50%左右，强度也不降低。以 $F/C=100\%$改变粉煤灰掺入量，3d 龄期强度，与基准混凝土强度相同，如图 9-19、图 9-20 所示。

① 使用硅酸盐水泥：NO1，$W/C=53.3\%$，$F/C=0$；NO3，$W/C=60\%$ $F/C=40\%$；NO4，$W/C=60\%$，$F/C=60\%$；NO5，$W/C=60\%$，$F/C=50\%$；（掺 SP）；NO6，$W/C=60\%$，$F/C=100\%$（掺 SP）。

②使用早强水泥：NO7，$W/C=54.7\%$，$F/C=0$；NO8，$W/C=60\%$，$F/C=25\%$；NO9，$W/C=60\%$，$F/C=50\%$；NO10，$W/C=60\%$，$F/C=50\%$（掺 SP）；NO11，$W/C=60\%$，$F/C=100\%$（掺 SP）

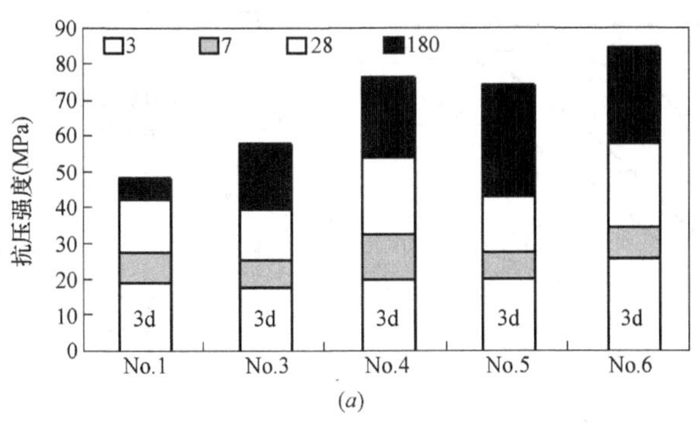

图 9-19　外掺粉煤灰混凝土强度（硅酸盐水泥）

（a）使用普通硅酸盐水泥

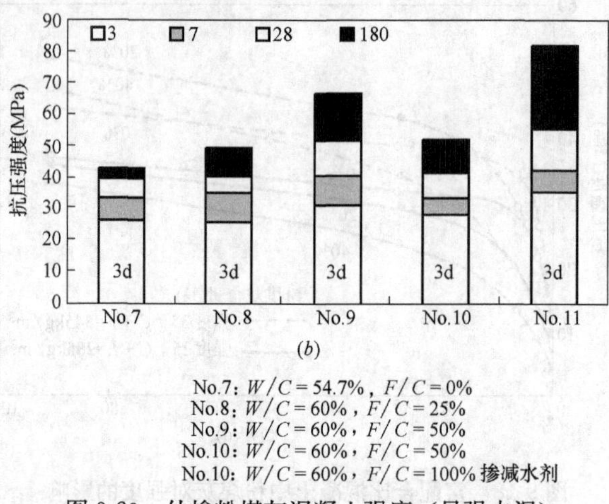

图 9-20　外掺粉煤灰混凝土强度（早强水泥）

（*b*）使用早强水泥

由图 9-19 和图 9-20 可见，硅酸盐水泥与早强水泥的混凝土中，外掺粉煤灰与水泥量相同时，混凝土强度 180d 龄期时，比基准混凝土（NO1，及 NO7）强度提高了 1 倍。

3）早期温度对含粉煤灰混凝土强度的影响

硅酸盐水泥混凝土，在高于 30℃ 温度下养护时，早期强度增长，但后期（28d）强度与标准条件下养护的相比，明显降低。但含粉煤灰混凝土则明显不同，早期升温养护下的强度，与标准条件下养护 28d 强度相比，明显提高，如图 9-21 所示。

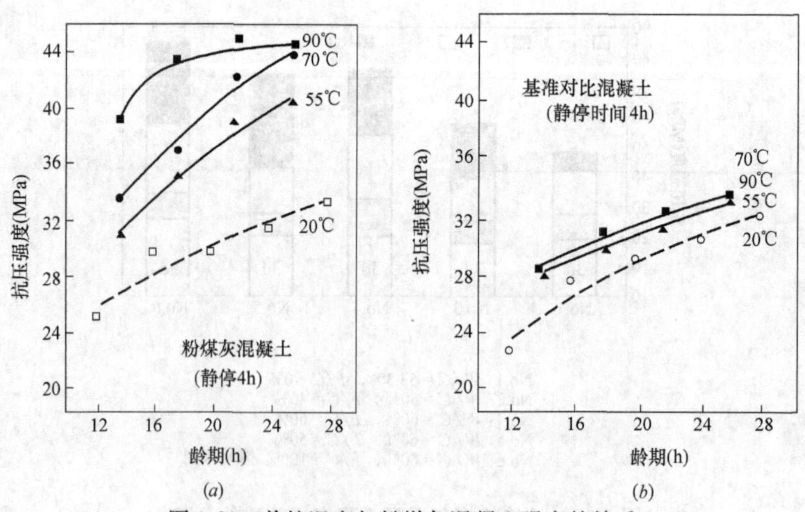

图 9-21　养护温度与粉煤灰混凝土强度的关系

（*a*）粉煤灰混凝土；（*b*）基准混凝土

由此可见，提高早期养护温度，有利于粉煤灰混凝土强度的发展。但是在寒冷气温下，要注意早期养护，以免在低温下强度过低而受冻害。

(2) 弹性模量

粉煤灰对混凝土弹性模量的影响与对抗压强度的影响相类似；一般情况下，早期偏低，后期逐渐提高；在混凝土中掺入一定量的粉煤灰，会提高其弹性模量。因火山灰反应在整个水化过程中均进行，生成水化硅酸钙凝胶，使混凝土更加密实。

(3) 干燥收缩与自收缩

Haque 等人用 40%～70%的 ASTM C 级粉煤灰代替相应的水泥，进行混凝土的试验指出，混凝土干燥收缩随着粉煤灰的含量提高而降低。日本笠井等人的试验认为，掺粉煤灰混凝土与基准混凝土具有相同的坍落度，可以降低用水量，混凝土干燥收缩降低。比表面积大的粉煤灰与原状灰相比，降低用水量的效果更加明显，相应地混凝土干燥收缩也降低。如图 9-22 所示。原状灰 3310、FA20 5960、FA10 9700，粉煤灰置换率越高，混凝土的自收缩越低。

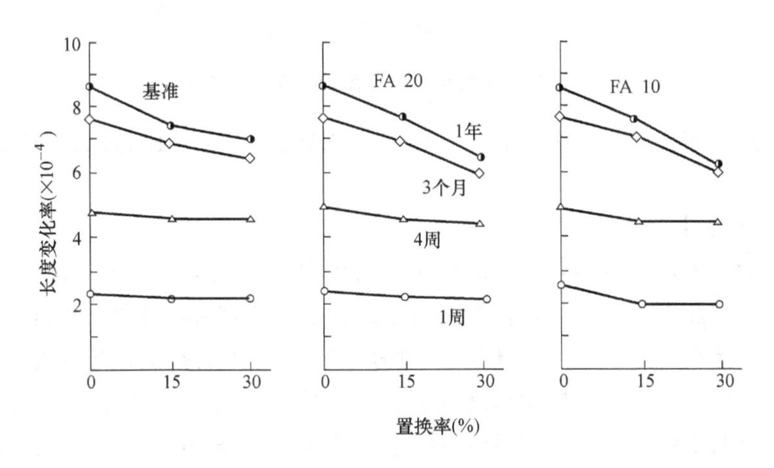

图 9-22 粉煤灰置换率与干燥收缩关系

9.9 粉煤灰混凝土的耐久性

混凝土中掺入粉煤灰以后，对耐久性的影响归纳如下：

1. 混凝土的渗透性

Berry 和 Malhotra 把粉煤灰对混凝土渗透性的影响归纳为：

(1) 水的渗透性增大。强度为 40～60MPa 的混凝土，含粉煤灰的原始表面吸附水为 0.09～0.05mL/(m^2 · s)，而基准混凝土是 0.08～0.03mL/(m^2 · s)。

(2) 空气渗透性增加。由于掺入粉煤灰以后，混凝土表面的相对湿度降低，故空气渗透性增加。如果混凝土过早地受到干燥，内部会形成更多孔隙，变成空气流动的通道，渗透性增加。

(3) 氯离子扩散系数降低。Li 和 Roy 认为，$W/C=0.3$ 和 0.35 的硅酸盐水泥浆，掺入 30% F 级粉煤灰以后，温度为 38℃扩散系数分别是：

W/C 0.3　　15.6×$10^{-12}$$m^2/s$；掺粉煤灰 1.35×$10^{-12}$$m^2/s$

W/C 0.35　　8.7×$10^{-12}$$m^2/s$；掺粉煤灰 1.34×$10^{-12}$$m^2/s$

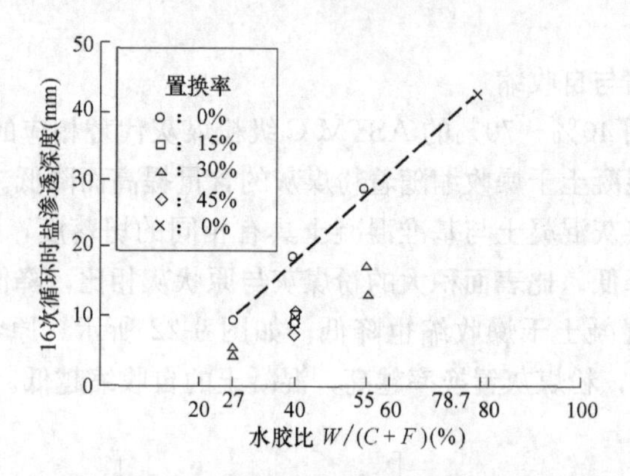

图 9-23 水胶比与盐分渗透关系（笠井）

粉煤灰对水泥的置换率 15%～45%时，混凝土的水胶比越低，氯离子的渗透深度越低。

2. 抗中性化性能

一般情况下，掺入粉煤灰的混凝土，由于火山灰反应消耗掉一部分 CH 相，对抗中性化性能不利；而且，伴随着对水泥置换率的增大，混凝土中性化的深度也增大。胶结料 330kg/m^3（C+FA），坍落度 15cm 的混凝土，与基准混凝土相比，在头两年龄期中，中性化深度较大；但其后再经过 20 年龄期时，掺入粉煤灰的混凝土的中性化与基准混凝土的差别，仍与两年前相同。这是由于早期含 FA 的混凝土强度发展慢造成的。

3. 自收缩

掺入粉煤灰混凝土的目收缩降低。通过中空圆形试件测定水泥浆的应力，$W/B=30\%$时，普通硅酸盐水泥和矿渣水泥的水泥浆的收缩应力大，而粉煤灰水泥的收缩应力小。也即掺入粉煤灰能有效抑制混凝土的自收缩。

掺入粉煤灰混凝土与基准混凝土相比，达到相同流动性情况下，可以适当降低用水量，故干缩也会降低。

4. 抑制碱-骨料反应

粉煤灰置换混凝土的一部分水泥，一方面可以降低混凝土的碱含量，另一方面由于火山灰的活性，使孔溶液中 pH 值降低，能抑制碱-骨料反应（ASR），如

图9-24所示。不掺粉煤灰的基准试件，长度变化率超过了0.3%；而以20%、30%粉煤灰置换水泥的试件，长度变化率均在0.1%的范围内。在粉煤灰中非晶质组分越多，细度越大，效果越好。一般情况下，30%的粉煤灰掺量，就能有效抑制ASR的发生。

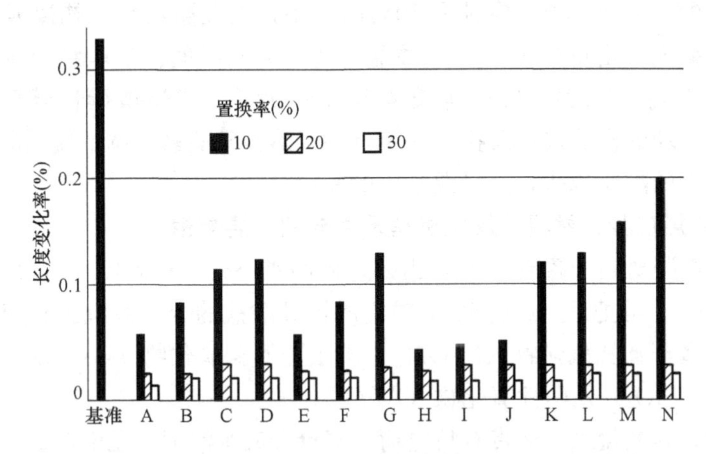

图9-24 抑制碱-骨料反应（粉煤灰掺量和ASR的关系）

9.10 高性能碱-粉煤灰混凝土（中国苏州混凝土研究院）

以粉煤灰为主要原料，以硅酸钠为激发剂，加入粗细骨料，搅拌成型，再经常温养护，或蒸汽养护，得到一种新型混凝土。这种混凝土生成的水化物是方沸石型的水化硅酸钠，是一种早强、高强、节能、耐久性好和抗化学侵蚀性高的混凝土。

1. 混凝土的原材料

粉煤灰：Ⅰ级粉煤灰或Ⅱ级粉煤灰；

硅酸钠：$Na_2O \cdot nSiO_3$，又名水玻璃，俗称泡花碱，选用模数小于3的碱性水玻璃；

细骨料：河砂或人工砂，符合国标要求；

粗骨料：石灰石碎石，符合国标要求；

调节剂：CaO；Na_2CO_3。

2. 胶凝材料的选择

以Ⅰ级粉煤灰或Ⅱ级粉煤灰，为主要原料，加入适量的CaO，调节其化学组成SiO_2为40%～50%、Al_2O_3为12%～15%、CaO为10%～12%的范围。

（1）选择水玻璃的模数

水玻璃的掺量为胶凝材料的5%～15%，水玻璃的模数为0.8、1.0、1.5、

2.0。加入适量水制成净浆试件，在不同条件下养护，测3d、7d及28d的强度，根据强度最高者选出水玻璃的模数。

试验证明，水玻璃的模数1.0，掺量为10%较好。

(2) 调凝剂

水玻璃的模数为1.0，掺量为10%时，制备的胶凝材料，初凝及终凝均很短。故需要掺入一定量的可溶性碳酸盐，调节凝结时间。试验结果证明，掺入0.1%的Na_2CO_3，初凝由8min延长至22min，终凝由38min延长至58min。

通过水玻璃的模数选择及掺入一定量的可溶性碳酸盐，调节凝结时间，就可以按照混凝土的配比规律，选择混凝土的配比了。

3. 碱-粉煤灰胶凝材料的反应机理及生成的主要物相

粉煤灰胶凝材料中含有CaO，当掺入硅酸钠$Na_2O \cdot nSiO_3$后，系统中存在一定量的Na^+，可把反应组分碱质-碱土质铝硅酸盐的分散系统进行研究。整个系统中，有碱金属氢氧化物（NaOH）、碱土金属氢氧化物（$Ca(OH)_2$）、呈酸性的氧化物（SiO_2）及两性氧化物（Al_2O_3）。

系统中，硅酸盐水溶液带有负电荷，多价金属水溶液带正电荷。两者相互作用，使粒子产生凝聚。凝胶粒子表面吸附系统内的Na^+，最终发生碱性化合物的合成，以及系统内的结晶过程。

系统中，铝阳离子对碱性的硅酸盐水溶液产生强烈的凝聚作用，然后凝聚成耐水的碱性化合物。每克分子Al_2O_3能俘获1.0～1.5g分子碱金属氧化物，从而成为非溶性新物。如下式：

$$Al_2O_3 + 4SiO_2 + 2NaOH + H_2O \longrightarrow NaO \cdot Al_2O_3 \cdot 4SiO_2 \cdot 2H_2O$$

碱土金属氧化物$Ca(OH)_2$也能与呈酸性的硅酸水溶液和氧化铝发生凝聚作用，生成凝胶。在凝胶体中含有碱金属和碱土金属氧化物，合成五组分的矿物（$R_2O \cdot RO \cdot Al_2O_3 \cdot SiO_2 \cdot H_2O$）。该类水化产物，犹如天然界中的方沸石（$Na_2O \cdot Al_2O_3 \cdot 4SiO_2 \cdot 2H_2O$）。碱-粉煤灰胶凝材料除了生成低碱度的水化硅酸钙外，还生成沸石类的水化硅铝酸盐。这与自然界中有关矿物形成是相符的。

4. 碱-粉煤灰胶凝材料混凝土的耐久性

(1) 强度的发展及稳定性

碱-粉煤灰胶凝材料混凝土的强度，1d龄期可达10MPa以上，28d达55MPa以上，经1年、2年及5年龄期，强度还略有提高，说明形成的水化物是稳定的。

(2) 抗碳化性能

将碱-粉煤灰胶凝材料混凝土试件分成两部分：一部分进行碳化，另一部分置于空气中，将完全碳化了的试件与未碳化试件的强度对比，就可判断其抗碳化性能了。

碱-粉煤灰胶凝材料混凝土抗碳化性能 **表 9-9**

NO.	养护方式	碳化后强度(MPa)	对比试件强度(MPa)	碳化系数
1	蒸养	54.4	56.1	0.97
2	自养	50.4	49.3	1.02
3	蒸养	65.1	66.3	0.98
4	自养	62.7	62.3	1.01

碳化系数接近于1.0，也即完全碳化后，强度基本不降低，其抗碳化性能优良。

(3) 抗冻性

将碱-粉煤灰胶凝材料混凝土试件分成两部分：一部分进行冻融，另一部分置于常温水中。经冻融一定冻融循环后进行抗压试验，与未冻试件强度对比，评定抗冻性的优劣。结果如表9-10所示。

抗冻试验结果 **表 9-10**

NO.	循环次数	冻后强度(MPa)	对比试件强度(MPa)	外观	系数
5	250	50.6	52.9	棱角剥落	0.96
6	250	63.3	66.3	良好	0.95
7	250	59.0	59.6	良好	0.99

由表9-10可见，抗冻性优良。

(4) 耐强酸腐蚀

将试件浸渍于不同酸中，观测浸后强度，与基准试件强度比较，评定耐蚀系数，结果如表9-11所示。

耐强酸腐蚀试验结果 **表 9-11**

浸渍酸的类型		浸渍时间(d)	浸渍后试验		对比试件强度(MPa)	耐腐蚀系数
			强度(MPa)	外观		
H_2SO_4	1%	210	50.3	数条裂纹	56.8	0.86
	5%	210	56.2	良好	56.8	0.99
HNO_3	5%	210	55.0	良好	56.8	0.97
	1%	210	58.5	良好	56.8	1.03
HCl	5%	210	47.3	良好	56.8	0.83
	1%	210	58.3	良好	56.8	1.03
上述三者以1∶1混合	5%	210	46.5	微裂纹	56.8	0.82
	1%	210	55.5	良好	56.8	0.98

试件对浓度较高的硫酸及复合酸的抗腐蚀稍差。

(5) 耐碱腐蚀

将试件浸渍于 NaOH 及饱和的石灰溶液中，经一年后，进行抗压，与对比试件强度比较，如表 9-12 所示。

耐碱腐蚀试验 表 9-12

碱液种类	浸渍时间(年)	浸渍后试件		对比强度(MPa)	耐碱腐蚀系数
		强度(MPa)	外观		
5%NaOH	1	62.3	良好	64.3	0.97
饱和石灰液	1	63.7	良好	64.3	0.99

由表 9-12 可见，耐碱腐蚀试验结果，说明耐碱腐蚀性能优良。

(6) 耐盐腐蚀

将试件浸渍于海水、$MgCl_2$ 溶液及硫酸钠溶液中，经 1 年、3 年，检测其结果，如表 9-13 所示。

耐盐腐蚀试验 表 9-13

盐液种类	浸渍经时	浸渍后试件		对比强度(MPa)	耐盐腐蚀系数
		强度(MPa)	外观		
海水(人工配制)	1 年	39.5	良好	38.4	1.03
	3 年	41.4	良好	39.0	1.06
$MgCl_2$ 溶液 25～30 波美	1 年	38.5	良好	38.4	1.00
	3 年	39.2	良好	39.0	1.00
$Na_2SO_4.10H$ (2500mg/L)	1 年	53.1	良好	52.5	1.01
	3 年	59.8	良好	54.6	1.09

由此可见，耐盐腐蚀的效果良好。

(7) 经济效果及前景

碱-粉煤灰混凝土的单方材料成本比同强度等级的普通混凝土略低 15%，而且耐久性优于普通混凝土，是一种省资源、省能源、长寿命的混凝土，具有广泛的发展前景。

第 10 章　微珠超细粉

微珠在国内已得到了大量应用：例如金众商品混凝土公司，大量应用微珠配制和生产了 C70 的高性能混凝土，用于深圳文化广场建筑工程中；正强管桩厂用微珠配制和生产了 C80 的高性能混凝土，生产和应用了 PHC 桩；京基大厦用微珠配制和生产了 C120 的超高性能混凝土等。它是一种新型的具有特种性能的粉体材料。国外也称之为改性粉煤灰。其粒径分布曲线介于粉煤灰和硅粉之间，如图 10-1（*a*）所示。是从原状灰中筛除了粗颗粒而剩余的超细部分。

10.1　微珠的物理性质

1. 平均粒径分布

微珠是一种超细粉，平均粒径约≤1.2μm。微珠平均粒径分布统计如图 10-1（*b*）所示。

由图 10-1 可见：平均粒径≤0.2μm 的占 27.23%；0.2～1μm 的占 42.43%；也就是说，平均粒径≤1.0μm 的共占 69.66%。

比表面积为 4000cm²/g 的水泥，平均粒径约为 10～20μm；硅粉的比表面积约为 2000000cm²/g，平均粒径约为 0.1μm。

因此，在水泥、微珠和硅粉的三组分复配的复合粉体中，微珠填充水泥粒子

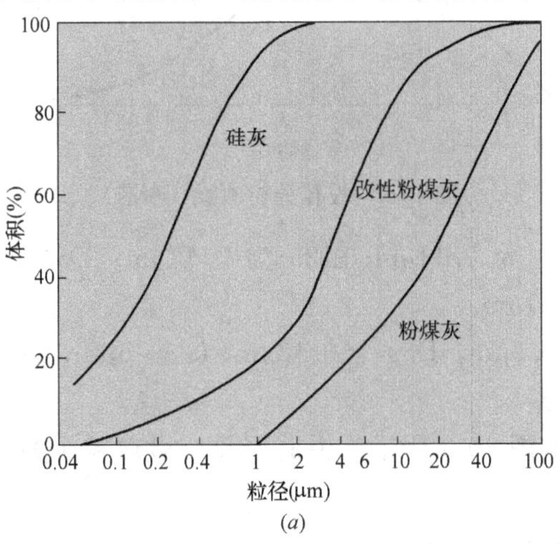

(*a*)

图 10-1　微珠平均粒径分布（李浩）（一）

（*a*）硅粉、改性粉煤灰及粉煤灰粒径分布

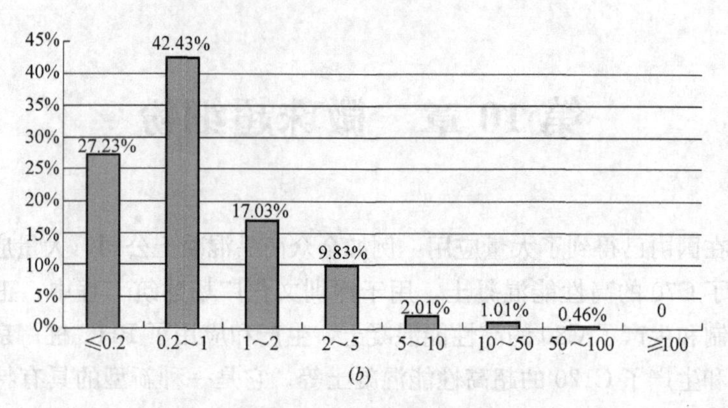

图 10-1　微珠平均粒径分布（李浩）（二）

(*b*) 微粒平均粒径分布统计

间的孔隙，硅粉又填充微珠粒子间的孔隙，得到密实填充的粉体。

2. 粒径分析

微珠粒径分析曲线如图 10-2 所示。

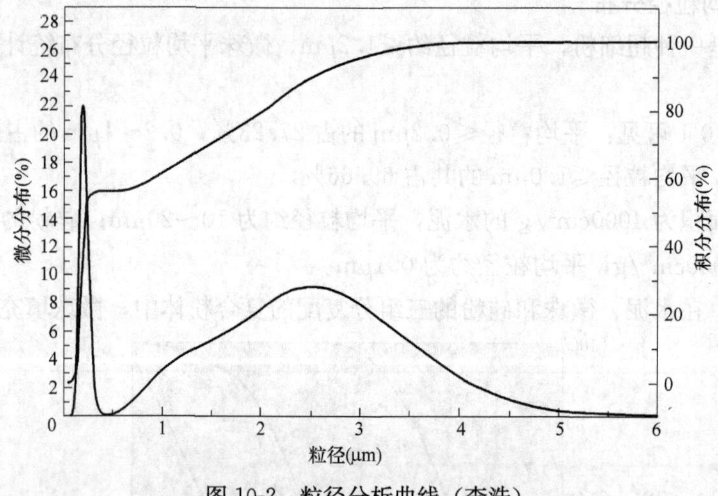

图 10-2　粒径分析曲线（李浩）

整体来看：D10 为 0.14μm；D25 为 0.17μm；D50 为 0.21μm，D75 为 1.76μm，D90 为 2.51μm。

从波形看：0～0.5μm，D50 为 0.18μm；0.5～5μm，D50 为 1.91μm。

3. 扫描电镜图谱

扫描电镜图谱如图 10-3 所示。由此可见，微珠粒子为球状，具有似滚珠、易流动体。

4. 微珠的化学成分

微珠的化学成分如表 10-1 所示。

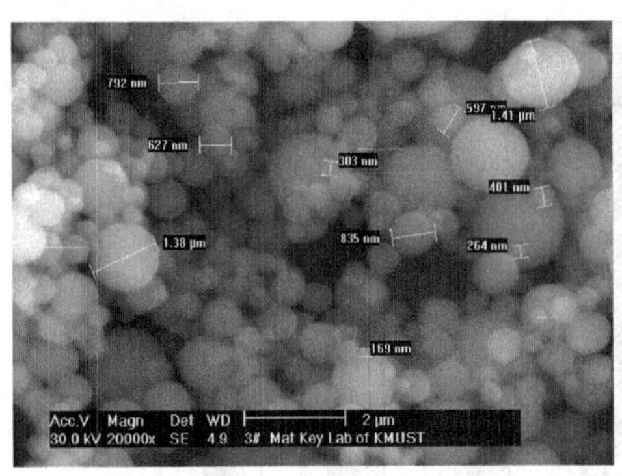

(放大倍数：20000)

(放大倍数：10000)

图 10-3　扫描电镜图谱

微珠的化学成分（%）　　**表 10-1**

化学成分(%)	SiO_2	CaO	MgO	Al_2O_3	Fe_2O_3	Na_2O	K_2O	SO_3	含碳量
微珠	56.5	4.8	1.3	26.5	5.3	1.4	3.28	0.65	<1

由此可见：微珠的主要化学成分为 SiO_2、Al_2O_3，两者总含量为 83%，而且含有较高的可溶性 SiO_2、Al_2O_3。其中，可溶性硅约为总硅量的 8.67%，可溶性铝约为总铝量的 15.42%；此外，还有可溶性铁 3.49%；故微珠的化学反应活性较高。

5. 微珠与其他矿物质粉体特性比较

根据深圳市同成新材料科技有限公司的资料，不同矿物超细粉的活性及物化特性对比如表 10-2 所示。

几种矿物超细粉特性的比较　　**表 10-2**

特性	粉煤灰	磨细矿粉	Micro-bead 微珠	硅灰
主要粒径分布(μm)	5～30	10～40	0.1～5	0.1～0.5
粒形	大部分球状	多棱角	全球形	全球形
填充性	一般	差	好	好
减水性	好	差	极好	差
流动性	好	好	极好	差
活性系数	差	好	好	好
抗开裂性	好	一般	极好	差

昆明理工大学用 42.5 级水泥制作水泥砂浆进行性能对比试验，在相同水胶比情况下，用"微珠"等量置换水泥，分别为 6%、12%、18%、24%和 30%，硅粉掺量为 10%。其扩展度和 28d、56d 强度比见图 10-4。

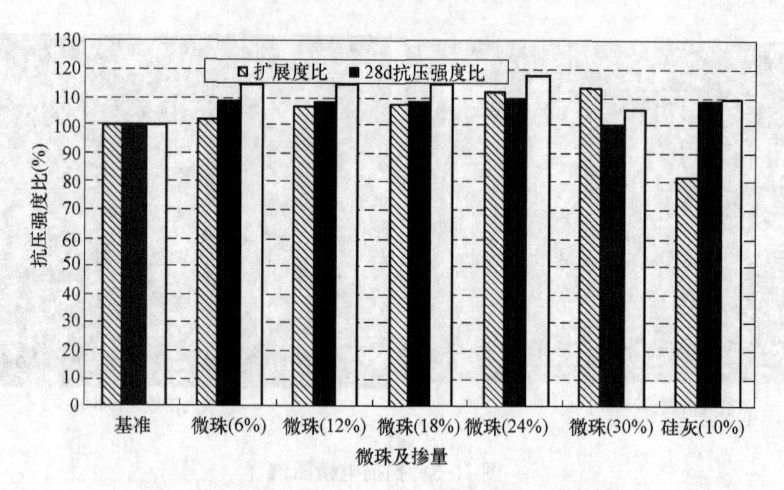

图 10-4　不同微珠掺量砂浆的扩展度与强度

6. 物理指标

（1）粉末形状：完全球形；（2）细度：平均直径 1.2μm；（3）球体密度：2.52g/cm³；（4）堆积密度：0.67g/cm³；（5）含水量：≤0.1%；（6）标准稠度需水比：≤95%；（7）胶砂需水量比：约 77%～85%（具有很高的减水性）；（8）晶体结构：全部为非晶态（即玻璃体）；（9）放射性外照射指数：0.16（标准值≤1.3）。

由此可见，微珠是一种新型超微粉体材料，是一种超细（亚微米级）全球状的粉体。微珠具有活性高、质轻、绝热、电绝缘性好、耐高低温、耐腐蚀、防辐射、隔声、耐磨、抗压强度高、流动性好、热稳定性好、罕见的电阻热效应、防水防火、无毒等优异功能，可以作为高性能混凝土的新型优质活性矿物掺合料。

10.2　微珠水泥浆体的流动性与强度

1. 微珠水泥浆体的流动性

不同品牌减水剂、不同掺量下，微珠对水泥浆体流动性的影响如表 10-3 所示。

微珠对水泥浆体流动性的影响（*WZ*—微珠）　　　　**表 10-3**

水泥	500	475	450	400	300	250
WZ	0	25	50	100	200	250
W/B	0.3	0.3	0.3	0.3	0.3	0.3

外加剂分别为：萘系粉剂，掺量 0.8%；氨基系水剂（含固量为 38.5%），掺量 0.8%；聚羧酸系水剂（含固量为 20%），掺量 0.6%。

（1）相同用水量下，净浆的流动度如表 10-4～表 10-6 所示。

相同用水量下的净浆流动度（mm）　表 10-4

NO.	水泥＋微珠	外加剂 0.8%(g)	W/B=0.3 水(mL)	净浆流动度()	
				初始	1h
1	500+0	4	150	196	155
2	475+25	4	150	216	175
3	450+50	4	150	230	200
4	400+100	4	150	233	200
5	300+200	4	150	233	202
6	250+250	4	150	230	214

外加剂为：萘系粉剂掺量 0.8%。

相同用水量下的净浆流动度（mm）　表 10-5

NO.	水泥＋微珠	外加剂 0.8% (g)	W/B=0.3 水(mL)	流　动　度	
				初始	2h
1	500+0	3.9	147.6	220	180
2	475+25	3.9	147.6	250	220
3	450+50	3.9	147.6	270	240
4	400+100	3.9	147.6	240	210
5	300+200	3.9	147.6	170	110
6	250+250	3.9	147.6	140	100

外加剂为：氨基系水剂（含固量为 38.5%）掺量 0.8%。

相同用水量下的净浆流动度（mm）　表 10-6

NO.	水泥＋微珠	外加剂 0.6% (g)	W/B=0.3 水(mL)	流　动　度	
				初始	2h
1	500+0	3	148	195	210
2	475+25	3	148	25	220
3	450+50	3	148	205	210
4	400+100	3	148	185	165
5	300+200	3	148	115	100
6	250+250	3	148	100	0

外加剂为：聚羧酸系减水剂（含固量为 20%）掺量 0.6%。

由表 10-4～表 10-6 可见：①对于萘系减水剂，微珠掺量由 5%～50%时，净浆流动度均大于基准浆体流动度；微珠掺量由 20%～40%时净浆流动度最大。

微珠掺量增大至50%时净浆流动度有所降低；②对于氨基系减水剂，微珠掺量由5%～20%时，净浆流动度均大于基准浆体流动度；微珠掺量超过40%时，净浆流动度明显降低；③对于聚羧酸减水剂，微珠掺量由5%～10%时，净浆流动度均大于基准浆体流动度；微珠掺量超过20%时，净浆流动度明显降低。对于这三种类型的高效减水剂，净浆流动度最大的是氨基系减水剂，达到了270mm。

(2) 相同流动度的情况下，用水量的变化

水泥净浆，达到相同流动度时，用水量不同。如表10-7～表10-9所示。

净浆流动度相同时用水量的变化（萘系粉剂）　　表10-7

NO.	水泥＋微珠	外加剂(g)	水(mL)	流动度	
				初始	1h
1	500＋0	5	150	215	180
2	475＋25	5	144.5	215	190
3	450＋50	5	140	205	165
4	400＋100	5	135	210	175
5	300＋200	5	132	213	185
6	250＋250	5	130	215	205

净浆流动度相同时用水量的变化（氨基系减水剂）　　表10-8

NO.	水泥＋微珠	外加剂(g)	水(mL)	流动度(mm)	
				初始	1h
1	500＋0	4	147.5	260	250
2	475＋25	4	140	260	260
3	450＋50	4	134	257	245
4	400＋100	4	128	252	240
5	300＋200	4	170	200	0

净浆流动度相同时用水量的变化（聚羧酸减水剂）　　表10-9

NO.	水泥＋微珠	外加剂(g)	水(mL)	流动度(mm)	
				初始	1h
1	500＋0	3.5	147	200	220
2	475＋25	3.5	140	200	225
3	450＋50	3.5	135	195	210
4	400＋100	3.5	138	195	170
5	300＋200	3.5	160	145	110
6	250＋250	3.5	180	145	100

由表 10-7～表 10-9 可见：①萘系减水剂，初始流动度保持 215mm 左右，用水量随着微珠掺量增大而降低，由 150mL 降至 130mL；②氨基系减水剂，初始流动度保持 260mm 左右；微珠掺量为 10%时，流动度仍保持 260mm 左右；微珠掺量为 20%时，流动度 252mm 左右，稍有降低；微珠掺量进一步增大至 30%～40%时，用水量虽然明显增加，由 147.5mL 增至 170mL，但流动度仍然降低，由 260mm 降至 200mm；微珠掺量增加至 50%时，用水量虽然进一步增大至 180mL，但流动度也只有 210mm；③对于聚羧酸减水剂，初始流动度保持 200mm 左右，但当微珠掺量进一步增大至 40%～50%时，流动度降低，用水量增大；其规律与氨基系减水剂略同。这可能是由于氨基系减水剂及聚羧酸减水剂的吸附机理与萘系减水剂不同所造成的。

2. 净浆的强度

（1）相同流动度、不同用水量下的净浆强度，如表 10-10～表 10-12 所示。

相同流动度不同用水量下的净浆强度（萘系减水剂）　表 10-10

NO.	水泥＋微珠	外加剂(g)	水(mL)	强度(MPa)			
				7d		28d	
				抗折	抗压	抗折	抗压
1	2000＋0	6	600	11.3	61.6	12.5	81.5
2	1900＋100	6	578	11.9	67.3	12.5	84.9
3	1800＋200	6	560	11.9	59.9	12.5	58.8
4	1600＋400	6	540	12.0	58.0	12.5	60.5
5	1200＋800	6	528	10.5	55.3	10.6	59.6
6	1000＋1000	6	520	8.3	46.0	9.0	58.5

相同流动度、不同用水量的净浆强度（氨基系减水剂）　表 10-11

NO.	水泥＋微珠	外加剂(g)	水(mL)	强度(MPa)			
				7d		28d	
				抗折	抗压	抗折	抗压
1	2000＋0	6	588	12.5	64.1	12.5	85.7
2	1900＋100	6	560	12.5	66.4	12.5	86.2
3	1800＋200	6	536	12.5	66.2	12.5	86.5
4	1600＋400	6	512	12.5	64.0	12.5	81.9
5	1200＋800	6	680	6.4	45.7	8.2	59.4
6	1000＋1000	6	720	6.1	34.8	6.1	44.8

相同流动度、不同用水量的净浆强度（羧酸系减水剂） 表 10-12

NO.	水泥＋微珠	外加剂(g)	水(mL)	强度(MPa)			
				7d		28d	
				抗折	抗压	抗折	抗压
1	2000＋0	6	588	12.5	75.5	11.7	98.2
2	1900＋100	6	560	12.5	71.1	12.5	99.5
3	1800＋200	6	540	12.5	66.9	12.5	94.7
4	1600＋400	6	552	12.5	65.3	12.5	91.8
5	1200＋800	6	640	8.7	53.1	9.3	54.7
6	1000＋1000	6	720	6.7	36.8	6.2	54.3

由表10-10（萘系减水剂）：微珠置换5％水泥时，净浆7d龄期及28d龄期的抗折、抗压强度分别为11.9MPa、12.5MPa、67.3MPa、84.9MPa；均高于基准的11.3MPa、12.5MPa、61.6MPa、81.5MPa。由表10-11（氨基系减水剂）：微珠置换5％～10％水泥时，净浆7d龄期及28d龄期的抗折、抗压强度分别为12.5MPa、12.5MPa、66.4MPa、86.5MPa，均高于基准的12.5MPa、12.5MPa、64.1MPa、85.7MPa。

本系列试验还有一个特点，7d抗折强度较高，达到了12.5MPa，由表10-12（羧酸系减水剂）：微珠置换5％水泥时，净浆28d龄期的抗折、抗压强度与基准的相当。

可见，由于减水剂不同，对净浆的增强效果不同，本试验中以氨基系减水剂为优。

(2) 相同用水量下的净浆强度，如表10-13～表10-15所示。

相同用水量下的净浆强度（萘系减水剂） 表 10-13

NO.	水泥＋微珠	外加剂(g)	水(mL)	强度(MPa)			
				7d		28d	
				抗折	抗压	抗折	抗压
1(基准)	2000＋0	8	600	12.3	67.1	12.4	71.2
2(5％)	1900＋100	8	600	12.2	66.9	12.5	64.3
3(10％)	1800＋200	8	600	11.9	63.8	12.5	62.5
4(20％)	1600＋400	8	600	10.7	59.6	12.5	77.1
5(40％)	1200＋800	8	600	7.9	50.4	9.3	60.3
6(50％)	1000＋1000	8	600	7.0	43.0	7.9	58.9

由表10-13（萘系减水剂）可见，微珠取代水泥量20％时，净浆28d抗折及

抗压强度高于基准净浆强度。

相同用水量下的净浆强度（氨基系减水剂） 表 10-14

NO.	水泥+微珠	外加剂(g)	水(mL)	强度(MPa)			
				7d		28d	
				抗折	抗压	抗折	抗压
1(基准)	2000+0	8	595	11.8	59.8	12.5	77.9
2(5%)	1900+100	8	595	12.0	56.0	12.5	77.5
3(10%)	1800+200	8	595	11.2	54.6	12.5	70.9
4(20%)	1600+400	8	595	11.8	50.9	12.5	65
5(40%)	1200+800	8	595	8.9	48.6	9.8	65.7
6 (50%)	1000+1000	8	595	7.3	36.2	8.7	60.1

由表 10-14 可见，微珠取代 5%水泥时，含微珠净浆 28d 龄期抗折、抗压强度与基准的相当。

相同用水量下的净浆强度（羧酸系减水剂） 表 10-15

NO.	水泥+微珠	外加剂(g)	水(mL)	强度(MPa)			
				7d		28d	
				抗折	抗压	抗折	抗压
1(基准)	2000+0	6	595	12.5	69.4	12.5	82.5
2(5%)	1900+100	6	595	11.8	59.5	12.5	82.6
3(10%)	1800+200	6	595	12.3	56.8	12.5	88.3
4(20%)	1600+400	6	595	12.5	55.3	12.5	74.8
5(40%)	1200+800	6	595	8.6	47.5	8.9	64.7
6 (50%)	1000+1000	6	595	6.8	43.4	7.2	57.9

由表 10-15（羧酸系减水剂）可见，微珠取代 5%～10%时，含微珠净浆 28d 龄期的抗折、抗压强度高于基准净浆的强度。

3. 砂浆强度

以 17%、25%微珠等量取代水泥，配制砂浆，砂浆流动性大体相同时，含微珠砂浆可适当降低用水量。砂浆配比及强度如表 10-16、表 10-17 所示。

基准砂浆与微珠砂浆配比 表 10-16

NO.	用水量(g)	水泥(g)	微珠(g)	标准砂 (g)
1	225	450	—	1350
2	199.5	373.5	76.5(17%)	1350
3	180	337.5	112.5(25%)	1350

基准砂浆与微珠砂浆强度 表 10-17

NO.	抗压强度(MPa)			抗折强度(MPa)		
	3d	7d	28d	3d	7d	28d
1	28.8		49.0	5.8		8.2
2	33.7	42.7	57.6	7.6	8.46	10.0
3	33	42.3	63.6	7.2	8.23	10.4

由此可见，含微珠 17%、25%的砂浆强度均高于基准砂浆强度，特别是含25%微珠的砂浆强度更高。

4. 混凝土的强度

本节中，研究了微珠与不同粉体对高性能混凝土流动性及强度的影响。

(1) 原材料

复合高效减水剂 (自研制)

粉煤灰 (FA) Ⅰ级 (利建商品混凝土站提供)

超细矿粉 (BFS) p8000 山东济南

硅粉 (SF) 贵州埃肯

水泥 金鹰 PⅡ52.5

(2) 复合粉体

1) $SF+WZ=70+180=250\text{kg/m}^3$；

2) $SF+FA=70+180=250\text{kg/m}^3$；

3) $SF+BFS=70+180=250\text{kg/m}^3$

式中 SF——硅粉；

WZ——微珠；

FA——Ⅰ级粉煤灰；

BFS——超细矿粉。

(3) 混凝土配合比

混凝土配合比如表 10-18 所示，新拌混凝土性能如表 10-19 所示，混凝土抗压强度如表 10-20 所示。

混凝土配合比 表 10-18

NO.	水泥	复合料	水	砂	碎石		外加剂 4.0%
					5～10	10～20	
1	450	(1)WZ	135	700	285	665	28
2	450	(2)FA	135	700	285	665	28
3	450	(3)BFS	135	700	285	665	28

新拌混凝土性能　表 10-19

NO.	坍落度	扩展度	倒筒	备　注
1	260	600	7s	效果较好
2	260	610	6s	缓凝、不能按时拆模
3	270	610	13s	黏稠、粘底

混凝土强度测试　表 10-20

NO.	强度(MPa)		
	3d	7d	28d
1	60	76.7	95.6
2	58.6	71.3	87.9
3	73.8	83.2	97.9

由表 10-19 可知，矿渣与硅粉的复合超细粉太黏，粘底，难施工；而粉煤灰与硅粉复合超细粉产生缓凝，唯微珠与硅粉复合超细粉流动好，又便于施工应用。而且由表 10-20 可知，混凝土 28d 强度又相对较高。

10.3　微珠高性能混凝土

1. 微珠高性能混凝土配比

微珠高性能混凝土所用原材料与上节相同，混凝土配比如表 10-21 所示。

C70HPC 的配制 (kg/m³)　表 10-21

C	WZ	FA	BFS	W	S	G1	G2	AG
380	40	120	80	140	750	760	190	2.6%

2. 新拌混凝土性能

新拌混凝土如表 10-22 所示。

新拌混凝土性能　表 10-22

时间	坍落度(mm)	扩展度(mm)	倒筒时间(s)
初始	270	700×730	8
1h	265	700×690	9
2h	260	690×680	10

混凝土的保塑主要是通过减水剂，作者研发的减水剂具有高效减水，2～3h 保塑，无缓凝，且有增强作用。微珠的应用能降低混凝土的用水量，有利于混凝土的保塑。

3. 混凝土的强度

混凝土不同龄期强度如表10-23所示。用PO42.5水泥，WZ+FA+BFS掺合料，不用硅粉，可配出C70～C80的HPC。

混凝土的强度（MPa） 表10-23

3d	7d	28d
55	70	84

10.4 微珠超高性能混凝土（UHPC）的试验

这时采用微珠和硅粉双掺，并采用超低水胶比，使用作者研发的复合高效减水剂，可以获得高流动性、长保塑、超高强的UHPC。

混凝土 $W/B=0.18$ 含微珠超高性能混凝土的流动性及保塑性，以部分微珠和少量硅粉复配，取代1/3的水泥，混凝土的流动性及强度如表10-24、表10-25所示。

微珠UHPC流动性 表10-24

	坍落度(mm)	扩展度(mm)	倒筒时间(s)
初始	260	680×700	4
1h	260	680×700	4
2h	265	680×700	5
3h	260	660×680	6

不同龄期超高性能混凝土强度 表10-25

龄期	3d	7d	28d
强度(MPa)	97	101	132.7

28d龄期时，混凝土强度达到了132.7MPa，达到了C120的强度等级。

10.5 微珠混凝土的耐久性

1. 微珠混凝土的抗盐腐蚀

微珠分别取代10%、20%的水泥做成的砂浆试件，与基准的砂浆试件一起，放在饱和盐水中浸泡（常温下），检测其3d、7d与14d的氯离子扩散深度，如表10-26所示。

微珠取代水泥量10%、20%做成的砂浆试件，在饱和盐水中 Cl^- 扩散深度约为基准砂浆的1/2。

不同龄期 Cl^- 扩散深度 表10-26

龄期	3d	7d	14d
基准砂浆	14mm	17mm	21mm
10%微珠	7mm	10mm	10mm
20%微珠	6mm	9mm	10mm

按清华大学建立的NEL法，快速测定了两种混凝土（强度均为100MPa左右，含微珠的与不含微珠的各一种）的 Cl^- 扩散系数，含微珠的高强高性能混凝土为 $0.176598\times10^{-12}m^2/s$；不含微珠的高强高性能混凝土为 $0.235791\times10^{-12}m^2/s$。前者比后者降低30%左右。

2. 微珠的抗硫盐腐蚀

微珠是燃煤电厂从烟囱中排放的烟雾，为超细球状玻璃体，也属粉煤体系。粉煤灰抗硫酸盐腐蚀性能的评价 $R=(C-5)/F\leqslant1.0$ 时，将该种粉煤灰掺入混凝土中，能有效地提高抗硫酸盐腐蚀性能。

式中 C——粉煤灰中CaO含量（%）；

F——粉煤灰中 Fe_2O_3 含量（%）。

根据表10-1微珠化学成分中CaO含量4.8%，Fe_2O_3 含量5.3，代入 $R=(C-5)/F\leqslant1.0$ 式中，R 为负值，故微珠有很高的抗硫酸盐腐蚀的性能。试验也证明，将微珠HPC浸泡于两种溶液中：Na_2SO_4 5.0%溶液；Na_2SO_4 5.0%+NaCl 3%溶液中；夜晚浸泡14h，然后取出晾干2h，烘干6h（温度80±2℃），冷却2h，再放入浸泡液中为一次循环。50次循环后的结果见表10-27。

混凝土试件抗硫酸盐及抗硫酸盐氯盐的综合腐蚀 表10-27

浸泡溶液	Na_2SO_4 5.0%溶液	Na_2SO_4 5.0%+NaCl 3%溶液
循环次数	50次	50次
HPC试件	外观及质量无变化	外观及质量无变化

10.6 微珠高性能与超高性能混凝土的微结构

1. 水泥-微珠-硅粉的胶凝材料体系

水泥的平均粒径约为微珠的20～30倍，微珠的平均粒径约为硅粉的10倍左右，微珠填充水泥孔隙的掺量约为30%，粒子组合与空隙率的变化如图10-5所示。硅酸盐水泥的平均粒径为10.4μm，微珠平均粒径1.0μm左右，从图10-5可见，微珠的掺量约为30%才能填充水泥的孔隙，而硅粉在混凝土中最优掺量为8%左右。故C120UHPC的胶凝材料组合：水泥450～500kg/m³，微珠180～

200kg/m³，硅粉 50～70kg/m³，可获得最密实的填充。胶凝材料粉体最密实的填充，粉体组合后的孔隙率低，可以得到密实的水泥石结构，从而提高强度。

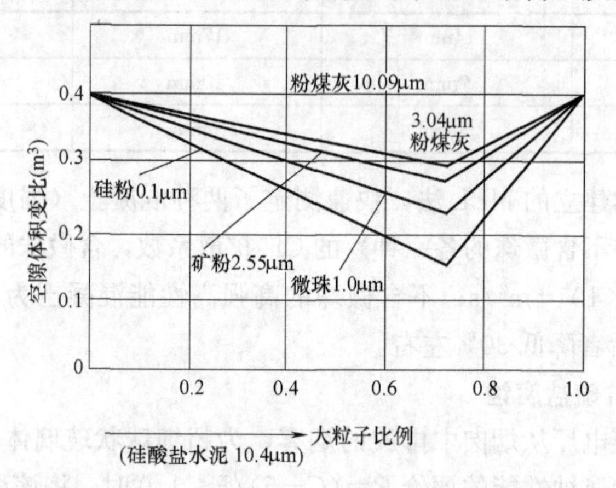

图 10-5 不同粒径粉体与水泥复合时空隙率变化（MB1.0μm）

2. 微观结构

(1) 复合浆体的 SEM（图 10-6）

(*a*) (*b*) (*c*)

图 10-6 复合粉本的浆体的 SEM

(*a*) 硅粉+微珠浆体（×10000）；(*b*) 硅粉+矿粉浆体（×10000）；(*c*) 硅粉+粉煤灰浆体（×10000）

(2) 微珠对水泥不同置换量浆体的 SEM（图 10-7）

图 10-7　微珠不同置换量浆体的 SEM

(*a*) 基准浆体；(*b*) 含微珠 5%的浆体；(*c*) 含微珠 10%的浆本；(*d*) 含微珠 20%的浆体；(*e*) 含微体 40%的浆体

(3) 微珠对水泥不同置换量的界面的 SEM（图 10-8）

(4) 水泥浆体的 XRD 图谱

如图 10-9 所示，随着微珠掺量的增加，并无新物相出现。

微珠本身为玻璃体，其在 XRD 谱中显示不出。考虑到微珠含量增加可能会

图 10-8　微珠对水泥不同置换量的界面的 SEM

(*a*) 基准的界面的 SEM；(*b*) 微珠 40%的界面的 SEM；(*c*) 微珠 50%的界面的 SEM

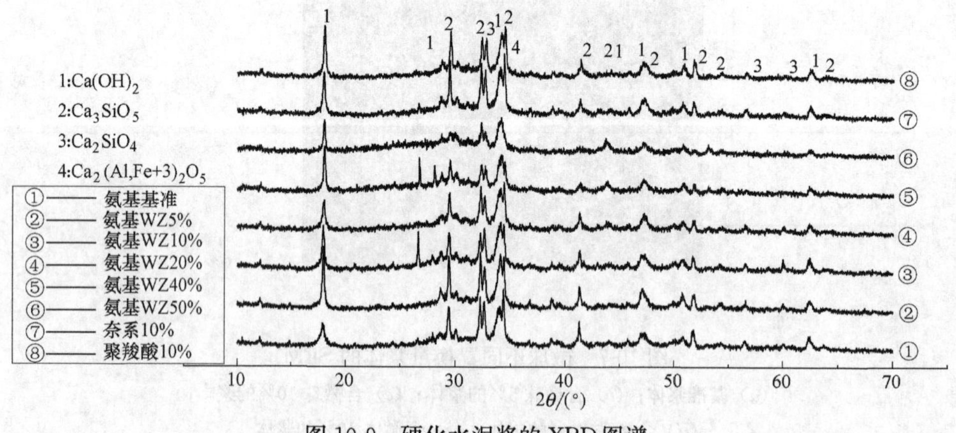

图 10-9　硬化水泥浆的 XRD 图谱

对水泥水化以及水化产物的生成量造成影响，因此对样品进行定量分析。水泥样品中未水化的 C_2S、C_3S 等特征峰重叠严重，无法单纯提出进行定量分析；而 $Ca(OH)_2$ 的特征峰强度较高且无干扰峰，可进行定量分析，并且 $Ca(OH)_2$ 含量的多少可以间接地反映水泥水化产物的多少，因此对样品中 $Ca(OH)_2$ 含量进行定量分析，结果见表 10-28。峰值面积越大，表明含量越高。

样品中 Ca (OH)$_2$ 定量分析结果 **表 10-28**

样　品	Ca(OH)$_2$ 特征峰积分面积
氨基基准	146727
氨基 WZ5%	259706
氨基 WZ10%	193434
氨基 WZ20%	161451
氨基 WZ40%	183036
氨基 WZ50%	131065
奈系 WZ10%	202705
聚羧酸 WZ10%	226507

可见掺入微珠的浆体，Ca (OH)$_2$ 特征峰积分面积比基准的高；特别是微珠掺量 5%的时候，Ca (OH)$_2$ 特征峰积分面积比基准的提高了 45%，说明微珠促进了水泥浆体的水化。

10.7 萘系-氨基磺酸系-超细粉体（微珠）复合的高效减水剂

氨基磺酸系高效减水剂的减水率高（25%～28%），保塑功能较好，但易泌水，新拌混凝土抓底；萘系减水剂减水率较低，保塑功能差，坍落度损失快；两者合理匹配复合，功能可互补；在其中再加入被高效减水剂饱和的粉体，使三组分复合高效减水剂具有更特殊功能。

在浆体中，水泥粒子吸附减水剂分子，在表面形成双电层电位。水泥粒子由于双电层电位作用而产生分散作用，表面吸附减水剂分子的微珠及硅粉，除了本身由于静电排斥而产生分散外，在水泥粒子空隙之间，表面具有双电层电位的微珠及硅粉粒子，起尖劈作用，使水泥粒子更容易分散，流动性更好。加上球状玻璃体微珠粒子吸水率甚低，进一步提高了水泥浆的流动性。

三组分复合高效减水剂中的超细粉体，在水泥浆体中，缓慢析放出减水剂分子，维持水泥粒子对减水剂分子吸附量，使水泥粒子处于分散状态，也即保塑。这与掺缓凝剂不同，三组分复合高效减水剂能较长保塑，但并不缓凝，如图 10-10所示。

10.8 结论

通过以上的试验研究，初步总结出关于微珠在水泥混凝土中应用的一些特性：

（1）微珠能降低水泥浆。砂浆与混凝土的用水量，当微珠置换水泥 15%～20%时，效果最为明显。

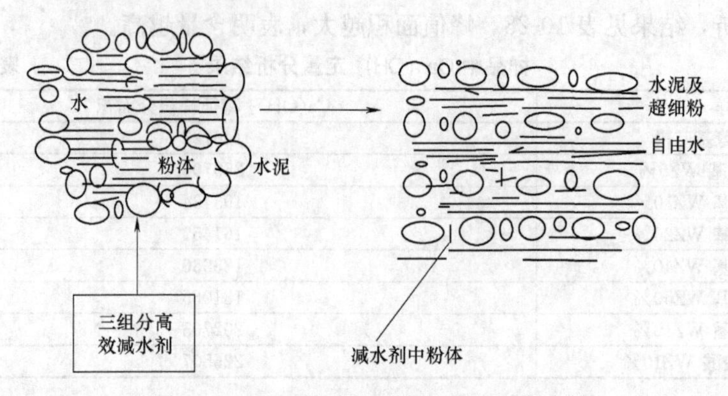

图 10-10　三组分复合减水剂对水泥浆分散

（2）微珠的化学成分中含有可溶硅、铝和铁，故能促进水泥浆体的水化，使 Ca（OH)$_2$ 特征峰积分面积比基准浆体大幅度提高。

（3）微珠及硅粉对水泥孔隙的填充效应及微珠的化学活性，使硬化的水泥浆体强度大幅度提高。

（4）微珠掺入混凝土中，除了提高混凝土的流动性、强度以外，还能大幅度地提高耐久性。

第11章　硅　　粉

11.1　引言

硅粉（Silica fume；SF），又称硅灰，是铁合金厂在冶炼硅铁合金或金属硅时，从烟尘中收集的一种飞灰。其冶炼的电炉及硅灰收集的方框图如图 11-1 所示。

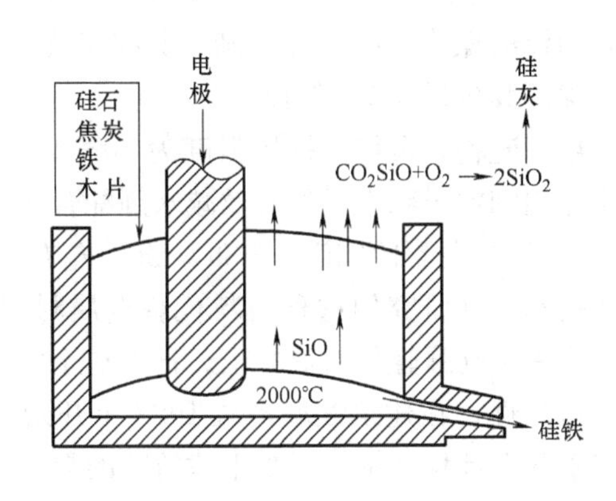

(a)

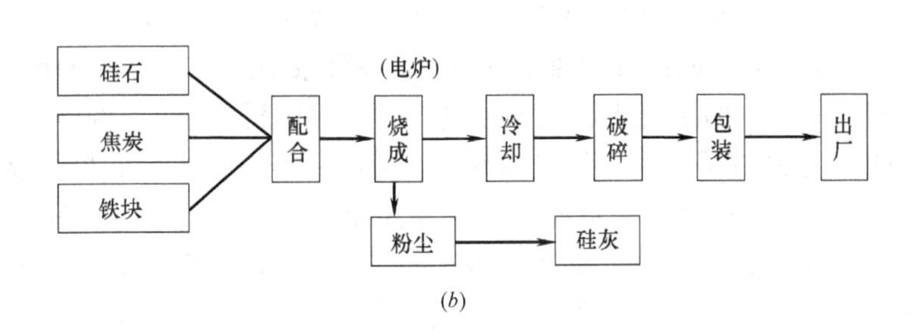

(b)

图 11-1　冶炼的电炉及硅灰收集

（a）冶炼电炉；（b）硅灰收集的方框图

硅灰的生成是在冶炼硅铁合金或合金硅时，石英在电炉中被高温还原为 SiO 和 Si 后，再经氧化成 SiO_2 而得。其反应为：

$$SiO_2 + C \rightarrow SiO + CO$$

$$2SiO + O_2 \rightarrow 2SiO_2$$
$$2SiO \rightarrow Si + SiO_2$$

这种 SiO_2 和石英中的 SiO_2 不同，它是一种非晶质，具有无定形结构的二氧化硅。其物质的质点不是处在能量平冲的位置上，具有化学不稳定性，是一种高活性的火山灰质材料，是一种玻璃质的 SiO_2 球状粒子，粒子直径为 0.1～0.2μm。作为一种掺合料用于混凝土中，能有效地提高混凝土的强度和耐久性。在我国使用硅粉的高强度混凝土已大量应用于超高层建筑结构中。硅粉不仅能提高混凝土的强度和耐久性，在低水胶比的混凝土中，掺入硅粉也能有效地改善混凝土的施工性能。

硅粉在混凝土中的应用是1950年挪威工业技术研究所首先开始的，两年后在该国某隧道混凝土中应用，当时以硅粉15%等量置换水泥配制混凝土，这是国际上首次应用硅粉于混凝土中。1967年，挪威在水泥标准中，硅粉作为一种掺合料，与矿粉具有同样的操作功能，并明确了其掺量在10%以下。1981年的技术标准中进一步明确了其掺量在7.5%以下。

挪威在混凝土中掺入硅粉，可得到抗压强度为70～100 N/mm^2 的高强混凝土；在丹麦，用硅粉等超细粒子和大量的高效减水剂配合在一起，显著降低用水量，但流动性优异，开发出了抗压强度为200N/mm^2 左右的超高性能混凝土技术。日本引进了这项技术，并研究用这种材料代替金属材料。1983年，在北极海的石油钻井平台，采用了高强轻骨料混凝土。日本在土木工程领域开始用硅粉掺入混凝土中，提高耐久性；在建筑领域，从1988年开始，经过了五年，实施了日本建设省综合技术开发计划“钢筋混凝土建筑物的超轻量、超高层化技术开发”，在强度为80～100N/mm^2 的混凝土中研究掺入硅粉。在1992年，设计基准强度60N/mm^2 的钢管混凝土中掺入了硅粉，此后，在超高层的钢筋混凝土结构中也一直使用掺硅粉的高强混凝土。最近，在砂浆中掺入硅粉和纤维，开发了高抗弯强度、高韧性的混凝土、生产预制构件，用于桥梁上。2000年，日本工业标准（JIS）还制订了硅粉的技术标准。在美国，第一个使用硅粉的混凝土工程是1983年的Kinzua大坝。混凝土中水泥用量386kg/m^3，硅粉70kg/m^3，混凝土7d强度70N/mm^2，28d强度86N/mm^2，3年后抗压强度达到了110N/mm^2。从此以后，在美国的硅粉混凝土得到了很大的发展和应用。1984年，在高层和超高层建筑中，混凝土中水泥用量390kg/m^3，硅粉掺量15%，坍落度18cm，28d强度84N/mm^2。使用该种混凝土是为了减小柱子截面尺寸，增加可利用面积，降低造价。美国还在重载交通桥梁的面板混凝土中掺入了硅粉，水泥450kg/m^3，硅粉掺量10%，混凝土28d强度98N/mm^2。法国于1991年，在530m大跨度斜拉桥中，采用了硅粉超高强混凝土，28d强度超过了100N/mm^2。

在我国，铁道部门生产的40m跨的后张预应力混凝土梁，使用了C80的硅粉混凝土。上海浦东大桥及一些高层建筑的底层柱，也应用了C60～C80的硅粉混凝土。广州西塔工程，使用了C100的硅粉超高性能混凝土和C100自密实混凝土；在广州的东塔工程中，采用硅灰等原料，配制的C120多功能混凝土，泵送至510m的高度。我国遵义生产的硅粉，还被包装成埃肯牌销售于全世界。

硅粉混凝土多用于有特殊要求的混凝土工程中，如高强度、高抗渗、高耐久性、耐侵蚀性、耐磨性及对钢筋防侵蚀的混凝土工程中。硅粉经进一步加工提纯后，称白炭黑，作为矿物质填充料或悬浮剂，用于油漆、涂料或印刷工业。硅粉还用于橡胶、树脂及其他高分子材料工业，作为填充料，以提高产品的延伸性、抗拉强度和抗裂性能。还可用于生产耐火材料，提高生产效率，降低成本等等。总之，硅粉在土木建筑、冶金、化工、印刷等部门有广阔的发展与应用前景。

11.2　硅粉的生产、种类与产量

如上所述，硅粉是冶炼硅铁合金时回收的副产品，从硅铁生产的烟尘中回收硅粉有两种工艺：一种是不带有热回收利用系统；另一种是带有热回收利用系统的，如图11-2所示。这两种系统回收的硅粉具有不同的含碳量和颜色。

图11-2（*a*）是无热回收装置的硅粉回收工艺，负荷表面上部的气体温度大约200～400℃，温度较低，排出的气体中还有未燃尽的碳，收集到的硅粉为暗灰色。

图11-2（*b*）是具有热回收装置的硅粉回收工艺，负荷表面上部的气体温度大约800℃，这样能使大部分碳都能燃烧掉；收集到的硅粉含碳量低，色白或灰白。

硅粉制品的形态可分成干状与湿状两种，如图11-3所示。

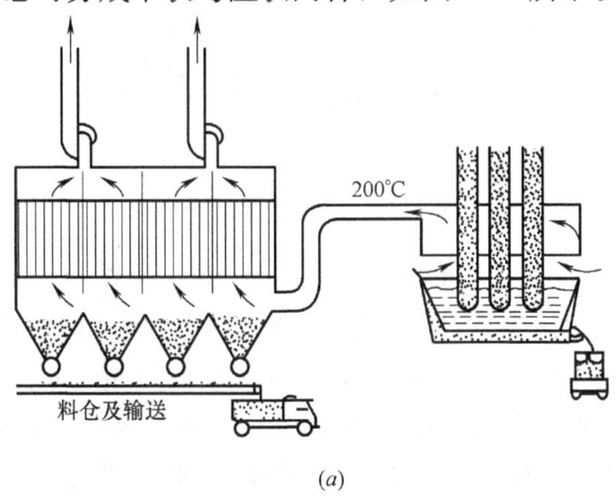

(*a*)

图11-2　铁合金厂硅铁冶炼时有否热回收利用工艺流程图（一）

（*a*）无热回收利用的硅粉回收工艺

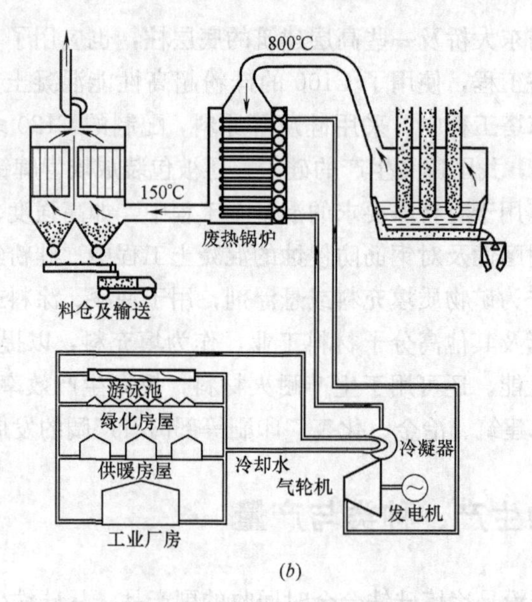

图 11-2 铁合金厂硅铁冶炼时有否热回收利用工艺流程图（二）
(*b*) 具有热回收利用的硅粉回收的工艺流程

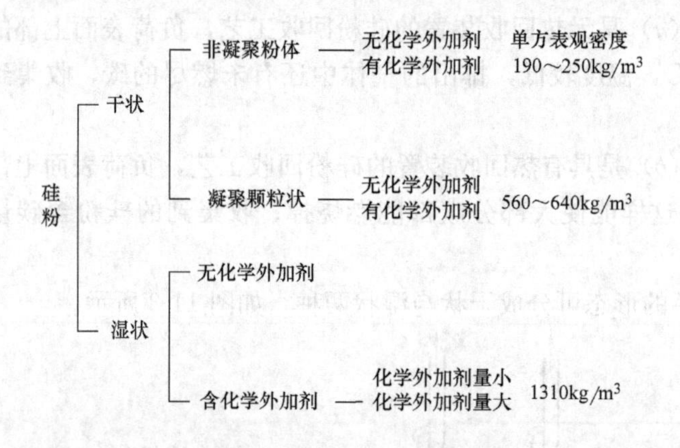

图 11-3 硅粉产品的形态

非凝聚硅粉是一种灰尘，运输困难，费用高，不经济；而凝聚硅粉不起尘，也没有固结，容易流动，运输也较经济，使用上方便。硅粉的产量如表 11-1 所示。各国对硅铁合金的冶炼能力不同，回收硅粉的产量也不同。

根据表 11-1，硅粉的生产能力约 1766×103t/年，实际生产能力约 487×103t/年。也就是说，约有 1279×103t/年的硅粉排放到大气中；会给生态环境造成严重的污染。我国当前硅粉的应用，约 70％以上都在混凝土及其相应的技术领域。

不同国家硅粉的生产能力和产量　表 11-1

国名	产能	产量	国名	产能	产量
中国	487	80	加拿大	32	30
挪威	300	65	巴西	202	30
美国	170	50	俄罗斯	200	20
南非	68	45	埃及	25	17
冰岛	46	45	德国	21	12
法国	83	40	澳大利亚	13	8
西班牙	40	40	印度	69	5

注：表中数据的单位为$\times10^3$t，引自笠井芳夫编着的新水泥混凝土混合材料。

11.3　硅粉的物理化学性质

1. 形状、密度与松堆密度

硅粉的形状如图 11-4 所示，几乎全部粒子都为球状体。BET 法测定比表面积约为 15～25m^2/g，是普通硅酸盐水泥比表面积的 20～30 倍，平均粒径 0.1～0.2μm。粒子丛中，粒子与粒子之间，或粒子丛与粒子丛之间也是非紧密接触的堆积，而是被吸附的空气层所填充。因而硅粉的密度虽为 2.2g/cm^3，但松堆密度却只有 0.18～0.23g/cm^3，其空隙率高达 90%以上。经计算，硅粉的粒子与粒子间的净距为 0.103μm，接近硅粉粒子本身的平均粒径。

2. 化学成分及无定形结构

不同硅粉的化学成分如表 11-2 所示。硅粉及其火山灰反应的物质和水泥的主要化学组成不同，如三角坐标图 11-5 所示。

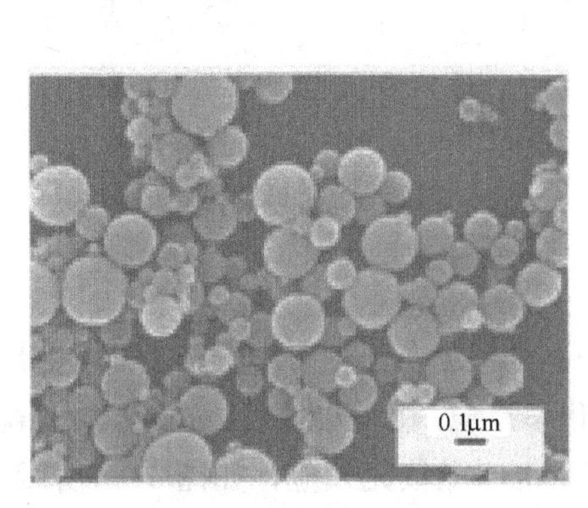

图 11-4　硅粉的 SEM

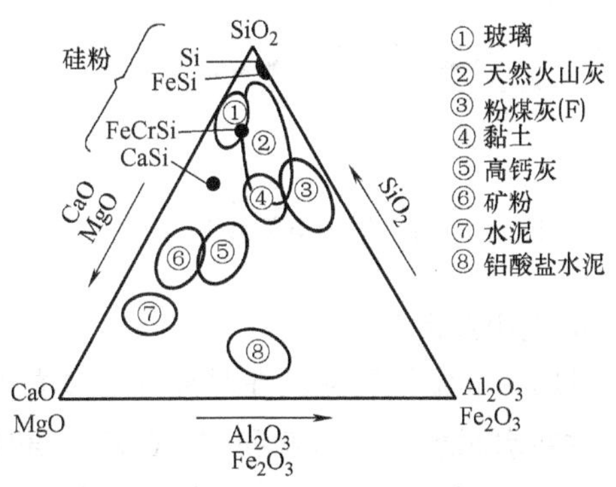

图 11-5　硅粉与相关物质的组成

不同类型硅粉的化学成分 表 11-2

种类＼成分	Si	FeSi-90%	FeSi-75%	白色 SF FeSi-75%	FeSi-50%
SiO_2	94～98	90～96	86～90	90	84.1
Fe_2O_3	0,02～0.15	0.2～0.8	0.3～0.5	2.0	8.0
Al_2O_3	0.1～0.4	0.5～3.0	0.2～1.7	1.0	0.8
CaO	0.1～0.3	0.1～0.5	0.2～0.5	0.1	1.0
MgO	0.2～0.9	0.5～1.5	1.0～3.5	0.2	0.8
Na_2O	0.1～0.4	0.2～0.7	0.3～1.8	0.9	—
K_2O	0.2～0.7	0.4～1.0	0.5～3.5	1.3	—
C	0.2～1.3	0.5～1.4	0.8～2.3	0.6	1.8
S	0.1～0.3	0.1～0.4	0.2～0.4	0.1	—
MnO	0.1	0.1～0.2	0～0.2	—	—
L,O.1	0.8～1.5	0.7～2.5	2.0～4.0	—	3.9

SiO_2 在硅粉中是非晶质的，在 X 射线衍射图上，α方晶石的第一个峰的位置附近显示出一个比较宽的峰，其范围是以 0.44nm 为中心的一个宽广的扩散峰，如图 11-6 所示。作为结晶矿物，石英、硅、碳化硅、硫酸钠、赤铁矿、磁铁矿等，都会在衍射图中检测出来。

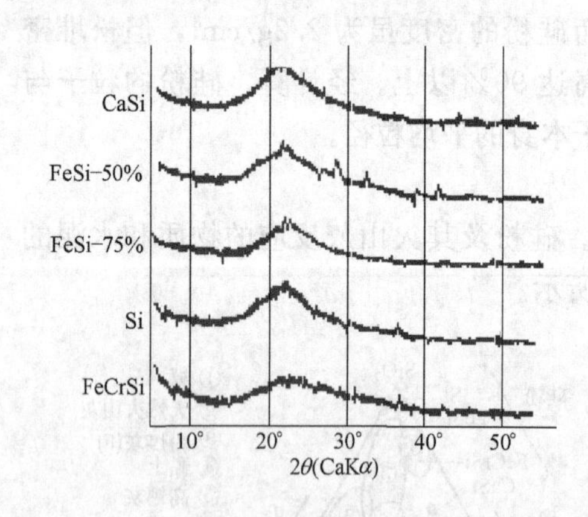

图 11-6 硅粉的 XRD 图谱

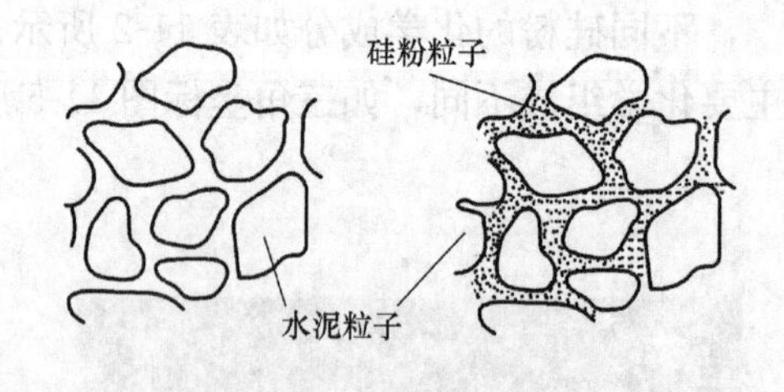

图 11-7 水泥浆构造

3. 火山灰反应

硅粉是非常细颗粒的非晶质硅，具有很高的火山灰活性。由于颗粒细，活性高，故在水泥水化初期就和 Ca（OH）$_2$ 起化学反应。由于硅粉的粒径为水泥粒子的 1/25 左右，填充于水泥粒子的孔缝中，也叫微填充效应，如图 11-7 所示。硅粉能和水泥水化放出的 Ca（OH）$_2$ 反应，生成 C-S-H 凝胶，这是大家熟知的。

改变硅粉和 Ca（OH）₂ 的混合比例，经时测定 Ca（OH）₂ 的反应量，结果证明：当混合比例为 2∶1 时，龄期 2 周；混合比例为 1∶1 时，龄期 5 周，Ca（OH）₂ 全部被反应消耗掉。水胶比 28%的水泥浆中，硅粉置换量为 15%，28d 龄期后 Ca（OH）₂ 全部消失。为了确认硅粉等掺合料的火山灰反应，在硅酸盐水泥中，掺入 30%的各种火山灰材料，做成试件，经 80℃、40h 养护后，XRD 图谱如图 11-8 所示。

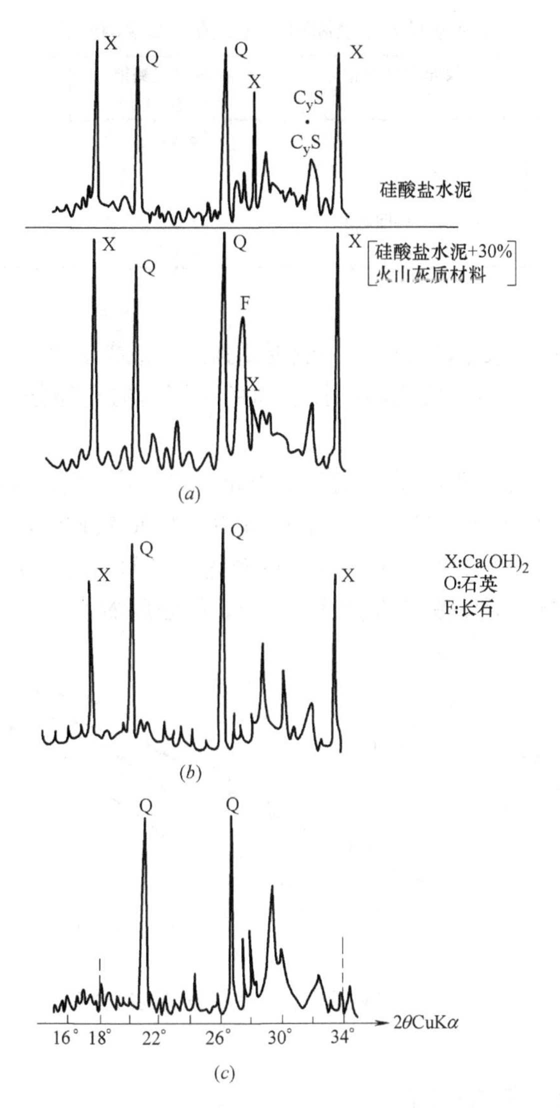

图 11-8　硅酸盐水泥掺入各种火山灰材料的 XRD 图谱

(a) 火山砂；(b) 天然硅质矿物；(c) 硅粉

由图 11-8 可见，水泥试件及掺入火山砂及天然硅质矿物材料的试件，

$Ca(OH)_2$ 的衍射峰仍很明显可见，但含硅粉的试件，该峰已完全消失，都已变成 C-S-H 凝胶了。

4. 粒度分布及比表面积

硅粉的粒度分布与制造方法、电气炉的操作条件等有关。通过氮吸附法测定的比表面积大约为 15～25m²/g，平均为 20m²/g 左右。根据 Aitcin 等人推算比表面积如表 11-3 所示。

各种硅粉的比表面积（BET 法）及平均粒径　　表 11-3

硅粉	比表面积计算值 (m^2/kg)	比表面积实测值 (m^2/kg)	平均粒径 (μm)
Si 系	20000	18500	0.18
FeCrSi 系	16000	—	0.18
FeSi-50%	15000	—	0.21
FeSi-75%	13000（热回收）	15000	0.23
FeSi-75%	13000	15000	0.26

5. 孔结构

硅粉能降低水泥浆中的孔隙，并能提高强度，减少透水性、透气性。图11-9 是 $W/B=40\%$的水泥浆，掺入不同掺合料的水泥石的孔径分布，在不同龄期的测定结果。

掺入 10%硅粉的水泥，3d 龄期时与普硅水泥、矿渣水泥及粉煤灰水泥相比，50nm 以上（特别是 100nm 以上）的孔隙减少；180d 龄期时，50nm 以上的孔隙几乎没有。这是由于火山灰反应，生成致密的 C-S-H 凝胶，加上硅粉粒子填充了水泥粒子间孔隙，形成致密的水泥石结构，故强度能提高。

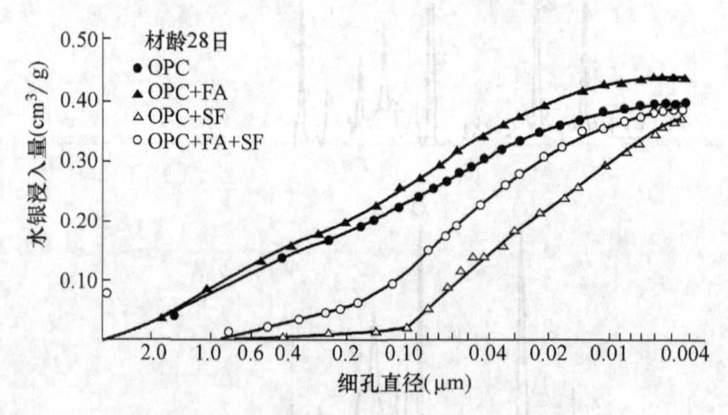

图 11-9　各种掺合料的水泥石的孔隙分布

11.4　硅粉的技术标准

硅粉标准中，SiO_2 含量为中心内容。日本 JIS A 6207 如表 11-4 所示，其他国家硅粉的质量标准（或草案）如表 11-5 所示。

硅粉的质量标准（JIS A 6207：2006） 表 11-4

质量标准 项目	含量(%)	质量标准 项目	含量(%)
二氧化硅	≥85	MgO	≤5.0
三氧化硫	≤3.0	游离氧化钙	≤1.0
游离硅	≤0.4	氯离子	≤0.10
烧失量	≤5.0	水分	≤3.0
比表面积(BET 法)	≥15m²/g	活性指数(%)	7d 95 以上 28d 105 以上

各国硅粉的质量标准（或草案） 表 11-5

性能	国别	加拿大	挪威 NS	丹麦 DS411	RILEM	澳大利亚	德国 DIN	美国 ASTM	瑞典 PFS
化学成分	SO_3≤(%)	1.0	—	4.0	—	—	2.0	4.0	4.0
	烧失量≤(%)	6.0	—	5.0	6.0	6.0	2.0	10	5.0
	SiO_2≥(%)	85	85	—	85	85	—	70	—
	含水率≤(%)	3.0	—	1.5	3.0	—	—	3.0	—
	MgO≤(%)	—	—	5.0	—	—	—	5.0	5.0
	可溶物≤(%)	—	—	1.5	—	—	—	1.5	—
	Cl^-≤(%)	—	—	0.1	—	—	0.1	—	0.2
物理性质	火山灰活性指数	≥85(%)	—	—	≥95%	—	≥95%	≥100%	≥90%
	蒸压长度变化(%)	≤0.2	—	—	—	0.2	—	0.80	—
	45μm 湿筛余(%)	10	—	40	—	10	1	34	
	均匀性，密度变化	±5%	—	—	—	—	±5%	—	±5%
	45μm 筛余变化(%)	±5%	—	—	—	—	—	—	±5%
	干缩(%)	≤0.03	—	—	—	—	—	—	0.03
	减水剂掺量变化(%)	≤20	—	—	—	—	—	—	20
	抑制 ASR(最小%)	(80)	—	—	—	—	—	—	75
	标准软水增加用量	—	—	—	—	—	—	—	115%

我国没有单独的硅粉的技术标准，而是将粉煤灰、矿粉、天然沸石粉及硅粉综合在一起，作为矿物外加剂编入了 GB/T 18736－2002 中；其中硅粉的技术要求如下：

烧失量≤6%，Cl^-≤0.02%，SiO_2≥85%，比表面积≥15000m²/kg，含水率≤3.0%，需水量比≤125%，活性指数：3d/，7d/，28d≥85%。其技术要求，与国际上各国的标准相近。

11.5 硅粉混凝土

1. 硅粉的不同用途及置换率

一般硅粉都应用于高强混凝土及高耐久性混凝土，改善低水胶比混凝土的施工性能。根据使用目的，硅粉的品质不同，置换率也有差异，如表 11-6 所示。

硅粉的不同用途的置换率及使用目的 **表 11-6**

用途		硅粉置换率（%）	使用的目的							
			强度	耐久性				施工性能		
			提高强度	降低透水	耐磨	防盐害	提高耐久	剥落降浜	纤维粘结	泵送
日本	隧道喷吐施工	5～9	○				○	○		○
	海洋结构物	9	○		○	○				○
	桥梁	8～15	○							○
	建筑结构物	10	○							○
其他国家	隧道喷吐施工	5～10	○					○	○	○
	海洋结构物	8～10	○			○				○
	道路铺装维修	5～15	○	○	○	○	○			
	桥梁	4～9	○	○	○		○			○
	停车场	8～10	○	○		○				
	建筑结构物	7～8	○							○
	预制构件	4～8	○	○						

注：○——表示可获相应效果。

2. 新拌混凝土的性能

一般情况下，抗压强度 60N/mm^2 以上的高强混凝土，使用高效减水剂和中热或低热硅酸盐水泥是比较容易配制出来的，但是黏性大。要进一步降低水灰比，配制更高强度的混凝土，要保证施工所需的流动性是很困难的，必须在混凝土中掺入硅粉或其他超细粉，如图 11-10 所示（SFCS—掺 SF 的水泥）。

由图 11-10 可见，低热硅酸盐水泥混凝土（符号○）的流动初速为 5cm/s；但 W/C=12%的 SFCS 水泥混凝土，其流动初速约为 10cm/s，具有优良的流动性。中建商品混凝土公司研发中心配制 60～80N/mm^2 混凝土时，用 5%的 SF 掺入混凝土中，混凝土的流动性（坍落度）与基准的相比提高了 30%～40%，充分发挥了超细粉的微填充效应。

从图 11-11 可见，坍落度 23±2cm 的混凝土，掺入粉状 SF 时，即使水胶比降低，高效减水剂掺量不增大，也能保持原来的坍落度。

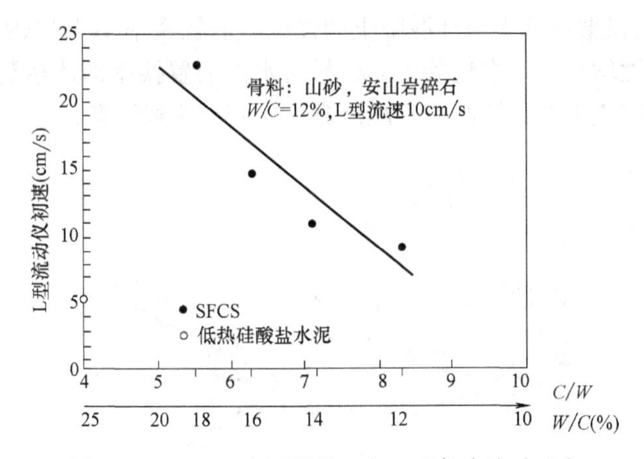

图 11-10　SFCS 水泥混凝土在 L 型仪中流动速度

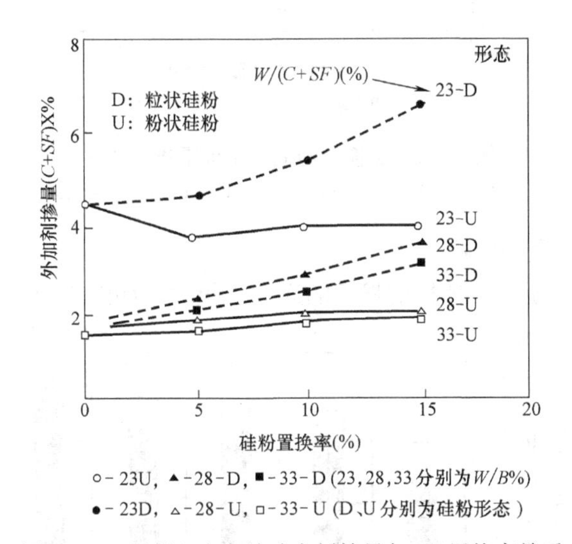

图 11-11　混凝土中高效减水剂掺量与 SF 置换率关系

由图 11-11 可见：$W/B=23\%$的混凝土，粉状 SF 的效果优于颗粒状 SF 的效果。$W/B=28\%$及 33%的混凝土中，粉状 SF 置换率增大，但外加剂掺量不增加，仍保持原来的流动性，也是粉状 SF 的效果好。

3. 硬化混凝土的性能

(1) 混凝土的强度

由于硅粉的火山灰反应，生成 C-S-H 凝胶，形成致密的结构；由于骨料和水泥石之间的界面过渡层性能得到改善，界面的粘结强度提高。一般混凝土中骨料和水泥石之间的界面过渡层，由于 $Ca(OH)_2$ 的富集和取向，结构疏松，强度低。如图 11-12 所示为硅粉对水泥不同置换率与混凝土强度的关系。

图中 (a) $W/(C+SF)=28\%$和 (b) $W/(C+SF)=33\%$都有类似的情况，

也即 3d 龄期的强度均低于基准混凝土的强度。但置换率 10%以内的混凝土，7d 龄期以后的强度均高于基准混凝土。硅粉对水泥的置换率即使达到了 15%，28d 龄期以后的混凝土强度，均高于基准混凝土，而且达到最高。

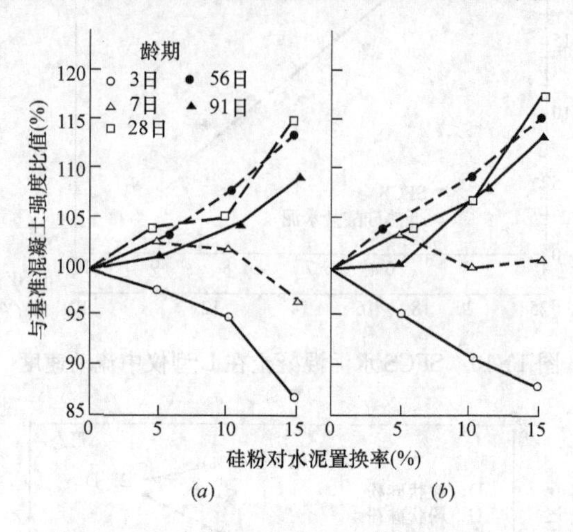

图 11-12 置换率与混凝土抗压强度关系

(a) W/（C+BF）=28%；(b) W/（C+BF）=33%

（2）骨料对强度的影响

作为高强度混凝土，骨料对强度的影响也很大，如图 11-13 所示。

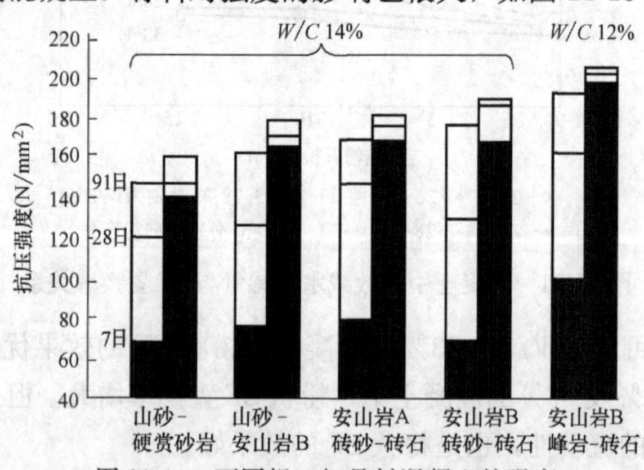

图 11-13 不同粗、细骨料混凝土的强度

当 W/C=14%时，用安山岩 B 的碎石及碎石砂配制的混凝土的强度度最高 190N/mm²，而用山砂及砂岩碎石配制的混凝土，最高强度只有 160N/mm²；当 W/C= 12%时，用安山岩 B 的碎石及碎石砂配制的混凝土的强度达到了 210N/mm²。故配制高强、超高强混凝土多用反击破的安山岩碎石及碎石砂。

（3）耐久性

掺硅粉的混凝土能有效地提高耐久性，特别是抗中性化性能、抗 Cl⁻渗透性能、抗硫酸盐腐蚀性能、抑制碱-骨料反应以及抗渗透性能等，均有良好的效果。

1）抗中性化性能

水胶结料比相同，含硅粉的混凝土与基准混凝土相比，抗中性化性能几乎无变化。但掺入硅粉的混凝土，一般水胶结料比小，故抗中性化性能提高。Vennestand 等人测定混凝土中性化性能发现，掺 SF 的混凝土稍为降低了中性化深度。但如早期养护不善，会增加中性化深度。

2）硅粉混凝土的渗透性

图 11-14 是 $W/B=43\%$，改变硅粉的置换率，混凝土经标养 28d 后，浸泡于饱和盐水中，到了 13 周测定混凝土中 Cl^- 的渗透深度。

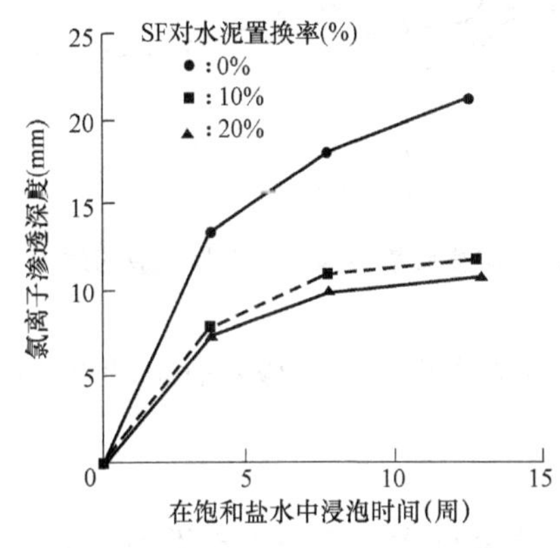

图 11-14 硅粉的置换率与 Cl^- 的渗透深度的经时变化

由图 11-14 可见，硅粉的置换率为 10%时，混凝土中 Cl^-的渗透深度可以抑制一半左右。

图 11-15 是 $W/B=55\%$ 的混凝土中，各种矿物质粉体的置换率与水的渗透深度比的关系，相应的龄期为 2 周、4 周和 13 周。掺入硅粉的混凝土，不管哪一龄期，水的渗透性都是最低的。这是由于掺入硅粉后的混凝土、火山灰反应，微结构致密，使混凝土密实性提高，使抗渗性、抗 Cl^- 渗透性提高。

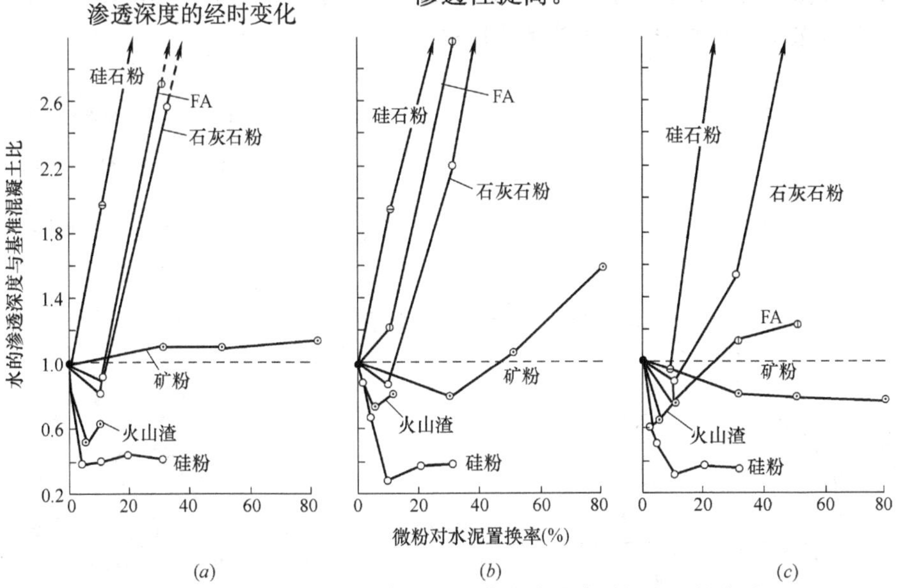

图 11-15 各种矿物质粉体的置换率与水的渗透深度比的关系

(a) 龄期 2 周；(b) 龄期 4 周；(c) 龄期 13 周

3）抑制碱-骨料反应

硅粉和其他矿物质粉体抑制碱骨料反应的效果。碱活性骨料为安山岩，混凝土中以 Na_2O 换算成碱含量 7.0kg/m³，W/C=55％ 各种矿物质粉体不同置换率的混凝土，龄期一年时的膨胀率如图 11-16 所示。

硅粉对水泥的置换率 5％就能有效的抑制碱骨料反应，是各种粉体中最有效抑制碱硅反应的。

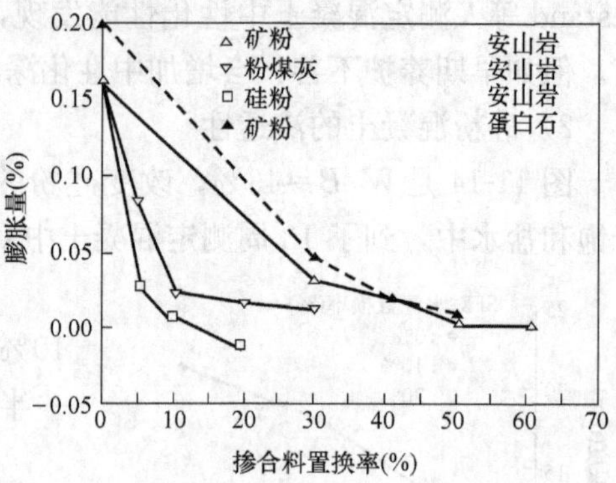

图 11-16 矿物质粉体抑制碱骨料反应的效果

4）抗冻性能

为了确保混凝土具有充分的抗冻性，气泡间隔系数应在 200μm 以下，并建议硅粉掺量≤15％。在混凝土中，由于掺入硅粉及使用高效减水剂，耐久性系数提高。

5）耐火性能

由于硅粉混凝土结构致密，火灾时容易爆裂，因此掺 SF 的混凝土要事先确认其耐火性能，或掺入有机纤维，防止其爆裂。

6）收缩性

由于掺入硅粉的混凝土，水泥浆量增加，收缩增大，这是由于干缩造成的。但是与未掺入硅粉的基准混凝土相比，收缩性没有多大差别，如图 11-17 所示。必要时可选用低热水泥，或适当掺入膨胀剂。

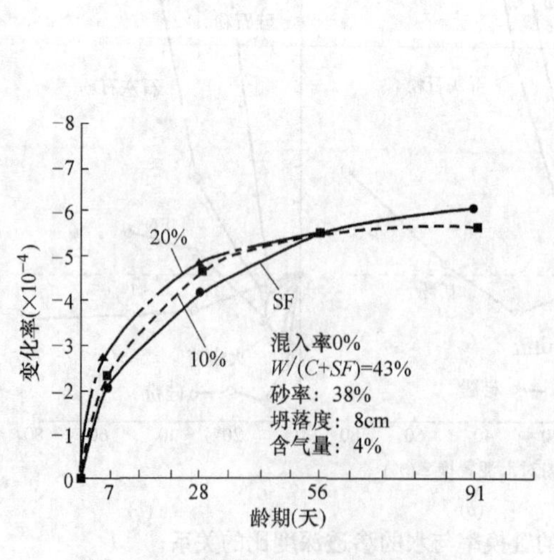

图 11-17 混凝土的干缩与长度变化

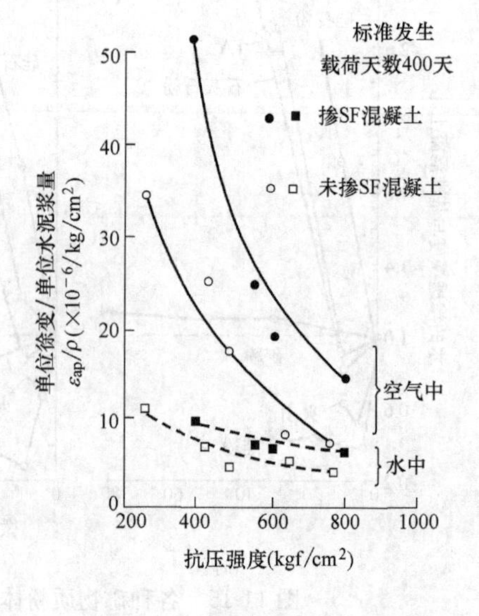

图 11-18 硅粉混凝土的徐变

7) 徐变

以单位徐变量比较时，和水中养护的基准混凝土相同，而比大气中干燥状态的基准混凝土大，如图 11-18 所示。

11.6　硅粉混凝土的微观结构

与普通混凝土相比，硅粉混凝土的主要特点之一是具有更均匀的微观结构。

在低水胶比时，掺入 SF，则水泥石中的微观结构，主要由结晶不良的水化物形成低孔隙、更加致密的基质构成。随着 SF 的掺量增加，$Ca(OH)_2$ 转变为 C-S-H 的凝胶量增加，也就是说水泥石中的 $Ca(OH)_2$ 含量随着 SF 的掺量增加而降低，如图 11-19 所示。剩余的 $Ca(OH)_2$ 与不含 SF 的普通硅酸盐水泥相比，易形成更细小晶粒。从表 11-7 可见，普通硅酸盐水泥中掺入 SF，水化物中的钙硅比降低，水化物能与其他离子（如碱离子和铝离子）结合，使水泥石抗离子侵入和抑制碱骨料反应能力提高，电阻率提高。

硅粉对水化物钙硅比的影响　　　　表 11-7

胶结料	Ca/Si 比
普硅水泥(OPC)	1.6
OPC+13%SF	1.3
OPC+28%SF	0.9

硅粉在混凝土中，使粗骨料与水泥石之间的过渡区的微结构得到了改善。Rogourd 等人的研究证明，掺入硅粉的高强混凝土，在骨料周边都充满了无定形、致密的 C-S-H 相。由于粗骨料和 C-S-H 相直接接触，与普通混凝土中的 $Ca(OH)_2$ 结晶形成的排列不同。图 11-19 定量地表示了混凝土中界面区的孔隙结构。Scivener 等人的研究认为，在界面过渡区，SF 混凝土的孔隙明显地降低，且观测不到孔隙率梯度。Khayat 等人以 15% 的 SF 置换水泥，在 $W/(C+SF)=33\%$ 的混凝土中，界面过渡区孔隙率明显地降低。界面过渡区孔隙率降低与原生 CH 相结晶浓度的降低如图 11-20 所示。

图 11-21（*a*），不掺硅粉的新拌混凝土，由于泌水，在粗骨料周围形成水囊，界面连接处的水泥粒子也不足；图 11-21（*b*）为图 11-21（*a*）所示的过渡区，经过水化凝结硬化后，存在着 CH 相、C-S-H 相及留下大量孔隙，还有一些类似于针状物填充其间。图 11-21（*c*），为掺硅粉的新拌混凝土，SF 填充于粗骨料周围的空间，而不为水所占据，无水膜层和泌水现象；图 11-21（*d*）为图 11-21（*c*）所示的过渡区，为 C-S-H、少量的 CH 及水泥微粒等，孔隙率很低。这就说明，由于掺入硅粉，大大地消除了过渡区的不均衡性，结构的改善使混凝

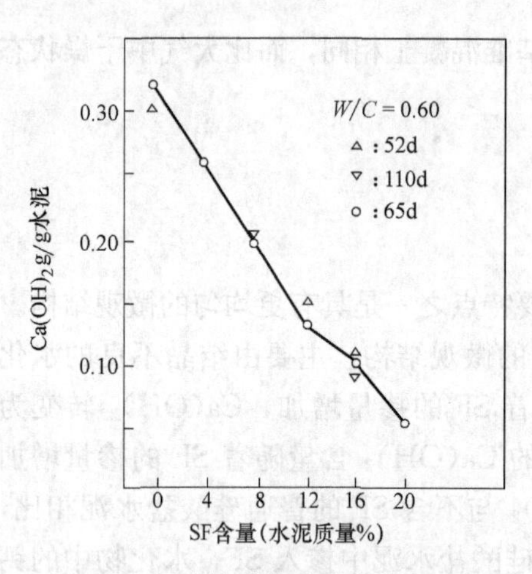

图 11-19　硅粉对普通硅酸盐水泥浆体中 $Ca(OH)_2$ 含量的影响

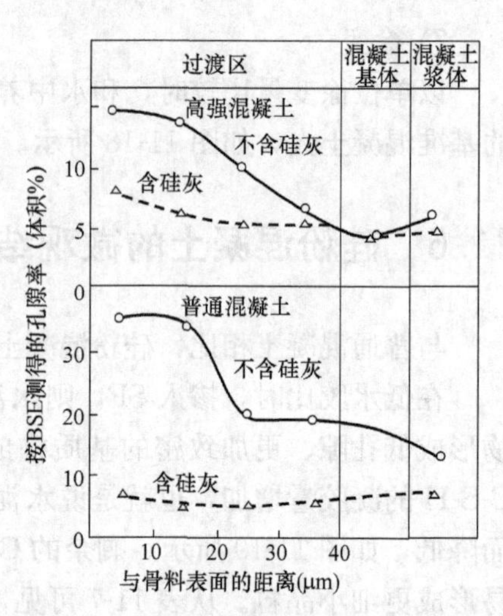

图 11-20　硅粉对过渡区孔隙率的影响

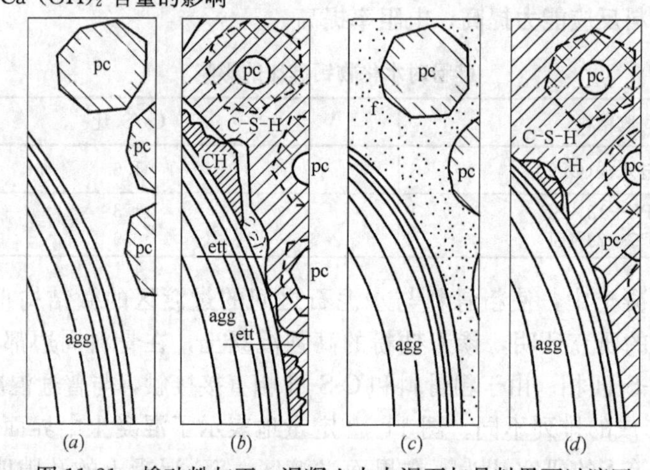

图 11-21　掺硅粉与否，混凝土中水泥石与骨料界面过渡区

土的性能提高。

硅粉掺入混凝土中与掺入砂浆中对于增强的效果不同，如图 11-22 所示。硅粉分别掺入 W/B=33%的水泥浆和混凝土中，28d 龄期时硅粉的掺量与抗压强度的关系。

未掺硅粉时，水泥浆强度（约 82MPa）高于混凝土强度（约 78MPa）；掺入 5% 硅粉时，两者强度大体相同；当硅粉掺量为 8%以上时，混凝土强度高于水泥浆强度。说明了在高强度高性能混凝土中，骨料对强度的贡献及界面结构改善对强度的影响。

硅粉掺入混凝土中，界面结构改善和水泥石与骨料的粘结强度的提高，也提高了混凝土的性能。

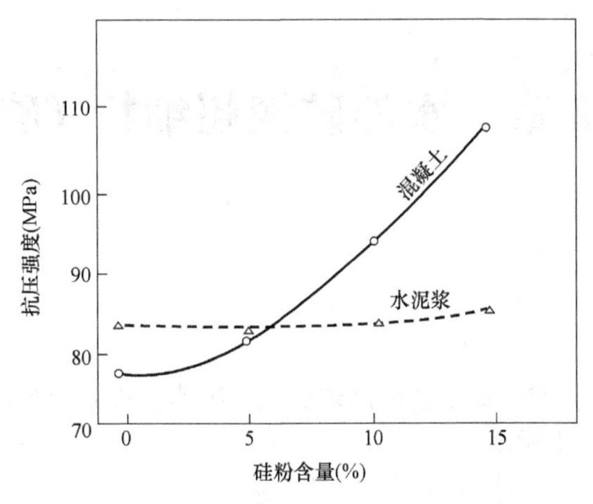

图 11-22　硅粉对水泥浆与混凝土强度的影响

硅粉混凝土的应力-应变曲线在强度 80%以内为线性的，而普通混凝土只达 40%。且在卸荷时，滞后环的延伸也比普通混凝土小。

同理，钢筋与混凝土的粘结也由于掺入了硅粉而改善，钢筋与水泥浆体过渡区微结构的改善，提高了嵌入钢筋的抗拔出强度。

第 12 章　水淬矿渣超细粉（矿粉）

12.1　引言

高炉冶炼铁的同时生成熔融的高炉矿渣，喷水急冷，干燥后得到粒状的高炉水淬矿渣，如图 12-1 所示。

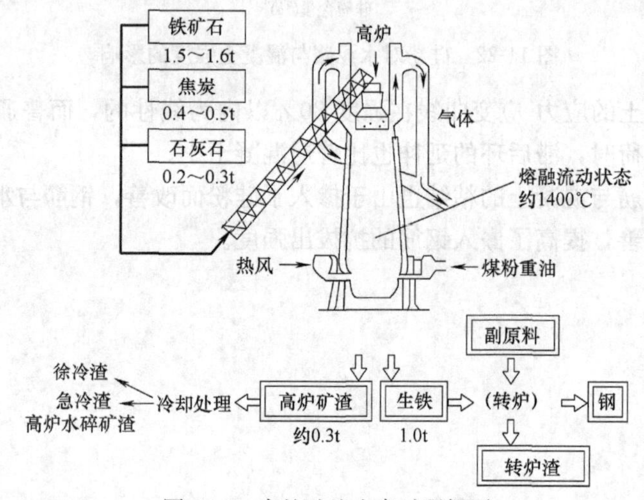

图 12-1　高炉矿渣生产过程概要

生产 1t 铸铁时，需要 1.5～1.6t 铁矿石、0.4～0.5t 焦炭、0.2～0.3t 石灰石。这三种主要原料装入高炉内，通入热风，焦炭燃烧，放出热量及还原性气体，把铁矿石熔融、还原，变成生铁水。铁矿石中的杂质和焦炭中的灰分等，与高炉内的石灰石，在高炉内生成矿渣。高炉矿渣的相对密度小，浮于铁水表面。生产 1t 铁，约产生 0.3t 矿渣。

1862 年，德国的 E. Langen 发现通过碱激发，能发挥矿渣的水硬性。矿渣便作为一种水硬性胶凝材料而开发应用起来了。我国的矿渣水泥是以水泥熟料与水淬矿渣 20%～80%及天然二水石膏共同粉磨而成。

在日本，1925 年 8 月，通产省公告，矿渣在水泥中的掺量达 70%，其后又经多次修改，正式颁布 A 种矿渣水泥的矿渣掺量在 30%以下；矿渣掺量超过 30%～60%，称为 C 种矿渣水泥。1979 年 10 月，规定在硅酸盐水泥中，矿渣掺量可达 5%，以便节省资源和能源。

近年来，由于粉磨技术的进步，可生产比表面积 6000cm^2/g 和 8000cm^2/g 的超细矿粉；通过比不同表面积超细矿粉与水泥及硅粉的组合，可得到很有特色的水泥及混凝土。

矿渣粉（S95 矿粉）或矿渣超细粉（P800），本身具有潜在的水硬性；本身的硬化性能很微弱，但加碱后可以激发其硬化。和硅酸盐水泥混合在一起时，由于 $Ca(OH)_2$ 和硫酸盐的作用，可促进其硬化。在硅酸盐水泥掺入矿渣粉或矿渣超细粉（P800），配制混凝土，可得到以下的优良性能：

（1）水化放热减慢，具有抑制混凝土温升的效果；

（2）长期强度高；

（3）抗渗性提高；

（4）抑制 Cl^- 渗透扩散，抑制钢筋锈蚀；

（5）抗硫酸盐腐蚀性能提高；

（6）抑制碱硅反应；用矿渣超细粉（P800）对碱硅反应的抑制效果更好；

（7）泌水量少，流动性优良；

（8）可以得到高强度超高强度混凝土。

我国的 S95 矿渣粉在普通混凝土中得到了广泛应用；年产量约 1000 万吨；矿渣超细粉多用于高性能超高性能混凝土中，产量较低。

12.2　矿渣超细粉的特性和用途

1. 特性

水淬矿渣粉（矿粉）的细度和对水泥的置换率对混凝土性能的影响，如表 12-1 所示。

矿粉用作混凝土的掺合料使用，其目的是通过对水泥不同的置换率与矿粉不同的细度，达到所要求的混凝土的性能。关于矿粉对水泥的置换率，有以下几点值得注意：

（1）对水泥的置换率增大，可以降低放热速度，抑制混凝土的绝热温升；

（2）掺入矿粉的混凝土，长期强度要比基准混凝土强度高，对水泥的置换率越大，其效果也越大；

（3）抗硫酸盐侵蚀的效果好，对水泥的置换率越大，其效果越明显；

（4）选择对水泥适当的置换率，可以降低水泥中的碱含量，抑制碱-骨料反应；

（5）细度越大，混凝土的泌水量少，能得到流动性优良的混凝土；

（6）比表面积≥7500cm^2/g 的超细矿粉掺入混凝土中，早期强度高，也适用于高强混凝土；

（7）能获得致密的混凝土，抗渗透性与抗氯离子扩散性能提高。

2. 用途

从上述矿粉的特性来看，很适用于一般的建筑物，结构物应用的混凝土，掺合矿粉可以提高混凝土的性能，如何灵活应用矿粉可参考表 12-2。由表 12-2 可见，矿粉细度 5500cm²/g 以上，对水泥的置换率≥30%，均能提高混凝土的流动性。同时，还能降低泌水，并具有缓凝效果。混凝土的抗渗性、抗氯离子的渗透性提高，掺量≥50%，还能抑制碱骨料反应（ASR）。

掺入矿粉可以降低混凝土的放热速度，掺入 70%矿粉可有效降低混凝土的绝热温升，改善干燥收缩。

矿粉的掺量、细度与混凝土的性能　　表 12-1

矿渣粉	细度(cm²/g)	2750～5500			5500～7500			7500 以上		
	置换率(%)	30	50	70	30	50	70	30	50	70
混凝土的性能	流动性	○	○	○	◎	◎	◎	◎	◎	◎
	泌水	○	○	△	◎	◎	◎	◎	◎	◎
	缓凝效果	◎	◎	◎	◎	◎	◎	◎	◎	◎
	绝热温升提高	—	—	◎	—	—	◎	—	—	◎
	降低放热速度	○	◎	◎	○	○	◎	○	○	◎
	早强强度	○	△	△	○	△	△	○	○	△
	长期强度	○	◎	◎	○	◎	◎	◎	◎	○
	高强度	○	△	△	◎	○	○	◎	◎	○
	干燥收缩	○	○	○	○	○	○	○	○	○
	抗冻性	○	○	○	○	○	○	○	○	○
	碳化	—	—	△	—	—	△	—	—	△
	透水性	○	◎	◎	◎	◎	◎	◎	◎	◎
	氯离子渗透性	○	◎	◎	◎	◎	◎	◎	◎	◎
	抗硫酸盐腐蚀	○	○	◎	○	○	◎	○	○	◎
	耐热性	○	○	○	○	○	○	○	○	○
	促进养护效果	○	○	○	○	○	○	○	○	○
	抑制 ASR 效果	○	◎	◎	○	◎	◎	○	◎	◎

符号说明：◎：与普通硅酸盐水泥为基准的相比，能获得良好的性能；
○：与普通硅酸盐水泥为基准的相比，性能有所提高；
△：与普通硅酸盐水泥为基准的相比，使用时要稍加注意；
缓凝效果，即推迟混凝土的凝结时间。

矿粉的特长及灵活应用　　表 12-2

特点	主要用途
1. 高流动性	高流动性混凝土(省力化，提高质量)
2. 缓凝效果大	热天混凝土，大量连续浇筑混凝土
3. 低发热	大体积混凝土(大型建筑物基础)
4. 28d 龄期高强度	降低单方混凝土的水泥用量
5. 长期强度高	提高结构耐久性，降低单方水泥用量
6. 高强度	高层钢筋混凝土结构，地下结构物
7. 抗渗透性大	地下结构物，海中、水中结构物
8. 对盐分屏蔽性大	沿海建筑物，海上、海中建筑物
9. 耐海水性	海上、海中建筑物
10. 抗硫酸盐腐蚀	化工厂建筑物，温泉地，酸雨建筑物
11. 抑制 ASR	建筑物的耐久性化等

3. 使用意义

（1）与使用矿渣水泥相比，通过在混凝土中掺入矿粉，可以更好地满足结构物所要求的性能、质量、施工条件等对混凝土配合比的要求；

（2）与使用硅酸盐水泥相比，能达到省资源、省能源、降低二氧化碳的排放量，对地球环保是有利的。

12.3　矿粉的性质

1. 化学性质

矿粉的化学性质表示急冷水淬矿渣的水硬性。这是矿粉用作混凝土掺合料最重要的性质。为了使矿粉和水拌合以后，获得水化硬化的性能，添加氢氧化钙等碱性氧化物或者硫酸盐作为激发剂，使 OH^- 和 SO_4^{2-} 存在的条件下进行反应，是十分必要的。在这些离子的存在下，矿粉就能和硅酸盐水泥一样，发挥其水硬性。

激发剂的类型和添加量，与矿粉的化学成分，玻璃质的含量等有关。矿粉的化学成分如表 12-3 所示。

矿粉的化学成分　表 12-3

SiO_2	Al_2O_3	CaO	MgO	Fe	TiO	MnO	S	K_2O、Na_2O	Cl
27～40	5～33	30～50	1～21	<1	<3	<2	<3	1～3	19～26

表中：SiO_2，Al_2O_3，CaO，MgO 为矿粉的主要化学成分；Fe，TiO，MnO，S 及 K_2O，Na_2O，Cl 等为其他成分。

矿粉的活性（水硬性）评价方法，是通过化学成分计算碱度 b。

$b=(CaO+MgO+Al_2O_3)/SiO_2$，应大于 1.4；矿粉的活性高。

$CaO/SiO_2>1.0$

2. 玻璃相与结晶相的含量

矿粉中的玻璃相含量，是评价矿粉水硬性最有用的指标之一；玻璃相的内能达 200J/g，比结晶相具有更高的活性。

矿粉中玻璃相含量的多少，与矿粉的化学成分、矿渣冷却的起始温度、冷却方式有关。当 $(CaO+MgO)/(SiO_2+Al_2O_3)>1.15$ 时，玻璃相含量将减少。

通过 X 射线衍射方法，可以测定矿粉结晶化百分率，就可以计算出矿粉的玻璃相百分含量：

$$玻璃相百分率=(1-结晶化百分率)\times100\%$$

我国矿渣的玻璃相百分率≥98%，玻璃相含量高，水硬性能好；故我国的矿渣硅酸盐水泥中，矿渣的含量可达 70%。

3. 玻璃相的成分与结构

用电子显微镜探针分析（EPMA），玻璃相的成分与矿渣的化学成分相近；

随着玻璃相含量的降低，玻璃相中 Al_2O_3 含量降低，但 MgO 的含量增加。这是由于结晶相局部化学变化引起的。

玻璃相中存在着两相结构。蒲心诚和徐冰指出：无论是碱性、酸性，以及中性矿渣中的玻璃体中，都存在着两种相分的分相结构，其中一种为连续相；而另一种相则呈球状或柱状，并均匀分散于连续相中。如图 12-2 所示。通过 EPMA 元素分析可知，连续相含钙较多，球状或柱状相含硅较多。

碱性、酸性，以及中性矿渣玻璃体微结构可归纳为：(1) 碱性矿渣玻璃相中，富硅所占的比例较少，呈较小的颗粒分散于连续分布的富钙相中；(2) 中性矿渣玻璃相中，富硅的比例有所增加，以较大的颗粒形态存于富钙相中；(3) 酸性矿渣玻璃相中，富硅的比例进一步增加，相互连接形成柱状或棒状结构，分散于富钙相中。

由于富钙相是连续相，富硅相是分散相，在矿渣玻璃体中，富钙相相当于胶结物，维持着整个矿渣玻璃体结构的稳定。当富钙相在碱性介质中与 OH^-迅速反应而溶解后，矿渣玻璃体结构解体，富硅相逐步暴露于碱性介质中，与氢氧化钙反应，生成硅酸钙凝胶。

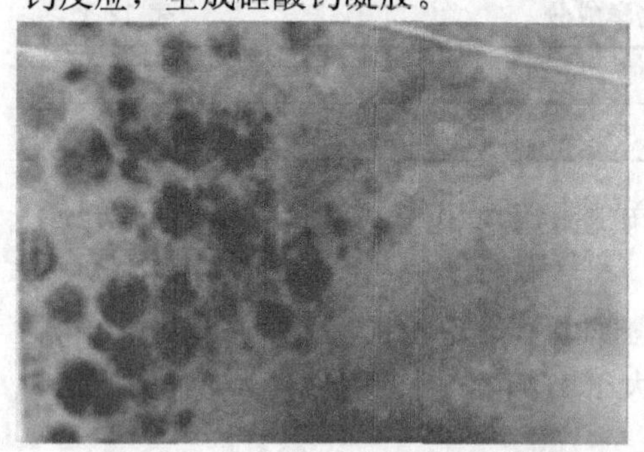

(a)

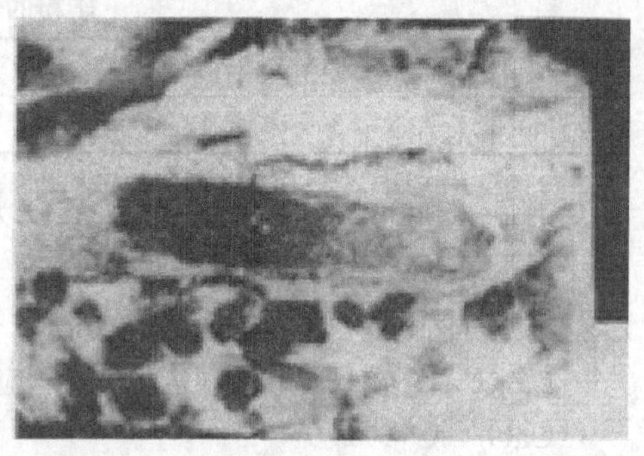

(b)

(c)

图 12-2　矿渣玻璃体的分相结构（徐冰）

(a) 碱性矿渣玻璃体的分相结构；(b) 中性矿渣玻璃体的分相结构；

(c) 酸性矿渣玻璃体的分相结构

4. 矿渣的活性指标

矿渣的活性通过碱度 b 和玻璃体的含量来评价。我国水淬矿渣的碱度 $b \geqslant 1.8$，玻璃化率 98%以上，活性高，很适宜作水泥掺合料。美国 ASTMC989 把矿渣分成三个等级：80 级、100 级、120 级，如表 12-4 所示。不同等级矿渣砂浆强度是用矿渣粉：硅酸盐水泥=1∶1，胶砂比为 1∶2.75，砂浆流动度为 110±5%，进行试验，将其结果与硅酸盐水泥砂浆为基准的相比，基准砂浆的强度为 100，各等级矿渣活性指标如表 12-4 所示。这种对矿渣活性的评价，除了考虑到矿渣的化学成分与矿物组成外，还考虑到了矿粉的细度，是很全面也很重要的。

ASTMC989 矿渣活性指标　　　　**表 12-4**

矿渣级别		5 个样平均值	任意单个试样
7d 龄期的最小值	80 级	—	—
	100 级	75	70
	100 级	95	90
28d 龄期的最小值	80 级	75	70
	100 级	95	90
	100 级	115	100

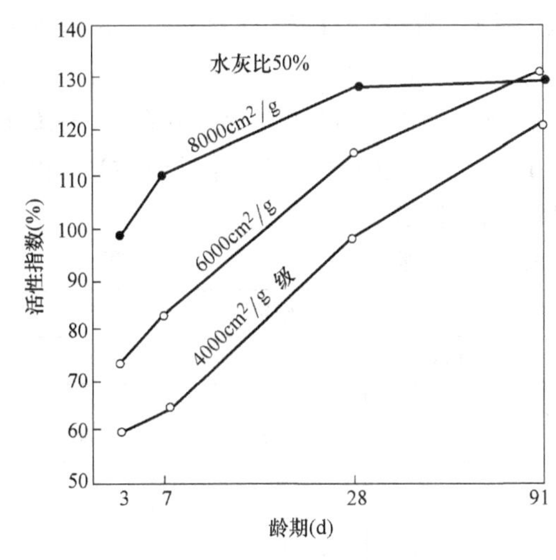

图 12-3　不同细度矿粉的活性指数

日本对矿粉的活性评价与美国的相似，以 50%矿粉等量置换水泥为胶结料，再根据日本工业标准 JISR5201 配制砂浆试件。此砂浆试件的强度与硅酸盐水泥砂浆为基准的强度相比，以百分率来表示。也即：

矿粉活性指数=(矿粉置换水泥 50%的砂浆强度/基准砂浆强度)×100%

不同细度矿粉的活性指数如图 12-3 所示。

矿粉越细，早期龄期的活性指数高，但后期，细度对活性指数的影响较小；例如，91d 龄期时，比表面积为 6000cm²/g 的矿粉与比表面积为 8000cm²/g 的矿粉，其活性指数均为 128%。

矿粉的活性指数，受化学成分、玻璃化百分率以及细度等影响。关于化学成分的影响，可参考图 12-4。

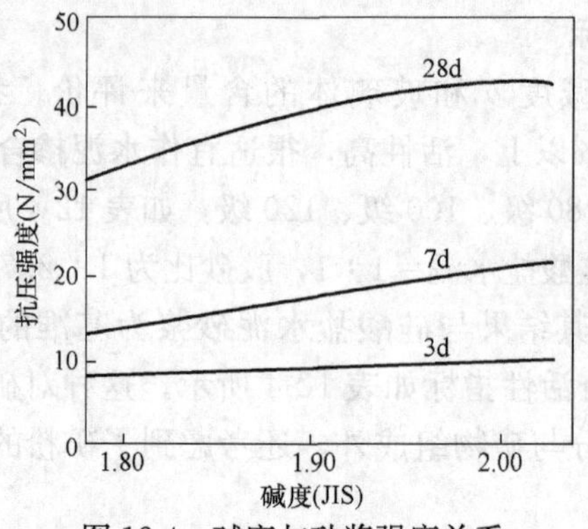

图 12-4　碱度与砂浆强度关系

$(CaO+Al_2O_3+MgO)/SiO_2$——矿粉的碱度，其值越大，活性也越大。也即矿渣的化学成分中，$(CaO+Al_2O_3+MgO)$ 的含量越多，活性越大；SiO_2 含量越高，活性越低。

12.4　矿粉的技术标准

1. 我国矿粉的技术标准

我国《用于水泥和混凝土中的粒化高炉矿渣粉》GB/T 18046—2008 依据矿粉 28d 的活性指数，把矿粉分为 S105、S95、S75 三个等级，如表 12-5 所示。表中，流动度比（%），含水量（质量百分数），三氧化硫（质量百分数），氯离子含量（质量百分数），烧失量（质量百分数），玻璃体含量（质量百分数），以及放射性物质含量等，三个等级的矿粉都具有相同要求。

用于水泥混凝土矿粉的技术指标　　表 12-5

项目			级别		
			S105	S95	S75
密度(g/cm^3)		≥		2.8	
比表面积（kg/m^2）		≥	500	400	300
活性指标(%)≥	7d		95	75	55
	28d		105	95	75
流动度比(%)		≥		95	
含水量(质量百分数)		≤		1.0	
三氧化硫(质量百分数)		≤		4.0	
氯离子含量(质量百分数)		≤		0.06	
烧失量（质量百分数)		≤		3.0	
玻璃体含量(质量百分数)		≥		85	
放射性				合格	

2. 日本矿粉的技术标准

日本 JIS A 6206：1997 制定了混凝土用矿粉的技术标准。这个标准的特征是以比表面积的大小作为指标，把矿粉分为三类，如表 12-6 所示。

混凝土高强化与高流动化选用比表面积大的矿粉；由于粉磨技术与分级技术的发展，可以制造超细化的矿粉；比表面积 $600m^2/kg$，$800m^2/kg$ 的超细矿粉已列入了技术标准。

在表 12-6 所列标准中，三氧化硫含量主要是考虑石膏带进去的，因为矿渣是在化铁炉中还原气氛中生成的，不可能含有三氧化硫。此标准中各等级的矿粉，其碱度 b 均在 1.6 以上。

日本矿粉的技术标准　　表 12-6

质量要求项目		比表面(400)	比表面(600)	比表面(800)
密度	(g/cm^3)	2.8 以上	2.8 以上	2.8 以上
比表面积	(m^2/kg)	300-500	500-700	700-1000
活性指数(%)	7d	55 以上	75 以上	95 以上
	28d	75 以上	95 以上	105 以上
	91d	95 以上	105 以上	105 以上
流动值比	(%)	95 以上	90 以上	85 以上
氧化镁含量	(%)	10 以下	10 以下	10 以下
三氧化硫含量	(%)	4.0 以下	4.0 以下	4.0 以下
烧失量	(%)	3.0 以下	3.0 下	3.0 以下
氯离子含量	(%)	0.02 以下	0.02 以下	0.02 以下

3. 美国、英国及加拿大标准

美国、英国及加拿大矿粉技术标准，如表 12-7 所列。

美国、英国及加拿大矿粉技术标准　　表 12-7

项目 \ 标准	ASTM-C989	BS-6699	CSA-A363
(C+M+A)/S (碱度)	—	1.0 以上	—
烧失量(%)	—	3.0 以下	—
三氧化硫	4.0 以下	2.0 以下	2.5 以下
45μm 筛余(%)	20 以下	$\geqslant 275m^2/kg$	20 以下
活性指标(%) 28d	80 级 75，100 级 95，120 级 115 以上		28d 80 以上

12.5 矿粉混凝土的性能

矿粉混凝土的各种性能，受矿粉的细度与掺量的影响很大。因此，要适当选择矿粉的品种及其对水泥的置换率，以获得所要求的混凝土性能。

1. **新拌混凝土的性能**

矿粉混凝土对水泥的置换率大时，达到相同流动性时，所需的用水量和减水剂的量降低，但是采用比表面积大的矿粉，如 $800m^2/kg$ 的超细矿粉时，混凝土的黏性很大。为了降低矿粉混凝土的黏度，获得相应的含气量，需要掺入更多的引气减水剂。但是，采用比表面积 $600m^2/kg$ 和 $800m^2/kg$ 的超细矿粉时，混凝土的泌水量降低。矿粉混凝土的绝热温升与对水泥的置换量有关。

2. **矿粉混凝土的强度**

采用比表面积 $400m^2/kg$ 的矿粉混凝土，早期强度比普通硅酸盐水泥低，而且对水泥的置换率越大时，更加明显。但 28d 以后的强度增长大，比不含矿粉的普通硅酸盐水泥混凝土强度高。采用比表面积 $600m^2/kg$ 和 $800m^2/kg$ 的矿粉混凝土，早期强度可得到相当改善。

(1) 矿粉表面积和龄期对强度关系

矿粉表面积不同的混凝土，不同龄期的强度如图 12-5 所示。

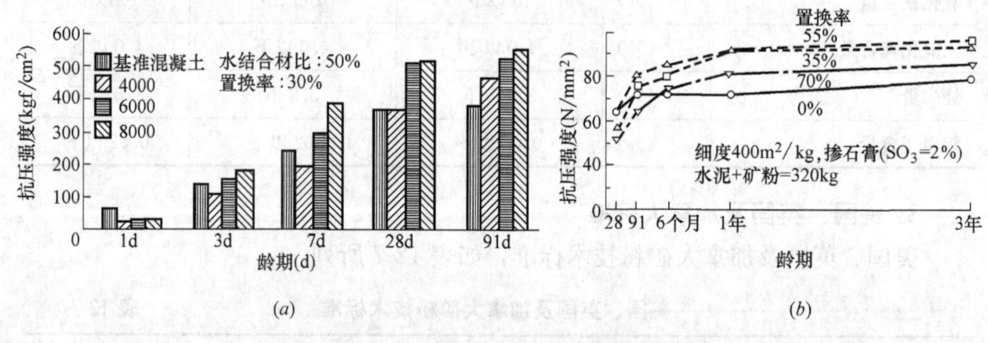

图 12-5 矿粉混凝土抗压强度的经时变化

(*a*) 不同细度，置换率 30%，$W/B=50\%$；(*b*) 细度相同，置换率不同

由图 12-5 (*a*) 可见，1d 抗压强度，不管矿粉比表面积如何，均低于基准混凝土的强度。3d、7d 抗压强度，除了比表面积 $400m^2/kg$ 的矿粉混凝土强度稍低外，比表面积 $600m^2/kg$ 和 $800m^2/kg$ 的矿粉混凝土强度，均高于基准混凝土。一般情况下，比表面积 $800m^2/kg$ 的矿粉混凝土早期强度较好。由图 12-5 (*b*) 可见，半年后矿粉混凝土强度均超过了基准混凝土的强度。

(2) 不同养护温度和 28d 抗压强度

不同比表面积的矿粉混凝土，脱模后分别于 20℃、15℃、10℃和 5℃的水中养护，其与 28d 龄期强度如图 12-6 所示。

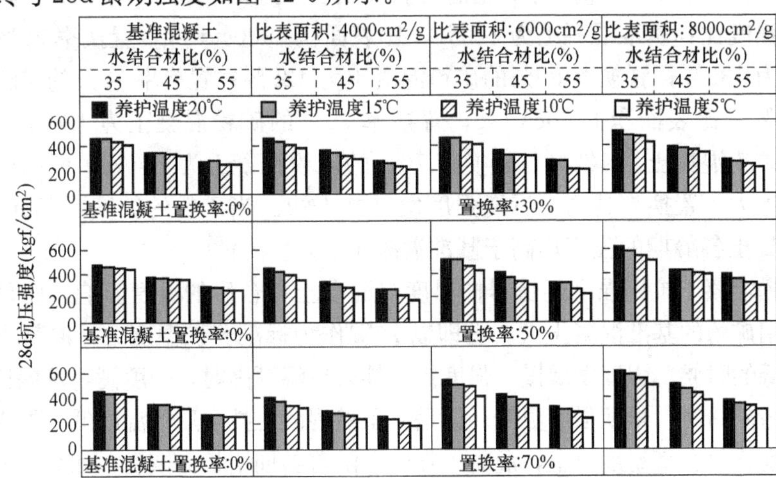

图 12-6　不同的养护温度与矿粉混凝土 28d 抗压强度

①15℃水中养护的矿粉混凝土，28d 龄期强度比基准混凝土强度低得多。②以20 ℃水中养护的矿粉混凝土强度为基准，在 15℃、10℃和 5℃的水中养护的矿粉混凝土强度，置换率 30%时，强度降低 2～7MPa；置换率 50%～70%时，强度降低 3～10MPa；随着养护温度降低，抗压强度差别越大。③比表面积 800m²/kg 的矿粉混凝土强度，28d 龄期后比基准混凝土强度高得多。④矿粉混凝土只要充分养护，强度不断发展，以 56d 或 91d 龄期设计是可行的、经济的。

（3）矿粉混凝土强度发展的比率

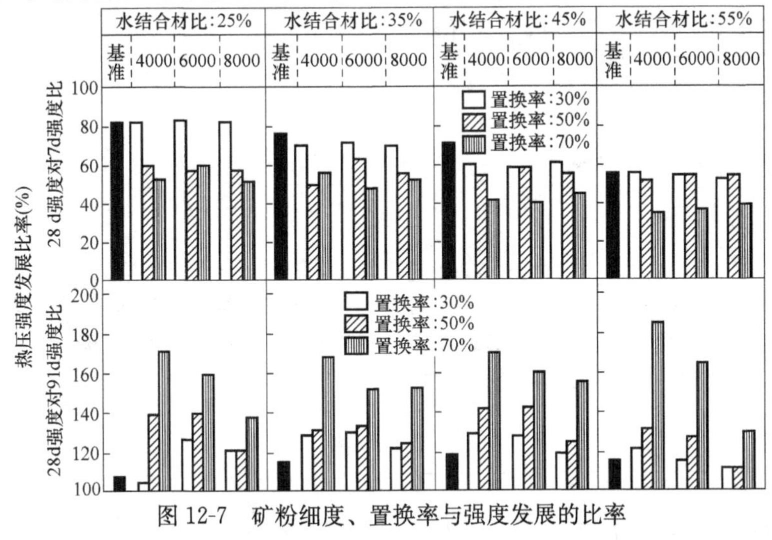

图 12-7　矿粉细度、置换率与强度发展的比率

如图 12-7 所示，矿粉混凝土的长期强度好，置换率越大，比表面积越小，长期强度增长比例大。W/B＝30%矿粉混凝土，比表面积分别为 4000cm²/g、

6000cm²/g、8000cm²/g；对水泥的置换率分别为30%，50%，70%；28d强度与91d强度比：基准混凝土为120%，比表面积4000cm²/g；置换率30%的矿粉混凝土为130%；置换率50%的矿粉混凝土为128%；置换率70%的矿粉混凝土为170 %。比表面积8000cm²/g，置换率30%的矿粉混凝土为120%；置换率50%的矿粉混凝土为122%，置换率70%的矿粉混凝土为170%。可见，矿粉比表面积越大，置换率越高，后期强度发展并不快。当矿粉的细度≥558m²/kg以后，混凝土各龄期的强度均高于基准混凝土。

矿粉混凝土抗压强度还受养护温度与混凝土拌合后的温度影响，而且其影响比不使用矿粉的基准混凝土大。也即以20℃作为标准养护温度时，混凝土拌合后的温度低的时候，强度发展慢，强度低；拌合后温度高时，强度高，发展快。特别是采用粗矿粉时，早期强度更低。但是，虽然混凝土拌合后的温度低，如果其后的养护温度确保在某温度以上，混凝土强度会随着龄期增长而恢复，如图12-8所示。

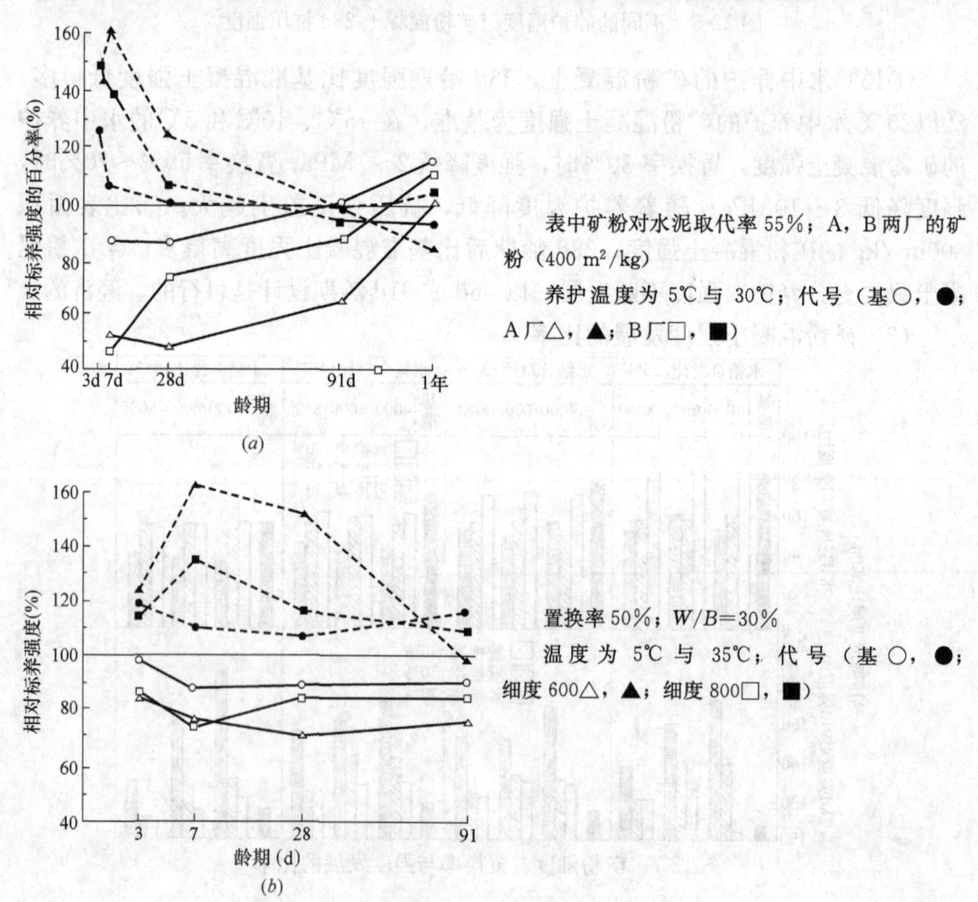

图12-8 矿粉混凝土与基准混凝土强度对比

（a）不同厂家矿粉；（b）不同细度矿粉

由图 12-8（*a*）可见，5℃养护的混凝土不管是基准混凝土还是含 55% A 厂或 B 厂矿粉的混凝土，其 7d 或 28d 的强度都很低，91d 时基准混凝土的强度超过了 100%，而含矿粉的混凝土强度仍低 100%。但一年后，三种混凝土强度均超过了 100%。

图 12-8（*b*）中 5℃与 35℃密封养护试件，其强度明显不同，35℃密封养护试件的各龄期强度均超 100%，而 5℃密封养护试件的各龄期强度均低于 100%，而且 90d 龄期的强度与 7d、28d 的基本相同。

3. 弹性系数

矿粉混凝土弹性系数，与相同抗压强度的不含矿粉的混凝土相比，大体相同；如图 12-9 所示。$E=1400w^{1.5}\sqrt{f'_c}$（$w=2.3$），矿粉细度分别为 300m²/kg、400m²/kg、500m²/kg 和 800m²/kg，养护温度分别为 20℃、25℃和 30℃。基准混凝土和含混凝土的抗压强度均为 40MPa 时，相应的静力弹性模量为 32×10^3N/mm² 左右。

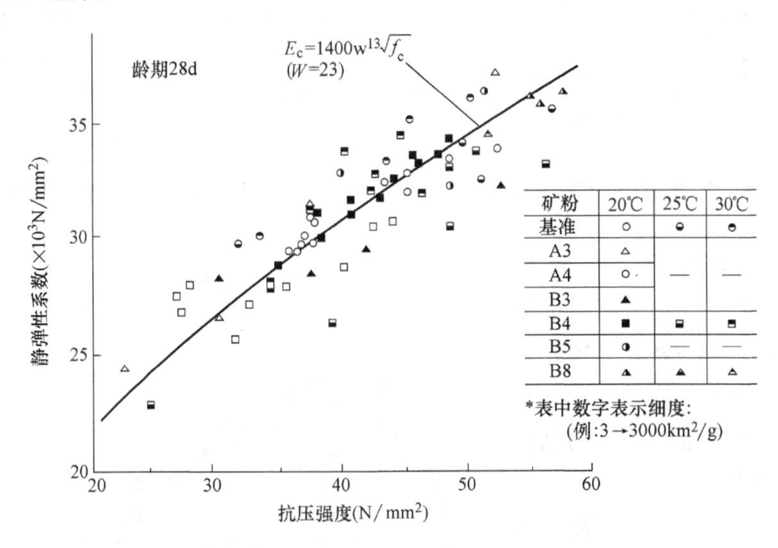

图 12-9　矿粉混凝土的抗压强度与静力弹性系数关系

4. 水化放热性能

用矿粉代替一部分硅酸盐水泥作为胶结料，用溶解热方法测定了水化热，结果如图 12-10 所示，当矿粉置换水泥量≤30%时，水化热降低甚少，甚至还有所上升。但当置换量大于 30%时，不管矿渣细度如何，早期水化热均降低，且随置换率增大，按比例降低，如图 12-10 所示。

绝热温升：比表面积大的矿粉，对水泥的置换率 70%以下时，最终的发热量比基准混凝土低，但置换率 30%～50%时，水化放热有增大倾向。早期放热速度，伴随着矿粉对水泥的置换率增加而稍有降低，如图 12-11 所示。采用比表面积小的矿粉，置换率越大，早期放热速度低的倾向更明显。但矿粉置换率30%～50%的混凝土，后期的绝热温升高于基准混凝土。也有不同的观点，认为置换率30%～60%的矿粉混凝土的绝热温升均低于基准混凝土。总之，矿粉混凝土的水化热要高于相同置换率的粉煤灰混凝土。故大体积混凝土要降低水化热，应掺入粉煤灰。广州某工程的大体积混凝土基础，起初掺入30%矿粉，无效果；后来改掺30%粉煤灰，温升降低了，裂缝也减少了。

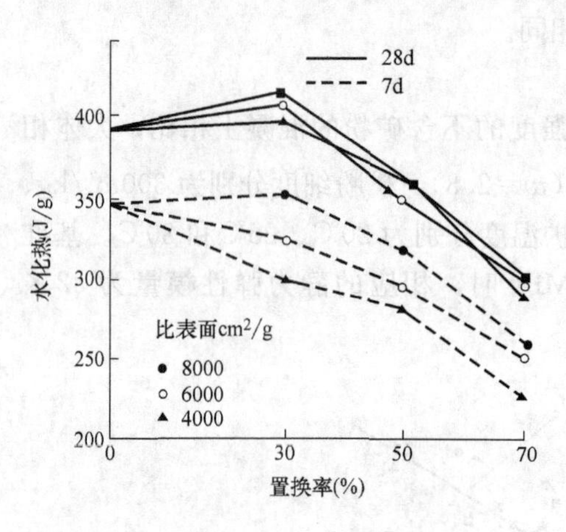

图 12-10　矿粉置换率和水化热关系

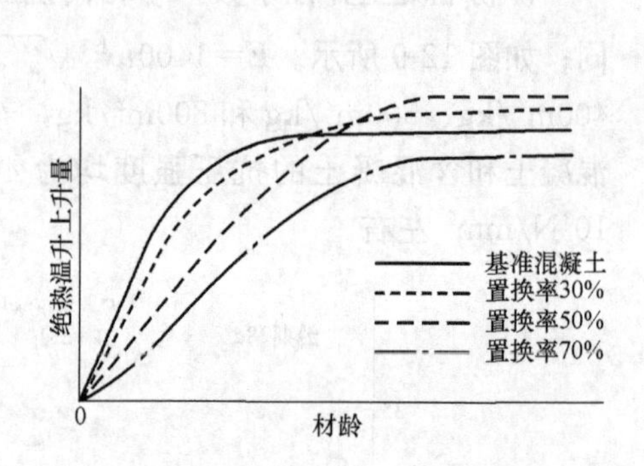

图 12-11　置换率与绝热温升概念图

5. 收缩与徐变

(1) 收缩。关于矿粉混凝土的干燥收缩，受到干燥开始时龄期的影响；温度20℃，相对湿度50%的室内测定的结果如图12-12所示。

矿粉混凝土干缩变形与不含矿粉的基准混凝土相比，大体相同或稍低一些。但是，无论是哪一种混凝土，如能长期充分养护，干缩变形也能降低。

(2) 自收缩。矿粉混凝土的自收缩受矿粉对水泥的置换率和矿粉细度的影响；如图12-13所示。矿粉粗（比表面积小），即使置换率增加，自

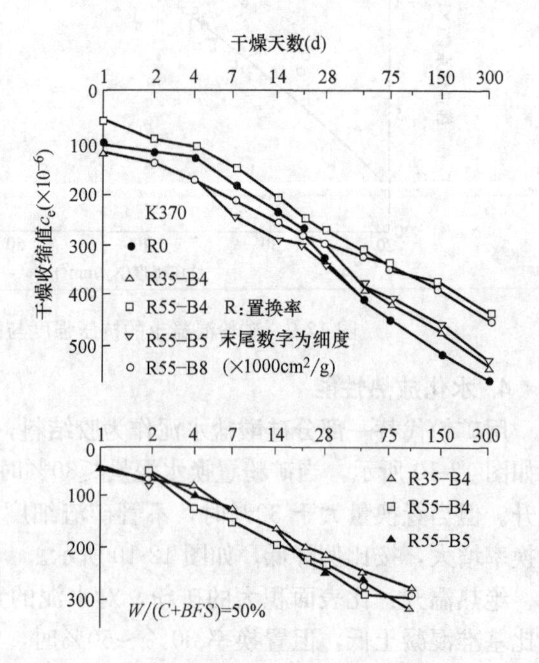

图 12-12　矿粉混凝土的干燥天数与干缩变形的关系

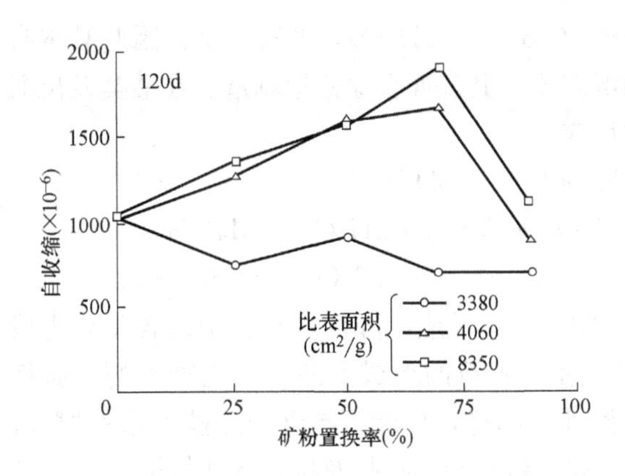

图 12-13　矿粉混凝土自收缩
（置换率与细度的影响）

收缩变形也降低。但是，如矿粉的比表面积很大，含这种矿粉的混凝土，矿粉的置换率为 50%～70%时，自收缩变形最大，收缩变形的绝对值也大。

一般情况下，水灰比越小，自收缩变形越大；矿粉混凝土的情况下，如水灰（胶）比越小，矿粉的细度越大，以矿粉置换水泥后，水泥石的组织致密，毛细管曲率半径变小，毛细管张力增大，自收缩也增大。

（3）徐变。矿粉混凝土的徐变，与不含矿粉的基准混凝土相比，大体相同或稍低一些；矿粉对水泥的置换率越大，细度也大时，徐变系数变小，如图 12-14 所示。

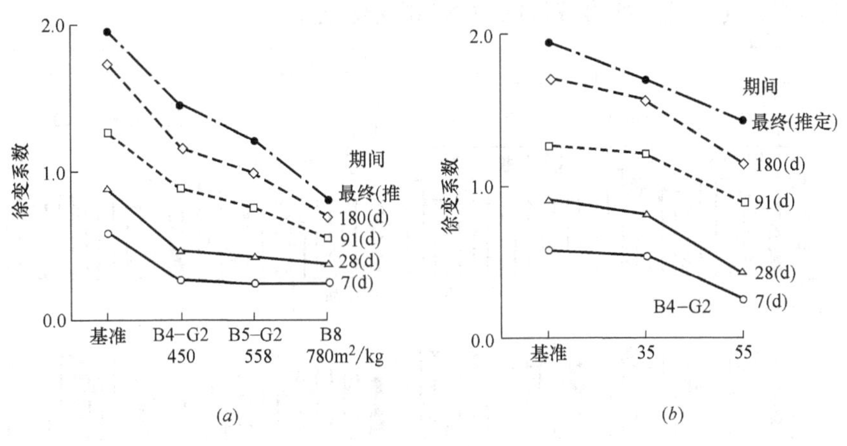

图 12-14　矿粉混凝土的徐变
（*a*）矿粉细度与徐变；（*b*）置换率与徐变

12.6　矿粉混凝土的耐久性

矿粉混凝土的特性之一就是它的耐久性好。与普通硅酸盐水泥混凝土相比，能提高混凝土的耐久性。

1. 抗硫酸盐腐蚀

普通硅酸盐水泥混凝土和酸类及硫酸盐接触时就会受到腐蚀，这是因为水泥石中的 Ca（OH）$_2$ 容易和酸反应，生成可溶性盐之故。有硫酸腐蚀时，

$Ca(OH)_2$和硫酸反应，生成二水石膏（$CaSO_4 \cdot 2H_2O$），能溶于水，因此其本身没有强度。有硫酸及硫酸盐腐蚀的混凝土，其表面会徐徐地剥落。在酸类及硫酸盐腐蚀的环境下，会发生以下化学反应。

$$Ca(OH)_2 + H_2SO_4 \rightarrow CaSO_4 \cdot 2H_2O$$

$$Ca(OH)_2 + MgSO_4 + 2H_2O \rightarrow CaSO_4 \cdot 2H_2O + (MgOH)$$

$$3CaO \cdot Al_2O_3 + 3CaSO4 \cdot 2H_2O + nH_2O \rightarrow 3CaO \cdot Al_2O_3 \cdot 3CaSO_4 \cdot 31 \sim 32H$$

矿渣水泥混凝土，除了矿粉和$Ca(OH)_2$反应，降低水泥石中的含量，生成不溶于水中的化合物，也抑制了石膏和钙矾石的形成，抑制了混凝土的膨胀崩裂，故能抵抗含硫酸盐土壤和水的侵蚀。同样，也能抵抗含硫酸盐海水的腐蚀，如图 12-15 所示。不同细度与置换率的矿粉混凝土抗盐及抗硫酸盐侵蚀：

（1）在 5%的硫酸溶液中浸渍一年，$W/B \leqslant 35\%$，置换率≤50%的试件，均具有高的抗硫酸溶液侵蚀，而且均≥基准混凝土。

（2）在 10%的硫酸钠溶液中浸渍一年，$W/B \leqslant 35\%$，置换率≤50%的试件，不管矿粉细度如何，抗硫酸钠溶液侵蚀均≥基准混凝土。

（3）在 2%的盐酸溶液中浸渍一年，$W/B \leqslant 35\%$，置换率≤50%的试件，不管矿粉细度如何，抗盐酸溶液侵蚀均≥基准混凝土。

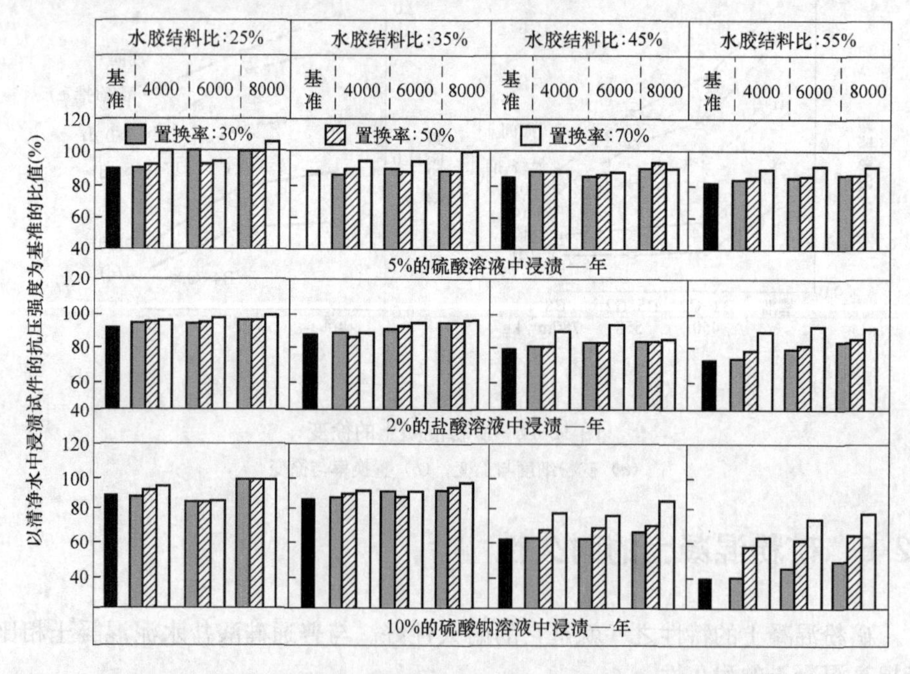

图 12-15　不同细度与置换率的矿粉混凝土抗盐及抗硫酸盐侵蚀

2. 抗氯离子的渗透性

矿粉混凝土，水泥石的结构致密，能抑制氯离子的渗透与扩散，同时矿粉中含有 12%～15%的 Al_2O_3，能与氯离子及水泥石中其他成分起化学反应，生成 Friedel 盐（$3CaO \cdot CaCl_2 \cdot 10H_2O$），故能抑制海水中氯离子的渗透与扩散。

以 10%的 NaCl 水溶液浸泡混凝土试件 6 个月，然后用 EPMA 测定 Cl^- 的渗透深度，结果如图 12-16 所示。

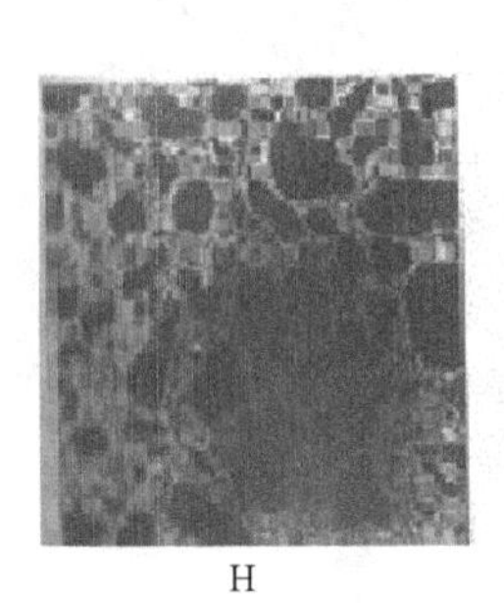

H

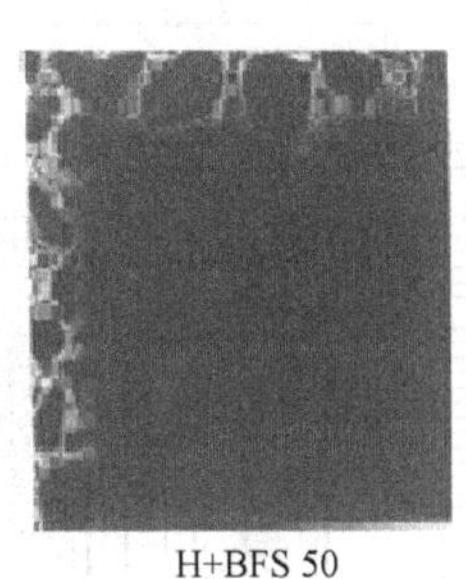

H+BFS 50

H+BFS 70

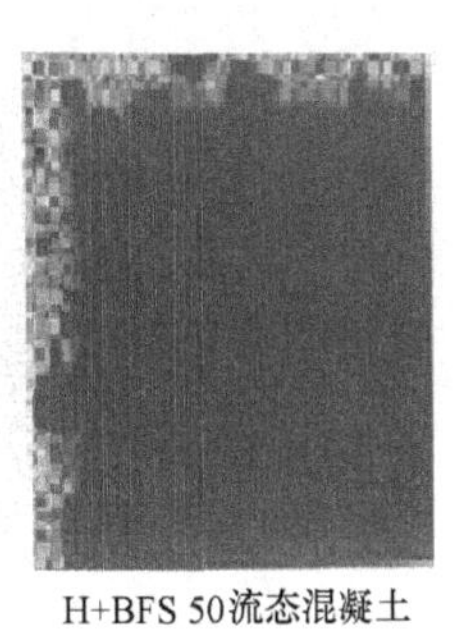

H+BFS 50流态混凝土

图 12-16　混凝土 Cl^- 的渗透状态（白色部分为 Cl^- 高的范围）
H—早强硅酸盐水泥；BFS—矿粉（掺量分别为 50%，70%）

混凝土中矿粉掺量大，对抑制 Cl^- 的渗透扩散效果好。在海洋环境下，潮汐区放置露天的混凝土试件，暴露试验 10 年，测定了混凝土试件中埋放钢筋的腐蚀程度，结果如表 12-8 所示。

钢筋被腐蚀的面积百分率（暴露 10 年，$W/C=30\%$）　　表 12-8

水泥的种类	保护层厚度					
	20mm		40mm		70mm	
	5 年	10 年	5 年	10 年	5 年	10 年
普通硅酸盐水泥	4.3	5.3	0.3	1.0	1.1	0.0
	1.5	0.8	0.0	0.0	0.7	0.0
	2.1	1.6	1.2	0.0	0.0	0.0
高炉矿渣水泥（矿粉含量≥45%）	0.0	0.3	0.0		0.0	0.0
	0.0	0.0	0.0	0.0	0.0	0.0
	0.0	0.0	0.0	0.0	0.0	0.0

含矿粉 45%～48%的水泥混凝土中，钢筋的腐蚀甚少，因此，在海洋环境下矿粉水泥混凝土能抑制氯离子侵入，并具有抑制钢筋腐蚀的效果。不同水胶比、矿粉对水泥不同置换率的混凝土试件，放入 3%NaCl 的水溶液中，温度为 20℃，浸泡 12h 后，取出放在 30℃空气中，干燥 12h，这样作为一个循环。经 20 或 40 个循环之后，用硝酸银法测定氯离子渗透深度，结果如图 12-17 所示。

图 12-17（*a*）是不同水胶比混凝土的 Cl^- 渗透深度，水胶比与 Cl^- 渗透深度之间大体上成直线关系，随着水胶比增大，Cl^- 渗透也增大。

图 12-17（*b*）是矿粉对水泥的不同置换率的混凝土试件，基准混凝土的 Cl^- 渗透深度，20 个循环时为 8.2mm，40 个循环时为 10.2mm，与此相应，含 30%和 50%矿粉的试件，Cl^- 渗透深度约分别降低了 30%。矿粉细度与 Cl^- 渗透深度关系如图 12-18 所示。超细矿粉混凝土 Cl^- 渗透深度仅为基准混凝土的 1/2～1/3。

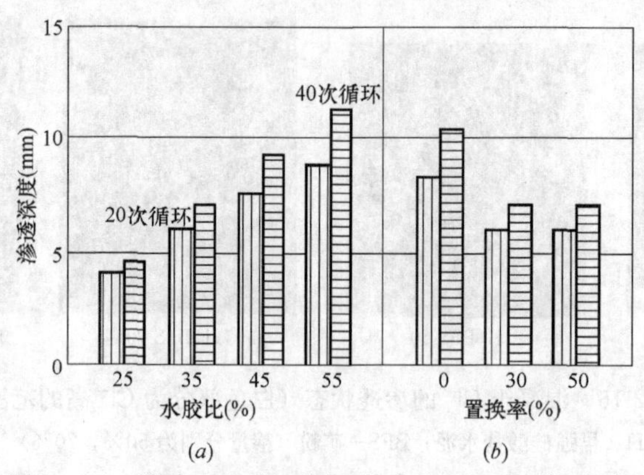

图 12-17　不同 *W*/*B* 与不同置换率和 Cl^- 渗透深度关系

（*a*）不同 *W*/*B*；（*b*）不同置换率

矿粉细度 400m^2/kg，对水泥的置换率分别为 0%、20%、50%和 70%时，氯离子扩散系数如图 12-19 所示。

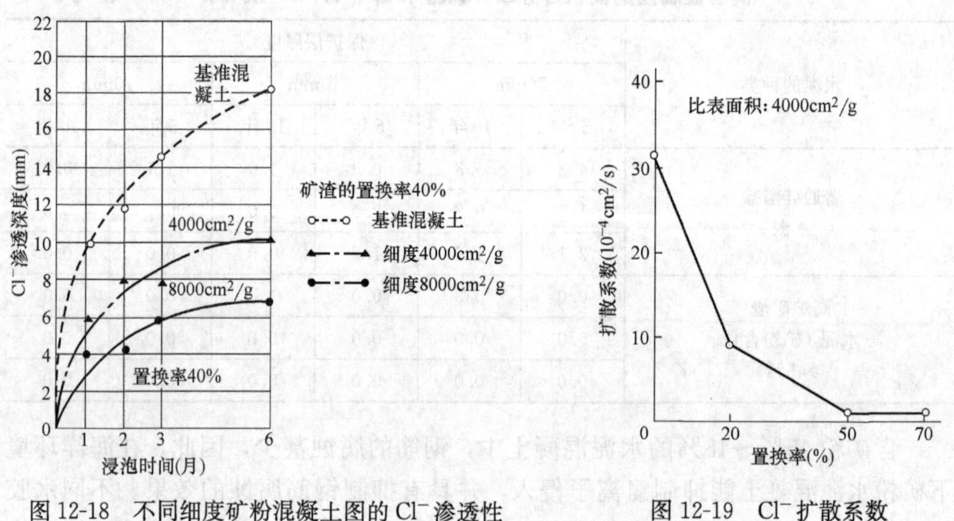

图 12-18　不同细度矿粉混凝土图的 Cl^- 渗透性　　　　图 12-19　Cl^- 扩散系数

3. 抗中性化性能

矿粉对水泥的置换率与中性比系数关系如图 12-20 所示。

矿粉混凝土，由于普通硅酸盐水泥水化放出的 $Ca(OH)_2$ 与矿粉反应生成新的水化物，故水泥水化放出的 $Ca(OH)_2$ 与矿粉反应生成新的水化物，混凝土中

$Ca(OH)_2$ 的量减少，抗碳化能力差。但如早期能充分养护，后期矿粉混凝土密实度高，强度高，抗中性化性能改善。

4. 抑制碱骨料反应效果

以安山岩为骨料（碱活性骨料），普通硅酸盐水泥中的碱含量分别为 0.86%、1.16%及 1.96%，矿粉置换水泥量分别为 30%、40%、50%及 60%；按有关标准测水泥砂浆的膨胀值，结果如图 12-21 所示。由此可见，水泥中碱含量 1.16%以下，矿粉对水泥的置换率 30%，就能有效抑制碱-骨料反应。而当骨料的碱活性中等程度，水泥碱含量偏高（≤2.0%），这时矿粉的置换率 40%时，才能有效抑制碱-骨料反应。如骨料的碱活性很大，矿粉的置换率 50%时，才能有抑制效果。矿粉掺入混凝土中对 ASR 的抑制，还与其细度有关，如图 12-22 所示。

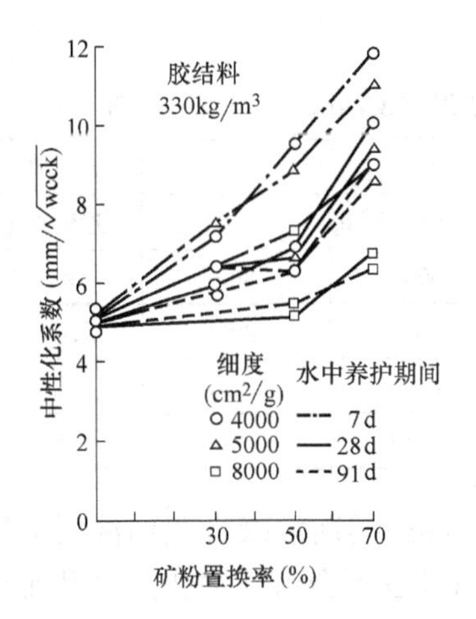

图 12-20　矿粉的置换率与中性化系数

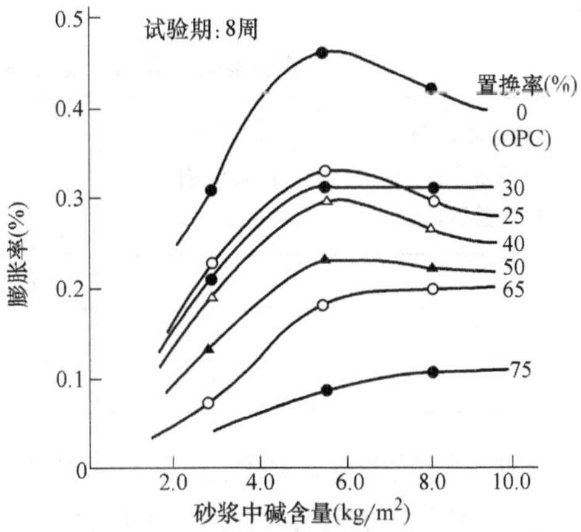

图 12-21　矿粉置换率和砂浆棒膨胀率

由图 12-22 所示，矿粉对水泥置换率为 65%时，当比表面积为 $8000cm^2/g$ 时，试件的龄期 2 周、4 周时，膨胀率均低于 0.10%。但龄期为 8 周时，膨胀率

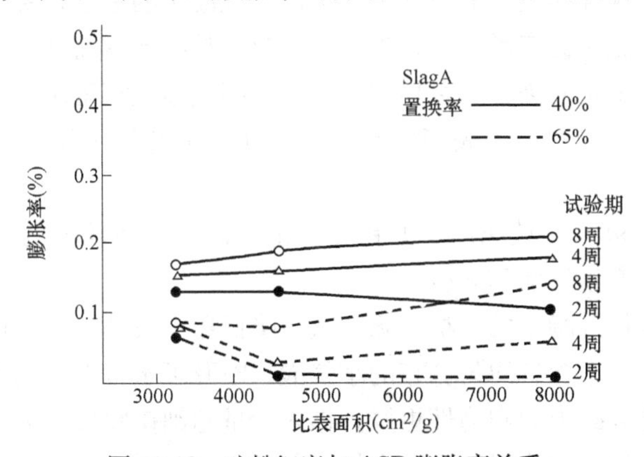

图 12-22　矿粉细度与 ASR 膨胀率关系

高于0.10%。而矿粉对水泥置换率为40%时，不管哪一个细度，膨胀率均高于0.10%。

12.7 矿粉的应用及注意的问题

1. 矿粉混凝土养护的湿度与温度

一般来讲，为了保证矿粉混凝土的强度发展和耐久性，希望尽可能条件下保持长期潮湿状态；矿粉混凝土也容易受养护温度的影响，特别是矿粉较粗、置换率较大的时候，养护温度的影响更明显。因此，矿粉混凝土在施工中，特别要注意早期的湿养护和养护温度。表12-9系推荐给使用矿粉混凝土技术人员的参考资料。

矿粉混凝土细度、置换率与养护温度及期限　　表12-9

置换率(%) 矿粉类别 日均温度(℃)	30～40	50			55～70
	比表面积	比表面积(m^2/kg)			比表面积
	400	400	600	800	400
17	≥6d	≥7d	≥7d	≥6d	≥8d
10	≥9d	≥10d	≥9d	≥8d	≥11d
5	≥12d	≥13d	≥12d	≥10d	≥14d

此外，浇筑温度，原则上应为10℃以上，在养护期间混凝土表面温度也推荐在10℃以上。如果浇筑的温度为10℃以下，而且也不会由于水化热温升而把温度提高，这时必须确保湿养护和养护温度，而且养护时间要长。

2. 泌水与离析

在矿粉混凝土中，如果用水量过大或减水剂掺量过大，在新拌混凝土表面出现水积聚，水分从混凝土中分离出来，上浮于混凝土的表层，称之为泌水。泌水使混凝土底层水泥浆黏度增大，发生沉降现象，粘结着容器底部，要使用更大的力量才能把混凝土铲起来，称之抓底。这种混凝土施工很困难。泌水和沉降往往同时发生，这时新拌混凝土表面层为水，下部为沉淀的水泥浆及砂石，称之为离析。

矿粉组成中98%为玻璃体，如粒度较粗的矿粉置换较多的水泥配置混凝土时，往往更容易产生泌水和离析。

为了解决新拌混凝土的离析，除了适当降低用水量外，还可以掺入少量引气剂，使新拌混凝土中含有均匀分布的小气泡，断开了水分上升的毛细管通道，解除了泌水，新拌混凝土的和易性更好。掺入少量超细矿物质粉体，如硅粉、天然沸石超细粉等，均可解决混凝土的离析。

3. 降低环境负荷

矿粉是将水淬高炉矿渣干燥后，再经磨细而成的粉体材料。与生产硅酸盐水泥相比，不需要烧成的工艺过程。考虑混凝土材料降低环境负荷影响的时候，使用矿粉可以降低水泥制造过程中石灰石的消耗，也即降低天然资源的使用量，以及能源的消耗，削减水泥烧成过程中二氧化碳的排放量；如以 1t 普通硅酸盐水泥的原料，燃料及 CO_2 排放量为基准，则以 45％矿粉置换水泥后，每吨胶结料的原料、燃料及 CO_2 排放量对比，如表 12-10 所示。

每吨水泥（或胶凝材料）原燃料用量及 CO_2 排放量　　表 12-10

资源或能源＼胶结料		普通硅酸盐水泥	含 45％矿粉水泥
石灰石用量(kg)		1113	612(45)
能源消耗	燃料(kg)	104	57(45)
	电力(kWh)	99	84(15)
CO_2 排放量（kg）		730	412(44)

注：摘自笠井芳夫水泥混凝土掺合料。

第13章　混凝土用膨胀材料

13.1　概述

1. 混凝土用膨胀材料沿革

支配混凝土耐久性主要因素之一就是裂缝。一般情况下，混凝土在干燥收缩时，使混凝土产生拉应力。此拉应力如果超过当时混凝土的抗拉强度，混凝土就开裂。就会出现渗漏，加速了碳化及氯离子及有害介质的渗透，进一步会使钢筋锈蚀，甚至使混凝土崩裂破坏。这些在工程上的实例很多。

此外，由于混凝土抗拉强度低，容易造成结构产生开裂。特别是混凝土受到抗拉和抗弯联合作用时，低抗拉强度是个很大的缺陷。在反打的混凝土及填充砂浆的混凝土施工中，由于泌水及干燥收缩，使结构物间隙不能完全填充，不能成为均匀的整体，得不到密实的混凝土结构构件。有的高强、超高强混凝土，自收缩开裂，也造成了结构耐久性的降低。

为了改善上述诸缺陷，需要使用混凝土膨胀材料（简称膨胀剂）。所谓膨胀剂，是将其与水泥和水一起搅拌时，由于水化反应，生成钙矾石及氢氧化钙，能使砂浆或混凝土膨胀的一种掺合料，称为膨胀剂。而相应的砂浆称为膨胀砂浆，相应的混凝土称为膨胀混凝土。这样就能改善上述砂浆或混凝土的缺陷。因此，该类砂浆或混凝土能广泛用于地下建筑、大体积混凝土、液气贮罐、屋面、楼地面、路面、墙面、机场、接缝及接头中；这种膨胀混凝土又称为补偿收缩混凝土。

1936年，法国的H. Lossier发明了膨胀水泥；1955年前后，苏联研究成功了硅酸盐自应力水泥、石膏矾土膨胀水泥等；用来配制补偿收缩混凝土。美国加利福尼亚大学教授A. Klein在法国人之后，开发了一种掺合料，掺入水泥中得到比较多的钙矾石，从而得到膨胀混凝土，并使之实用化。美国于1958年后，陆续研究成功K型水泥、M型水泥以及S型水泥，用于补偿收缩混凝土。日本于1955年研究成功CSA膨胀剂，1972年又试制成功石灰型膨胀剂，也用来配制补偿收缩混凝土和自应力混凝土。我国建筑材料科学研究院于1957年研制成功了硅酸盐自应力水泥，1965年试制成功明矾石膨胀水泥（Ⅰ型），1967年又试制成功明矾石膨胀水泥（Ⅱ），用来配制补偿收缩混凝土。

目前，除了我国和法、俄、美、日以外，还有英、德、瑞典、新西兰、澳大利亚、加拿大、波兰、捷克、保加利亚等国也在从事补偿收缩混凝土的研究和应用工作。

2. 膨胀材料的分类

ACI（American Concrete Institute）把含有膨胀材料的膨胀水泥分成 K、S、M 三型；以美国为首的众多国家，日本也是这样，不制造膨胀剂作为掺合料使用，而是制造膨胀水泥用于工程中。但是，其膨胀原理都是一样的。故在本书仍以膨胀材料（膨胀剂）来叙述。

所谓 K 型膨胀剂是 $3CaO \cdot 3Al_2O_3 \cdot CaSO4$ 和 $CaSO_4$ 以及 CaO 组成的膨胀材料，与水混合后发生反应生成钙矾石而发生膨胀。

所谓 S 型膨胀剂是 $3CaO \cdot Al_2O_3$ 和石膏的混合物，与 K 型膨胀剂一样，与水拌合以后发生化学反应，生成钙矾石而发生膨胀。但是，$3CaO \cdot Al_2O_3$ 是水泥的矿物组成之一。一般情况下，生产水泥熟料时，提高 $3CaO \cdot Al_2O_3$ 含量，掺入较多石膏共同粉磨，就可以制造出膨胀水泥了。

M 型膨胀剂是苏联开发的产品，由铝酸盐水泥（主要矿物为 $CaO \cdot Al_2O_3$）和石膏的混合物组成；与 K、S 型一样，与水混合后发生化学反应，生成钙矾石而发生膨胀。

以上三种类型膨胀剂都是生成钙矾石，利用钙矾石的膨胀制造膨胀混凝土。在日本，河野等人开发了 CaO 为主要成分的膨胀剂，命名为石灰系或 O 型（ONODA）膨胀剂。在日本，主要生产和销售 K 型和 O 型膨胀剂。

3. 以膨胀剂为主要成分的掺合料

属该类产品的有灌浆用的砂浆、混凝土掺合料，大体积混凝土用的膨胀剂，以及自流平水泥用的掺合料等。

灌浆用的掺合料除了膨胀剂之外，为了防止泌水及提高流动性，还需要高效减水剂、增黏剂，以及铝粉（作为发泡剂提高早期膨胀效果）等；而且如认为有必要，还掺入消泡剂。

大体积混凝土膨胀剂是将膨胀剂用水和缓凝剂都添加到膨胀剂中而得到的。当前，最令人关注的是大体积混凝土的裂缝问题。由于水泥的水化热，混凝土温度上升而发生膨胀，其后在自然冷却过程中，温度下降时发生收缩，受到先前浇筑已硬化的混凝土的约束，发生收缩应力，在浇筑 3～4d 后产生裂缝；在这种情况下，使用普通膨胀剂对防止裂缝产生是无效的。为了防止这种裂缝的发生及降低干缩开裂，要开发大体积混凝土用的低热水泥或低热型膨胀剂。

自流平水泥用的掺合料，需要提高砂浆或混凝土的流动性，降低泌水量，表面不需装饰，只需要自流平的平滑表面作为饰面，因此，其组成和砂浆用的掺合料类似，但必须能防止砂浆的干燥收缩开裂。

13.2 膨胀剂的性质和水化膨胀机理

1. 化学性质和物理性质

市场上销售的膨胀剂的化学成分和物理性质如表 13-1 所示。

膨胀剂的化学成分和物理性质 表 13-1

名称	相对密度	细度 $cm^2(g)$	化学成分(%)						
			烧失量	SiO_2	Al_2O_3	Fe_2O_3	CaO	MgO	SO_3
A	3.0	2500	0.8	4.0	10.0	1.0	51.2	0.6	31.9
B	3.0	3200	1.2	3.1	6.3	0.4	58.0	0.3	29.6
C	3.14	3500	0.4	9.6	2.5	1.3	67.3	0.4	18.0
D	3.11	4120	0.6	3.9	1.8	2.4	63.6	1.6	25.6

表中，膨胀剂 A、B 是生成钙矾石膨胀的，化学成分是 Al_2O_3，CaO 和 SO_3。但矿物成分是：膨胀剂 A 为 $3CaO \cdot 3Al_2O_3 \cdot CaSO_4$，CaO 及 $CaSO_4$；而膨胀剂 B 为 CaO，Al_2O_3 及 $CaSO_4$。膨胀剂 C 和 D 是石灰系产品，主要矿物是 CaO；膨胀剂 C 除此以外，还含有 $CaSO_4$ 和 $3CaO \cdot SiO_2$，膨胀剂 D 还含有 $CaSO_4$。

比重，膨胀剂 A、B 为 3.00 稍低于膨胀剂 C 和 D，分别为 3.11 和 3.14。细度对膨胀性能影响很大，可根据不同要求加以调整。

2. 水化膨胀机理

(1) 基本的水化膨胀是钙矾石的形成

膨胀剂 A、B 与水的化学反应生成钙矾石的反应式如下：

膨胀剂 A：
$$3CaO \cdot 3Al_2O_3 \cdot CaSO_4 + 6CaO + 8CaSO_4 + 96H_2O \rightarrow 3(3CaO \cdot Al_2O_3 \cdot 3CaSO_4 \cdot 32H_2O) \quad (13\text{-}1)$$

膨胀剂 B：
$$3CaO + Al_2O_3 + 3CaSO_4 + 32H_2O \rightarrow 3CaO \cdot Al_2O_3 \cdot 3CaSO_4 \cdot 32H_2O \quad (13\text{-}2)$$

K 型膨胀剂的反应式是式 (13-1)；S 型膨胀剂和 M 型膨胀剂的化学反应可参考式 (13-3) 和式 (13-4)。

S 型膨胀剂：
$$3CaO \cdot Al_2O_3 \cdot 3(CaSO_4 \cdot 2H_2O) + 26H_2O \rightarrow 3CaO \cdot Al_2O_3 \cdot 3CaSO_4 \cdot 32H_2O \quad (13\text{-}3)$$

M 型膨胀剂：
$$CaO \cdot Al_2O_3 + 3(CaSO_4 \cdot 2H_2O) + 2Ca(OH)_2 + 24H_2O \rightarrow 3CaO \cdot Al_2O_3 \cdot 3CaSO_4 \cdot 32H_2O \quad (13\text{-}4)$$

这些膨胀剂生成钙矾石的时候，理论上其化学量是收缩的，但其表观体积增加，发生膨胀。这种膨胀与钙矾石的形成速度和水泥浆的水化硬化速度有关；钙矾石的形成量和水泥石孔结构有关，至今还没有充分的解明，但是，可以说钙矾石结晶长大是膨胀力发展的主要原因。

（2）生成氢氧化钙的水化膨胀

由于氧化钙水化生成氢氧化钙而产生膨胀，这早就为人们所熟知的了，但其膨胀机理仍未阐述清楚。在理论上稍有少量收缩，但由于残留许多空隙在氢氧化钙晶体中，故表观容积膨胀，其膨胀是分为两阶段的膨胀。也就是最初生成的是细微的胶体状的氢氧化钙，然后再结晶而发生膨胀，这种水化反应之后还要继续，成长为异方向性的六角板状的结晶。

13.3　膨胀剂的设计制造

1. 膨胀剂质量的设计

作为膨胀剂的性能要求，已如上所述。

（1）水泥的凝结、硬化及膨胀速度需要很好的平衡，使混凝土发生有效的膨胀；

（2）尽量降低膨胀剂的用量，能使混凝土发生必要的膨胀就可以了；

（3）混凝土的膨胀，在常温下较低，但是，能在一周龄期左右达到最大值就可以了；

（4）掺膨胀剂混凝土，不能明显地提高强度及其他物理性质和化学性质；

（5）能降低膨胀后混凝土的干燥收缩。

上述各条中，最重要的就是（1）条，膨胀速度的调节。膨胀混凝土的膨胀要在凝结前发生，和钢筋产生粘结力之前发生膨胀，不能由于膨胀对钢筋发生拉伸；因为这样，就达不到膨胀效果。

此外，如膨胀已过度，还要继续膨胀时，就会把混凝土的组织结构破坏了。这种现象，与混凝土受海水影响生成过量的钙矾石而崩坏，或因碱-骨料反应而崩坏，是相同的。适宜的膨胀期间，根据经验判断，在常温下是一周左右。而且，在此期间内通过膨胀掺量多少，调整膨胀值大小。

其次，膨胀剂水化生成的钙矾石或者氢氧化钙，与水泥的主要矿物硅酸钙水化物相比，强度明显降低；增加膨胀剂的掺量，混凝土的基体强度降低；因此，要尽量降低膨胀剂的掺量。还有，即使尽量使混凝土膨胀，但因混凝土干燥收缩大，以及在膨胀前的短期内，或者其体积比还会更小。通过收缩补偿防止混凝土开裂，以及化学预应力，能提高混凝土的抗弯强度和抗拉强度。

以上各项需要充分的思考研究，一开始就要考虑到膨胀剂的熟料组成及其细度，以至掺合料的混合等的质量设计，这就是膨胀剂的制造。膨胀剂在混凝土的掺合料中，可以说是今天技术水平最高的。石灰系膨胀熟料细度对混凝土膨胀影响的关系如图 13-1 所示。

2. 膨胀剂的制造

(1) K 型膨胀剂

以纯度较高的矾土、石膏和石灰石磨成粉，在回转窑中大约 1200℃左右烧成，制得铝酸三钙熟料和无水石膏及氧化钙混合物的熟料。这时，调整原料的比例，使水泥熟料中各矿物组成的摩尔比大体上为 3∶6∶8，在球磨机中磨细，必要时通过筛分达列规定的比表面积即得 K 型膨胀剂。表 13-1 中编号 B 型膨胀剂，以石灰石、矾土及石膏烧成，磨细得到氧化钙、氧化铝及无水石膏的摩尔比 3∶1∶3，尚无详细公报材料。

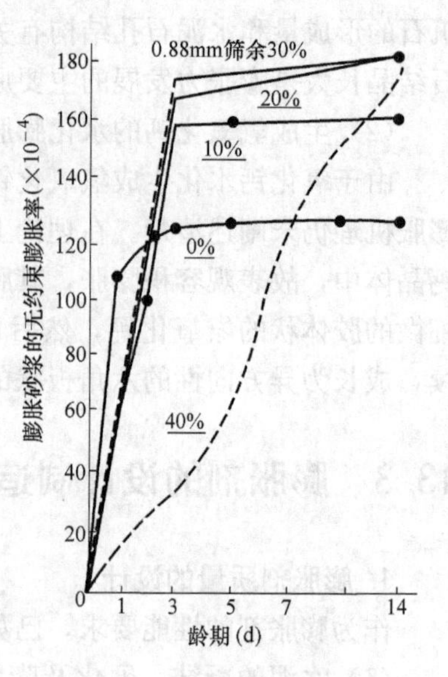

图 13-1 膨胀剂的细度对砂浆膨胀率影响

(2) 石灰系膨胀剂

石灰石、黏土、硅石、石膏等粉料按比例混合，在回转窑中 1450℃以上烧成，得到熟料，然后在球磨机中粉磨至适当细度，得到石灰系膨胀剂。必要时掺合无水石膏粉。表 13-1 中 C 中产品就属此类。在粉磨过程中要注意石灰的细度，以免石灰的水化过快。

(3) UEA 膨胀剂

UEA 膨胀剂是中国建筑材料科学研究院于 1988 年研制成功的。UEA 膨胀剂的英文 United Expansive Agent。吸收了中国明矾石水泥和美国 K 型膨胀水泥的特性而研制成功的。以硫铝酸钙熟料、天然明矾石和石膏共同磨细而成。硫铝酸钙熟料以石灰石、矾土和石膏配成生料，在 1250～1350℃的回转窑中煅烧而成。熟料中含有 15%～30%的无水硫铝酸钙（$3CaO \cdot 3Al_2O_3 \cdot CaSO_4$）、20%～25%的 fCaO、25%～35%$fCaSO_4$，以及β-C2S、C4AF 等矿物。天然明矾石主要矿物为硫酸铝钾 $KAl_3(SO_4)_2(OH)_6$ 石英和高岭土。UEA 以无水硫铝酸钙（$3CaO \cdot 3Al_2O_3 \cdot CaSO_4$）为早期膨胀源，明矾石为中期膨胀源，具有较稳定的膨胀作用。

13.4 膨胀剂的作用和用途

1. 膨胀混凝土的一般化学的及物理的性质

膨胀混凝土的化学及物理性质，与使用膨胀剂的品种和掺量有关。但因品种上的差异较小，而掺量的大小则影响较大。一般膨胀剂的掺量以对水泥百分率而言，但也有以单方混凝土掺入的数量（kg/m^3）表示。一般最大用量为 $60kg/m^3$ 左右。

（1）胶结料

在膨胀混凝土配合比设计中，膨胀剂是置换水泥量表示，也算是胶凝材料的一个组分。单方混凝土中，膨胀剂的量是相对固定的，混凝土的抗压强度和胶结料水比的关系，在某一范围内是直线关系，和普通混凝土的灰水比关系大体一致。

（2）新拌混凝土的性能

混凝土稠度、含气量、凝结时间及泌水量，即使单方混凝土膨胀剂用量增加，但单方混凝土胶凝材料用量一定的情况下，和普通混凝土几乎相同。

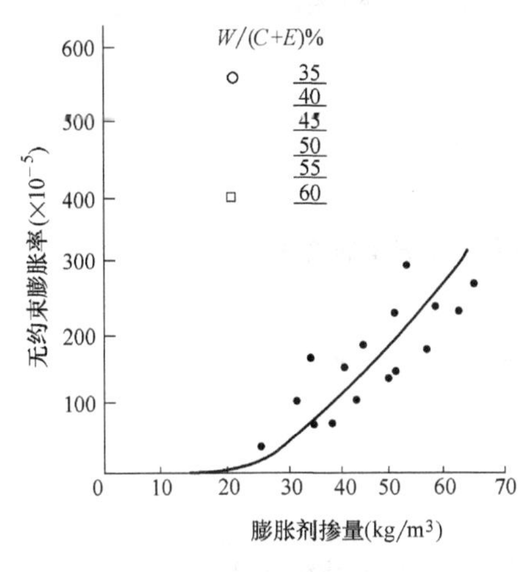

图 13-2　膨胀剂掺量与无约束膨胀率关系

（3）硬化混凝土的性能

1）膨胀特性

混凝土的无约束膨胀和约束膨胀如图 13-2、图 13-3 所示，随着单方混凝土中膨胀剂用量的增加也随着增大。无约束膨胀率和约束膨胀率之间的关系如图 13-4 所示。由于水胶比的变化影响较小，而水泥种类对膨胀速度和膨胀率是有变化的。普通硅酸盐水泥和掺合料较低水泥没多大差别，但对掺合料较高的水泥来说，无约束膨胀和约束膨胀都较大。外加剂对膨胀的影响较小。

① 限制膨胀率 e_2

限制膨胀率是补偿收缩混凝土最为重要的性能；以前我国标准中测定限制膨胀率 e_2 采用试件尺为 30mm×30mm×250mm，纵轴线上配有一根 $\phi4$ 的高强度钢筋（$\rho=1.4\%$），两端各有 3mm 厚的钢端板，和钢筋焊接上，而且钢筋穿过钢板 12mm，并加工成圆弧形。试件在振动台上成型后，盖上湿毛巾，终凝后用千分卡尺测初长 L_1，其后按龄期测长度为 L_2，则膨胀率 e_2 可按下式求得：

$$e_2=(L_2-L_1)/L_1(\%)$$

现行的方法只能测定单向限制的膨胀率。对于双向或三向限制的膨胀率，目前还不能测定，而且各国的测定方法也不同。

② 自由膨胀率 e_1

自由膨胀率对限制膨胀率有一定的影响，e_1/e_2 比值在 2～10 之间，视水泥品种、限制程度和龄期等而变化。自由膨胀率和限制膨胀率之间的关系如图13-4 所示。

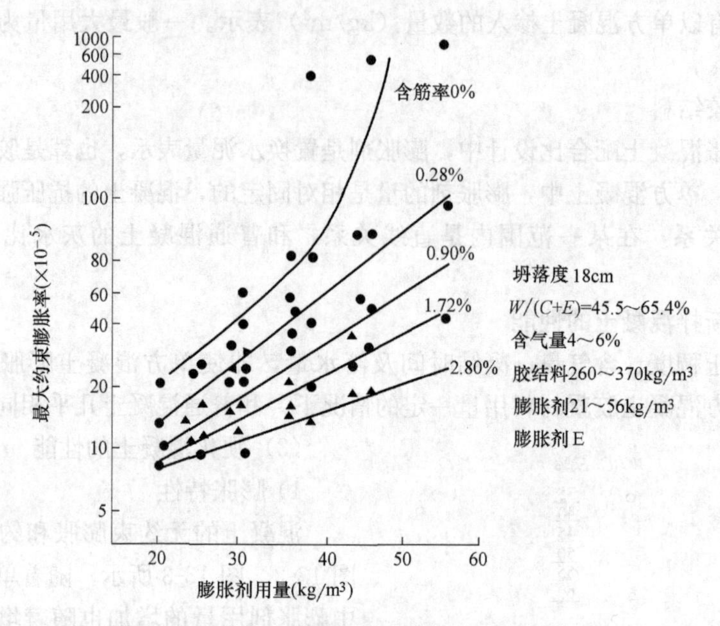

图 13-3　膨胀剂掺量与最大约束膨胀率的关系

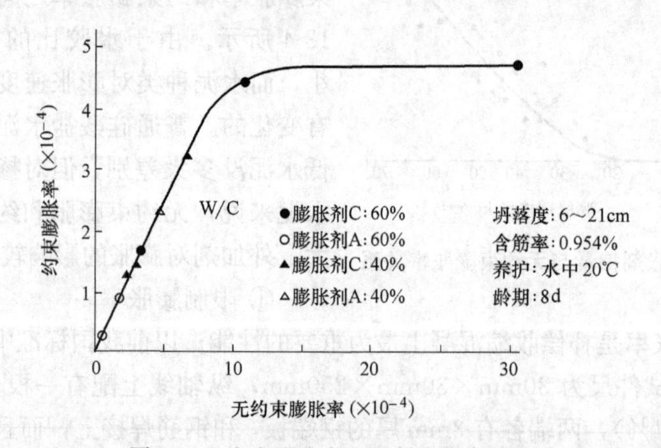

图 13-4　自由膨胀率和限制膨胀率关系

自由膨胀率太大时，混凝土强度和耐久性会显著降低。在钢筋混凝土中，还可能使保护层脱落。故要对自由膨胀率进行适当的控制。

影响自由膨胀率的因素有水泥和骨料种类、水泥用量、膨胀剂掺量、养护条件及拌合方法等。而水胶比对膨胀的变化小。

水泥品种对膨胀速度和膨胀率的影响大；普通硅酸盐水泥和掺合料低的水泥差别不大；而掺合料大的水泥的自由膨胀率和限制膨胀率均大；减水剂对膨胀的影响小。

此外，膨胀性能和养护温度、湿度、养护方法有关。如图 13-5 所示，养护温度越高膨胀速度越快，但单方混凝土中，掺入 30kg/m³ 膨胀剂时，养护温度 5～30℃范围内，膨胀率无太大差别。

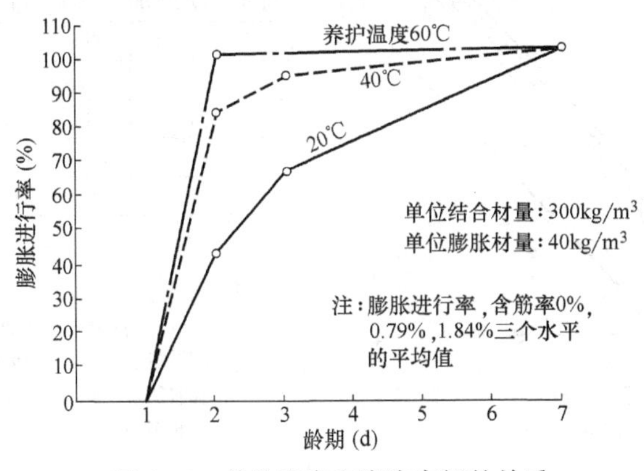

图 13-5　养护温度和膨胀率间的关系

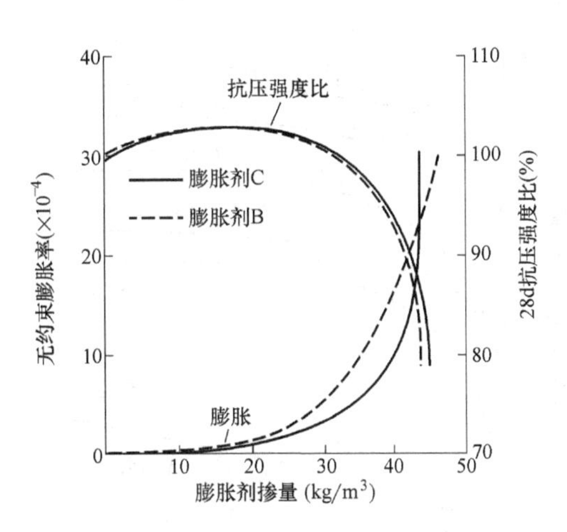

图 13-6　掺膨胀剂混凝土的抗压强度

2）强度特性

如图 13-6 所示，无约束养护的情况下，掺膨胀剂的混凝土强度降低幅度大，但是，当膨胀剂的用量 30kg/m³ 左右，和普通混凝土的抗压强度大体相同。而用铁模成型的试件，无约束混凝土的膨胀率虽然很大，但抗压强度也不会降低，如图 13-7 所示。

胶结料水比与抗压强度的关系如图 13-8 所示，和普通混凝土的关系一样，为直线关系。

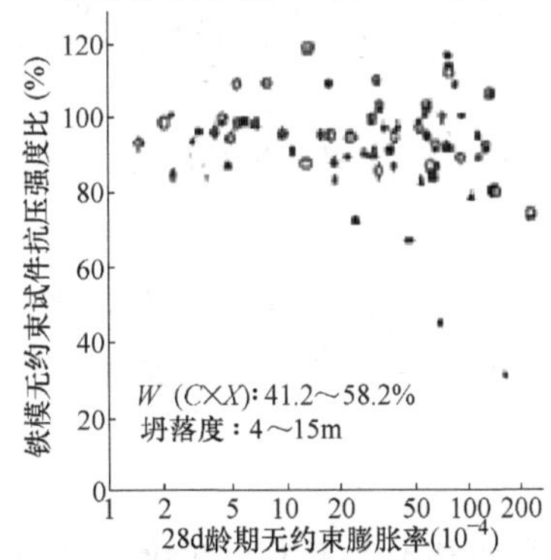

胶结料 (kg/m³)	水泥	膨胀剂 A	膨胀剂 B	掺量 (kg/m³)
300	普通	○	●	21～51
300	普通	□	■	28～68
400	带强	△	▲	28～65

图 13-7　铁模约束试件与不用膨胀剂试件的强度比

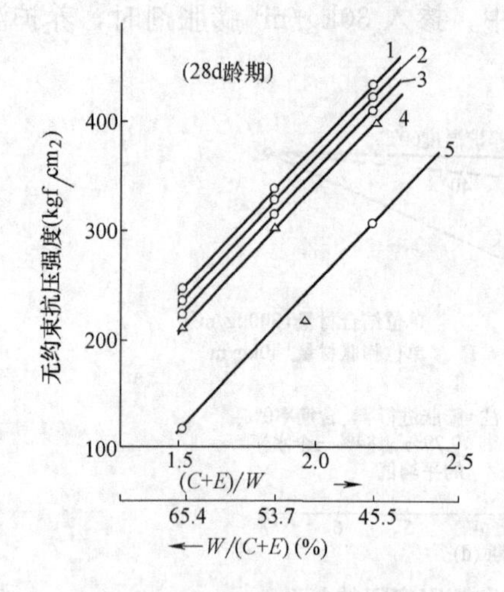

符号	E/C(%)	回 分 式
1	0	$\sigma_{28}=-174+274(C/W)$
2	8	$\sigma_{28}=-183+274(C/W)$
3	10	$\sigma_{28}=-201+278(C/W)$
4	12	$\sigma_{28}=-189+265(C/W)$
5	15	$\sigma_{28}=-304+277(C/W)$

坍落度：18±1cm
$W/(C+E)$：45.5～65.4%
胶结料量：260～370kg/m³
膨胀剂量：0～56kg/m³
膨胀剂：C

图 13-8　胶结料水比与无约束抗压强度的关系

含膨胀剂混凝土的粘着强度受约束条件和膨胀剂掺量的影响，一般的配筋率，在一般约束配筋的情况下，膨胀剂掺量大，粘着力大。但如膨胀剂掺量30kg/m³左右，和普通混凝土的粘着力相近（参阅图 13-9）。

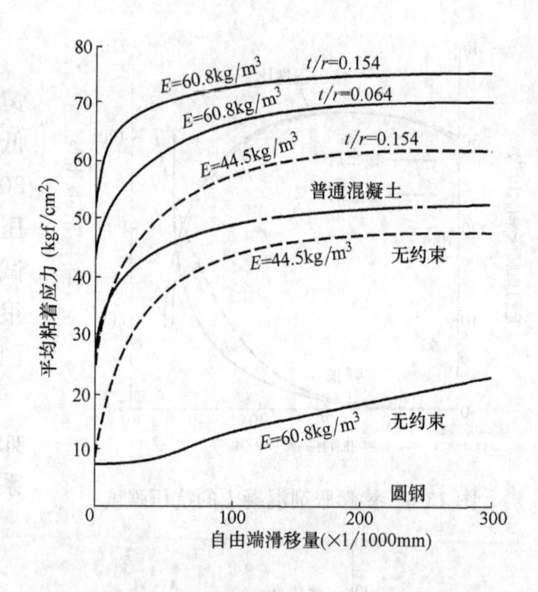

图 13-9　不同约束条件与粘着应力关系

对于抗拉强度与抗弯强度，和普通混凝土的关系，与抗压强度具有一样的规律。而与钢筋的粘结强度，则受约束条件和膨胀剂掺量的影响。

3）干燥收缩

混凝土的干燥收缩与膨胀率掺量和约束条件有关，如图 13-10所示。无约束试件的绝对干燥收缩（达到最大膨胀时的收缩），是在龄期为 52 周时，约降低 10%～30%；而对有约束的条件下，混凝土的绝对干燥收缩与普通混凝土没有多大差别，如图 13-11 所示。

4）耐久性

膨胀混凝土达到一定膨胀值后，膨胀率基本上不发生变化，受到干燥时会发生收缩，但一般情况下是比较稳定的，抗冻性能好。膨胀剂掺量为 30kg/m³ 时，

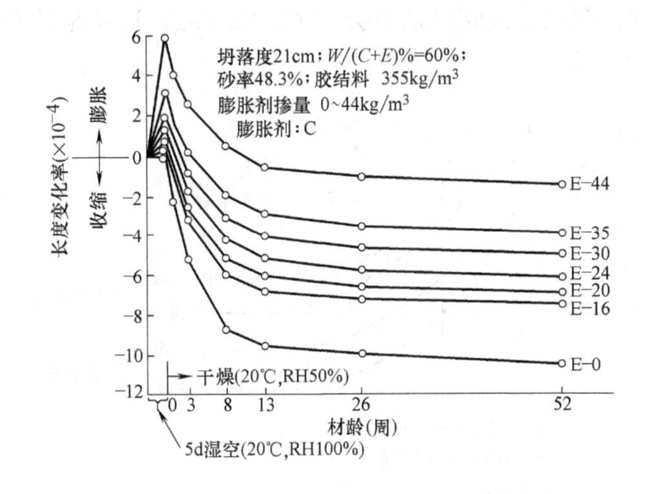

图 13 10 混凝土无约束试件的干燥收缩（%）

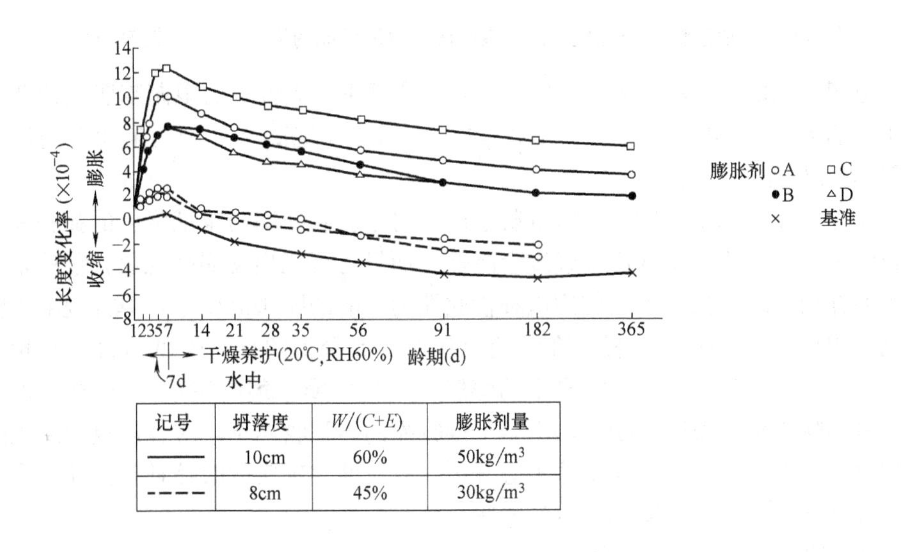

记号	坍落度	$W/(C+E)$	膨胀剂量
———	10cm	60%	50kg/m³
– – –	8cm	45%	30kg/m³

图 13-11 有约束试件的干缩率

抗冻性和普通混凝土相同。抗硫酸盐腐蚀、中性化、耐磨耗性能及抗渗性等也与普通混凝土类似。

(4) 补偿收缩

在钢筋混凝土中使用膨胀剂时，在早期养护过程中，混凝土膨胀，钢筋伸长，这时混凝土受到一定的压应力；其后，混凝土在空气中，发生干燥，产生收缩；在早期，由于混凝土膨胀而使钢筋伸长；但在后期，由于混凝土的收缩，钢筋又回到原始位置。混凝土原受到的压应力也减少，但不会产生受拉应力。也即由于掺入膨胀剂，混凝土浇筑时期不会产生体积收缩，这就是补偿收缩的基本理念。

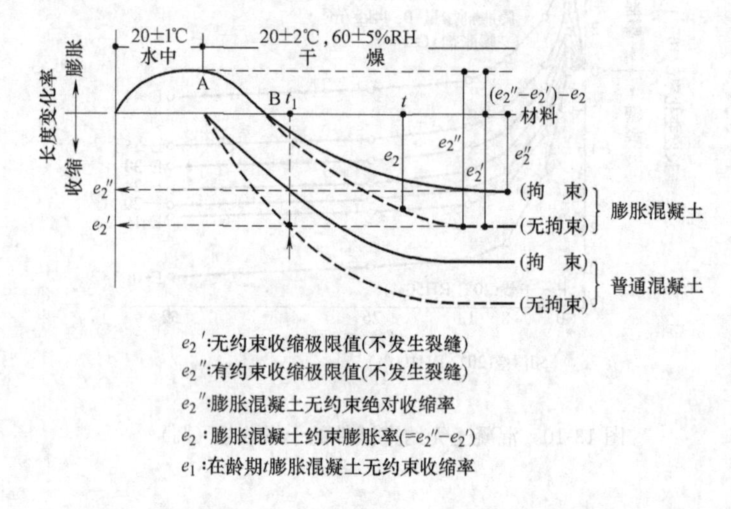

图 13-12 快速试验中混凝土的约束膨胀，收缩性能的模型（日本建筑学会）

由图 13-12 可见，在水中养护 7～14d，掺 UEA 混凝土的限制膨胀值比普通混凝土的大 3～5 倍，随后在空气中养护，掺 UEA 混凝土的干缩值比普通混凝土低 50%左右。

但是，在实际工程中，膨胀混凝土的绝对干燥收缩率与早期膨胀的膨胀率相一致的情况下，约束少的部分强度会降低，而且还可能出现崩裂现象，很难采用真正的补偿收缩。在日本，使用以补偿收缩为目的的膨胀混凝土，单方混凝土膨胀剂的用量约为 30kg；这样，在无约束状态下混凝土的抗压强度与普通土相比不会降低，以此为前提确定混凝土的膨胀率（也即膨胀剂的掺量）。这样，钢筋达到最大膨胀率的膨胀混凝土，由于干燥收缩的体积收缩率，应在浇筑混凝土的体积收缩率以下，这样混凝土才不会开裂。故所谓“现实的收缩补偿，就是为了降低收缩开裂，给予混凝土一定的膨胀”。

(5) 掺 UEA 混凝土的应用

在混凝土中，掺入膨胀剂 30kg/m³ 左右配制成的膨胀混凝土，以达到防止钢筋混凝土开裂，或者降低其收缩开裂。这种膨胀混凝土常用于板、墙壁、水池、混凝土构件用的金属网架的底层砂浆、道路、喷涂施工的砂浆或混凝土等，得到了大量的应用。

(6) 膨胀混凝土制造时注意事项

首先，膨胀剂的计量要准确。计量过多，会发生膨胀破坏；计量过少，不能充分发挥膨胀混凝土的性能。因此，事前要检查计量工具，计量误差在 2%以内。

膨胀剂投入搅拌机时，要考虑经济性和效益，故有三种方法：(1) 设置专用料仓，便于计量和投入；(2) 采用膨胀剂专用投入装置；(3) 人工解包，直接投入搅拌机。这三种方法可根据实情灵活采用，但不能将膨胀剂直接投入搅拌运输车，因为在车内搅拌不均匀。

(7) 膨胀混凝土的养护

使用膨胀混凝土的目的，是补偿干燥收缩，降低由于干燥收缩而发生的裂缝；或者由于膨胀混凝土产生膨胀而导入预应力，使混凝土结构物的力学性能得以改善。往往由于养护不周而产生裂缝，妨碍了使用膨胀混凝土目的。膨胀混凝土浇筑后，到开始硬化，要避免日晒和风吹，防止混凝土中水分逸散。对膨胀混凝土的外表面，自浇筑后到第 5 天，常常要保持潮湿状态。

13.5　膨胀混凝土构件的应用

中国建筑材料科学研究院对膨胀剂及膨胀混凝土的开发应用，在我国处于领先水平。在国外，膨胀剂掺量 $30kg/m^3$ 左右的混凝土，以防止和降低钢筋混凝土收缩开裂为目标，大量用于桥面板、水池、墙壁等砂浆和混凝土中，如图 13-13所示，为膨胀混凝土用于钢桥面板的照片。

图 13-13　膨胀混凝土用于钢桥面板

由图 13-14 可见，不掺膨胀剂的普通混凝土桥面板，板面上有大量的 0.05～0.15mm 的裂缝；而掺入了膨胀剂（$30kg/m^3$）的混凝土桥面板，几乎没有出现裂缝。这对桥面板的长期性能和耐久性能带来更有利的效果。

图 13-15 是掺膨胀剂的钢筋混凝土构件，混凝土的温度经时变化曲线；以及混凝土变形的经时变化曲线。混凝土能保持其膨胀性能，这对混凝土结构的耐久性十分有益。

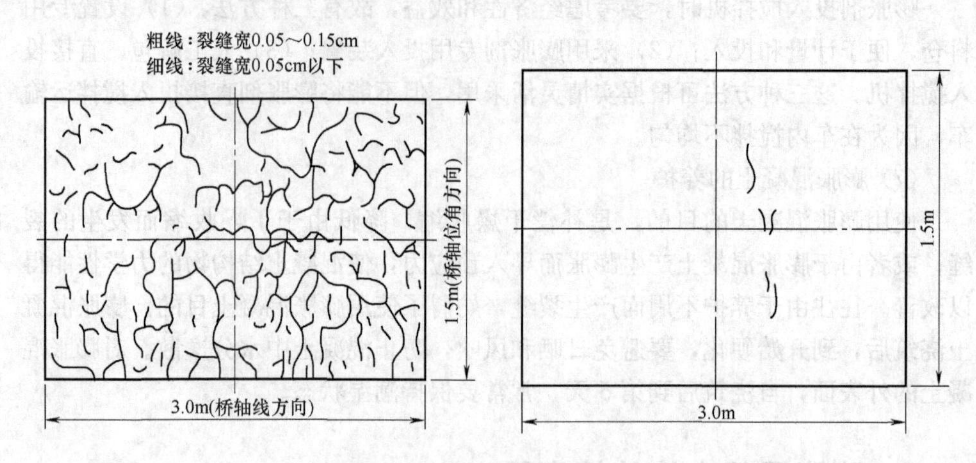

图 13-14 不掺膨胀剂与掺膨胀剂（30kg/m³）的桥面板

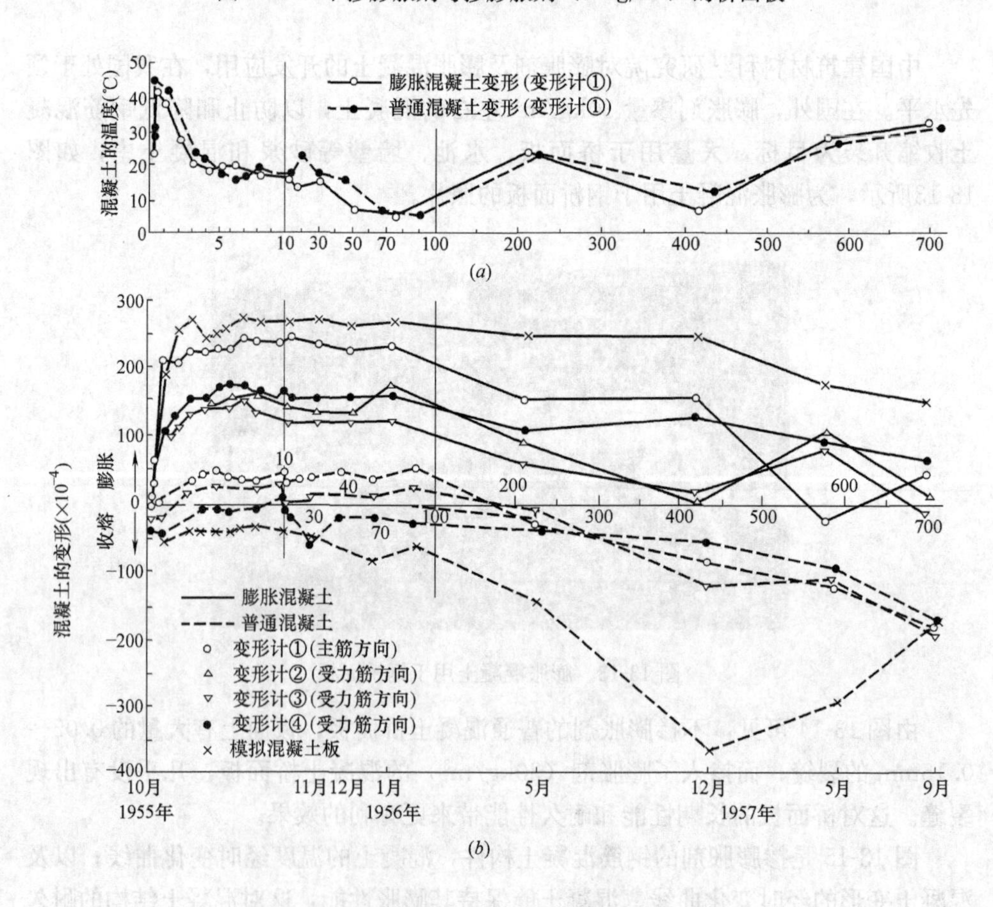

图 13-15 混凝土的温度及变形的经时变化曲线

(a) 混凝土的温度（℃）；(b) 混凝土的变形（$\times10^{-6}$）

第 14 章　造纸白泥的应用

14.1　引言

白泥，也叫造纸白泥，是国内外大、中型造纸厂，采用碱回收工艺处理造纸黑液所产生的废渣，是苛化反应的产物：$Na_2CO_3 + Ca(OH)_2 \rightarrow 2NaOH + CaCO_3 \downarrow$。用 1t 石灰就能从造纸黑液中回收 1t 烧碱，经济效益十分显著。但随之而来的是每回收造纸黑液中 1t 烧碱，就要产生 1t 废渣——白泥。白泥的主要成分为 $CaCO_3$（约占 95%）。白泥中还含有少量 $Ca(OH)_2$ 及其他有害成分，不能填埋，也不能排放流入江河，只能堆放在造纸厂院内。日产 100t 的硫酸盐制浆造纸厂，年产白泥约 1.5 万 t（含水量 40%）。我国有些单位利用白泥生产预拌砂浆，取得了很好的技术经济效果。南宁糖业股份有限公司，通过采用真空洗渣机和预挂式真空过滤机处理白泥，将造纸白泥水分由 60%降低至 40%，然后送至该厂烘干，代替部分石灰石，用于干法立窑水泥的生产，减少环境污染，降低了水泥生产成本。但因立窑生产水泥能耗大，污染严重，水泥质量不高，立窑生产水泥的工艺被废除，相应白泥处理的方法也就停止了！海南省某造纸厂，造纸白泥长期堆放于工厂内，积存有近百万吨。受海南陆邦天成公司的委托，作者指导研发队伍，将造纸厂原状白泥，研发、生产和应用了 C30、C60 多功能混凝土，以及 C30、C35 和 C40 普通混凝土，取得了优异的技术效果、经济效果，为造纸白泥应用开辟了一条新途径！

14.2　造纸白泥的物理化学性质

1. 造纸白泥的化学成分

白泥呈灰白色，稠浆状，pH 值为 11，主要成分为 $CaCO_3$（约占 95%），其化学成分如表 14-1 所示。

白泥的主要化学成分（质量%）　　表 14-1

CaO	MgO	SO_3	K_2O	Na_2O	烧失量(%)
53.7	0.58	0.27	微量	1.25	41.5

白泥相对密度 2.35，松散干重度 620～630kg/m^3，自然状态重度 1400～

1500kg/m^3，稠度 6～8cm，细度 75 目，筛余量为 0.180 目，筛余量为 8.4％。

2. 白泥的 XRD 分析

（1）水泥＋白泥＝7∶3，加 30％水的试件

作者以纯水泥试件及水泥＋白泥的试件进行白泥的 XRD 分析及 SEM 观测，如图 14-1 所示。从 XRD 图上可看出，掺加白泥的 $CaCO_3$ 峰值比 $Ca(OH)_2$ 高很多。

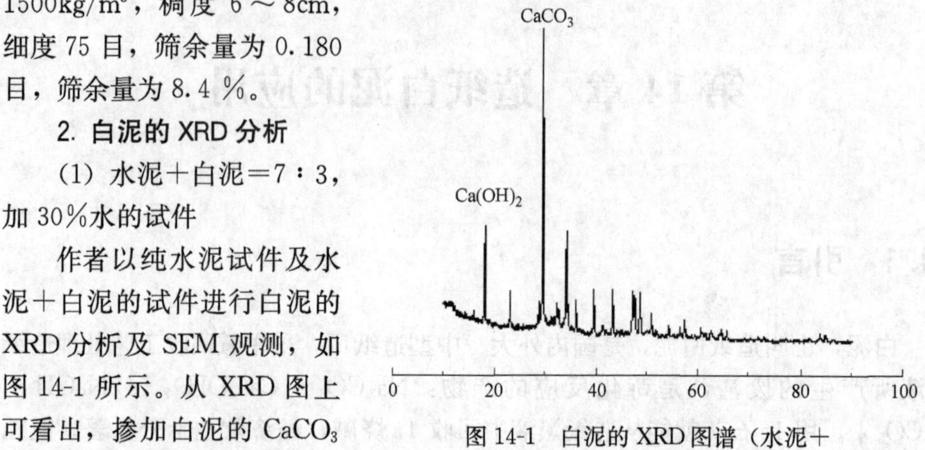

图 14-1　白泥的 XRD 图谱（水泥＋白泥＝7∶3，加 30％水）

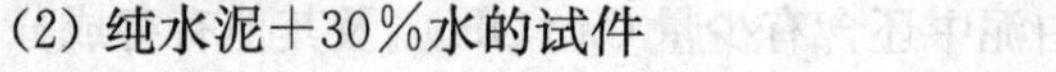

（2）纯水泥＋30％水的试件

如图 14-2 所示，从 XRD 图上可看出，纯水泥的 XRD 图中全都是 $Ca(OH)_2$ 基本上看不到 $CaCO_3$。

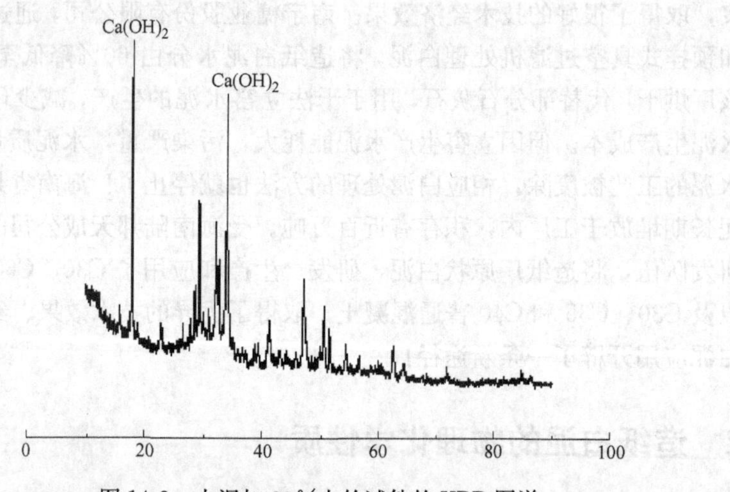

图 14-2　水泥加 30％水的试件的 XRD 图谱

3. 白泥的电镜观测

（1）纯水泥试件的电镜（SEM）分析

如图 14-3 所示，可见存在大量的 Ca（OH）$_2$ 结晶，未发现有碳酸钙存在。

（2）水泥＋白泥＝7∶3，加 30％水的试件

如图 14-4 所示，含白泥的试件主要含 $CaCO_3$。由化学分析，X 射线分析及电镜观测，造纸白泥的主要化学成分是 CaCO3，还含有少量 $Ca(OH)_2$ 及其他有害成分。

图 14-3　纯水泥试件的 SEM 图谱

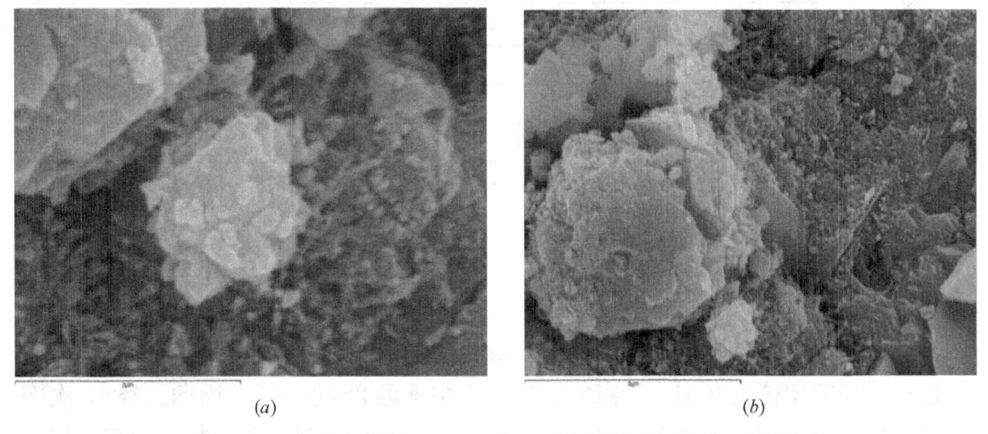

图 14-4　水泥+白泥=7∶3，加 30%水的试件的 SEM 图谱

(a) ×3000；(b) ×8000

14.3 造纸白泥水泥混合砂浆

1. 白泥在水泥混合砂浆中的作用机理

水泥混合砂浆通常是以水泥提供结构强度，以石灰或黏土等作为掺合料，以满足施工和易性要求。从化学角度来看，在建筑砂浆中掺入部分石灰膏对水泥的水化一般并不起多大影响。其主要目的是为了利用石灰膏的微粉效应，不仅可改善砂浆的凝聚结构和易性，而且能使水泥砂浆中水泥颗粒均匀分布，起到分散和缩小水泥颗粒的作用，充分发挥水泥的水化作用，提高早期强度。造纸白泥的主要成分是CaCO3，细度与石灰相仿，用白泥取代石灰膏掺入水泥砂浆中，不仅能起到相同的微粉效应，而且可避免石灰膏在水泥砂浆的凝结、硬化和碳酸化过程中，因 Ca（OH $)_2$ 的体积变化而影响水泥石的强度。

20 世纪 50 年代初，莫斯科门捷列夫化工学院的研究工作就表明，在 $Ca(OH)_2$中掺加一些 $CaCO_3$ 粉末，并使其均匀分布，将有助于 $Ca(OH)_2$ 的硬化，增加其机械强度。这种混合物称为碳酸石灰。碳酸石灰在硬化过程中生成以 $CaCO_3$ 为主的水化复合物，如 $CaCO_3 \cdot Ca(OH)_2$，同时由于 $CaCO_3$ 生成大量的结晶核，有助于石灰中 $CaCO_3$ 结晶的生成。而石灰膏在硬化过程中，由于 $Ca(OH)_2$的碳酸化提高的强度最为显著。基于上述原理，可在施工单位用白泥取代部分石灰膏配制石灰白泥砂浆。

2. 白泥建筑砂浆的技术性能

白泥建筑砂浆的配比如表 14-2 所示。

白泥建筑砂浆配合比　　表 14-2

编号	砂浆配合比(质量%)				
	水泥	白灰	白泥	砂子	粉煤灰
1	1	0.34		2.7	0.9
2	1	0.15	0.19	2.7	0.9
3	1		0.34	2.7	0.9

注：$1m^3$ 砂浆中水泥用量 290kg；1 号为水泥白灰砂浆，2 号为水泥、白灰、白泥混合砂浆，3 号为水泥白泥砂浆；均为 M10 砌筑砂浆。

3. 耐久性能

(1) 抗冻性能

将 28d 龄期，掺石灰类建筑砂浆和掺白泥类建筑砂浆试件，浸水 24h 后，在 －15～－18℃冰箱内冻 4h，在 20±3℃的水中冻融 2h 为一循环周期。经 15 次冻融循环后，测定质量损失率与强度损失率，测试结果说明两类砂浆均能满足规范要求。

(2) 抗碳化性能

取上述两类砂浆试块，用人工碳化的方法进行加速碳化试验，并取同龄期试件作抗压强度对比，结果如表 14-3 所示。从试验结果可看出，掺白泥类建筑砂浆的抗碳化性能明显优于掺石灰类建筑砂浆。

砂浆的抗碳化性能　　**表 14-3**

编号	砂浆配合比					强度变化（强度提高或降低）
	水泥	石灰	白泥	砂	粉煤灰	
1	1		0.45	3.19	0.91	+35
2	1	0.45		3.19	0.91	−26
3	1		0.75	7.5		+27
4	1	0.75		7.5		+7

注：1 号、2 号为 M10 砌筑砂浆，42.5 矿渣水泥 300kg；3 号、4 号为 M5 砌筑砂浆，42.5 矿渣水泥 180kg。

造纸白泥砂浆 1 号、3 号，经人工碳化后，强度还有较大提高；但 2 号石灰砂浆强度下降较大。故造纸白泥砂浆的抗碳化性能优于石灰砂浆。

(3) 干缩值

取上述两类砂浆制成 4cm×4cm×16cm 试件，经养护 7d，在 20±3℃的水中浸泡 24h 后取出，测初始长度，在 50±2℃的鼓风烘箱中干燥 2d，再在此烘箱中放入盛有氯化钙饱和溶液的瓷盘（放无水氯化钙 1kg，水 50mL，溶液暴露面积 0.2m^2 以上），经常保持溶液中有氯化钙固相存在，使烘箱中温度保持在 50±2℃、相对湿度达到 30±2%。10d 后，每天取出试件一次，在 20±3℃的室内放置 2h，至两次测定长度变化，小于 0.01mm 为止。按上述快速试验方法测试的结果如表 14-4 所示。

建筑砂浆干缩值　　**表 14-4**

编号	砂浆配合比						干缩值 (mm/m)
	水泥	石灰	白泥	砂	粉煤灰	石屑	
1	1		0.31	2.88	1.74	2.94	0.63
2	1	0.31		2.88	1.74	2.94	3.38
3	1	0.5	0.5	2	1		0.38
4	1	1		2	1		1.13

注：1 号、2 号为 M5 砌筑砂浆；3 号、4 号为内墙粉刷砂浆；含白泥 1 号砌筑砂浆干缩值仅为 2 号石灰砌筑砂浆的 1/5；3 号内墙粉刷砂浆干缩值仅为 4 号石灰砌筑砂浆的 1/4。

4. 白泥类建筑砂浆的应用

(1) 掺量控制原则

一般在以水泥作为胶凝材料、石灰膏作为掺合料的砌筑粉刷砂浆中，白泥可等量取代 0.5～1 份的石灰粉用量。若以石灰膏作为胶凝材料的内墙粉刷砂浆中，白泥可等量取代 0.3～0.5 份的石灰膏用量。由于各地的建筑材料的材性有所出入，故在使用白泥前，应做小量试验，根据实用配比调整。

(2) 应用实例

通过对两幢新建七层住宅楼进行的应用试验表明，所有砌筑、粉刷砂浆中均掺入了白泥，应用证明白泥在建筑砂浆中的应用在技术上是可行的。

(3) 注意事项

1) 白泥的含水量、稠度与石灰膏相似，在配制各种砂浆时其操作要求也同石灰也同石灰膏相似。如遇结块的白泥时，应加入适量的水将白泥先行搅拌，使块状解体溶合，然后再加入其他材料搅拌。

2) 在掺加粉煤灰的低强度等级砂浆中，不宜用白泥全部取代石灰膏，可取代 0.5 份。

3) 由于白泥含有少量 Na_2SO_4，虽对早强有利，但在机制砖砌筑的墙体上，潮湿、背光的部位会出现少量盐析现象。经内外粉刷后，不会引起起壳、开裂等质量事故。

4) 用白泥配制的砂浆稠度一般控制在 7 ～ 12cm。对其他原材料无特殊要求。

5. 技术经济分析

上海纸浆厂 1983 年的白泥排放达 18000t，则需支付运输费 10 余万元，现在白泥能在市区范围内得到综合利用，每吨运费至多 3 元，全年可节约运费近 10 万元。目前，上海市场上供应的石灰膏每吨售价 26 元左右，如采用本技术，将上海造纸行业每年 3 万 t 的白泥全部综合利用，则节约费用更为可观。另外，从能源的角度来看，我们如将白泥取代石灰膏，节约了烧制石灰的燃料，目前，我国烧制 1t 石灰的煤耗平均为 0.171t。按这个水平计算，如能将上海纸浆厂的白泥全部得到利用，则全年可节约煤 3000t 左右；从整个造纸行业来看，可节约煤 5000t 以上。在当前我国能源供应较为紧张的情况下，推广应用白泥是有较大经济效益的。

14.4　造纸白泥普通混凝土

本节介绍用造纸白泥作为掺合料配制普通混凝土，并以海南某搅拌站的配合比进行对比试验。

1. 试验用原材料

试验用的水泥及白泥等的细度等见表 14-5。

原材料细度及级配等　表 14-5

泥 PO42.5	矿粉	白泥	砂	碎石	减水剂
9.8%(4μm)	0.4%(4μm)	13.5%(4μm)	FM2.7	5～25	23%

在筛孔为 4μm 的筛上进行筛分，筛余量水泥为 9.8%，矿粉为 0.4%，白泥为 13.5%。白泥较粗。

2. 白泥 C30、C35、C40 的配比

试验混凝土配合比如表 14-6 所示。

试验混凝土配合比　表 14-6

等级	重度	W/B	水泥	矿粉	白泥	石子	砂	水	减水剂
C30	2465	0.37	200	100	150	1150	700	165	9.5
C35	2415	0.365	250	50	150	1100	700	165	9.5
C40	2495	0.36	300	50	130	1150	700	165	12.5

与搅拌站原配合比对比，可节省部分水泥和矿粉，且混凝土强度与原配比的强度相当。如表 14-7 所示。

白泥替代水泥矿粉量以及混凝土强度　表 14-7

编号	替代量 (kg/m³)		强度(MPa) 龄期		
	水泥	矿粉	3d	7d	28d
C30	162		26.3	28.3	37.1(38.2)
C35	85	18	21.1	29.9	39.4(43.2)
C40	135	15	31.4	36.7	50.7(49.0)

注：表中括号内强度为原配比强度。

用白泥替代部分水泥及矿粉，配制 C30、C35、C40 混凝土。满足流动性及强度要求的前提下，每立方米混凝土可节约 85～162kg 的水泥及 15～18kg 的矿粉。因用白泥还有环保补贴，故经济效果十分显著。

3. 工程应用试验

在试验室试验的基础上，陆邦天成混凝土公司试生产了约 20m³ 的 C20 白泥混凝土，浇筑了墙柱及地面，全部为免振自密实混凝土。施工性能优良，28d 龄期强度超过了 28MPa。工程应用试验见图 14-5。

14.5　造纸白泥 C30 多功能混凝土

1. 试验用的原材料

试验用的原材料汇总于表 14-8。

图 14-5 白泥混凝土的施工应用

(*a*) 白泥混凝土地面；(*b*) 墙内加强柱用白泥混凝土；(*c*) 白泥混凝土加强柱

试验用的原材料 **表 14-8**

材料	产地及相关	材料	产地及相关
水泥	平南华润 PⅡ42.5R	粉煤灰	南宁灰
微珠	武汉微珠	白泥	海南陆邦混凝土有限公司
矿粉	韶钢 S95 矿粉	减水剂	由天华混凝土有限公司
碎石	博罗顺达石场	砂	西江

2. 试验室配合比及性能

C30 多功能混凝土配比如表 14-9 所示。

C30 试验室配比（单位：kg/m³） **表 14-9**

编号	水泥	粉煤灰	白泥	水	砂	碎石	外加剂
01	250	120	70	150	745	955	1.85%
02	250	140	50	150	745	955	1.75%

3. 混凝土的工性能

测定坍落度与扩展度及 U 形仪中混凝土流动上升高度如表 14-10、图 14-6 所示。

混凝土的工作性能　表 14-10

编号	倒桶(s)		扩展度(mm)		U 形仪(s)		坍落度(mm)	
	初始	2h	初始	2h	初始	2h	初始	2h
01	3.22	6.09	760×680	640×660	5.97	12.53	265	260
02	2.25	4.41	660×670	680×680	5.72	9.81	265	270

(*a*)

(*b*)

图 14-6　新拌混凝土的工作性能

(*a*) 测定坍落度与扩展度；(*b*) U 形仪中混凝土流动上升高度

由以上试验可知：由于白泥的不同掺量，其工作性都能满足要求，但黏性有差别，主要反映在倒筒时间和 U 形上升高度上，白泥掺量大，其黏性较大，不利于混凝土的流动。

4. 力学性能

两组混凝土不同龄期强度如表 14-11 所示。可知，两组混凝土不同龄期强度均满足了 C30 强度等级的要求。

混凝土不同龄期强度　表 14-11

编号	强度(MPa)		
	3d	7d	28d
01	23.0	28.8	40.3
02	25.2	31.1	41.5

5. 水化热和收缩

混凝土的水化热与收缩的测定如图 14-7 所示。水化热如表 14-12 所示。最高温度 45.4～45.7℃，水化热很低。

混凝土的水化热 表 14-12

编号	水化热(℃)				
	初温	开始升温	最高温	开始降温	常温
01	24.5	5h 后 25.5	22h 后升到 45.5	24h 后 45.4	42h 后至 24.9
02	24.5	5h 后 25.6	22h 后升到 45.8	24h 后 45.7	43h 后至 24.9

混凝土的早期收缩约 1/万，28d 龄期收缩 3.14/万，属较低范围。如表14-13 所示。

混凝土的收缩 表 14-13

编号	收缩(/万)								
龄期	1d	2d	3d	4d	5d	6d	7d	14d	28d
01	0.41	0.72	0.92	1.03	1.18	1.32	1.46	2.05	3.11
02	0.43	0.81	0.95	1.06	1.22	1.45	1.52	2.22	3.14

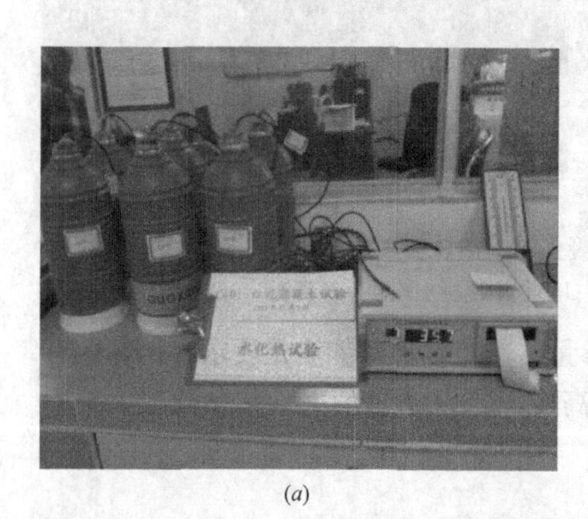

(*a*)

(*b*)

图 14-7 混凝土的水化热与收缩的测定

(*a*) 水化热测定；(*b*) 测自收缩及早期收缩

小结：以上试验数据可知，上述两种配合比混凝土的力学性能都能满足设计要求，水化热及收缩都较小，对防止混凝土的开裂有很大帮助，能极大提高混凝土的耐久性。但考虑到混凝土的流动性及黏性，02 配合比较合适。

14.6 造纸白泥 C60 多功能混凝土的研发

1. 试验用的原材料

试验用的水泥、微珠、白泥及矿粉等，如表 14-8 所示。

2. C60 造纸白泥多功能混凝土的试验

混凝土的试验的配合比如表 14-14 所示。

C60 混凝土的试验配比　表 14-14

编号	水泥	微珠	煤灰	白泥	水	砂	碎石	减水剂(%)
01	350	30	100	70	150	745	955	2.0
02	350	30	70	100	150	745	955	2.0

新拌混凝土的工作性能如表 14-15 所示。

新拌混凝土的工作性能　表 14-15

编号	倒桶(s)		扩展度(mm)		坍落度(mm)		U 形仪(s)	
	初始	2h	初始	2h	初始	2h	初始	2h
01	3.07	5.03	710×720	660×670	275	260	5.66	15.13
02	3.67	6.02	710×720	630×630	265	250	7.66	20.13

同样，随着白泥掺量的增加，混凝土黏性增大，因此混凝土中白泥的掺量不宜过多。

3. 混凝土的抗压强度

混凝土不同龄期的抗压强度如表 14-16 所示。

混凝土不同龄期的抗压强度　表 14-16

编号	强度(MPa)		
	3d	7d	28d
01	43.4	54.4	67.7
02	42.5	53.6	65.9

4. 混凝土的水化热

混凝土的水化热如表 14-17 所示。

混凝土的水化热　表 14-17

编号	水化热(℃)				
	初温	开始升温	最高温	开始降温	常温
01	24.5	3h 后 25.5	36h 后升到 51.5	25h 后 51.4	65h 后至 24.6
02	24.5	3h 后 25.6	35h 后升到 52.1	25h 后 52.1	65h 后至 24.6

5. 混凝土的收缩

测定了混凝土的早期收缩与 28d 的收缩，如表 14-18 所示。

混凝土的收缩 表 14-18

编号	收缩(/万)								
龄期	1d	2d	3d	4d	5d	6d	7d	14d	28d
01	−0.23	−0.19	−0.02	0.03	0.17	0.352	0.49	1.04	2.16
02	−0.31	−0.22	−0.05	0.02	0.22	0.48	0.56	1.32	2.16

注：C60 白泥混凝土的早期收缩及 28d 的收缩，低于 C30 混凝土。

6. 电通量

混凝土 6h 电通量为 1000 库仑以下，渗透能力低，抗氯离子扩散性能优越。本研究的 C60 混凝土 28d 龄期的电通量为 800 库仑/6h；56d 龄期的电通量为 700 库仑/6h；具有很高的抗氯离子渗透性。以上试验数据可知，这两个配合比的力学性能都能满足设计要求，其水化热及收缩都较小，对于降低混凝土的开裂有很大帮助，能极大提高混凝土的耐久性。但考虑到混凝土的流动性及黏性，01 配方较合适。以上选定 C30、C60 混凝土配比，经多次重复试验，性能都比较稳定，可应用于实际生产。

14.7 生产应用

由于该配方的可靠性，在中建四局万科住宅项目部的支持下，于 2013 年 12 月 26 日进行了实际生产应用，少量施工应用于该住宅项目的 C30 梁板、C60 墙柱。具体生产配方如表 14-19 所示。

C30、C60 白泥混凝土生产配方 表 14-19

等级	水泥	微珠	煤灰	白泥	水	砂	碎石	减水剂
C30	250	0	140	50	150	760	940	7.7kg
C60	350	30	100	70	150	760	940	9.08kg

1. 新拌混凝土性能

新拌混凝土性能和测定如表 14-20、图 14-8 所示。

新拌混凝土性能 表 14-20

编号	倒桶(s)		扩展度(mm)		坍落度(mm)		U 形仪(s)	
	初始	2h	初始	2h	初始	2h	初始	2h
C30	2.13	4.05	690×685	650×650	260	260	5.61	11.44
C60	3.09	5.12	710×720	680×680	275	270	5.37	14.25

混凝土到施工现场后，每车混凝土在入泵前对其工作性能进行检测，如图

图 14-8　在工厂测定新拌混凝土性能

14-9 所示。出机到试验间隔时间在 2～3h 左右，以下试验结果取平均值如表 14-21所示。

图 14-9　施工现场测定混凝土性能

新拌混凝土性能试验结果平均值　表 14-21

等级	倒桶(s)	扩展度(mm)	坍落度(mm)	U 形仪(s)
C30	4.11	660×650	260	11.48
C60	5.24	680×680	265	13.98

2. 混凝土水化热

C60 白泥混凝土的水化热如表 14-22 所示。

混凝土水化热　表 14-22

等级	水化热(℃)				
	初温	开始升温	最高温	开始降温	常温
C60	14.5	3h 后 17.6	32h 后升到 48.6	32h 后 48.7	114h 后至 14.6

C60 白泥混凝土的水化热很低，初始温度 14.5℃，最高温度 48.6℃，混凝

土不会发生温度裂缝。

3. **混凝土的收缩**

C60 白泥混凝土的收缩如表 14-23 所示。

混凝土收缩 表 14-23

编号	收缩(/万)								
龄期	1d	2d	3d	4d	5d	6d	7d	8d	9d
C60	−0.14	0.37	0.72	0.74	0.78	0.93	1.03	1.09	1.13

4. **混凝土强度**

C30、C60 白泥混凝土的抗压强度如表 14-24 所示。

白泥混凝土的抗压强度 表 14-24

编号	强度(MPa)		
	3d	7d	28d
C30	26.2	36.2	41.5
C60	39.7	52.4	71.2

5. **混凝土浇筑及施工后质量跟踪**

万科住宅楼楼板及柱梁等构件，均采用了多功能混凝土，总计约 200 余立方米。混凝土从天华搅拌站运送到施工现场，约需 1h。对保塑性、自密实性能要求高。混凝土浇筑后，技术人员对混凝土施工质量进行跟踪，整个混凝土表面光滑，没有出现蜂窝、麻面现象，成型质量较好，没有出现任何裂纹。施工过程如图 14-10 所示。

(*a*)

(*b*)

图 14-10 多功能 C30、C60 混凝土的施工应用

(*a*) 施工工地；(*b*) 泵送浇筑

图 14-10　多功能 C30、C60 混凝土的施工应用（续）
（*c*）新浇筑多功能混凝土；（*d*）施工完成后楼面；（*e*）脱模后的混凝土表面

14.8　结论

（1）根据送来的白泥进行了多功能 C30、C60 强度等级的试验及生产应用，证明了白泥配制多功能混凝土是可行的。

（2）用白泥替代多功能混凝土中的天然沸石粉，达到自密实增稠作用，达到自养护外加剂的作用。同时，电通量较低，能提高混凝土的耐久性。

（3）白泥作为一种工业废渣，通过试验研究，能配制成多功能混凝土，变成了有用资源；技术经济效果显著，会产生巨大的经济及社会效益。

但在使用过程中，也发现不足之处，即白泥如果掺量过多，能较大幅度提高混凝土的黏性，容易发生抓底现象，不利于混凝土的流动和密实填充性，在一定程度上限制了白泥的单方混凝土用量。白泥与聚羧酸外加剂的适应性问题还需要进一步探讨。

总之，造纸白泥是一种十分有用的混凝土资源。

第15章　石灰石细粉

15.1　引言

石灰岩俗称石灰，是一种以方解石为主要组分的碳酸盐岩，还含有黏土、粉砂等物质。因含杂质的品种及数量不同，石灰岩呈灰色、灰白色、灰黑色、浅棕色或浅红色等。将石灰石破碎磨细后，得到石灰石细粉。

利用石灰石粉或其复合粉配制高流动性混凝土，石灰石粉已经得到了大量应用，在省资源、省能源以及环境问题有关的填充性水泥等新材料中，石灰石粉很受注目。在EN 197-1：2000中，石灰石粉置换率6%～20%，和21%～35%的复合硅酸盐水泥（填充性水泥）及其石灰石细粉的标准也已制订并实用化。此外，石灰石粉与硅粉复合，能降低粉尘和防止粉体回弹；提高喷射混凝土或砂浆强度中，也常常掺入石灰石粉；在普通混凝土中，为保证有足够的粉体含量，也常常掺入石灰石粉。

石灰石粉除了开采石灰石矿资源来生产外，还可以利用开发石灰石骨料后的碎渣（尾矿）为资源，磨细成石灰石粉，同样都可以用于有关工程中。

15.2　石灰石细粉的性能

石灰石细粉的密度2.7～2.8g/m^3左右，比表面积3000～18000cm^2/g。一般工程上使用的石灰石细粉的比表面积为3500～6000cm^2/g，$CaCO_3$含量95%以上，Al_2O_3含量0.3%以下，MgO含量1.0%以下，SO_3含量0.2%以下，是一种结晶的碳酸钙。

图15-1是各种粉体经过气流分级后，调整其粒度组合，和普通水泥具有相同的粒度分布之后，再用这种石灰石细粉置换40%的水泥，这时图中显示了水泥浆的流动性与粉体的形状系数（密实填充时的表观密度/密度）的关系。形状系数越大，流动性越好。图中PSS是球状硅质材料，PCS是粉碎型的硅质材料，两者的形状系数对流动性的影响十分明显。石灰石细粉在混凝土中应用的各种粉体中，形状系数是良好的，用这种粉体改善水泥浆体的流动性效果是好的。

(PSS和PCS用的是两种典型的粉体；高效减水剂的掺量是粉体的1.6%，

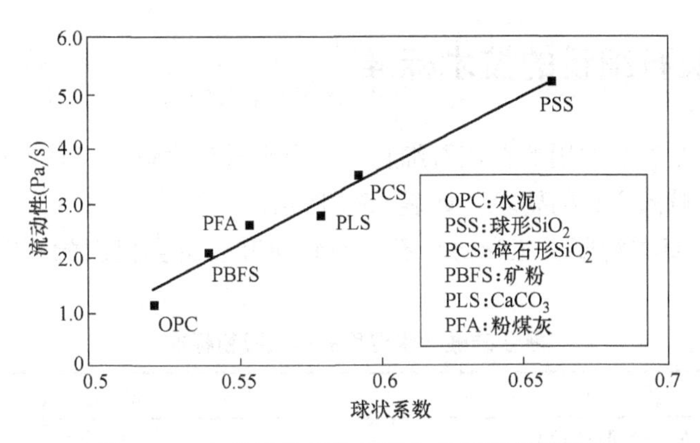

图 15-1 各种粉的形状系数与悬浮液的流动性

水与粉体体积比为 0.9，拌合成悬浮液并测定其黏度，以表观黏度的倒数来表示)

粒子形状对浆体流动性影响的效果，可认为粉体的填充性提高，密实度提高，以及滚珠轴承效应效果等。而且粒度分布对粉体的填充性也很重要，也即对提高浆体的流动性也十分重要。

上述试验当高效减水剂的掺量，粒子对其吸附量达到饱和状态时，流动值会更大。考虑石灰石粉对高效减水剂的吸附量也是很有必要的，如比表面积相同，石灰石粉对高效减水剂的吸附量大约是水泥的 60%。石灰石粉能促进硅酸三钙的早期水化，提高早期强度。矿粉、粉煤灰及石灰石粉，对硅酸盐水泥中的 C_3S 矿物的早期水化的促进程度有所不同，但细度越大，效果越好。而这些掺合料中，石灰石细粉与其他掺合料相比，效果是最好的。这与石灰石细粉的粒度分布及其矿物学的性能等有关，有进一步研究的必要。由于超细粉效应，水化物也在掺入硅酸三钙周边的掺合料周围生成，这样就使得硅酸三钙周边的水化物的生成层变薄，因而加速了水化的进行。由于这样，在龄期初期，抗压强度非常高，但在后期，其比值降低。这与粉煤灰、矿粉掺入混凝土中，后期强度高，有很大的不同。因此，日本混凝土工学协会考虑到这方面的原因，不把石灰石细粉作为胶结料考虑。

石灰石细粉对长期强度发展效果不大，故把其作为一种没有活性的粉体考虑。但是，石灰石细粉与铝酸盐反应，生成一碳化合物的骨架及半骨架。关于 C_3A 的水化，掺入了石灰石细粉的情况下，抑制了铝酸盐的早期水化，在 1d 龄期时，随着置换率而降低，例如置换率 20%时，反应程度就降低 20%。这与反应初期生成的凝胶状水化物中的 SO_4^{2-} 中加入 CO_3^{2-} 的多价离子，降低了物质和离子的透过性，故铝酸盐的早期水化速度降低。通过碳酸根离子，硫酸根离子被释放出来，和混凝土中的水化物反应，生成钙矾石，称为迟后钙矾石，这对混凝土的耐久性带来了后患。

15.3 石灰石细粉的技术标准

在日本水泥工业中用的石灰石细粉，规定碳酸钙含量≥95%，这是生产水泥时用的石灰石粉掺合料的要求，如表15-1所示。

表15-2是日本混凝土工学协会石灰石粉研究委员会提出的石灰石细粉的技术标准。

复合硅酸盐水泥用的石灰石粉标准 **表15-1**

项 目	规 定 值
石灰石含量($CaCO_3$)	75%以上
黏土含量(亚甲蓝吸附量)	1.2g/100g 以下
有机物含量(TOC)	0.2%以下

石灰石细粉的技术标准 **表15-2**

项 目		规 定 值
比表面积(cm^2/g)		2500以上
抗压强度比(%)	7d	100以上
	28d	100以上
$CaCO_3$(%)		90以上
MgO*(%)		5以下
SO_3**(%)		0.5以下
Al_2O_3***(%)		1.0以下
水分(%)		1.0以下
亚甲蓝吸附量(mg/g)		1.0以下

*石灰石粉的纯度90%以上，MgO含量要在5以下，石灰石粉中含的氧化镁杂质主要是$MgCO_3$，其含量≤10%。如还含有其他杂质，会影响到混凝土的性能。

**关于S，不能以FeS的形式存在；比水泥规定的还严。

***主要考虑到黏土等不纯物。

从图15-2中可见，$CaCO_3$含量低，混入了不纯物，亚甲蓝吸附量大，使砂浆流动性降低，故要规定$CaCO_3$含量的下限值。此外，$MgCO_3$的含量折合为MgO含量为4.78%以下，和水泥中规定的MgO含量5.0%相同。SO_3的含量，与矿粉等掺合料不同，石灰石粉在水泥的掺量是有规定的，不会因石灰石粉掺入而带来SO_3的危害。但是如石灰石粉掺量大，同时还掺入石膏时，要根据水泥的标准严格限制，以免影响混凝土的性能。对于SO_3的含量，主要是FeS的形式带入的，故要明确石灰石粉中无FeS的杂质存在至关重要。

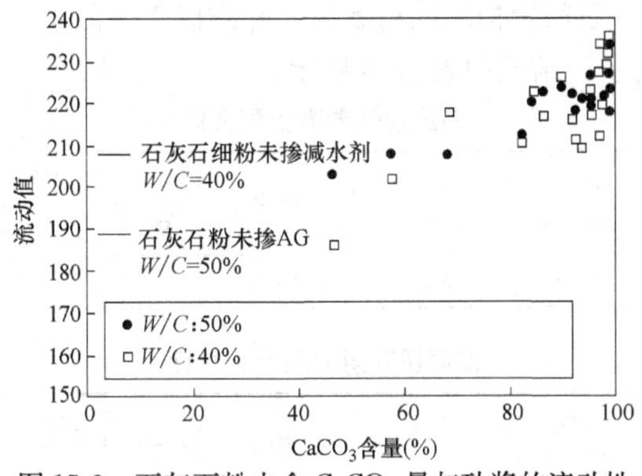

图 15-2　石灰石粉中含 $CaCO_3$ 量与砂浆的流动性

15.4　用石灰石粉为掺料的混凝土

1. 石灰石粉在混凝土中应用的掺入方法

石灰石粉在混凝土中的应用有内掺法和外掺法两种。(1) 内掺法：也即把石灰石粉等量代替部分水泥，使新拌混凝土的流动性得以改善；如石灰石粉的比表面积和水泥大体相同时，添加量可以减少一些。但是，如石灰石粉的添加量明显增加时，减水剂的掺量也比较少，流动性的经时变化也大。内掺法能提高流动性，但也要注意到其抗离析性能下降。(2) 外掺法在混凝土中使用石灰石粉：由于混凝土中粉体含量增加，抗离析性能提高。在上面已阐述过，石灰石粉能促进 C_3A 的早期水化，但对于凝结特性，化学外加剂的掺量也带来很大的问题。外掺石灰石粉时，化学外加剂的掺量增加，会使凝结时间延长。内掺石灰石粉时，基于水泥的水化热，石灰石粉代替部分水泥后，混凝土的绝热温升降低，但由于促进 C_3S 的早期水化，也可能加速水化热的释放。外掺石灰石粉时，会增加混凝土的绝热温升值。内掺石灰石粉时，因为等量置换水泥，抗压强度随着内掺量增大而降低；而外掺石灰石粉时，长期强度会随着内掺量增大而提高。掺石灰石粉的混凝土的自收缩与干燥收缩影响很小。有的文章认为掺入石灰石粉的混凝土抗氯离子渗透性下降，影响混凝土的耐久性。肖佳和孟庆业等人认为水泥-石灰石粉硬化浆体的干燥收缩随石灰石粉掺量的增加呈现先增加后降低的趋势；随着粉煤灰掺量的增加，水泥-石灰石粉胶凝材料的干缩明显降低。

2. 石灰石粉混凝土

石灰石粉作为一种掺合料，可用来配制高流动性混凝土、喷射混凝土及水坝混凝土等，如表 15-3、表 15-4 所示。

我国商品混凝土也用石灰石粉为掺合料，配制各种强度的混凝土。以 C30

混凝土为例，用石灰石粉置换不同粉煤灰，并乘以 1.3 的系数，配制混凝土，配比试验如表 15-5 所示，结果如表 15-6 所示。

高流动性混凝土配合比 **表 15-3**

D_{max} (mm)	流动值 (mm)	含气量(%)	W/C (%)	砂率	单方混凝土材料量(kg/m³)					
					W	C	S	LS	G	SP
40	45～60	4±2	55.8	45%	145	260	769	150	965	355

高质量喷射混凝土配合比 **表 15-4**

D_{max} (mm)	坍落度	含气量(%)	W/C (%)	砂率(%)	单方混凝土材料量(kg/m³)					
					W	C	S	LS	G	SP
10	8±2	—	57.8	64	208	442	1030	98	441	1.8

以石灰石粉置换部分粉煤灰混凝土配合比 **表 15-5**

序号	水泥	砂	石子	水	粉煤灰	石灰石粉	外加剂
基准	280	767	1073	170	120	0	8.4
1(10%)	280	764	1073	170	108	16	8.48
2(15%)	280	763	1073	170	102	23	8.50
3(20%)	280	761	1073	170	96	31	8.69
4(25%)	280	759	1073	170	90	39	8.78
5(30%)	280	758	1073	170	84	47	7.20
6(40%)	280	755	1073	170	72	62	8.99
7(50%)	280	752	1073	170	60	78	9.16
8(70%)	280	746	1073	170	36	109	8.40
9(100%)	280	736	1073	170	0	156	8.40

不同配合比混凝土的坍落度与强度 **表 15-6**

	3d(MPa)	7d(MPa)	28d(MPa)	SL(mm)
0	23.6	34.7	49.4	190
1	24.1	34.5	49.3	195
2	21.9	32.6	45.9	180
3	22.9	33	47.6	190
4	22.0	32.6	48.4	200
5	23.4	34.6	46.7	205
6	24.4	35.4	48.9	210
7	23.8	34.8	45.6	200
8	20.0	29.3	39.3	205
9	19.3	27.9	35.8	220

由表 15-5 可见，当石灰石粉置换粉煤灰达到 50%时，混凝土 3d、7d、28d 的强度开始下降，而且对粉煤灰置换量越大，强度降低也越大。故利用粉煤灰与石灰石粉双掺时，两者的比例为 1∶1 较好。

（注：表 15-4、表 15-5 引自混凝土 11-2012 曹双梅与李建华的文章）

第 16 章　其他的无机细粉

本章将介绍的内容有碎石粉，下水道污泥烧后的灰渣及环境净化掺合料（光触媒）等无机细粉。

16.1　碎石粉

1. 引言

碎石粉是开采粗、细骨料时回收的粉尘，或其剩余的尾矿加工成粉，称之为碎石粉。如果每年开发的人工砂石为 10 亿 m^3，破碎骨料时能回收的粉尘为 1%～2%，则粉尘总回收量为 0.1 亿～0.2 亿 m^3，每立方米以 1400kg/m^3 计，则每年回收的碎石粉尘为 140 亿～240 亿 kg（0.14 亿～0.24 亿 t）。还有碎石尾矿可粉磨成粉，其量也达亿吨。这样总计每年可生产 1.1 亿～1.3 亿 t 以上的碎石粉，对环境的净化及资源的有效利用都是十分重要的课题。

碎石粉在混凝土中作为掺合料来应用，提高混凝土材料的抗离析性能，例如高流动性混凝土，掺入部分碎石粉，可使新拌混凝土的坍落度、扩展度都很大，但又不产生泌水、离析。日本混凝土工学协会，已制订了 TR A 0015：2002 混凝土用碎石粉标准，主要是针对 75μm 以下的碎石粉。

2. 碎石粉的性能

碎石粉的质量标准如表 16-1 所示。碎石粉不像矿粉和粉煤灰具有潜在的活性；碎石粉的发生量约为碎石和碎石砂产量的 2%左右。石粉与黏土和粉砂不同，不会使混凝土用水量增大，强度降低与发生开裂。

碎石粉的质量标准　　表 16-1

项目	规定值	
	TR A 0015:2002	CSFC 标准草案
水分(%)	1.0 以下	
密度(g/m^3)	2.5 以上	
流动值比(%)	90 以上	
活性指数(28d)(%)	60 以上	
粒度(通过质量%) 60μm 150μm 75μm	 — — 95 以上	 100 90 以上 70 以上

续表

项目	规定值	
	TR A 0015:2002	CSFC 标准草案
吸兰值(mg/g)	10 以下	10 以下
吸附水率(%)	—	
砂当量	—	65 以上
有机不纯物		浓度低于标准色
备考	1. 原石的种类 2. 原石 ASR 试验	

注：CSFC——使用碎石粉高流动性混凝土研究会。

碎石粉（原粉）的粒度测定结果，由于制造人工砂石的厂家不同，石粉的粗细也不一样，总的是在 75μm 以下。

75μm 以下碎石粉的特性如表 16-2 所示。水分、密度和吸兰值，所有的碎石粉试样都要满足 TR A 0015 的规定值。流动值几乎与Ⅱ级粉煤灰规定值一样。在本标准中，也即 75μm、95%以上，碎石粉对流动性无不良影响，活性指数也在 70%～75%的范围内。微细粉对强度增长有一定的影响，不会使强度降低。图 16-1 和图 16-2 表示了黏土、粉尘和碎石粉对流动值和强度的影响，也说明了同样的结果。

各种碎石粉的流动值比、活性指数、水分、密度及吸兰值 **表 16-2**

碎石粉的种类	硬质砂岩		安山岩			石灰石
	A	F	B	C	D	E
流动值比(%)	93	84	95	96	95	96
活性指数(28d)(%)	74	71	73	75	72	71
水分(%)	0.80	0.90	1.20	0.90	—	0.30
密度(g/cm^3)	2.66	2.67	2.60	2.74	—	2.69
吸兰值(mg/g)	4.9	8.1	5.1	6.0	—	4.5

3. 碎石粉混凝土的性能

利用碎石粉配制混凝土的主要目的是解决混凝土的离析问题，有以下几个方面可以考虑：

(1) 高流动性混凝土：粉体系的高流性混凝土，为了防止材料的离析，往往需要比强度要求的胶结料还多（水泥、矿粉、粉煤灰等），一般会超过强度要求。适当地掺用碎石粉，可降低混凝土的离析，能生产出必要的强度的高流动性混凝土。

(2) 泌水量比较大的混凝土，适当的掺用碎石粉可降低泌水量，配制出无离

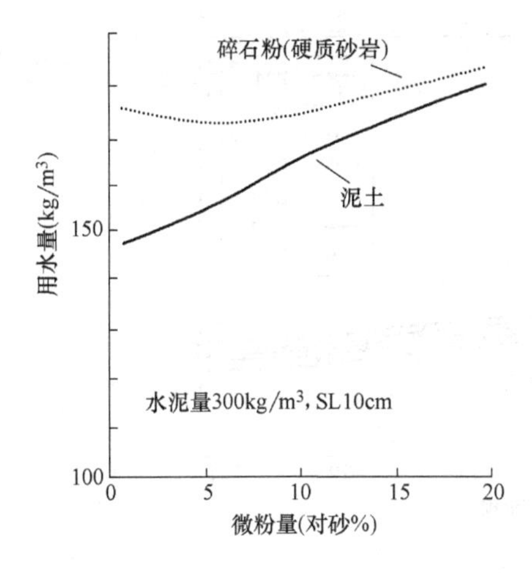

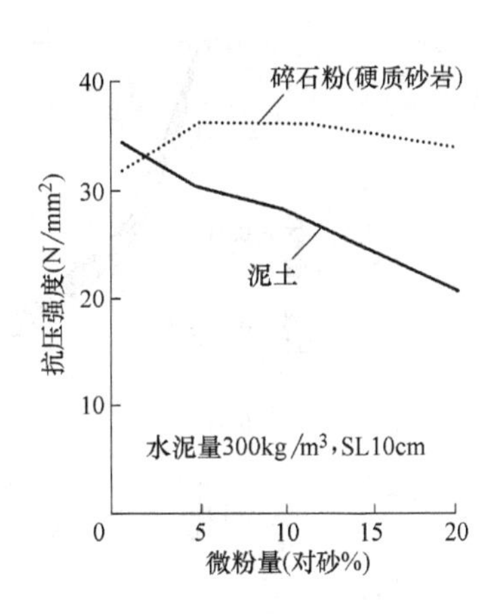

图 16-1　微粉量与用水量的关系

图 16-2　微粉量与抗压强度的关系

析的混凝土 $W/C=55\%$，坍落度 22cm 的混凝土如表 16-2 中的 A～E，把碎石粉作为置换细骨料使用（内掺），其结果如图 16-3～图 16-6 所示。

泌水量，当碎石粉用量 30kg/m³ 时，如 A30，B30，E30，F30 的混凝土，及碎石粉用量 60kg/m³ 时，如 C7，E7，及 F7 的混凝土，与不用碎石粉的混凝土 P24 相比，碎石粉用量增加，泌水量降低。

对于混凝土的强度，7d 和 28d 龄期的强度，含碎石粉的混凝土比基准混凝土的强度稍高一些。

对于混凝土的干缩，含碎石粉的混凝土与基准混凝土的干缩大体相同，碳化深度也大体相同。

抗冻性，作冻融循环的相对动弹性模量比基准混凝土的偏低，约为 90%。

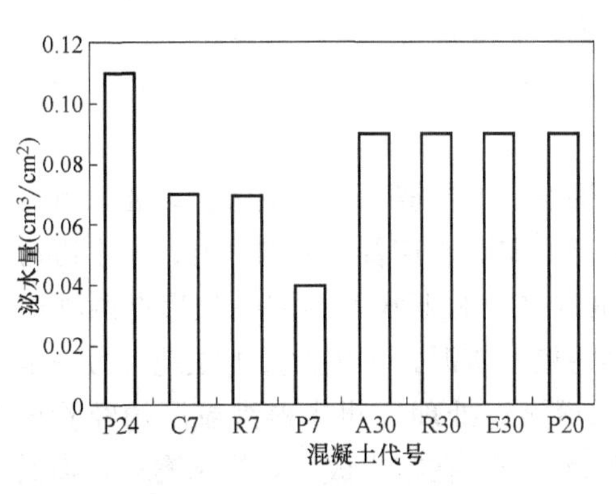

图 16-3　泌水量

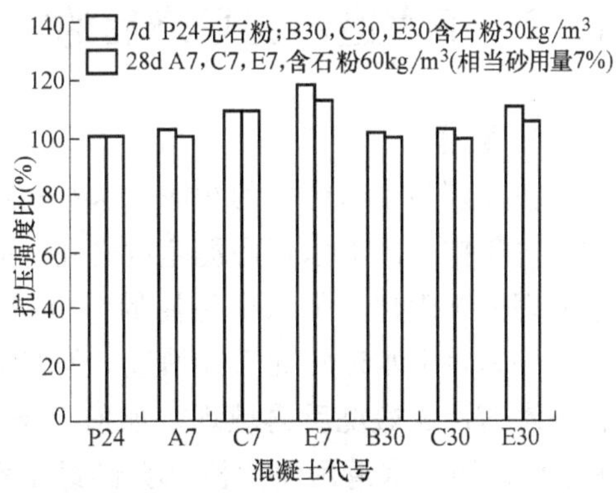

图 16-4　抗压强度比

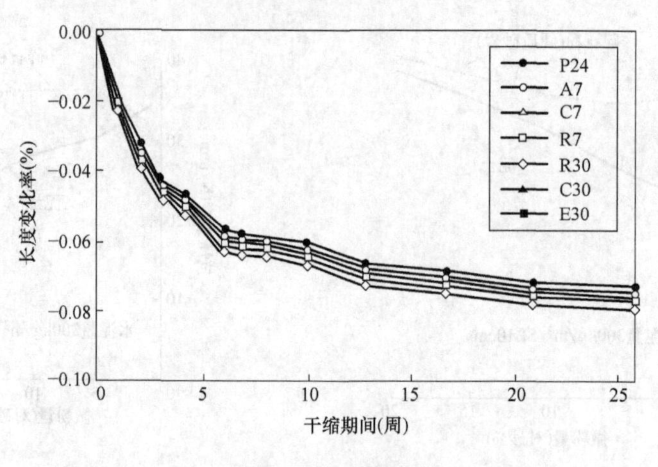

图 16-5 长度变化率

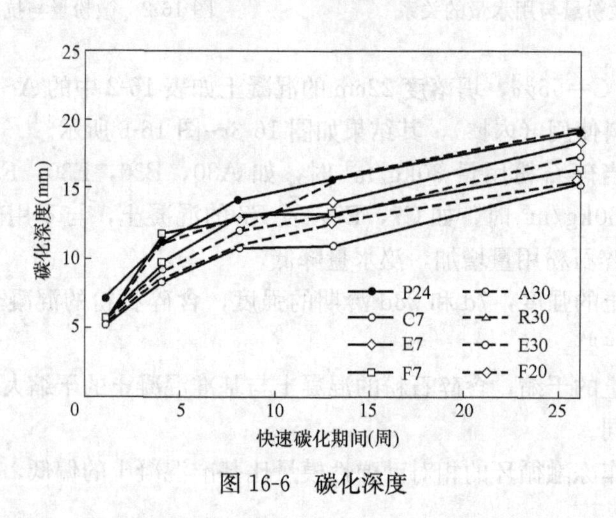

图 16-6 碳化深度

16.2 下水道污泥煅烧后的灰渣

1. 概述

在处理污水时产生的污泥，这些污泥煅烧后的灰渣，其量甚大。以北京市为例，每年排放的下水道污泥超过亿吨，而且随着下水道普及率的上升，下水道污水处理的高度化，下水道污泥的量也越来越多。对下水道污泥的处理有两种途径，一是将下水道污泥直接填埋，但其会污染水资源，占去大量的土地；另一是将下水道污泥煅烧后再填埋。如何对下水道污泥处理广州华穗淘粒厂的经验很好！他们用下水道污泥代替 30％的黏土作为原料，在窑内成球，烧制陶粒，降低了污泥在应用过程中的污染，有效地利用了下水道污泥。但煅烧陶粒的过程中还排放有害气体及金属，需要进一步收集处理。

下水道污泥煅烧后的灰渣，很早以前就有人从事研究，但最初只作为一种填充料混入混凝土中，现在把其作为一种有用的掺合料，掺入混凝土中，特别是混凝土掺合料资源短缺的情况下，这种研究更为重要。

下水道污泥煅烧后的灰渣的性能，与下水的排放方式、污泥的处理方法以及煅烧温度等有关。使用时要调查其特性值，要充分注意其对混凝土性能的影响。

2. 下水道污泥灰渣的性能

(1) 化学成分

表 16-3 列举了 A，B，C 三种污泥灰渣的化学成分，也列举了水泥和粉煤灰的化学成分。

下水道污泥灰渣的化学成分　　**表 16-3**

种类	烧失量	化学成分(%)								
		SiO_2	CaO	Fe_2O_3	Al_2O_3	MgO	P_2O_5	SO_3	R_2O	Cl^-
A	3.79	27.7	13.3	5.9	15.3	3.4	23.3	1.43	3.59	0.02
B	1.94	29.7	9.9	9.7	13.3	3.9	24.1	0.96	4.16	0.05
C	2.66	29.7	11.1	4.0	16.4	4.2	24.8	0.93	4.35	0.02
水泥	1.10	21.5	64.0	2.9	5.2	1.5	0.13	2.0	0.77	0.01
FA	1.60	62.6	1.3	2.8	27.0	0.9	—	—	—	—

注：表中 R_2O 系钾、钠氧化物总和。

由表 16-3 可见，下水道污泥灰渣与水泥及粉煤灰，均以 SiO_2，Al_2O_3 和 CaO 为主要化学成分。但下水道污泥在处理的时候，用的絮凝剂（高分子系与石灰系）不同，水道污泥的地区不同，化学成分也有很大的不同，性能也会发生变化。例如下水道污泥灰渣 B 含铁量高，颜色发红。

下水道污泥灰渣的主要化学成分为 $CaO-Al_2O_3-SiO_2-P_2O_5$ 的玻璃相，并以∝-石英，斜长石的主要矿物成分存在。

(2) 密度、比表面积

下水道污泥灰渣的密度为 2.6g/cm^3 左右。比表面积由于处理场不同，差别很大。比表面积由 2500cm^2/g～1 万 cm^2/g 左右，差别很大。掺入混凝土中，拌合水比矿粉及粉煤灰高得多。流动性降低，其原因不仅是细度，还与粒子的形态有关。

下水道污泥灰渣的形态为凝聚状的团块结构，吸水率高。此外，还有鳞片状和碎玻璃片状的粒型，成为物理的流动障碍，故用于混凝土中，流动性降低。

为了解决凝聚状的团块结构，对水道污泥灰渣进行粉碎处理，粉碎后粒子的棱角变得圆滑，团块结构也被分散，流动性提高。图 16-7 是处理前后的电子显微镜图（SEM），图 16-8 是改性后粒子分布的变化。

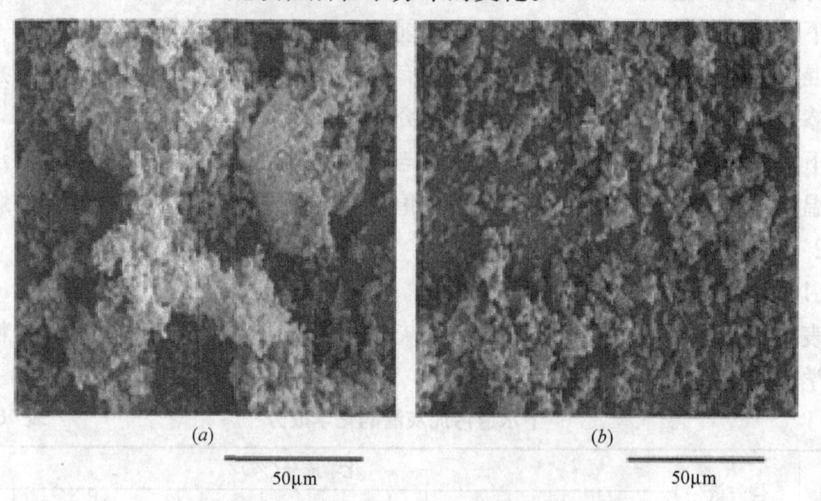

图 16-7 下水道污泥灰渣处理前后的 SEM 图谱

（a）下水污泥煅烧灰原料；（b）改性烧成灰渣

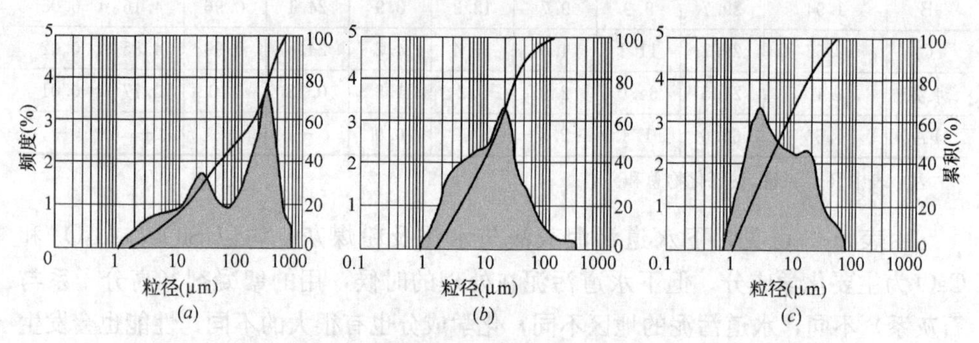

图 16-8 下水道污泥灰渣处理前后的粒度分布

（a）改质前；（b）改质后（2 次处理）；（c）改质后（5 次处理）

由图 16-8 可见，改质前，峰值分布在 10～100μm 和 100～1000μm 两处存在，下水道污泥灰渣的粒子分布在 10～100μm 范围内。但经改质处理后，团块结构被分散，在粒度分布曲线上无峰值存在。

（3）火山灰活性

为了比较水道污泥灰渣和粉煤灰的活性，用下述胶结料的配比配制砂浆，对比不同龄期的抗压强度和活性指数，如表 16-4 所示。

抗压强度和活性指数的试验结果 表 16-4

试样	抗压强度（N/mm²）		活性指数（%）	
	7d	28d	7d	28d
基准试件	44.6	61.6	100	100
污泥灰渣	33.4	49.4	74.9	80.2
粉煤灰	31.9	48.5	71.8	78.5

水泥：下水道污泥灰渣＝75：25

水泥：粉煤灰＝75：25

由此可见，下水道污泥灰渣的活性指数比粉煤灰高，与粉煤灰具有同等的火山灰活性。

日本的坂井等人通过收尘装置得到的下水道污泥烧成后的飞灰，称为 IC 灰；与通过电收尘得到的 EP 灰，分别与 $Ca(OH)_2$ 按 1：1 的质量比混合，制成试件，测定试件中 1d，3d，7d 及 28d 的游离 $Ca(OH)_2$ 的量，其结果证明了 EP 灰比 IC 灰与 $Ca(OH)_2$ 的反应量大。再进一步，用 IC 灰和 EP 灰代替 10%～30% 的水泥做成试件，也得到同样的结果。也即电收尘得到的 EP 灰，其火山灰反应的活性高于 IC 灰。但下水道污泥灰渣，无论是 IC 灰还是 EP 灰，都具有很高的火山灰活性。

3. 下水道污泥灰渣的混凝土

(1) 新拌混凝土的性能

工作性：表 16-5 表示由于添加下水道污泥灰渣混凝土流动性的变化。

下水道污泥灰渣添加率与坍落度的调整　　**表 16-5**

添加量 (c×%)	配比 a 系列(增加单方用水量)	配比 b 系列(高效减水剂掺量%)
0	0	1.0
5	+9kg	1.41
7	+14kg	1.69
10	+16kg	1.79
15	+37kg	2.26

由表 16-5 可见，随着下水道污泥灰渣掺量增大，单方混凝土用水量增大，减水剂掺量也增加。但经粉碎、磨细后的灰渣可降低用水量。

初凝与终凝：图 16-9 为把处理厂 A，B，C 的下水道污泥灰渣内掺 10%，

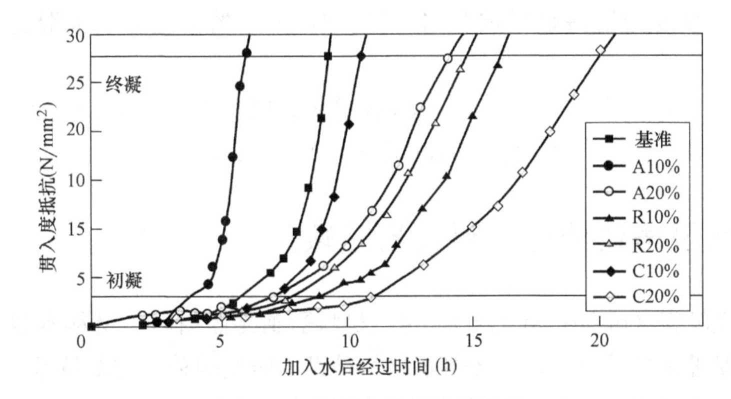

图 16-9　初凝与终凝试验结果

20%到混凝土中，混凝土凝结时间的变化。

初凝时间约4h，终凝时间约28h。但由于下水道污泥灰渣处理方法不同，如合流方式（雨水和污水同一管道排放），以及分流方式（雨水和污水不同管道排放），不同排放方式，化学成分不同，凝结时间也受影响。

（2）强度

下水道污泥灰渣置换混凝土中的部分水泥后，由于火山灰反应，长期强度不断增加，如图16-10所示。

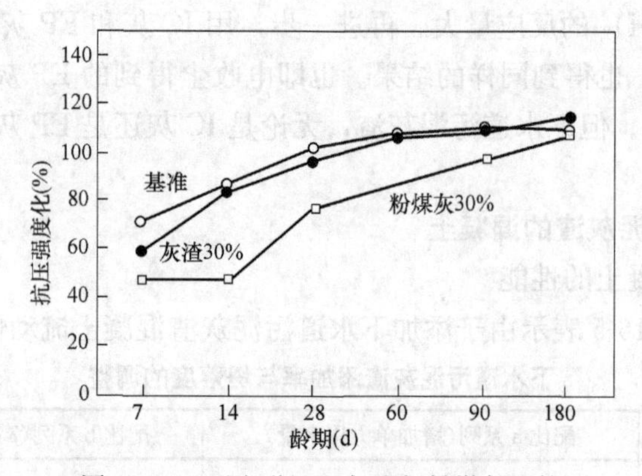

图16-10　下水道污泥灰渣与粉煤灰比较

当龄期180d时，基准混凝土、30%灰渣和30%粉煤灰混凝土的强度均相同，但早期粉煤灰混凝土的强度较低。

4. 使用上注意事项

下水道污泥灰渣的质量变化很大，特别是对新拌混凝土的工作性及凝结时间影响很大。为了稳定地使用下水道污泥灰渣，最好事先对灰渣进行处理，也即粉磨改性，这样灰渣性能稳定，也得到性能稳定的混凝土。

对凝结时间的影响也是个大问题，特别是对水泥的置换率超过20%的时候，确认其早期强度的发展是很重要的。但后期180d的强度与基准混凝土的强度相当。

下水道污泥灰渣中，含有铅、硒及镉等重金属，拌入混凝土中后，溶出量有多少不详，对环境的影响很小，但也望进行详细研究。

16.3　环境净化的掺合料（光触媒）

所谓光触媒（photo-catalyst），是该材料受到光照射时，材料本身不发生变化，但能促进化学反应。这种光触媒材料是日本研发的独创的新技术，在国际上这种材料的研发应用很盛行。近年来，利用光触媒的防污、抗菌、除臭、空气净化等作用的光触媒制品销售起来了，市场扩大的同时，社会也对此广泛的关注。但是迄今为止，对光触媒材料还没有统一的性能标准和试验方法。

1. 光触媒的原理

光触媒的原理，比较多的说法如下：具有二氧化钛半导体那样的价电子带和传导带能量宽度的紫外线能量照射时，生成空穴（h^+）和电子（e^-）对。电子和半导体表面吸附的氧反应，生成过氧化物离子（O^{2-*}）。如下反应式：

$$e^* + O^{2-} > O^{2-}$$

另一方面，空穴（h^+）和表面吸附的水反应，生成氢氧基团（·OH）。

$$h^+ + H_2O \rightarrow \cdot OH + H^+$$

这些活性氧（O^{2-} ·OH）具有很强的氧化力，具有防污、抗菌、除臭、净化空气等多种功能。

2. 光触媒的功能

生成的活性氧具有强力的氧化能力，分解有机物，使 NO_x 氧化，光触媒能利用于自清洁、空气净化、水质净化、抗菌防感染、除臭等环境净化中利用。

与混凝土材料的关系，使用光触媒材料的目的，主要是除去 NO_x。如图16-11所示。

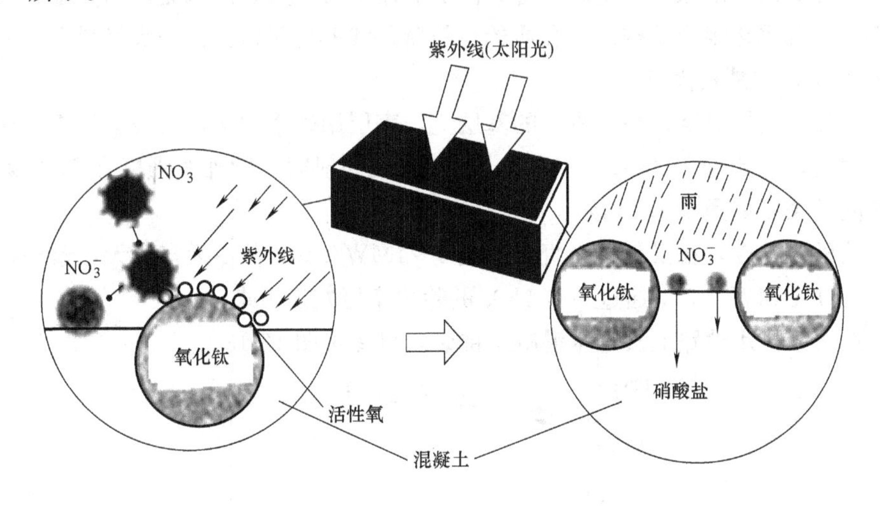

图 16-11　具有光触媒的混凝土块除去 NO_x 模式图

混凝土块受到太阳光照射（紫外线照射）时，砌块中的氧化钛掺合料表层具有活性氧，有很强的氧化能力。大气中的 NO_x 和活性氧反应，生成硝酸根离子（NO_3^-），NO_3^- 和混凝土中的水泥水化物反应，变成硝酸钙的形态，由于下雨而被冲走。由于硝酸根离子很微量，不会使混凝土受到腐蚀。这是光触媒材料（氧化钛）具有自清洁、空气净化、水质净化、抗菌防感染、除臭等特性，能在混凝土中利用，达到环境净化的机理。

3. 光触媒材料的分类及种类

二氧化钛作为光触媒材料被广泛应用的原因，是用太阳光和荧光灯照射能发生光触媒反应；而且化学稳定性好，不溶于酸碱；在食品中使用也安全；能得到微粒子，成本低。氧化锌和硫化镉的光触媒活性也高，但氧化锌和硫化镉能溶解，放出有害离子，在环境净化方面利用很难。

在二氧化钛中，有 3 种结晶形态，也就是高温安定型正方晶系，低温安定型正方晶系和 816～1040℃安定型斜方晶系。其中低温安定型正方晶系的光触媒材料活性最高，利用最多的是比表面积约 $50m^2/g$ 以上的粉末。

发挥二氧化钛光触媒的功能，必须要波长 400nm 以下的紫外线，为此，含有大约 4% 紫外线的太阳光是有效的。为了能增进这种功能，在太阳光照射不到的地方，能利用可见光的光触媒材料的开发也很盛行。作为成果之一，在二氧化钛中导入氧元素的欠缺，用能够见到可见光活性的其他元素填补。但是，至今为止，这种效率高的可见光触媒材料，还没有找到。

4. 光触媒材料的用途

光触媒材料在混凝土中的施工应用，有嵌接式砌块和铺装表面两种。此外，防音板和建筑物的涂料、瓷砖釉等方面的利用也可考虑。用水泥作为固定光触媒材料时，其水化组织结构是多孔质的材料紫外线容易照射到光触媒材料上，容易除去 NO_x，这是其优点。

嵌接式砌块是铺设在混凝土的基层上，表层用砂浆找平，在表层砂浆中掺入光触媒材料。当波长为 315～400nm 的紫外线照射时，紫外线强度和 NO_x 除去率之间的关系如图 16-12 所示。

紫外线强度，在夏天日光直射下是 $3\sim4MW/cm^2$；而冬天多云天，紫外线强度只有 $0.1\ MW/cm^2$；通过一年 NO_x 的除去率可判断出来。

沥青系排水性路面及透水混凝土铺装，可参考图 16-13。

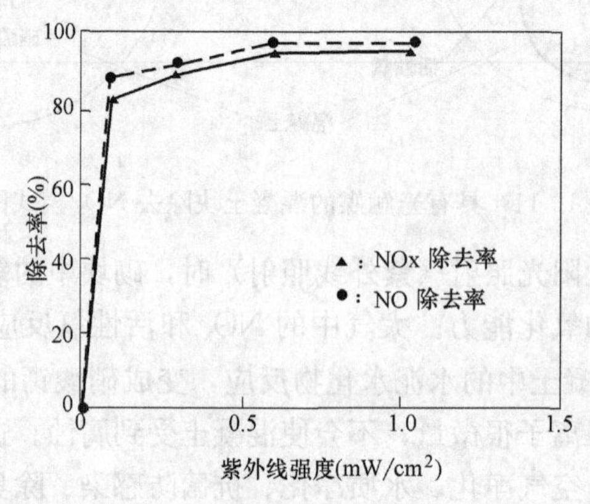

图 16-12　紫外线强度和 NOX 除去率之间的关系

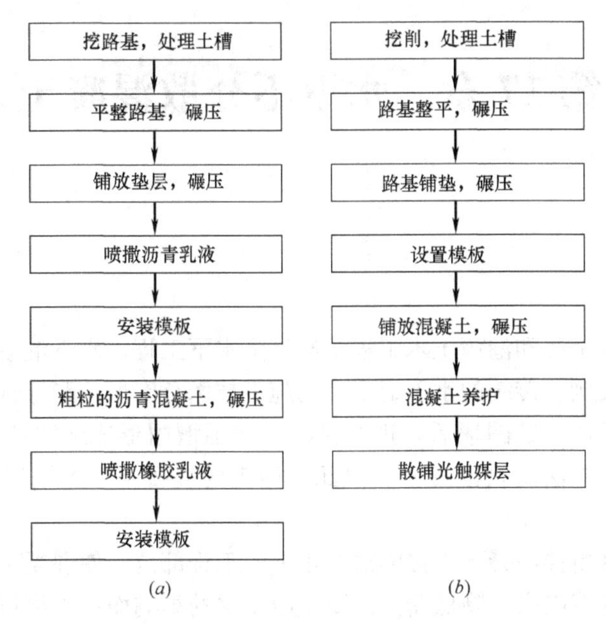

图 16-13　沥青系排水性铺装和透水混凝土铺装的施工顺序

(a) 沥青系排水性铺装；(b) 透水混凝土铺装

5. 应用中注意的问题

二氧化钛广泛被应用为光触媒材料的情况下，必须注意以下事项：

(1) 必须要有紫外线照射。没有紫外线的情况下，就不能发挥光触媒的效果；使用光触媒制品的情况下，必须有太阳光照射。

(2) 妨碍了混凝土的流动性。二氧化钛粉末掺入混凝土中，很容易损失混凝土的流动性；掺有二氧化钛粉末的混凝土，浇筑入模成型后，可很快脱模，这是混凝土制品生产的优点。

(3) 污染会使光触媒的功能降低，可以通过冲洗、研磨或再涂刷，使功能恢复。

第17章 水下不分散混凝土

17.1 引言

在海洋土木工程和港湾土木工程中有许多水下工程，水下混凝土就是在这些工程中应用旳实例。传统的水下混凝土的施工技术有围堰法和导管法等。

围堰法是通过修筑围堰后，进行排水，使围堰内形成无水或少水的施工环境，按陆地施工方法浇筑混凝土。但此法施工的混凝土，先期工程量大，造价高，工期长。

导管法是将新拌混凝土直接输送至水下的工程部位，使混凝土与水的接触尽量维持在最小的范围内，降低新拌混凝土由于水的影响而产生离析分离。但这种施工工艺技术要求较高，也较复杂，如操作不当，容易出现工程质量，补救困难，工程造价也高。

水下混凝土是从混凝土材料本身进行改性，在普通混凝土中掺入水下不分散剂（絮凝剂)，直接将混凝土浇入水中，使混凝土在水中具有不分散性、不离析及抗水性等特性，保证混凝土在水中施工的质量。该项技术解决了新拌混凝土遇水分离的问题，使混凝土在水中可如陆地上施工样的进行，而且获得可靠的工程质量。

从19世纪开始，前人就开始了一次又一次试验，施工浇灌水下混凝土，但是均失败了。例如，浇筑新拌混凝土时，受到水洗作用，水泥浆与骨料发生分离，混凝土质量很差。后来联邦德国研究出了一种醚类复合物的外加剂，用于水下混凝土获得成功，并于1977工业化生产，大量应用于水中混凝土。1978年，日本引进了该项技术，于1981年水中混凝土投入了应用，1986年又制订了水中混凝土设计、施工指南。

我国石油天然气总公司研究所，于1983年研制成功了絮凝剂并研发应用了强度为15～40MPa的水中混凝土。

这样就改变了对过去水下混凝土的评价方法，改为采用水下不分散剂的水下不分散混凝土。这种混凝土由于采用水下不分散剂，水泥、细骨料、粗骨料都能很好地粘结在一起。施工浇筑，虽然周围受到水洗的作用，但也具有难以被水分散的性能。

与过去使用的普通混凝土的水下混凝土相比，其质量可靠性提高，而且过去从来无法考虑的新的结构形式、设计思想和施工方法，也就可以考虑起来了。

这样，这种水下混凝土的化学外加剂和使用技术，被确立起来以后，水下混凝土的用范围扩大，各种水下工程的合理化寄予了很大的希望。

17.2　水下不分散化学外加剂及其效果

1. 化学性质

(1) 基本组成

作为水下不分散混凝土的化学外加剂所用的材料，可分为两大类，纤维素类和丙烯基类。

各系列水下不分散混凝土的化学外加剂的主要成分如表 17-1 所示。简要的结构如图 17-1 所示。

水下不分散混凝土的化学外加剂的主要成分　　表 17-1

种　类	主要成分
纤维素系	羟基丙酰纤维素(HPMC) 羟乙基甲基纤维素(HEMC) 羟乙基纤维素(HEC)
丙烯基系	聚丙烯酰胺的部分加水分解化合物 丙烯酰胺和丙烯酸钠的共聚物

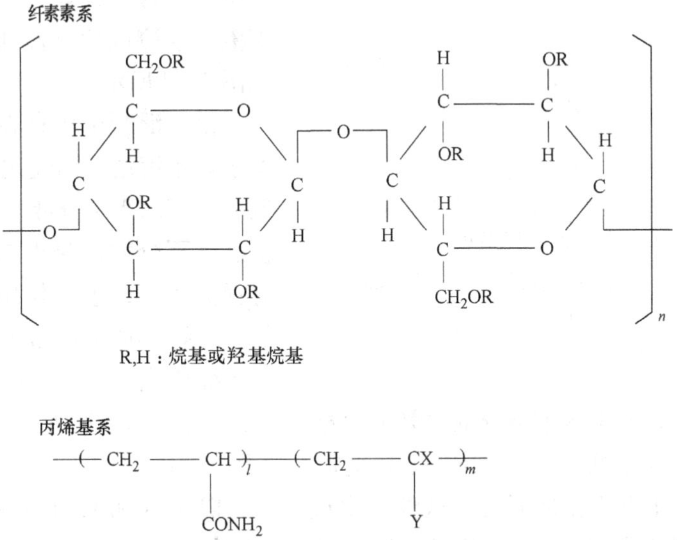

纤素素系

CH_2OR　H　OR　C　O　C　C　H　O　H　H　OR　H　H　C　C　C　C　OR　H　H　O　C　C　C　H　H　C　C　O　H　OR　CH_2OR　n

R,H：烷基或羟基烷基

丙烯基系

$-(CH_2-\underset{CONH_2}{CH})_l-(CH_2-\underset{Y}{CX})_m-$

图 17-1　水下不分散化学外加剂的主成分的化学结构式

纤维素系是木和棉的纤维中，导入了各种置换基，非离子型水溶性高分子，纤维素—聚醚化合物为主要成分，作为辅助成分有消泡剂、调凝剂、流化剂等掺入调节性能。如表 17-1 中的 HPMC 和 HEMC 是抹灰砂浆与灰膏中，为了提高保水性和粘结性，过去就一直掺入这两种材料。

丙烯基系是以丙烯酰胺为主要构成单位的高分子共聚物，仍然还是一种水溶性高分子化合物。

现在市场上销售的水下不分散剂仍以纤维素系居多。

(2) 化学稳定性

纤维素系的水下不分散剂，其主要成分是乙基纤维素，在混凝土中的碱性条件下是比较稳定的，对水泥的水化产物无不良的影响。丙烯基系的水下不分散剂，在混凝土中的碱性条件下是比较稳定的，与纤维素系的相比多少有些不同，但实际使用上没有什么问题，也没有对水泥的水化物产生不良的影响。

2. 物理性质

(1) 外观

水下不分散混凝土外加剂是粉状或粒状材料，非白色，其颜色多与制品的颜色相近。比重按其品牌有所不同，市售品的比重均低于 1.0。这种外加剂的水溶液黏性很高，操作和计量精度往往会发生问题。因此掺入混凝土时，常以粉末状添加。

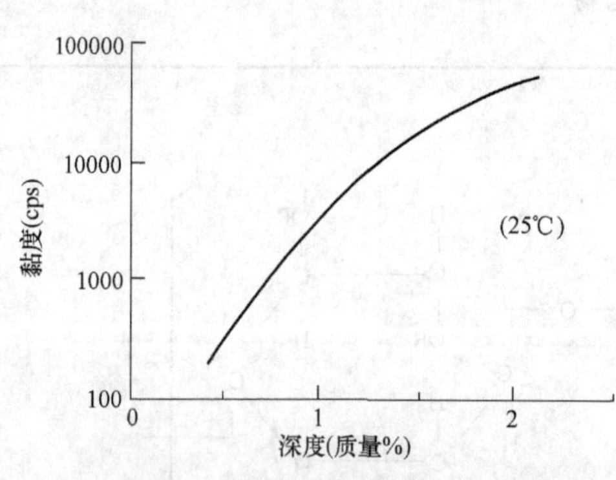

图 17-2　水下不分散混凝土外加剂的浓度和黏度关系

(2) 黏性

水下不分散混凝土外加剂溶于水中，成为一种黏性、粘结性的水溶液。水溶液的黏性和浓度的关系如图 17-2 所示。

由于混凝土中存在大量的无机离子，水溶液的黏性比图 17-2 的要低。由于水下不分散外加剂的黏性，使水下不分散混凝土与普通混凝土有很大不同。重力作用落下的时间长，坍落度试验时流动时间长，5min 后还继续流动，有一种特殊的流动性能。此外，由于水下不分散混凝土优异的塑粘性能，由于这种黏性，有效地防止材料的分离与沉降，可以配制坍落度很大的混凝土。

此外，水下不分散混凝土这种抗水洗性能，除了外加剂的黏性之外，保水性，外加剂分子与水泥粒子间的搭桥作用也是很重要的。

(3) 保水性

很多报告认为，掺入了水下不分散剂的水下不分散混凝土没有泌水现象；水下不分散外加剂溶于水中时也显示出保水性。

(4) 安全性

水下不分散混凝土用的外加剂，如纤维素系和丙烯酸系，都经过急性病毒试验及重金属分析，确认其安全性，是一种高安全性的外加剂。

17.3 水下不分散混凝土的配比

水下不分散混凝土配合比考虑的方法，与普通混凝土一样的考虑方法，但也有不同点。其不同点和类似点分别叙述如下：

水下不分散混凝土的强度是在混凝土落下水中制作的试件的强度。

1. 外加剂中，水下不分散外加剂，与过去混凝土的外加剂作用机理不同，其目的是提供混凝土拌合水的黏性，因此其掺量要考虑与水有一定的比例。这一点与过去外加剂与水泥的百分率添加不同。图 17-3 是水下不分散混凝土的代表性图形，取水中和空气中混凝土的强度比，水下不分散性外加剂的掺量（对拌合水的百分率）与这种强度比旳关系。混凝土的流动性也不同，也是以水中不分散的性能（水中和空气中混凝土的强度比），对水的百分率考虑。

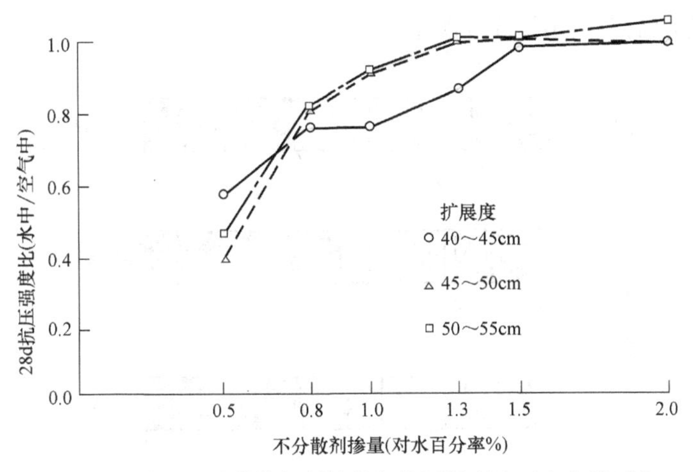

图 17-3 水下不分散外加剂掺量与抗压强度比（水中/气中）

为此，与这种混凝土配比试验相适应，为了得到所需的流动性，也通过相应的试验决定单方混凝土的用水量。而水中含有相应浓度的水下不分散外加剂。

2. 水下不分散外加剂的用量，要考虑到两方面：(1) 水中浇筑混凝土的可靠性；(2) 对水质影响的重要程度，在这两方面数据的基础上，虽然也难以确定，但可根据经验，对于 (1) 项，可考虑外加剂的掺量为用水量的 1.0%。对于 (2) 项，可考虑外加剂的掺量为用水量的 1.3%以上，一般情况下为 1.15%。

3. 使用适量的水下不分散剂的情况下（对水用量的 1.0%以上）混凝土的强

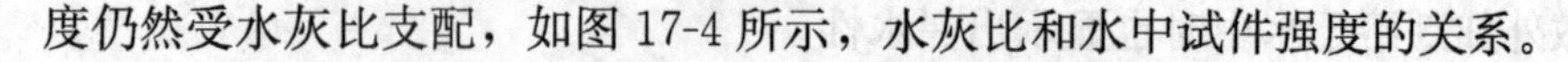

度仍然受水灰比支配，如图 17-4 所示，水灰比和水中试件强度的关系。

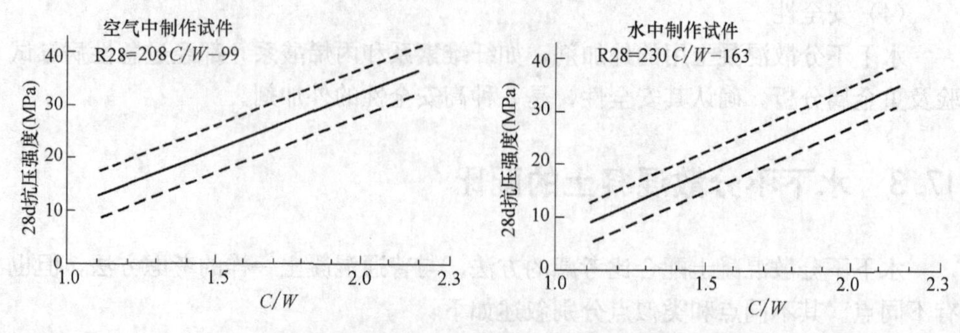

图 17-4　掺入水下不分散剂的混凝土强度与灰水比关系

（水下不分散剂的用量 1.0%～1.3%）

17.4　掺入水下不分散剂的混凝土的性能

1. 水下不分散性

将新拌的水下不分散剂的混凝土，放落水中，也很难被分散开来，这是这种混凝土的最大特点，如图 17-5 所示。

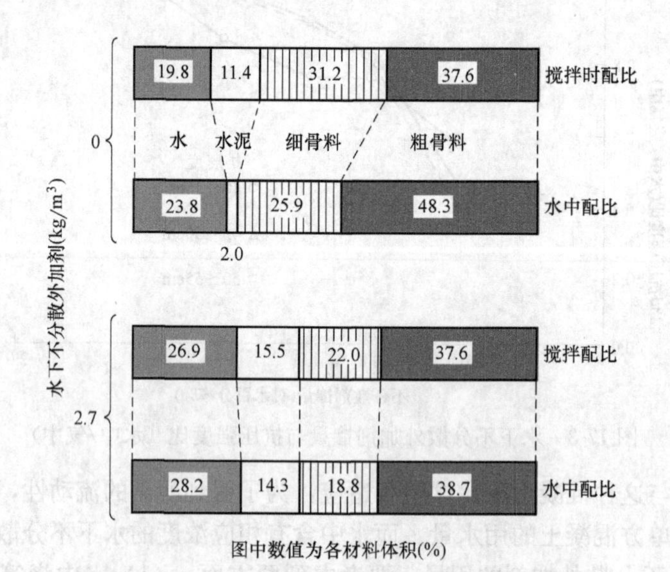

图 17-5　水中自由落下混凝土水洗筛分结果

将新拌的水下不分散剂的混凝土，落下水中 60cm，把在水底堆积的混凝土进行水洗分析，然后和原配合比进行比较，普通混凝土在水中落下后，材料的比例有明显的变化。水泥流失，其他材料相应增加。水下不分散剂的混凝土，落入水中后，各成分比例基本不变。水下不分散混凝土的代表特性是在水中不分散性。表征这种特性是用水中与空气中的强度比来表示，也即在空气中制作试件的强度与落入水中后的混凝土制作试件的强度的比值。强度比大，水中不分离性能高。水下不分散外加剂的掺量可参阅图 17-3 水下不分散外加剂掺量与抗压强度比（水中/气中）。

水下不分散性还有一种表示方法，也即混凝土从水中落下时，取周边的水，测定悬浊物的量以 SS 表示，如图 17-6 所示。

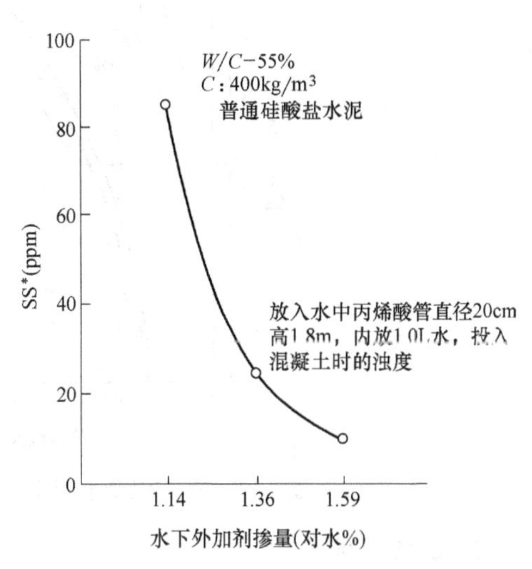

图 17-6　水下不分散外加剂掺量与混凝土性能

2. 稠度

掺入了水下不分散外加剂的混凝土富于黏性，与普通混凝土的流动性表示方法不同。普通混凝土的流动性以坍落度表示，而水下不分散混凝土以坍落度表示就不行了，因为黏性大，流动慢。德国工业标准 DIN1048 以扩展度试验表示，或者以坍落度试验时的混凝土扩展的直径表示，也即以坍落度流动值的方法表示。坍落度与扩展度的关系如图 17-7 所示，坍落度流动值与扩展度的关系如图 17-8 所示。

一般情况下，普通工程混凝土的扩展度 40～50cm，斜面上浇灌混凝土为 35～40cm，要求流动性良好的条件下 50cm 以上。图 17-9 单方混凝土用水量与

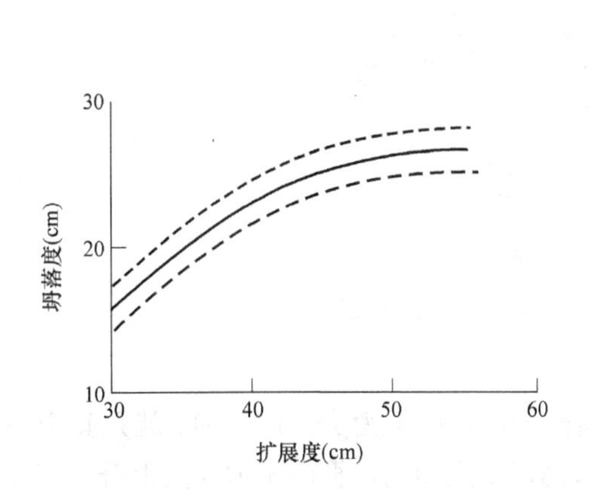

图 17-7　坍落度与扩展度的关系

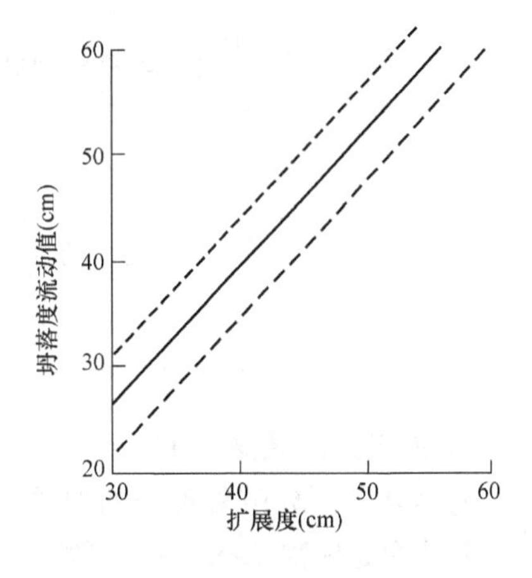

图 17-8　坍落度流动值与扩展度

坍落度流动值的关系。由图可见，单方混凝土用水量 180kg/m³ 左右，水下不分散外加剂掺量 1.0%～1.3%，对扩展度稍有影响，但影响不大。

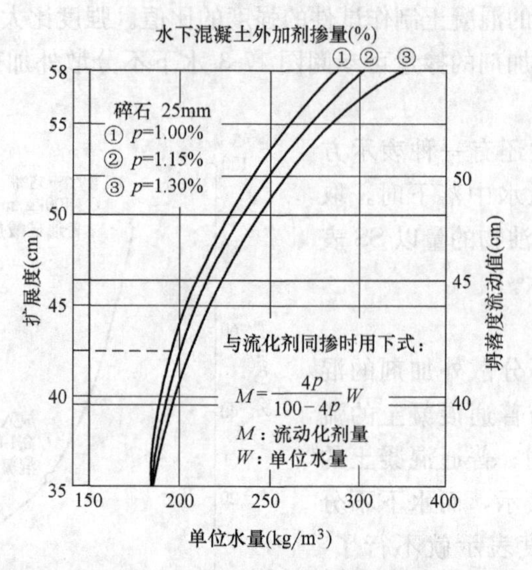

图 17-9　单方混凝土用水量与坍落度流动值的关系

3. 凝结时间

掺入水下不分散外加剂的混凝土，凝结时间都会延长。图 17-10 就是其中一例。水下不分散外加剂的掺量为 1～3kg/m³，延长 4～6h。水下不分散外加剂的掺量为 3kg/m³ 时，初凝时间延长到了 11h。

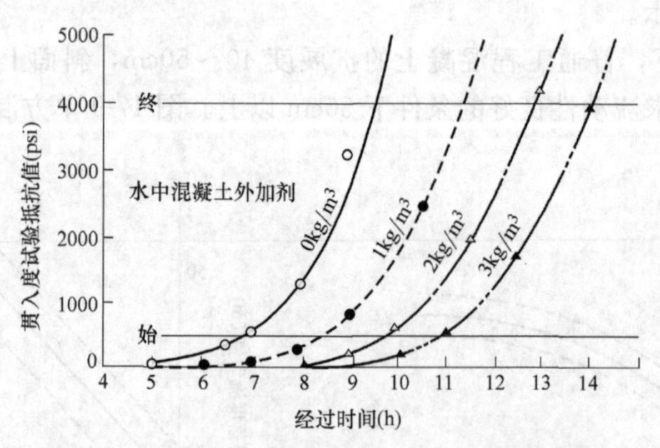

图 17-10　掺入水下不分散外加剂的砂浆凝结情况

4. 混凝土的泵送性能

掺入水下不分散外加剂的混凝土黏性大，泵送阻力大，图 17-11 就是其中一例。最大泵送距离 65m，6 寸泵管，与普通混凝土相比，管内压力大大上升。在实际工程中使用的混凝土泵压送这种混凝土的实例，其可泵送范围如图 17-12 所示。

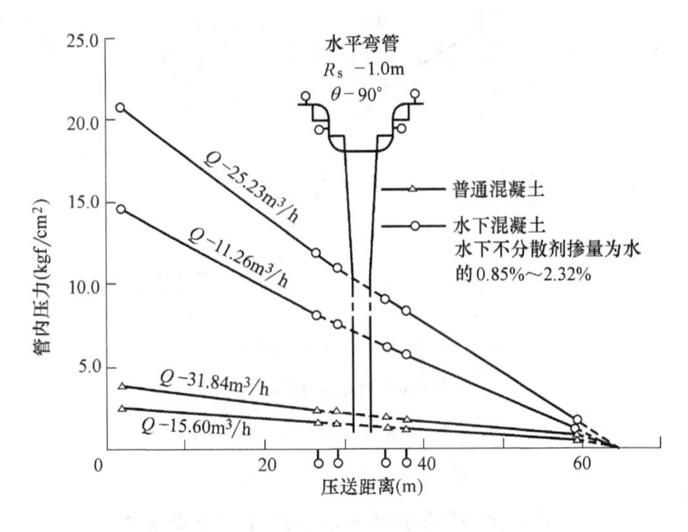

图 17-11　泵送距离和管内压力关系

由图 17-12 可见扩展度大的水中混凝土其可泵性范围大。

5. 浇筑入水中时对水质的影响

水中混凝土浇入水下时，水泥的流失较小，与普通混凝土相比，对周围的水质影响较少。如图 17-13 所示，水中混凝土的外加剂超过 3kg/m³ 时，pH 值在 9 以下，在实际工程中，对周边水质影响的分析如表 17-2 所示。

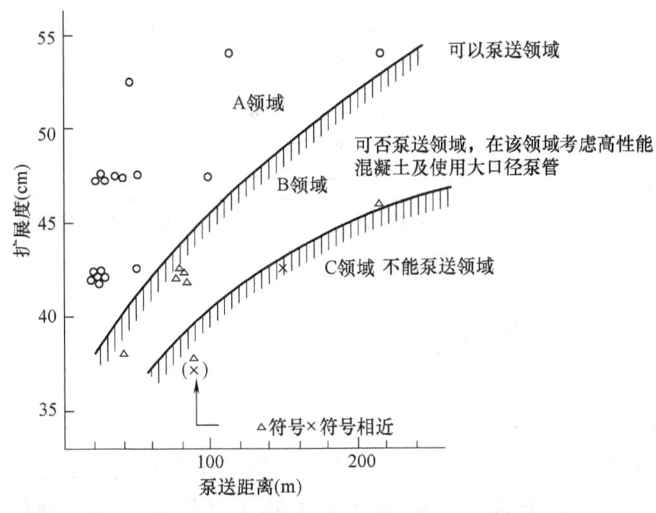

图 17-12　水中混凝土的扩展度和其可泵性范围
（外加剂掺量 2～3kg/m³）

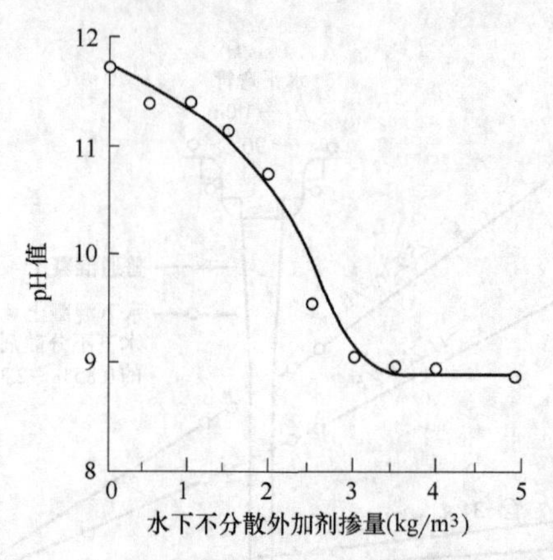

图 17-13　水中混凝土的外加剂掺量与投入后水 pH 值

水中混凝土浇筑后附近水质调查（2.5～3kg/m³）　　表 17-2

测点		pH			SS（ppm）		
		浇筑前	浇筑中	浇筑后	浇筑前	浇筑中	浇筑后
1	表层	8.3	8.2	8.2	1	1	1
	下层	8.2	8.2	8.2	4	1	2
2	表层	8.3	8.5	8.3	1	3	2
	下层	8.3	8.6	8.3	1	11	1
3	表层	8.3	8.2	8.3	2	2	3
	下层	8.3	8.3	8.2	2	3	1
4	表层	8.3	8.2	8.2	1	3	2
	下层	8.3	8.2	8.2	1	2	0
5	表层		8.4	8.4		3	3
	下层		8.9	8.6		5	

注：测点 1～4 取样是离中心点 30m 处，测点 5 是结构物中心。测点 5 下层取样靠近出料口，SS 为悬浊物。

17.5　硬化混凝土的性能

1. 水中混凝土的抗压强度

水中混凝土的抗压强度是以水中制作的试件强度来评价，也有用水中、气中试件的强度比表示。影响水中试件的强度主要因素是水下外加剂的掺量与水灰比，水下外加剂的掺量对抗压强度影响如图 17-3 所示。水下外加剂的掺量为 0.8%以上时，水中试件强度约为气中试件的强度的 80%以上；掺量低于 0.8%

时，水下混凝土的抗压强度迅速下降。在条件许可下，应尽量避免水下浇筑混凝土。

龄期和抗压强度关系如图 17-14 所示。

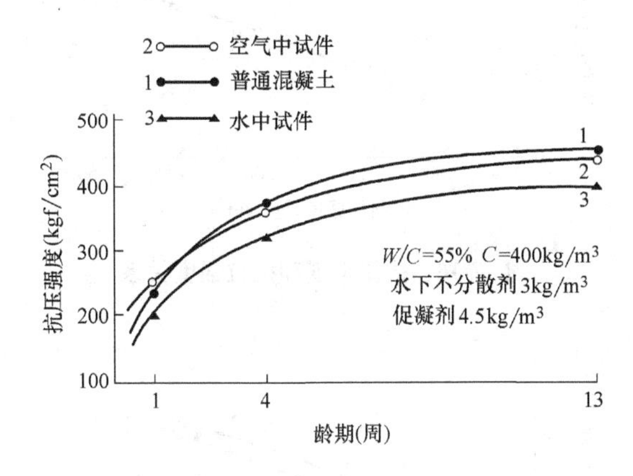

图 17-14　龄期和抗压强度关系

水下浇筑混凝土抗压强度稍低于普通混凝土和空气中试件的强度，但后期发现有相同规律。

2. 抗拉强度、抗弯强度、弹性模量

水下浇筑混凝土的抗弯强度、抗拉强度、弹性模量与抗压强度的关系，如图 17-15～图 17-17 所示。

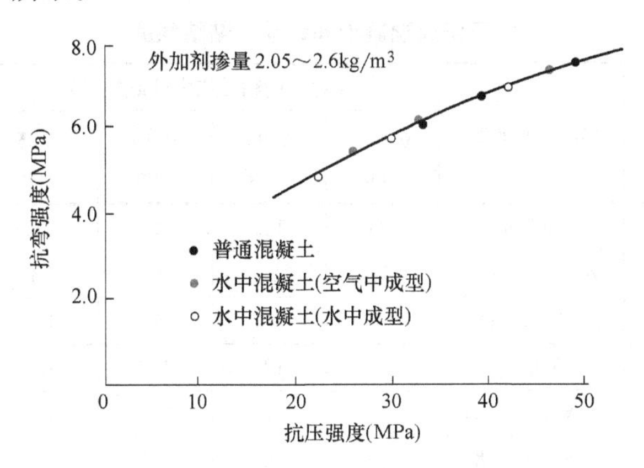

图 17-15　抗压强度和抗弯强度关系

与普通混凝土的关系相类似，图 17-17 中的弹性模量与普通混凝土相比，水下浇筑混凝土的弹性模量偏低。

3. 与钢筋的黏着力

水下浇筑混凝土和钢筋的粘结强度，如表 17-3 所示。

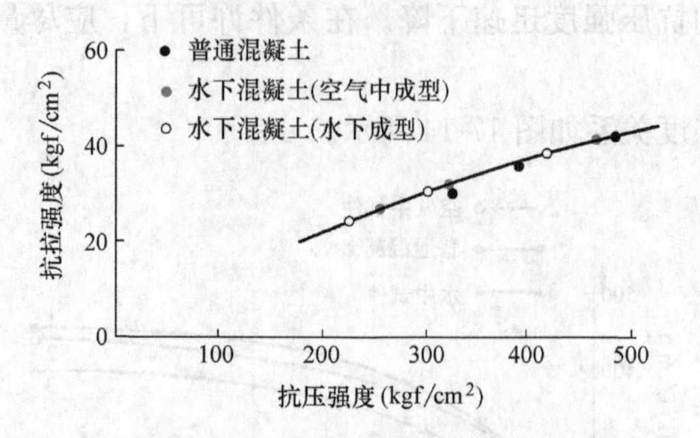

图 17-16 抗压强度和抗拉强度关系

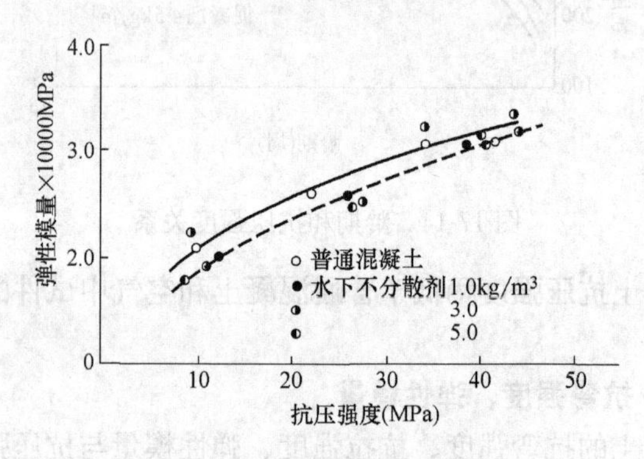

图 17-17 抗压强度和弹性模量关系

水下浇筑混凝土和钢筋的粘结强度 **表 17-3**

混凝土种类 (W/C=50%)	钢筋的种类	滑移前的粘结应力(kgf/cm²)				混凝土抗压强度 (kgf/cm²)
		0.025 mm	0.05 mm	0.10 mm	0.25 mm	
普通混凝土 (标养)	垂直筋	111	119	127	136	386
	水平筋(上端)	51	55	62	74	
	水平筋(下端)	57	69	80	111	
水下混凝土 (气中成型)	垂直筋	112	125	142	157	333
	水平筋(上端)	95	110	123	140	
	水平筋(下端)	112	124	138	147	
水下混凝土 (水中成型)	垂直筋	69	76	86	103	315
	水平筋(上端)	47	57	71	91	
	水平筋(下端)	54	62	74	97	

空气中成型的水下混凝土与普通混凝土相比，与钢筋的黏着力高。但与水中成型试件的黏着力相比，则普通混凝土的高。

17.6　用途

掺入水下不分散外加剂的水下混凝土，通常都考虑用于水下工程。特别是过去水下混凝土不能用的水下工程，而这种水下不分散外加剂的水下混凝土就能够用，这就是其特征。期待着水下结构工程新的设计与新的施工方法。

现以水下钢筋混凝土为例，说明其施工实例。图 17-18 是水下制作的钢筋混凝土梁，图 17-19 是该梁的荷载-变形曲线。

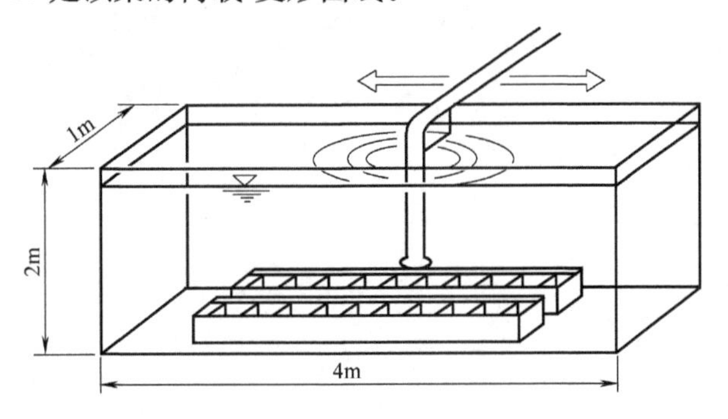

图 17-18　水下制作梁的制作情况（水下不分散剂掺量 2.75kg/m³，从上向下浇筑）

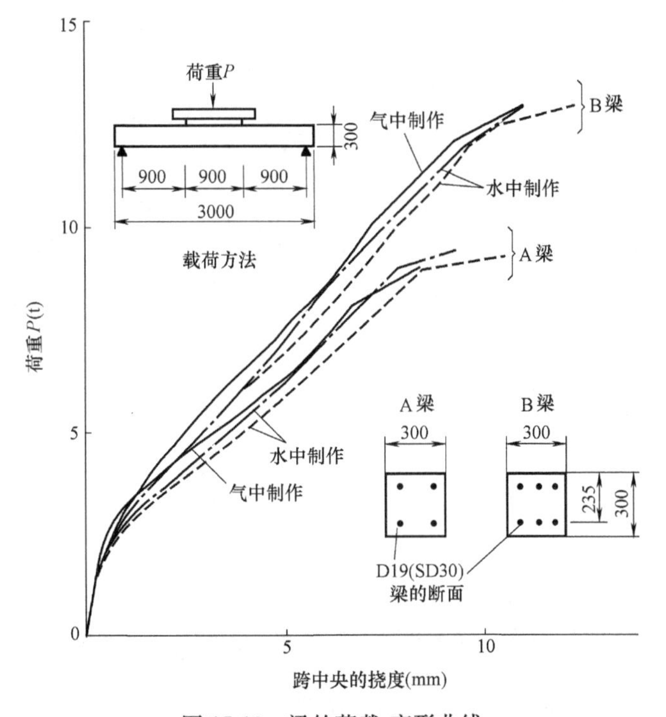

图 17-19　梁的荷载-变形曲线

由图 17-19 可见，气中制作的梁和水中制作的梁，在荷载作用下的变形没有多大差别。由此可见，水下施工的钢筋混凝土的质量是可靠的。

海底隧道的钢筋混凝土，其他钢筋混凝土工程及海岸护坡等，均采用水下浇筑混凝土。在日本的水下混凝土主要用于沉箱、沉井的底板混凝土灌注桩混凝土，地下连续墙混凝土，如濑户大桥工程、关西机场工程、青森大桥工程。

第 18 章　自密实混凝土的研发与应用

18.1　引言

自密实混凝土是日本东京大学土木系冈村教授等人首先研发出来的。研发者最初的思路是免振动成型混凝土，将这种混凝土泵送入模之后，能够自行填充模板，无须振动，可达自密实状态。这样的混凝土在施工过程中，能达到省力化，无噪声，不扰民，绿色环保。这种混凝土经过长期的研发、推广与应用，成为一种新型的混凝土，日本土木学会制定了技术标准。20 世纪 90 年代，为了与国际接轨，又把这种混凝土称为高性能混凝土。这种混凝土的大规模应用是日本明石大桥工程中，桥墩混凝土工程，应用了 26 万 m^3 的 C40 以上的自密实混凝土。与此同时，欧洲也开发了自流平自密实混凝土，用于混凝土地面工程。我国大规模应用自密实混凝土的工程是高铁武汉火车站，因预应力钢筋混凝土梁的钢筋过密，浇筑普通混凝土难于振动成型，作者指导了施工单位，开发了 C50 的自密实混凝土，并施工应用了 6000 多立方米。

18.2　自密实混凝土的技术特点

自密实混凝土的技术特点首先是组成材料与配合比例上，和普通混凝土有较大的不同，如图 18-1 所示。

与普通引气混凝土相比，自密实混凝土的细粉料含量大，而粗骨料含量较低，砂率高。与水下浇筑混凝土相比，水下浇筑混凝土用水量大，水泥用量也大。但粗、细骨料的用量两者大体相同。

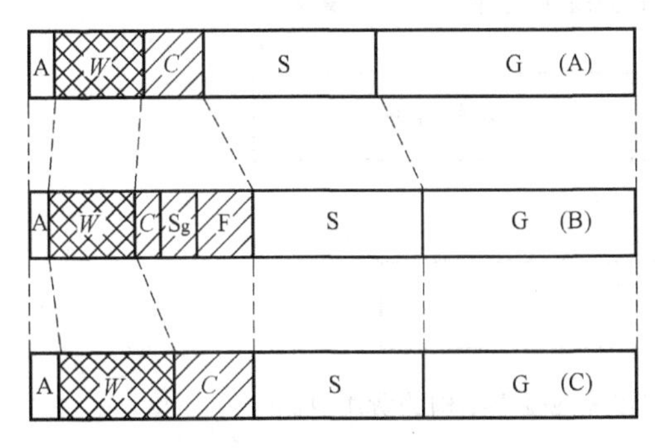

图 18-1　普通混凝土、自密实混凝土与水下浇注混凝土

图中：(A) 为普通 AE 混凝土，$W/C=0.5$，坍落度 17cm；(B) 为自密实混凝土，$W/B=0.3$，坍落度流动值 57cm；(C) 为水下浇注混凝土，$W/C=0.5$，坍落度流动值 45cm。

自密实混凝土（SCC-Self Compacting Concrete）对新拌混凝土的最特殊要求是：坍落度要大，一般要大于 250mm。坍落度试验时混凝土的扩展度要大于 650mm，而且扩展度达到 500mm 时的时间≤5s。更重要的是混凝土在 U 形仪中流动，穿过钢筋后上升高度≥300mm。如图 18-2 所示。这表明 SCC 在钢筋混凝土中流动过程中，能裹着砂石一起均匀地流过钢筋，填充模板，不需要再施加振动，混凝土就可以达到密实成型。自密实成型，这和大流动性混凝土不一样，大流动性混凝土虽然坍落度、扩展度都很大，但是在 U 形仪中流动，穿过钢筋后上升高度很低，表明黏聚性差，不能裹着砂石一起均匀地流过钢筋，填充模板，必须振动成型，才能得到密实的混凝土。

因此，在 SCC 中，必须有增稠剂，以提高混凝土的黏聚性，达到大流动性时不会离析。为了混凝土的保塑性，还掺入保塑剂。

国外有关资料报道，SCC 结构与传统的混凝土结构相比，虽然原材料成本偏高，但施工管理费大大降低，使 SCC 结构的总成本低于传统混凝土结构的成本，如图 18-3 所示。

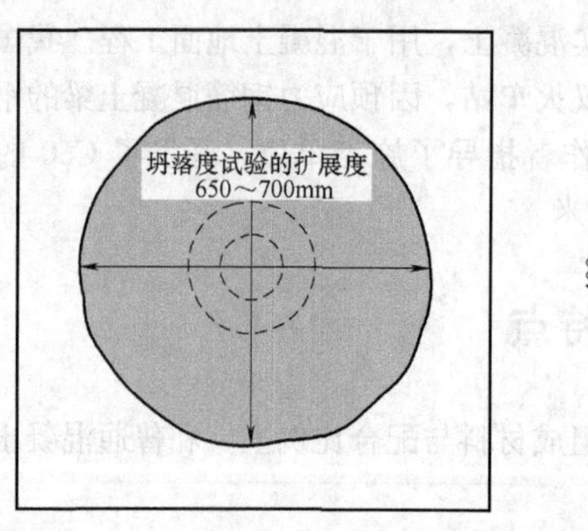

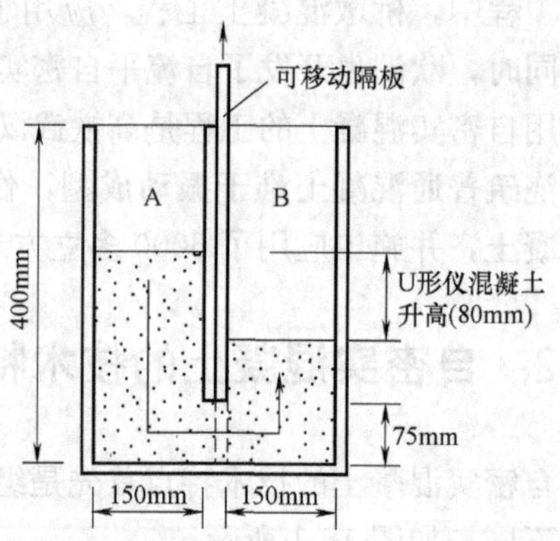

图 18-2　U 形仪试验混凝土上升高度及扩展度

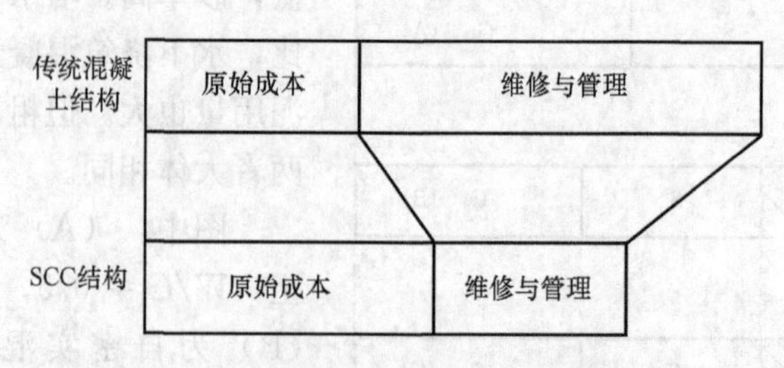

图 18-3　SCC 结构与传统混凝土结构的费用对比

因此，UHP-SCC 是一种研发和生产的技术难度大，但便于施工应用的一种新型环境友好型的混凝土。

18.3　自密实新拌混凝土的特性

自密实混凝土在施工时，能均匀地流过钢筋，充满模板，无须振动，混凝土结构达到自密实。按自密实混凝土发明者的最初意愿，为了提高混凝土结构的可靠性，不受混凝土浇筑时施工技术好坏的影响，自密实混凝土成为混凝土技术发展的新方向。这种混凝土在施工时不仅节省人力，而且不需要振动成型，消除了噪声，是环境友好型、低碳节能的混凝土。自密实混凝土不仅免振自密实，而且硬化后的裂缝也比较少，故在日本也被定义为耐久混凝土。因此，自密实混凝土将大大地推进混凝土工程的现代化。

1. 混凝土的填充性

混凝土材料，为了具有高的填充性，不仅要求高的流动性，同时还必须具有优异的抗离析性能。如图 18-4 所示，混凝土在一定压力下，通过钢筋网的性能，受坍落度的支配。坍落度 180mm 左右，混凝土通过钢筋网的量最大。因为这时混凝土具有较好的流动性和黏聚力，能把砂石裹在一起流动。混凝土坍落度与填充性的关系如图 18-5 所示，在低坍落度的范围内，混凝土的填充性受其变形性能支配；在高坍落度的范围内，材料的抗离析性是支配填充性的主要因素。

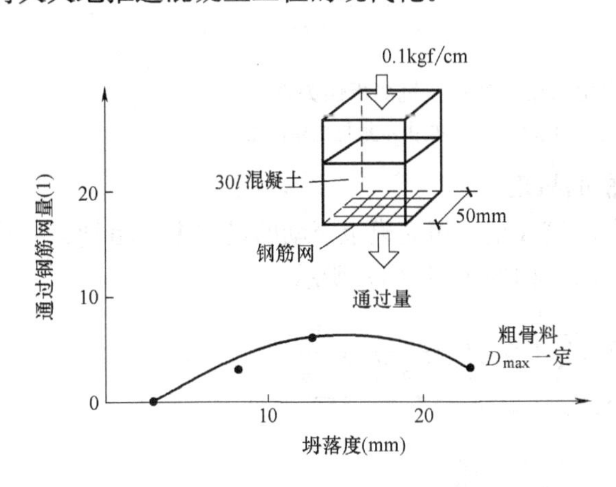

图 18-4　混凝土坍落度与通过钢筋网量的关系

支配混凝土的变形性能与抗离析性能的主要因素是混凝土中的自由水。自由水与变形关系是一线性关系，而抗离析性能与自由水关系是非线性关系，如图 18-6 所示。

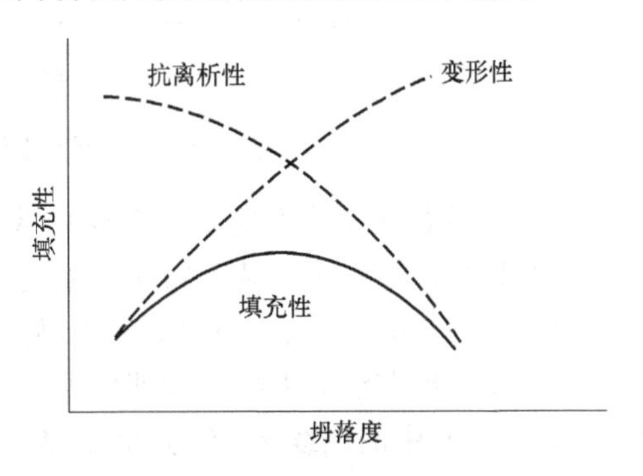

图 18-5　混凝土坍落度与填充性的关系

由图 18-6 可见，自密实混凝土的填充性取决于变形性能及抗离析性能。变形性能大，抗离析性能高的自密实混凝土，填充性能好。但这最终取决于自由水含量，自由水含量低，坍落度流动值大，这就是自密实混凝土配合比设计中的技术关键之一。

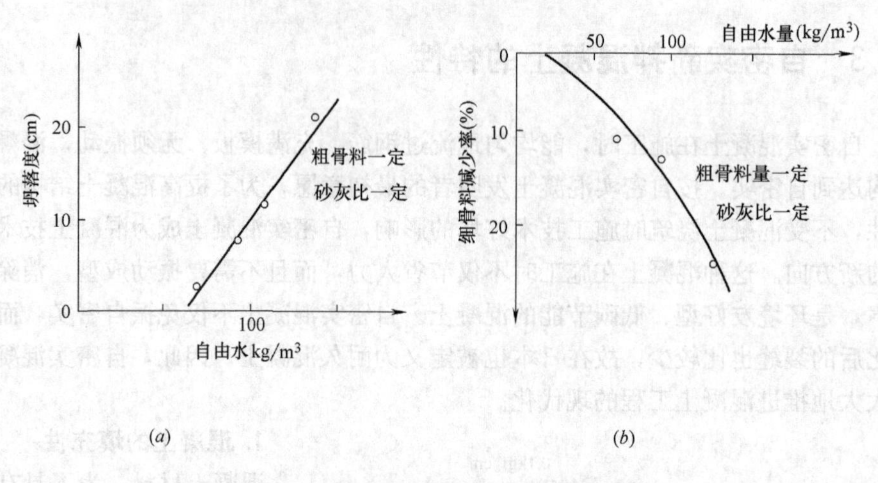

图 18-6 自由水量与变形及抗离析性关系

(*a*) 自由水量与变形系统；(*b*) 自由水量与抗离析性

2. 混凝土在运动中产生离析的机理

自密实混凝土的拌合物，在浇筑成型，填充模板流动的过程中，粗骨料与砂浆之间产生的分离现象是很有趣的，如图 18-7（*a*）所示。

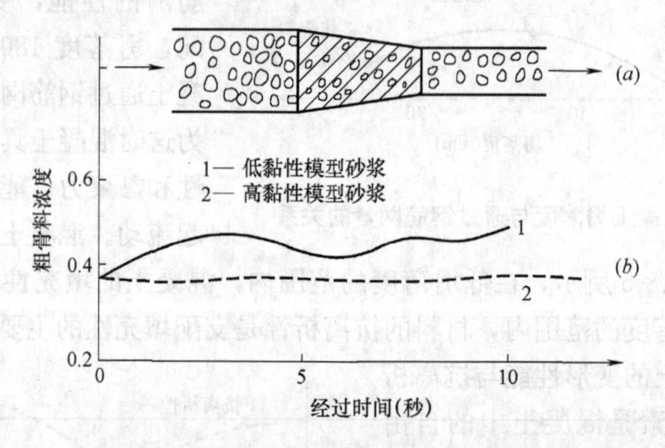

图 18-7 混凝土在管内流动断面缩小处粗骨料浓度变化

自密实混凝土在管内流动，泵管由大变小的喇叭处，如图 18-7（*a*），产生粗骨料的凝聚；进一步继续观察时，发现粗骨料成拱，产生堵塞。

由图 18-7（*b*）可见，当混凝土中砂浆的黏度提高时，混凝土中粗骨料浓度基本上不变，也即混凝土拌合物即使通过喇叭口，粗骨料也不会产生分离现象，如图 18-7（*b*）中的曲线 2。但如果混凝土中砂浆的黏度降低时，则发生图 18-7（*b*）中的曲线 1 的现象。这是由于这种拌合物在变截面处的剪切变形不同而引起的。砂浆黏度低的混凝土拌合物，在管内变截面处，砂浆容易流失，粗骨料间内摩擦增大，粗骨料间发生激烈的碰撞与摩擦，产生凝聚。

自密实混凝土在流动过程中，粗骨料与砂浆的比重不同，助长了粗骨料摩擦与碰撞。为了抑制拌合物中材料离析，增加砂浆或水泥浆的黏度是很有效的。故国外的自密实混凝土中，常常掺入羧甲基纤维素作为增稠剂。

3. 水泥浆对骨料抗摩擦性能的影响

粗骨料相互间的碰撞和摩擦，应力的传递是不同的，但对混凝土的变形性能有很大的影响。如图 18-8 所示。

在两钢板之间放入水泥浆试样，通过钢板走动，进行直接剪切试验。固体之间的剪切应力的传递机理与水泥浆不同，也就是说，浆体的剪切应力是由摩擦与粘结两者复合而成。如图 18-9、图 18-10 所示。

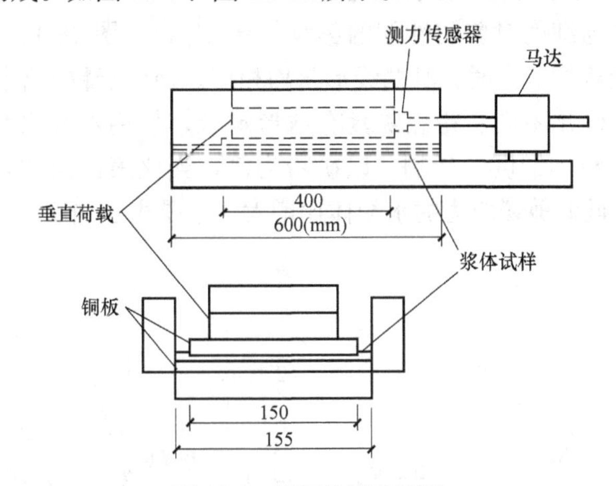

图 18-8　剪切的试验装置

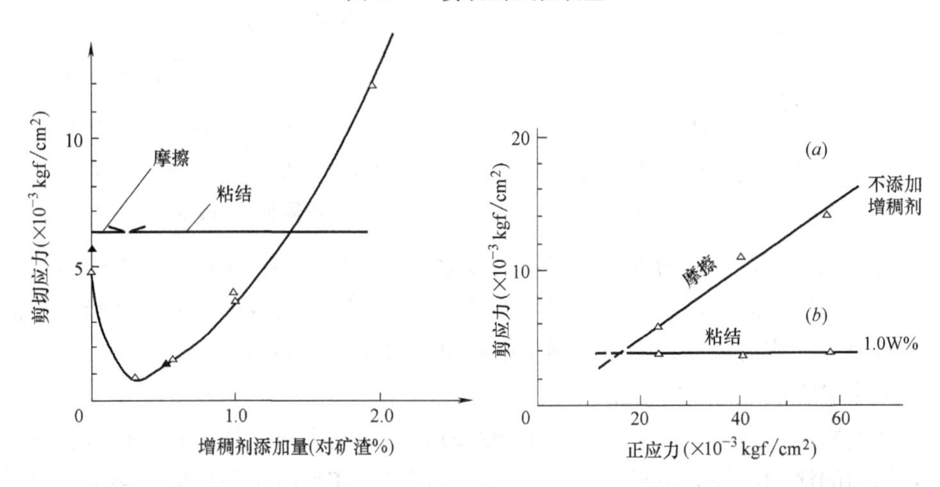

图 18-9　增稠剂添加量与剪切应力

图 18-10　浆体剪切应力与正应力

浆体的剪切应力，由摩擦与粘结两者复合而成。一开始以摩擦力为主，增稠剂添加量达 0.2%时，摩擦力下降至最低值，粘结力也处于最低值，这时浆体的剪切应力最低（参阅图 18-9）。

由图 16-10 可见，浆体中没有增稠剂时，虽然存在大量的自由水，但当正应力增大时，自由水被挤出，摩擦阻力增大，如图 18-10（*a*）所示。当掺入 1.0% 的增稠剂以后，自由水能保留在浆体中，即使正应力增大，而铁板之间的摩擦抵抗力也是不变的。两者间的相互作用只是由于粘结引起的，为线性关系，如图 18-10 中的（*b*）所示。

因此，适宜的增稠剂，能改善固体间的摩擦抵抗，有效地降低体系的剪切力。

4. 粉体的种类与细度对剪切性能的影响

粉体的种类与细度对剪切性能的影响如图 18-11、图 18-12 所示。试验中 5 种粉体达到最低剪切应力时，其曲线形状均相似。但由于粒型不同，达到最低剪切应力时，水粉体比不同。粉煤灰具有球形颗粒，故用水量比水泥及矿粉低（图 18-12）。关于粉体细度的影响，以矿粉为例，当比表面由 3250cm²/g 增大至 7860cm²/g 时，最低剪切应力的水粉体比增大。这是由于细度大，保水能力增大之故。

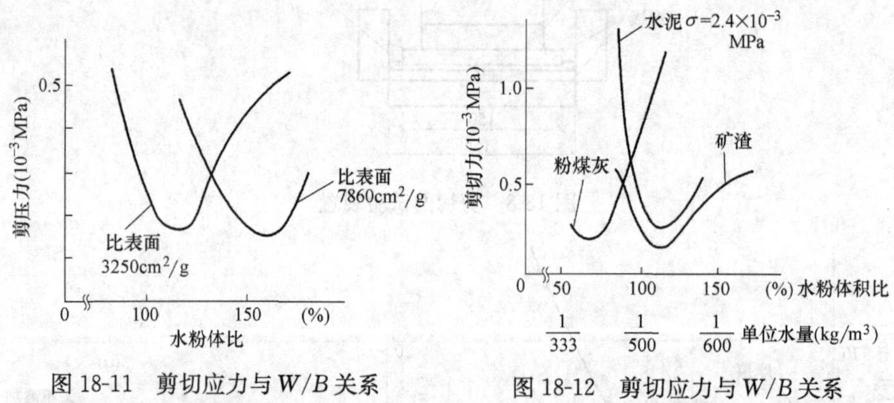

图 18-11　剪切应力与 *W*/*B* 关系
（粉体细度的影响）

图 18-12　剪切应力与 *W*/*B* 关系
（粉体种类的影响）

粉煤灰、矿粉及硅粉等掺合料，通过适宜的配比，用水量很低时就能给予浆体所需的黏性。配以适宜的增稠剂，既可不降低混凝土的变形性能，又能赋予抵抗离析分层的能力。故自密实混凝土中的粉体含量大，还需增稠剂。

5. 新拌混凝土的性能检测

如上所述，自密实混凝土在施工浇筑时，要流动穿过钢筋，并把砂石裹在一起，均匀的流动，填充模板。因此要检测新拌自密实混凝土的性能，必须要考虑这些因素。

检验自密实混凝土的性能，有两种试验的填充装置：一种为 U 形容器，另一种为箱形容器。其共同点均装有钢筋隔栅为障碍，如图 18-13 所示。此外，还有环形钢筋隔栅的流动填充装置。

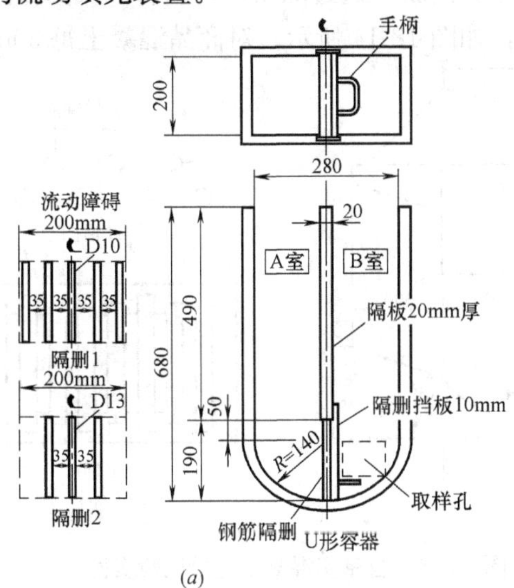

(a)

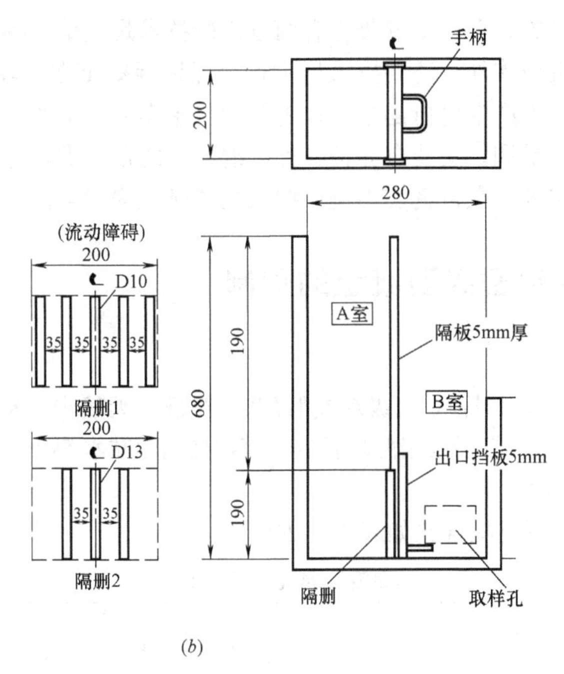

(b)

图 18-13　自密实混凝土流动与填充装置（日本土木学会）

(a) U 形试验的填充装置；(b) 箱形试验的填充装置

自密实新拌混凝土采用 U 形试验的填充装置进行试验时，混凝土的上升高度≥30cm，时间≤20s。混凝土浇筑时最大的自由落下高度≤5m，最大的水平流动距离 8～15m，流动坡度 1/10～1/30，泵送高度（4～5 寸管）为 300m 以下。

也有用全量试验仪检验混凝土通过隔栅，以及管理人员目测情况，以判断自密实新拌混凝土的性能，如图 18-14 所示。对商品混凝土每 50m³ 检测一次。

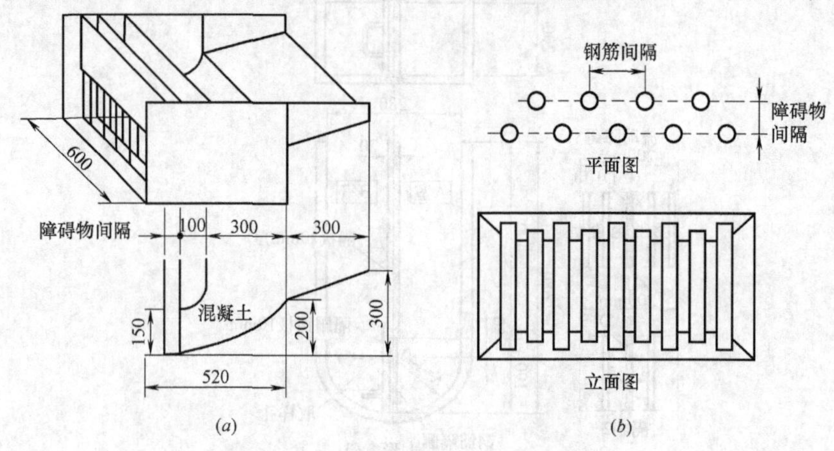

图 18-14 自密实混凝土全量试验实例

(a) 全量试验仪外观；(b) 全量试验仪障碍物

根据作者的经验，自密实混凝土有两方面的技术是很重要的，一是增稠，除了上述谈及的无机粉体外，还要掺入增稠剂，保证混凝土在运输和施工过程中，具有一定的稠度，不产生离析泌水。作者配制自密实混凝土的特点是用天然沸石粉为增稠剂，既能增稠，又能自养护，抑制混凝土的自收缩，还能参与水泥的水化反应。二是保塑剂，在自密实混凝中掺入载体流化剂，可保塑 3h 以上。

18.4 C30 的自密实混凝土的配制

1. 原材料

水泥：PO42.5；粉煤灰：Ⅰ级灰或Ⅱ级灰；微珠；天然沸石粉；砂：河砂，中砂；碎石：5～20mm，粒径及级配均较好；聚羧酸高效减水剂及载体保塑剂。

2. 混凝土配合比

C30 自密实混凝土配合比如表 18-1 所示。

自密实混凝土配合比 表 18-1

SCC C30	*C*	*FA*	*BFS*	*NZ*	*S*	*G*	*W*	A_g (%)	*CFA* (%)
	200	150	60	20	800	900	168	1.0	1.5

注：*C*—水泥；*FA*—粉煤灰；*BFS*—矿粉；*NZ*—天然沸石粉，*S*—河砂；*G*—碎石；*W*—水；A_g—聚羧酸减水剂；*CFA*—载体流化剂。

3. 新拌混凝土性能

C30 自密实混凝土的新拌性能如表 18-2 所示，U 形仪试验如图 18-15 所示。

新拌混凝土性能　表 18-2

项目＼经时变化	初　始	1.5h 后	3.0h 后
坍落度(mm)	270	260	270
扩展度(mm)	740×720	720×730	720×710
倒筒时间	7.0(s)	7.2(s)	7.0(s)
U 形仪升高	310 (mm)	310(mm)	310(mm)
目测效果	无泌水离析	无泌水离析	无泌水离析

图 18-15　U 形流动仪上升高度试验

上述试验检测可见，C30 SCC 具有优异的自密实性能和保塑性能。

4. 混凝土的各项力学性能

混凝土强度如表 18-3 所示。

混凝土强度 (MPa)　表 18-3

项目＼龄期	3d	7d	28d	56d
抗压强度	16	25	38	41
棱柱体抗压	10	20	30	32
劈裂抗拉	1.8	2.8	4.0	4.2

5. 小结

C30 的 SCC 与 C30 的普通混凝土相比，在配合比方面有较大的差异，SCC 的胶凝材料用量偏高，在 C30 的 SCC 配合比中，胶凝材料用量为 430kg/m^3，而且其中还有天然沸石粉（NZ），作为增稠的组分。但 C30 普通混凝土的胶凝材料用量 350kg/m^3 左右；　SCC 的砂率较大，粗骨料的粒径、粒型和级配要求也较高，以便于混凝土流动通过钢筋，并达到要求的上升高度。

18.5 C60 自密实混凝土的配制与施工应用

C60 自密实混凝土属高强度高性能混凝土，在国内获得了广泛的应用。其 W/B 较低，拌合物的黏度较大。试验用原材料同 18.3 节。

1. C60 自密实混凝土的配合比

工程中应用的 C60 自密实混凝土的配合比如表 18-4 所示。

混凝土的配合比 表 18-4

编号	水泥	微珠	煤灰	沸石粉	水	砂	碎石	减水剂
C60	320	50	160	20	150	780	980	2.0%

2. 新拌混凝土的性能

新拌混凝土的性能如表 18-5 所示，2h 的保塑性能优良。

新拌混凝土的性能及保塑效果 表 18-5

编号	倒筒(s)		扩展度(mm)		坍落度(mm)		U 形仪(s)	
	初始	2h	初始	2h	初始	2h	初始	2h
C60	3.07	5.03	710×720	660×670	275	260	5.66	10.13

3. 混凝土的水化热

混凝土搅拌完成后的初始温度，开始升温时间及最高温度如表 18-6 所示。

混凝土的水化热 表 18-6

编号	水化热(℃)				
	初温	开始升温	最高温	开始降温	常温
C60	24.5	3h 后 25.5	25h 后升到 51.5	26h 后 51.4	65h 后至 24.6

4. 混凝土的早期收缩

混凝土的早期收缩如表 18-7 所示。1～3d 的早期收缩测不出来，28d 龄期收缩也很低。

5. 混凝土的强度

混凝土的抗压强度如表 18-8 所示。

混凝土的早期收缩 表 18-7

龄期	1d	2d	3d	4d	5d	6d	7d	14d	28d
01	−0.23	−0.19	−0.02	0.03	0.17	0.352	0.49	1.04	2.16

混凝土的抗压强度　表 18-8

编号	抗压强度(MPa)		
	3d	7d	28d
60	43.4	54.4	67.7

6. 混凝土的电通量

按图 18-16 所示，28d 或 56d 龄期时，测定 6h 的库仑值表示。本试验测定值为 800 库仑/6h，属抗氯离子渗透性很高的混凝土。

图 18-16　混凝土电通量试件（ϕ10×5cm）

18.6　C80 自密实混凝土的研发及应用

C80 自密实混凝土的水泥用量大，水胶比低，早期收缩与自收缩大，如图 18-17 所示。

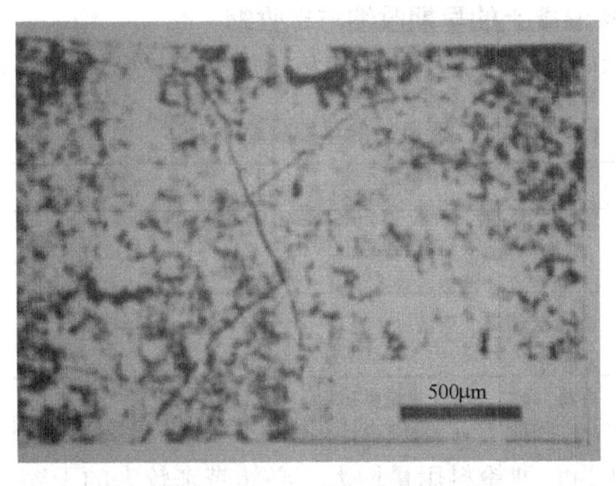

图 18-17　C80 混凝土自收缩开裂

如属大体积混凝土，或约束较多的混凝土，会发生早期开裂。有的 C80 混凝土的结构构件，浇筑后的第二天就开裂了，脱模时板面上都是裂缝。该墙有裂缝约 120 条，裂缝宽度都在 0.1～0.2mm 左右。裂缝深度≥40mm。分析认为这主要是由于混凝土的自收缩，水化热及剪力墙的约束造成的。因此，如果能降低 C80 大体积混凝土中的水泥用量，就可以降低自收缩和水化热，降低混凝土的开裂。

1. 试验用原材料

配制与生产应用的 C80 混凝土所用的原材料，与本章所述的 C60 混凝土所用的原材料相同。

2. C80 自密实混凝土的配合比

如上所述，为了降低混凝土的水化热，以及降低混凝土的自收缩，又要达到 C80 混凝土的强度等级，经过多次的试验研究，C80 自密实混凝土的配合比如表 18-9 所示。

混凝土的配合比 **表 18-9**

编号	水泥＋微珠＋粉煤灰＋*NZ*＋*EHS*	*W*	*S*	*G*	高效减水剂	*CFA*
C80 SCC	320＋80＋170＋15＋8.8	142	800	900	1.9%	1.5%

注：表中 *NZ*—天然沸石粉；*EHS*—硫铝酸盐膨膨剂；*CFA*—保塑剂。

由表 18-9，C80 自密实混凝土的水泥用量已降得很低了，只有 320kg/m^3，混凝土的实际 *W/C* 只有 44.4%，比实际水泥完全水化的 *W/C* 38%还要高，自收缩开裂的可能性少了，水化热也降低了。*EHS* 掺量 8.8kg/m^3，主要为了补偿早期微收缩。

3. C80 自密实混凝土的早期收缩与自收缩

混凝土的收缩与普通混凝土的收缩相比如表 18-10，图 18-18 所示。

混凝土的早期收缩（/万） **表 18-10**

编号	24h	48h	72h	4d
C80 (NC)	1.42	1.7	1.9	
C80 (SCC)	1.03	1.06	0.99	1.1

收缩值低于普通混凝土，这就消除了人们对自密实混凝土硬化后性能的顾虑。因为一般都认为，细粉料用量增大，必然带来较大的干缩。SCC 与 NC 的配比如表 18-11 所示。

SCC 与 NC 的配比　表 18-11

类别	W	C	A_1	A_2	A_3	S	G	A_d	坍落度（cm）	含气量/%
SCC	154	144	10	154	197	752	963	注 1	26	2.1
NC	150	300	—	—	—	752	1176	注 2	17	4.2

注：A_1—膨胀剂；A_2—矿粉；A_3—粉煤灰；注 1—4800CC 塑化剂＋6g 增稠剂；注 2—750CC 引气减水剂；粗骨料 D_{max}＝25mm。

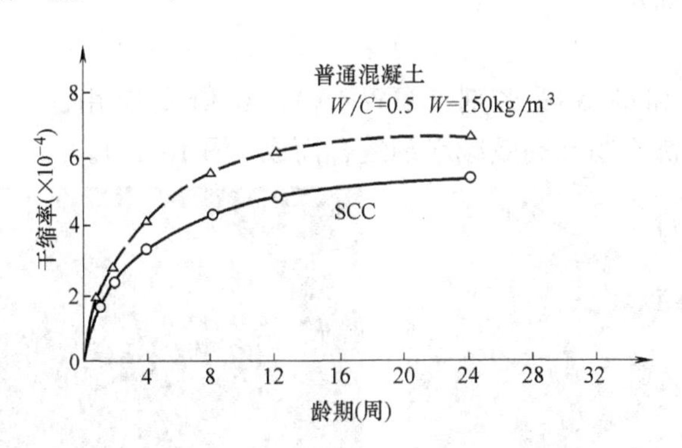

图 18-18　SCC 与 NC 干缩检测结果

4. 混凝土抗压强度

混凝土各龄期的抗压强度如表 18-12 所示。

混凝土抗压强度（MPa）　表 18-12

编号	3d	7d	28d	56d
C80 (NC)	58.9	68.1	88.9	
C80 (SCC)	56.6	75.6	92.1	95.6

C80 属高强度高性能混凝土，自收缩开裂是该混凝土的技术关键之一，对于 C80 的自密实混凝土也是这样。作者通过降低单方混凝土中的水泥用量，沸石粉既为增稠剂，也为自养护剂，供给混凝土中的水泥水化用水，抑制自收缩。同时，由于掺入了少量（1.5%）硫铝酸盐膨胀剂，补偿混凝土的早期收缩，消除或减轻了混凝土的收缩开裂。

18.7　C100 自密实混凝土的研发及其应用

1. 试验用原材料

C100 自密实混凝土的研发及其所用的原材料均为市售原材料。

(1) 粗骨料与细骨料

粗骨料：安山岩碎石，粒径 5～10mm—10%；10～16mm—90%

细骨料：河砂，细度模量 2.6～2.8；

(2) 胶凝材料

硅酸盐水泥 PII 52.5＋硅粉（SF）＋超细矿粉 BFS. SF 和 BFS 的配合比例，按其浆体流动性而定。

(3) 减水剂

引气剂 AE 和高效减水剂（HWRA），还研发应用了一种特种外加剂（CFA），由天然沸石粉和高效减水剂复合而成（图 18-19）。

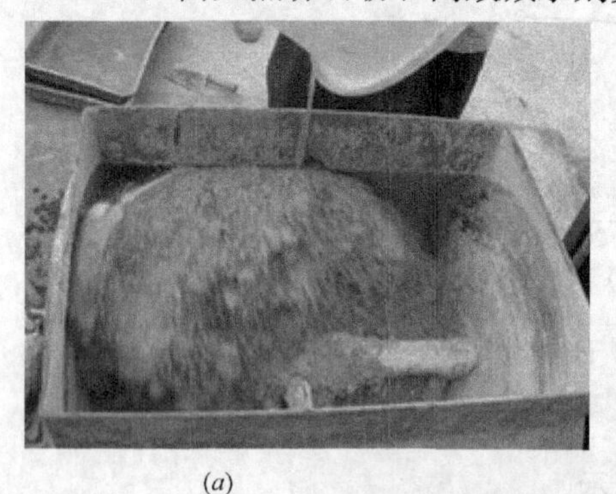

(*a*)

(*b*)

(*c*)

图 18-19 一种特种外加剂（CFA）原料及其复合工艺

(*a*) CFA 的生产；(*b*) 复合用的高效减水剂；(*c*) 天然沸石粉 NZ

天然沸石粉 NZ，还可用作自密实混凝土的增稠剂。

2. C100 SCC 的配比及性能要求

(1) C100 SCC 设计要求的性能：

① 坍落度＞250mm，坍落度流动值＞650mm，而且保塑 4h。

② U 形仪试验混凝土升高 ＞30cm。

③ 自收缩与干燥收缩值＜7×10^{-6}。

④ 压力泌水＜0.3mL/cm^2。

（2）用水量

根据经验 UHPC 和 UHPSCC 的用水量要≥150kg/m^3（1），如果用水量低，黏度大，流动性降低，坍落度损失快，施工困难。

3. W/C（W/B）的确定

C100 混凝土的 W/B 应在 20%左右，如果 150kg/m^3 用水量，那么胶凝材料用量应为 750kg/m^3。胶凝材料用各种粉体的比例为水泥：矿渣：硅粉=7：2：1 左右。在确定的配比中，水泥用量≤500kg/m^3，实际水灰比 W/C=30%，这样对抑制自收缩开裂十分有利。

4. 聚羧酸减水剂的应用

选择聚羧酸系高效减水剂除了要求减水率以外，还要具有控制坍落度损失的功能。在混凝土中，外掺 2.0%～2.5%的特种外加剂，使聚羧酸高效减水剂缓慢释放，控制坍落度损失。

5. 粉体效应的利用

主要考虑粉体的细度和不同粉体组合对 UHP-SCC 流动性及黏聚性的影响，如表 18-13 所示。

不同细度的矿渣粉对 UHPC 流动性的影响　　表 18-13

	比表面积（m^2/kg）	坍落度（mm）	扩展度（mm）	倒筒时间（s）
1	400	265	650	18.36
2	800	275	685	7.89
3	1000	265	625	8.36

注：试验时，W/B=0.20，C=500kg/m^3，BFS=212.5 kg/m^3，GP=12.5 kg/m^3，SF=25 kg/m^3，W=150 kg/m^3，高效减水剂的参量均为相同用量（3.5%）。

由此可以确定选用矿渣粉的比表面积为 800m^2/kg。不同矿物超细粉的组合对 UHPC 流动性的影响如表 18-14 所示。

不同矿物质超细粉组合对 UHPC 流动性影响　　表 18-14

粉体组合	坍落度（mm）	坍后扩展度（mm）	倒筒时间（s）
① C+BFS	265	650/630	18
② C+ BFS+SF	275	660/670	9

注：W/B=0.20，W=150 kg/m^3，C=500 kg/m^3；① BFS+GP=250kg/m^3；② GP+BFS+SF=250kg/m^3

由此可见②的组合，混凝土流动性好，特别是倒筒时间短，混凝土黏度低，对泵送有利。其中因石膏（GP）供应困难，后来取消，扩大了SF的用量为60kg/m³，BFS为190kg/m³。

18.8 试验研究

1. 试验配合比

如表18-15所示，共进行4组混凝土试验。

混凝土试验配合比（kg/m³） 表18-15

编号	水胶比	水泥	矿粉	硅粉	CFA	NZ	砂	碎石	水	KJ-JS	格雷斯
1	0.20	500	190	60	—	—	750	900	150	18.00	—
2		500	90	60	—	—	800	950	130	16.25	—
3		650	60	40	—	—	750	900	150	18.75	—
4	0.22	450	190	60	14	28	750	850	154	—	15.40

除了编号1～4外，还加入了C50混凝土作对比。

2. 新拌混凝土的流变性能及其他性能

混凝土砂浆的黏度及剪切应力 表18-16

配合比编号及强度	速度梯度(rad/s)	黏度(MPa·s)	剪切应力(Pa)
C50	78.5	3600	282.60
1 (UHPC)	7.85	25000	196.25
4 (UHP-SCC)	7.85	28000	219.80

混凝土的坍落度、扩展度、倒筒时间 表18-17

配合比编号及强度	水胶比	倒筒时间及经时损失(s)		坍落度及经时损失(mm)		扩展度及经时损失(mm)	
		初始	120min	初始	120min	初始	120min
C50	0.33	4.97	16.96	225	185	550	410
1	0.20	3.44	3.50	265	265	710	695
2		6.98	10.81	250	250	560	530
3		8.16	9.17	260	245	570	525
4	0.22	3.00	4.80	280	250	680	590

混凝土的压力泌水及流过 U 形仪格栅、L 形仪的性能　表 18-18

配合比编号及强度	水胶比	压力泌水量(ml)	T500 时间(s)	U 形仪上升高度(mm)	L 形仪流过性能					
					坍落度(mm)	扩展度(mm)	T50 (s)	T100 (s)	T300 (s)	T500 (s)
C50	0.33	53	18.14	流不过	205	640	2.19	3.33	9.32	22.34
1	0.20	2	9.51	115	245	900	0.93	1.56	6.40	15.39
4	0.22	1	19.23	335	230	750	2.49	4.48	17.30	54.27

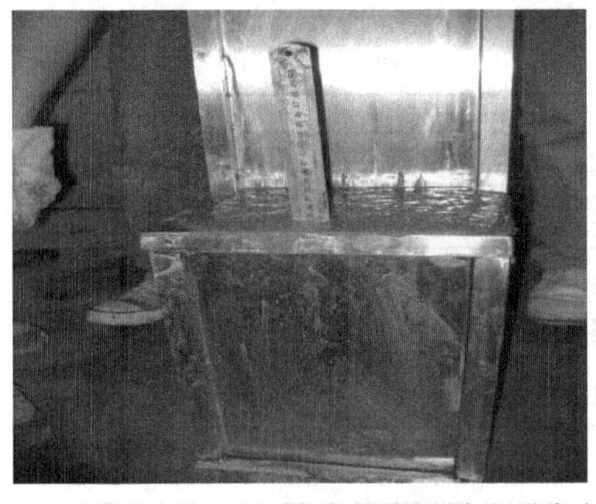

图 18-20　U 形流动仪上升高度及 L 形流动仪混凝土流动距离

分析以上试验结果可以得出：

(1) 编号 1、2、3、4 混凝土的坍落度、扩展度及经时损失均良好，但编号 1 及编号 4 混凝土的倒筒时间明显优于编号 2 及编号 3，因此选取编号 1 及编号 4 进行进一步的试验。

(2) 编号 4 与编号 1 比较，编号 4 的混凝土通过 U 形仪格栅的上升高度明显大于编号 1 的混凝土；混凝土的 T500 时间、在 L 形仪的试验中，编号 4 的混凝土比编号 1 混凝土表现出较大的黏性，其砂浆黏度及剪切应力也较大。

(3) 本试验中的 C50 泵送混凝土，虽然具有良好的流动性及流动性保持能力，但是无法通过 U 形仪格栅，不具有自密实性，通过对试验数据的对比发现，C50 混凝土砂浆的黏度明显小于编号 1 及编号 4，因此混凝土中砂浆的黏度大小对于混凝土的自密实性至关重要。

(4) C50 泵送混凝土的压力泌水量远大于编号 1 及编号 4 的混凝土，压力泌水与混凝土的泵送性能密切相关，因此编号 1 及编号 4 的自密实高性能混凝土，在高压泵的作用下均具有良好的可泵性。

3. 硬化混凝土性能

(1) 各龄期抗压强度：各龄期混凝土抗压强度如表 18-19 所示。

混凝土各龄期抗压强度 表 18-19

试验编号	抗压强度(MPa)			
	3d	7d	28d	56d
1	87.0	108.7	130.8	130.0
2	99.0	96.3	115.0	115.9
3	84.9	88.7	94.9	107.9
4	91.2	106.5	117.3	118

注：100mm×100mm×100mm 试件折算成 150 mm×150mm×150mm 试件的尺寸系数为 0.93。

(2) 各龄期抗折强度：各龄期混凝土抗折强度如表 18-20 所示。

混凝土各龄期抗折强度 (MPa) 表 18-20

龄期 编号	3d	7d	28d	56d
1	8.4	9.6	10.0	12.4
2	9.0	11.1	12.5	12.6
3	8.5	11.8	11.8	12.2
4	8.3	9.9	11.3	13.1

注：试件尺寸为 10cm×10cm×40cm。

(3) 各龄期劈裂抗拉强度：混凝土各龄期劈裂抗拉强度如表 18-21 所示。

混凝土各龄期劈裂抗拉强度 (MPa) 表 18-21

龄期 编号	3d	7 d	28d	56d
1	8.4	9.6	10.0	12.4
2	9.0	11.1	12.5	12.6
3	8.5	11.8	11.8	12.2
4	8.3	9.9	11.3	13.1

(4) 各龄期轴心抗压强度和弹性模量，如表 18-22 所示。

混凝土 28d 轴心抗压强度、弹性模量 表 18-22

编号	水胶比	试件尺寸(mm)	轴心抗压强度代表值(MPa)	弹性模量(MPa)	
				单个值	平均值
1	0.20	150×150×300	101.7	47500	47900
				48600	
				47700	
2	0.20	150×150×300	114.7	59300	59500
				59600	
				59600	
3	0.20	150×150×300	119.5	64500	63300
				62400	
				63100	
4	0.22	150×150×300	113.2	49900	48400
				46200	
				49100	

4. 混凝土的收缩与开裂的检测

(1) 混凝土的自收缩试验

超高性能混凝土由于用水量低，水泥用量大，自收缩也大；而且往往带来自收缩开裂．按照编号 1、2、3、4 配比，搅拌混凝土，进行自收缩的试验（试验过程中，由于配方 2 的收缩值始终最小，因此没有继续进行长期收缩的试验；长期收缩的数据只到 56d)。混凝土自收缩测试结果如表 18-23 所示。混凝土收缩测试如图 18-21 所示。

图 18-21　混凝土收缩测试

自收缩试验结果　表 18-23

配合比 1		配合比 2		配合比 3		配合比 4	
经历时间 (h)	平均收缩值 ($\times10^{-6}$mm)	经历时间 (h)	平均收缩值 ($\times10^{-6}$mm)	经历时间 (h)	平均收缩值 ($\times10^{-6}$mm)	经历时间 (h)	平均收缩值 ($\times10^{-6}$mm)
0	0	0	0	0	0	0	0
2	13.17	2	13.80	2	2.40	2	1.67
4	15.20	4	17.63	4	4.40	4	5.33
6	18.37	6	23.53	6	9.57	6	11.07
8	23.53	8	31.67	8	19.27	8	14.37
10	35.53	10	41.90	10	38.97	10	16.53
12	53.37	12	50.93	12	54.40	12	18.13
14	67.50	14	57.93	14	74.05	14	20.83
16	73.87	16	56.10	16	85.70	16	23.20
18	91.97	18	56.37	18	85.85	18	25.37
20	99.63	20	51.93	20	87.05	20	27.17
22	101.27	22	51.93	22	89.20	22	29.90
24	103.20	24	52.80	24	92.50	24	34.70
28	108.53	28	55.77	28	99.05	28	38.60
32	117.23	32	60.07	32	106.45	32	40.10
36	125.17	36	62.63	36	112.85	36	42.50
40	127.90	40	64.87	40	115.45	40	46.87
44	132.77	44	66.43	44	116.45	44	50.47
48	133.13	48	67.77	48	117.45	48	59.30

续表

配合比 1		配合比 2		配合比 3		配合比 4	
经历时间 (h)	平均收缩值 (×10⁻⁶mm)	经历时间 (h)	平均收缩值 (×10⁻⁶mm)	经历时间 (h)	平均收缩值 (×10⁻⁶mm)	经历时间 (h)	平均收缩值 (×10⁻⁶mm)
56	141.57	56	71.27	56	122.90	56	60.50
64	150.43	64	77.13	64	129.90	64	66.90
72	152.90	72	80.80	72	129.40	72	75.53
80	154.47	80	82.03	80	133.65	80	87.77
90	159.77	90	85.70	90	137.00	90	90.00
106	164.43	106	88.60	106	138.45	106	92.35
130	173.33	130	94.10	130	144.30	130	97.40
154	184.20	154	98.23	154	152.80	154	98.90

从检验结果分析，可以发现以下规律：

1）在早期（12h 内），配比 1、2、3 的自收缩值接近，其后三者的差距逐渐加大，配比 1 的自收缩量最大，其次是配比 3、配比 2 及配比 4。

2）在观测的早期（12h 内），配比 1、2、3 的干燥及自收缩值差距并不大，其后三者的差距逐渐加大，收缩值由大到小依此为配比 3＞配比 1＞配比 2；在整个观测期间内，配比 4 的早期收缩及长期收缩值均小于其他 3 个配比。

3）配比 1、2、3 的混凝土，在初期的自收缩及干燥收缩速率均较快，随后逐渐减慢；但配比 4 的混凝土自收缩及干燥收缩速率却相对比较平稳，其收缩值与时间关系曲线相对其他 3 个配比的混凝土更平缓，这与所掺入的沸石粉是一种多孔材料有关。

(2) 平板开裂试验

本项试验中，4 个配比的混凝土平板试验如图 18-22 所示，在成型后均放在

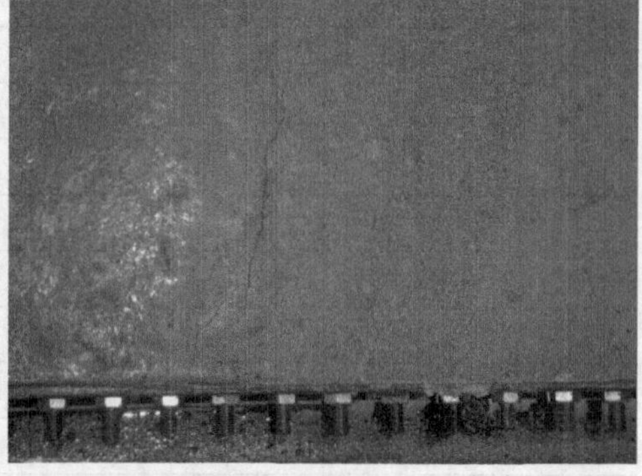

图 18-22 UHP-SCC 平板开裂试验

阳光下暴晒，并同时使用大功率风扇向试件表面送风，24h 龄期时记录试验数据，按前述方法整理结果。表 18-24 是平板开裂试验后整理出来的试验结果，其中“平均每条开裂面积”表示了混凝土裂缝的大小，“单位面积开裂数量”表示了混凝土裂缝的多少，两者的乘积“单位面积总开裂面积”则代表了混凝土裂缝的整体情况。

平板开裂试验数据　　**表 18-24**

配合比	水胶比	裂缝数量（条）	平均每条开裂面积（mm^2/条）	单位面积开裂数量（条/m^2）	单位面积总开裂面积（mm^2/m^2）
1	0.20	7	10.11	19	196.53
2		65	11.54	181	2083.4
3		30	44.22	83	3685.35
4	0.22	8	12.66	22	281.33

从表 18-24 的数据分析，可以得出以下结论：

在施工应用的条件下，混凝土抵抗开裂的能力从强到弱依次是：配比 1>4>2>3；配比 1 及配比 4 的混凝土抗裂能力比较接近，而且远远优于配比 2 及配比 3 的混凝土，两者的“单位面积总开裂面积”相差近十倍。

C100 自密实混凝土，由于水泥用量大，水胶比低，更需要抑制混凝土的自收缩，及控制水化热温升，控制混凝土开裂。C100 自密实混凝土曾试验应用于广州的西塔工程中，并泵送至 420m 的高度上。

18.9　自密实清水混凝土

1. 引言

高铁武昌火车站，在站房中部有 10 联三跨连续刚构，将南北的简支梁连成一线，总长 92m 变化到 116m，混凝土量从 2900～3200m^3/连，强度等为 C50。梁身是单箱五室鱼腹式箱梁，中间两个主墩处鱼腹式箱梁下，为与梁轴垂直的三孔刚接托座，结构特别复杂，钢筋特别密集，含钢量达到了 266kg/m^3。拱部的三孔刚接托座的混凝土无法插捣，只能采取自密实混凝土浇筑。三跨连续刚构如图 18-23 所示。

2. 自密实混凝土浇筑

（1）混凝土的配合比

武昌火车站三跨连续刚构，由于结构特别复杂，钢筋特别密集，故选用自密实混凝土，强度等级为 C50。配合比如表 18-25 所示。

图 18-23 三跨连续刚构模板及支承体系

(a) 三跨连续刚构示意图；(b) 刚构支座模板；(c) 多曲面模板；(d) 三跨刚构底模全貌
(e) 支座钢筋电脑放样；(f) 三跨连续刚构模板及支承体系

自密实清水混凝土配合比（kg/m³）　表 18-25

编号	水泥	FA	NZ	砂	碎石	聚羧酸	水	备注
1	370 P·O42.5	150	10	800	170(5～10mm) 680(10～20mm)	7.95（固量 20%）	170	

坍落度 250～270mm，扩展度 650～700mm，T50＝ 10s 左右，U 形仪试验，混凝土升高≥300mm；1h 后新拌混凝土性能基本不变。

（2）混凝土的浇筑

自密实清水混凝土运送至施工现场后，进行坍落度、扩展度及 U 形仪试验（图 18-24），并目测有关性能，然后采用汽车泵浇筑，如图 18-25 所示。

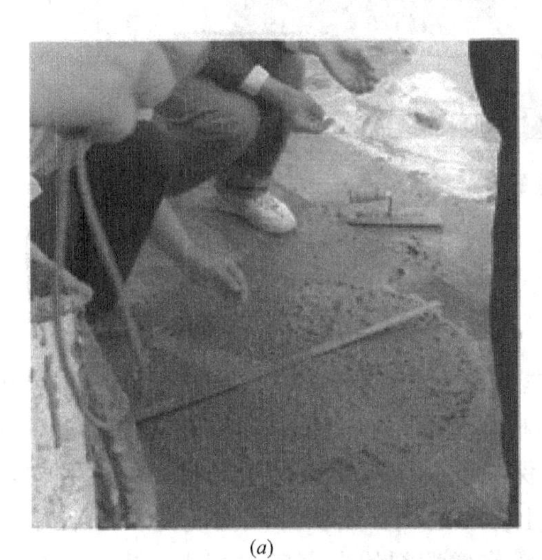

(*a*)

(*b*)

图 18-24 施工现场检验新拌混凝土性能

（*a*）坍落度与扩展；（*b*）U 形仪试验上升高度

正在泵送自密实清水混凝土

图 18-25　汽车泵浇筑自密实清水混凝土

(3) 施工效果

三跨连续刚构托座部位混凝土密实，大面积顺畅基本符合要求。托座部位混凝土清理后也达到了比较理想的效果。实际生产中混凝土的各项性能指标均满足了有关规范的要求。

图 18-26 托座的自密实清水混凝土

18.10 小结

自密实混凝土，在日本又叫高性能混凝土，在国内外得到了广泛的应用。从组成材料来说，自密实混凝土的胶凝材料稍高，砂率偏大，粗骨料用量相对降低，而且要掺入增稠组分，这样才能保证混凝土有足够的流动性、黏性和均匀性，不泌水，不离析。检验该种混凝土是否达到自密实，关键是在 U 形仪中流动上升的高度≥300mm。用天然沸石粉作增稠剂的自密实混凝土，也具有自养护的功能。自密实混凝土达到了省力化、省资源和省能源的多方面的要求，是一种新型的混凝土技术。

第19章　多功能混凝土技术的研发和应用

19.1　引言

当前，混凝土技术特点之一，就是朝着高性能、超高性能的方向发展。也即混凝土具有高的工作性，便于施工的性能；具有高强度（强度等级C60以上），及超高强度（强度等级C100以上），使混凝土结构具有小断面大跨度的功能，还具有高耐久性，使用寿命百年以上。但是，还要根据施工环境与条件，针对不同结构对象的要求，做到低碳与环保，节省人力与物力，综合有效地利用资源与能源，达到省力化、省资源与省能源的要求。多功能混凝土的技术内容力图包含上述的诸方面的功能，也即自密实、自养护、低水化热、低收缩、高保塑性及高耐久性。

（1）自密实。按照国内外自密实混凝土技术标准，新拌混凝土在U形流动仪中试验时，混凝土拌合物经过钢筋隔栅上升高度≥30cm。混凝土浇筑时才能在模板内流动，填充模板。本研究配制的C80自密实混凝土，拌合后至3h内，在U形流动仪中试验时，混凝土拌合物上升高度均应达到≥30cm。施工时免振自密实，不扰民，达到了省力化并与环境相协调。

（2）自养护。通过采用天然沸石（NZ）粉作为水分载体，均匀分散于混凝土中，在混凝土硬化过程中缓慢析放水分，供给水泥水化用水，以达到降低自收缩，降低开裂及提高强度的目的。同时还能节省水资源，省力化。

（3）低发热量。在满足强度要求的前提下，尽可能降低水泥用量，或采用C_2S水泥；采用低发热量的掺合料，如粉煤灰、微珠等。降低混凝土最高温升（<78℃）；降低大体积混凝土的中心部位与表面的温差（≤25℃），避免混凝土的温度裂缝。

（4）低收缩。按照国际标准，混凝土的收缩值应控制在5/万～7/万的范围内，而且要控制自收缩及早期收缩<1.5/万，就能降低混凝土的收缩开裂。

（5）高保塑性。新拌混凝土在拌合后，检测的性能指标，如坍落度、扩展度、倒筒时间及在U形流动仪中试验时，混凝土拌合物上升高度等指标，经过3h后应与初始的相同。这样，混凝土就能便于施工，保证质量。

（6）高耐久性。按有关标准，混凝土28d龄期电通量<500库仑/6h，就可获得抗氯离子渗透高耐久性的混凝土。此外，还要具有抑制碱-骨料反应及抗硫

酸盐腐蚀等功能。

本章结合广州某工程C80混凝土剪力墙施工中的问题，介绍多功能的高性能混凝土的试验研究成果。

19.2 C80钢筋混凝土剪力墙生产施工中的裂缝

在广州，某超高层建筑的钢筋混凝土剪力墙的构造如图19-1所示。中心为160mm厚的钢板剪力墙，两边分别包上80cm厚的钢筋混凝土板，且从中心钢板混凝土剪力墙，向外伸出许多连接的钢筋，使三部分剪力墙构造一个整体。但这样就构成了对两边钢筋混凝土板的约束很强，而且两边钢筋混凝土剪力墙的配筋很密，如果混凝土的日收缩与早期收缩大，约束又很强，故浇筑的混凝土在脱模时就发现表面开裂，这可以判定是由于自收缩和中间钢板剪力墙伸出的约束造成的开裂。整个剪力墙是由中心的钢板剪力墙（厚度160mm内浇C80混凝土）和两边分别厚80cm的C80钢筋混凝土剪力墙共同组成，如图19-2所示。

(*a*)

(*b*)

图19-1 剪力墙实际构造与钢筋密度

(*a*) 剪力墙顶视图；(*b*) 剪力墙实际钢筋布置密度

在图19-2的(1)中，该墙体有裂缝约27条。裂缝宽度都在0.2mm以下，裂缝深度均小于4cm。该墙体出现竖向、横向和斜向的裂缝，部分区域有龟裂纹。斜向裂缝最长，为3.1m，竖向裂缝最长处为2.3m。

在图19-2(*a*)中，该墙有裂缝约120条，裂缝宽度都在0.1～0.2mm。部分细微裂缝拆模初期需要在墙面洒水后可观察到，现在已经愈合。以龟裂裂缝为主，主要集中在墙体中部位置。顶部有5条竖向裂缝，长度在0.5～1.5m。其中两条最深的较长的裂缝，宽度约0.2mm，深度小于5cm。粗线为较长较深的两条。

另一方面，由于钢筋密度大，混凝土浇筑时振动成型困难。故需要采用自密实混凝土，同时要解决早期收缩开裂，自收缩开裂等多项技术问题，开展了多功能高性能混凝土的试验与应用。

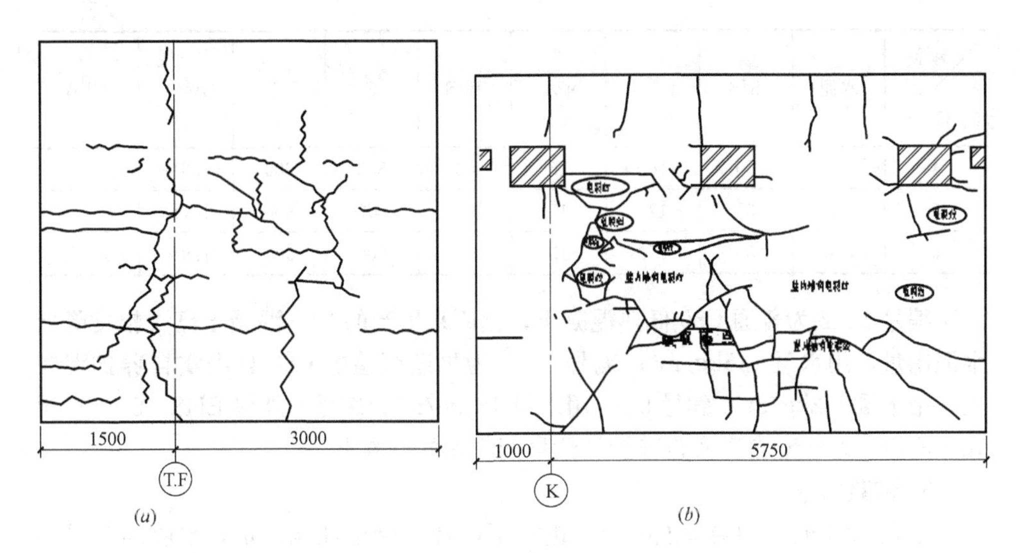

图 19-2　脱模时剪力墙表面的裂缝

(*a*) 西 1 号墙体（外墙）裂缝；(*b*) 西面外墙裂缝

19.3　多功能混凝土的试验室研发

1. 试验用原材料

水泥：金羊 P2 52.5；粉煤灰：FA 1 级；微珠（MB）：深圳同城产品；矿粉（BFS）S95；复合减水剂 NS（自行研发）；保塑粉（CFA）（自行研发）；增稠粉（NZ）：（兼有自养护功能，自行研发）；硫铝酸盐膨胀剂（EHS）；河砂（S），中粗砂；石灰石碎石（G）：反击式破碎，粒形较好，针片状颗粒少，粒径 5～10mm、10～20mm。

2. 混凝土对比试验

对普通 C80 混凝土，C80 SCC，以及多功能 C80 混凝土，进行了对比试验，对比试验混凝土配比如表 19-1 所示。

对比试验配合比（kg/m³）　表 19-1

项目/编号	水泥	MB	FA	NZ	BFS	S	G	Ag	CFA
1	350	120	150	—	—	650	1200	1.6%	—
2	350	100	120	—	50	650	1200	1.6%	—
3	320	80	170	15	—	800	900	2.0%	—

续表

编号＼项目	水泥	MB	FA	NZ	BFS	S	G	Ag	CFA
4	320	60	140	15	50	800	900	1.6%	—
5	320	60	170	15	—	800	900	1.7%	—
6	320	60	170	15	—	800	900	1.9%	1.5%

编号1、2为普通C80低热混凝土，比原来生产的C80混凝土已大幅度降低水泥用量，用水量135kg/m³；编号3、4为早期试验的C80自密实自养护混凝土，用水量142kg/m³；编号5、6用水量142kg/m³；编号6外掺EHS：8.8kg/m³和保塑剂，为C80自密实自养护补偿早期收缩的混凝土。

3. 试验结果

按表19-1的三种类型混凝土，进行了新拌混凝土性能测定，自收缩与早期收缩性能测定、水化热测定及混凝土强度等，分别见表19-2～表19-5。

混凝土自收缩，早期收缩　　表19-2

编号	24h	48h	72h	—
1	0.62/万	0.81/万	0.94/万	—
2	1.42/万	1.7/万	1.9/万	—
3	1.0/万	1.3/万	1.5/万	1.6/万(4d)
4	1.5/万	1.8/万	1.9/万	2.5/万(8d)
6	1.03/万	1.06/万	0.99/万	1.1/万

水化热温升　　表19-3

编号	开始温升时间(h)	初温至峰值时间(h)	初温～峰值温度(℃)
1	11	23.5	26～75
2	20	35	28～77
3	23	36	26-68
4	27	39	26-79
6	25	35	25-75

新拌混凝土性能　　表19-4

编号	水泥	坍落度(cm)		扩展度(mm)		倒筒时间(s)	
		初始	2h	初始	2h	初始	2h
1	P·O42.5	22.5	21.5	595	590	17	11
2	P·O42.5	23	23	660	660	10	10

续表

编号	水泥	坍落度(cm)		扩展度(mm)		倒筒时间(s)	
		初始	2h	初始	2h	初始	2h
3	P·O42.5	25	25	680	670	6	6
4	P·O42.5	24	24	650	650	7	7
5	P·O42.5	25	23	650	550	7	8
6	P·O42.5	25	26	650	680	7	5

混凝土强度 **表19-5**

编号	3d	7d	28d
1	58.9	68.1	88.9
2	62.2	73.8	86.6
3	63.2	75.4	92.7
4	59.7	73.0	87.8
5			
6	56.6/50.6	75.6/66.5	92.1/86.1

表19-5中，编号6混凝土抗压强度，分子数值为自养护强度值，分母为湿养护强度值。编号6混凝土还检测了U形仪混凝土流动上升高度，初始及3h后均能达32cm以上。说明自密实性优良。

4. 分析与讨论

(1) 普通C80混凝土，水泥用量350kg/m³，$W/B=0.25$左右，混凝土28d强度86～88MPa，混凝土水化热温升≤80℃，早期收缩1.0/万～1.9/万。编号1与编号2的不同点是以50kg矿粉代替了20kg微珠和30kg粉煤灰；编号2混凝土的温升提高，收缩增大，但两者的强度相近。

(2) 一般自密实混凝土，如编号3、4，早期收缩1.5/万～1.9/万，混凝土水化热温升也≤80℃。3d强度60～63MPa；7d强度73～75MPa；28d强度87.8～92.7 MPa。编号4混凝土以50kg矿粉代替了编号3混凝土中20kg微珠和30kg粉煤灰。编号4混凝土早期收缩偏大，水化热偏高，流动性偏低，强度也偏低。

(3) 自密实自养护混凝土（编号5、编号6），经时3h，新拌混凝土性能不变，自收缩，早期收缩约为1.0/万左右，水化热温升74℃。3d抗压强度56.6/50.6 MPa。7d抗压强度75.6/66.5 MPa，28d抗压强度92.1/86.1 MPa（分子为自养护混凝土；分母为湿养护混凝土）。

(4) 掺EHS 1.5%试件，自收缩，早期收缩均大幅度降低，由1.92/万降至0.99/万；水化热温升稍有提高，由68℃提高至74℃。

（5）自养护效果，自养护是混凝土脱模后，用塑料薄膜遮盖，无须浇水，靠内部水分载体析水供水泥水化用水。本研究是通过掺入少量沸石粉，在拌合混凝土时吸收一定水分，在混凝土硬化过程中又将水分释放出来，提供水泥水化需要的水分。由于沸石粉均匀分布于混凝土中，故对水泥水化更有利。通过试件抗压强度对比，自养护试件强度高于标养试件强度。

19.4 多功能混凝土模拟试验

1. 模拟试验的L形小构件

目的：检验MPC的6个方面的功能，如流动性、流过钢筋性能、填充性及表面光滑程度；早期收缩，水化热及自养护的强度等。小构件模拟试验的多功能混凝土配比如表19-6所示。模拟试验构件如图19-3所示。

(*a*)

(*b*)

图19-3 多功能混凝土小型构件试验

(*a*) 模具内钢筋隔栅；(*b*) 试验混凝土U形仪上升高

混凝土小型构件试验配合比 表19-6

编号	胶凝材料	膨胀剂	*W*	*S*	*G*	减水剂	保塑剂
6	320+80+170+15	8.8	142	800	900	1.9%	1.5%

表中胶凝材料：水泥320kg；微珠80kg；粉煤灰170kg；NZ15kg；硫铝酸盐膨胀剂8.8kg。

2. 混凝土浇筑：模拟试验浇筑混凝土为人工浇筑，如图19-4所示。

小型模拟试验说明，该混凝土具有良好的流动性、填充性；施工性能优良，完全符合自密实混凝土技术要求。

3. 混凝土拌合物性能

新拌混凝土性能如表19-7所示。

(a)　(b)　(c)　(d)

图 19-4　混凝土浇筑及其在模具中流动

(a) 盘内装着的为多功能混凝土；(b) 模具中钢筋布置；

(c) 混凝土要模具内流动状态；(d) 浇筑完成

新拌混凝土性能　　表 19-7

项目 \ 时间	倒筒时间（s）	坍落度（mm）	扩展度(mm)	U 形仪升高(mm)
初始	6	26	680×710	320
3h 后	5	25	680×680	320

由表 19-7 可见，新拌混凝土的保塑性、保黏性很好，能满足 3h 的施工操作。

4. 混凝土的自收缩与早期收缩

用接触式检测方法，如图 19-5 所示。测定了混凝土的自收缩与早期收缩。

结果如表 19-8 所示。由表 19-8 可见，混凝土 72h 的自收缩与早期收缩为 0.99/万。

图 19-5　接触式检测收缩方法

混凝土的自收缩与早期收缩 表 19-8

龄期	24h	48h	72h	10d	20d	25d	29d	35d
收缩率(‰)	0.103	0.106	0.099	0.177	0.313	0.389	0.407	0.417

比原来C80混凝土的自收缩与早期收缩1.9/万，降低了一半。按照日本土木学会的标准规定，混凝土的收缩率（包括自收缩与早期收缩及长期收缩）为5/万～7/万。故本研究的C80自密实混凝土的收缩率是较低的，特别是自收缩与早期收缩。

5. 水化热与温升

初温28℃，入模后经14h开始升温，28h达到峰值，峰值最高温74℃。早期天达混凝土公司生产的C80混凝土的水化热与温升达到了82～86℃。

6. 混凝土的强度

(1) 自养护与浇水湿养护强度对比

混凝土脱模后，将试件分成两部分，一部用塑料薄膜盖上，不与水接触，另一部分用湿麻袋盖上，早晚浇水养护。不同龄期测其强度对比，见图19-6。

(*a*)

(*b*)

图19-6 自养护与浇水养护
(*a*) 早晚浇水；(*b*) 塑料薄膜包裹着

在室外同条件下，自养护与湿养护混凝土的强度如表19-9所示。

自养护与湿养护混凝土的强度 表 19-9

编号	自养护(MPa)			湿养护(MPa)		
	3d	7d	28d	3d	7d	28d
6	56.6	75.6	92.1	50.6	66.5	86.1

由表 19-9 可见，自养护混凝土的强度高于湿养护混凝土的强度。

（2）小型模拟试验的混凝土芯样强度

试件脱模后如图 19-7 所示，表观状态密实，表观无缺陷，混凝土质量优良，不同龄期钻取试件强度与同条件自养试件的强度对比如表 19-10 所示。

图 19-7　模拟试验的试件脱模后表观状态

抽芯试样强度与同条件自养试件的强度（MPa）　表 19-10

龄期	抽芯取样强度	同条件自养护试件
7d	76.9	77.5
28d	89.9	107.6

7. 压力泌水试验

多功能混凝土压力泌水试验，结果如表 19-11

混凝土压力泌水　表 19-11

时间(s)	10	45	140
容积(mL)	0	开始滴水	3

由压力泌水试验可见，本研究的多功能混凝土泵送过程中不会产生泌水分离现象，而且保塑性好，有良好的可泵性。

8. 相变降温材料的应用

冰碴混凝土，以冰代水拌合混凝土，如图 19-8 所示。冰碴由固体变成水的过程中，吸收混凝土中的热量，降低混凝土的水化热温升。

（1）试验原材料

与 NO302 所用原材料相同。

（2）冰碴

自制。

（3）混凝土配合比

冰碴混凝土配合比如表 19-12 所示。

冰碴混凝土配比　　表 19-12

序号	水泥	微珠	煤灰	沸石粉	膨胀剂	水	砂	石	复合外加剂	CFA
1	320	80	170	15	8.8	142	800	900	1.76%	1%

（4）新拌混凝土性能：如表 19-13 、表 19-14 所示。

混凝土温度（℃）　　表 19-13

环境温度	拌砂浆时	加石子时	搅拌完成时
30	11	17	20

新拌混凝土性能　　表 19-14

时间	倒桶时间(s)	坍落度(cm)	扩展度(mm)	U形仪高度(mm)
初始	4.38	27	670×700	320
3h	4.0	26	700×730	320

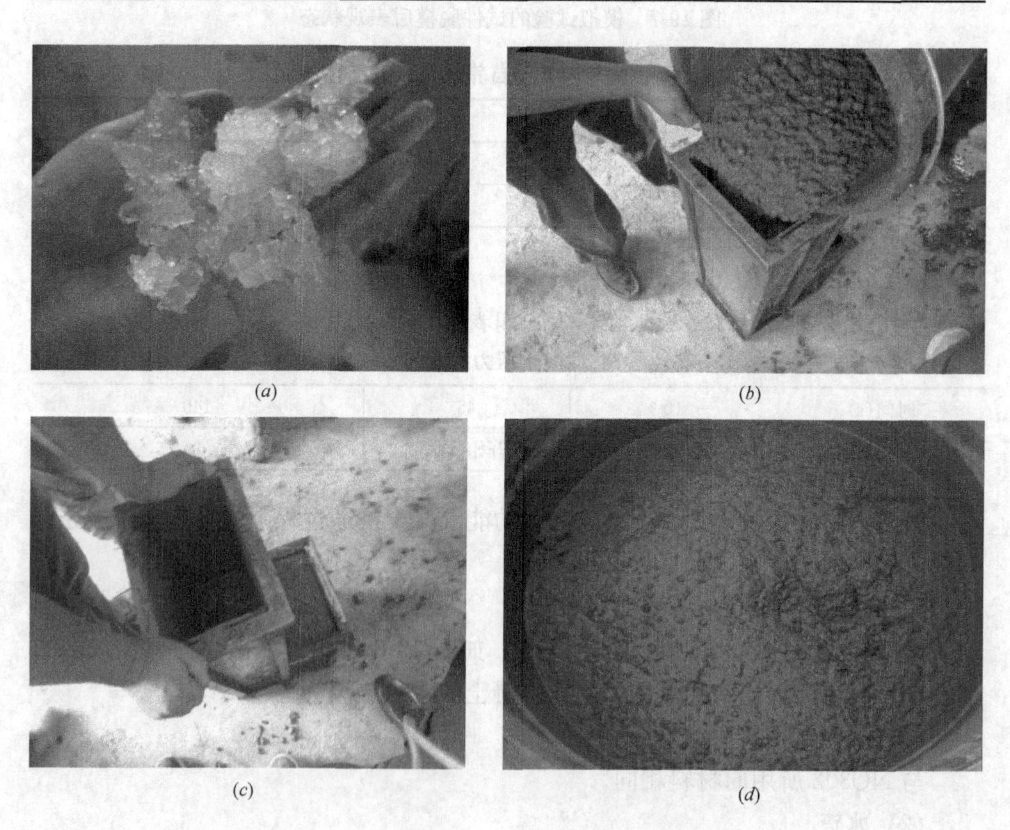

(*a*)　(*b*)　(*c*)　(*d*)

图 19-8　以冰代水拌合混凝土试验图组

（*a*）自制冰碴；（*b*）冰碴拌制的混凝土；（*c*）U形仪上升高试验；（*d*）混凝土坍落度与扩展度

常温下，试验室原料做试验时，新拌混凝土温度约28℃。本试验以冰碴代水，新拌混凝土温度约20℃；其他性能不变，降低水化热效果明显，见图19-8。

9. 多功能混凝土的耐久性

(1) 氯离子扩散系数

对试验C80多功能混凝土，56d的电通量≤500库仑/6h；转换成Cl^-扩散系数。

(2) 抗硫酸盐腐蚀

按美国ASTMC1202标准，2.5cm×2.5cm×28.5cm的试件，在硫酸盐溶液中浸泡14周，膨胀率≤0.4%。具有很高的抗硫酸盐腐蚀性能。

(3) 抑制碱-骨料反应

C80混凝土中，只有300～320kg/m^3水泥，而微珠、粉煤灰、矿粉及天然沸石粉总量≥250kg/m^3，抑制碱骨料反应是完全可行的。

(4) 抗裂性能（断裂能）

多功能混凝土在生产施工过程中，由于水化热低，自收缩及早期收缩小，降低了早期收缩开裂，对硬化混凝土检测断裂能时，普通C80混凝土的特征长度40.9cm，而多功能的C80混凝土的特征长度59.5cm，提高了40%左右。

10. 小结

(1) 通过控制胶凝材料的数量与质量，有机和无机添加剂，以及混凝土的合理配合比，能够配制出多功能混凝土（MPC）。

(2) 多功能混凝土能否达到自密实，需要合理的选择原材料，如粗骨料的粒径与粒型，粉体的质量与数量，合理的配比，增稠增粘剂等。

(3) 多功能混凝土能否达到自养护，关键是混凝土中是否含有水分的载体；在拌合混凝土时吸收水分，均匀分散于混凝土中，在混凝土凝结硬化过程中，又析出水分，供应水泥水化需水。当前采用的水分载体有：有机的，如混凝土用的SAP树脂；无机的，如陶砂粉；本研究采用无机的NZ粉，具有吸水，放水及增强作用；在多功能混凝土中，具有自养护，增稠和增强的多种功能。

(4) 本研究采用掺入少量硫铝酸盐膨胀剂，在早期（龄期12～72h）可以补偿混凝土早期收缩；同时，也由于掺入了NZ粉，在混凝土中水泥水化需水的时候，能析放水分，供给水泥水化需水，即降低早期收缩和自收缩，因此，可得到早期低收缩的混凝土。

(5) 通过降低水泥用量，采用低发热量的掺合料，微珠和粉煤灰；可降低混凝土的绝热温升≤78℃。如进一步用冰碴代替水拌合混凝土，则可得到入模温度更低，混凝土内外温度≤25℃。

(6) 通过降低水胶比，胶凝材料的数量及粒子的填充，以及自养护等措施，可使获得普通强度的多功能混凝土及高强度的多功能混凝土。

（7）本课题研发过程中，研发出了复合高效减水剂、增稠剂、自养护剂及保塑剂等，是完成本课题各项性能的关键材料。

19.5　结构模拟试验

为了进一步将本研究成果用于工程中混凝土剪力墙，降低或消除墙面裂缝，在天达混凝土公司进行了剪力墙结构构件的模拟试验。钢筋混凝土模拟构件如图 19-9 所示。10cm 厚钢筋混凝土墙板相当于实际结构的钢板剪力墙，35cm 厚的钢筋混凝土相当于实际结构的外包钢筋混凝土剪力墙。板的两端还布置暗柱钢筋，加强对板的约束。从钢筋混凝土墙板，每隔 20cm 穿一根钢筋进入新浇筑的 35cm 混凝土墙体中，模拟对钢筋混凝土墙板的强约束。先浇筑 10cm 厚钢筋混凝土墙板，脱模后，再绑扎 35cm 厚剪力墙的钢筋，如图 19-10 所示。

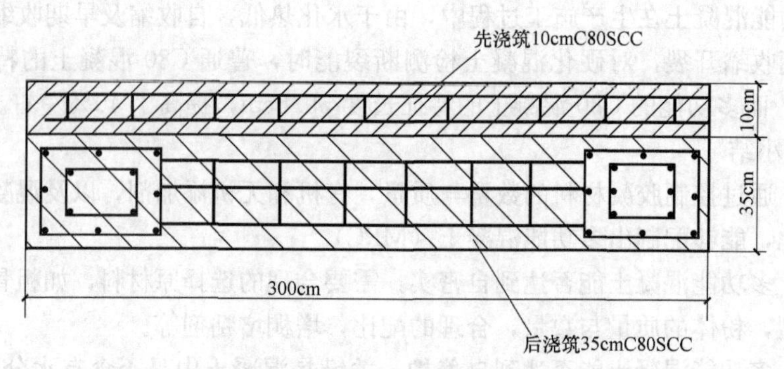

图 19-9　钢筋混凝土剪力墙的模拟试验（断面钢筋布置）

模拟试验用混凝土配比如表 19-15 所示。

试验用混凝土配比　　表 19-15

序号	水泥	微珠	煤灰	沸石粉	膨胀剂	水	砂	石	复合外加剂	CFA
1	320	80	170	15	8.8	142	800	900	1.76%	1%

混凝土配比如表 19-15 所示，与小型模拟试验的相同。但用生产搅拌机拌合混凝土，混凝土的性能如表 19-16 及图 19-11 所示。混凝土入模温度 31℃。

新拌混凝土的性能　　表 19-16

项目／经时	坍落度(mm)	扩展度(mm)	倒筒时间(s)	U形仪上升(mm)
初始	260	700×680	4	320
3h后	260	680×690	5	320

图 19-10　模拟构件

(*a*) 剪力墙钢筋已绑扎完成；(*b*) 绑扎剪力墙钢筋；(*c*) 模拟构件的模板

混凝土的浇筑过程如图 19-12 所示。试验板的表观如图 19-12 (*d*) 所示无裂纹，质量优。

模拟板的试验混凝土强度如表 19-17 所示，无论是自养护、湿养护，还是标养，28d 龄期的强度均超过了 C80 强度等级的要求。

(a)　(b)　(c)

图 19-11　新拌混凝土性能检测

(a) 坍落度；(b) 扩展度；(c) U形仪试验

(a)　(b)

图 19-12　模拟板的施工及脱模后板表面（一）

(a) 现场泵送；(b) 从顶部浇筑

(c)

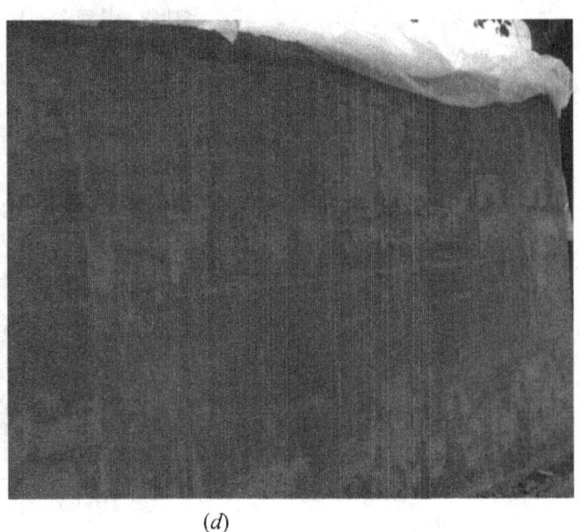
(d)

图 19-12　模拟板的施工及脱模后板表面（二）
（c）从顶部浇筑；（d）脱模后板表面

试验混凝土强度　表 19-17

龄期 方式	7d	14d	28d	56d	90d
自养护	77.8	84.4	100.3	103.9	104.0
湿养护	67.3	82.2	96.1	101.1	101.4
标养	73.8	83.2	90	98.1	

结构模拟试验小结：（1）通过采用市售材料，现有混凝土搅拌设备生产工艺，可以生产和施工应用多功能混凝土。多功能混凝土包括自密实、自养护、低水化热、低收缩、高保塑和高耐久性等多种功能，试验证明，本研发的混凝土具有这些功能。（2）天然沸石粉在多功能混凝土中，起着多方面的功能。首先是自密实混凝土的增稠剂，自养护剂，抑制自收缩剂等。（3）在本研发的多功能混凝土中，掺入了 1.5%左右的硫铝酸盐膨胀剂，补偿混凝土的自收缩和早期收缩，避免早期开裂，起了关键的作用。（4）自养护的效果比湿养护对强度的效果好。这是因为自养护剂在混凝土内部均匀供应水泥水化用水，混凝土外表面又有塑料布包裹，混凝土中的水分不易外逸散走，湿养护虽然浇水在混凝土表面，但只起表面保湿作用，不可能供给混凝土内部水化用水，故比不上自养护效果好。

19.6　实体结构模拟试验

实体结构模拟试验如图 19-13 所示，整个模板分两部分浇筑混凝土，一边为本研究的多功能 C80 混凝土，另一边为普通 C80 混凝土。

图 19-13 实体结构模拟

多功能 C80 混凝土与普通 C80 混凝土的配合比如表 19-18 所示。

实体结构模拟试验混凝土配合比 **表 19-18**

品种＼材料	水泥	微珠	FA	BFS	NZ	膨胀剂	水	砂	碎石	外加剂
多功能	320	30	180	40	15	8.8	142	800	900	1.4% 1.5%
普通	320	60	190	—	—	—	143	700	1000	1.4% 1.5%

多功能 C80 混凝土与普通 C80 混凝土配比的不同点：

多功能 C80 混凝土 配比中有增稠剂、自养护剂及微膨胀剂；普通 C80 混凝土配比中只有常规的胶凝材料，且粗骨料用量多。混凝土施工浇筑钢板剪力墙中填砂代替浇筑混凝土。

(*a*)

(*b*)

图 19-14 剪力墙结构两边分别浇筑多功能及普通混凝土

(*a*) 钢板剪力墙中填砂；(*b*) 两边分别浇筑多功能及普通混凝土

(1) 实体结构模拟试验混凝土的早期收缩

经在搅拌站取样，分别测定了多功能混凝土及普通混凝土的自收缩和早期收缩值，结果如表 19-19 所示。

由表 19-19 可见，C80 多功能混凝土自收缩及早期收缩值，比普通 C80 混凝土自收缩及早期收缩值低得多，前者还不足后者的一半。

混凝土自收缩及早期收缩　表 19-19

类型 龄期	多功能混凝土(‰)	普通混凝土(‰)
1d	0.0062	0.086
2d	0.047	0.13
3d	0.072	0.16

(2) 实体结构模拟试验混凝土的强度

在搅拌站分别成型了 C80 多功能混凝土及普通 C80 混凝土的试件，多功能混凝土试件按自养护及湿养护两种方法养护，普通 C80 混凝土的试件按标准养护条件养护，不同龄期的强度如表 19-20 所示。

不同养护方法混凝土强度　表 19-20

龄期 养护方法	3d	7d	28d
自养护	69.1	84.5	101.7
湿养护	67.3	82.2	87.5
NC 标养	68.5	79.3	92.4

标养的 NC C80 的强度与多功能的 C80 强度（湿养护）相近，但多功能 C80 自养护的强度偏高，高于前两者。

(3) 模拟试验混凝土的温升

将 NC C80 混凝土与多功能 C80 混凝土分别取样，每种混凝土分别制成砂浆和混凝土两个试样，测定其绝热温升，如表 19-21 所示。混凝土的温升低于砂浆的温升，因为混凝土骨料吸热，多功能 C80 混凝土的绝热温升低于普通 C80 混凝土的绝热温升，而且低于 80℃。

砂浆及混凝土绝热温升　表 19-21

类别 类型	砂浆 (℃)	混凝土 (℃)
多功能 C80	81.5	78.6
普通 C80	84.1	82.1

（4）脱模后混凝土的裂缝

脱模后混凝土的表面状况如图 19-15 所示。普通 C80 混凝土的表面还有少量的收缩裂缝，而多功能 C80 混凝土没有表面收缩裂缝，但由于混凝土黏性大，在模板中的流动性和填充性偏低，表面局部有蜂窝麻面，如图 19-15（*b*）、（*c*）所示。

（*a*）（*b*）（*c*）

图 19-15 模拟试验混凝土结构脱模后状态

（*a*）普通 C80 混凝土微裂缝；（*b*）多功能混凝土局部蜂窝麻面；（*c*）上面局部蜂窝麻面

19.7 多功能混凝土在东塔工程中的应用

东塔工程项目的简介：

东塔工程项目建造过程中的外观形象及多功能混凝土的超高泵送，分别如图 19-16 及图 19-17 所示。

图 19-16　东塔建造过程中的外观形象

图 19-17　C120 多功能混凝土在东塔超高泵送

1. C120 多功能混凝土的配比与性能

C120 多功能混凝土的配比如表 19-22 所示。新拌混凝土性能如表 19-23 所示。

C120 多功能混凝土的配比（kg/m^3）　表 19-22

C	MB	SF	NZ	W	S	G	WRA	CFA
600	195	90	15	130	720	880	5.4	9.0

新拌混凝土性能　表 19-23

坍落度(mm)	扩展度(mm)	倒筒时间(s)	U形仪升高(mm)
275	760×720	2.72	330/30s

2. 混凝土的力学性能

主要力学性能如表 19-24 所示。

C120 混凝土的主要力学性能 表 19-24

试验项目龄期	试验项目	龄期
抗压强度 28d (140.7MPa)	劈裂抗拉	28d (5.10MPa)
抗折强度 28d (9.9MPa)	弹性模量	28d (5.3×10^4MPa)
轴心抗压 28d (118.7MPa)		

3. 氯离子扩散系数与电通量

氯离子扩散系数 $0.96907\times10^{-8}cm^2/s$

电通量 23.338 库仑

4. 扫描电镜微观结构分析

扫描电镜 (SEM) 分析了骨料与水泥石的界面，水泥石等；图谱如图 19-18 所示。

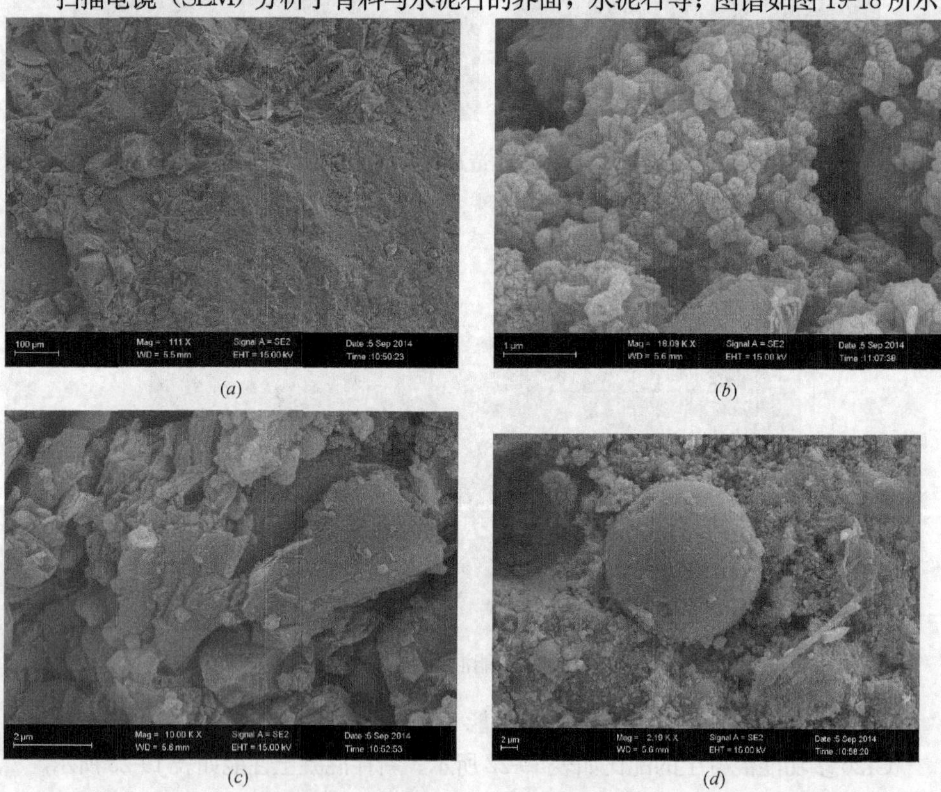

图 19-18 C120 混凝土的 SEM 分析（一）

(*a*) 界面构造的 SEM (×110)；(*b*) C-S-H 凝胶 (×18000)；

(*c*) 水泥石中的 Ca (OH)$_2$ (×10000)；(*d*) 微珠 (×2000)

5. XRD 图谱分析

从图 19-19 XRD 图谱可见，有 SiO_2，$Ca_3(SiO_4)O$，$Ca(OH)_2$ 等结晶矿物。

图 19-18　C120 混凝土的 SEM 分析（二）

(*e*) C-S-H 凝胶（×10000）；(*f*) 氢氧化钙和 C-H-S 凝胶（×8000）；
(*g*) C-S-H 凝胶（×10000）；(*h*) C-S-H 凝胶（×9000）

6. 孔结构测试

C120 混凝土孔结构测试委托清华大学热能工程完成。试验所用压汞仪为清华大学热能工程系的 Autopore 9510 型压汞试验仪。试验结果见表 19-25。

C120 超高强混凝土孔结构测试结果　　表 19-25

样品编号	测试结果（%）	平均值（%）
1	3.82	3.26
2	3.23	
3	2.74	

水泥石的全孔隙率只有 3.26%，密实度很高。

7. 超高泵送结果

结合东塔工程项目的封顶机会，天达混凝土公司生产了大约 $20m^3$ 的 C120 多功能混凝土，由东塔工程项目统一指挥，进行泵送试验。由地面一泵输送至 510m 的高度，自密实成型，脱模后未观察到任何裂缝，质量上乘，如图 19-20 所示。

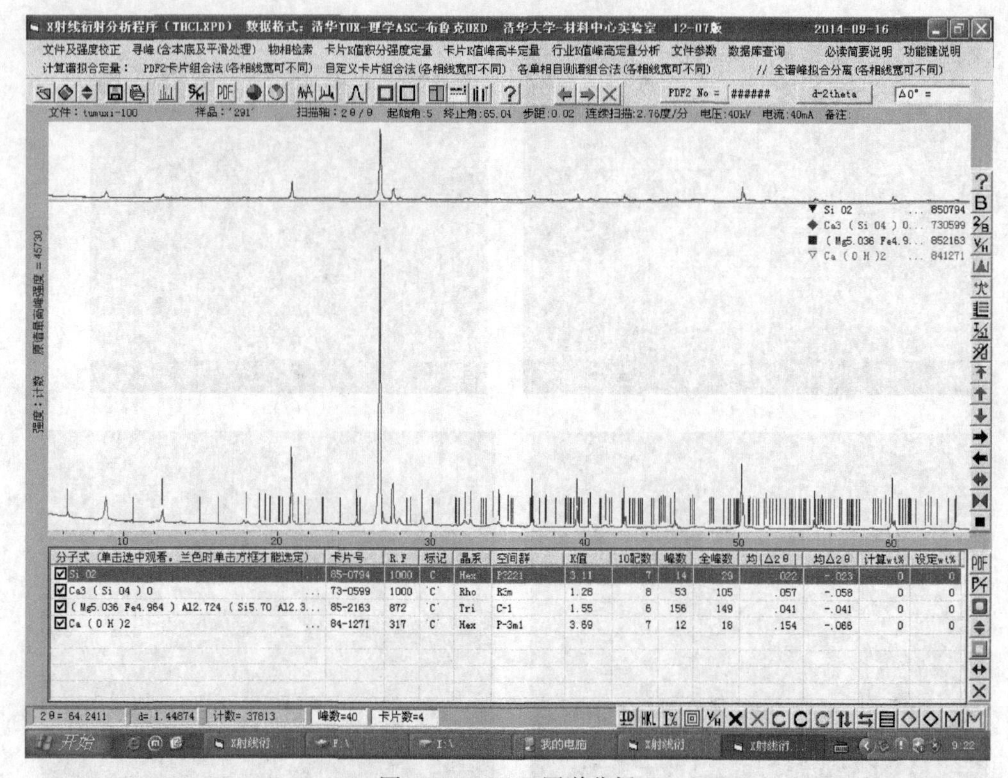

图 19-19 XRD 图谱分析

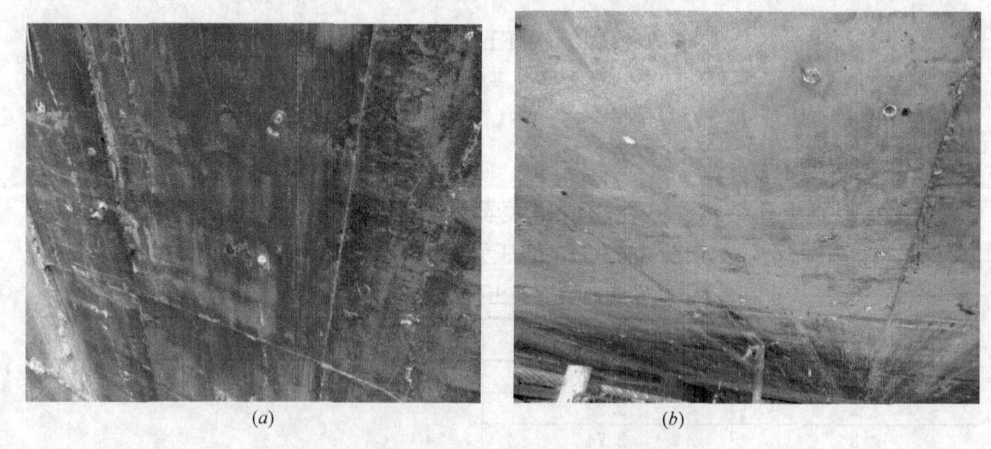

(*a*) (*b*)

图 19-20 C120 MPC 构件脱模后的表面状况

(*a*) 剪力墙脱模后的表面；(*b*) 楼板脱模后的表面

19.8 C30 和 C60 多功能混凝土在住宅项目中的应用

在万科的广州住宅楼工程中，应用了 C30，C60 多功能混凝土浇筑了梁、板、柱等构件，共计施工应用了 200 余立方米多功能混凝土。为了应用于该工程，事先在现场进行了楼板的模拟施工应用，观察自密实性、自养护性能、保塑性能及抗收缩开裂性能等。

1. 施工应用前的模拟试验

在搅拌站将 C60 的多功能混凝土运至施工现场，然后用吊斗浇筑入模，观察自密实性，自养护性能，保塑性能及抗收缩开裂性能等（图 19-21）。

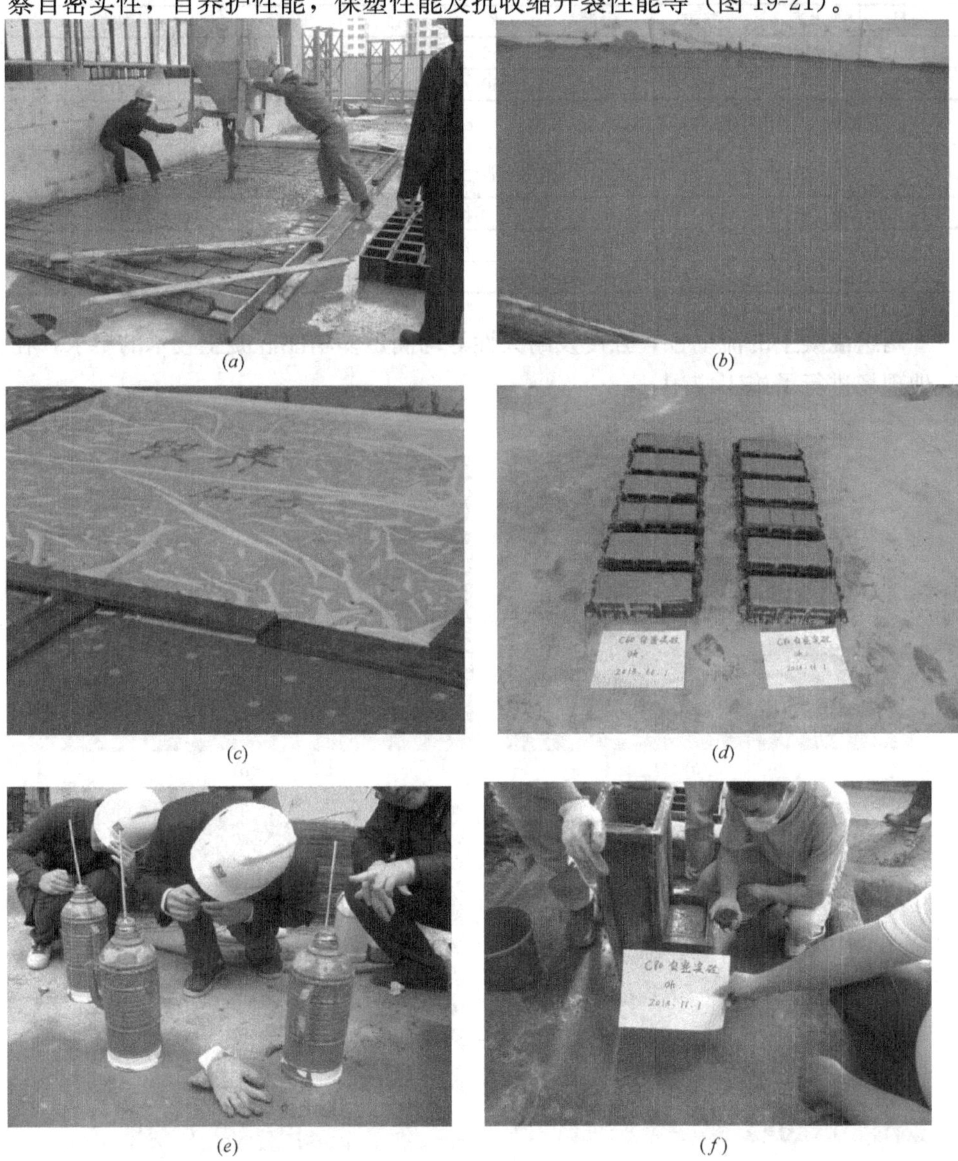

图 19-21　现场模拟试验

(*a*) 吊头浇筑；(*b*) 表面整平；(*c*) 自养护；(*d*) 脱模后按不同方法养护
(*e*) 水化热的简易测走；(*f*) 检测自密实性能

2. C30和C60多功能混凝土的施工应用

(1) 混凝土的配合比

C30和C60多功能混凝土的配合比如表19-26所示。混凝土的性能如表19-27所示，施工应用参考图19-22。

C30、C60造纸白泥的MPC配比 表19-26

编号	水泥	煤灰	白泥	水	砂	碎石	外加剂
C30	250	120	70	150	745	955	1.85%
C60	350	100	70	150	745	955	2.0%

注：C60MPC配比中还加入了30kg/m³微珠。

新拌混凝土性能 表19-27

坍落度	扩展度	倒筒时间	U形仪上升高
275mm	760×720	2.72"	330mm/30"
265mm	720×730	3.4"	320mm/35"

两组混凝土的流动性，强度及耐久性等均满足多功能混凝土技术的要求，在工地现场进行了施工应用。

(2) 施工应用（图19-22）

(*a*)

(*b*)

(*c*)

(*d*)

图19-22 MPC在民用建筑中的施工应用（一）

(*a*) MPC运至现场；(*b*) 浇筑混凝土；(*c*) 局部处理；(*d*) 浇筑混凝土柱

图 19-22　MPC 在民用建筑中的施工应用（二）

(*e*) 浇筑楼板；(*f*) 浇筑完成后的楼板；(*g*) 脱模后墙体；(*h*) 脱模后楼板及梁

19.9　本章试验研究总结

（1）通过控制胶凝材料的数量与质量，有机和无机添加剂，以及混凝土的合理配合比，比较容易的配制出多功能混凝土。本章所述的多功能混凝土，是在自密混凝土的基础上进一步开展起来的。满足自密实混凝土的技术要求首先是流动性、黏滞性和通过钢筋的性能；具体指标是混凝土在 U 形仪中试验时，上升高度≥30cm，故必须用增稠剂。本课题采用天然沸石粉为增稠剂，效果优异。

（2）多功能混凝土能否达到自养护，关键是自密实混凝土中含有水分的载体。当前采用的水分载体有：有机的，如混凝土用的 SAP 树脂；无机的，如陶砂粉，这两者都会影响混凝土的强度。本研究采用 NZ 粉，具有吸水，放水及增强作用。在 SCC 中，具有自养护，增稠和增强的多种功能。

（3）本章所述的多功能混凝土，采用掺入少量硫铝酸盐膨胀剂，在早期（龄期12～72h）可以补偿混凝土早期收缩和自收缩。也即降低早期收缩和自收缩。另一方面，自养护剂NZ粉，均匀分散于混凝土中，缓慢析放出水分，提供水泥水化用水，抑制了混凝土中毛细管的自真空作用，降低了毛细管的张力，因此，可抑制混凝土的收缩开裂。

（4）通过降低水泥用量，采用低发热量的掺合料，微珠和粉煤灰，可降低混凝土的绝热温升≤78℃。特别是采用相变降温材料，能更有效的降低混凝土的温升。

（5）通过降低水胶比，胶凝材料粒子的填充，以及自养护等措施，可使多功能混凝土获得高强度。从而可以获得不同强度等级的多功能混凝土。

（6）本课题研发过程中，研发出了复合高效减水剂、增稠剂、自养护剂及保塑剂等，是完成本课题各项性能的关键材料。

第 20 章　普通混凝土高性能化的研究与应用

20.1　问题的提出与技术背景

（1）我国是水泥混凝土生产和应用大国，每年生产水泥 25 亿 t，混凝土约 30 亿 m^3。以生产 1t 水泥的原材料为 1.5t 计，则每年生产水泥耗费资源 37～38 亿 t；生产 1m^3 混凝土，约需砂、石 1700kg，则每年需要砂石约 64 亿 t；因此，我国也是生态资源消耗大国。同时由于碳排放，也带来了严重的污染。

（2）我国的混凝土与混凝土结构暴露出多方面的严重事故。

我国新建的房屋、桥梁及水利工程等，往往不到 10 年就出现了严重的损伤破坏（图 20-1～图 20-3）。

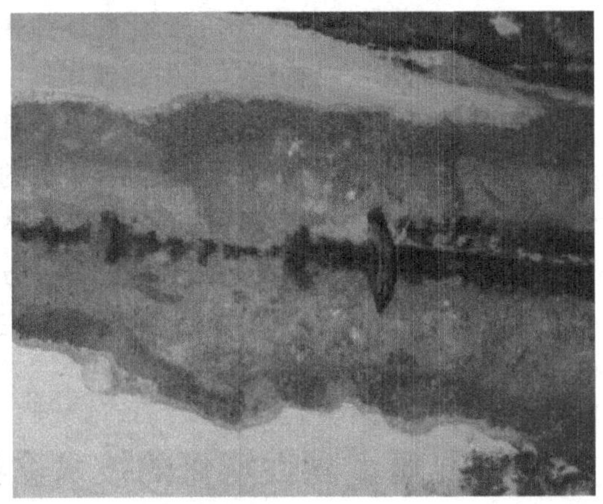

图 20-1　误用海砂造成结构的开裂破坏

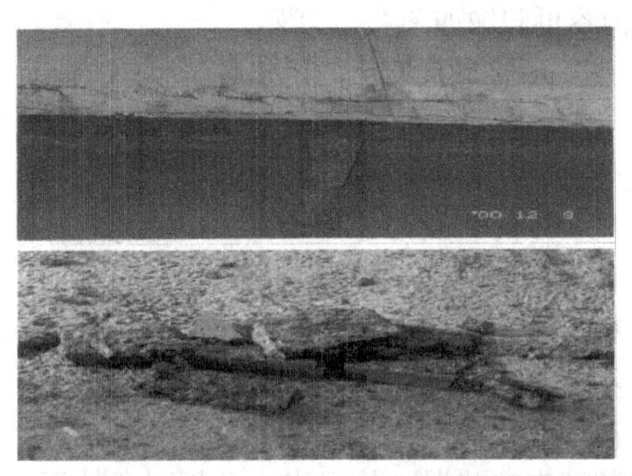

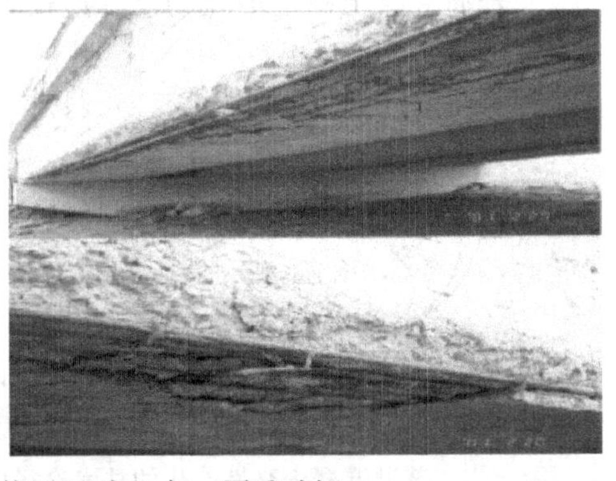

图 20-2　沿海钢筋混凝土桥梁使用不到 10 年，严重破坏

(*a*)

(*b*)

图 20-3　硫酸盐腐蚀破坏

(*a*) 砌墙砂浆腐蚀；(*b*) 钢筋混凝土结构根部腐蚀

由此可见，混凝土结构的劣化破坏往往不是由于原来强度设计不足，而是由于耐久性原因，使结构过早地失效破坏。

我国住房和城乡建设部曾宣布，我国建造的房屋平均寿命只有 38 年！这里面有设计的问题，材料的问题，也有施工的问题。作者就材料的问题进行分析与探讨，而混凝土结构耐久性的问题，最根本的就是混凝土。使常用的普通混凝土提高性能，才能提高结构的耐久性。另一方面，混凝土与混凝土结构要达到节能降耗与环境相协调，从结构本身来考虑，主要也是结构混凝土的高性能化，才能延长结构的使用寿命。

20.2　混凝土高性能化的技术途径和内容

普通混凝土高性能化的技术途径和内容可归纳如图 20-4 所示。

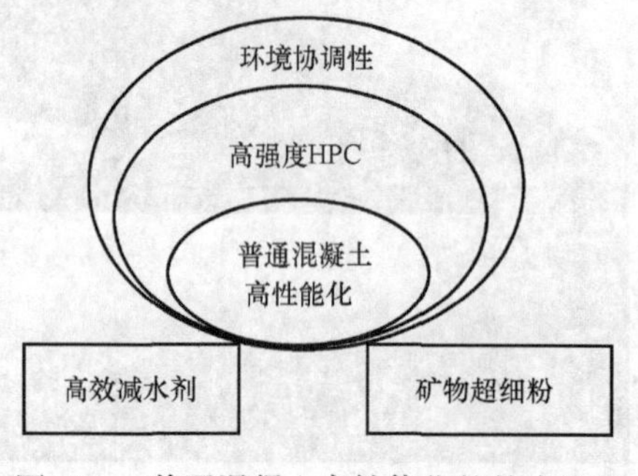

图 20-4　普通混凝土高性能化的技术途径

1. 控制混凝土的用水量和水分的运动

由图 20-4 可见，普通混凝土高性能化有两个物质基础，高效减水剂和矿物质粉体的研发与应用，包括矿物质粉体在混凝土中作用机理的研究和新品种矿粉的开发与应用；化学外加剂作用机理和专用外加剂的研究与应用；而混凝土高性能化的研究，首先要分析混凝土内部结构的状况，从根本上分析耐久性不好的原因，然后用粉体和减水剂技术，对普通混凝土内部结构构造的改善，以提高其性能。普通混凝土内部结构构造如图 20-5 所示。

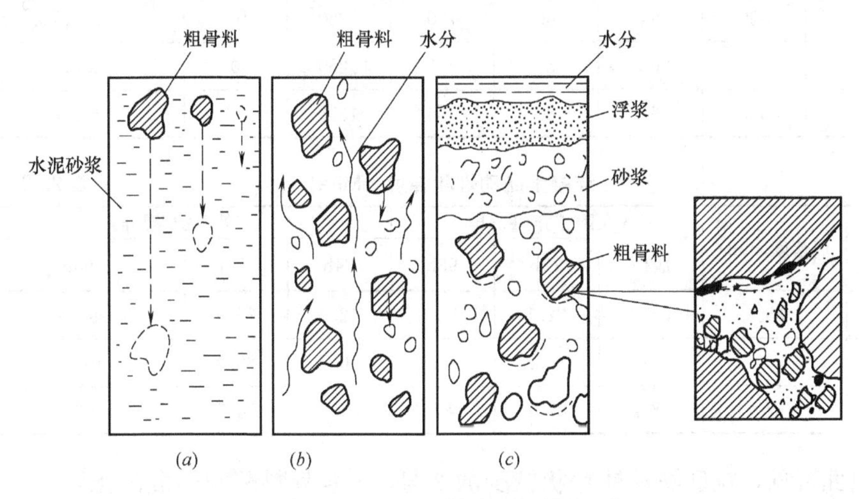

图 20-5　普通混凝土结构形成过程

从图 20-5 普通混凝土结构形成过程来看，混凝土浇注之后，在振动成型过程中，粗骨料因比重大，要下沉，而水的比重小，要往上浮。最后振动成型完后，由于普通混凝土（一般在 C50 及 C50 以下）中，W/C 较大，单方混凝土中用水量较多，水分要从下面向上浮动，在水泥石中形成毛细管通路，生成连通毛细管；另一方面，如果上升的水分碰到粗骨料时，积存在骨料的下表面，形成水囊。这样普通混凝土的微结构中，存在着连通的毛细孔，界面孔隙，以及水囊等缺陷，这是其耐久性低劣的主要原因。普通混凝土高性能化的技术是改善其内部结构，才能提高性能。而改善内部结构，关键是控制水分在混凝土中的运动。矿物质粉体和新型高效减水剂的研发应用，成了普通混凝土高性能化的物质基础。

2. 调整混凝土骨料级配、粒型、粒径与降低水泥浆用量

例：石灰石碎石粒径 5～30mm，$\gamma=2.65\text{kg/m}^3$，$\gamma_0=1.39\text{kg/m}^3$，$P=47.5\%$，如果将 5～10mm 豆石加入调整级配，变成二级配的粗骨料，空隙率会降低到 39%。故调整级配可以降低水泥浆的用量，也即降低成本，提高性能。

其实，粒型也很重要，如果针片状颗粒含量高的骨料，配制混凝土，不但流动性不好，而且强度也差。例如：我们采用三种碎石，配制 C80 的管桩混凝土：1 号，三亚的针片状较多的碎石，压碎值 6.5%；2 号，三亚的粒型较好的碎石，压碎值 8.1%；3 号，海口的粒型较好的碎石，压碎值 3.6%。用这三种粗骨料，同样配比（表 20-1），混凝土的流动性和强度均有很大差别。如表 20-2 所示。

对比试验混凝土配合比 **表 20-1**

编号	水泥	微珠	矿粉	砂	碎石	水	减水剂
1	360	60	80	700	1250	107	2.4%
2	360	60	80	700	1250	107	2.1%
3	360	60	80	700	1250	107	2.1%

混凝土流动性和强度（MPa） **表 20-2**

编号	坍落度(mm)	太阳棚养护 24h			室外养护(湿养)		
		脱模	72h	98h	24h	72h	98h
1	35	52.3	72.1	77.7	42.3	70.1	86.5
2	70	77	86.8	92	60.7	89.3	100.3
3	67	78.2	87.1	87	64.2	94.7	100.8

由此可见，粒型好及针片状较少的 2 号、3 号骨料配制的混凝土，流动性好，坍落度大；2 号、3 号骨料配制的混凝土强度比 1 号的高 14MPa。

3. 掺入超细粉抑制混凝土中的水分运动

水泥与粉体适当的搭配，在相同的流动性下，可以降低混凝土的用水量。这种粉体间的填充效应，主要取决于粉体材料的性质、粒径与粒型。如表 20-3 所示。

不同矿物质超细粉组合对 UHPC 流动性影响 **表 20-3**

粉体组合	坍落度(mm)	扩展度(mm)	倒筒时间(s)
① $C+BFS$	265	650/630	18
② $C+BFS+SF$	275	660/670	9

注：$W/B=0.20$，$W=150\text{kg/m}^3$，$C=500\text{kg/m}^3$；

① $BFS+GP=250\text{kg/m}^3$；

② $GP+BFS+SF=250\text{kg/m}^3$

可见：② $C+BFS+SF$（水泥＋超细矿粉＋硅粉）的流动性优于①$C+BFS$（水泥＋超细矿粉）；坍落度大，扩展度大，黏度也降低。因此，以部分矿物质粉体代替水泥，可以改善混凝土的结构构造。同时也给混凝土的水泥石及界面结构带来了很大的变化。如图 20-6 及图 20-7 所示。

由于掺入矿物质细粉，界面上的 $Ca(OH)_2$ 含量降低，界面氢氧化钙的取向也降低。混凝土的界面结构得到改善，性能提高。水泥石孔结构也发生了变化。28d 龄期时，含矿物质细粉的水泥石，大孔减少，细孔增多。

故普通混凝土中掺入粉体，可以改善流动性，降低用水量，改善孔结构和界面结构，提高混凝土的性能，提高耐久性。

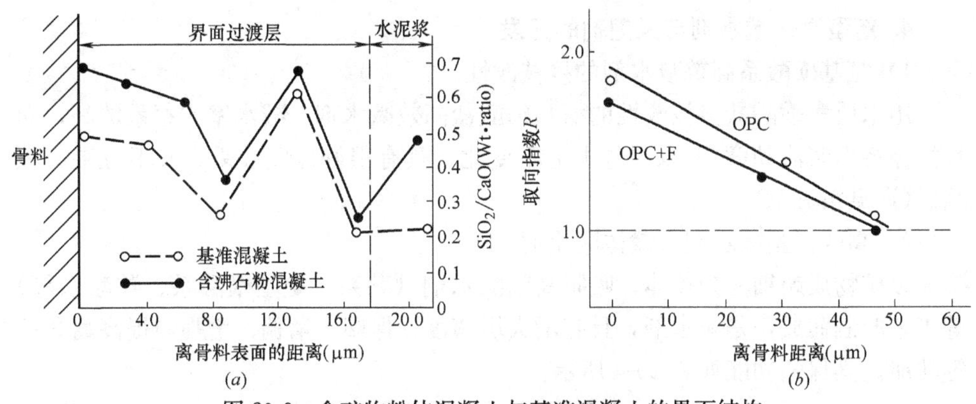

图 20-6　含矿物粉体混凝土与基准混凝土的界面结构

(a) 界面元素含量的变化；(b) 界面氢氧化钙的取向

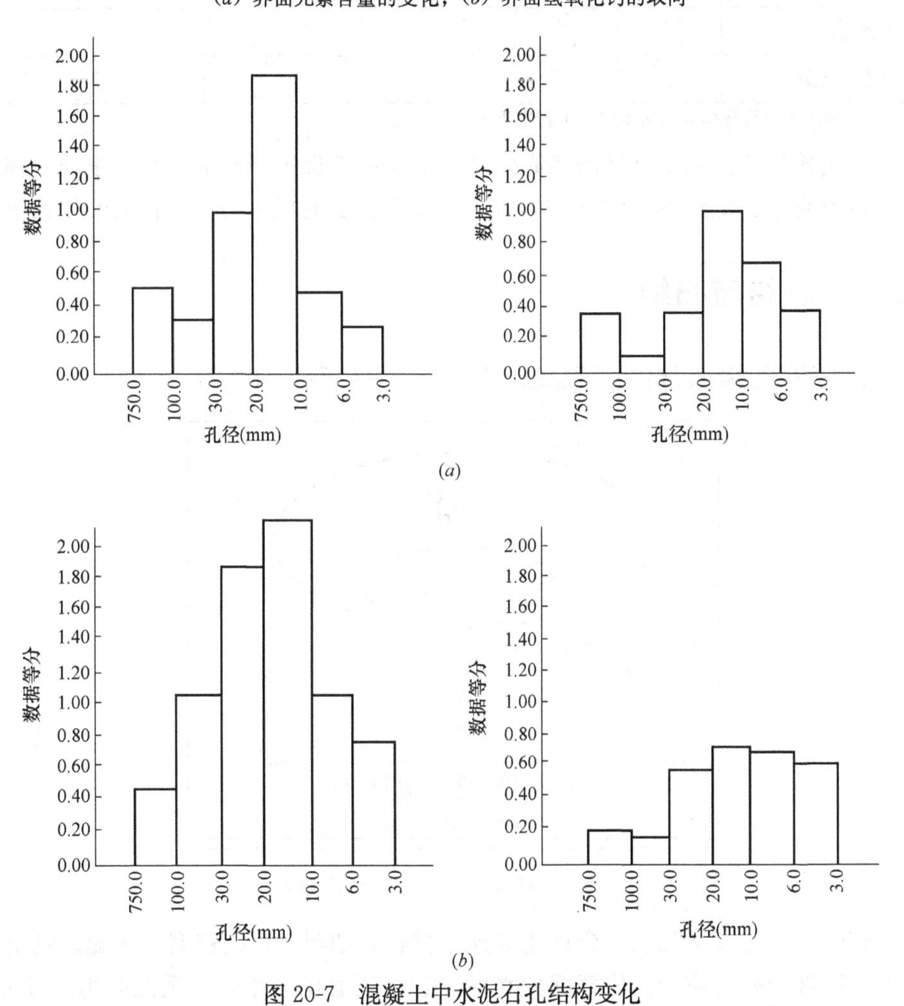

图 20-7　混凝土中水泥石孔结构变化

(a) 硬化水泥浆的孔结构；(b) 内掺 10%天然沸石粉的水泥石的孔结构

4. 新型高效减水剂与保塑剂的开发

1）氨基磺酸系高效减水剂的接枝改性

用木质素磺酸盐接枝改性的氨基磺酸盐高效减水剂，减水率比萘系的高，而且能保持净浆流动度 2h 以内基本上不变化，具有很好保塑效果，又不分层、板结。（详见第五章）

2）高效保塑减水剂（载体流化剂）

以矿物质超细粉为载体，吸附高效减水剂（萘系、氨基磺酸系、羧酸系等）等工艺配制而成，是减水剂，具有增大坍落度、保塑、增稠、增强与提高耐久性等功能。其保塑功能如表 20-4 所示。

高效保塑减水剂功能 **表 20-4**

	初始	1h	2h	3h	4h	5h
普通混凝土(mm)	230 610	220 470	90 —	— —	— —	— —
掺保塑剂混凝土(mm)	220 575	220 575	220 585	230 570	220 570	220 570

注：表格中上行数据为坍落度值；下行数据为扩展度值。

采用接枝改性的氨基磺酸系高效减水剂及高效保塑减水剂，与矿物质粉体搭配，可更有效、低成本、便于施工应用的开展普通混凝土高性能化的开发研究。

20.3 总结与归纳

普通混凝土高性能化，可总结归纳如图 20-8 所示。

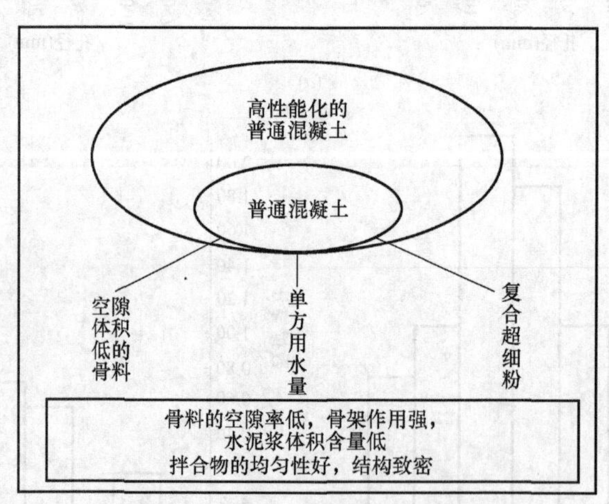

图 20-8 图示普通混凝土高性能化

归纳起来有以下几点：合理地选择原材料，如粗骨料的粒型、级配达到空隙率低；以部分矿物质粉体代替部分水泥，选用适宜的减水剂，适当降低用水量，这样的普通混凝土就能提高性能，达到高性能化。

20.4　普通混凝土高性能化的实际应用

1. 大量应用于公路钢筋混凝土桥梁

如山东潍坊工程监理公司监理施工的东营黄河公路大桥，水下灌注桩 120m 左右深度，地下水中 Cl^- 及 SO_4^{2-} 严重超标，当时采用了 C30 的混凝土，并采用了氨基磺酸减水剂及复合超细粉，配制了水下灌注桩的混凝土工程，如图 20-9 所示。

图 20-9　施工中的大桥

2. 洛堪铁路线钢筋混凝土桥梁工程

中南大学周仕琼教授等人，以改性粉楳灰代替部分水泥，配制了 C50 的 32m 跨的预应力钢筋混凝土大梁，以及 C30 普通混凝土的桥墩等，如图 20-10 所示。

3. 普通混凝土高性能化技术在建筑工程中应用

中建三局在武汉建设的多项工程中，开展了普通混凝土高性能化技术的应用，累计达到 260 多万立方米，直接经济效益 2100 多万元。如图 20-11 所示。

(a)

(b)

图 20-10　普通混凝土高性能化技术在铁路桥梁工程中应用

(a) 32m 跨的预应力钢筋混凝土梁；(b) C30 混凝土桥墩

(a)

(b)

图 20-11 普通混凝土高性能化技术在建筑工程中应用

(a) 武汉市图书城；(b) 武汉科技会展中心

20.5 小结

普通混凝土高性能化的关键技术是抑制混凝土结构形成时的水分运动，使界面结构和孔结构得到改善，从而提高混凝土的性能。矿物质超细粉和高效减水剂的应用是普通混凝土高性能化的物质基础。

第21章 免蒸压免蒸养（双免）C80管桩的研发与生产

21.1 引言

当前，国内大量生产和应用的预应力高强混凝土管桩（也叫PHC桩），都是采用两阶段式蒸汽养护工艺：初蒸与高压蒸养。

初蒸：管桩离心成型后，在85℃左右的蒸汽养护池中养护，恒温4～6h左右，使管桩混凝土强度≥45MPa时，这时管桩混凝土可以承受张拉的预应力，可以拆除管桩模板，然后再进入反应釜，进行高压蒸养。

高压蒸养：经过初蒸脱模后的管桩，再进入反应釜中养护。温度为180℃，恒温时间约10h，使混凝土强度≥85MPa，得到C80预应力混凝土管桩。

这种“双蒸”养护生产的预应力混凝土管桩，能耗大，成本高，安全生产还存在隐患。20世纪80年代，北京丰台桥梁厂从日本引进了上述技术，当时粉体材料与技术，并没有在预应力高强混凝土管桩生产中获得应用。为了在生产上获得C80的高强混凝土，设计了管桩的胶凝材料组成为：水泥＋磨细石英砂。这种组成的胶凝材料，在85℃左右的蒸汽养护下，加速了水泥的水化与硬化，使混凝土的强度达到了≥45MPa。但是胶凝材料中的磨细砂在蒸养条件下并没有反应，只有在蒸压条件下磨细砂才能参与化学反应，使混凝土强度达到≥C80。

“双免”——即免除蒸养和蒸压，利用太阳能养护棚养护。当管桩在太阳棚内养护达到689度时积的时候，管桩达到脱模强度（一般在太阳棚内≥10h）；脱模后在露天湿养护2d，管桩混凝土强度≥C80；检验合格即可出厂。

双免管桩混凝土胶凝材料的组成是：水泥＋粉体掺合料。在太阳棚内60～80℃的温度养护下，经10～12h，管桩混凝土强度≥45MPa，达到了脱模强度。因为在太阳棚内60～80℃的温度养护下，不但促进了水泥的水化硬化，也促进了粉体与水泥水化产物氢氧化钙的反应，生成了具有强度的物相。

21.2 太阳能养护棚的构造与养护工艺

在应用太阳能养护混凝土过程中，我们研发了小型太阳能养护棚，如图21-1所示。由型钢做的半圆拱型架，高120cm，长350cm，型钢架用阳光板蒙上，成为能接收太阳能辐射热的移动部分；下部用12cm厚的加气混凝土砌筑的底座，上铺保温材料，两边40cm高的矮墙也贴上保温材料，以免热量丧失。试件放入太阳棚后，两端用堵头封上，并用棉胎蒙上保温。上面插入温度计，或在棚内安放热传感器，外接温度表，观测太阳棚内温度。在海南省三亚，每年5～6月份，小型太阳能养护棚内温度高达75℃，是一种节省能源、低碳技术的养护工艺。

图21-1　试验试件用的太阳能养护棚

在永桂联合水泥制品公司三亚工厂，生产预应力C80混凝土管桩时，采用原有养护坑改造成的太阳能养护坑，如图21-2所示。坑底及四壁均用保温材料铺上，然后用铝箔贴在保温材料表面，反射太阳能进来的辐射热，顶盖用阳光板做成可移动的顶盖，以便将成型好的管桩吊入养护坑内。在三亚11～12月份，太阳棚内温度高达80℃。

图21-2　生产用太阳能养护坑

成型好的试件或离心成型好的管桩，立即进入太阳棚养护。混凝土试件表面用塑料薄膜盖上，而管桩因有管模包里，无须再遮盖表面。随着太阳能的收集，棚内温度提高，混凝土得以加热养护。

上述太阳能养护试验棚及生产用太阳能试验养护坑，只是直接接受太阳光照射，经吸收与反射转换成太阳棚内热量，养护混凝土制品，这是对太阳能养护的初始阶段。

21.3　混凝土内部结构与性能

双蒸管桩与双免管桩由于组成材料和生产工艺的不同，混凝土内部结构与性能的差别很大。

1. 原材料比较

双蒸管桩工艺：水泥＋磨细砂＋萘系高效减水剂；

双免管桩工艺：水泥＋微珠＋粉煤灰（或矿粉＋粉煤灰）

＋氨基系与萘系复合的减水剂＋保塑粉。

2. 工艺过程比较

双蒸管桩工艺（图 21-3）：混凝土配料（水泥、磨细砂为胶凝材料）→拌合→浇筑入模→张拉预应力→离心成型→常压蒸养（初蒸），温度 85℃，恒温 4～6h，混凝土强度达 45MPa→脱模→蒸压养护（180℃，恒温 10h）→C80 预应力管桩（强度＞90MPa）。

图 21-3　双蒸管桩工艺的生产过程（一）

(*a*) 管模喂料；(*b*) 张拉预应力；(*c*) 离心成型；(*d*) 蒸气养护

图 21-3　双蒸管桩工艺的生产过程（二）

(e) 脱模；(f) 进入高压釜蒸压；(g) 出釜贮存，保温冷却

双免工艺：混凝土配料（水泥、微珠和沸石粉为胶凝材料）→拌合→浇注入模→张拉预应力→离心成型→ 太阳棚养护 12～24h 混凝土强度达 50～70MPa→脱模→预应力管桩→继续湿养护 2d，强度≥85～90MPa，达到 C80 强度等级，管桩出厂。

新工艺，无蒸养和蒸压，离心成型后直接进入太阳棚养护，经 12～24h 即可脱模，露天堆放养护 2d，强度达 C80。工艺简化，低碳节能（图 21-4）。

3. 性能对比

将单根新桩打桩试验，双免工艺管桩的抗冲击韧性很高。打桩时锤子上升高达 3.0m，再往下砸，并反复多次；而一般打桩，桩锤高度只 1.5m 左右，反复砸的次数也没有那么多。其他方面的性能比较，如抗氯离子扩散渗透，双免工艺试验的混凝土，电通量<50 库仑/6h；而双蒸工艺混凝土则为<500 库仑/6h。双免工艺混凝土弹

性模量 $E=44.6\times103$MPa，双蒸工艺混凝土弹性模量 $E=37\times103$MPa。

(1) (2)

图 21-4 双免管桩的养护及堆放

（1）管桩进太阳棚养护；（2）露天堆放养护

4. 内部结构对比

将双蒸管桩用的胶凝材料和双免管桩用的胶凝材料分别在 $W/B=23\%$左右的用水量下，做成净浆试件，和模拟管桩混凝土的试件，按两种养护工艺养护，得到的试样分别进行 XRD 和 SEM 的检测。结果如图 21-5 所示。

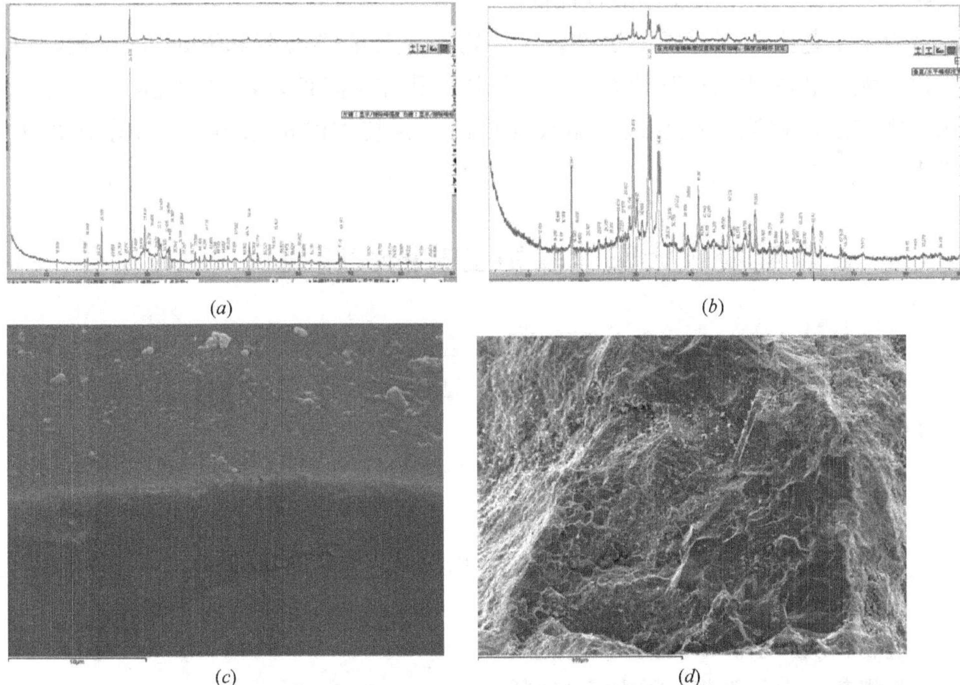

(*a*) (*b*)

(*c*) (*d*)

图 21-5 双蒸、双免试件的 XRD 及 SEM（一）

（*a*）双蒸试件的 XRD；（*b*）双免（太阳能养护）试件的 XRD；

（*c*）双蒸试件界面的 SEM；（*d*）双免试件界面的 SEM

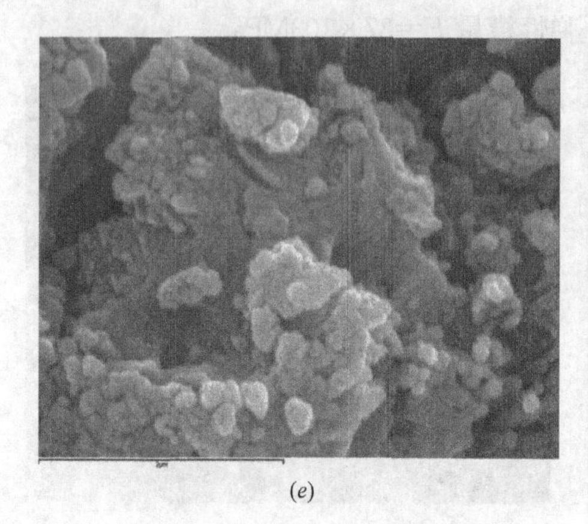
(e)

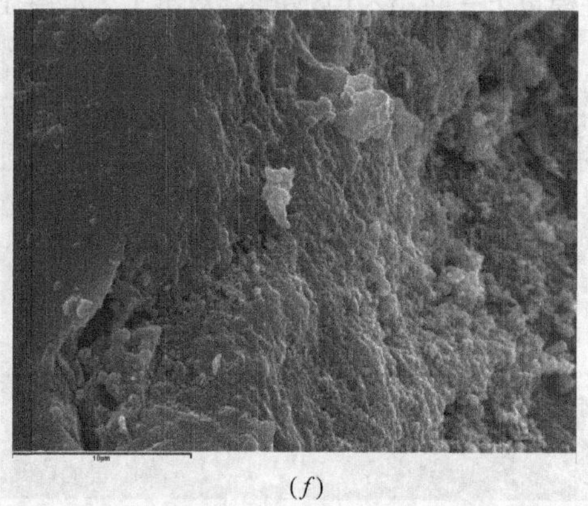
(f)

图 21-5 双蒸、双免试件的 XRD 及 SEM（二）
(e) 双蒸试件外的 SEM；(f) 双免试件外貌的 SEM

由 XRD 及 SEM 图谱可见：双蒸工艺的管桩，在蒸养阶段是水泥水化的硅酸钙凝胶，以及 $Ca(OH)_2$ 相，再进入高压釜蒸压后，$Ca(OH)_2$ 相与磨细砂反应，生成了托勃莫来石，使混凝土具有高强度。但是，由于托勃莫来石是一种高度结晶的水化物，混凝土断裂韧性低。

双免工艺太阳能养护的试件，主要物相是硅酸钙凝胶和 $Ca(OH)_2$ 相，由于水泥粒子和粉体的相互填充，胶凝材料的孔隙率降低，密实度提高，水化产物的密实度也提高，故强度、耐久性提高。凝胶体的水化物，抗冲击韧性也增大。

21.4 C80 混凝土太阳能养护工艺的试验研究

主要目标是以水泥、矿物质粉体及复合的高效减水剂配料，配制成的混凝土，在三亚的环境下，经太阳能养护 12～24h，脱模后，经自然养护 2d，能达到 C80 强度等级的高性能混凝土。

1. 试验用原材料

水泥：42.5 普硅水泥；

微珠：燃煤电厂排烟中回收的粉尘或从粉煤灰风选的超细粉；

天然沸石超细粉：由浙江金华沸石粉厂供应；

硅粉：从广东佛山购入，产地遵义；

粉煤灰：为Ⅱ级灰，需水量 110%；

矿粉：S95 矿粉，海口供应；超细矿粉，由新加坡昂国集团供应；

双免掺合料：1 号以微珠与其他粉体复合；2 号以超细矿粉与其他粉体复合；

砂：河砂，细度模量 2.57，表观密度 2630kg/m³，堆积密度 1447kg/m³，空隙率 45％；

碎石：花岗岩碎石，最大粒径 20～25mm，表观密度 2650kg/m³，堆积密度 1512kg/m³，空隙率 42.9％，压碎指标＜10％；试验中还采用了其他品种碎石，但级配差，针片状颗粒含量高；

高效减水剂：萘系、氨基系与聚羧酸系三种；复合 1 号是由萘系和氨基系复合；复合 2 号是由萘系与聚羧酸系复合而成；

保塑降黏剂：由天然沸石粉与复合 1 号或复合 2 号，并和少量引气剂复配而成。

2. 双免 1 号掺合料配制混凝土

太阳能养护棚内养护

振动成型后试件，盖上塑料薄膜，进入太阳棚养护，测 24h 强度；然后盖上草帘，露天浇水养护，测 2d 龄期强度。

（1） 试验用混凝土配比（表 21-1）

混凝土配合比 **表 21-1**

编号	C	1号	S	G	W	AG
1	360	140	650	1250	100	12.5(2.5％)
2	360	140	650	1250	105	12.5(2.5％)
3	360	140	650	1250	110	12.5(2.5％)

注：编号 1＝MB100＋SF40；
编号 2＝MB100＋FA40；
编号 3＝FA100＋SF40。

（2）混凝土试验

拌合 20L 混凝土，成型 10cm×10cm×10cm 三联试模 6 条。放入太阳棚养护，24h 脱模，抗压 3 块，脱模试块继续放在露天，盖上草席浇水养护。

（3）抗压强度检测结果

1）混凝土抗压强度试验结果，如表 21-2 所示。

抗压强度试验结果 **表 21-2**

编号	太阳能养护 1d 脱模强度	脱模后自然条件下 2d	脱模后自然养护 7d	脱模自然养护 28d	坍落度 (cm)
1	70.6	92	85.4	100.3	4
2	81.8	86.1	86.5	97.2	3.5
3	79.5	88.1	92.5	94.6	0.5

注：表中强度值已乘 0.95。

由表 21-2：①成型后进入太阳棚养护 1d，强度达到 80MPa 左右；脱模后放在露天盖草帘养护 2d（即 3d 龄期），强度≥85MPa，超过 C80 强度等级；②太阳能养护最高温度达60℃左右；③胶凝材料除水泥以外，用了微珠、硅粉及粉煤灰等掺合料，以微珠+硅粉的效果最好，达92MPa。其他掺合料效果也很好，都能配出C80超高性能混凝土；④太阳棚养护24h脱模后，混凝土强度继续增长，28d强度分别达到100.3MPa，97.2MPa，及94.6MPa。

2）太阳棚养护与露天养护对比

太阳棚养护与露天养护对比混凝土配比如表21-3～表21-6所示。

太阳棚养护与露天养护对比试验混凝土配比 表21-3

水泥42.5	微珠	粉煤灰	砂	碎石	水	减水剂
360	50	90	650	1250	114	2.7%

混凝土抗压强度检测 表21-4

龄期	养护条件	抗压强度(MPa)			系数	平均强度(MPa)
24h	太阳棚养护，(24h)	50.9	52.2	52	0.95	49.1
2d	室外养护	68.2	72.1	73.1	0.95	67.5
2d	太阳棚24h后转露天	73.2	76.1	77.9	0.95	71.9
6d	太阳棚24h后转露天	91.4	92.1	90.7	0.95	86.8
7d	室外养护	90	98.8	95.8	0.95	90.1
27d	太阳棚24h后转露天	112.5	105.8	121.3	0.95	107.5

对比试验混凝土配比 表21-5

水泥	微珠	矿粉	砂	碎石	水	减水剂
360	50	90	650	1250	104	2.4%

混凝土抗压强度检测 表21-6

龄期	养护条件	抗压强度(MPa)			系数	平均强度(MPa)
24h	棚内养护	66.7	65.5	70.4	0.95	64.1
2d	室外养护	73.7	74.3	75.2	0.95	70.7
2d	24h转露天	88.6	88.0	92.1	0.95	85.1
6d	24h转露天	99.9	103	95.4	0.95	94.3
26 d	24h转露天	102.2	112.3	127.1	0.95	108.2
7d	室外养护	95.6	102	99.1	0.95	93.9

① 太阳棚养护温度50～60℃，不同掺合料的两组混凝土配比，太阳棚养护

24h，抗压强度分别为 49.1MPa 及 64.1MPa，转露天 2d 抗压强度分别为 71.9MPa 及 85.1MPa；转露天 6d 抗压强度分别为 86.8MPa 及 94.3MPa；转露天 27d 抗压强度为 108.2 MPa 及 107.5 MPa，说明强度随龄期而增长；而且 28d 强度均达到了超高强。

② 室外养护 2d，抗压强度分别为 57.5MPa 及 70.7MPa；7d 抗压强度分别为 90.1MPa 及 94.3MPa；均达到了 C80 强度等级。

③ 太阳棚养护 24h 脱模，转露天湿养护，27d 强度达 108MPa。

3. 双免 2 号掺合料配制的混凝土

双免 2 号掺合料，是以超细矿粉 P8000 和 S95 矿粉或 FA 配制的双组分掺合料（S95 矿粉；SB-P8000；FA-粉煤灰），如表 21-7 所示。

混凝土配合比　　表 21-7

编号	水泥	S95	P8000	石子	砂	水	减水剂(%)
1	360	90	50	1250	700	107	1.7%
2	360	FA(90)	50	1250	700	107	2.0%

太阳棚内养护温度最高为 62℃，12h 脱模强度及脱模后 2d 强度，以及室外湿养护 3d、28d 强度如表 21-8 所示。

混凝土抗压强度（MPa）　　表 21-8

编号	太阳能 12h 脱模强度	脱模后自然条件下 2d	脱模后自然养护 7d	脱模自然养护 28d	室外	
					3d	28d
1	80	86	95.3	100.3	80	95
2	62.7	86.1	96.5	97.2	84	94

由此可见：SB-P8000 与 S95 矿粉，或与 FA 复配的双免掺合料 2 号配制的混凝土，经 12h 太阳棚养护，均可达到脱模强度，再经 2d 湿养护，强度可达 C80。

4. 不同骨料配制混凝土强度

采用了以下三种不同产地，不同粒型的碎石，配制 C80 管桩混凝土，观测新拌混凝土的坍落度及强度。混凝土配合比如表 21-9 所示，强度试验结果如表 21-10 所示。

1 号，三亚产的针片状较多的碎石；压碎值指标为 6.5 %；

2 号，三亚产的粒径较好的碎石；压碎值指标为 8.1%；

3 号，海口产的粒径好的碎石；压碎值指标为 3.6%。

1 号、2 号、3 号碎石配制的混凝土；超细粉：MB 60，BS 80。

2 号、3 号骨料比 1 号骨料的混凝土流动性好，强度高，故应选用粒型较方正级配较好的骨料配制管桩混凝土。

混凝土配合比（kg/m³） 表 21-9

编号	水泥	超细粉	砂	石子	水	减水剂(%)	坍落度(cm)
1	360	140	700	1250	107	2.1%	3.5
2	360	140	700	1250	107	2.1%	7
3	360	140	700	1250	105	2.1%	6～7

强度对比（MPa） 表 21-10

编号	太阳棚养护 24h 脱模转室外湿养			室外自然养护		
	1d	3d	7d	1d	3d	7d
1	52.3	72.1	77.7	42.3	70.1	86.5
2	77	86.8	92.2	60.7	89.3	100.3
3	78.2	87.1	87	64.2	94.7	100.8

5. 不同掺合料（微珠、粉煤灰、硅粉、S95 矿粉）对比试验

以微珠、粉煤灰、硅粉、S95 矿粉为掺合料，配制混凝土，对比在太阳棚内养护的强度。混凝土配合比如表 21-11 所示，试验结果如表 21-12 所示，太阳棚内温度如表 21-13 所示。

掺合料对比试验混凝土配合比 表 21-11

编号	水泥	超细粉	砂	石子	水	减水剂(%)	坍落度(cm)
4	360	140	700	1250	105	2.0%	18
5	360	140	700	1250	102	1.9%	2.5
6	360	140	700	1250	105	2.0%	7～8

注：编号 4 超细粉：MB 60＋ FA80；编号 5 超细粉：MB 100＋SF40；编号 6 超细粉＝MB40＋ BFS100。

混凝土强度检测（MPa） 表 21-12

编号	太阳棚养护不同龄期脱模强度				室外自然养护	
	14h	24h	48h	72h	14h	24h
4	54.5	63.1	76.7	77	29.5	45.7
5	83.5	90.8	94	95.3	51.7	65
6	69.1	77	84.8	92	42.4	58.8

三组试件经 14h 太阳棚养护，均达脱模要求强度；5 号试件，14h 太阳棚养护，强度可达 C80。粉煤灰与微珠复合超细粉，早期强度稍差些。

太阳棚内温度　表 21-13

时间	8:30	11:30	15:00	18:00	22:00
温度(℃)	33	40	67	58	50

6. 检测混凝土在太阳棚养护 12h、24h、48h、72h 的强度变化

混凝土配比如表 21-14 所示；太阳棚养护温度变化表 21-15 所示；强度检测对比结果如表 21-16 所示。

混凝土配合比（kg/m^3）　表 21-14

编号	水泥	超细粉	砂	石子	水	减水剂(%)	坍落度(cm)
7	360	140	700	1250	100	1.9%	7～8
8	360	140	700	1250	98	1.9%	7～8
9	360	140	700	1250	104	1.9%	7～8

太阳棚养护温度变化　表 21-15

时间	8:30	11:30	15:00	18:00
温度(℃)	33	57	72	54

强度检测对比（MPa）　表 21-16

编号	太阳棚养护 24h 脱模转室外湿养				室外自然养护	
	12h	24h	48h	72h	12h	24h
7	80.6	84.6	88.9	91.7	41.9	68.1
8	82.1	83.8	90.4	91.5	41.2	62.5
9	81.6	86.8	87.3	92.9	44.5	63.3

注：编号 7：MB60＋FA80；编号 8：MB100＋SF40；编号 9：MB40＋BFS100。

三组试件经 12h 养护，由于太阳棚养护温度较高，强度均达 80MPa；脱模后再经 24h 潮湿养护，强度可达 C80。

7. 检测混凝土在太阳棚养护 10h、24h、48h、72h 的强度变化

混凝土配比如表 21-17 所示，太阳棚养护温度变化表 21-18 所示，结果如表 21-19 所示。

混凝土配合比（kg/m^3）　表 21-17

编号	水泥	超细粉	砂	石子	水	减水剂(%)
10	360	140	700	1250	102.5	1.7
11	360	140	700	1250	102	1.7
12	360	140	700	1250	104.5	1.7

注：编号 10：MB60＋FA80；编号 11：MB100＋SF40；编号 12：MB40＋BFS100。

太阳棚内温度变化　**表 21-18**

时间	9:00	11:30	15:00	17:30
温度(℃)	44	58	69	59

太阳棚养护强度（MPa）　**表 21-19**

编号	太阳棚养护 10h 脱模转室外湿养				室外自然养护	
	10h	24h	48h	72h	10h	24h
10	64.1	82.6	93.5	98.6	43.8	64.8
11	79.9	93.3	86.2	93.2	42.8	63
12	64	84.7	88.2	88.1	35.2	60.6

三组试件经太阳棚养护 10h，强度均超过 60MPa，超过脱模要求的强度（40～45MPa）。故在海南省三亚市晴天，混凝土试件成型后，直接进入太阳棚养护 10h，强度超过了脱模要求的强度，管桩可以脱模。

8. S95 矿粉与 P8000 超细矿粉增强效果比较

对比试验的混凝土配合比如表 21-20 所示，太阳棚内养护不同龄期强度如表 21-21 所示。

混凝土配合比（kg/m³）　**表 21-20**

编号	水泥	超细粉	砂	石子	水	减水剂(%)	坍落度(cm)
610-4	360	140	700	1250	105	1.6	1.5
610-5	360	140	700	1250	105	1.6	3.0

太阳棚养护强度（MPa）　**表 21-21**

编号	太阳棚养护 24h 脱模转室外湿养				室外自然养护	
	12h	24h	48h	72h	12h	24h
610-4	71.7	86.3	86.9	89.6	48.3	67.9
610-5	93.4	93.4	96.4	97.3	52.1	84.8

编号 610-4 超细粉为 MB100＋S95 40，而编号 610-5 为 M100＋P8000 40。改微珠与超细矿粉 P8000 的复合超细粉，配制的 C80 预应力管桩混凝土，太阳棚内养护 12h，强度达到 93.4MPa，高于 C80 强度等级要求 28d 的强度，对提高双免管桩生产效率，起了很大促进，会带来更大经济效益。

9. 太阳能养护的温度、时间与强度关系

为了检测混凝土达到脱模强度，在太阳棚内某温度下养护所需时间，也就是度时积的指标，以便指导生产，进行了该项的试验研究。试验混凝土配比如表 21-22 所示，太阳棚温度及露天湿养护温度如表 21-23 所示。

试验混凝土配比　　**表 21-22**

编号	水泥	微珠	矿粉	粉煤灰	砂	石	水	减水剂（%）	坍落度（cm）
401	380	80	40	0	700	1250	103	2.5	2.5
402	380	80	0	40	700	1250	105.5	2.5	0

太阳棚养护温度　　**表 21-23**

养护经过时间	太阳棚温度变化		室外自然温度变化	
	温度(℃)	度·时	温度(℃)	度·时
10：00～12：00	30～56	86	30～36	66
12：00～14：30	56～45	125/211	36～30	83/148.5
14：30～17：30	45～43	132/343	30～33	95/244
17：30～20：00	43～32	94/437	33～33	83/327
20：00～22：30	32～30	78/515	33～30	79/406
22：30～4：30	30～28	174/689		
22：30～8：00			30～28	276/682

注：表中度·时列，分子为区间温度值，分母为累计温度·时间值。

以温度与养护经历时间之乘积 K 值，去评估混凝土硬化指标，则太阳棚养护在不同温度变化下约 16h，K_1＝689 度·时，室外养护在不同温度变化下约 22h；K_2＝682 度·时，这时相应的混凝土强度，如表 21-24 所示。

混凝土强度　　**表 21-24**

编号	太阳棚养护(MPa)			室外自然养护(MPa)	
	16h	2d	6d	22h	24h
401	55.7	85	94.3	45.2	47.8
402	53.4	83.5	95	49.3	53.4

也就是说，K_1 与 K_2 具有相同值时，太阳棚养护试件强度约为室外自然养护试件强度的 1.08～1.23 倍。混凝土养护达到 K_1 与 K_2 值时，均可达要求的脱模强度，也即强度＞45MPa。

10. 初步小结

上述试验证明：在海南省三亚市通过太阳棚养护预应力管桩高强度高性能混凝土，在技术上是可行的，是一种碳零排放技术的混凝土材料。

(1) 采用海南省生产的 42.5 普通硅酸盐水泥及砂石；新加坡昂国集团与鲁新新型建材生产的 P8000 超细矿粉，S95 矿粉；粉煤灰及微珠等原材料；胶凝材料用量 450～500 kg/m³；用水量 100～108kg/m³；自行研发复配的高效减水剂 1.5%～2.5%；混凝土坍落度 20～40mm，保塑 1h；混凝土成型后，在太阳棚内养护12～24h，脱模强度可达 50～80MPa，再经 2d 露天湿养护，强度可超过 C80 强度等级要求。湿养护至 28d 龄期，强度可达 100MPa。

（2）成型后的混凝土，置于露天潮湿养护，1d 龄期脱模强度可超过 50MPa，2d 龄期强度可超过 70MPa，5d 龄期强度可超过 C80 强度等级要求。

（3）水泥与无机粉体，如微珠、矿粉、硅粉及粉煤灰等，按其适当组合，采用自行研发的复合减水剂，均可配制“双免”的 C80 高强高性能混凝土。但是以水泥与 P8000 矿粉、S95 矿粉或粉煤灰配制的为优且经济。

（4）为了获得混凝土脱模所要求的强度，可用 K 值（度时积）评估，K 值 680～700，混凝土脱模强度可达到要求。

（5）粉体技术，高效减水剂技术，HPC 的配制技术及太阳能的有效利用，可以研发出 CO_2 排放为零的 C80 高性能管桩混凝土，改变了管桩生产的传统双蒸工艺。

21.5 模拟管桩太阳能养护试验

把模拟管桩的模具放入太阳能养护棚，拌好的混凝土直接浇筑入模，振动密实后留在太阳能养护棚养护。模拟桩尺寸为：外径 ϕ570×400mm，内径 ϕ270×400mm，在桩内安放 ϕ510×320mm 钢筋笼，由 ϕ8 钢筋焊接而成。与此同时，一部分混凝土成型 10cm×10cm×10cm 的试件，也与模拟管桩一样，放在太阳棚内养护，按不同龄期试验强度。

试验混凝土配合比如表 21-25 所示。

模拟管桩试验的混凝土配合比（kg/m³） 表 21-25

编号	水泥	粉体	砂	石子	水	减水剂	坍落度
9-1	340	40+70	700	1300	100	1.6%	2～4

混凝土在太阳棚养护 24h 后，取出模拟柱及全部试块脱模，压 24h 强度，其余试块转入露天潮湿养护。从模拟柱混凝土钻孔取样，也进行 24h 抗压试验。

模拟柱试验时值阴雨天，太阳棚内最高温度为 40℃，24h 试件抗压强度为 62.1MPa；模拟柱混凝土钻孔取样强度为 54.4MPa；3d 试件抗压强度为 80.4MPa；模拟柱混凝土钻孔取样强度为 75.9MPa；7d 试件抗压强度为 94.8MPa；模拟柱混凝土钻孔取样强度为 84.5MPa；28d 试件抗压强度为 98.8MPa；模拟柱混凝土钻孔取样强度为 87.7MPa；说明模拟柱混凝土是可信的，见图 21-6。

(*a*)

(*b*)

图 21-6　模拟柱试验

（*a*）试件及模拟柱在太阳棚中养护；（*b*）模拟柱混凝土钻孔取样

21.6　试验室研发的 C80 混凝土的可信度

经过大量试验基础上，进一步对太阳棚 12h 脱模强度，12h 脱模后再经湿养护 2d，7d 及 28d 的强度，进行批量试验，求其均方差及离差系数；以评估试验室研发的 C80 混凝土的可信度。配合比如表 21-26 所示，单方混凝土材料用量为：水泥 340kg，双免掺合料为 110kg；胶凝材料比上述试验配比降低了 50kg。编号 1 的掺合料为 P8000 与 S95 矿粉。

混凝土试验的配合比（kg/m³）（p8000，40＋S95，70）　　表 21-26

编号	水泥	粉体	砂	石子	水	减水剂	坍落度
1	340	40＋70	700	1300	100	1.6%	2～4

（1）混凝土成型后放入太阳棚养护，12h 脱模，测定 13 组试块平均强度，并求其离差系数及均方差。留下两组试件露天湿养护，压 3d 及 28d 强度，结果如表 21-27 所示。

太阳棚养护 12h 脱模强度（MPa）　　表 21-27

458	570	586	583	459	569	492	543	491
482	599	579	561	434	547	453	520	
490	567	569	563	472	556	496	525	
544	565	557	581	611	590	519	510	

12h 脱模平均强度　　　51.7（MPa）

均方差　　　5.0MPa

离差系数　　　0.092

试验天气情况：阴雨，太阳棚养护最高温度为 47℃

3d 强度　　　86（MPa）

28d 强度　　　92.2（MPa）

（2）混凝土成型后放入太阳棚养护，12h 脱模，测定强度；试件转露天湿养护，经 6d 测定 10 组试块平均强度、均方差、标准差系数结果如表 21-28 所示。

太阳棚养护 12h 脱模后转露天湿养护 6d 强度（MPa）　　表 21-28

993	1045	953	1081	1088	1072	995	985	1073 1076
996	1042	1067	1008	1036	1064	974	946	1077 1044
1034	1008	1062	899	990	1038	993	1109	1009 1074
1007.7	1031.7	1027.3	996	1038	1058	987.3	1013.3	1053 1013

6d 平均强度　　　97.6（MPa）；

均方差　　　2.6 MPa；离差系数　　　0.026；

12h 平均强度　　　49.6MPa；24h 平均强度　　　70.3 MPa；

2d 平均强度　　　91.4MPa；6d 平均强度　　　97.6MPa；

编号 2 的配比如表 21-29 所示。掺合料为 P800040kg/m³ 与 FA70kg/m³。太阳棚养护结果如表 21-30 所示。

混凝土试验的配合比（kg/m³）（p8000，40＋FA，70）　　表 21-29

编号	水泥	粉体	砂	石子	水	减水剂	坍落度
2	340	40＋70	700	1300	100	1.6%	2～4

太阳棚养护 12h 脱模后露天湿养 3d，28d 强度（MPa）　　表 21-30

870	897	920	880	928	877	863	876	921 984
889	930	877	959	958	903	949	946	923 1000
859	898	923	973	819	945	892	873	946 950
873	908.3	906.7	937.3	901.7	908.3	901.3	898.3	930 978

12h 平均强度　　　62.5MPa；

脱模后露天湿养 3d，28d 强度（MPa）；

3d 平均强度　　　74.8MPa；

28d平均强度 86.9MPa；

均方差 2.8 MPa；

标准差系数 0.031；

试验室研发的C80混凝土的可信度小结：将两系列配比的混凝土不同龄期脱模强度，均方差及标准差系数，汇总如表21-31所示。

不同龄期脱模强度、均方差及标准差系数　　表21-31

编号	12h	24h	72h	7d	28d	均方差(MPa),离差系数	
901-1	51.74		86		92.6	5.04	0.092
901-2		55.6	86		92.1	2.0	0.022
901-3	49.6	70.3	91.4	97.6		2.64	0.026
901-4	72	80	86.2		91.4	3.4	0.037
902-1	50.4	65.2	2.4	83.5	86.9	2.23	0.043

编号901-1～4为p8000＋S95；编号902-1为p8000＋FA；后一组试件是在三亚雨水较多的九月份进行试验，太阳棚温度低，雨水多，掺粉煤灰混凝土强度较低。但12～24h也均可达脱模强度。前一组试件，虽然也在雨水多，太阳棚温度较低的条件下养护试验，但混凝土12h可达脱模强度；72h可达C80强度等级要求。这是超细矿粉p8000与S95矿粉复配，活性较高之故。

21.7 双免C80混凝土管桩的生产

永桂联合水泥制品有限公司，将三亚工厂原有下水管生产线，改造成“双免”管桩生产线，于2011年11月底完成，并投入了生产试验。

1. 生产试验用的原材料

水泥：海岛牌普通硅酸盐水泥，P·O42.5；

“双免”2号掺合料，山东济南鲁新建材有限公司生产；

高效减水剂，博众建材科技发展有限公司生产；

细骨料，海口河砂，中砂，级配合格，杂质含量合格；

粗骨料，石灰石碎石，粒径5～20mm及5～30mm两种，按4∶6搭配；粒型较好；

特种外加剂：(1) 保塑降黏剂：自行研发的产品；(2) 复合高效减水剂：减水，保塑，成本低，自行研发的产品。

2. 生产工艺过程

(1) 生产用混凝土配合比（表21-32）

混凝土配合比（kg/m³）　　表21-32

编号	水泥	2号掺料	砂	碎石	减水剂	保塑剂	水
1	340	110	700	1250	1.6%	2.0%	106

(2) 搅拌

采用上海华建生产和安装的搅拌设备，强制式搅拌机，如图 21-7 所示。

(*a*)

(*b*)

图 21-7　生产线的混凝土搅拌系统

(*a*) 搅拌系统；(*b*) 贮料系统

(3) 管模喂料及喂料后清理

如图 21-8 所示，与双燕管桩生产工艺相同，清模时，需要投入的劳动量很大，要进一步研发泵送喂料。

(*a*)

(*b*)

图 21-8　管模喂料与清理

(*a*) 管模喂料；(*b*) 喂料后清理

(4) 张拉预应力

用移动千斤顶张拉管桩钢筋，产生预应力。脱模前，由管模承受预应力。当混凝土强度达到 40～45MPa 时脱模，混凝土承受张拉预应力，如图 21-9 所示。

图 21-9　预应力张拉架及千斤顶

图 21-10　管桩离心成型

（5）离心成型（图 21-10）

（6）太阳棚养护

管桩离心成型后立即进入太阳棚养护。太阳能养护棚由养护坑改造而成，如图 21-11 所示。

太阳棚内温度最高可达 80℃，阴天可达 40～50℃。离心成型后的管桩，在太阳棚内经 12～24h 养护，可以脱模；这时相应的同条件养护的 $15cm^3$ 混凝土强度≥45MPa。

（7）脱模堆放喷水养护

在太阳棚内经 12～24h 养护，即可脱模。脱模后的管桩要用塑料布遮，以免高温曝晒降低强度，如图 21-12 所示

(*a*)

(*b*)

图 21-11　太阳棚养护

（*a*）太阳能养护坑；（*b*）养护坑内温度显示器

(*a*)

(*b*)

图 21-12　管桩脱模后堆放养护

(8) 抽芯取样及同条件养护试块的混凝土强度

在管桩生产过程中，分批取样，制成 15cm³ 试件，放入生产用太阳棚中养护，其强度如表 21-33 所示。

管桩混凝土强度（MPa）　　　　表 21-33

12 月 3 日	24h	脱模 2d	脱模 7d	脱模 28d	芯样强度
强度	56.2	80.9	82.6	88.8	95.2

取样制成试件 15 组，28d 强度 88.8MPa，均方差 3.2MPa；相应从管桩钻芯取样强度 95.2MPa，芯样强度约为立方体试件的 1.1 倍左右。

(9) 管桩生产小结

从 2011 年 11 月 29 日开始～12 月 29 日止，连续进行了一个月的生产试验预应力管桩 62 根（共 10 批）。在开始的 4 天，由于配比调整，生产试验不正常外，从 12 月 3 日开始，调整配比后，生产进入正常阶段，通过这阶段试验，初步结论如下：

1) 采用海南当地生产的普硅 42.5 水泥，2 号双免掺合料，复合高效减水剂，以及保塑降黏剂等原材料，并采用合理的混凝土配合组成，可以生产出 C80 高强混凝土预应力管桩。

2) 太阳棚是采用旧养护坑改造成的，对管桩的生产工艺不顺当，但晴天温度最高可达 80℃，比试验应用的小型太阳棚温度还高，因此，相应出来的混凝土试件强度也高。管桩在太阳棚内经 12～24h，更容易达到脱模强度。

3) 在永桂联合水泥制品公司的下水管生产线上，改造成的管桩生产线，是可以生产出合格的 C80 预应力管桩的。

小型批量生产的管桩，经钻芯取样抗压试验，强度可达 95MPa，质量属上等。

21.8　管桩力学性能检测报告

委托广西壮族自治区产品质量监督检验院，对批量试生产的管桩进行了全面质量检验。按照 GB 13476—2009 对外径 $D500$、长度 $L=10000$ 及外径 $D400$、长度 $L=10000$ 的两种规格管桩共 4 根，进行了外观质量及抗弯承载能力的检验，全部合格，如图 21-13 所示。

(a)

(b)

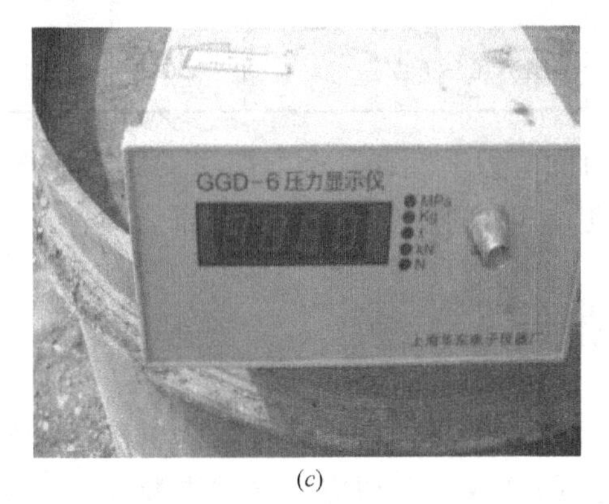

(c)

图 21-13　管桩抗弯检测

(a) 抗弯加载试验；(b) 观察裂缝；(c) 加载压力显示器

同时进行管桩的钻芯取样，进行抗压试验；如图 21-14 所示。

芯样试件由三亚建筑工程质量检测中心检测，平均抗压强度 85.5MPa。管桩抗弯强度检验结果如表 21-34 所示。

图 21-14 从管桩钻取芯样

管桩抗弯性能检测汇总 表 21-34

商标	型号规格	检验依据	抗裂弯矩(kN·m)		极限弯矩 (kN·m)		检验结论
			要求	结果	要求	结果	
永桂联合	PHC500 A125-10	GB 13476—2009	≥111	128	≥167	≥217	合格
永桂联合	PHC500 A100-10	GB 13476—2009	≥103	108	≥167	≥178	合格
永桂联合	PHC400 AB95-10	GB 13476—2009	≥64	≥74	≥106	≥143	合格
永桂联合	PHC400 A95-10	GB13476—2009	≥54	≥63	≥81	≥83	合格

检测了四根管桩的抗弯力学性能，全部超过 GB 13476－2009 要求的数值，说明抗弯力学性能优良。管桩的外观检验，也全部合格。

21.9 打桩试验报告

2012 年 2 月 15 日，三亚万山基础工程有限公司，打桩施工应用了海南永桂联合管桩有限公司试产的“双免”预应力高强混凝土（C80）管桩 4 根，ϕ500 125A×10；2 根；ϕ400×95-AB-10；2 根。

压桩深度分别为 20m；设计竖向承载力 3000kN（老管桩 2300kN），以及 3500kN（老管桩 2700kN）；锤型 D-62，桩锤升高 3.5m 往下打，共打试生产管桩 40m，总锤击数分别为 562 次（ϕ500）和 421 次（ϕ400）。桩身完整性良好，贯入度满足设计要求。比老型号管桩锤击性能好，竖向承载力高。打桩过程见图 21-15。

(a) (b) (c) (d)

图 21-15 打桩检测
(a) 把桩立起来；(b) 打桩；(c) 桩头端头板；(d) 电焊接桩

21.10 结论

(1) 传统预应力管桩的生产工艺是以磨细砂粉体为掺合料，与水泥共同组成为预应力管桩混凝土的胶结料，在管模喂料、张拉预应力、离心成型之后，带模进入普通蒸汽养护池，通过蒸养，使管桩混凝土强度≥40MPa 以后，能承受张拉的预应力，这时才能脱除管模，这就是通常所说的初蒸。但这时管桩混凝土强度还没有达到 C80 强度等级，脱模后的管桩进一步进入高压釜蒸压，使磨细砂粉体与水泥的水化物反应，形成托勃莫来石或硬硅钙石，管桩混凝土强度提高，达到了 C80 强度等级的要求，得到预应力高强混凝土管桩。本项目采用超细矿粉，微珠等工业废弃物配制成“双免”1 号或 2 号与水泥共同组成为预应力管桩混凝土的胶结料，在常温下，能参与水泥的水化反应，获得高强度；故在太阳能养护棚下养护，可 12～24h 脱模，继续常温养护而获得高强度。而且双免管柱抗冲击韧性好，耐打性好，在施工时不易损伤破坏。

(2) 管桩混凝土的 W/B 低，用水量少，混凝土的黏度大，流动性差，坍落度损失快，造成喂料和离心成型困难。本项目采用复合高效减水剂及保塑降黏剂等措施，使混凝土保塑 1h 以上，而且拌合物的黏度降低，便于喂料和离心成型。

(3) 管桩离心成型后，可立即进入太阳棚养护，相应管桩混凝土留样的试件，也在同一太阳棚内养护。管桩钻芯取样强度与立方体试样强度，两者关系约为：$R_{管}=R_{立}\times1.1\sim1.2$ 左右；也即管桩混凝土强度＞留样试件强度。

(4) 按照立方体试件，在小型太阳棚中养护检验的结果，养护试件达到：$K=689$ 度·时，16h 时，混凝土强度＞50MPa，混凝土完全可以脱模。以后的试验进一步证实：晴天，在太阳棚内经 10～12h 养护，$K>689$ 度·时，也可脱模。

(5) 在海南省三亚，永桂联合水泥制品公司原有下水管生产线，改造成为预应力管桩生产线，用三亚当地的水泥及地方资源，以及国产的建材化工产品，经过改性与提高，能够生产出质量合格的预应力高强混凝土管桩。为免除传统工艺中的蒸养与蒸压工序，低碳节能，绿色环保走出了一条新的技术途径。

(6) 采用新材料、新技术与新工艺，生产预应力高强混凝土管桩，与传统工艺相比，管桩原材料费偏高，但由于免除了传统工艺中的蒸养与蒸压，节省了设备投资，节省了能源消耗等，使管桩生产的总成本下降，10～14 元/延米。

第22章　超高强、超高性能混凝土的研制与应用

本章以日本西林新藏教授于2012年10月，在武汉召开的混凝土技术交流会上的主题报告为背景，结合日本的超高强混凝土的情况，进一步介绍日本的超高强、超高性能混凝土的研制与应用。

22.1　引言

最近在日本，混凝土发展的动向主要有：高强度混凝土的研究和实用化（特别是高层建筑物），对环境友好型混凝土（Eco—混凝土）的关心越来越高涨。每年的研究成果很多，在日本混凝土学会（JCI）年会上，发表的论文也很多。在高强度混凝土中，强度超过100N/mm^{2}的超高强度混凝土，对实际结构物的适用性和物性的研究也很多。

环境友好型（Eco—）混凝土，可分为与生态共存的生物对应型以及降低环境负荷型的两类。前者为了保证生物的生息场所，植物的种植，水质净化的功能，混凝土通过保水改善热收支平冲，通过透水改善水收支平冲。一般来讲，Green—混凝土，被称为绿化混凝土（绿色混凝土）。另一方面，降低环境负荷型混凝土，工业副产品及废弃物的有效利用，材料的再生利用（Recycle），再生骨材的利用等的混凝土都属此范畴。

下面，根据最近在日本的研究动向，综合的介绍日本的超高强度混凝土。

22.2　超高强度混凝土（抗压强度超过100N/mm^2）

在日本，高强度混凝土从1970年左右开始研究。当时，减水性能比通用减水剂优良的外加剂，相继在日本和德国研究开展起来。在日本，用这种新研发的减水剂，降低混凝土用水量与降低水灰比（W/C），使混凝土获得高强度；而在德国，用这种新研发的减水剂，使混凝土向流态化方面发展和应用。

混凝土的高强度化，通过使用新型减水剂，大幅度减水（低用水量·低水灰比）和硅粉（Silica Fume）的应用，因为硅粉具有很强的火山灰反应活性，而且为超细微粒的混合材，使混凝土组织致密化，很容易制造出50N/mm^{2}以上高强度混凝土。因此这种混凝土，在实际结构物和预制构件（最初为PC桩）中的应用盛行起来了。

超过 100N/mm² 超高强度混凝土，大约是 10 年来发展起来的。与超高强度预应力混凝土、普通强度的预应力混凝土做成的构件及钢工字梁相比，承受的弯矩均为 150kN·m，工字钢与预应力 UHPC 质量相同为 50kg/m，但普通强度预应力构件的质量则超过 4 倍，如图 22-1 所示。在超高层建筑中超高强度混凝土也得到了应用，如图 22-2、图 22-3 所示。

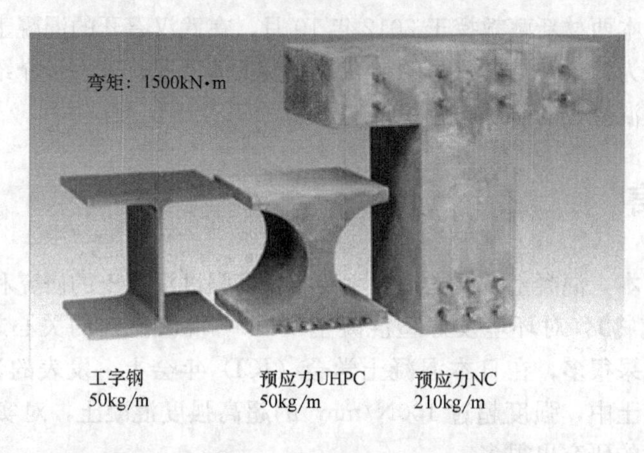

图 22-1 承受相同弯矩作用下构件质量比较

国外大力发展高强度、超高强度混凝土，因此这种混凝土配合比设计已经确立起来了，但从结构物设计和质量管理的观点来看，详细掌握实际结构物混凝土和养生试件的强度发展规律，低水/水泥（粉体）比 W/C (W/B) 的超高强度混凝土的自收缩，和火灾时混凝土的爆裂等问题的对策等，成为该项研究工作的重点。

图 22-2 使用了强度超过 150MPa HPC 的超高层建筑

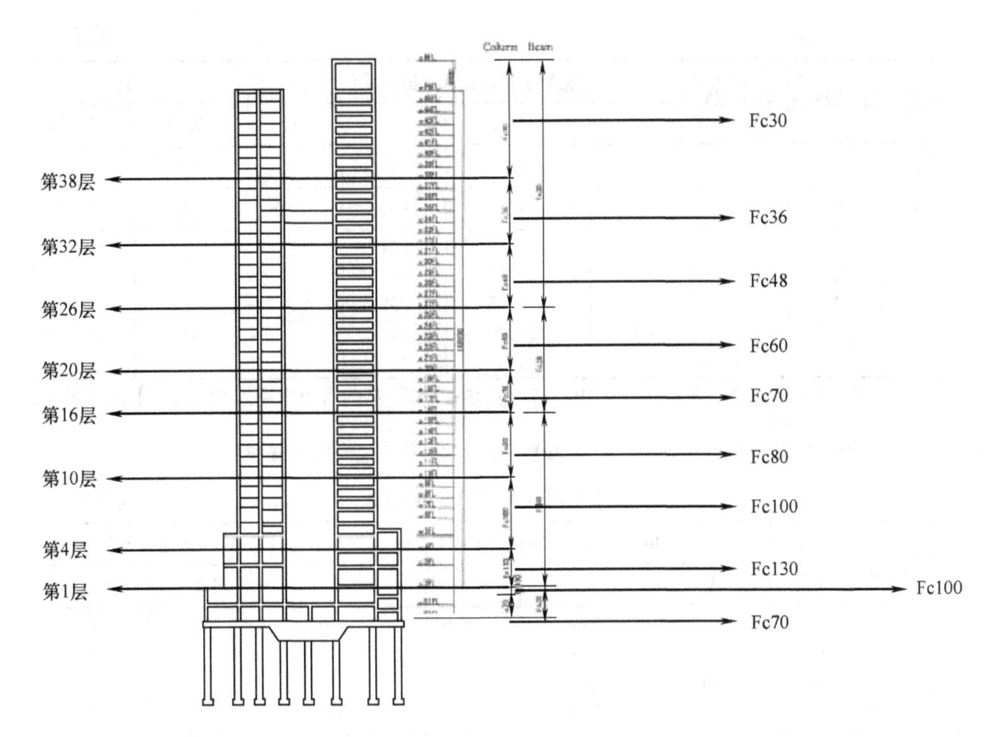

图 22-3　不同结构部位钢筋混凝土柱应用 HS/HPC 的强度

在这里，就已确定的超高强度混凝土的配合比实例，强度发展规律，自己收缩和高温爆裂对策等问题，通过调查研究了解的情况加以介绍。

22.3　强度超过 100N/mm²的高强混凝土配比实例

为了供研究者参考，或在实际结构物中应用，表 22-1～表 22-4 分别介绍不同强度等级的高强混凝土配比。

超高强度混凝土配合比的基本问题：(1) 早期的高温发展（高水化热）的对策，要采用低热水泥及中热水泥，在普通水泥中掺入混合材时，主要是粉煤灰和矿渣。(2) 使用高性能引气减水剂，硅粉及性能相似的超细硅质材料。(3) 由于气泡会降低混凝土的强度，故要使用消泡剂。

超过 100N/mm² 配合比　　**表 22-1**

水泥	W/B(%)	S/a(%)	混凝土材料用量（kg/m³）				A_d	
			W	C	S	G	种类	C(%)
N	22 20 18	42 39 35	170	773 850 944	587 525 339	851	Pe Pe	2 3 5

续表

水泥	W/B(%)	S/a(%)	混凝土材料用量 (kg/m³)				A_d	
			W	C	S	G	种类	C(%)
M	27	47	170	330	715	851	Pe	1.05
LSF	21	44	160	762	668	840	Pe	1.35
L	30	53		450/50	907			
	25	50		540/80	824			
	20	46		675/75	699	842		
	16.7	41	150	810/90	558		Pe	
	14.3	36		945/105	450			

注：1. 水泥的种类：N—普硅；M—中热；L—低热；LSF—低热水泥中掺入 SF；C—上为水泥下为 SF（C/SF）。

2. 掺合料 SF—硅粉；减水剂 Pe—聚羧酸系；有机纤维 2kg/m³，防爆裂。

强度超过 150N/mm² 配合比 **表 22-2**

水泥	W/B (%)	单方混凝土中材料用量(kg/m³)				高效减水剂	
		W	C	S	G	种类	C(%)
LSF	25		690	803	842		1.0
	20		775	653	855		1.2
	17	156	912	526	863		1.5
	14		1042	376	894	Pc	2.6
SC	16		969	536			1.7～2.7
	14		1108	420			2.8
	13		1192	350		Pc	2.5～4.3
	12	155	1292	267	829		4.5～5.5
VC	16		969	513			1.6～3.2
	14		1108	391			2.6～5.0
	13	155	1192	319		Pc	6.0
	12		1292	233	829		4.0～5.0
LSF	17	154	C:899	552	719		1.65
	17	155	C:912	622	638/108	Pc	1.5
M	20	155	639/136	657			0.85
	17	155	752/160	538			1.02
	14	150	884/188	412	842	Pc	1.33

注：1. 水泥的种类：N—普硅；M—中热；L—低热；LSF—低热水泥中掺入 SF；C—上为水泥下为 SF（C/SF）。

2. 掺合料 SF—硅粉；减水剂 Pe—聚羧酸系；有机纤维 2kg/m³，防爆裂；G 下挡为人造轻骨料。

强度超过 200N/mm² 配合比 **表 22-3**

水泥	W/B (%)	单方混凝土中材料用量(kg/m³)				高效减水剂	
		W	B	S	G	种类	C(%)
L+H	13		808/115/231	373			
	14		750/107/214	456			
	16		656/94/188	590	848	Pe	1.5±1.0
	18	150	583/83/167	693			

注：水泥种类：L—低热；H—早强；B—胶结料；ZSF—氧化锆硅质超细粉；Pc—聚羧酸型减水剂。

超过 300N/mm² 配合比　表 22-4

种类	W/B (%)	单方混凝土中材料用量 (kg/m³)					
		W	C	SF	S	G	Pc
砂浆	20	270	825	275	1100	0	
混凝土	14	154	825	275	1100	0	
	20	147	550	185	590	880	

注：水泥种类：L—低热；H—早强；B—胶结料；ZSF—氧化锆硅质超细粉；Pc—聚羧酸型减水剂。

22.4 混凝土强度的发展

高强度混凝土的强度发展性能，与使用材料，特别是水泥的种类和硅粉等掺合料、混凝土配合比、早期的温度发展、养生条件、结构物内部的位置等而不同。这种强度发展的特性，对决定配合比强度的修正值，以及进行混凝土的质量管理的时候，掌握这种特性是很重要的。而且在构件设计的时候，除了抗压强度外，高强混凝土的其他性能也和普通混凝土有所不同。

在结构的中心部位，由于水化热的积蓄，温度升高，高者可超过 80℃，而且由于高温促进了早期强度的发展。用早期温度履历可以表示混凝土中心部位的高温状态，推断结构物混凝土的强度，决定设计的基准强度。甚至对混凝土的质量管理也可以利用。

早期温度履历，是混凝土浇筑后 12～24h，在模具中密封，保存于恒温室中，然后升温至 80℃，3d；接着在 40℃温水中养生 3～10d，降温自然冷却至 20℃。根据这样养生的试件，得到高温履历强度 DD（度・日）关系式，结构物的强度（芯样强度与 91d 龄期相当），可以用温度履历 7d 强度、温水中 28d 强度来推定。混凝土加热、高温度履历的实例如图 22-4、图 22-5 所示。

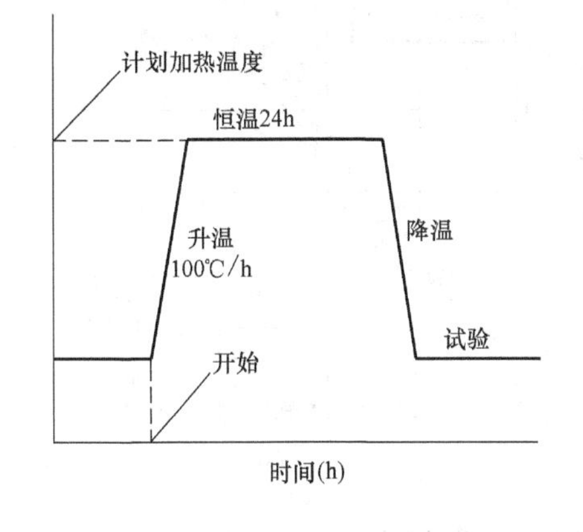

图 22-4　加热温度履历

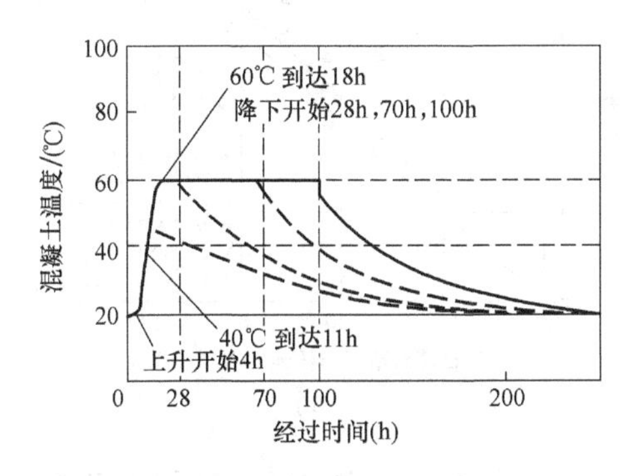

图 22-5　恒温履历实例

试件的养生有标准养生和简易绝热养生两种。简易绝热养生的试验装置如图22-6所示。试件放在周边有泡沫塑料保温的容器中，按此法得到的混凝土强度，可认为与结构构件中心部位的强度相对应，如图22-7中（c）、（*d*）所示。试验结果的实例如图22-7所示。和标养强度相比，91d强度比28d强度约增加20N/mm2，而91d芯样强度与28d强度相差不大。91d龄期强度相比较时，简易绝热养生强度与芯样强度相等，而且约为28d强度的1.1倍。可以认为，从简易绝热养生强度可以正确地推断实际结构物混凝土强度。图22-8表示以标准养生强度作为结构物混凝土基准强度的修正值（Ms91），随着强度的增大修正值可以降低。

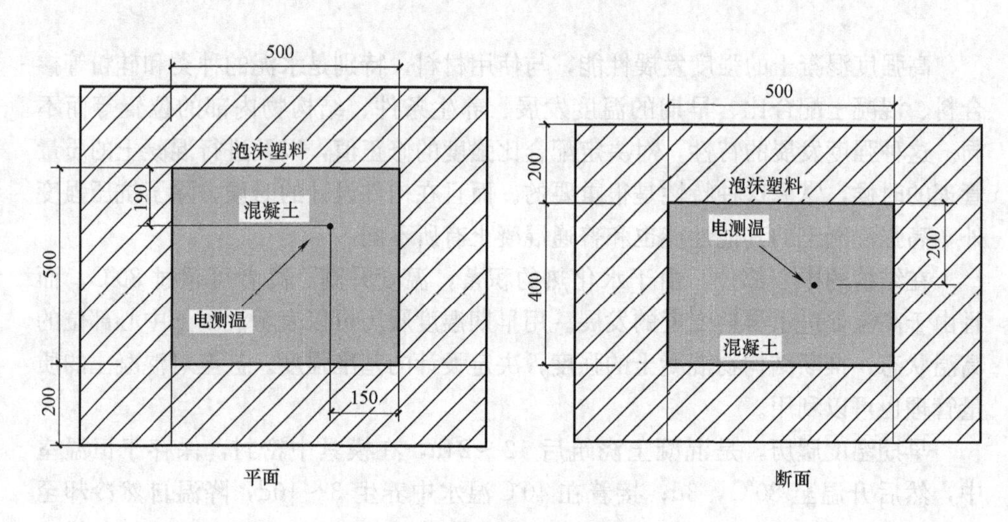

图22-6 简易绝热试验

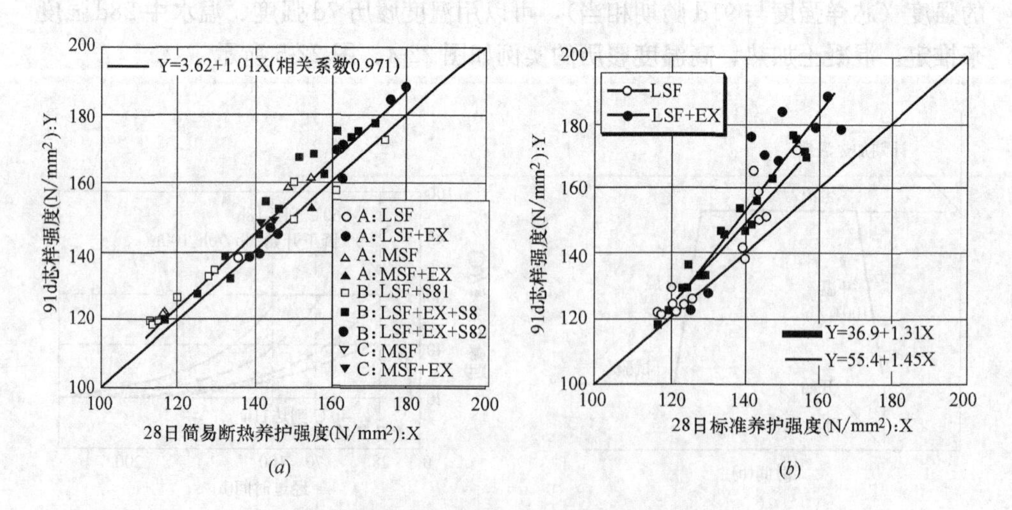

图22-7 不同养护条件下试件强度及相互关系（一）

（*a*）25d绝热养护和91d芯样强度；（*b*）28d标准养护和91d芯样强度；

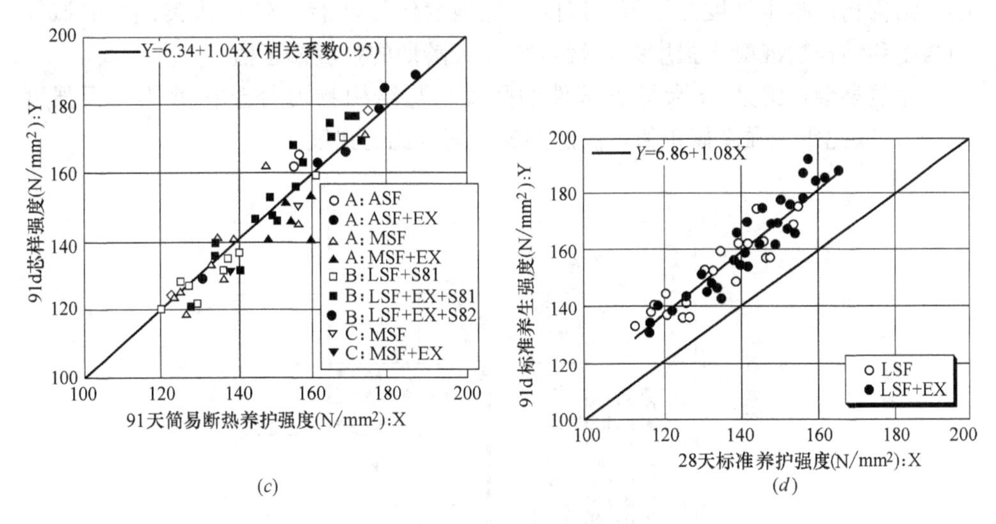

图 22-7　不同养护条件下试件强度及相互关系（二）

(c) 91d 绝热养护和 91d 芯样强度；(d) 28d 标养和 91d 标养强度

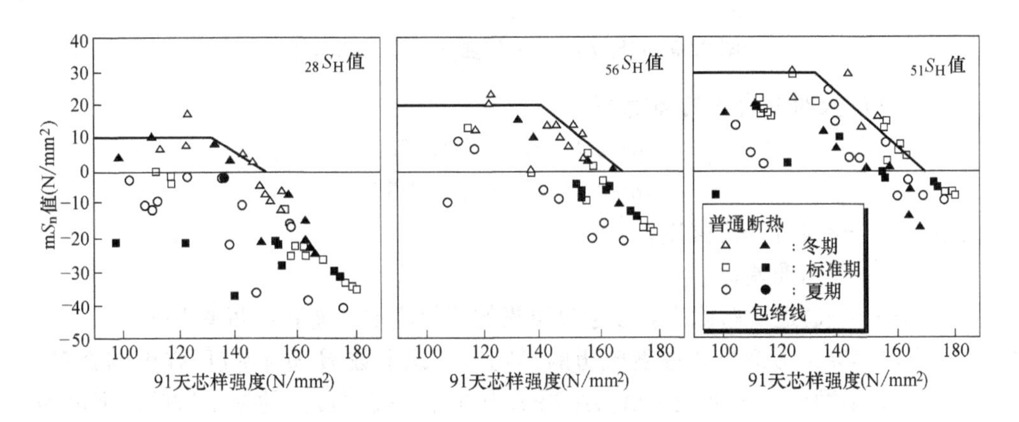

图 22-8　强度修正值（$_mS_n$）

强度修正值（$_mS_n$）　　　表 22-5

强度补正值	高温履历（最高温度 50℃）	设计基准强度(N/mm²)					
		～100	110	120	130	140	150
$_{56}S_{91}$(N/mm²)	冬期普通柱	20	20	20	15	10	10
	上述以外	15	15	15	10	5	0
$_{56}K_{91}$	冬期普通柱	0.85	0.85	0.85	0.9	0.9	0.95
	上述以外	0.85	0.9	0.95	0.95	0.95	1.0

关于高强混凝土的强度修正值，日本建筑学会、土木学会分别有不同的标

准。结构物混凝土强度修正值，以配合比强度作为基准，在 m 天龄期标养试件的强度和结构物混凝土强度差，就是在 m 天龄期的强度修正值。

建筑学会：龄期 m 天标养试件的强度，与结构物混凝土在龄期 n 天强度差 ${}_mS_n$，以此作为强度修正值，决定混凝土配合比的强度。

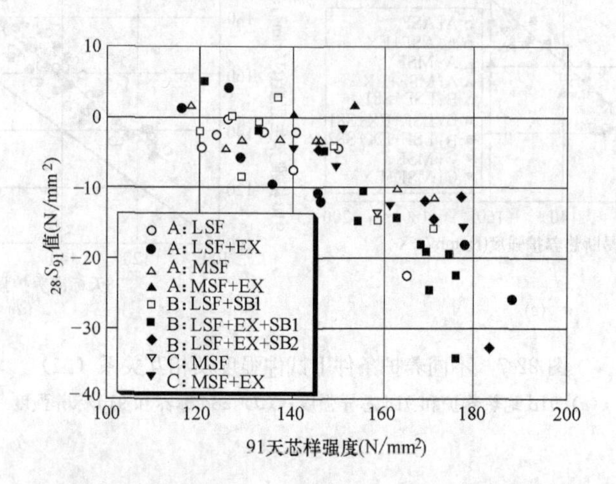

图 22-9 ${}_{28}S_{91}$ 和 91d 芯样强度关系（JAAS-5）

龄期 m 天时配合比的强度 M_f

$$M_f \geqslant F_c + mSa + 1.73c,$$

$$M_f \leqslant 0.8(F_c + {}_mS_n) + 3\partial$$

式中 F_c——设计基准强度；

∂——标准差；

${}_mS_n$——通过试验确定，或通过可靠的资料确定，能满足两者为好。

土木学会：考虑早期温度履历的影响，考虑系数 B_t 进行抗压强度的查对，而系数 B_t 的数值，根据施工试验结果适当选择。按照过去的施工试验，强度为 60～100N/mm² 的混凝土，系数 B_t＝1.0～1.2。

22.5 其他强度特性

(1) 弹性模量

如图 22-10 所示旳应力应变曲线图，混凝土受高温作用，曲线的坡度变小，弹性模量明显降低。图 22-11 所示为常温状态下，随着强度增大，弹性模量也增加，但是强度 100N/mm² 以上的高强混凝土，弹性模量增大的比例也就到头了。

(2) 抗弯与抗拉强度

如图 22-12 所示，强度超过 100N/mm² 的高强混凝土，其抗弯及抗拉强度随强度增长，几乎没什么提高。对于柱子承压构件可以不考虑，但对梁及剪力墙构件，高强超高强混凝土的适用性就需要考虑了。

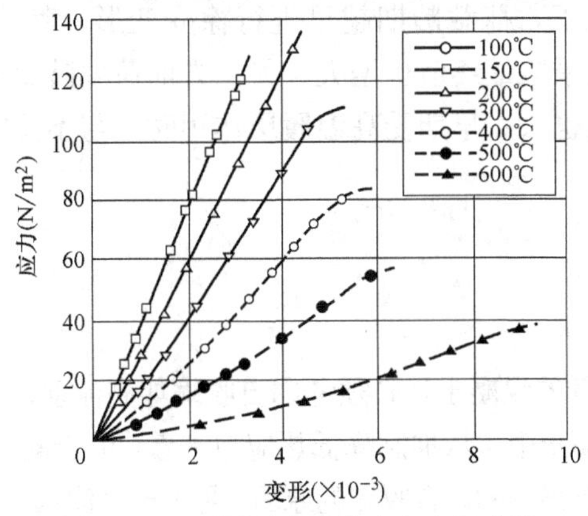

图 22-10　不同温度下应力与变形曲线

（注：100℃与 150℃可能重叠；400℃为图中红色）

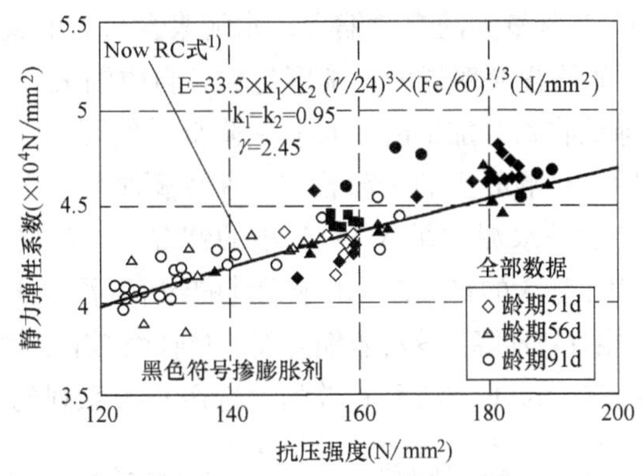

图 22-11　抗压强度与弹性模量

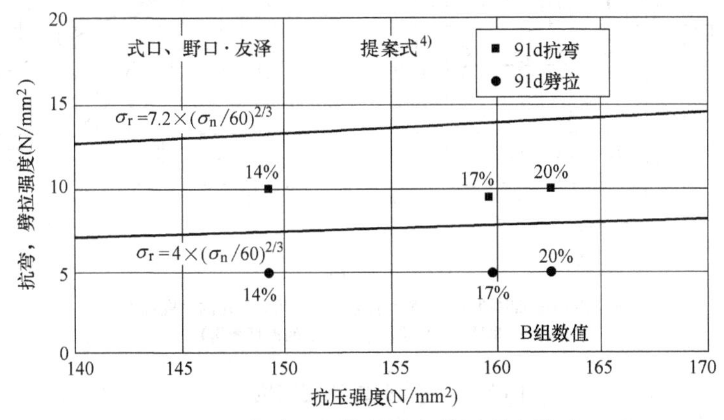

图 22-12　抗弯、抗拉强度与抗压强度关系

(3) 徐变

由徐变而产生长度变化而使应力缓和，以及预应力构件的有效预应力降低。荷载应力相同的情况下，荷载龄期越早进行徐变变形，其约束到达某定值时加快，徐变变形和徐变系数最终值也增大。另一方面荷载龄期相同时，荷载应力越大，徐变和徐变系数也大。早期受高温履历作用时，与不受的相比，抗压徐变变形变小。

22.6　自收缩

水泥用多、水灰低的混凝土，必须考虑自收缩如高流动性混凝土和超高强混凝土。在干硬大体积混凝土中，从抑制降低热应力来看，由于配合比中水泥的用量低，自己收缩增大的因素是很少的。自收缩的原因，是由于水泥水化后的水泥石中孔隙或毛细管中的相对湿度降低，由于自己本身干燥而发生的收缩（自收缩）。

影响自收缩的主要原因有，材料、配比、制造方法和养生方法等。关于材料方面，如水泥方面 C_3A 含量大的自收缩大；水泥浆含量大的或掺硅灰低水比下，自收缩大；矿粉对水泥的置换率越大，细度越大，自收缩大。另一方面，使用粉煤灰，石灰石粉及降低收缩外加剂时，自收缩降低。使用膨胀剂，可降低早期自收缩，但膨胀完结后，对混凝土的全部收缩，使用膨胀剂也没有用。

这种自收缩，特别是水泥用量大 W/C 小的情况下，自收缩增大，最大可达800μm。如果在早期发生很大的自收缩，由于钢筋的约束，混凝土就会开裂。在预应力混凝土中，预应力能有效地降低这种收缩开裂。自收缩测定实例如图22-13所示。

自收缩对策的提案，以下方法是有效的：选用 C_2S 系列的水泥，细度不能

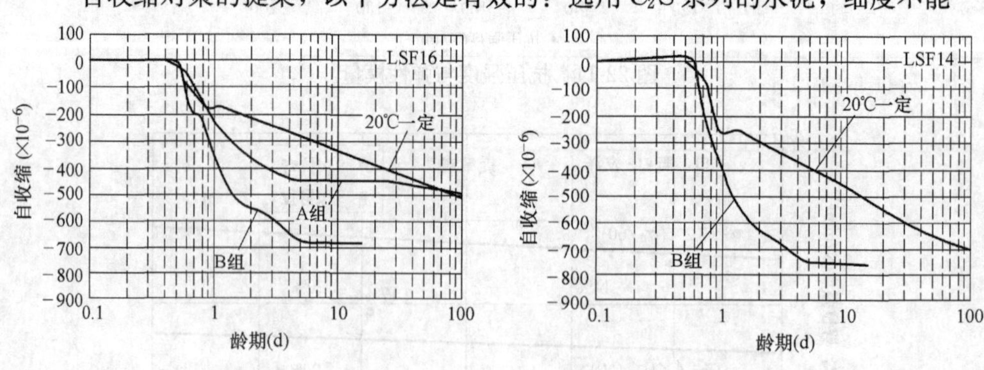

(*a*)

A组:标准时期（最初最高温度60℃，20℃一定的温度履历）

B组:夏季（早期高温90℃，35℃一定的温度履历）

图 22-13　自收缩测定实例（一）

(*a*) 低热水泥＋SF，W/B＝14％、16％

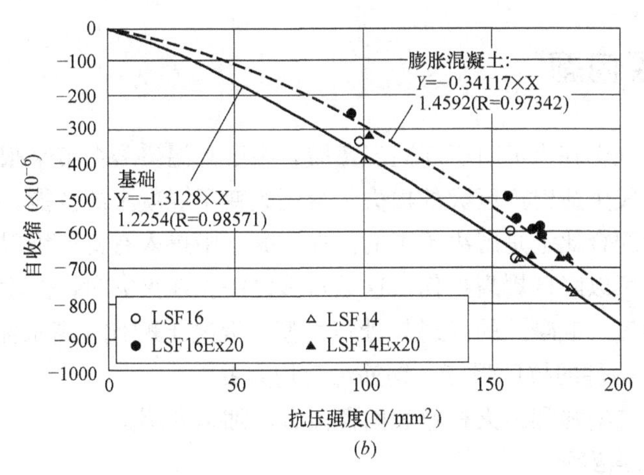

(b)

图 22-13　自收缩测定实例（二）

(b) 自收缩与抗压强度

太大；以长龄期强度为设计基准强度，水灰比可增大，能有效地降低自收缩。使用降低收缩外加剂和疏水性粉体，能有效地降低自收缩，同时使用降低收缩外加剂和膨胀剂，能有效地降低自收缩；如图 22-14 所示。由于自收缩而产生变形应力，这种变形是由于内部，外部的约束而产生，其程度如表 22-6 所示，由于各种条件不同而不同。

各种约束应力比较　　　　表 22-6

	自收缩应力	温度应力	干燥收缩应力
发生时期	水化进行期间	1～2 周间	干燥收缩期间
钢筋的约束	受钢筋的约束	小	受钢筋的约束
外部约束	受外部约束	受外部约束	受外部约束
内部约束	受内部约束	受内部约束	受内部约束
$W/C(W/B)$	W/C 小，应力大	小，温差大应力大	W/C 大，应力大
温度	温度高应力大	温度高应力大	温度高应力大
断面尺寸	一般不受	越大温度应力越大	尺寸小应力大
变形原因	自收缩	温度履历	水分蒸发

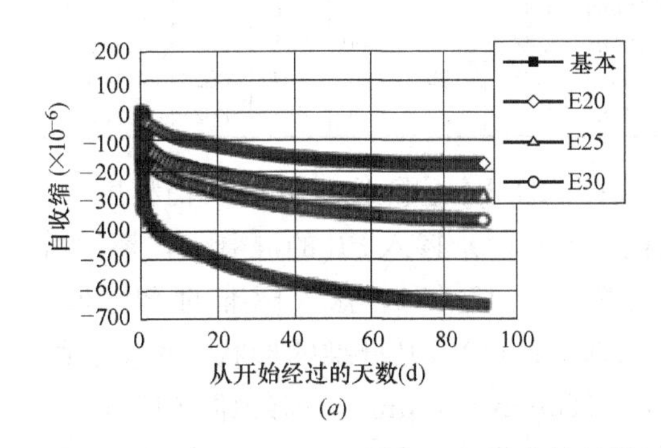

(a)

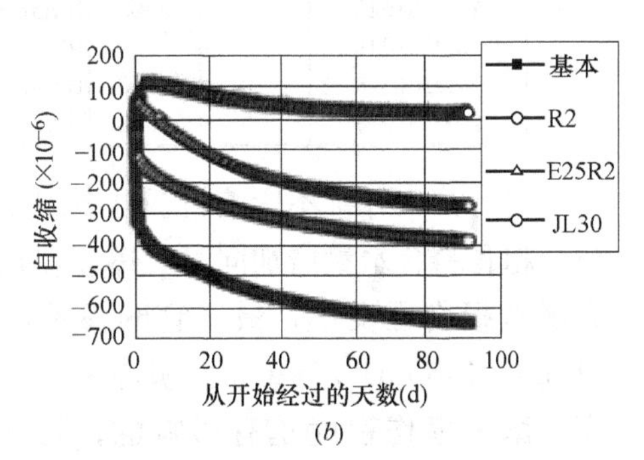

(b)

图 22-14　降低混凝土自收缩的有效方法

(a) 自收缩测定例（E 膨胀剂）；(b) 自收缩测定例（R 降低收缩剂）

22.7 爆裂问题

超高强混凝土在火灾时引起高温爆裂，由于高温爆裂会带来很大危害。结构物会倒塌，造成生命财产巨大的损失。爆裂改变了混凝土的性能，也就是说，仅从原有混凝土配合比上是解决不了的。在混凝土中掺入有机纤维以及采用耐火材料表面覆盖，可以降低爆裂损伤，这是对策之一。在火灾时，温度迅速上升，使混凝土发的爆裂。混凝土的爆裂与骨料类型、混凝土配比（高水泥量，超低 W/C，含水率）、构件的抗压强度、钢筋量等均有关。

下面就纤维增强和耐火材料表面覆盖方法加以介绍：

1. 纤维增强实例

强度超过 150N/mm² 的超高强混凝土中掺入 PP（聚丙烯纤维）纤维进行耐火性试验，解决混凝土在火灾时高温爆裂的问题，试验配合比如表 22-7 所示。

试验试件的爆裂情况如图 22-15 所示。

混凝土耐火试验配比 **表 22-7**

编号	代号	W/C (%)	骨料含水率 (%)	PP 纤维		混凝土材料 (kg/m³)				减水剂 (%)
				种类	掺量 (kg/m³)	W	C	S	G	
1	15-D-0			—						
2	15D101048			10mm×48μm	1.0					
3	15D101018			10mm×18μm	1.0					2.5
4	15D10548		0.63	5mm×48μm	1.0					
5	15D102048	15		20mm×48μm	1.0	150	1000	490	862	2.5
6	15D201048			10mm×48μm	2.0					
7	15-T-D							425		
8	15T101048	15	1.07	10mm×48μm	1.0	150	1000	425	930	2.5
9	15T201048			10mm×48μm	2.0			425		
10	15-N-0							528		
11	15N101048	15	2.07	10mm×48μm	1.0			528		
12	15N201048			10mm×48μm	2.0		1000	528	821	2.5
13	20D101048	20	0.63	10mm×48μm	1.0	150	750	704	882	1.3
14	25D101048	25	0.63	10mm×48μm	1.0		600	832	802	1.0

（1）掺入纤维不影响混凝土抗压强度；（2）W/C 降低，爆裂损伤程度大；（3）粗骨料含水量增加同时，爆裂损伤程度大；（4）掺入 PP 的混凝土，掺量增大爆裂损伤程度小，最适宜的掺量，当 $W/C=15\%$ 时，掺入标准的 PP 纤维（10mm×48μm）20kg/m³，爆裂损伤可以抑制；（5）PP 纤维的形状、长度、细度对爆裂损伤程度是有影响的，长纤维（20mm×48μm），细纤维（10mm×18μm），各掺入 10kg/m³（共 20kg/m³），掺入强度≥150N/mm² 的混凝土中，这种混凝土就能防止爆裂损伤。

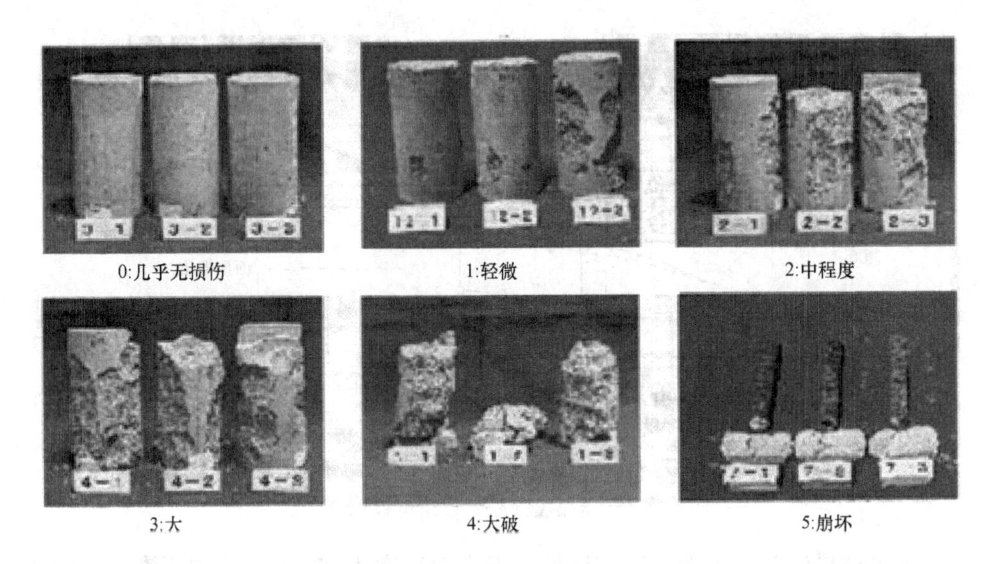

图 22-15　爆裂损伤评价

爆裂损伤的评价：

$$A=(A_d/A_s)\times 100\%$$

式中　A——破坏面积率；

A_d——损伤试件的表面积；

A_s——初始试件的表面积。

2. 耐火材料表面覆盖方法

混凝土配比，设计基准强度 100N/mm²，使用硅粉水泥 $W/C=20\%$；硅酸钙板厚 25mm，覆盖试件表面，然后进行加热，温度履历和爆裂过程如图 22-16 所示。

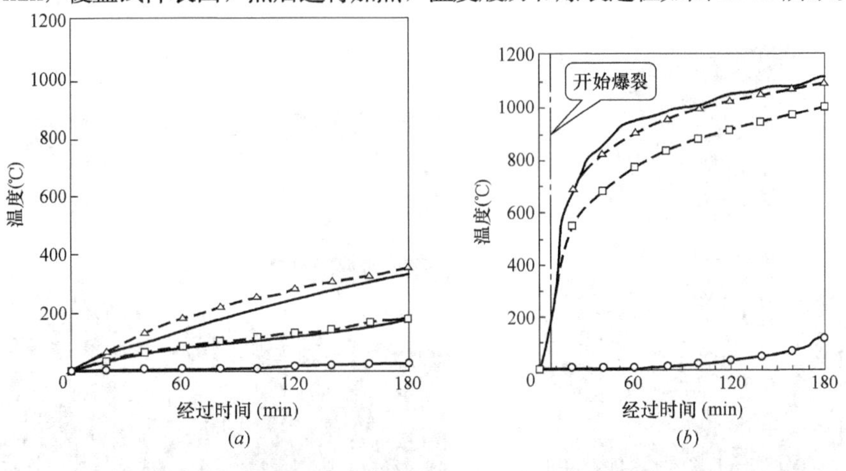

图 22-16　耐火材料表面覆盖混凝土的防火性能（一）

(a) 高温履历比较（25mm 板）；(b) 温度履历比较（无表面覆盖）

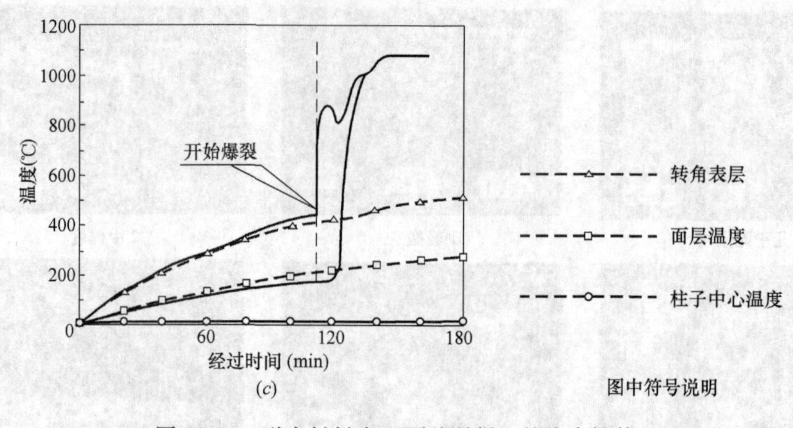

图 22-16 耐火材料表面覆盖混凝土的防火性能（二）

（c）高温履历比较（15mm 板）

试验结果说明，表面无覆盖试件，当表面温度 400℃时，开裂爆裂，而包有硅钙板的试件则没有发生。

22.8 结束语

日本是很注重于开发应用高强度超高强度混凝土的国家。在 1974 年，鹿岛建设椎名町高级公寓时，就应用了强度为 120～130（N/mm^2）的超高强混凝土(图 22-17)；2001 年建造酒田未来桥时，使用了强度 200（N/mm^2）的超高强混凝土如图 22-18 所示。这是大成建设、太平洋水泥和前田建设合作的成果。

图 22-17 椎名町高级公寓

图 22-18 酒田未来桥 (2001)

围绕着高强度超高强度混凝土研发加应用中的问题，不断地研究和解决了下述技术难题：

(1) 在日本，多家企业联合，共同研发与推广应用超高强度超高性能混凝土，各自发挥自己的特色，取得了突破性的进展。例如，2001 年建造的酒田未来桥，使用了强度 200 (N/mm^2) 的超高强混凝土，这是太平洋水泥公司研发了强度 200MPa 超高强度水泥，前田和大成建设共同用这种水泥研发出了强度 200MPa 超高强混凝土，并应用于工程中。

(2) 超高强混凝土的技术难点之一是自收缩较大，易造成早期开裂，根据西林的介绍，采用细度适中的 C_2S 系列的水泥，按照 90d 龄期设计混凝土的强度，适当增大水胶比，也即单方混凝土用水量提高，混凝土的自收缩可以降低。使用降低收缩外加剂和疏水性粉体，能有效地降低自收缩；使用降低收缩外加剂或膨胀剂，或者两者同时使用，都能有效地降低自收缩。

(3) 超高强混凝土的另一个技术难点是高温爆裂。要解决这个技术难点是掺入聚丙烯纤维长纤维按照西林等人的研究是掺入长纤维 ($20mm \times 48\mu m$) 及短细纤维 ($10mm \times 18\mu m$)，各掺入 $10kg/m^3$ (共 $20kg/m^3$)，掺入强度 $\geq 150N/mm^2$ 的混凝土中，这种混凝土就能防止爆裂损伤，而且不影响混凝土的抗压强度，但断裂能会有很大提高。防止超高强混凝土高温爆裂的另一种方法是表面覆盖。用 15～20mm 的硅钙板覆盖超高强混凝土结构的表面，可避免火灾时结构的爆裂现象。

第 23 章　混凝土的超高泵送技术

23.1　引言

作者曾指导研究队伍，结合西塔工程项目、京基大厦及东塔工程项目，研发了 C100 超高性能混凝土、C100 的自密实混凝土、C120 的超高性能混凝土，以及 C130 的多功能混凝土等，在混凝土的生产单位、施工应用单位及泵机的制造厂商等共同努力下，分别泵送至 416m、420m 及 510m 的高处。通过这些工程项目的试验，作者受益匪浅。浅谈有关超高泵送参数的控制，及其性能的评价，供读者参考。以 C100 的自密实混凝土及 C120 多功能混凝土，作为超高泵送的实例具有特殊性，因为这两种混凝土，在出厂时要满足自密实的要求，运输到施工现场时也要满足自密实的要求，经过超高泵送后出泵的混凝土更要满足自密实的要求，才能做到免振自密实，也即经过 U 形仪检测混凝土上升高度均大于 30cm，这是最基本的要求。此外，UHP-SCC 的黏度大，与泵管之间的黏性阻力大，在泵管中的流动比其他混凝土难度大。如果这种混凝土如超高泵送成功，其他混凝土的超高泵送就容易解决了。

23.2　不同类型混凝土在泵管中运送的特点

超高性能自密实混凝土（UHP-SCC）、超高性能混凝土（UHPC）、多功能混凝土（MPC）及普通混凝土（NC）组成材料的数量与质量不同，新拌混凝土的黏性与流动性也不同，因而泵送参数不同。如图 23-1 所示。

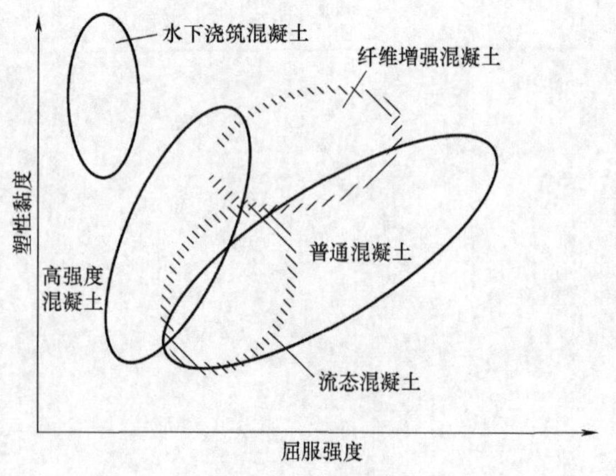

图 23-1　不同类型的新拌混凝土的流变特性

由图 23-1 可见，高性能超高性能混凝土（包括 HPC，UHPC，UHP-SCC 及高强度的 MPC）的结构黏度大，而剪切强度低；而普通混凝土（NC）的结构黏度低，但剪切强度大；

而高流态高性能混凝土的结构黏度与剪切强度大体相同。故高流态混凝土比超高性能超高强度的 SCC 便于泵送。

普通混凝土（NC）与高性能超高性能混凝土在泵送过程中的压力损失，可参考图 23-2 所示。

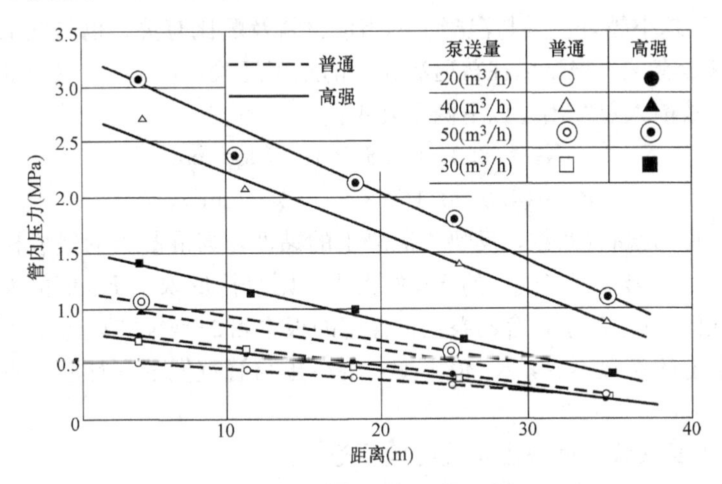

图 23-2　NC 与 UHPC 泵送时压力损失比较

在图 23-2 中，配合比 1，2 的混凝土，配比强度为 50MPa，属普通混凝土；配合比 6，7，8 的混凝土，配比强度为 100MPa，属超高性能混凝土。

强度高的混凝土，用灰量大，水灰比低，黏度大，泵送时压力损失大。图中配合比 1、2 泵送量为 $30m^3/h$ 时，压力损失约 0.2 MPa；泵送量为 $50m^3/h$ 时，压力损失约 0.4MPa。但配合比 6，泵送量为 $30m^3/h$ 时，压力损失约 0.4MPa；泵送量为 $50m^3/h$ 时，压力损失约 0.6MPa，比普通混凝土压力损失约增大 1/2。

23.3　泵送时摩擦阻力与泵送速度关系

泵管内混凝土流动速度：

$$v=V/\pi r^2 l \tag{23-1}$$

式中　r——泵管半径；

l——管长；

V——混凝土排出体积；

混凝土在管内的摩擦阻力：

$$f=F/2\pi rl \tag{23-2}$$

式中　$f=K_1+K_2 v$；

K_1——黏着系数；

K_2——速度系数。

如混凝土的 W/B 越低，黏性越大，则 K_1 大，混凝土在管内开始流动所需压力大，泵送时的黏性阻力大。

如泵送量比较大，即速度系数 K_2 大，进一步增加混凝土泵送量发生困难．

K_1，K_2 越小越好。其与混凝土的组成材料及配比有关，也与施工时的单位时间的泵送量有关。根据以往普通混凝土的施工经验，K_1，K_2 仅与混凝土的坍落度有关。故前人总结出了以下两个公式：

$$K_1=(3.0-0.1S)\times 10^{-3}\ \mathrm{kgf/cm^2} \tag{23-3}$$

$$K_2=(4.0-0.1S)\times 10^{-3}\ \mathrm{kgf/cm^2/m/s} \tag{23-4}$$

上两式中，K_1 为黏着系数，反映了混凝土的黏性，与混凝土的组成材料及配比有关，而混凝土坍落度（式中的 S）的大小，则直接反映了 K_1 值的大小。坍落度大，黏性低，K_1 值小，容易泵送。保塑的根本目的是维持坍落度和倒筒时间等新拌混凝土的参数不变，K_1 值不变，混凝土与管壁间的黏性阻力不变，易于超高泵送。

K_2 为速度系数，反映出单位时间泵送量的大小，但速度系数也与坍落度有关。坍落度大，K_2 值小，混凝土在管道中，单位时间内单位长度管道内的运动阻力小，泵送量可增大。

因此，测出混凝土坍落度 S 后，就可以计算出 K_1，K_2，从而了解其可泵性的情况了。

混凝土在泵送时，管壁的摩擦阻力与泵送速度的关系，如图 23-3 所示。

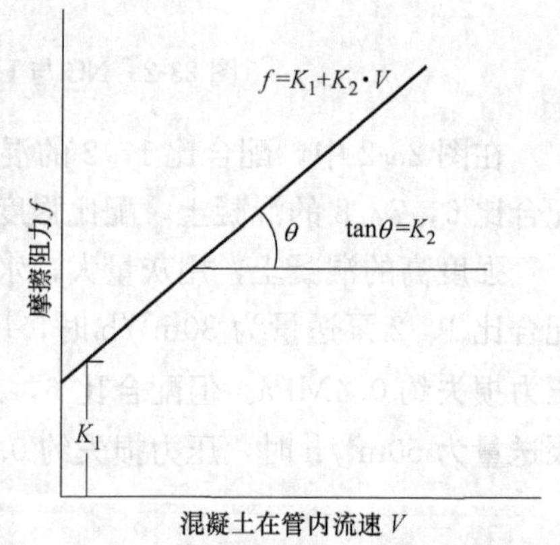

图 23-3　混凝土泵送时管壁摩擦阻力与泵送速度的关系

由图 23-3 可见，如果 K_1 比较大，混凝土在管内静止状态下，开始流动所需的压力就比较大；如果 K_2 比较大，增加混凝土的泵送量就发生困难。因此，希望 K_1，K_2 越小，则泵送所需的压力也小。超高性能混凝土的泵送就需要 K_1，K_2 越小越好，而这两个值均与混凝土的配比有关。

23.4　混凝土泵送时与管壁摩擦阻力的测定

混凝土泵送时，输送泵要求的压力，必须能克服混凝土管壁之间的摩擦阻力，才能对混凝土进行压送。那么如何能确定这种摩擦阻力？通过图 23-4 的装置可以测定混凝土管壁之间的摩擦阻力。

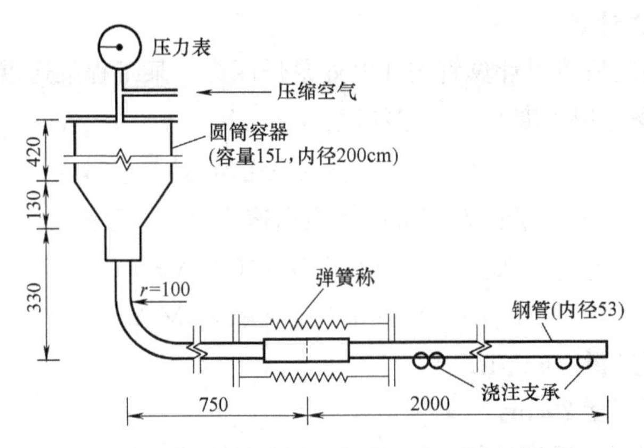

图 23-4　混凝土泵送时摩擦阻力的测定装置

将混凝土装入圆筒容器内，密封后，上装压力表，再与压缩空气相连，压缩空气即把圆筒容器内的混凝土压送出来。由于混凝土与管壁间发生摩擦阻力，输送管即向压送方向移动。容器与输送管的连接为伸缩性连接，输送管支承在滚柱上，约束力不发生作用，可以测定输送管移动时的作用力。

设单位时间内排出的混凝土体积为 V，产生的作用力为 F（从压力表读数扣除部分压力损失，或从弹簧秤读出）。V 与 F 均可通过试验测出。混凝土在管内，管壁单位面积承受的摩擦力 f，就可以计算出来，如上述的式（23-2）所示。

23.5　普通混凝土泵送时泵机的选择

如图 23-5 所示，为某工程泵送混凝土泵管的布置。泵送的混凝土 C40 强度等级，坍落度 20～22cm，泵送量 30m³/h，进行配管的压力计算，选择泵机，以及估算泵送极限。

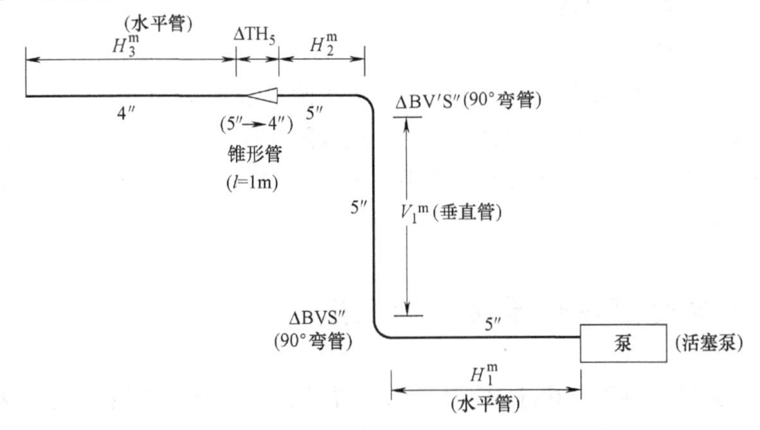

图 23-5　混凝土泵送配管图示实例

1. 泵送压力计算

K_1，K_2 确定后可以计算管内任意处泵送压力。某工程泵送混凝土管道如图 23-5 所示，混凝土坍落度 20cm，泵送量 $30m^3/h$。

$$f=K_1+K_2 v \text{（泵送压力）}$$

$$v=V/\pi r^2 l \quad \text{（混凝土泵送速度，}l\text{——管长）}$$

$$K_1=(3.0-0.1S)\times 10‰\ \text{MPa}$$

$$K_2=(4.0-0.1S)\times 10‰\ \text{MPa}$$

式中 V——泵送量 $30m^3/h$；

S——坍落度 20cm。

(1) 水平管压力损失计算(可查表)：根据泵机类型(活塞泵)，管径(5″管)，坍落度(20cm)，泵送量($30m^3/h$)，可查出水平管压力损失 0.08MPa/m。

(2) 垂直管换算系数：以每米水平管的压力损失，与相同管径的垂直管的压力损失的比值表示，3.5×0.08=2.4MPa/m（相当于水平管压力损失）。

由此可见，将垂直管、垂直弯管、水平弯管、锥形管、直管等，都找出相应换算系数，都换算成水平管，则可得到相应水平管长度。

垂直管换算系数为 3.5；

垂直弯管换算系数为 6.1；

水平弯管换算系数为 3.0；

锥形管换算系数为 1.8；

直管由 5″→4″管换算系数 1.8；

水平管（5″管）换算长度 L：

$$L=30+6.1+3.5\times 30+3.0+10+1.8+1.8\times 20=192\text{m}$$

配管的基本压力＝0.08×192＝1.53MPa，也即选用的活塞泵，出口压力≥1.53 MPa，才能满足泵送施工的要求。

2. 泵送极限估算

如果泵机出口压力为 2.5MPa 时，泵送极限水平长度 310m；

如果泵机出口压力为 3.0MPa 时，泵送极限长度 370m。

根据泵送条件，换算成水平管长为 192m，而泵送极限水平长度为 310m，故泵送能力足够。

23.6 高强度高性能混凝土的泵送

高强度高性能混凝土由于 W/B 较低，黏性大，混凝土与管壁间的摩擦阻力大，对泵送性能影响很大。

1. 泵送量与压力损失的关系

高强度高性能混凝土的泵送量与压力损失的关系如图 23-6 所示。图中表示了三种混凝土的泵送试验结果：

(1) $W/B=28\%\sim30\%$，添加高效减水剂的高强度高性能混凝土，当泵送吐出量为 30～35m^3/h 左右时，压力损失达 0.05～0.06MPa/m。这可能是由于其高黏性，在泵送过程中，混凝土与管壁的摩擦阻力大之故。

(2) $W/B=37\%$的高强度高性能混凝土，也掺入了高效减水剂。试验证明这种混凝土黏着力为 0.01MPa，而 $W/B=0.28$ 的高强度高性能混凝土则为 0.04MPa，系其 4 倍。也就是说，随着 W/B 的降低，混凝土的黏着力越大，泵送越困难。

(3) $W/B=45\%\sim57\%$的普通混凝土，坍落度 15～25cm，即使压送速度有变化，压力损失也就是 0.01～0.02MPa/m 的范围内。

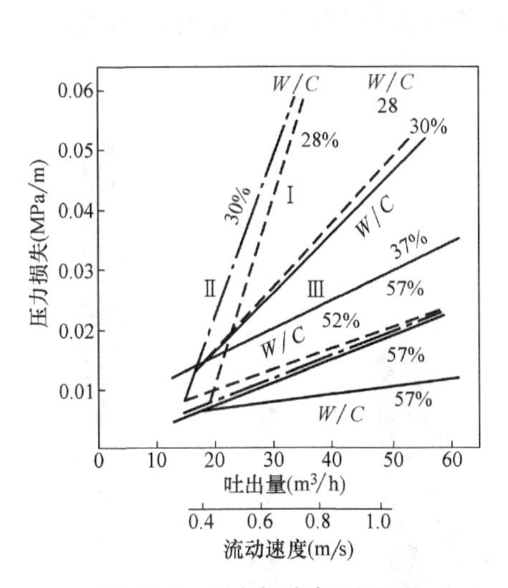

图 23-6　压力损失与泵送量

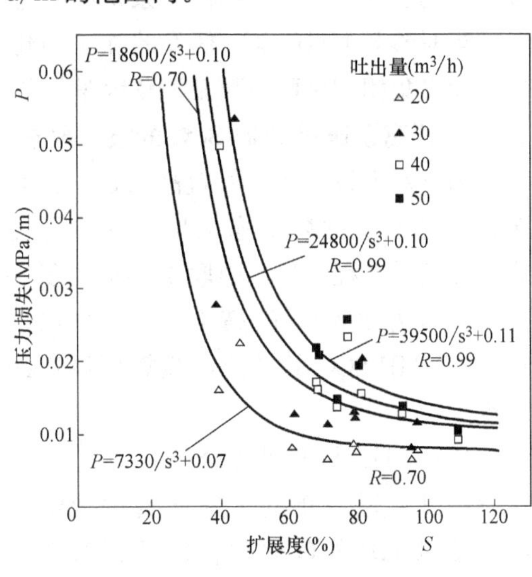

图 23-7　压力损失与稠度

2. 压力损失与稠度

压力损失与扩展度（ASTMC 124）的关系如图 23-7 所示，图中的曲线是把实际泵送量作为参数求出的回归曲线。泵送量越大，压力损失增大；扩展度越大，压力损失减少；泵送量不同，压力损失也不同。

当泵送出口量为：

20m^3/h 时，压力损失 $p=7330/s^3+0.07$，相关系数 $R=0.7$

30m^3/h 时，压力损失 $p=18600/s^3+0.10$，相关系数 $R=0.7$

40m^3/h 时，压力损失 $p=24800/s^3+0.10$，相关系数 $R=0.99$

50m^3/h 时，压力损失 $p=39500/s^3+0.11$，相关系数 $R=0.99$

由此可见，当泵送出口量相同，提高新拌混凝土的坍落度试验时的扩展度 S，可以降低压力损失。扩展度相同的混凝土，泵送出口量越大，压力损失也大。

高强度高性能混凝土泵送施工时，应根据扩展度 S 及泵送出口量（m^3/h），去选择合适的泵机（确定泵机所需的泵送压力）。如果泵机的性能已定，就需要调整坍落度试验时的扩展度 S，或泵送出口量，以适应泵机的要求。

23.7 UHP-SCC 的超高泵送

UHP-SCC (C100) 是结合西塔工程项目研发起来的，UHP-SCC 结合项目的技术要求，完成了系统的试验研究后，结合西塔工程项目的进展，进行了多次超高泵送的试验。下面介绍的是泵送高度为 416m 的试验。

当时参与 UHP-SCC 研发的除了中建系统的有关单位以外，还有越秀集团、广州建设集团、中联重科及清华大学等单位。

1. 超高泵送对 UHP-SCC 的技术要求

通过对 UHP-SCC 的超高泵送，检验泵机、混凝土材料及施工技术的综合能力。在西塔工程项目，中联重科提供了一台出口压力 40MPa 的高压泵。根据出口压力、UHP-SCC 的性能，验算可泵送的高度。

图 23-8 施工中的西塔工程
（工程总高 436m）

(1) UHP-SCC 的配合比

经过将近一年的试验研究，确定了 C100 的 UHP-SCC 的配合比及原材料之后，搅拌站先拌合了 $2m^3$ 左右的 C100UHP-SCC，装入运输车内，在厂周围运行。按初始时间、1h、2h 及 3h，三个时间段检测新拌混凝土的性能，满足性能要求后，确定了 C100UHP-SCC 的配合比，如表 23-1 所示。表中，$W/B=20\%$ 为 C100 UHPC，$W/B=22\%$ 为 C100 UHP-SCC。*CFA*——控制坍落度损失外加剂，*NZP*——为增稠粉。

(2) UHP-SCC 的主要技术要求

超高泵送的 UHP-SCC 的主要技术要求如表 23-2 所示。

UHP-SCC 的配合比　表 23-1

W/B	C	BFS	SF	CFA	NZP	S	G	W	$HWRA$
20%	500	190	60	—	—	750	900	150	18
22%	450	190	60	14	28	750	900	154	15.4

UHP-SCC 的主要技术要求　表 23-2

项目 经时	可泵性 （泌水性）	坍落度 （mm）	扩展度 （mm）	倒筒时间 （s）	U 形仪升高 （mm）
初始		265	720	4.0	310
1h 后		270	720	4.0	310
3h 后		275	730	3.5	318
施工现场		275	750	3.3	310
泵后检测		280	760	3.2	310

30MPa 下的压力泌水试验结果：

V_{10}(mL)	V_{140}(mL)	S_{10}(%)
0	3	0

《混凝土泵送施工技术规程》JGJ/T 10 中规定：混凝土的可泵性可用压力泌水试验结合施工经验进行控制。一般 10s 时的相对压力泌水率 S10 不宜超过 40%。在西塔超高泵送的 UHP-SCC S10（%）=0，符合超高泵送的技术要求。泵送前及泵送后，U 形仪试验时，混凝土上升高度均大于 300mm，故自密实性是有保证的。

2. 泵机选择，泵送极限高度估算

(1) 泵管布置原则

混凝土管道的布设应遵循以下原则：

1) 地面水平管的长度应大于垂直高度的四分之一；

2) 在地面水平管道上应布置截止阀；

3) 在相应楼层，垂直管道布置中应设有弯道。

(2) 泵管材质要求

1) 输送管采用 45Mn2 钢，调质后内表面高频淬火，硬度可达 HRC45～55，寿命比普通管可提高 3～5 倍。弯管采用耐磨铸钢。

2) 高层泵送时输送管道冲击大、压力高，从泵出料口到高度 200m 楼层之间采用壁厚达 12mm 的高强耐磨输送管。高度 200m 以上采用 10mm，400m 以上采用 7mm 壁厚的高强耐磨输送管，平面浇注和布料机采用 ϕ125B 耐磨输送管。使用过程中应经常检查管道的磨损情况，及时更换已经磨损的管道。

(3) 管道截止阀

每条泵送管路应设置 2 个液压截止阀，一是泵出口 10m 左右处安放一个，用于停机时泵机故障的处理；当运行一段时间后，眼镜板、切割环等磨损后便于保养和维修以及管路的清洗和拆卸。另外在水平至垂直上升处安放一个，以减少停机时垂直混凝土回流压力的冲击。

(4) 泵送混凝土压力的理计算

《混凝土泵送施工技术规程》JGJ/T 10，泵送混凝土高度 450m 时，计算所需要的泵送压力。

1) 平管的压力损失（ΔP）

$$\Delta P= 4/d\ \{K_1+ K_2[\ 1+ t_2/t_1]v_2\}\ \alpha_2$$

式中 ΔP——每米长水平管压力损失；

K_1，K_2——黏着系数与速度系数；

t_2/t_1——分配阀切换时间与活塞推压混凝土时间之比，取 0.2；

v_2——混凝土在输送管内平均流速（m/s）；

α_2——混凝土径向压力与轴向压力之比，$\alpha_2=0.9$。

$P_1=$ 8MPa。

2) 垂直管中混凝土自重压力损失

$$P_2=\rho gH= 2600\times 9.8\times 450\times 10^{-6}= 11.5\text{MPa}$$

式中 ρ——混凝土密度，取 2600kg/m^3；

g——重力加速度，9.8m/s2；

H——泵送高度，按 450m 建筑高度，加上布料机工作高度 10m 计算。

$P_2=11.5$MPa。

3) 弯管压力损失的计算

弯管：90o，20 个（含布料），压力损失 0.1MPa/个；45o，2 个，压力损失 0.05MPa/个。锥管 1 个，压力损失 0.1MPa/个。截止阀：2 个，压力损失 0.05MPa/个。分配阀：1 个，压力损失 0.2MPa /个。

弯管压力损失：$P_3=21\times 0.1+4\times 0.05+1\times 0.2=2.5$MPa

泵送混凝土高度 450m 时，计算所需要的总压力：

$$P=P_1+P_2+P_3=8+2.5+11.5=22\text{MPa}$$

(5) 实际测定混凝土在泵送过程中的压力损失

实际测定混凝土在泵送过程中的压力损失如表 23-3 所示。比理论计算的大，理论计算压力比实际测定的压力低，作者认为查表找出的有关参数主要是针对普通混凝土的，而高性能及超高性能混凝土的黏性大，与管壁的摩擦阻力大，故泵送时实际的压力损失比理论计算的大。

工程上关于泵送高度的计算：

以每米长度的压力损失= 0.01MPa 计算，将垂直管、弯管及锥形管都换算成水平管，得到水平管总长，乘以水平管每米长度的压力损失＝ 0.01MPa，即可得到泵送所需的总压力。

如本例：

① 水平管长度 800m，800×0.01＝8.0MPa；

② 垂直管高度按 500m 计算，换算成水平管长度：500×4 ＝2000m；2000×0.01＝ 20MPa；

③ 弯管及锥形管：弯管 90°，20 个（含布料），压力损失 0.1MPa/个；弯管 45°，2 个；压力损失 0.05MPa/个；锥管 1 个，压力损失 0.1MPa/个；截止阀 2 个，压力损失 0.05MPa/个；分配阀 1 个，压力损失 0.2MPa/个；分配阀 1 个，压力损失 0.2MPa/个。

弯管及锥形管总压力损失 p_3＝21×0.1＋4×0.05＋1×0.2＝2.5MPa。

故水平管、垂直管及弯管和锥形管的总压力损失为：8.0＋20＋2.5＝30.5MPa。

另考虑还有 30％的压力储备，故选择泵机时要考虑出口压力≥30.5＋30％×30.5＝ 39.65MPa。现有泵机口压力 40MPa，泵送能力足够。

在西塔工程项目第一次 416m 的 C100 UHPC 和 C100 UHP-SCC 的超高泵送试验时，泵机的出口压力达 28MPa。因布料管出了问题要停机检修，30min 后，现场总指挥怕停放时间过长出问题，命令开机把泵管内混凝土往外泵送。这时泵机的出口压力达到了 34MPa 以上，也就是说混凝土由静止到运动，黏着系数提高，阻力增大，泵送压力增大。

工程上关于泵送高度的计算，比实际理论计算实用得多，简化得多，也符合工程实际。

不同等级混凝土压力损失测算平均值　　表 23-3

混凝土强度等级	换算每米水平管道沿程压力损失最大值 ΔA_{max} (MPa/m)	换算每米水平管道沿程压力损失最小值 ΔA_{min} (MPa/m)	换算每米水平管道沿程压力损失平均值 ΔA (MPa/m)	每米垂直管道压力损失最大值 ΔB_{max} (MPa/m)	每米垂直管道压力损失最小值 ΔB_{min} (MPa/m)	每米垂直管道压力损失平均值 ΔB (MPa/m)
C120	0.018	0.008	0.013	0.048	0.035	0.041
C100	0.015	0.007	0.012	0.040	0.032	0.037
C90	0.030	0.019	0.0235	0.055	0.044	0.0485
C80	0.024	0.015	0.018	0.049	0.040	0.043
C70	0.027	0.019	0.022	0.052	0.044	0.047
C60	0.020	0.009	0.0155	0.050	0.034	0.0405
C50	0.028	0.017	0.023	0.053	0.042	0.048
C35	0.027	0.006	0.0135	0.052	0.031	0.0385

按此测定结果，计算泵送过程中的压力损失如下：

水平管压力损失：P_1＝0.012×800＝9.6MPa

垂直管压力损失：P_2＝0.037×460＝17.2MPa

弯管压力损失：P_3＝2.5MPa

总的压力损失：$P=P_1+P_2+P_3$＝9.6＋17.2＋2.5＝29.3MPa，比理论分析计算的压力损失大。在实际选择泵机时，还要考虑一定的泵送压力储备，以防泵送过程中停顿，再起动泵机时过载，需要更大的泵压。故实际泵机出口压力应为 P＝29.3＋29.3×30％＝38.09MPa。

（6）泵机选择

超高层泵送施工时，使用了课题合作单位中联重科研制的 HBT90.40.572RS 超高压混凝土泵。其技术参数如表 23-4 所示。

该泵送设备具有以下特点：

1）方量大、压力高。在国内率先运用“增压传动”的设计理念，即：通过 32MPa 的液压系统压力实现 40MPa 的混凝土推送力。

2）高可靠性。连续泵送作业，工作时间长，混凝土泵的可靠性显得尤为重要。

3）将 GPS 远程监控系统用于混凝土泵，实现总部、现场两地共同实时跟踪、记录设备施工状态，为专家和工程管理者同时准确掌握设备运行状态提供了快捷平台，提高了解决问题的效率。

4）双动力合流技术。两台 286kW 原装进口柴油机动力系统分别驱动两套双泵双回路系统，两套系统既可以单独工作，也可以合流同时工作。当泵送施工混凝土强度等级低，需要压力小时，可只采用一台发动机工作，节约柴油；当混凝土强度等级高，需要大功率时，可采用双发动机。

泵机技术参数 **表 23-4**

技术参数	单位	HBT90.40.572RS
混凝土最大理论方量(低压/高压)	m^3/h	91/49
最大理论出口压力(低压/高压)	MPa	20/40
最大理论出口压力时方量(低压/高压)	m^3	77/41
混凝土缸直径/行程	mm	ϕ180×2100
主油缸直径/行程	mm	ϕ200×ϕ140×2100
主油泵型号		2-A11VLO260
发动机(功率)/转速	kW/rpm	(286＋286)/2100
整机质量	kg	≤14000

5）采用了专为超高压泵设计的加强型料斗，使得料斗在重载、高冲击下变

形小，保证了料斗的使用性能和高寿命。

6）采用独特工艺的硬质合金眼镜板和切割环超强耐磨，延长易损件的使用寿命。

7）采用电控降排量技术。在 S 阀换向之前减小液压泵主泵的输出流量，能有效减小换向冲击，减小在换向瞬间管道内高压混凝土对活塞等易损件的射流，能有效增加易损件寿命。

8）增大摆动油缸面积，采用双作用油缸换向技术，即：在 S 阀换向时，两个摆动油缸同时有压力油。这两项改进提高了摆动油缸力矩，成功避免了混凝土性能下降的情况下，S 阀所受推力小而不到位的现象。与此同时，新型分配缓冲专利技术，既确保了大的摆动力矩，又极大地降低摆动冲击。提高了 S 管花键轴的使用寿命。

9）采用专利技术的集中自动润滑系统，这种柱塞式浓油泵的压力高，工作可靠，可实现混凝土活塞自动润滑。

10）双柴油发动机系统功率大，液压系统流量高，采用风冷与水冷结合的强制散热器装置，确保液压系统的工作油温控制在正常范围之内，保障主机液压系统处于正常的工作状态。

3. 新拌混凝土的性能检测

新拌混凝土的性能如表 23-5 所示。

新拌混凝土的性能　表 23-5

编号	W/B	倒筒时间及经时损失(s)		坍落度及经时损失(mm)		扩展度及经时损失(mm)	
		初始	120min	初始	120min	初始	120min
1	0.20	3.44	3.50	265	265	710	695
2		6.98	10.81	250	250	560	530
3		8.16	9.17	260	245	570	525
4	0.22	3.00	4.80	280	250	680	590

注：编号 1，2，3 系 C100UHPC，编号 4 为 C100UHP-SCC.

混凝土的压力泌水及流过 U 形仪升高、L 形仪的性能　表 23-6

配合比编号及强度	水胶比	压力泌水量(mL)	T500 时间(s)	U 形仪上升高度(mm)	L 形仪流过性能					
					坍落度(mm)	扩展度(mm)	T50(s)	T100(s)	T300(s)	T500(s)
1	0.20	2	9.51	115	245	900	0.93	1.56	6.40	15.39
4	0.22	1	19.23	335	230	750	2.49	4.48	17.30	54.27

由表 23-6 可见：编号 1 的混凝土，U 形仪试验上升高度只有 115mm，虽然坍落度，扩展度都很大，但不是自密实混凝土。而编号 4 的混凝土，U 形仪试验

上升高度达 33.5cm，自密实性优良。

图 23-9　U 形流动仪上升高度及 L 形流动仪混凝土流动距离

混凝土砂浆的黏度及剪切应力　　表 23-7

配合比编号	速度梯度(rad/s)	黏度(mPa·s)	剪切应力(Pa)
1	7.85	25000	196.25
4	7.85	28000	219.80

4. 硬化混凝土性能

(1) 各龄期抗压强度（表 23-8）。

混凝土各龄期抗压强度（10cm×10cm×10cm）　　表 23-8

试验编号	抗压强度(MPa)			
	3d	7d	28d	56d
1	87.0	108.7	130.8	130.0
2	99.0	96.3	115.0	115.9
3	84.9	88.7	94.9	107.9
4	91.2	106.5	117.3	118

注：100mm×100mm×100mm 试件折算成 150mm×150mm×150mm 试件的尺寸系数为 0.93

(2) 各龄期抗折强度（表 23-9）。

混凝土各龄期抗折强度（MPa）　　表 23-9

编号	3d	7d	28d	56d
	100×100×400	100×100×400	100×100×400	100×100×400
1	8.4	9.6	10.0	12.4
2	9.0	11.1	12.5	12.6
3	8.5	11.8	11.8	12.2
4	8.3	9.9	11.3	13.1

(3) 各龄期劈裂抗拉强度（表 23-10）。

混凝土各龄期劈裂抗拉强度（MPa）　表 23-10

编号	3d	7d	28d	56d
	100×100×400	100×100×400	100×100×400	100×100×400
1	6.05	7.15	7.58	8.31
2	7.09	7.13	7.42	8.11
3	5.87	7.17	8.09	8.29
4	6.36	7.09	7.92	8.44

(4) 各龄期轴心抗压强度和弹性模量（表 23-11）。

轴心抗压强度和弹性模量（MPa）　表 23-11

编号	试件尺寸(mm)	轴心抗压强度	静力弹模	W/B(%)
1	150×150×300	101.7	47900	20
2	150×150×300	114.7	59500	20
3	150×150×300	119.5	63300	20
4	150×150×300	113.2	48400	22

5. 混凝土的收缩与开裂的检测

主要检测了混凝土的自收缩，结果如图 23-10 所示。从图 23-10（*b*）不同配比混凝土的自收缩曲线可见，配比 4 的自密实自收缩值是较低的。72h 自收缩值为 75.53×10^{-6}mm。

(*a*)

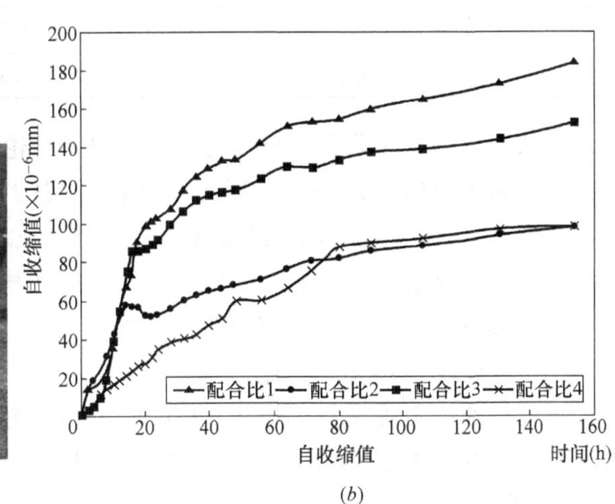

(*b*)

图 23-10　UHPC 和 UHP-SCC 的自收缩曲线

(*a*) 自收缩测试；(*b*) 不同配比混凝土的自收缩曲线

平板开裂试验

本项试验中，4 个配比的混凝土平板试验如图 23-11 所示，在成型后均放在阳光下暴晒，并同时使用大功率风扇向试件表面送风，24h 龄期时记录试验数据，表 23-12 是平板开裂试验后整理出来的试验结果，其中“平均每条开裂面积”表示了混凝土裂缝的大小，“单位面积开裂数量”表示了混凝土裂缝的多少，两者的乘积“单位面积总开裂面积”则代表了混凝土裂缝的整体情况。

图 23-11 混凝土平板开裂检测

平板开裂试验数据 表 23-12

配合比编号	水胶比	裂缝数量(条)	平均每条开裂面积(mm^2/条)	单位面积开裂数量(条/m^2)	单位面积总开裂面积(mm^2/m^2)
1	0.20	7	10.11	19	196.53
2		65	11.54	181	2083.4
3		30	44.22	83	3685.35
4	0.22	8	12.66	22	281.33

从表 23-12 的数据分析，可以得出以下结论：

在施工应用的条件下，混凝土抵抗开裂的能力从强到弱依次是：配比 1＞4＞2＞3；配比 1 及配比 4 的混凝土抗裂能力比较接近，而且远远优于配比 2 及配比 3 的混凝土，两者的“单位面积总开裂面积”相差近十倍。

6. UHP-SCC 超高泵送的施工试验

(1) UHP-SCC 配合比

广州西塔工程项目部于 2008 年 12 月 6 日进行了 UHP-SCC 411m 的超高泵送施工试验。施工部位为主塔楼 98 层墙柱，UHP-SCC 约 20 m^3。配合比如表 23-13 所示。

C100UHP-SCC 配合比（kg/m^3） 表 23-13

W/B	水	水泥	矿渣粉	硅粉	砂	碎石		减水剂	特种矿物超细粉	特种外加剂
						10～16mm	5～10mm			
0.22	154	450	190	60	750	760	85	16.8	28	17.5

（2）UHP-SCC 进场检验及泵送施工检测

1）UHP-SCC 的进场检验

UHP-SCC 混凝土进入现场后检测项目如下：坍落度、扩展度、压力泌水。混凝土抗压强度试件分别在泵送前、泵送后进行取样、制作并进行强度对比。

UHP-SCC 超高泵送的现场试验情况如图 23-12 所示，抽样检测结果如表 23-14、表 23-15 所示。

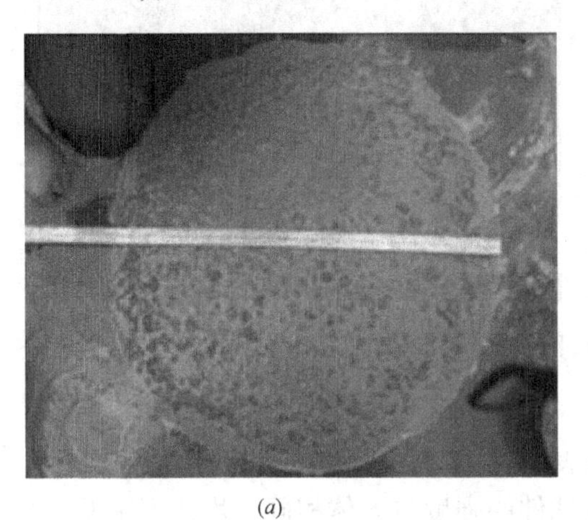

(*a*)

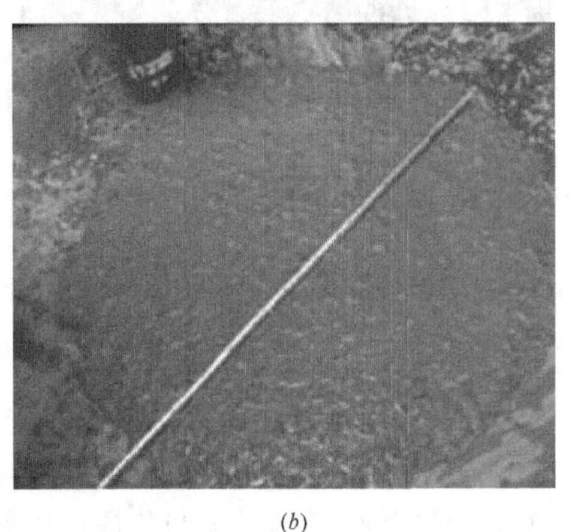

(*b*)

图 23-12　现场试验情况

(*a*) 泵后（扩展度 780mm）；(*b*) 泵前（扩展前 750mm）

2008 年 12 月 16 日 UHP-SCC 超高（h=411m）泵送试验　　表 23-14

	取样点	坍落度 (mm)	扩展度 (mm)	倒筒时间 (S)
1	泵前	280	760	6.7
2		275	750	5.9
3	泵后	280	780	3.3

2）现场可泵性检测结果

《混凝土泵送施工技术规程》JGJ/T 10 中规定：混凝土的可泵性可用压力泌水试验结合施工经验进行控制。一般 10s 时的相对压力泌水率 S_{10} 不宜超过 40%。根据广州西塔工程中联重科提供的超高压泵参数，混凝土出口压力最大值为 40MPa，本课题进行了 UHP-SCC 拌合物在 30MPa 下的压力泌水试验，试验结果如表 23-15、图 23-13 所示。

30MPa 下的压力泌水试验结果　　表 23-15

	试验编号	V_{10}(mL)	V_{140}(mL)	S_{10}(%)
UHP-SCC	3	0	3	0

由表 23-15 及图 23-13 可知，UHP-SCC 由于采用超细矿物掺合料、特种外

加剂等材料及合理的配合比设计，其拌合物即使在30MPa的压力下也不会发生泌水现象，因此，保证了超高泵送的顺利进行。

图 23-13 30MPa下的压力泌水试验

(3) 强度检测结果

强度检测结果如表23-16所示。由表可见，28d，56d龄期的自密实混凝土强度大体相同，振动成型与免振自密实试件的强度也大体相同，均达到了C100的强度等级。

超高泵送UHP-SCC的强度 **表23-16**

成型方式	取样点	3d	7d	28d	56d
振捣	泵前	85.7	104.1	121.4	120.8
免振		89.5	102.3	122.5	118.4
振捣	泵后	84.7	100.5	104.9	119.8
免振		77.7	103.5	120.1	114.1

UHP－SCC超高泵送试验送检结果（2008年12月16日） **表23-17**

检测单位：广东省建设工程质量安全监督检测总站				
	样品编号	取样点	龄期	强度(MPa)
UHPC	20186-01	泵前	28d	111.3
	20186-02			122.5
UHP-SCC	20186-03			103.3
	20186-04			105.0
试件尺寸：100mm×100mm×100mm，尺寸系数：0.95				

7. 结束语

(1) 采用天然沸石超细粉配制UHP-SCC，可不用增稠剂。混凝土的流动性大，但黏聚性好，不泌水，不离析，不分层，U 形流动试验时能均匀流过钢筋，上升达 32cm，2h 后仍达 30cm 高度。

（2）在 UHP-SCC 组成中，还采用了特种外加剂，能使减水剂缓慢析放到混凝土中，保持混凝土的塑性达 4h，而又无泌水、离析和缓凝现象。其拌合物即使在 30MPa 的压力下也不会发生泌水。经过泵前与泵后的采样对比，工作性能变化不大，满足了超高泵送施工要求。

（3）试验的 UHP-SCC 振捣与免振试件的抗压强度差不多，说明其自密实性好，有利于高密度钢筋的施工要求。UHP-SCC 28d 强度≥108MPa（试验室 28d 强度≥117MPa，）满足配合比设计要求。

（4）与具有相同配比的 UHPC 相比，UHP-SCC 的自收缩、早期收缩及长期收缩值均相应较低。平板开裂试验数据也证明，本研究的 UHP-SCC 的抗裂性能较好。这是由于掺入了天然沸石超细粉及特种外加剂之故。

由此可见，我们配制的 UHPC 及 UHP-SCC 具有的超高泵送的性能，都是由于合理的应用了这一特种功能粉体一天然沸石超细粉的结果。

第 24 章　混凝土耐久性病害综合症及特种混凝土技术

24.1　引言

据有关报道，钢筋混凝土结构劣化破坏造成的经济损失约 2%～4%GDP。

我国公路桥（沿海大量公路桥）：1）投入 5 年左右开始耐久性劣化；2）投入 8 年左右严重损伤破坏；3）投入 10 年左右大修或重建；4）2000 年底建成各式公路桥 278809 座，总长 10311 公里；公路危桥 9597 座，总长 323451 延米，实际需要维修费 38 亿。

我国住房和城乡建设部有关官员在公开场合曾说过，我国的住宅平均寿命是 38 年。鲁班奖工程（中国体博馆）变成豆腐渣工程（深圳商报 05、07、13）；有的房屋在建造的过程中，整栋倒坍。

以上事例说明，我国钢筋混凝土结构的耐久性问题有待深入的研究解决。本章从耐久性病害的综合问题加以讨论，找出相应的对策。

24.2　混凝土的耐久性病害

混凝土的耐久性病害如图 24-1 所示。钢筋混凝土结构，在所处的环境下，同时受到多种劣化因子的侵蚀。在外荷载作用下，同时有 CO_2 的中性化作用；在寒冷地区，还受到冻融作用、干湿循环作用，以及盐害、硫酸盐侵蚀及碱骨料反应等。这种多因子的劣化作用，构成了耐久性病害综合症。

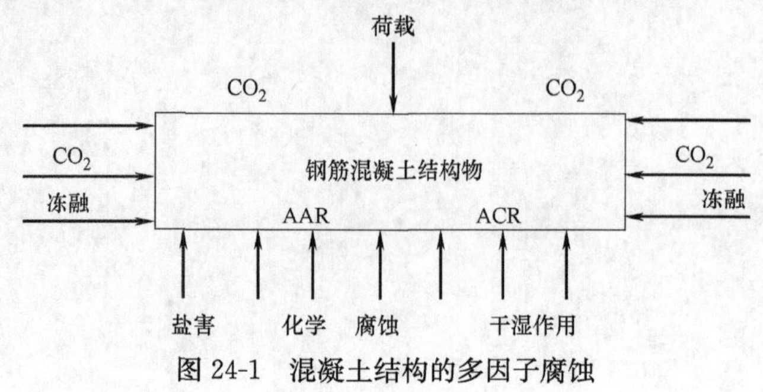

图 24-1　混凝土结构的多因子腐蚀

如图 24-1 所示，劣化因子，归纳起来有两类。外部劣化因子：盐害、冻害、化学侵蚀、CO_2 作用、磨损、外力、干湿；内部劣化因子：碱含量、活性骨料→AAR。问题：①耐久性劣化破坏，都是综合破坏，多种劣化因子作用结果。②各种劣化因子相互间的关系，是相互促进还是相互抵消。③如何预防与修补。

24.3 钢筋混凝土的劣化

在内外劣化因子的作用下，钢筋混凝土的劣化，可以分成两部分考虑，如图 24-2 所示。

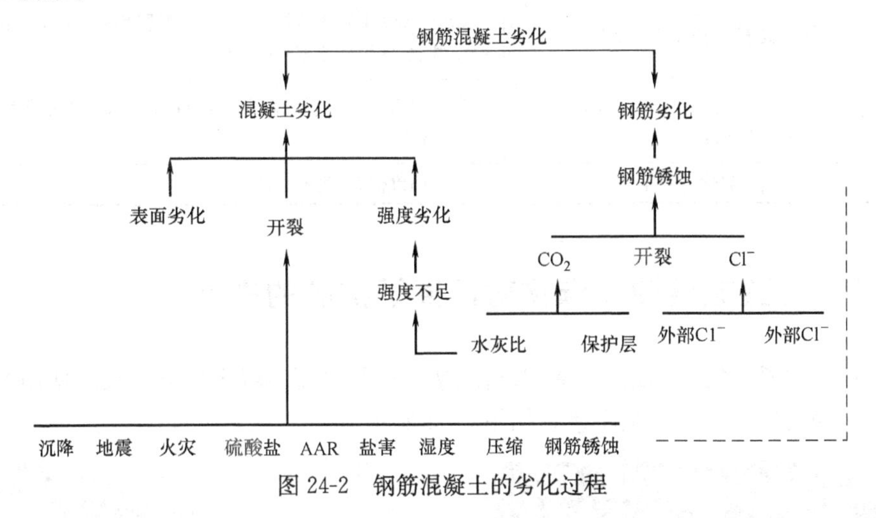

图 24-2　钢筋混凝土的劣化过程

（1）混凝土的劣化：混凝土的劣化包括开裂、强度劣化和表面裂化；最终还反映到钢筋锈蚀，也即造成整个结构劣化，承载力降低。

（2）钢筋劣化：由于钢筋混凝土构件开裂，CO_2 及 Cl^- 的扩散渗透，钢筋表面受锈蚀，体积膨胀，混凝土开裂，又进一步助长了 CO_2 及 Cl^- 的扩散渗透，加速了钢筋的腐蚀。

由于混凝土的劣化和钢筋的劣化是相辅相成的，钢筋混凝土承载力下降，工作寿命降低。混凝土结构的耐久性首先要不开裂或少裂，能抵抗介质的劣化和侵蚀，定期修复和保养。

24.4 单因子的劣化与对策

混凝土结构受到单因子的劣化与对策可参考表 24-1。

针对各项劣化因子，按照相应的标准进行试验，是耐久性对策重要依据。但是，对于双因子或多因子应怎么做呢？

单因子的劣化与对策 表 24-1

顺序	项目名称	需要解决的问题
1	盐害与对策的研究	混凝土 56 天龄期导电量＜1000 库仑，混凝土保护厚度及表面涂层等
2	硫酸盐腐蚀与对策	ASTM1202 15 周膨胀率＜0.4％混凝土 W/B≤0.45
3	冻害与对策	冻融循环 300 次，相对动弹 X≫60％模量
4	碳化与对策	按公式 $W/B<5.83C/dxt^{1/2}+38.3$，根据使用年限 t 保护层厚度 c，计算水灰比
5	碱-硅酸盐反应与对策	ASTMC1260 方法，14D 砂浆棒膨胀率＜0.1％
6	碱-硅酸盐反应与对策	CSA. A23. 1-14A 方法：一年龄期膨胀率＜0.04％，小混凝土柱法 28 天膨胀率＜0.1％
7	混凝土处于水中，骨料的碱溶出引发 AAR	通过研发的碱离子吸附剂，吸收溶出的碱，使碱含量＜$3.0kg/m^3$
8	强度劣化与对策	提高强度储备，提高性能

24.5 硫酸盐侵蚀和碳化对氯离子扩散的影响

作者在潍坊发现当地的一些海边或盐田边的钢筋混凝土桥梁，投入使用 8 年左右，钢筋保护层就严重剥落，如图 24-3 所示。

(*a*)

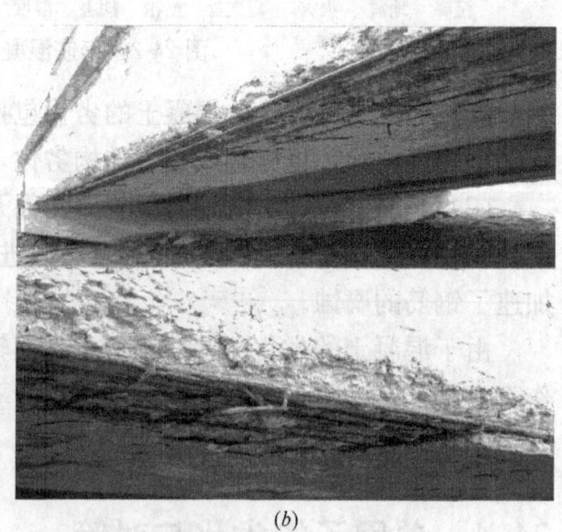

(*b*)

图 24-3 沿海钢筋混凝土桥梁的氯盐腐蚀

(*a*) 白浪河大桥；(*b*) 郝家沟大桥

1. 氯离子（Cl^-）在混凝土中的扩散渗透

在混凝土中造成钢筋腐蚀的氯离子有内部氯离子与从外部扩散渗透到内部

的氯离子。内部氯离子主要是由混凝土组成材料带进的。其中，由水泥带进的 Cl^- 含量为 0.02%以下，对于砂中 Cl^- 含量的规定为小于 0.06%，对预应力混凝土应小于 0.02%；对于矿物质掺合料带进的 Cl^- 含量为 0.02%以下，硅粉为 0.1%以下；对于化学外加剂带进的 Cl^- 含量为 0.02%以下（预应力钢筋混凝土），普通钢筋混凝土为 0.2%以下。单方混凝土中材料带进的 Cl^- 总含量低于 0.20kg。

外部侵入的氯离子，通过扩散渗透进入混凝土内部，并进一步到达混凝土中钢筋的表面，其超过某扱限值后，钢筋即发生锈蚀。吸附在钢筋混凝土结构表面的 Cl^-，通过毛细管的吸附和扩散，氯离子和水一起迁移进入混凝土中。在这一过程中，Cl^- 与水泥水化物反应，生成 Friedel 盐（$3CaO \cdot Al_2O_3 \cdot CaCl_2H_2O$）及其他水化物。而毛细管孔壁也吸附附 Cl^-，在混凝土内部的孔隙中，都会发生这种现象。Cl^- 在混凝土毛细管孔隙中存在的状态如图 24-4 所示。

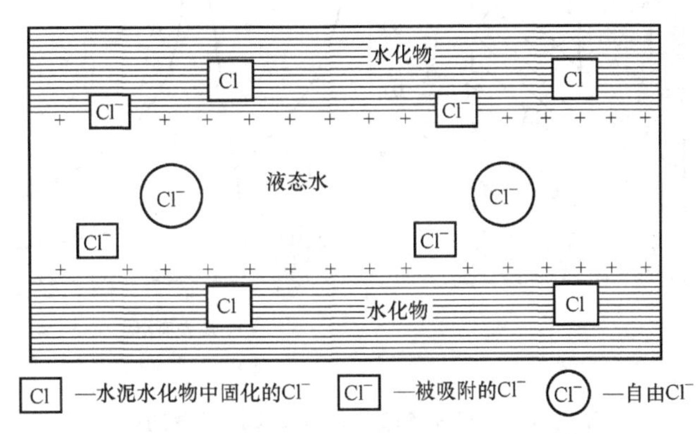

图 24-4　混凝土毛细管孔隙中 Cl^- 存在的状态

在图 24-4 中，Cl^- 与水化物相结合，形成新的水化物，这部分 Cl^- 不再分解出来是无害的。但是，由于碳化或硫酸盐腐蚀，Friedel 盐要分解，Cl^- 再游出来，提高了 Cl^- 的浓度，加速了 Cl^- 向混凝土内部的扩散。被毛细管壁吸附的 Cl^- 与化学结合的了 Cl^- 统称为固化的 Cl^-，一般情况下是无害的。

自由 Cl^-（游离 Cl^-），在毛细管的液态水中，通过浓度梯度，扩散到混凝土内部，在扩散的过程中，又不断地被吸附，被固化。自由 Cl^-（游离 Cl^-）也叫有效 Cl^-，当钢筋表面的 Cl^- 浓度超过某极限值时，钢筋发生锈蚀，使钢筋混凝土劣化。

挪威、英国规范：钢筋混凝土中，钢筋表面 Cl^- 含量为水泥量的 0.4%。日本规范认为混凝土中 Cl^- 含量为 0.3kg/m³。一般认为在混凝土中钢筋表面 Cl^-/OH^- ≥0.6 时，钢筋开始锈蚀。

在结构设计时，为了保证结构的耐久性和安全性，在钢筋表面的 Cl^- 浓度，

不仅考虑有效 Cl^-，而且还要考虑固化的 Cl^-，也即考虑全 Cl^- 含量。

按有效 Cl^- 在混凝土中的扩散，求出的 Cl^- 扩散系数，称有效 Cl^- 扩散系数；按全 Cl^- 在混凝土中的扩散，求出的 Cl^- 扩散系数称为表观 Cl^- 扩散系数。

2. 碳化和硫酸盐侵蚀对 Cl^- 扩散的影响

如上所述，混凝土毛细管中有固化的 Cl^- 和有效 Cl^-（自由 Cl^-）。混凝土中 Cl^- 扩散是通过自由 Cl^- 的浓度差来进行的，碳化和硫酸盐侵蚀对混凝土的作用，会使混凝土中的 Friedel 盐分解，使毛细管中自由 Cl^- 浓度提高，也即被碳化部分的混凝土毛细管中的 Cl^- 浓度，高于未碳化的部分，加速了 Cl^- 向混凝土内部的扩散渗透，如图 24-5 所示。

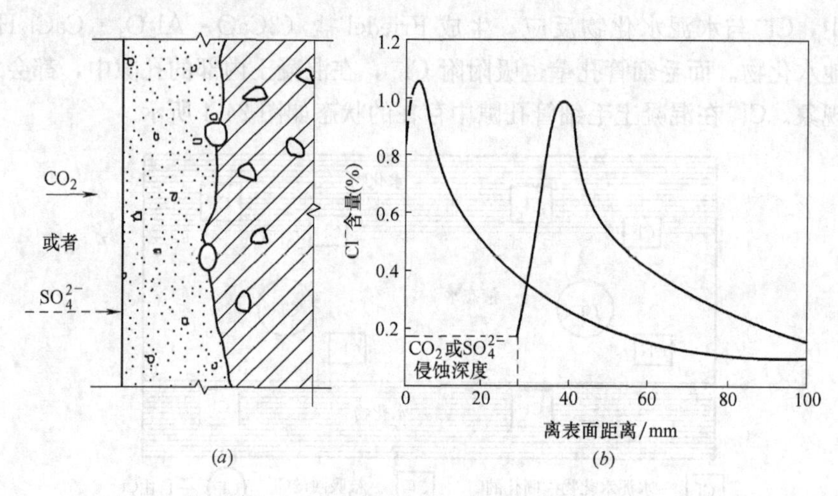

图 24-5　碳化和硫酸盐侵蚀对 Cl^- 扩散的影响

由图可见，CO_2 或 $SO_4{}^{2-}$ 侵蚀深度，把 Cl^- 在混凝土中含量变化曲线往前推进了约 30mm，而 Cl^- 含量的峰值也由在混凝土的表面推进了 40mm 左右。也即碳化和硫酸盐侵蚀，加速了盐害的发展。

对实际混凝土结构物的检验也证明了碳化对 Cl^- 扩散渗透的影响，如图 24-6 所示。

图 24-6 是混凝土柱两边及中间的 Cl^- 分布曲线，离表面 25mm 处中性化的部分，Cl^- 含量比未碳化部分稍低，而中心未碳化部分，全 Cl^- 含量和可溶性 Cl^- 含量逐渐降低，这是浓度扩散的结果。

3. 裂缝对 Cl^- 扩散渗透的影响

混凝土的裂缝宽度增大，Cl^- 沿着裂缝扩散渗透进入混凝土的速度加快，数量增加，如图 24-7 所示的裂缝图形。从混凝土表面看到了不同宽度的裂缝，弯弯曲曲的裂缝构成了一个复杂的图形，有时裂缝还扩展到钢筋表面，使 Cl^- 很容易扩散渗透到钢筋表面，加速和加大了钢筋的腐蚀，如图 24-8 所示。

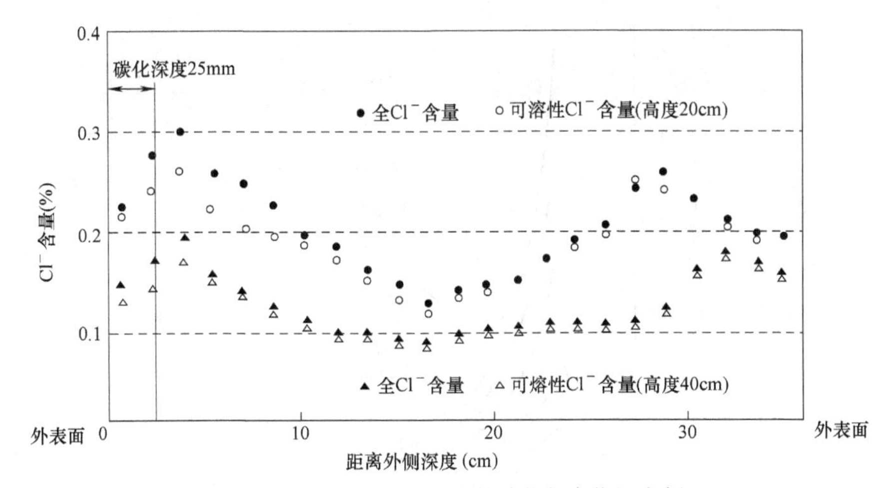

图 24-6　外部侵入的 Cl^- 与碳化复合作用实例

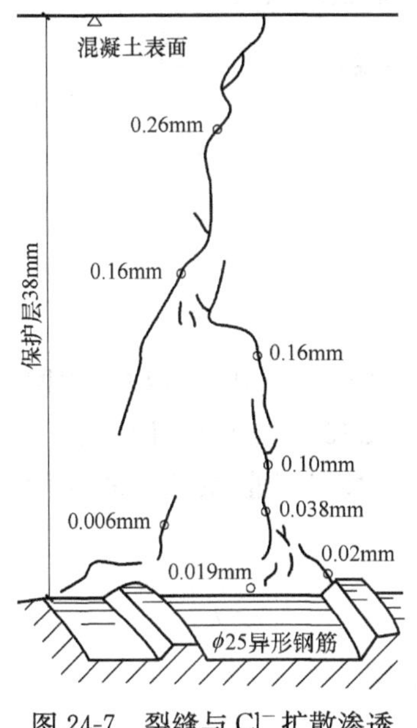

图 24-7　裂缝与 Cl^- 扩散渗透

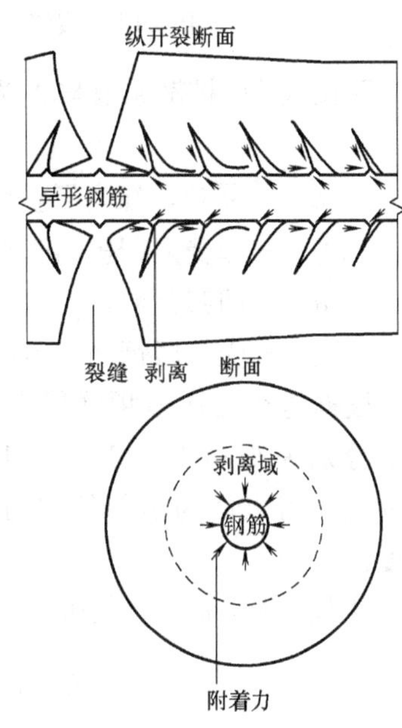

图 24-8　裂缝加速 Cl^- 对钢筋的腐蚀

如果混凝土结构的钢筋保护层越小，裂缝的宽度越大，裂缝部分钢筋的腐蚀面积也增大，如图 24-9 所示。

在相同的 Cl^- 含量下，有的试验资料介绍，无裂缝试件的钢筋腐蚀面积约为 0.5%，裂缝宽为 0.03mm 时为 1.5%，裂缝宽为 0.06mm 时为 2.5%，随着裂缝宽度增大，钢筋腐蚀面积也增大。

裂缝对混凝土中 Cl^- 的扩散影响有以下公式可参考应用（冷发光与冯乃谦的研究成果）：

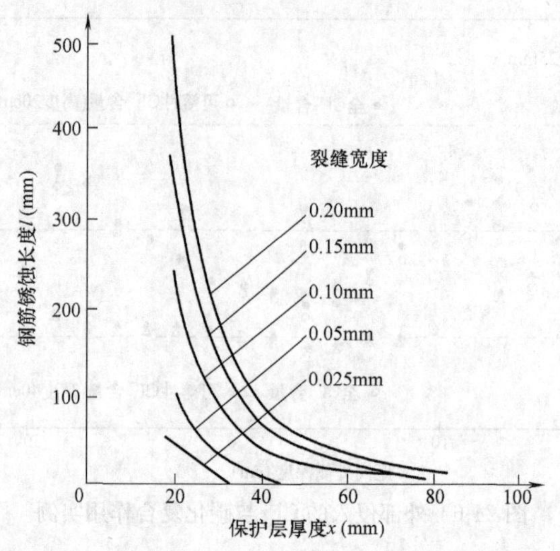

图 24-9　裂缝宽度、保护层厚度与钢筋腐蚀长度关系

受拉区 Cl^- 扩散系数与非受拉区 Cl^- 扩散系数关系：

$$D_\sigma/D_0=1+a\sigma_s^3$$

式中　D_σ——受拉区氯离子扩散系数；

D_0——非受力区氯离子扩散系数；

a——回归常数；

σ_s——受拉区钢筋应力或者荷载水平。

根据这个三次多项式模型拟合得到各龄期（60d、180d、300d）的回归常数分别为 6.6047×10^{-8}、12.9648×10^{-8}、14.2857×10^{-8}，回归常数的物理意义可以认为是单位应力或荷载水平引起的氯离子扩散系数的相对增长幅度。

日本土木工程学会规范介绍的公式：

$$D_d=\gamma\cdot D_k+\left(\frac{w}{l}\right)\cdot\left(\frac{w}{w_a}\right)\cdot D_0$$

式中　D_k——扩散系数特征值（cm^2/年）；

D_0——裂缝对 Cl^- 迁移的影响因素（cm^2/年）；

D_d——实际 Cl^- 扩散系数；

w——裂缝宽（mm）；

w_a——设计允许裂缝宽（mm）；

w/l——裂缝宽度与间距比，混凝土材料系数。

故 ACI224 委员会规定，受到海水、潮汐及干湿循环作用的钢筋混凝土构件，允许最大裂缝宽度为 0.15mm。

24.6　混凝土耐久性病害综合症的对策

混凝土结构耐久性破坏往往都是由于劣化因子的综合作用，东营黄河公路混凝土大桥的灌注桩是综合劣化作用的典型实例。

山东沿海公路桥梁检测：

保护层厚度 15～20mm 不等，约有 10%少于 15mm，太薄。

Cl^- 扩散深度：边梁两边 5～20mm，深度 Cl^- 含量是钢筋发生锈蚀极限值的 3～5 倍。

强度 36MPa，检测时 ϕ10×20cm，38MPa。

碳化深度 8～15mm，局部超过保护层厚度。

冻融破坏，温度－10～－15℃。桥面排水不良，梁板及桥墩由于盐害、冻害双重作用，混凝土劣化剥落。山东潍坊地区的骨料，除了含有碱硅活性外，还有碱碳酸盐活性。故该地区沿海的钢筋混凝土桥梁，过早的劣化破坏，是由于盐害、冻害、碱骨料反应多种劣化因子综合作用。

劣化因子的综合作用的预防（实例：东营黄河大桥灌注桩混凝土）劣化因子有：CO_2，冻融；SO_4^{2-} 6260mg/L，比青海湖盐渍区高 1.5 倍；Cl^- 57300mg/L，比青海湖高出 1 倍多；活性骨料，ASR，ACR；施工要求：高流动性，填充性，但不能离析泌水。

施工应用的是 C30 水下灌注桩混凝土：

要求 56d 导电量＜1000 库仑。抗硫酸盐腐蚀：15 周 6 条试件膨胀率平均值＜0.4%，混凝土 $W/B \leqslant 0.45$，碱骨料溶出检验＜3.0kg/m^3 保证混凝土的这些耐久性指标和 4cm 厚的钢筋保护层，就可以抵抗耐久性病害综合症，寿命可达 50 年以上。

24.7　高耐久性混凝土

混凝土基本上是一种耐久性优良的材料，在严酷的环境中使用，会发生早期劣化，使结构使用期间，往往会发生耐久性不良的状况。使混凝土结构劣化的原因可概括为：(1) 混凝土的内因；(2) 外来劣化因子的腐蚀；(3) 由于外力作用产生开裂等等。本节以 (2)、(3) 为主要对象研发高耐久性混凝土，而高强度、超高强度混凝土也是一种高耐久性混凝土。高耐久性混凝土可归纳为两大类：(1) 致密化的高耐久性混凝土；(2) 能降低裂缝的高耐久性混凝土。

1. 致密化的高耐久性混凝土

属于这一类型的混凝土有：(1) 利用生成钙矾石系混合材料制成的混凝土；

(2) 含有高抗腐蚀掺合料的混凝土；(3) 掺入聚合物粉末的混凝土。

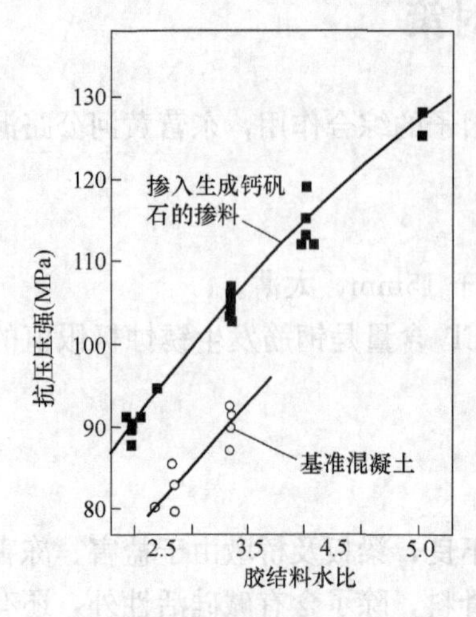

图 24-10 掺入生成钙矾石系的掺合料高强混凝土

(1) 利用生成钙矾石系混合材料制成的混凝土

使混凝土提高耐久性的直接手段是使抗压强度提高，使混凝土致密化。使混凝土劣化的主要因子是 Cl^- 和 CO_2 向混凝土内部的扩散，这与混凝土的强度成负相关性，降低水胶比，混凝土的强度就得到提高。另一方面，也可以掺入硅粉等掺合料，使混凝土强度提高。使混凝土中生成钙矾石提高强度的主要机理是，由于钙矾石的形成，微观结构致密化并且硅酸钙水化物生成有利于混凝土强度提高。如图 24-10 所示，根据水泥的类型和混凝土的配比，在相同的水胶比下，混凝土的强度比基准混凝土可以提高 15MPa，而且混凝土的密实度提高，抗渗性提高，就能更好地抑制 CO_2 及 Cl^- 的扩散渗透，从而能提高混凝土结构的耐久性。

(2) 掺入高抗腐蚀性介质渗透的材料

在混凝土中，掺入能抑制 CO_2 和硫酸根离子扩散渗透的材料，如硬矿渣粉，γ-2CaO · SiO_2 粉末等。此外，为了抑制硫酸根离子的劣化，有人建议掺入小高炉顶回收的飞灰，(含有二氧化硅、三氧化铝及氢氧化钙等粉状材料)，使砂浆提高抗酸性。图 24-11 是在砂浆中掺入硬矿渣粉的试验。由于掺入了硬矿渣粉，比基准砂浆的碳化深度可降低 3mm/8 周试验期间。

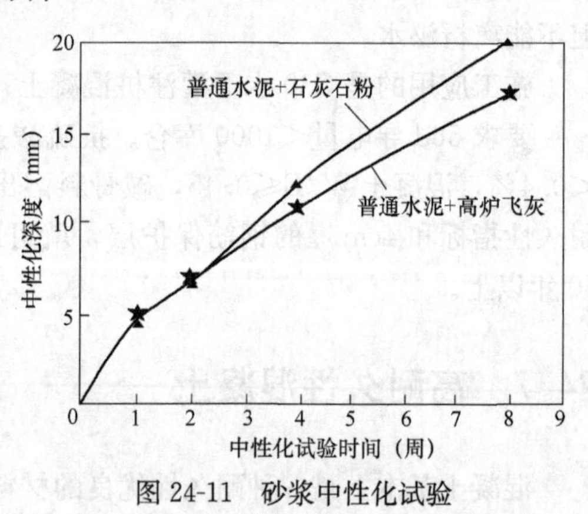

图 24-11 砂浆中性化试验

图 24-12 是掺入 γ-2CaO · SiO_2 粉末的影响。强度相同的砂浆，含 γ-2CaO · SiO_2 粉末的砂浆，中性化深度明显的降低。

在水泥砂浆或混凝土中，掺入硬矿渣粉及 γ-2CaO · SiO_2 粉末，能提高抗中性化的性能，是由于硬矿渣粉及 γ-2CaO · SiO_2 粉末与二氧化碳反应，形成致密化的表层，屏蔽了二氧化碳的扩散渗透。

高炉飞灰和耐酸性材料能提高抗酸性，是因为高炉飞灰、矿粉、粉煤灰和硅

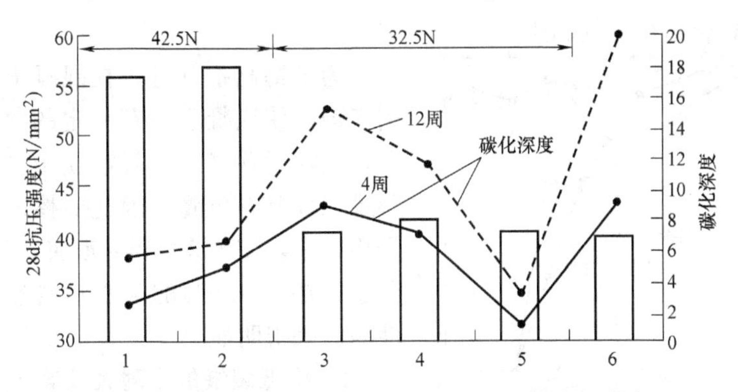

图 24-12　掺入硬矿渣粉及 γ-2CaO·SiO₂ 粉末的影响

1—OPC；2—掺 30%矿渣水泥；3—2 号＋石灰石粉；4—2 号＋硬矿渣粉；5—2 号＋rC₂S；6—OPC（W/C＝60%）

粉等，是 种含有潜在的水硬性和火山灰活性，以适当的比例与水泥混合，就可以提高耐酸性。

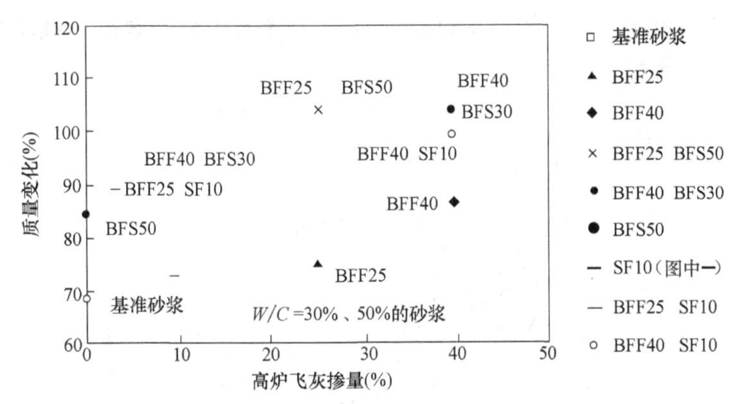

图 24-13　掺入高炉飞灰提高耐酸性的效果

由图 24-13 可见（BFF25 BFS50）和（BFF40 BFS30）的质量变化很小。图 24-14 是耐酸性掺合料的试验实例。温度 20℃的酸溶液（pH＝1.0）浸渍了一年的照片，表面观测就可判断其差异。

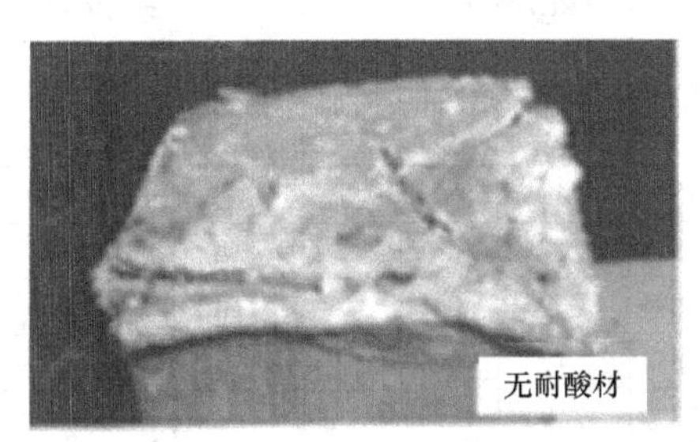

图 24-14　酸溶液浸渍试验

（3）聚合物粉末的利用

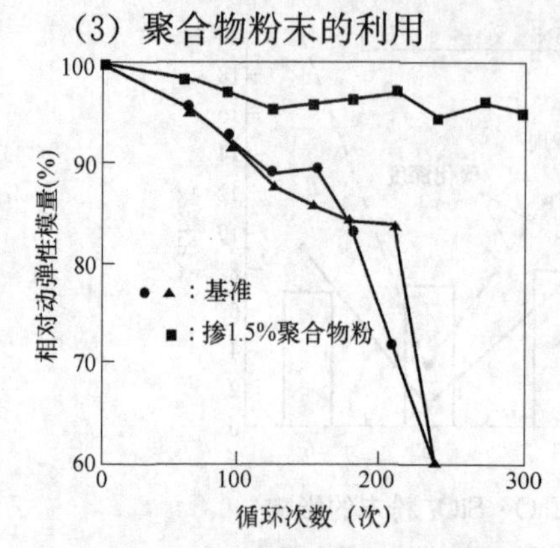

图 24-15 掺入空心塑料粉提高抗冻性

为了提高抗冻性，在混凝土中要掺入引气剂，使混凝土中有一定的含气量。但是，在喷射砂浆或喷射混凝土中，施工后很难保证其含气量。因此要掺入空心的聚合物粉末，使抗冻性得到改善。如图 24-15 所示，掺入 1.5％的空心塑料粉提高抗冻性的效果很明显。

2. 降低裂缝的高耐久性混凝土

（1）膨胀剂与降低收缩外加剂兼用效果

发生开裂的混凝土，钢筋混凝土结构物的耐久性低劣。为了提高混凝土结构物的耐久性，抑制混凝土的开裂很重要。要发挥掺合料作为抑制裂缝发生的作用，主要考虑的有膨胀剂，降低收缩的外加剂，以及抗拉强度增长剂等。图 24-16 表示膨胀剂和降低收缩的外加剂同时使用，降低收缩的效果，试验混凝土的配比如表 24-2 所示。

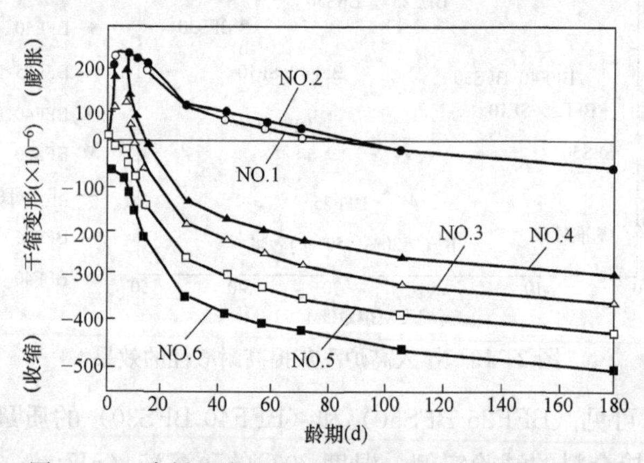

图 24-16 降低收缩的外加剂与膨胀剂兼用的相乘效果

试验用的混凝土的配比（kg/m³） 表 24-2

NO.	水泥	膨胀剂	水化热抑制型	河砂	碎石砂	碎石	降低收缩剂	减水剂	AE 剂
1	506	25	—	580	248	747	16.0	4.8	0.02
2	504	—	25	580	248	747	16.0	4.8	0.02
3	502	30	—	580	248	747	—	4.8	0.03
4	499	—	30	580	248	747	—	4.8	0.03
5	535	—	—	580	248	747	—	4.8	0.03
6	515	—	—	580	248	747	—	6.7	0.04

表 24-2 中，水化热抑制型膨胀剂只有 NO. 2 及 NO. 4 中掺入，配合比 NO. 1、NO. 2 是掺入降低收缩外加剂与膨胀剂的混凝土，收缩值很低。掺入部分膨胀剂的 NO. 3、NO. 4 混凝土收缩也明显降低，不掺降低收缩外加剂与膨胀剂的混凝土 NO. 5、NO. 6 的收缩很大。

(2) 掺入硅酸盐和羧酸制成的抗拉强度增进剂

混凝土的缺点是抗拉强度低，掺入硅酸盐和羧酸制成的抗拉强度增进剂，有可能改善抗拉强度，如图 24-17 所示，由于在水泥中掺入了上述抗拉强度增进剂，抗拉强度提高了 30%，降低了裂缝。

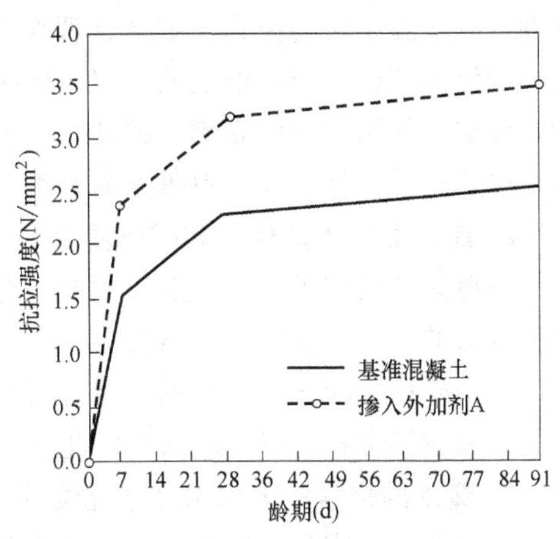

图 24-17 掺入增加抗拉强度外加剂的效果

(3) 掺入有机纤维的抗裂效果

通常，纤维作为混凝土的掺合料，是为了预防裂缝宽和剥落，但也可用以抑制裂缝的发生，如图 24-18 所示。

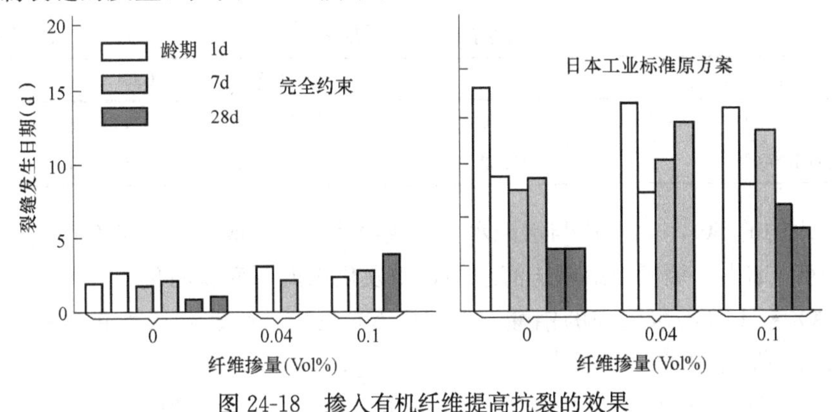

图 24-18 掺入有机纤维提高抗裂的效果

从图 24-18 完全约束的试件，掺入体积含量 0.1%纤维的试件，没有发生 1d、3d 龄期发生裂缝，但与日本工业标准的允许相比要低得多，其他龄期的开裂也如此，也即掺入有机纤维可抑制收缩开裂。

24.8 耐海水侵蚀的混凝土

1. 引言

海洋混凝土结构物是指设置于海洋空间的钢筋混凝土结构物，例如，港湾设施、海上桥、海底隧道、海上航空港、石油钻井平台等大量的海洋设施的结构物，均属此类。与这些设施相应的场所，常常会受到波浪、潮流、水压及漂砂等的磨耗。地震时的动水压、船的接岸力、漂流物的冲击力以及风等物理外力的作用，此外还有海水中各种化学成分，对混凝土发生化学侵蚀的同时，也造成对钢筋的腐蚀，海洋环境对钢筋混凝土结构物是相当严酷的侵蚀环境。此外，海洋的涨潮退潮、施工时的模式、维修管理作业等，这些都对结构物发生很大的影响。这样的海洋结构物与陆地上的一般结构物相比，具有严酷的环境，使建设受到制约，建成后使用时也受影响。因此，就需要耐久性、耐海水性能优异的混凝土。必须要从设计、施工及材料等方面着手全面进行耐久性综合对策。

2. 海洋混凝土的劣化和矿物掺合料的作用

使海洋结构物劣化的主要原因中，对于物理作用，必需要满足相应的环境条件所要求的强度和含气量，施工后得到致密的混凝土。这样就要在配制混凝土时，使用矿粉、粉煤灰及硅粉等掺合料和使用高性能 AE 减水剂等材料，选择相应的矿物质掺合料，以抑制海水的化学侵蚀。

3. 海水的化学成分和水泥水化物的反应

海水的化学成分，按地区和季节不同，其含盐量约 3.4%。其化学成分如表 24-3 所示。

海水的主要化学成分　　表 24-3

成分	Cl^-	Na^+	$SO4^{2+}$	Mg^{2+}	Ca^{2+}	K^+
浓度(g/kg)	19.35	10.76	2.71	1.29	0.41	0.39
质量百分率(%)	55.07	30.62	7.72	3.68	1.17	1.10

海水中的 $SO4^{2-}$ 和 Cl^- 与水泥水化生成物反应，生成二水石膏 $CaSO_4 \cdot H_2O$ 和氯化钙 $CaCl_2$，缓慢地溶解于海水中，使硬化水泥石变脆弱化。此外，二水石膏 $CaSO_4 \cdot H_2O$ 与水泥中的铝酸三钙（C_3A）反应，生成膨胀性钙矾石，使硬化的水泥石膨胀开裂。如下式：

$$3CaO \cdot Al_2O_3 \cdot 6H_2O + 3(CaSO_4 \cdot 2H_2O) + 19 \sim 20H_2O \rightarrow$$
$$3CaO \cdot Al_2O_3 \cdot CaSO_4 \cdot 31 \sim 32H_2O$$

（生成钙矾石）

由于硫酸盐的侵蚀，首先表层生成钙矾石，发生膨胀开裂，该部分从混凝土剥落下来。这样反复侵蚀，反复剥离，逐渐深入到构件内部，断面缩小，承载力下降。

4. 矿物掺合料对海水化学侵蚀的抑制作用

对于硫酸盐的侵蚀选择耐硫酸盐侵蚀的硅酸盐水泥及中热硅酸盐水泥，其 $3CaO \cdot Al_2O_3$ 含量低，耐海水性能提高。但是，固化氯离子的能力降低，对于钢材的腐蚀也有不好的一面。而矿物质掺合料，如矿粉、粉煤灰及硅粉等，能和氢氧化钙反应，降低水泥石中的 $Ca(OH)_2$ 浓度，提高了抗海水的侵蚀性，矿粉还能固化氯离子。因此，混凝土中掺入矿物质粉体是提高耐久性的重要措施。

5. 矿物质掺合料抑制氯离子的扩散渗透

日本的依田、中岛等，将水胶比 45%～60%的混凝土，放在三浦半岛西海岸的海水中，进行了 10 年长的浸渍试验，氯离子对混凝土的扩散渗透如图 24-19 所示。

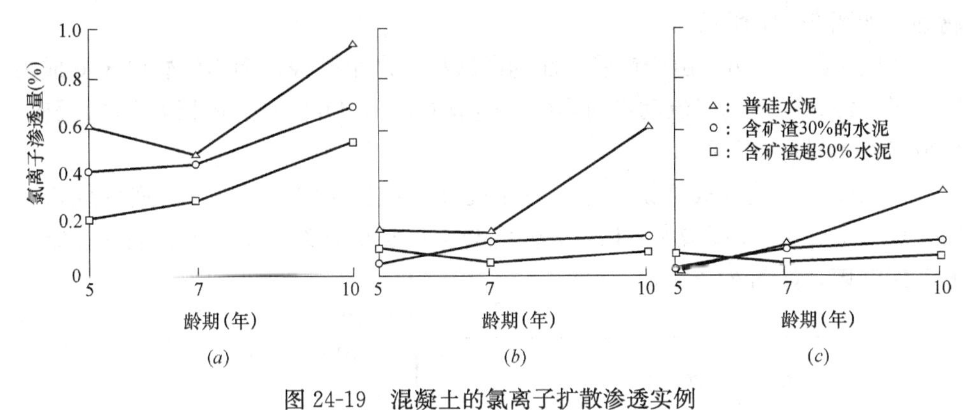

图 24-19　混凝土的氯离子扩散渗透实例

(a) 从表面 0～3cm；(b) 从表面 3～6cm；(c) 从表面 6～10cm

由图 24-19 可见，含矿渣 30%及 35%以上的水泥混凝土，5 年、7 年和 10 年龄期，离表面 3cm 以后的氯离子扩散渗透深度几乎没有变化，说明抗氯离子扩散渗透的性能很好。笹屋、鸟居等人在石川县松任市德光海岸试验，试件在空气中暴露试验的结果如图 24-20 所示。

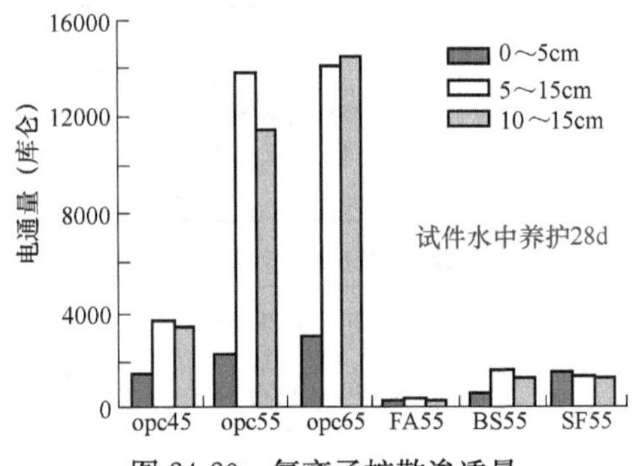

图 24-20　氯离子扩散渗透量

图 24-20 中，相应的混凝土配比如表 24-4 所示。

混凝土配比　**表 24-4**

代号	W/C(%)	s/a(%)	C	W	掺合料	坍落度	含气量(%)
OPC-45	45	36	300	135		2.0cm	4.5
OPC-55	55	38	300	165		8.5cm	5.5
OPC-65	65	40	300	195		18.0cm	5.7
FA-55	55	38	210	165	90	15.5cm	5.5
BS-55	55	38	150	165	150	12.5cm	5.2
SF-55	55	38	270	165	30	2.0cm	5.6

FA-55 配比中，以 90kg 粉煤灰等量取代水泥后，氯离子扩散渗透量最低；其次是 BS-55，以 150kg 矿粉等量取代水泥后氯离子扩散渗透量也比较低，矿物质掺合料抑制氯离子的扩散渗透是很有效的。

6. 海洋混凝土中钢材腐蚀的对策

在碱性环境下，混凝土中的钢筋表面有一层钝化膜，钢筋不会受到锈蚀，但是当钢筋周围氯离子积蓄到一定量以后，不动态薄膜受到破坏，钢筋就开始受到腐蚀，如图 24-21 所示。

在图 24-21 左边，由于钢筋表面的微缺损，产生孔蚀，钢筋失去电子 e^- 成为铁离子（$2Fe^{2+}$）；电子流动走向阴极，生成 OH^-；OH^- 进入阳极与 Fe^{2+} 反应，生成 Fe（$OH)_3$（铁锈）。

钢筋腐蚀由铁变成铁锈，体积发生变化，如图 24-22 所示。由铁变成铁锈 $Fe(OH)_3 3H_2O$，体积增大 5 倍多，使混凝土保护层开裂，造成钢筋混凝土结构的开裂破坏，如图 24-23 所示。

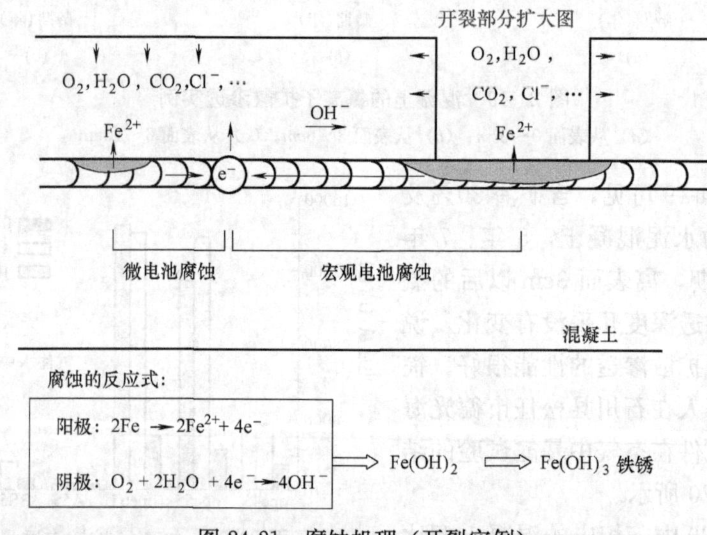

图 24-21 腐蚀机理（开裂实例）

为了提高钢筋混凝土抗氯离子腐蚀的性能，可以考虑以下对策：

(1) 氯离子的扩散系数要低

降低氯离子的扩散系数首先要提高混凝土的密实度，以及以部分矿粉、粉煤灰或硅粉代替部分水泥，如上所述混凝土的氯离子的扩散系数就能降低，保证钢筋保护层厚度也是十分重要。

(2) 钢筋表面使用环氧树脂涂层，特别是处于浪溅区的混凝土。

也就是通过提高混凝土的密实度、强度，以及用部分矿物掺合料，以降低氯离子对混凝土的扩散渗透。如有足够的保护层厚度，混凝土结构中的钢筋表面又有环氧树脂涂膜，混凝土结构的耐久性是不成问题的。电化学防腐蚀的方法，既可用于预防，也可用于修复，下面作较详细的介绍。

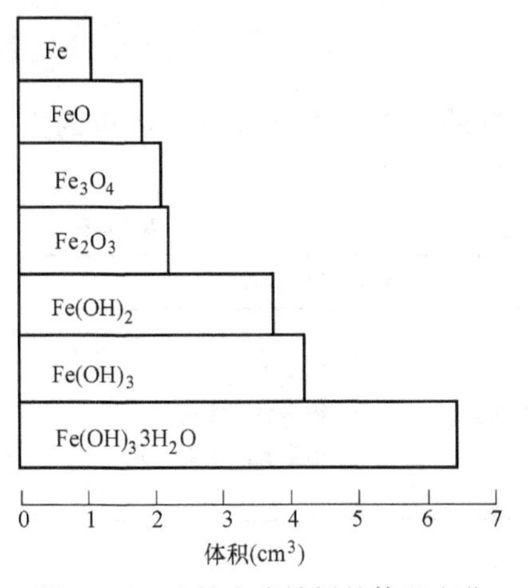

图 24-22 由铁变成铁锈的体积变化

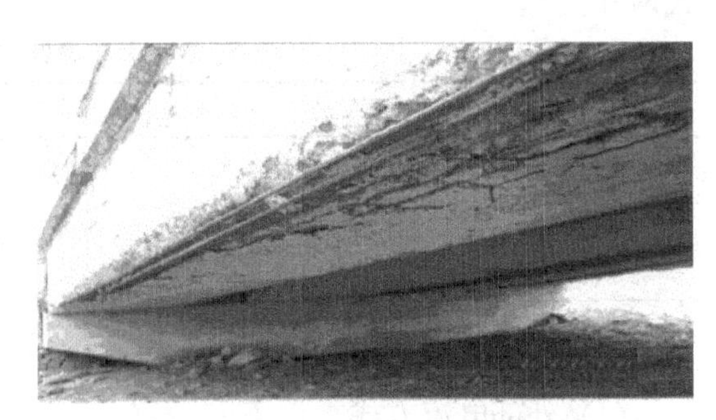

图 24-23 山东潍坊白浪河大桥的钢筋保护层成片剥落

24.9 电化学防腐蚀

1. 电化学防腐蚀原理

电化学防腐蚀的方法，是着眼于因电化学反应而引起钢筋锈蚀的原理。若能连续向钢筋通直流电，控制其电位，就能免除钢筋表面的电化学反应，防止混凝土结构的损伤破坏。电化学防腐蚀方法的基本原理如图 24-24 所示。

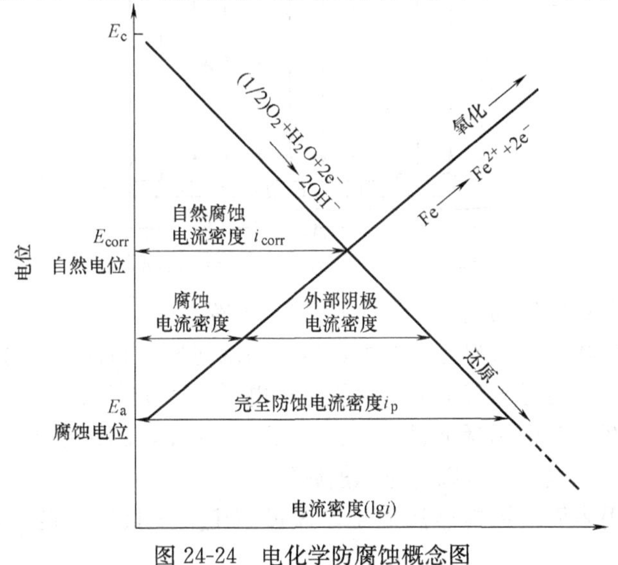

图 24-24 电化学防腐蚀概念图

由于外部给予防腐蚀的阴极电流，使腐蚀电流密度变小，腐蚀速度降低，也就是防止钢筋腐蚀。

2. 电化学防腐蚀工法的种类

电化学防腐蚀工法的种类如表 24-5 所示。有外部电流方式和流电阳极的方式两种。

电化学防腐蚀工法　　表 24-5

外部电源方式		流电阳极方式	
面状阳极	钛金属片方式 钛金属液喷射方式	面状阳极	锌板方式 锌金属液喷射方式 铝金属液喷射方式
线状阳极	钛金属网带方式		
点状阳极	内部掺入电极		

(1) 外部电流方式

在混凝土表面安放阳极，并与钢筋（阴极）密切连接，通过直流电流。钢筋获得电子 e^- 而防锈。

阳极有钛金属网，钛金属液喷射等。电流为 0.001～0.003mA/m^2，一直永久持续下去。把金属氧化物作为带状电极的面层，将其作为电极，在混凝土中切除凹槽，电极埋入其中，与直流电源装置接上，从外部供给钢筋电流，使钢筋腐蚀电流密度降低，达至防腐蚀的目的。其原理概要如图 24-25 所示。

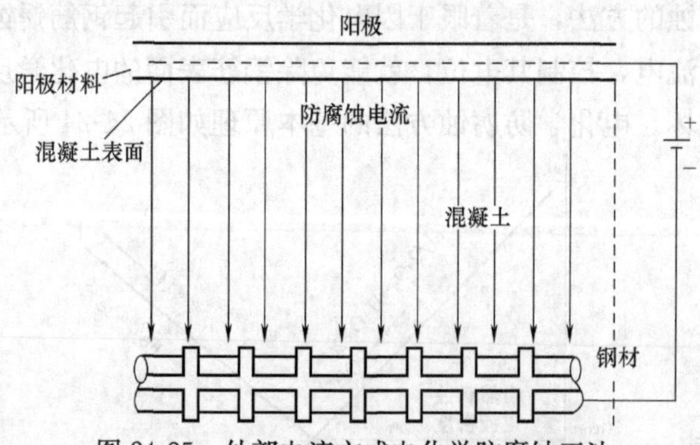

图 24-25　外部电流方式电化学防腐蚀工法

外部电流方式实例如图 24-26 所示、图 24-27 所示。

将钛金属带状网埋入混凝土槽中，然后用水泥砂浆封槽。钛合金带状网为阳极，钢筋为阴极。通过直流电流，钢筋获得电子 e^- 而防腐蚀。

将钛金属网片置于混凝土表面，然后用砂浆覆盖，以钛金属网为阳极，钢筋为阴极，通过直流电流，可以防止钢筋腐蚀。

也可以采用表面喷涂钛金属面层，通过固定点连接阳极的电极方式，如图 24-28 所示。

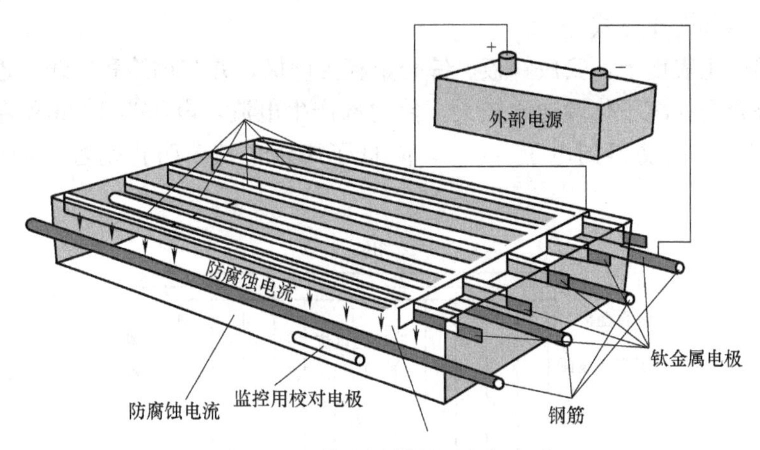

图 24-26　钛金属带状网电极方式

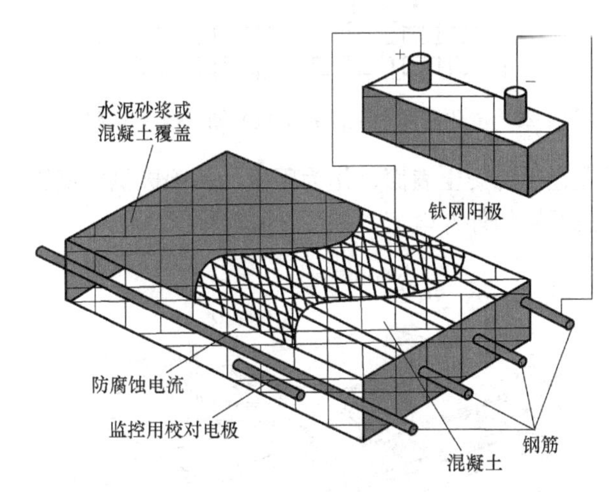

图 24-27　钛金属网状阳极方式

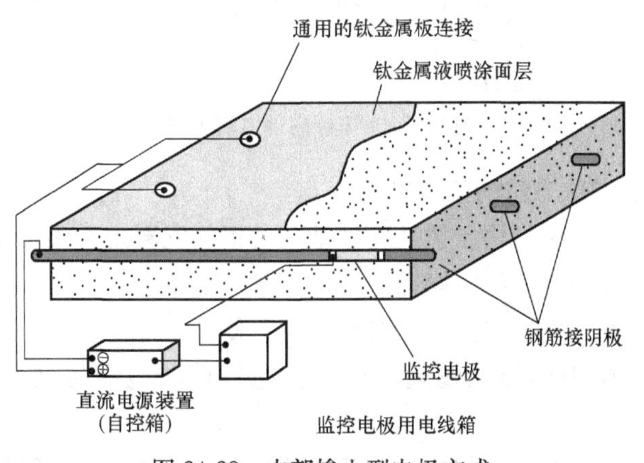

图 24-28　内部掺入型电极方式

(2) 内部电流方式

在混凝土表面上，安放锌板、锌合金板为阳极，并与钢筋和导线相连接。因锌板、锌合金板离子化倾向比较大，使内部产生电流，电压为100mA左右。电流流向钢筋，钢筋得到电子（e^-），降低了腐蚀电流，防止锈蚀。如图24-29所示。

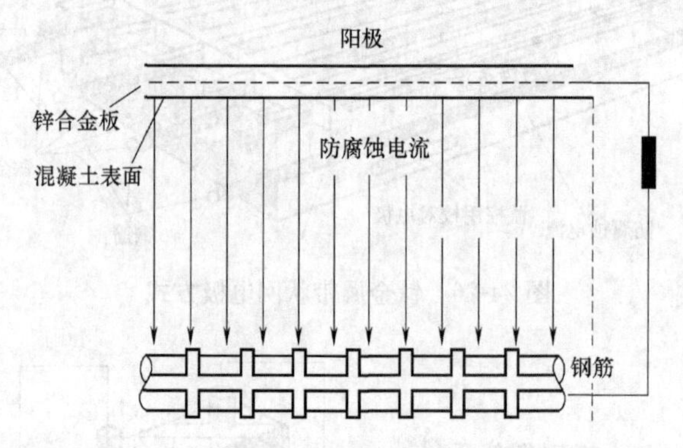

图24-29 电化防腐蚀工法系统概要图（内部电流方式）

把锌合金板设置于混凝土表面，作为阳极，从阳极供应钢筋的防腐蚀电流的方式。其特点不需要施加外部电流，如图24-30所示。

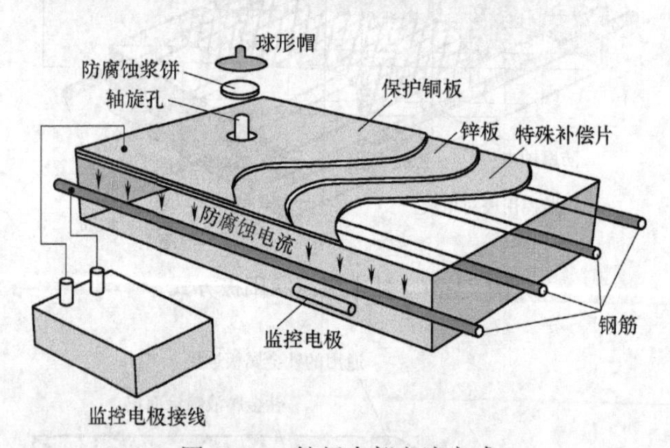

图24-30 锌板内部电流方式

3. 电化学防腐蚀方法的施工应用

电化学防腐蚀方法可用于氯盐腐蚀地区的钢筋混凝土桥梁，土木工程结构物和建筑工程结构物等方面的防腐蚀。其施工顺序如下：

(1) 混凝土的处理：包括断面修复，裂缝修补。

(2) 混凝土中钢筋导电畅通的确定：把钢筋与电源接通，检查导电是否畅通。

(3) 监控用校正电极安装，阳极系统的设置，直流电源装置的设置，配线配管，系统通电调整以及防腐蚀效果的确认等。如图 24-31、图 24-32 所示。

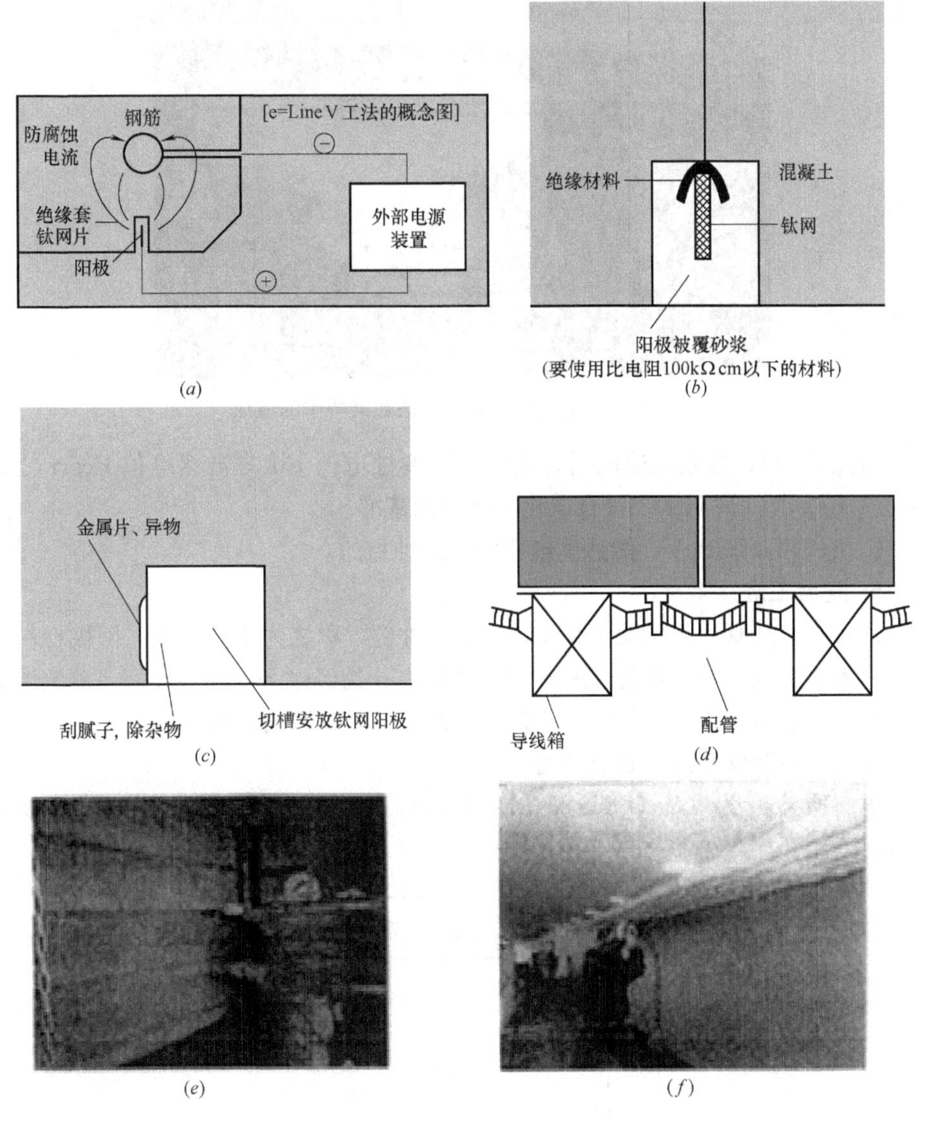

(a)　(b)　(c)　(d)　(e)　(f)

图 24-31　电化学防腐蚀的施工应用

(a) 电化学防腐蚀工法概念图；(b) 钛网阳极安装；

(c) 混凝土开槽；(d) 配管与配电箱安装；

(e) 钢筋混凝土墙板的电化学防腐；(f) 钢筋混凝土顶板电化学防腐蚀

4. 检验与验证

通过电化学腐蚀工法处理后，安装了外部直流电源装置，需要进一步检验其效果，即能否防腐蚀。

图 24-32　电化学防腐蚀方法在某桥中的应用

按图 24-24，当系统通电后，电化学防腐蚀电位 Eif 与自然电位 Ecorr 之差如超过 100mV，说明系统符合电化学防腐蚀基准。

Ecorr-Eif≥100mV，能达到电化学防腐蚀目的。

5. 脱盐工法

通过电子迁移，把混凝土中 Cl^- 迁移到外部，称之为脱盐工法。阳极材料不溶于电解质溶液、直流电流 $1A/m^2$ VA 度左右、约经过 8 周左右作用，测定混凝土中 Cl^-，达到预期目标值后停止通电，撤去临时安装的阳极。

阳极材料有钛金属、钛合金等。

电解质溶液为（$Ca(OH)_2$，LiOH，Li_2CO_3 溶液等。脱盐工法原理如图 24-33所示。

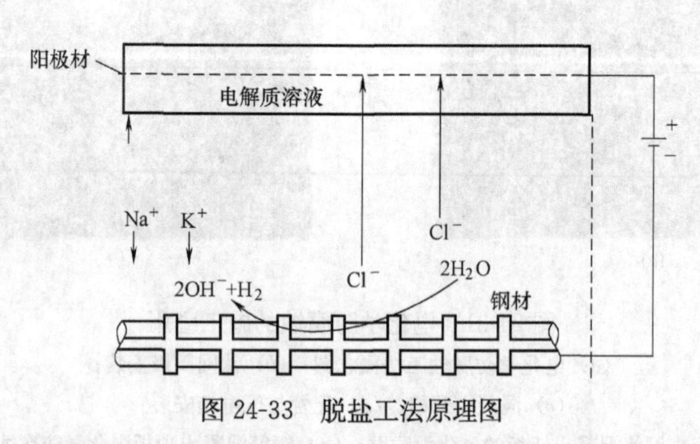

图 24-33　脱盐工法原理图

脱盐工法可用于沿海地区受盐害劣化桥梁的修补，如图 24-34 所示。

6. 再碱化工法

在混凝土结构的外表面，安放带有碱性溶液的电极，以其作为阳极；钢筋为阴极，通过直流电，流量为 $1A/m^2$ 左右。通电时间约 2 周，被中性化的混凝土

图 24-34　脱盐工法用于修复沿海桥梁

中碱性恢复，pH 恢复，这称之再碱化工法。再碱化处理完成后，把临时安放的阳极移开。

电解质溶液为 Na_2CO_3、K_2CO_3 的水溶液。

再碱化工法的主要因素如图 24-35 所示。再碱化工法的施工应用如图 24-36 所示。

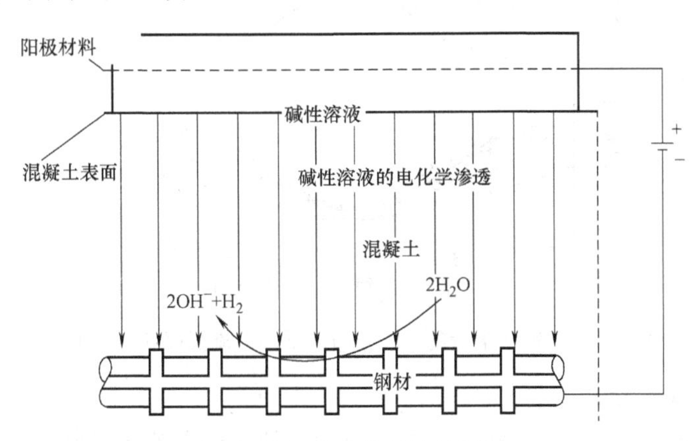

图 24-35　再碱化工法的原理

根据混凝土芯样的中性化深度及碱含量，可以确认再碱化工法的效果，参考表 24-6 及图 24-37，再碱化工法处理前在钢筋附近的 pH 值为 10.4～10.8，而处理后 pH 值为 13.2～13.6。由图 24-37 可见，经 5A、4 周处理（碱 10kg）后，在钢筋附近的碱含量达到了 20kg/m^3。

再碱化处理前后的 pH 值　　**表 24-6**

	混凝土表面	钢筋附近
处理前	9.6～10.0	10.4～10.8
处理后	11.2～11.6	13.2～13.6

(*a*) (*b*)

图 24-36 再碱化工法的施工应用

(*a*) 安放临时电极；(*b*) 喷涂含碱溶液保护层（含木质素）

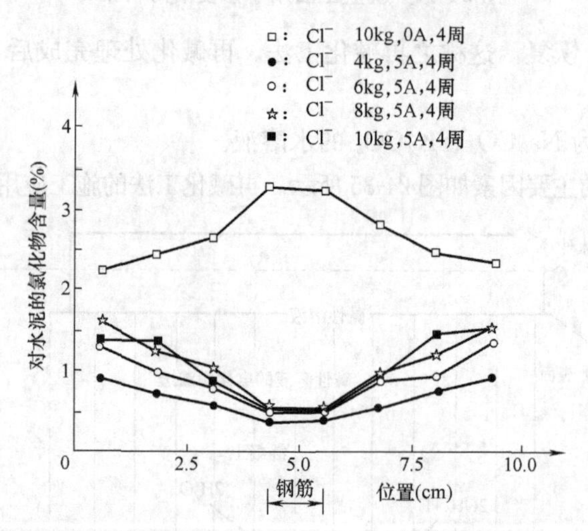

图 24-37 钢筋附近的 Cl^- 分布（不同电流强度和时间下）

7. 静电植绒工法

水中（海水中）存在电解质，通过电脉，使这些电解质析出，排放在混凝土表面及裂缝表面，使混凝土表面到达致密化以及修补开裂损伤的工法。

临时安放的阳极，要离开混凝土的表面，电流量约为 0.5A/m²，通电 6 个月以上。静电植绒工法完了之后，要撤出临时安放的电极。

临时安放的电极有钛合金、黑铅、硅铁等。

电解质溶液有海水、地下水等。静电植绒工法如图 24-38 所示。

8. 各种电化学修补工法比较

电化学防腐蚀、脱盐工法和再碱化工法汇总比较如表 24-7 所示。

9. 注意事项

电化学修补工法应该注意的事项，有以下共同点：

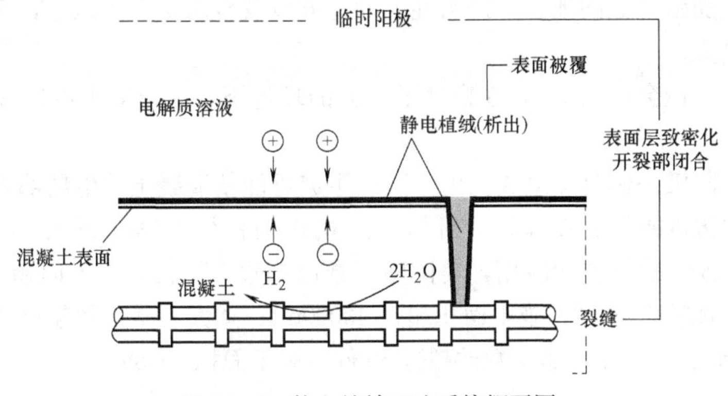

图 24-38　静电植绒工法系统概要图

电化学修补工法比较　　表 24-7

工法名称	电化学防腐蚀	脱盐工法	再碱化工法
施工期限	恒久的施工	4～12 周	4～20d
电流密度(A/m^2)	0.01	1	2
直流电压(V)	2～30	10～40	10～40
阳极	导电性涂料、钛网片，其他	软钢、钛网片	软钢、钛网片
电解液	混凝土中的空溶液	自来水 $Ca(OH)_2$	$NaCO_3$ $Ca(OH)_2$
防蚀基准	分极电位 电位变化量	钻孔取样的 Cl^- 含量	钻孔的中性化深度 Na^+ 含量
检查	施工后 6 个月	施工中每 2～3 周	施工中 2～3 周

(1) 碱离子向钢材迁移混凝土中含有碱活性骨料的情况下，伴随着 OH^- 发生，碱离子积蓄，有可能促进碱-骨料反应发生而产生过大的膨胀。

(2) 钢材和混凝土界面上会产生 H^+ 过剩的负电位，一般都伴随有高负电流密度，在钢筋表面可能会产生 H_2，引起高强度钢筋发脆，对 PC 钢筋的防腐蚀对策，特别要注意到这一方面。而且会由于 H_2 的压力，而使混凝土开裂。

(3) 混凝土以及混凝土、钢筋界面的化学、物理变化，混凝土和钢材的粘结强度会受到影响。伴随着 OH^- 的增加，水泥浆中形成 C-S-H 相的 SiO_2 以离子形式溶出，水泥浆会软化。通电 8 周之后，垂直于钢筋断面的硬化水泥浆体，要检测其显微硬度分布。在钢筋和混凝土的界面上，硬化水泥浆体显微硬度都会降低。

(4) 局部的高电流密度，加热过高有可能导致混凝土发生开裂。除了要注意平均电流密度外，局部高电流密度的地方更加要注意。例如，局部的保护层厚度的地方，配筋密度低的地方，透水性大的地方以及含水量大的地方，会引起局部电流密度过大。

（5）在阳极会产生 Cl_2，在换气不充分的环境下，有健康上的问题、爆炸危险的问题。

（6）在阳极一侧有酸生成，由于酸的生成可能使混凝土发生局部劣化。

电化学防腐蚀工法从 1968 年开始，在道路、桥梁、栈桥、码头、隧道、护坡及建筑物等方面的维护和应用，美国施工数已超过 350 件，施工面积 500000m²；加拿大施工数超过 44 件，施工面积超过 43000m²；意大利施工数超过 7 件，施工面积 64200m²；在日本，施工数件超过 60 件，施工面积 65585m²。

24.10 氯离子固化剂配制的抗海水混凝土

如 24.4 节所述，氯离子通过毛细管的扩散渗透，进入混凝土结构的内部，当钢筋表面的氯离子含量≥0.3kg/m³ 以后，钢筋开始锈蚀。而氯离子在毛细管的扩散渗透，又分为结合的 Cl^-、被吸附的 Cl^- 及自由的 Cl^-；前两者统称为固化的 Cl^-。只有自由的 Cl^- 才能进入混凝土内部，危害结构的安全。

氯离子固化剂配制的混凝土，由于氯离子固化剂均匀分散于混凝土中，能与扩散渗透进入混凝土的 Cl^-，结合生成新的水化物，使自由的 Cl^- 变成了固化的 Cl^-，消除了 Cl^- 对钢筋腐蚀的危害。

氯离子固化剂（$3CaO \cdot Al_2O_3 \cdot Ca(NO_2)_2 \cdot nH_2O$）与 Cl^- 的反应如下：

• $3CaO \cdot Al_2O_3 \cdot Ca(NO_2)_2 \cdot nH_2O + 2Cl^-$
$\rightarrow 3CaO \cdot Al_2O_3 \cdot CaCl_2 \cdot nH_2O + 2NO_2^-$

• $2NO_2^- + Ca^{2+} \rightarrow Ca(NO_2)_2$

• $Ca(NO_2)_2 + 3CaO \cdot Al_2O_3 \cdot nH_2O$
$\rightarrow 3CaO \cdot Al_2O_3 \cdot Ca(NO_2)_2 \cdot nH_2O$

• $3CaO \cdot Al_2O_3 \cdot Ca\ (NO_2)_2 \cdot nH_2O + 2Cl^-$
$\rightarrow 3CaO \cdot Al_2O_3 \cdot CaCl_2 \cdot nH_2O + 2NO_2^-$

NO_2^- can be recycle

氯离子固化剂与 Cl^- 反应，生成弗里德尔盐，使游离的 Cl^- 变成了化合物，也即固化了 Cl^-。

1. 在山东潍坊的试验

山东潍坊的钢筋混凝土桥梁受盐害很严重，结合东营黄河大桥工程开展了氯离子固化剂的试验研究。试验方案如表 24-8 所示。

表中：编号 1 为基准试件，编号 2 为掺 Cl^- 固化剂占水泥量 2%的试件，编号 3 为掺 Cl^- 固化剂占水泥量 4%的试件，编号 4 为掺 Cl^- 固化剂占水泥量 4%，再掺 2%的盐的试件。

氯离子固化剂的试验　表 24-8

编号	试件尺寸(mm)	W/B(%)	组成材料	Cl^-固化剂	盐掺量
1	25×25×285	50	C=400 S=900 W=200	基准试件	—
2	25×25×285	50	C=392 S=900 W=200	8g(C×2.0%)	—
3	25×25×285	50	C=384 S=900 W=200	16g(C×4%)	—
4	25×25×285	50	C=376 S=900 W=200	16g(C×4%)	8g(2%)

钢筋：$\phi=4$mm，$l=250$mm，表面除锈，然后埋入试件中，保护层厚度≥10mm；标养 7d 后，浸渍于 3%的 NaCl 溶液中，浸渍液每月更换一次。

1 年 2 个月打开试件如图 24-39 所示。

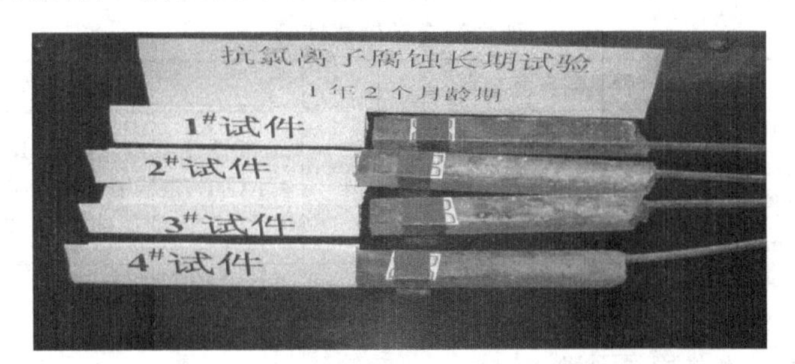

图 24-39　打开从盐溶液中取出试件钢筋表面

刚打开从盐溶液中取出试件时，未发现钢筋表面锈蚀，将试件存放于空气中，经过一段时间的存放，就发现 1 号和 4 号试件锈蚀，如图 24-40 所示

图 24-40　经空气中存放后 1 号和 4 号试件锈蚀

再过一年后，将浸渍了 2 年 2 个月的试件打开，如图 24-41 所示。

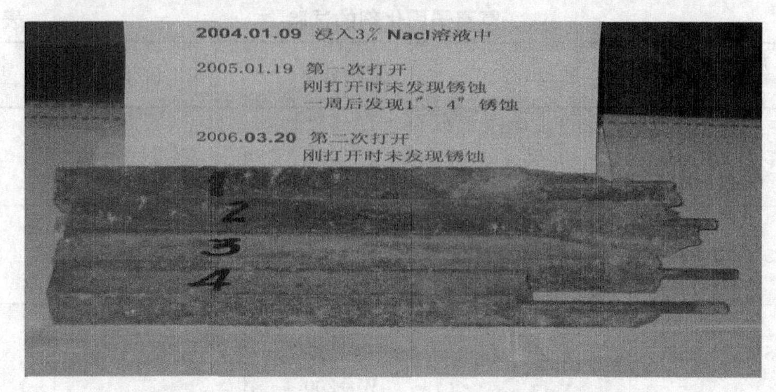

图 24-41 龄期 2 年 2 个月试件打开后钢筋表面

刚打开从盐溶液中取出试件时，未发现钢筋表面锈蚀，但一周后 1 号、4 号试件表面发生锈蚀，2 号试件表面也发生轻微锈蚀。

2. 地中海海砂试验

地中海海砂是由马来西亚 IKRAM 公司提供；北京永定河的河砂；PO42.5 的水泥。试验砂浆配合比如表 24-9 所示。钢筋事先焊上导线如图 24-42～图 24-44 所示。

地中海海砂砂浆试验 **表 24-9**

编号	砂浆配合比	试验条件
1	河砂砂浆 水泥：砂＝1：3　$W/C=0.5$ 试件尺寸：40×40×160mm ϕ6mm 钢筋，除锈后埋于试件中心	试件脱模后，标养 7d，然后浸入饱和 $Ca(OH)_2$ 溶液中 3 周，测定试件中钢筋的电位（试件浸泡于 3%NaCl 溶液中）
2	海砂砂浆 配合比及试件尺寸同编号 1 但以海砂代河砂配砂浆	同上
3	砂浆配比同编号 2，但外掺 10%氯离子固化剂	同上

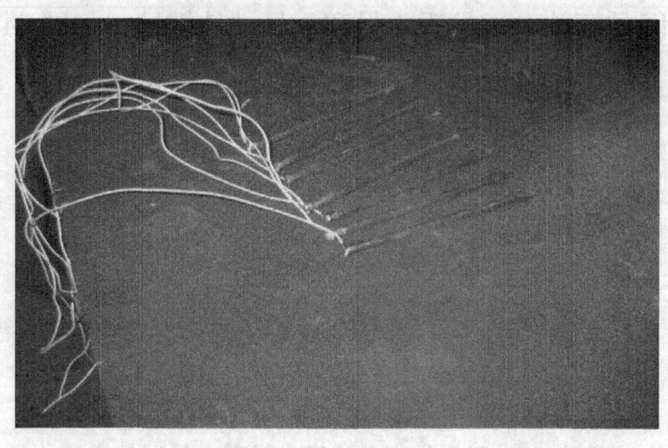

图 24-42 除锈钢筋，焊上导线，以便测定电位

图 24-43　埋放钢筋成型

图 24-44　测定电位

试件浸泡于 3%的 NaCl 溶液中，进行干湿循环 10 次，试件的龄期约 6 个月，测定电位与时间关系如图 24-45 所示。

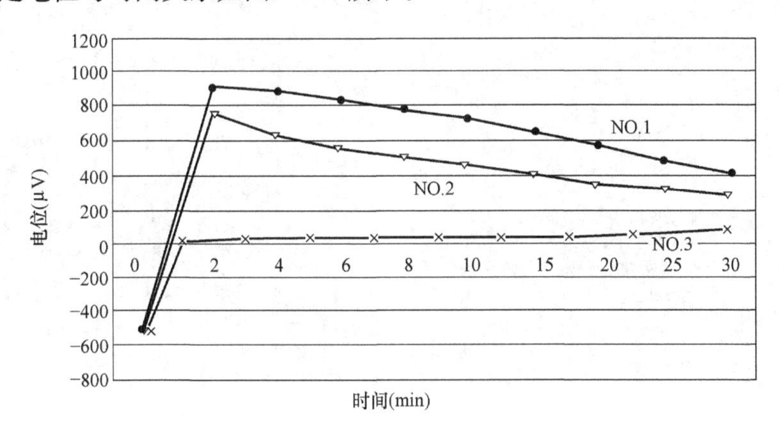

图 24-45　不同编号试件的电位—时间曲线

NO. 1、NO. 2 曲线说明了试件内的钢筋受到了腐蚀，电位曲线初始上升，到达峰值后逐步下降；而 NO. 3 曲线比较平稳，说明了试件内的钢筋没受到腐蚀，这是由于掺入了 Cl^- 固化剂。

打开试件观测钢筋锈蚀。如图 24-46 所示，图中（*a*）为海砂试件，外掺 10%固化剂，6 个月在盐水中干湿循环未见锈蚀；（*b*）为海砂＋3%NaCl＋10%固化剂，6 个月在盐水中干湿循环也未见锈蚀；（*c*）为无固化剂的海砂试件，发生锈蚀；（*d*）为无固化剂的海砂＋NaCl 3%试件，发生锈蚀。

3. 海砂钢筋混凝土试件露天试验

2009 年，以深圳的海砂，与河砂搭配，试制了钢筋混凝土柱，摆放于宝安

(*a*)　(*b*)　(*c*)　(*d*)

图 24-46　固化剂对地中海海砂中 Cl^- 固化效果

海边，观察在内外氯离子腐蚀的情况。

海砂混凝土结构试验：

1）原材料

水泥：P0425；

海砂：深圳沿海产；

河砂：珠江流域产；

氯离子固化剂：自行开发的产品；

NaCl。

2）混凝土配制方案（kg/m^3）

编号	水泥	水	矿粉	粉煤灰	细骨料	粗骨料	固化剂	NaCl
1	1300	168	50	70	700	1050	3%	1.0%
2	2300	168	50	70	700	1050	3%	
3	300	168	50	70	700	1050	—	
4	300	168	50	70	700	1050		
5	300	168	50	70	350+350	1050		

注：编号 1、2、3 均为海砂；编号 4 为河砂；编号 5 河海砂各半。

3）混凝土构件

每个配合比各制备 2 个试件，试件尺寸为：100cm×40cm×20cm，内放钢筋笼，保护层厚 3cm。每个配合比筛出部分砂浆，制备 4cm×4cm×16cm 试件 3 件，内放 ϕ10 圆形除锈钢筋。一组试件露天存放，另一组试件存放于海边。

在宝安海边的露天试验试件如图 24-47 所示。其中编号 1 和编号 2 均掺入固

图 24-47　各种组合砂的试件（一）

图 24-47　各种组合砂的试件（二）

化剂 3%，而编号 1 的试件还掺入了 1.0%的 NaCl；编号 3 也为海砂试件，但没有掺盐也没掺固化剂。编号 4 为河砂试件，编号 5 为海砂、河砂各半。这些混凝土经过了 5 年的露天暴露试验，尚未发现氯离子侵蚀劣化。

作者研发的氯离子固化剂还在新加坡马来西亚研发试用。

24.11　抗硫酸盐侵蚀的混凝土

硅酸盐水泥混凝土，由于其水化物可溶于酸中，故对于有机酸无机酸溶液的抵抗性很差．在酸类中，特别是硫酸，温泉地域，硫酸盐土壤环境，下水道相关设施等都存在大量的酸类。这样的环境下，造成混凝土结构物和下水道的腐蚀劣化事例很多。造成下水道混凝土管腐蚀劣化的概念可参考图 24-48。

排放的下水道污水中含有硫酸盐和硫酸盐还原细菌，以及氧化硫细菌，这些都能生成硫酸，造成一个很容易使混凝土发生劣化的环境。在硫酸盐环境中混凝土的劣化是这样进行的，由于硫酸的浸渍渗透，混凝土发生侵蚀和中性化，伴随着发生钢筋锈蚀。腐蚀继续进行，混凝土中的水泥石脆弱化，骨料剥落，使混凝土受到很大的损伤。硫酸盐对混凝土的侵蚀是由于水泥水化物和硫酸反应生成二水石膏和钙矾石，伴随着体积增大，使混凝土开裂剥落。混凝土中水化物的数量越多，酸越强（pH 值越低），侵蚀的程度越大，如图 24-49 所示。

这是污水管顶部和管道内部劣化的状态，耐酸混凝土也就是对硫酸等酸类的侵蚀具有抵抗能力的混凝土。一般来说，如聚合物混凝土那样含硅酸盐水泥少的胶凝材料和耐酸骨料配制的混凝土。

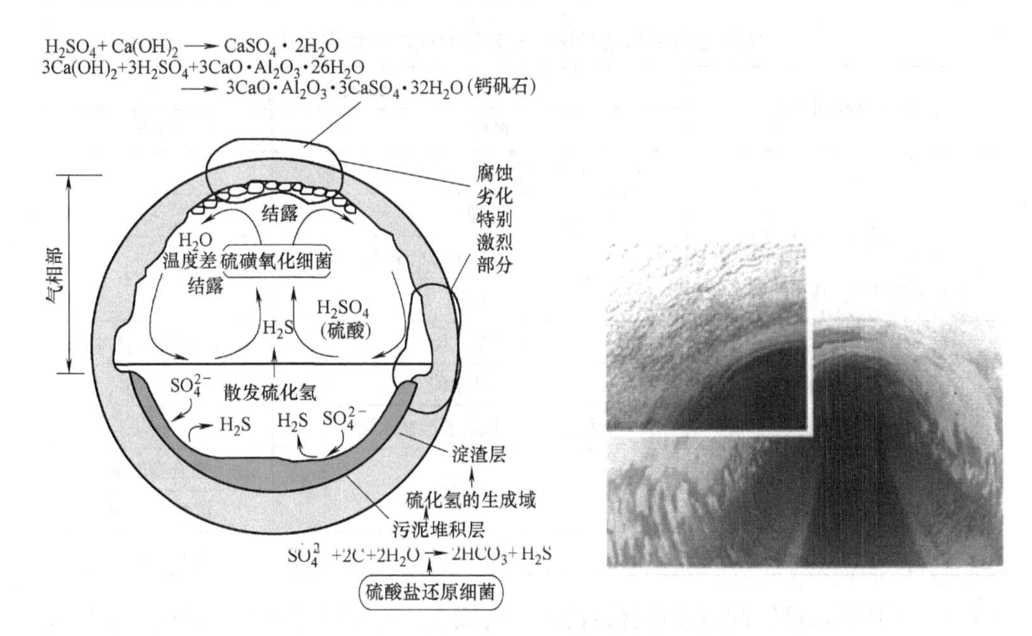

图 24-48　下水道设施中特有的硫酸对混凝土腐蚀概念图

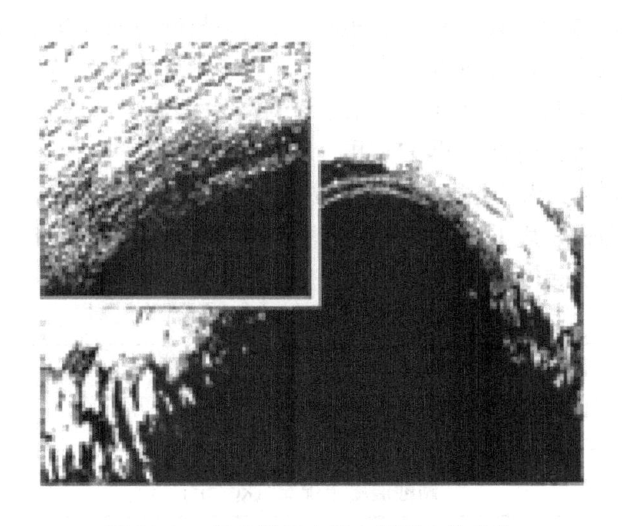

图 24-49　污水排排水管中混凝土的劣化

(1) 耐酸混凝土的分类（按防止劣化和组成材料）

按防止劣化和组成材料的方法，耐酸混凝土可归纳如表 24-10 所示。

近年来，用硅酸二钙含量高的水泥和矿粉或硅粉同时应用的超高强度自密实混凝土，具有比较高的耐酸性能。耐硫酸盐波特兰水泥主要是由于比较难生成钙矾石，故对高浓度的硫酸抗腐蚀性能高于普硅水泥；利用铝酸盐水泥，掺入不定

按防止劣化和组成材料的方法分类的耐酸混凝土　　表 24-10

防止劣化的方法	组成材料	
	胶结料	掺合料
使用水泥以外的胶结料	聚合物(不饱和聚酯,环氧,MMA等)	—
	沥青	—
	下水污泥融渣＋碱硅酸盐	—
	硫黄	—
降低酸可溶性的水泥化合物	硅酸盐水泥	矿粉,火山灰,粉煤灰
	铝酸盐水泥	—
	耐硫酸盐侵蚀的硅酸盐水泥	—
防止酸类的渗透(致密)	硅酸盐水泥	聚合物乳液
		矿粉,火山灰
防止硫黄氧化生成硫酸	硅酸盐水泥	防菌抗菌剂

型的耐火材料，可以配制性能优良的耐酸混凝土。与下水道相关的设施中抗硫酸盐腐蚀，抑制硫黄氧化细菌生成酸是主要目标，这也是混凝土防腐添加剂的对策。对任何一种耐酸混凝土中，都不能使用石灰石骨料，因其为酸可溶性。

(2) 下水道污泥融渣粉和碱硅酸盐作为胶结料的耐酸混凝土的性能在下水道相关的设施中抗硫酸盐腐蚀的同时，污水处理厂则排放大量的污泥，如何再生应用，成为一个大课题。在这样的背景下，对下水污泥烧却的灰渣开展了研究应用，钢筋混凝土管路得到了开发应用。

1) 使用材料，混凝土配比及制造方法

不用水泥而是采用下水道污泥融渣粉和碱硅酸盐作为胶结料。下水道污泥融渣粉的化学成分见表 24-11，混凝土配比见表 24-12。

污泥融渣粉的化学成分（%）　　表 24-11

SiO_2	Al_2O_3	Fe_2O_3	CaO	MgO	Na_2O	K_2O	TiO_2	P_2O_3
44.4	18.1	8.2	11.4	3.1	1.34	1.39	1.07	9.13

耐酸混凝土配比（kg/m^3）　　表 24-12

种类	W/C	坍落度	W	C	融渣粉	碱	S	G	AD
耐酸	—		149	—	350	116	867	958	—
普通	40%		166	415	—	—	804	962	3.2

制造方法，搅拌下水道污泥融渣粉、细骨料和粗骨料，搅拌均匀后，再投入水和碱，浇筑入模，振动成型，蒸养硬化，出厂。

2) 混凝土的性能

混凝土抗压强度如图 24-50 所示。普通混凝土的强度随着龄期增长而徐徐增大，而耐酸混凝土的强度，1d 龄期时就达到了最终强度的 90%。图 24-51 是将混凝土放入硫酸溶液中浸渍时质量的变化。用 10%硫酸溶液浸渍 180d 时，普通混凝土质量降低了一半，而耐酸混凝土质量损失仅 1%，如图 24-52 所示。耐酸混凝土的抗碳化性能也优于普通混凝土，碳化速度很慢化速度很慢是其特征，如图 24-53 所示。

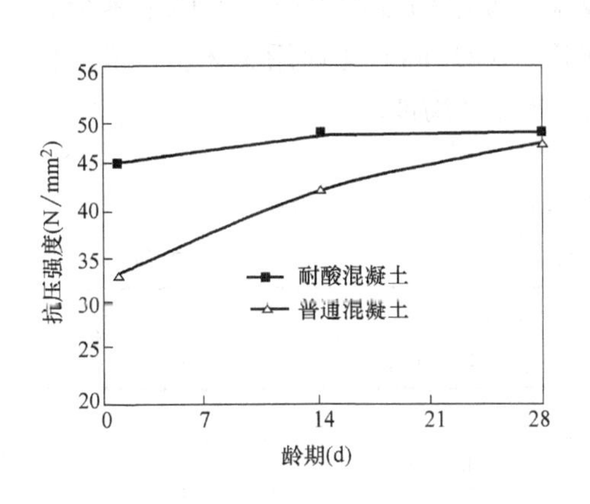

图 24-50　混凝土抗压强度

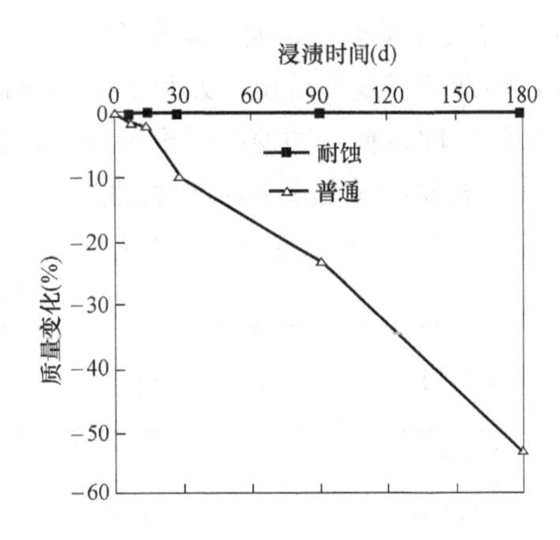

图 24-51　硫酸溶液中质量的变化

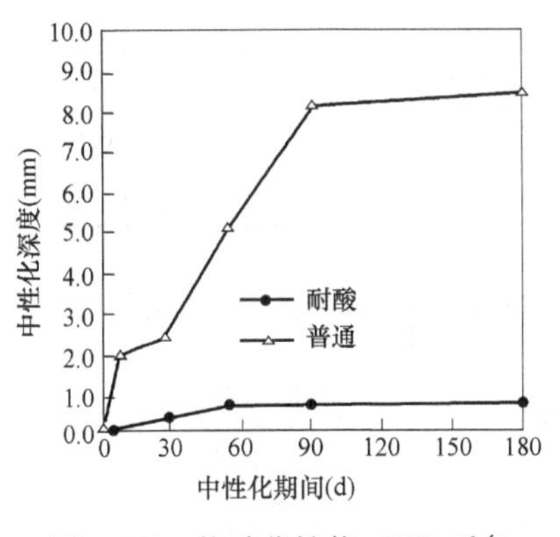

图 24-52　抗碳化性能（CO_2 5%）

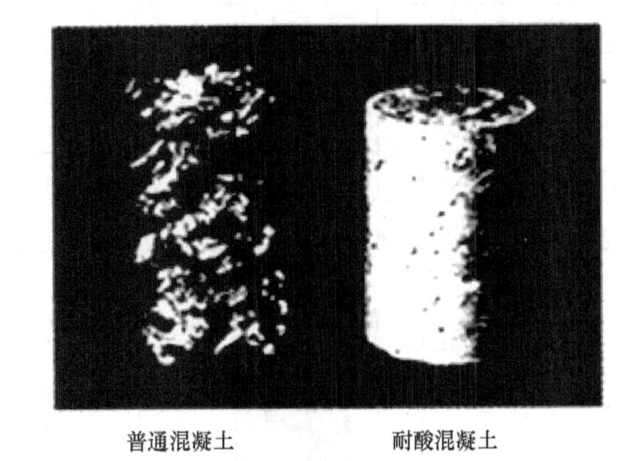

图 24-53　10%硫酸溶液中 1 个月变化

24.12　万年混凝土

日本的鹿岛公司（株）、日本电气化学工业和石川岛建材工业等共同开发了万年混凝土（EIEN，永远）。

EIEN（永远）是拌合特殊材料制成的混凝土，通过碳化，使该混凝土表面很细腻平滑，并能防止地下水和盐分的渗透，使混凝土的耐久性提高。EIEN（永远）推定寿命为一万年，在严酷环境下的桥墩及地下结构物，采用这种混凝土，不仅修补次数大幅度减少，而且由于其碱度接近于低中性，与自然环境相容。

1. EIEN（永远）的技术要点

EIEN（永远）的技术要点归纳如下：（1）使用特殊的掺合料，如 γ-2Ca・SiO_2 掺入混凝土中，通过碳化和 CO_3^{2-} 反应，使结构致密化；（2）CO_2 养护装置，能调节温度、湿度，及设定 CO_2 的浓度；（3）同时还使用了树脂、增强材料及防腐蚀材料，即使在严酷环境下，也不担心受腐蚀。

2. EIEN（永远）的材料物性

EIEN（永远）的材料物性如表 24-13 所示。

EIEN 的材料物性　表 24-13

试验项目	单位	物性值		比率
		EIEN	普通混凝土（W/B=43%）	
抗压强度	N/mm^2	130	57	2.28
弹性模量		4.0×10^4	3.4×10^4	1.18
抗拉强度		8.0	4.4	1.82
抗弯强度		11.5	6.4	1.80
抗弯韧性系数		0	0.1	90.0
孔隙率	%	6.1	8.6	0.71
长度变化	μ	83.0	0.94	0.12
Cl^-有效扩散系数	cm^2/年	0.012	0.782	0.02
溶解度 K_{SP}	mol/L	$10^{-8.17}$	$10^{-4.97}$	0.0006

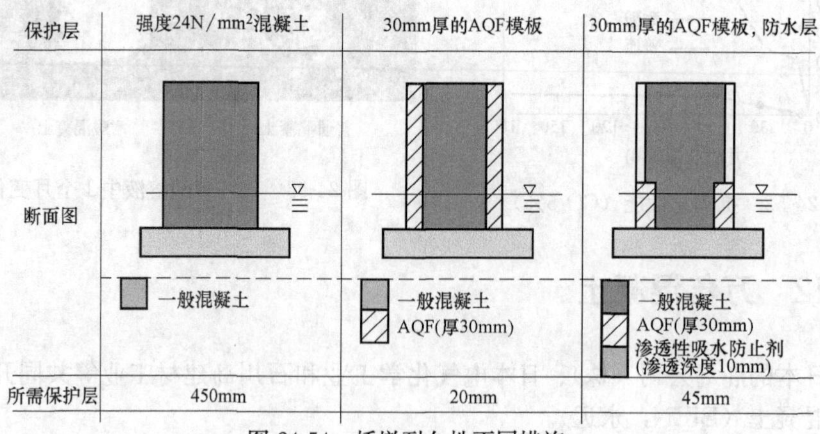

图 24-54　桥墩耐久性不同措施

3. 试验应用

日本的鹿岛公司（株）在 EIEN（永远）的基础上，研发了新型模板（AQ），用于跨海大桥的桥墩，作为永久性模板，附于桥墩上，抵抗外部腐蚀性介质渗入，使结构达到超高耐久性。如图 24-54 所示，以强度为 24N/mm^2（相当我国的 30MPa）的混凝土为海上大桥桥墩，作为对比的基础，然后以 AQF 为模板作为桥墩的永久性模板及防水剂等涂抹表面。桥墩三种模板对比如图 24-54 所示，及模板性能外观及生产时碳化箱等见图 24-55。

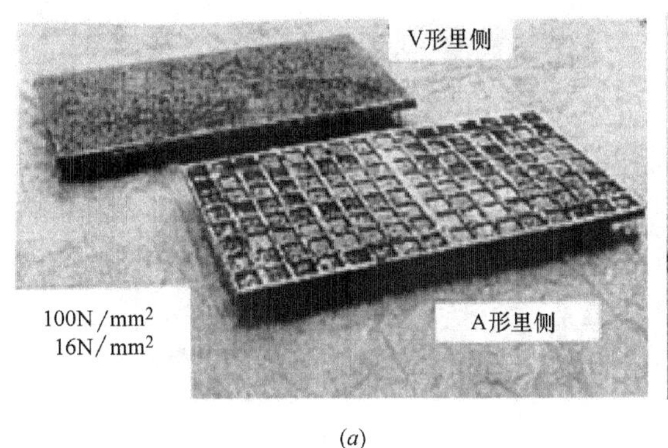

(*a*)

(*b*)

(*c*)

图 24-55　EIEN 的试验和应用（一）

(*a*) AQ 模板；(*b*) AQ 模板桥墩；(*c*) 试验 EIEN 材料时所采用的碳化设备

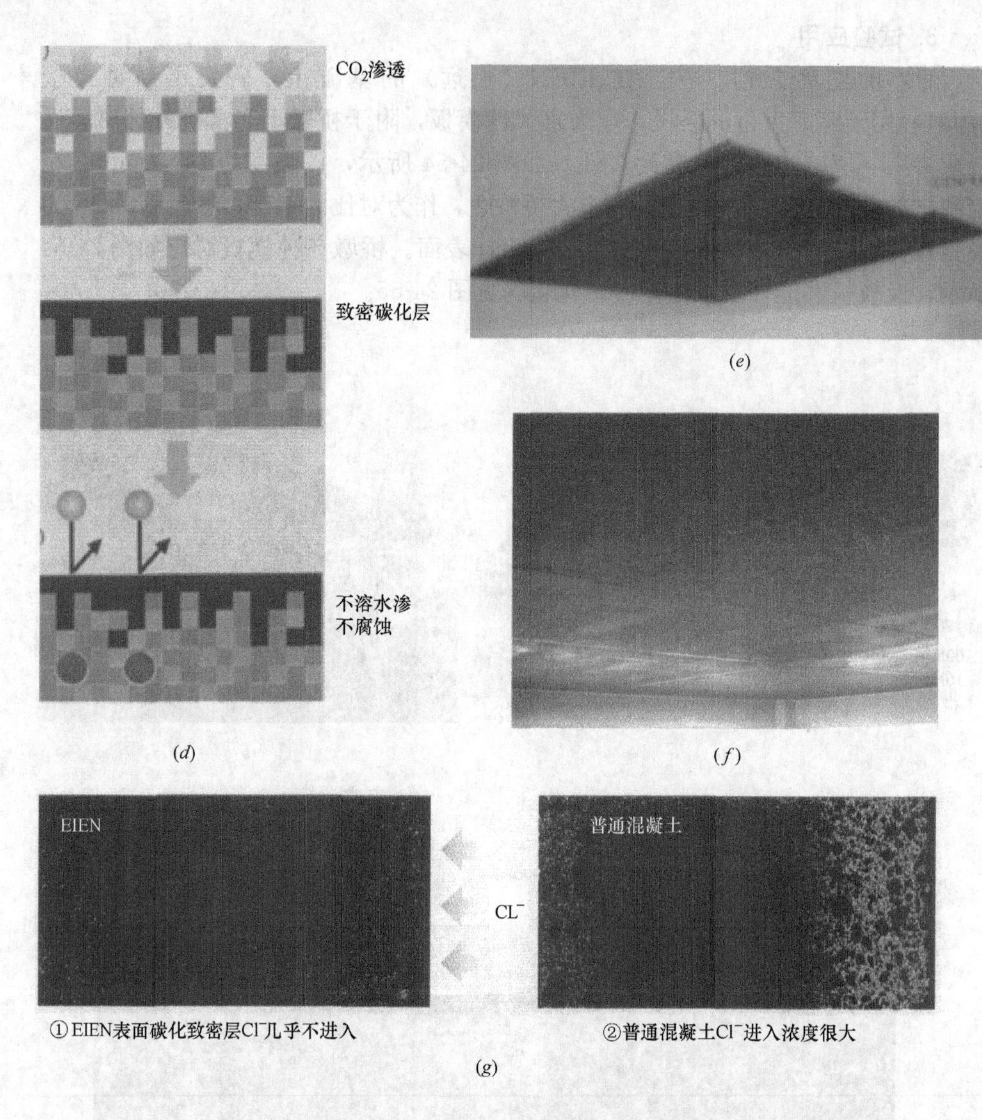

(*d*) (*e*) (*f*) (*g*)

图 24-55 EIEN 的试验和应用（二）

（*d*）板材碳化后性能变化；（*e*）用 EINE 作为埋设模板；（*f*）EIEN 用于找桥板的埋设模板耐久性提高；（*g*）用 EIEN 浸于海水中，研究其遮盐性效果

用 EIEN 板材制作桥墩埋入式模板，可使混凝土结构获得超高的耐久性，也即本节所指的万年混凝土。

第 25 章　新建钢筋混凝土结构物的耐久性

25.1　引言

钢筋混凝土结构设计时，早期采用容许应力设计法，后来又发展到极限设计法，现在日本土木学会又发展到性能查照（查对）的方法，如图 25-1 所示。

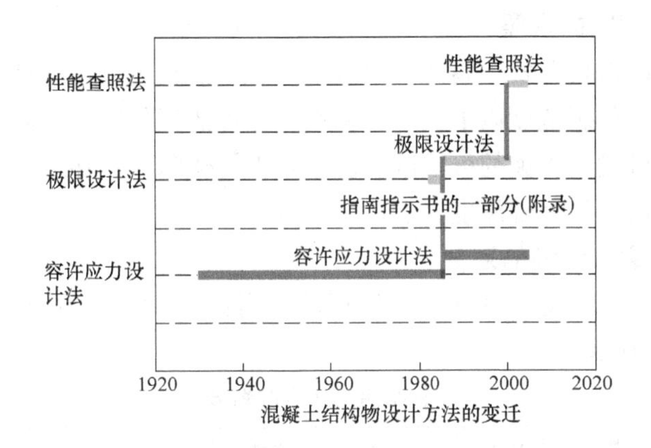

图 25-1　混凝土结构物设计方法的变迁

所谓性能查照法，是根据结构所处的环境、承载力等方面的要求，对结构的受力及耐久性等方面进行设计计算，得到的有关参数，与技术标准规定的参数对照，应满足技术标准规定的参数要求。容许应力法、极限状态法及性能查照法的比较如图 25-2 所示。

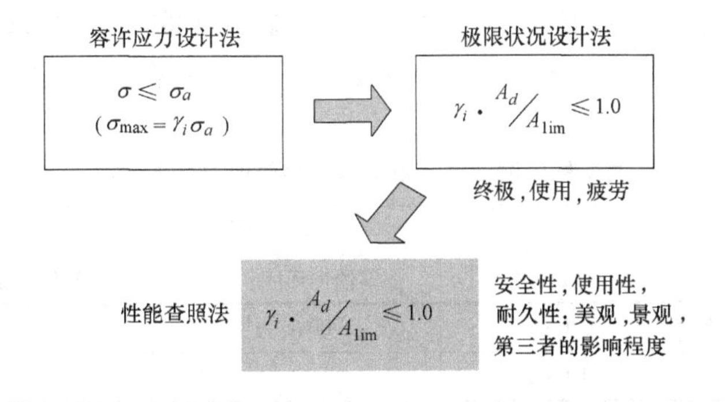

图 25-2　容许应力法、极限设计法及性能查照法的比较

25.2 耐久性

混凝土，在构造物的使用期间中，受到了各种物理的、化学的作用。除了具有充分耐久性以外，还必须具有保护钢材性能。

1. 关于耐久性查照

（1）必须确保通过构造物设计耐用期间所要求的性能；

（2）由于盐害及中性化作用而发生的钢材腐蚀、冻害及化学侵蚀等，使混凝土发生的劣化，构造物所要的性能不应受到损伤，这是最基本的查照方法，而且还要考虑这些劣化因子综合作用的影响。

2. 对钢材腐蚀的查照

首先要确认钢材不发生腐蚀，这就要：（1）混凝土表面的龟裂宽度，要低于钢材受腐蚀允许龟裂宽度以下。（2）在钢材位置的氯化物离子浓度，不会达到设计耐用期间钢材发生腐蚀的极限浓度。（3）中性化深度，在设计耐用期间，不会达到钢材腐蚀发生的极限深度。

3. 对钢材腐蚀环境的划分

对钢材腐蚀的环境，可分为一般环境，腐蚀环境，以及严酷的环境三种状况，如表 25-1 所示。

钢材腐蚀环境的划分 表 25-1

一般环境	无氯离子，通常为室外和土中的情况等
腐蚀环境	1. 干湿循环多，地下水含有侵蚀性介质，虽结构在地下水位上，对钢材的腐蚀仍给予有害的影响；2. 在海水中，但无特殊腐蚀的环境
严酷的环境	1. 对钢材腐蚀有明显的影响；2. 海洋混凝土构造物处于干潮带、浪溅区及激烈受潮风作用的场合等

根据结构物所处的环境，进行耐久性设计的查照。

4. 对钢材腐蚀，混凝土龟裂幅的极限值 W_c

混凝土结构表面的裂缝，对腐蚀性介质向结构内部的扩散渗透影响很大，会加速对钢材腐蚀，故混凝土龟裂幅的极限值 W_c 要限制在某一范围内，如表 25-2 所示。

对钢材腐蚀混凝土龟裂幅的极限值 W_c（mm） 表 25-2

钢材的种类	对钢材腐蚀的环境条件		
	一般环境	腐蚀性环境	敝重腐蚀性环境
异形铁筋·普通丸钢	0.005c	0.004c	0.0035c
PC 钢材	0.004c		

注：c——保护层厚（mm）。

5. 混凝土中性化的预测及环境作用的程度

混凝土中性化是使钢筋失去碱性保护而发生锈蚀，故要了解结构所处的环境，对中性化影响的程度，可参照表25-3所示。

环境对混凝土中性化的影响 表25-3

环境条件	环境作用程度系数(βe)
容易干燥环境	1.0
较难干燥环境	1.0

无论容易干燥或较难干燥的环滰，环境作用程度系数均为1.0，这样使用起来很方便。

6. 混凝土表面氯化物离子浓度

由上面陈述的内容，已知结构所处的环境，钢筋保护层要求的厚度，混凝土表面允许的龟裂宽度等，如果已知混凝土表面氯化物离子浓度，就可以计算出钢筋表面锈蚀的时间，也即知道了结构的寿命了。混凝土表面氯离子浓度可参考表25-4。

不同使用条件下混凝土表面氯离子浓度（kg/m^3） 表25-4

Cl^-浓度 / 使用条件	浪溅区	离海岸的距离(km)				
		海岸线附近	0.1	0.25	0.5	1.0
Cl^-多的地域	13.0	9.0	4.5	3.0	2.0	1.5
Cl^-少的地域		4.5	2.5	2.0	1.5	1.0

7. 冻害对混凝土结构的影响

首先了解结构物所处的冻害环境的情况，受冻害的程度，以及满足冻害要求的参数等。关于结构受冻害环境划分可参考表25-5，满足冻害环境要求的混凝土的性能见表25-6。

结构物所处的冻害环境的划分 表25-5

气象作用	构造物露出状态
常常受反复冻结融解环境·气温在冰点下的环境	·连続的或常常受水饱和的场合 ·除了普通露出状以外的其他场合

表中所指的受水饱和的情况，系指水路，水槽，桥墩，护坡，隧道，覆盖，等在水面附近，被水饱和的部分。以及这些构造物其他部分，屋顶，楼板等。离开水面，但受融雪，流水，水飞沫等作用，受水饱和部分等。

满足冻害环境要求的混凝土的性能

在冻结融解试验时，相对动弹性系数的最小值 E_{min}（%） 表 25-6

构造物露出状况 \ 气象条件	常常有反复冻结融解		发生冰点以下的气温	
	断面薄[2]	一般场合	断面薄[2]	一般场合
(1)连续的或常常被水饱和的场合[1]	85	70	85	60
普通露出状态不属于(1)场合	70	60	70	60

1）水路，水槽，承台，桥墩，护坡，隧道覆盖等，靠近水面部分，受水饱和的部分，以及这些结构物虽已离开水面，但仍受融雪，流水等作用受水饱和部分等。

2）断面薄的 20cm 左右以下的部分等。

25.3 混凝土的耐久性设计

根据日本土木学会的标准，混凝土必须要 $W/C<65\%$，掺入 AE 剂的混凝土（引气混凝土）。

1. 受化学侵蚀条件下的混凝土配比设计（表 25-7）

受化学的侵蚀混凝土的 W/C 表 25-7

劣化环境	最大水灰比 W/C(%)
土及水中含有 SO_4^{2-} 0.2%以上	50
使用防冻剂的混凝土	45

注：实际上，根据研究成果，表中数值加 5～10 更好。

2. 满足相对动弹性模量的混凝土 W/C

混凝土经过 300 次冻融循环后，其动弹性模量必须满足表 25-8 的要求，才能保证在受冻条件下的耐久性。

满足相对动弹性模量的混凝土 W/C（%） 表 25-8

	W/C(%)			
	65	60	55	45
相对动弹性模量(%)	60	70	85	90

3. 盐害混凝土的 W/C

在盐害环境下，为了保证混凝土结构在使用年限中的钢筋不发生锈蚀，混凝土根据环境条件设计时，W/C 的选择除了满足承载力要求的强度外，还需要满足混凝土的 Cl^- 扩散系数低于查照值，满足最低保护层厚度及最小裂缝宽度，才能使结构在盐害环境下具有足够的耐久性。

25.4 新设建筑构造物的高耐久性化（日本建筑学会钢筋混凝土工程）（JASS-5）2009

1. 结构物及构件要求的性能

按照日本建筑学会钢筋混凝土工程（JASS-5）2009 对结构物及构件要求的性能概括如图 25-3 所示。按此图，混凝土结构及构件设计的初始性能，经过计划使用期限，到达极限性能状态。图中曲线①表示结构物及构件投入使用后，中期无维修，性能最终达到极限状态。这样也满足设计使用的要求，但需要提高结构构件的初始性能。曲线②是通过使用期中多次维修，使性能满足结构构件供用期的要求，但不需要提高初期的性能。

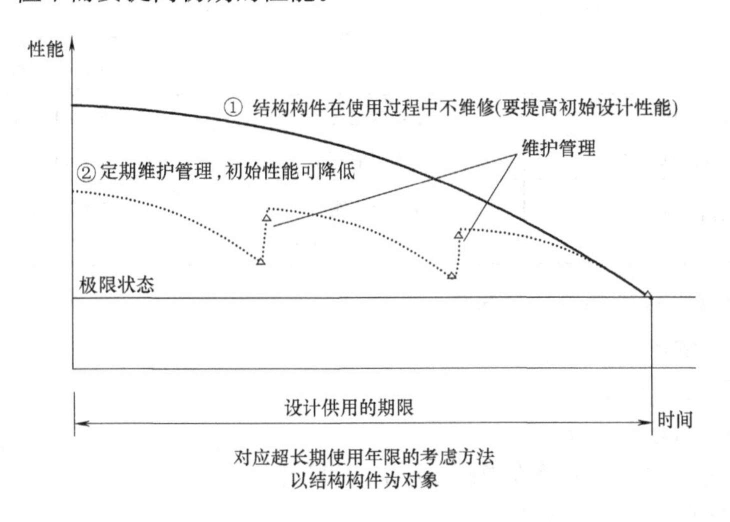

图 25-3 结构物及构件要求的性能

2. 对环境的考虑

对每个工程来说、应当考虑到省资源型、省能源型、降低环境负荷。

（1）省资源型：再生材料的使用，剩余材料和资源的最小限化等、再资源化。

（2）省能源型：选择省能源的材料、短缩输送距离、合理选定机器·工法等。

（3）环境负荷物质低减型：资材选定、机器·工法选定等。

3. 结构物及构件要求的性能——耐久性

对一般的劣化作用及特殊的劣化作用（表 25-9、表 25-10）：

结构构件：计划供用期间中，构造物中不发生钢筋腐蚀及混凝土的重大的劣化；非结构构件：要具有构造部材同等耐久性，或者在容易维护管理的结构构件中，详细所述的内容。

混凝土的供用期间及耐久设计强度（建筑） 表 25-9

计划供用期间的级别	计划供用期间	耐久设计基准强(N/mm^2)
短期	30	18
标准	65	24
长期	100	30
超长期	200	36

注：计划供用期间的级别是超长期、保护厚度增加 10mm 的情况下，轴心抗压 $30N/mm^2$ 就可以了。

项目和评价指标及标准的设计值（建筑物） 表 25-10

性能项目	评价项目	标准的设计值
对钢筋屈服值抵抗性	收缩龟裂部分钢筋应力	抗拉应力＜容许应力
劣化抵抗性	收缩龟裂宽	屋外：0.2mm 以下 屋内：0.3mm 以下
剥落抵抗性	干燥收缩变形	800×10^{-6}以下
挠增大抵抗性	干燥收缩变形	800×10^{-6}以下
外壁漏水抵抗性	收缩龟裂宽 或龟裂发生百分率	0.067mm 以下 5%以下

4. 耐久性结构物设计的条件

混凝土的杨氏系数；

混凝土的干燥收缩；

混凝土的容许龟裂幅；

建筑物要求性能和评价指标及标准的设计值。

(1) 混凝土的杨氏系数

用下式计算，其值 80%以上的范围。

$$E=3.35\times10^4\times\left(\frac{\gamma}{2.4}\right)^2\times\left(\frac{\sigma_B}{60}\right)^{1/3}\quad(N/mm^2)$$

但是，E——混凝土杨氏系数（N/mm^2）；

γ——混凝土单位容积质量（t/m^3）；

σ_B——混凝土抗压强度（N/mm^2）。

不在这个范围内时，工程监理者认可也行。

(2) 混凝土的干燥收缩

根据特记，以及没有特记的场合，计划供用期间的级别是长期、超长期的场合：8×10^{-4}以下。

发生龟裂时当时的约束度：

受约束时的干燥收缩率（建筑物）/无约束时的干燥收缩率（试验室）＝0.5～

0.75，超过（3～4）$\times10^{-4}$时，建物发生龟裂（也即超过 3‰～4‰）。

因此试验室的干燥收缩必须在：8×10^{-4}以下。

（3）混凝土的容许龟裂宽

混凝土的容许龟裂宽如表 25-11 所示。

混凝土的容许龟裂宽　　**表 25-11**

要求性能	部位		容许龟裂幅(mm)
耐久性	屋外	雨水常作用	0.3
		雨水偶尔作用	0.4
			0.5
漏水	常时水压作用部位		0.05
	无水压作用的部位		0.2

由表 25-11 可见，耐久性要求的混凝土，雨水常作用部分的龟裂宽只允许 0.3mm。常在水压部分漏水时，裂纹宽只允许 0.05mm，十分严格。

（4）受海水作用的混凝土

盐害环境的划分可参考表 25-12。

盐害环境的划分　　**表 25-12**

盐害环境划分	与海水接触部分	受飞来盐分影响的部分
重盐害环境	受潮水干湿部分 受波浪作用部分	飞来盐分量超过 25mdd
盐害环境		飞来盐分量超 13mdd，26mdd 以下
准盐害环境	常时海中部分	盐分量超过 4mdd，13mdd 以下

盐害最恶劣环境是潮水干湿部分及浪溅区作用部分。飞来盐分量超过 25mdd，对耐久性设计的要求更高。

受海水作用混凝土的配合比可参考表 25-13。

受海水作用混凝土的配合比　　**表 25-13**

盐害环境的区分	W/C 的最大值(%)	
	普通水泥	高炉水泥
盐害环境	45	50
准盐害环境	65	60

最小保护层厚度和耐久性设计基准强度可参考表 25-14。

盐害环境计划使用期间级别只有短期的，无长期的，最小保护层厚度就需要 60mm。

结构构件最小保护层厚度如表 25-15 所示。

最小保护层厚度和耐久性设计基准强度　　**表 25-14**

盐分环境区分	计划供用期间级别	最小保护层(mm)	耐久设计基准强度(N/mm^2)	
			普通水泥	高炉水泥(30%)
盐害环境	短期	50 60	36 33	33 30
准盐害环境	短期	40 50	30 24	24 21
	标准	40 50 60	36 33 30	33 30 24
	长期	50 60	36 33	33 30

结构构件最小保护层厚度　　**表 25-15**

构件类型		短期	标准・长期		超长期	
		室内,室外	室内	室外(2)	室内	室内(2)
结构构件	柱,梁,剪力墙	30	30	40	30	40
	楼板,屋顶板	20	20	30	30	40
非结构构件	要求耐久性构件	20	20	30	30	40
	使用维护构(1)	20	20	30	(20)	(30)
直接和土接触的柱・梁・壁・板及布置在基础上的构件		40				
基础		60				

(1) 计划供用期间的级别为超长期，在计划使用期间，对进行维持保养的结构构件，应确定相应的维修周期。

(2) 供用期间的级别是标准及长期时，耐久上有效的装修时，在室外侧，最小保护层厚度可减至 10mm。

5. 耐久性混凝土配合比设计条件（JASS-5）

坍落度 12cm 以下（通常 18cm 以下），流动化混凝土：18cm 以下（附各种不同混凝土的坍落度）。

W/C　60%以下（通常 60%）

单位水量　175 kg/m^3（通常 185kg/m^3）

单位水泥量　290 kg/m^3 以上（通常 270kg/m^3）

混凝土中氯化物含量　0.20 kg/m^3 以下（通常 0.30kg/m^3 以下）

新拌（未硬化）混凝土的温度　3℃以上 30℃以下

6. 各种混凝土的坍落度（表 25-16）

各种混凝土的坍落度　　**表 25-16**

混凝土种类		坍落度,扩展度(cm)
普通混凝土	配比管理强度<33N/mm^2	18 以下
	配比管理强度>33N/mm^2	21 以下
轻量混凝土		21 以下
流动化混凝土	配比管理强度<33N/mm^2	21 以下
	配比管理强度>33N/mm^2	23 以下
高流动混凝土		>55,<65
高强度混凝土	配比管理强度<45N/mm2	< 21,< SF 50
	>45N/mm^2<60N/mm^2	<23，<SF60
钢管混凝土	SF55 以上,65 以下	
大体积混凝土		15 以下
水中混凝土	<33N/mm^2	21 以下
	>33N/mm^2	23 以下

注：SF——坍落度流动值(Slump Flow)。

7. JASS-5 防水性混凝土配合比规定

结构物体强度修正值（无特殊标记）：3N/mm^2

W/C 的最大值：现场灌注桩：60%

地下连续墙：55%

单位水泥量的最小值：现场灌注桩：330kg/m^3

地下连续墙：360kg/m^3

单位水量的最大值：200kg/m^3

8. 钢筋混凝土结构中钢筋防腐蚀方法（表 25-17）

钢筋防腐蚀方法　　**表 25-17**

分类	方法	项目	内容	备考
腐蚀性物质从环境中除去	2		温・湿度制御脱盐,脱水	海洋环境和使用融雪剂时有困难
混凝土保护层中控制腐蚀性物质侵入,浸透	1	增加密实性	最大水灰比及最小水泥用量	防蚀上大原则
		保护层增厚	确保最小保护层厚	
		控制龟裂幅	容许龟裂幅	
	2	混凝土表面被覆	合成树脂材料被覆,涂装	也用于补修
		树脂浸渍混凝土	浸透性 epoxy,等浸渍	
		树脂混凝土(REC),polymer 水泥混凝土(PCC),内部掺入树脂(seal)混凝土	不饱和 polyester,epoxy 等 REC,SBR 等 PCC,wax 的使用	钢筋混凝土实际使用少

续表

分类	方法	项目	内容	备考
控制腐蚀性物质到达钢材表面	2	树脂涂装钢材	epoxy 树脂涂装铁筋	静电粉体涂装 200±50μm
		镀锌钢材(planted)	镀锌钢筋等	海洋环境及融雪剂不能用
使用防蚀性钢材	2	耐酸性钢筋	不锈钢筋	相应耐久性水平的 3 种钢筋 JIS 化
电位控制	2	电化学防腐蚀	外部电流方式流电电流方式	一般用阴极防蚀及修补用
防锈	1	防锈剂	亚硝酸盐	海洋环境及融雪剂不能用

9. 为了制造耐久性优良混凝土构造物的注意事项（表 25-18）

耐久性优良的混凝土构造物的注意事项　　表 25-18

使用材料	水泥;低粉末度化,添加石灰微粉末 使用耐久性优良骨材 使用碱金属和氯化物含有量少的材料 使用目标相适应的水泥及混合材料
配比	混凝土单方用水量尽可能低,水灰比(W/C)尽可能小
设计	保证与环境条件相应的保护层厚度;必要时要使用环氧树脂涂层钢筋;进行混凝土表面被覆盖
施工	认真施工,保证混凝土的密实度;进行充分的养护;钢筋位置等的施工误差要小;注意接缝处的处理

第 26 章　钢管混凝土

26.1　引言

作为高强度、超高强度混凝土应用，最有特色的构件就是钢管混凝土，也就是高层、超高层建筑中的混凝土填充的钢管柱。在这种混凝土填充的钢管柱工法（CFT，Concrete Filling Tube）中，根据层数多少（建筑物高低），选择设计的混凝土抗压强度。一般底层选用高抗压强度的混凝土，上层选用强度相对较低的混凝土。CFT 构造的实例如图 26-1 所示。

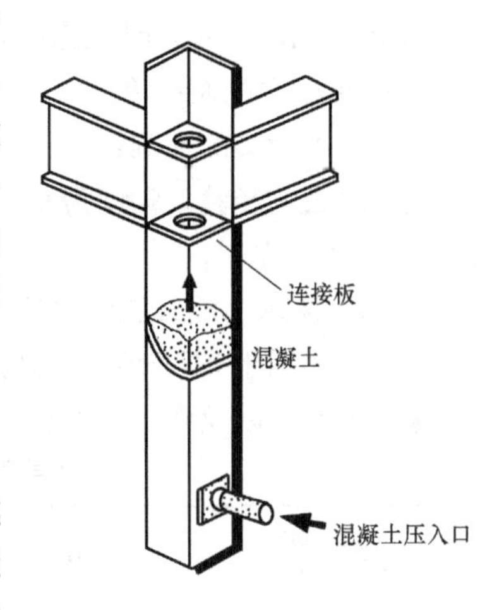

图 26-1　内部增强的钢管柱

CFT 构造的特征及效果如下：

1. 结构上的特征

(1) 具有优异的结构性能。大构件的承载力，随着填充混凝土承载力提高，而且轴向能承受多方向作用外力和抗弯作用，抗弯作用的承载力增大。

(2) 具有优异的变形性能。与 RC、SRC 及 S 结构体系相比，CFT 结构具有优异的变形性能，能缓和轴力比（作用力/内力）和钢管宽与壁厚的限制。

(3) 容易进行剪切强度方面的设计。

(4) 稳定恢复力的特性。

(5) 地震作用下的安全性。阪神大地震淡路灾区，CFT 结构建筑避免了大倒塌的灾难。

(6) 对高强度材料有高的适应性。

根据试验，高强混凝土（${}_{c}\sigma_{B}=87\text{N/mm}^2$），钢管的屈服强度${}_{s}\sigma_{y}=480\text{N/mm}^2$。两者配合应用时，钢管和混凝土整体性提高，由于相互作用得到相乘的效果，CFT 结构的承载力和变形性能都提高了。

2. 耐火性能方面的特征

火灾时，混凝土的热容量大，能抑制钢管的温度上升。根据试验，混凝土的轴向承载力在一定时间内能保持，在一定条件下可不做耐火覆盖或减少其厚度，这样，有效利用面积增大，工期缩短。

3. 对于钢管混凝土所用混凝土的方案

钢管混凝土强度高，水泥用量大，混凝土在钢管中发热量大，早期强度高，但后期强度比标准养护的低。因此配合比设计时，要比基准强度提高一定比例。

按日本建筑学会的标准：

$$_{m}F \geqq F_{c} + _{m}S_{n} + 1.73\sigma,\quad _{m}F \geqq 0.8(F_{c} + _{m}S_{n}) + 3\sigma$$

式中　F_c——混凝土设计基准强度；

σ——标准差；

$_{m}S_{n}$——通过试验或根据经验确定值；

$_{m}F$——龄期 m 天时配比设计强度；

能满足上两式确定$_{m}F$。

日本土木学会的标准：

根据过去的经验，强度为 60～100N/mm^2 的高强度、超高强度范围内，乘以系数 1.0～1.2 左右。

表 26-1 所示为配合比的实例之一。

下面叙述用于 CFT 结构的高强混凝土的配比，关于性能的试验，对模拟钢管柱的施工试验，以及施工实例。

高强度混凝土配合条件实例　　**表 26-1**

设计基准强度 (N/mm^2)	水泥种类	W/C	坍落度，扩展度(cm)
40	普硅水泥	38～40	21
50	普硅水泥为主 低热水泥	32～38	8,14,(50),(65)
60	普硅，低热、中热水泥，掺入硅粉	28～33	12,20,23,(45)～(65)
80		29	60
100		19～24	60

26.2　用于钢管柱的混凝土

1. CFT 用混凝土配合比

原材料：

水泥：贝利特系水泥（低热水泥），预掺硅粉的水泥（硅粉水泥）；

混合材：复合混合材（硅粉＋石灰石粉），硅粉；

混凝土使用材料如表 26-2 所示，石灰石粉粒度分布如图 26-2 所示，复合混合材性能如图 26-3 所示。

混凝土使用材料　表 26-2

工场	A	B
水泥	高贝利特水泥，密度 3.20	硅粉水泥，密度 3.08
掺合料	复合掺合料(1∶1)，密度 2.45	—
细骨料	陆地砂(粗+细) 密度 2.61,FM2.76	石灰石碎石砂+山砂 2.65,2.92
粗骨料	石灰石碎石密度 2.7 FM6.54	硬砂岩碎石密度 FM6.55
高效减水剂	聚羧酸高效减水剂	同左

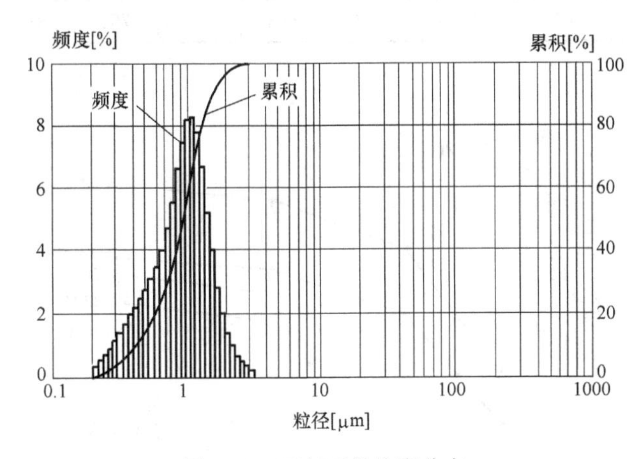

图 26-2　石灰石粉粒度分布

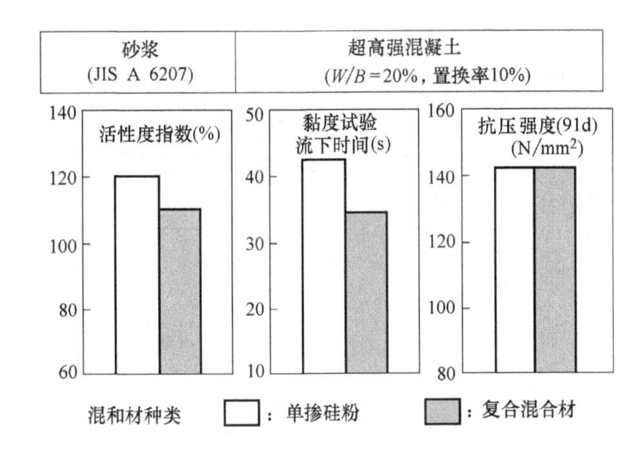

图 26-3　复合混合材性能

混凝土配合比如表 26-3 所示；试验结果如表 26-4 所示；强度如图 26-4 所示。

混凝土配合比　　表 26-3

系列	符号	W/B(%)	砂率	单方混凝土用料(kg)					SP (B×%)
				W	C	AD	S	G	
A	A1	20	45	160	720	80	661	837	1.50
	A2	22.5	47.6	160	640	71	736	837	1.45
	A3	25	49.6	160	576	64	796	837	1.45
B	B1	17	41.4	155	912	—	580	837	1.40
	B2	20	44.7	160	800	—	662	837	1.15
	B3	23	47.8	160	696	—	752	837	1.10

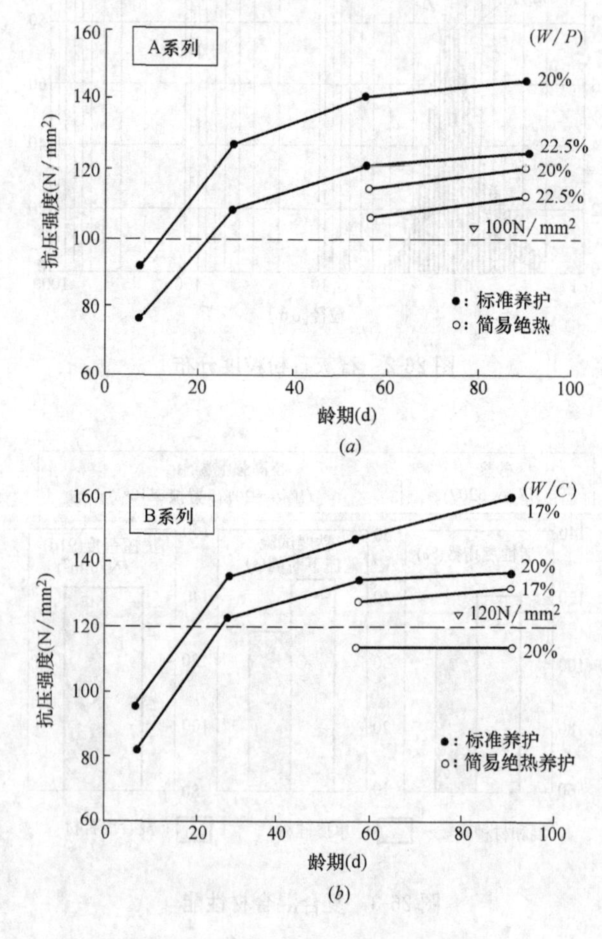

图 26-4　混凝土强度的发展

(a) A系列；(b) B系列

试验结果　表 26-4

编号	W/B (%)	坍落度流动值 (cm)	流下时间 (s)	空气量 (%)	CT (℃)	沉下量 (mm)	泌水量 (cm^3/cm^2)
A1	20.0	69.5	29.0	1.6	29.5	1.05	0
A2	22.5	66.0	19.2	2.0	28.5	1.35	0
B1	17.0	66.8	28.3	1.4	33.0	1.45	0
B2	20.0	70.5	10.4	1.2	32.0	1.20	0

由试验结果可知：(1) $F_c = 100N/mm^2$，A 系列的水胶比 $(W/B)=22\%$；B 系列的水胶比 $(W/B)=20\%$；(2) $F_c=120N/mm^2$，A 系列的水胶比 $(W/B)=17\%$；B 系列的水胶比 $(W/B)=17\%$；(3) W/B 越低，流动黏度大，时间长。

2. CFT 压入试验用混凝土

选用表 26-3 中的系列 A2 及 B3 两组混凝土配合比，进行混凝土压入试验。试验结果如表 26-5 所示，混凝土压入试验概要图如图 26-5 所示。

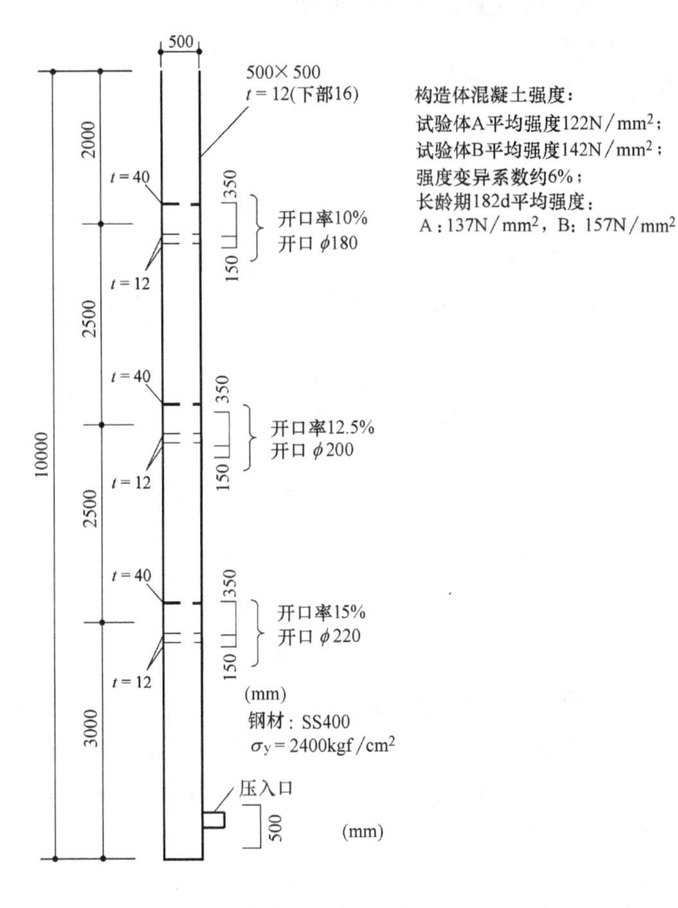

图 26-5　压入试验概要图

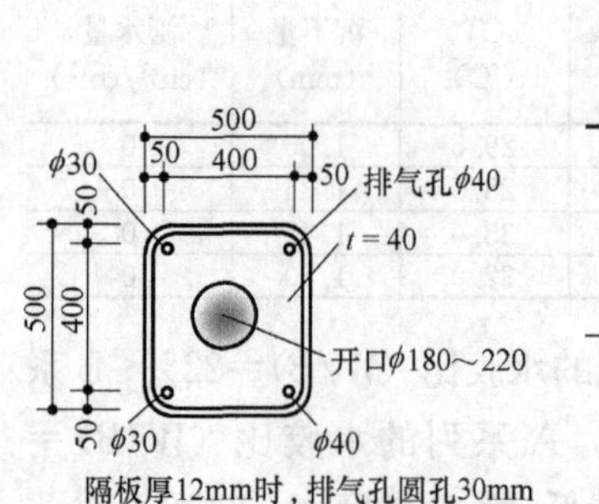

混凝土试验结果 表 26-5

试验用混凝土	取样地点	扩展度(cm)	流动时间(s)	含气量(%)	温度(℃)	抗压强度(N/mm²)
A	卸货处	71.5	26.6	1.8	19.5	127.6(28d) 140.3(56d) 149.0(91d)
	筒出口	60.0	33.9	2.4	20.8	
	柱头	48.0	72.4	1.6	20.1	
B	卸货处	65.0	33.9	2.5	21.5	131.1(28d) 142.6(56d) 152.0(91d)
	筒出口	69.5	24.1	2.6	21.7	
	柱头	63.8	38.4	2.3	19.9	

3. 压入试验结果

压入试验用的试验体概要如图 26-5 所示。

(1) 泵送压力损失

泵送压力损失如图 26-6 所示。

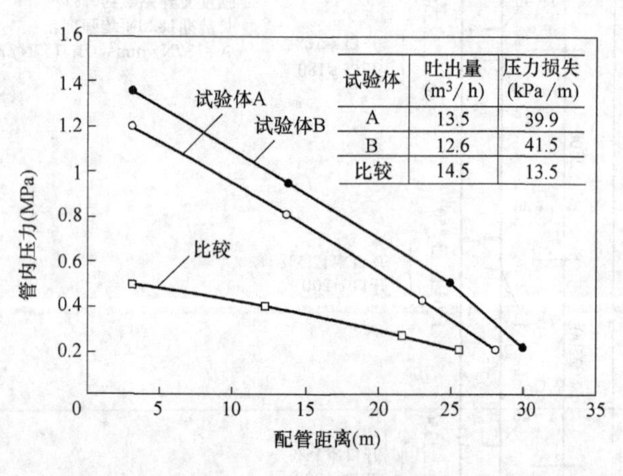

图 26-6 泵送压力损失

试验体 A（A 配合）39.9kPa/m；试验体 B（B 配合）41.5kPa/m。由于混凝土黏性高，比过去的高流动混凝土的压力损失大 2～3 倍。压入压力：作用于钢管的压力，为一般混凝土的液压的 1.12～1.14 倍。压入后混凝土的硬化时间变短了，大体上 15h 就硬化了。

(2) 下沉量

如图 26-7 所示，配合比 A 的下沉量低于配合比 B，但两者均为允许范围，混凝土对钢管的填充率良好。

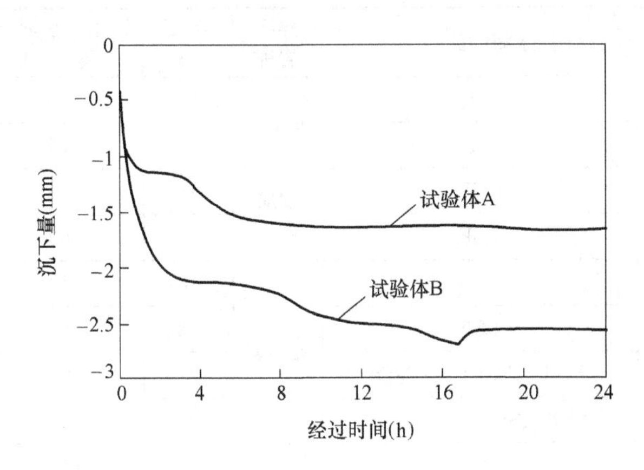

图 26-7　柱头混凝土的下沉量

26.3　高强度钢管填充混凝土的配合设计（特别是使用材料）

本节以强度 80～100MPa 为对象的钢管填充混凝土，进行配合比设计，并进行有关事项的研究。如（1）新拌混凝土的性能、强度、自收缩及体积变化等；（2）水泥适应性的研究。

1. 使用材料和混凝土的配合比

使用材料如表 26-6 所示。

使用材料　表 26-6

分类	种类(记号)	密度(g/cm³)	吸水率(%)
水泥	中热(记号 M)	3.21	—
	低热(同 L)	3.22	—
	中热水泥中掺硅粉(同 MSF)	3.07	—
	低热水泥中掺硅粉(同 LSF)	3.08	—
细骨材*1	硬质砂岩碎砂	2.66*2	1.26
	山砂	2.57*2	2.40
粗骨材	安山岩碎石	2.63*2	2.41
	硬质砂岩碎石	2.66*2	0.39
水	上水道水	1.00	—
化学混合剂	高性能 AE 减水剂·聚羧酸系	1.05	—

*1. 硬质砂岩碎砂和山砂的质量比 7∶3 混合（F.M. 2.67）；
*2. 表干密度

混凝土坍落度流动值 65±10cm，含气量 2±1.5%的配比条件的混凝土如表 26-7 所示。

混凝土的种类和配比　　表 26-7

实验	记号	水泥的品种	碎石岩种	W/C（%）	单位水量（kg/m³）	细骨材率（%）
Ⅰ	M28	M	安山岩	28	170	47.8
	L28	L		28	170	47.8
	MSF18S	MSF	硬质砂岩	18	160	38.9
	LSF18S	LSF		18	160	39.0
	MSF18	MSF	安山岩	18	160	38.9
	LSF18	LSF		18	160	39.0
	M-M22	M和MSF1：1　混合		22	165	43.8
	M-L22	M和LSF_1：1　混合		22	165	43.8
Ⅱ	M28	M	安山岩	28	170	47.8
	L28	L		28	170	47.8
	M-M18	M和MSF　1：1　混合		18	165	37.9
	MSF18	MSF		18	160	38.9
Ⅲ	M33	M	安山岩	33	170	50.1
	M28			28	170	47.8
	M23			23	170	44.1
	M-M30	M和MSF1：1　混合		30	165	49.5
	M-M25			25	165	46.5
	M-M20			20	165	41.4
	MSF22	MSF		22	160	44.5
	MSF18			18	160	38.9
	MSF14			14	160	27.7

2. 混凝土的养护和性能

混凝土采用水中标准养护和简易绝热养护两种。简易绝热养护如图 26-8 所示，两种养护混凝土强度如图 26-9、图 26-10 所示。

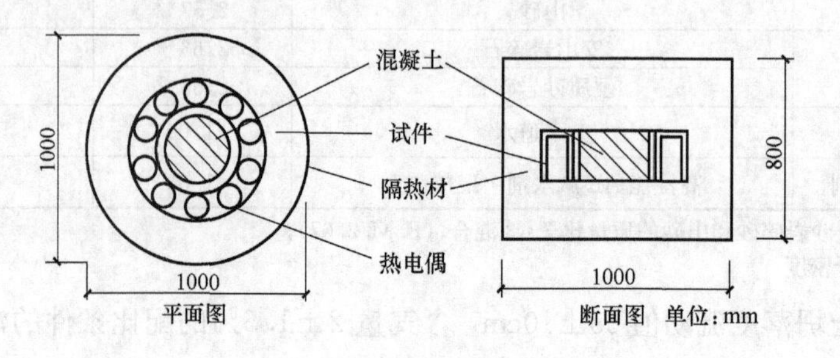

图 26-8　简易绝热养护

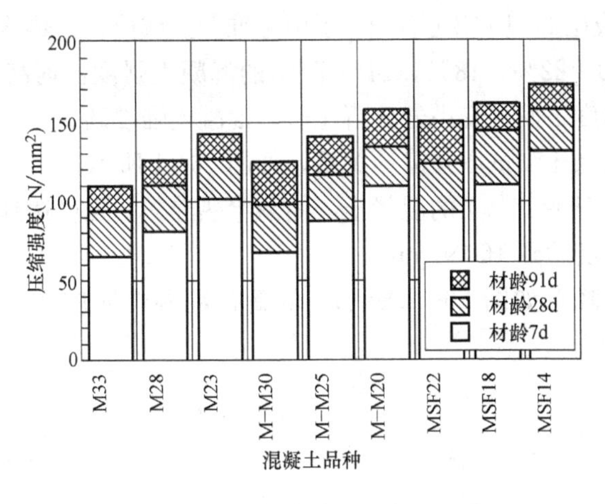

图 26-9　水中标准养护混凝土强度

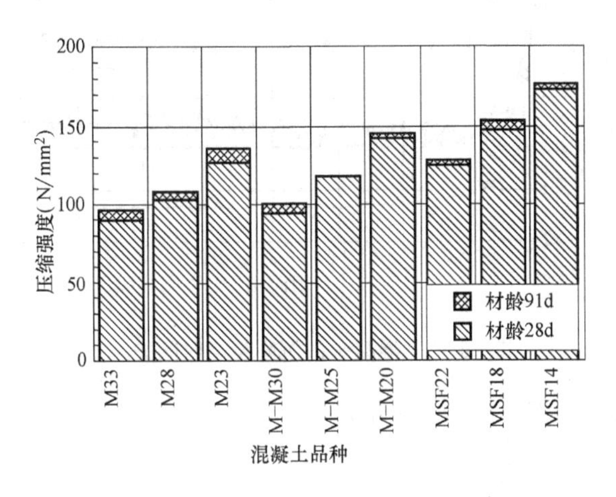

图 26-10　简易绝热养护混凝土强度

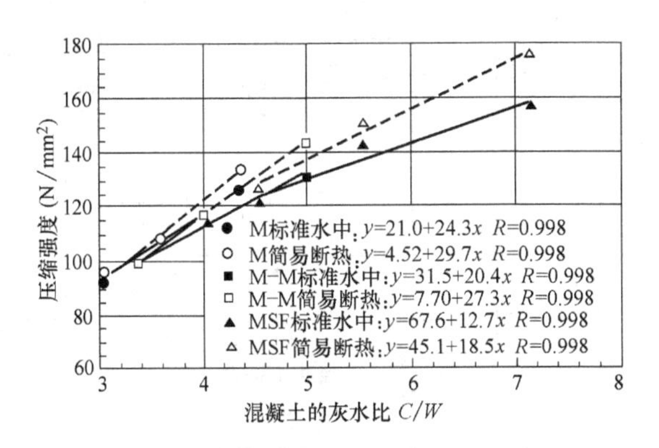

图 26-11　混凝土的灰水比和抗压强度的关系

由图 26-9 或图 26-10 都可看出，水中标准养护或简易绝热养护，低热水泥中掺入硅粉，W/B=22%，18%，14% 配制的混凝土强度，均高于其他水泥在同样水胶比下的强度，而且安山岩碎石比砂岩混凝土强度高。

混凝土的灰水比和抗压强度的关系，如图 26-11 所示。

MSF14（W/B=14%）的混凝土，简易绝热养护，强度达到 180N/mm²，标准水中养护，强度达到 160N/mm²。

混凝土的沉降量如图 26-12 所示。从新拌混凝土完成后，开始测定了 2h，沉降量只有 1mm。

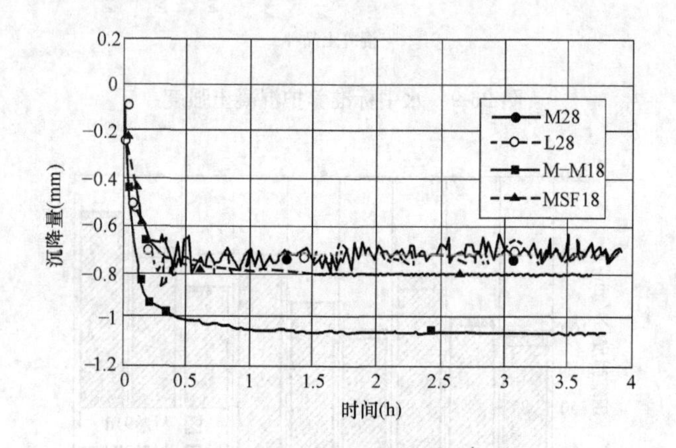

图 26-12 混凝土的沉降量与时间关系

混凝土的自收缩如图 26-13 所示。

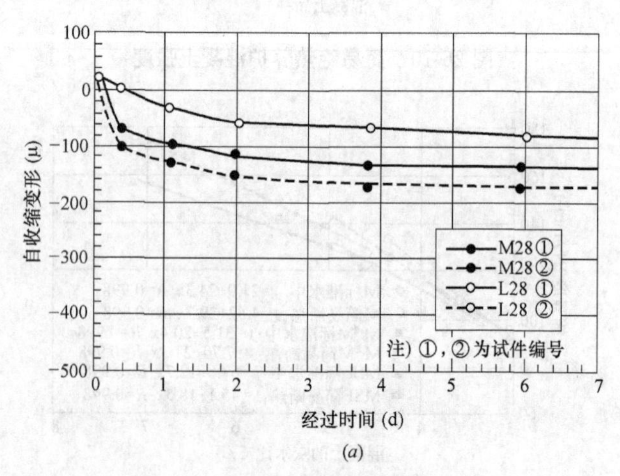

图 26-13 混凝土的自收缩变形（一）

(a) L28，M28

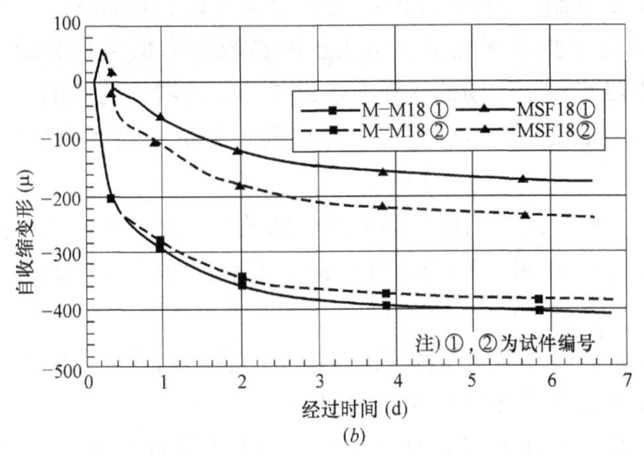

(b)

图 26-13　混凝土的自收缩变形（二）

(b) MSF，M—M

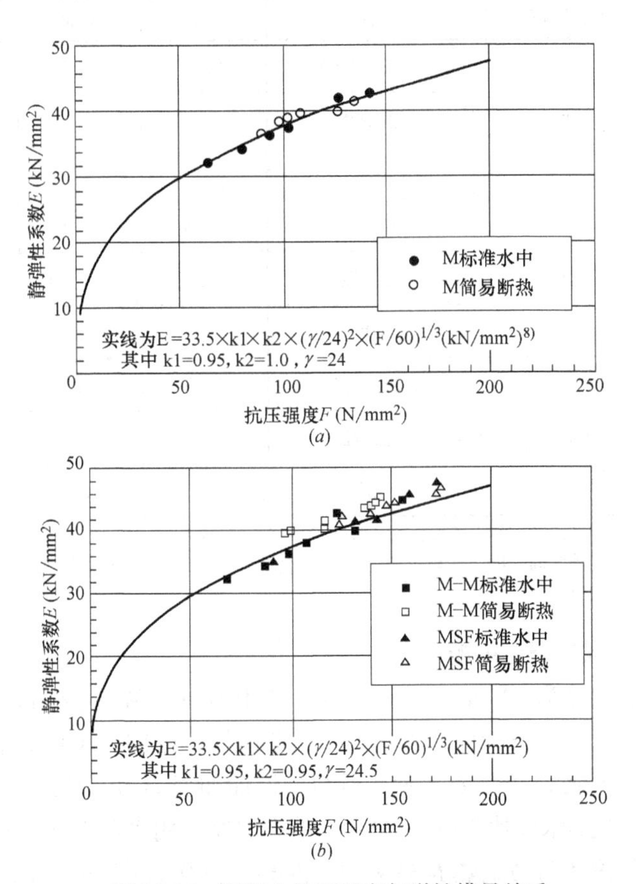

图 26-14　混凝土抗压强度与弹性模量关系

混凝土从初凝开始，到 7d 龄期，这是混凝土的自收缩期，其后，自收缩也就结束了。在相同的水-水泥比下，中热水泥自收缩为低热水泥的 1.7 倍。中热水泥自收缩与中热水泥＋硅粉的水泥自收缩相比，后者为前者的 1.9 倍。由此可知，掺硅粉的水泥混凝土的自收缩大，弹性模量和抗压强度的关系，如图 26-14 所示。

图 26-14（*a*）中，抗压强度与静力弹模的关系，是日本建筑学会建立的。当抗压强度为 $200N/mm^2$ 时，$E=48kN/mm^2$。当强度进一步提高时，E 值可通过延长线求得。

图 26-14（*b*）是通过不同品种水泥混凝土，在不同养护条件下求得的抗压强度与弹性模量关系，与图 26-14（*a*）相似。

不同设计基准强度和水-水泥比的关系，及其实用性的评价如表 26-8 所示。

设计基准强度和水-水泥比的关系及实用性的评价　　表 26-8

F_c	配比强度 $_{28}F^*$	项目	M	M-M	MSF
80	108	水灰比(%)	27.9	26.7	31.4
		施工性	○	○	○
		强度	○	○	○
90	120	水灰比(%)	24.5	23.1	24.2
		施工性	△	○	○
		强度	△	○	○
100	132	水灰比(%)	21.9	20.2	19.7
		施工性	×	△	○
		强度	×	○	○

注：$_{28}F=F_c+_mS_n+S_d+2\sigma$ 进行试算；$_mS_n+S_d=10N/mm^2$；$\sigma=0.1(F_c+_mS_n+S_d)$。表中○表示流动值 50cm 的流动时间＜8s；△表示 8～10s；×表示＞10s。○表示 28d 强度达到配比强度；×表示达不到配比强度。

3. 结构物高强混凝土的配合比

以设计基准强度为 $100N/mm^2$ 为对象，使用不同水泥和骨料的配合比，进行混凝土试拌和成型试块及构件，并从构件钻芯取样，分别比较其抗压强度及有关性能。使用材料如表 26-9 所示，使用骨料的性能如表 26-10 所示。

混凝土的配比：水胶比 13%～20%，单方混凝土用水量 $150\sim160kg/m^3$。试件养护有标准养护和简易绝热养护两种，混凝土抗压强度进行 28d，56d 及 91d 三个龄期。强度试验结果如图 26-15(*a*)～(*f*)所示。

使用材料的性能　　**表 26-9**

工厂	项目	摘要	水准数
A	水泥	低热硅酸盐水泥+硅粉　:LSF 中热硅酸盐水泥+硅粉　:MSF	2
	粗骨材	硬质砂岩碎石:GA	1
	细骨材	山砂:SA	1
B	水泥	低热硅酸盐水泥+硅粉　:LSF	1
	粗骨材	硬质砂岩碎石:GB	1
	细骨材	山砂:SB1 硬质砂岩碎砂:SB2	2
C	水泥	中热硅酸盐水泥+硅粉　:MSF	1
	粗骨材	安山岩碎石:GC	1
	细骨材	安山岩碎砂:SC	2
共通	膨胀材	石灰系:EX(密谋 3.19g/cm^3)	1
	化学混合剂	高性能 AE 减水剂,高性能减水剂	2

使用粗细骨料的性能　　**表 26-10**

种类		表干密谋(g/cm^3)	吸水率(%)	细度模量	实积率(%)
粗骨材	GA	2.70	0.61	6.59	60.7
	GB	2.64	0.63	6.60	60.5
	GC	2.62	2.44	6.71	60.8
细骨材	SA	2.59	2.11	2.61	—
	SB1	2.62	1.80	2.64	—
	SB2	2.60	1.65	2.85	—
	SC	2.62	2.50	2.68	—

强度试验结果：硅粉混合水泥混凝土的强度，比中热水泥、低热水泥混凝土的强度都高。混凝土芯样强度也是这样的规律。砂岩粗细骨料的混凝土强度高于其他骨料混凝土的强度约 10N/mm^2。

标养和芯样强度的关系，28d 和 91d 龄期的强度都是芯样强度高。水泥品种对强度的影响：强度越高，不同水泥的影响差别越大。例如 28d 强度 120N/mm^2，低热水泥混凝土强度低 20N/mm^2，中热水泥混凝土强度低 8N/mm^2，如图 26-15（*c*）、（*d*）所示。

91d 绝热养护试件强度与芯样强度的关系如图 26-15（*e*）所示。图 26-15（*e*）、（*f*）的强度发展规律相同。

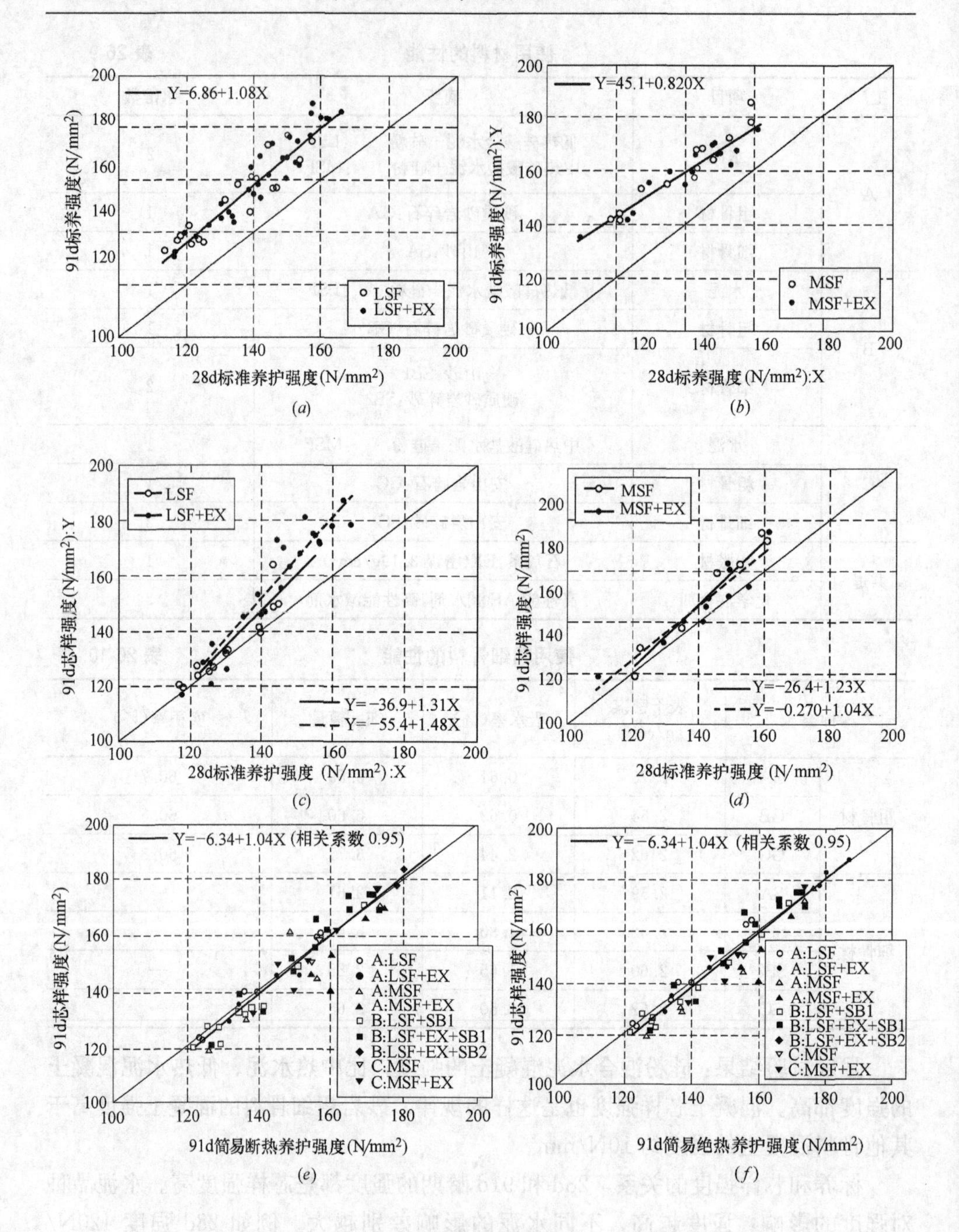

图 26-15　强度试验结果

（*a*）标养强度（低热水泥）；（*b*）标养强度（中热水泥）；（*c*）标养和芯样强度（低热水泥）；（*d*）标样和芯样强度（中热水泥）；（*e*）绝热养护强度和芯样强度关系（91d）；（*f*）简易断热养护和芯样强度（91d）

通过测定 28d 绝热养护强度，可以推测 91d 芯样强度，可以考虑以 28d 绝热养护的强度对结构物强度的管理。

龄期 91d 芯样强度与结构物的强度有修正值（${}_{m}S_{n}$ 值 $m=28$，56，91，$n=91$）其关系如图 26-16 所示。

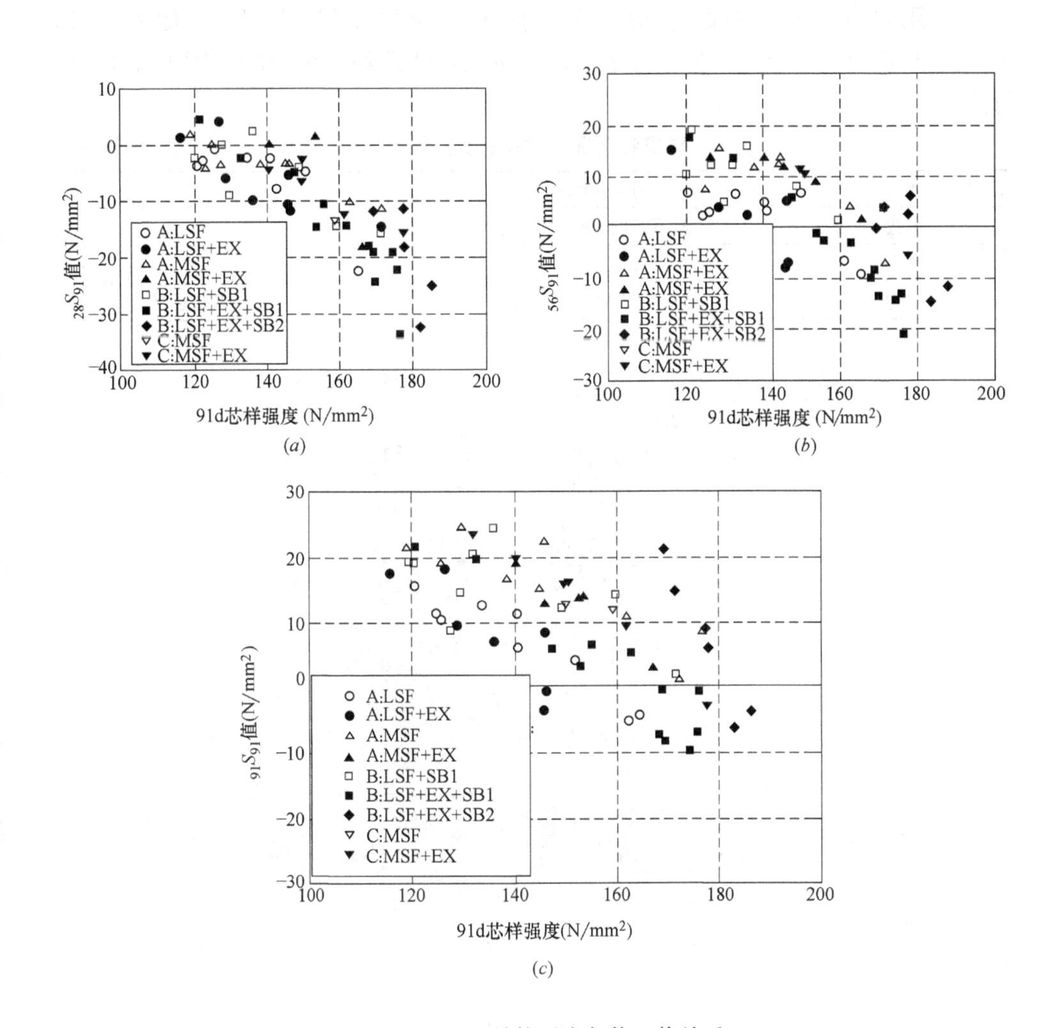

图 26-16 91d 结构强度与修正值关系

结构物强度修正值表示混凝土配合比强度（标准养护 m 天）和保证结构物混凝土强度（龄期 n 天），两者的差值就是修正值。

龄期 28d 时（${}_{28}S_{91}$），芯样强度 150N/mm² 以上，保证率为 1；龄期 56d，91d 时（$m=56$，91），大于 180N/mm²，保证率也为 1。因此对配合比强度 150N/mm² 以上的混凝土配比设计时，可以 56d 或 91d 龄期强度进行设计，这样就可以假定比较大的水/粉体比（W/B），或可以设计更高强度的混凝土。

26.4 施工应用实例

1. 混凝土填充钢管结构 CFT 的应用实例 1

应用 CFT 建筑物的概况如表 26-11 所示，CFT 用混凝土配合比如表 26-12 所示，泵机与新拌混凝土性能如表 26-13 所示，建筑物的南北断面图如图 26-17 所示。

建筑物概况（地点：名古屋市） 表 26-11

占地面积	约 410000m^2	
层数	地下 4 层，地上 53 层	
最高高度	245M	
结构	地上钢结构，CFT 结构	地下钢骨钢筋混凝土

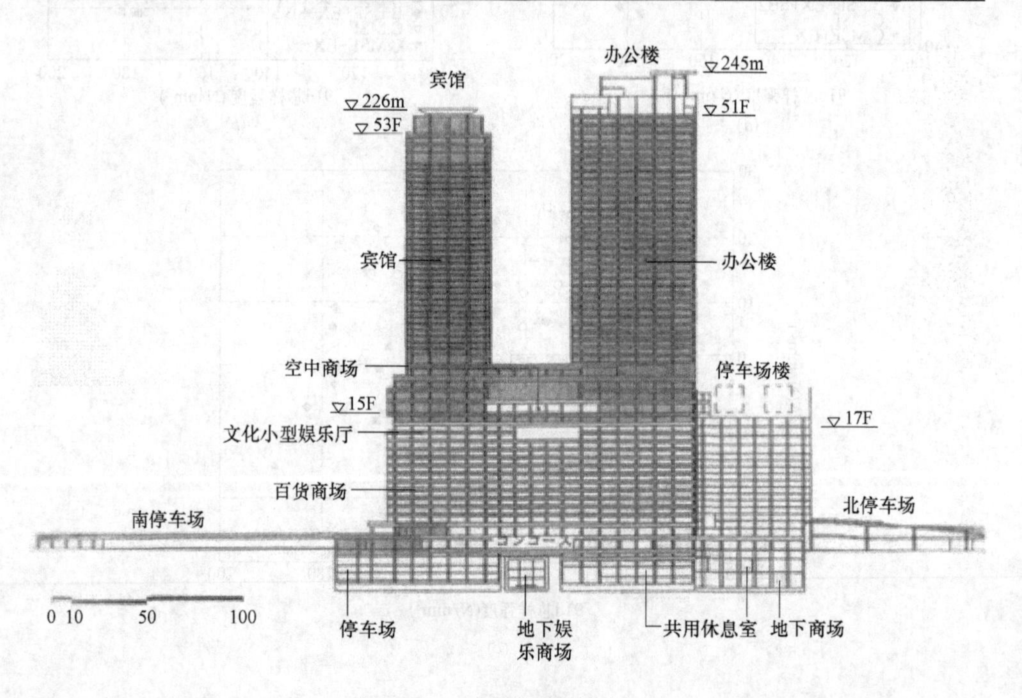

图 26-17 建筑物的南北断面

CFT 用混凝土配合比 表 26-12

目标坍落度流动值(cm)	目标含气量(%)	水结合材比(%)	细骨料比(%)	单位量(kg/m^3)						
				水	结合材		细骨料	粗骨料	降低离析外加剂	高性能AE减水剂
					水泥(低热)	粉煤灰				
65	2	28	45	165	539	50	728	911	0.5	8.84

泵机与新拌混凝土性能　表 26-13

阶层	必要吐出压(MPa)	最大吐出压及泵送量	试验场所	试验回数	平均值(cm)	标准偏差(cm)
下层(H)	5.6	10.5MPa/98m³/h	出机时	530	58.4	4.0
下层(O)	4.9	8.0MPa/30m³/h	卸货时	1109	64.4	2.2
上层(H)	8.0	18.1MPa/30m³/h	泵送入钢管前	73	66.5	5.9
上层(O)	8.3	13.5MPa/75m³/h	柱头	172	61.2	7.4

充填终了后的混凝土顶部沉降量，在充填高度 55.7m 处，经 3h，沉降量 2mm，泌水量 0.0cm³/cm²。标准养护试件的抗压强度，28d 龄期时约 70N/mm²，管理龄期 56d 时约 100N/mm²。

2. CFT 工程实例 2

大阪梅北开发事业（大阪车站北区），工程完成预想图如图 26-18 所示，工程概要如图 26-19 所示。

图 26-18　工程完成预想图

3. CFT 混凝土的施工（A 栋例）

（1）钢管柱

尺寸：□－650×650×28～□－1300×1300×40

○－700×28～1000×28

（2）混凝土

设计基准强度　40N/mm²，60N/mm²，80N/mm²

坍落度流动值　60±10cm

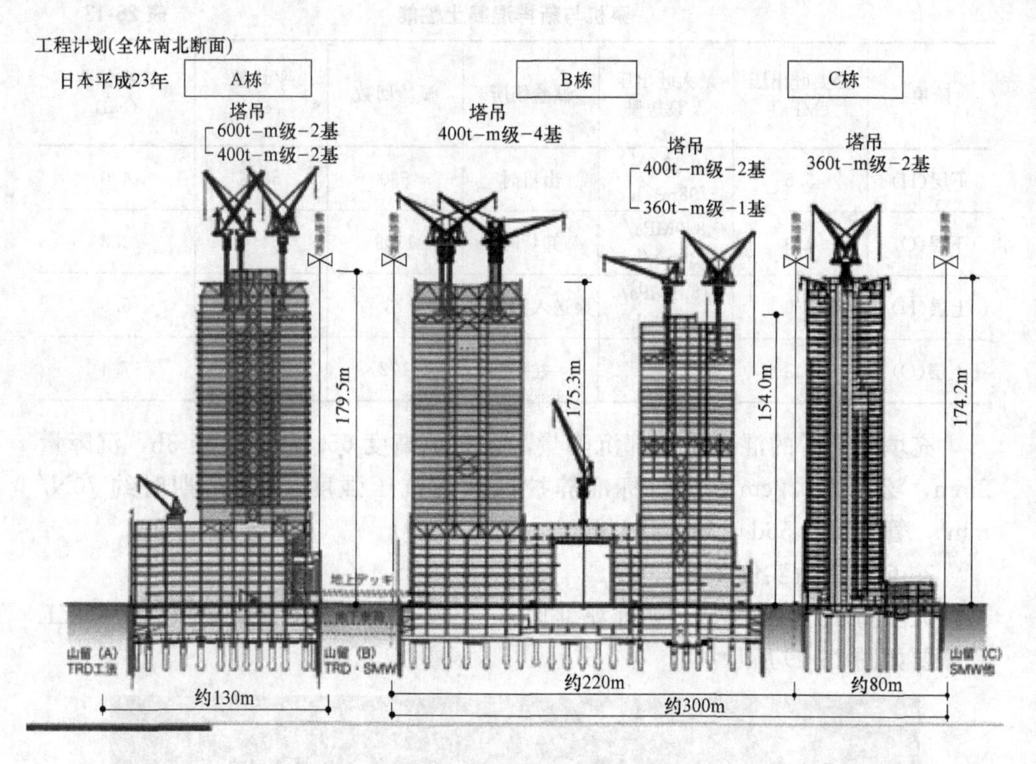

图 26-19 工程概要（均为南北剖面）

混凝土设计样本 表 26-14

栋号	适用部位	种类	设计基准强度 F_c(N/mm^2)	所要坍落度(cm)
A	38层以上楼板	普通	21	21
	2层～37层楼板	轻量	21	21
	B3台阶以上～1层地板	普通	36	18
	基础～B3层楼板	普通	38	15
	钢管内充填	普通	48,60,90	60(扩展度)
	桩	普通	33	21
B	南栋10层以上楼板 北栋9层以上	轻量	21	21
	2层以上	普通	24	21
	B3台阶以上～1层楼板	普通	33	18
	B3层楼板以下	普通	33	18
	钢管内充填	普通	42,45,60,80	60(扩展度)
	桩	普通	33	21

续表

栋号	适用部位	种类	设计基准强度 F_c(N/mm²)	所要坍落度(cm)
C	结构物	普通	100,80	60(扩展度)
	结构物	普通	45,60,70	60(扩展度)
	结构物	普通	27,36	21 以下
	桩	普通	60	60(扩展度)

注:水泥品种　普通,高炉 B 种(桩),低热(基础承台板)
品质基准强度　F_c+3N/mm^2
单位水量上限值　$185kg/m^3$　桩 $200kg/m^3$
火灾时爆裂对策　$80N/mm^2$ 以上掺入聚丙烯纤维

(3) 混凝土填充工程概要

浇筑、泵送高度与数量

1) 地下部分（由上部往下浇筑施工）

浇筑高度：地下阶　6.05～20.65m（～1FL+650）

浇筑量：20.65m³（最大数量）

2) 地下部分（压入施工）

压入高度：地下层　4.70～16.00m（～1FL+650）

浇筑量：5.32m³（最大数量）

3) 地上部分

压入高度：第 1～2 节　22.1m　(1FL+650～5FL+650)
第 3～5 节　22.4 m　(5FL+650～9FL+650)
第 6～8 节　32.8m　(9FL+650～17FL+880)
第 9 节　12.1m　(17FL+880～20FL+650)
第 10 节　12.3m　(20FL+650～23FL+650)
第 11 节　12.3m　(23FL+650～26FL+650)
第 12～13 节　24.8m　(26L+650～32FL+880)
第 14 节　12.1m　(32FL+880～35FL+650)
第 15 节　13.0m　(35FL+880～38FL+650)

浇筑量：21.67m³（最大数量）　浇筑工法如图 26-20

4. CFT 浇筑可能高度的研究（从下面压入法）

根据钢板的屈服应力决定：

$$h_y \leqslant 2s\sigma_y / \{c_y \cdot (B/t)^2\} \times 10^{-2}(\text{m})\text{而且} \leqslant 60(\text{m})$$

根据变形允许值决定：

作为变形允许值，钢板的宽（边长 B 的 0.5%）而且在 3mm 以下

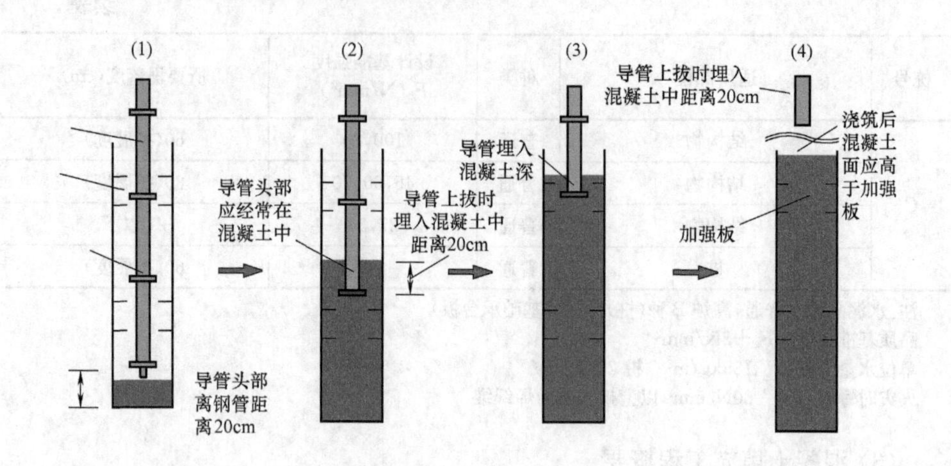

图 26-20 浇筑工法（导管法）（图中 1，2，3，4 为先后顺序）

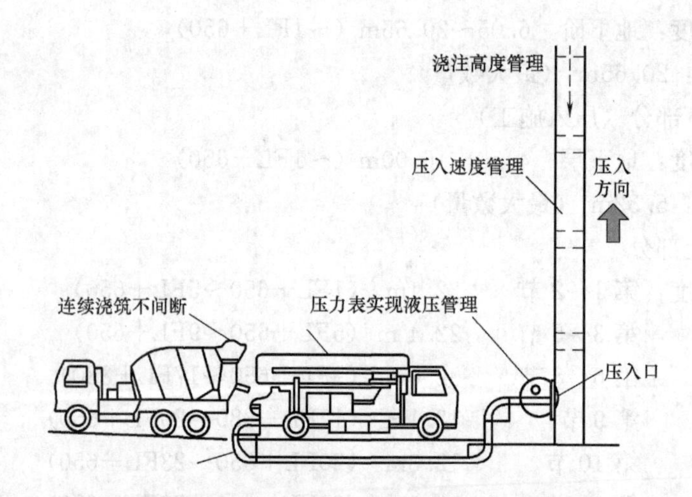

图 26-21 混凝土泵送压入方法（从钢管柱底部注入）

【B≤600mm 的场合】

$$h_y \leqslant 0.16E/\{\gamma_c \cdot (B/t)^3\} \times 10^4 (\mathrm{m})\text{而且} \leqslant 60(\mathrm{m})$$

【B＞600mm 的场合】

$$h_y \leqslant 9.6E/\{\gamma_c \cdot (B/t)^3 \cdot B\} \times 10^5 (\mathrm{m}) \quad \text{而且} \leqslant 60(\mathrm{m})$$

式中 h_y——浇筑限定高度；

σ_y——钢管屈服应力（F 值）（$\mathrm{kgf/cm^2}$），钢管弹性系数（$\mathrm{kgf/cm^2}$）；

B——角形钢管的宽（边长）（mm）；

t——钢管板厚（mm）；

γ_c——混凝土密度（kg/cm^3）。

5. 质量管理

（1）新拌混凝土

坍落度及扩展度，空气量，混凝土温度，氯化物含有量，单位水量，制作试件。

（2）压入时的管理

混凝土压入速度管理：1.0～1.5m/分以下。

（3）混凝土浇筑高度的管理

压入压力的管理⇒液压比 σ_p 通常的范围（1.0～1.3），不要超过这个状态；

⇒测定压力 P_m 管理值 $0.8P_{y2}$，不要超过这个状态。

（4）硬化混凝土的抗压强度的管理

使用混凝土和结构物混凝土的抗压强度检验，从浇筑混凝土每天取样，进行 3 次试验。第一次，从任意一台运输混凝土车取样，制作 3 个试件，使用混凝土的抗压强度检查和结构混凝土检查，两者的试验数据可以兼用的。结构物混凝土试件放入水中标养，到龄期时进行抗压试验。

6. 结束语

CFT 用的混凝土，考虑设计条件（结构物混凝土强度）和施工条件，进行配合比试验，再通过搅拌机拌合，对模拟钢管结构进行泵送压入试验，测定混凝土压送压力和填充高度等，进一步从结构物钻芯取样进行强度试验及收集相关资料，作为本施工所用的混凝土配合比，再策划施工计划管理等工序，是很重要的。

不同设计基准强度的混凝土配比的可行性，可参考表 26-8。

第 27 章　绿色（生态）混凝土

27.1　引言

我国每年排放的建筑垃圾约 1.5～2.0 亿 t，其中包含有水泥混凝土、砖瓦、陶瓷及石材等；工业废弃物 40～50 亿 t，如矿渣、钢渣、磷渣、各种尾矿、粉煤灰、炉渣；下水道污泥、水处理污泥、水库沉积污泥；城市生活垃圾约 10 亿 t，如废弃玻璃、各种有机物和无机物等。如能将这些废弃物 10%～20%变成有用的资源，生成建筑材料制品与建筑构件，可创造上万亿财富，而且能创造一个更加舒适的人居环境，为建筑业的永续发展提供更加丰富的资源。也就是说要发展减轻环境负荷型混凝土，是将工业副产品及废弃物的有效利用、材料的循环利用、再生骨材的使用等列入其范畴的混凝土。使用产业副产品、废弃物（含再生骨材）和水泥量少的混凝土，是具有减轻环境负荷型的生态混凝土的特征。

生物环境对应型混凝土是一种既保持有混凝土的基本性能，又可随着时间流逝而对利用主体所处的环境产生改善作用的混凝土。保证生物的生息场所。如种植植物，水质的净化，通过保水而带来的热收支平衡的改善，通过透水、排水而带来的水收支平衡的改善，通过吸声、隔声而带来的噪声环境的改善等广范围的环境保护与改善。

27.2　再生混凝土生产的骨料

将解体混凝土块破碎、调整粒度之后，作为粗骨料、细骨料，再生使用；配制混凝土，称为再生混凝土。解体混凝土块破碎有两种方法：干法与湿法。

1. 干法生产的再生骨料

汉口王家墩机场跑道废弃混凝土的再生利用就是通过干法破碎筛分成粗、细骨料，再做成混凝土产品的。

武汉中央商务区（CBD）建设地址是原汉口王家墩机场。机场迁出后，遗留于原址的水泥混凝土结构机场跑道、停机坪及滑行道，总面积达 25.76 万 m^2，平均厚度 32.5cm，废弃混凝土总量达 8.37 万 m^3（约 20 万 t）需进行破除和清运处理。

图 27-1　需破除处理的机场跑道

图 27-2　跑道废弃混凝土块

2. 废弃混凝土再生利用的主要流程及应用

废弃混凝土再生利用的主要流程如图 27-3～图 27-8 所示。

图 27-3　挖掘机破除废弃跑道

图 27-4　装运混凝土碎块

图 27-5　埋入式半封闭二次破碎车间

干法处理废弃混凝土块噪声大，粉尘大，故做成半地下室的破碎车间，但筛分仍在地面上。干法骨料收缩大，吸水率高。故配制 C40 以上的混凝土要与天然骨料混凝土相比较，再生骨料取代天然骨料应<30%，才能保持混凝土的性能不变。

图 27-6　废弃混凝土块破碎分筛生产线地面部分

图 27-7　再生骨料生产步道砖

图 27-8　彩色步砖及在商务区的道路应用现场

3. 湿法处理废弃混凝土块

深圳市龙岗区钰杰环保股份有限公司对建筑垃圾进行了高质量的分类与处理。以前从工地外运的建筑垃圾，都采用填埋方式处理。把有用的绿色资源变成了沉睡的废渣，变成了地球的包袱，还污染水资源。现树安砂厂将建筑垃圾处理后，变成了三种高质量产品：①高质量的人工砂；②精细黏土；③粒形方圆、表面洁净的粗骨料。均属一等品，为当前建材资源枯竭的环境下，开创了一种新的材源。

(1) 建筑垃圾处理的工艺过程

1) 建筑垃圾进场；2) 垃圾倒入处理机；3) 强力打碎与水力冲洗；4) 进入料浆池；5) 上层纯泥浆水进入板框压力机，加压得泥饼；6) 底层砂、石入筛分机，分离成砂石；7) 水流回收再利用。

(2) 产品的介绍与应用

钰杰环保股份有限公司对建筑垃圾处理后的产品有以下三种：

1) 机制水洗砂（环保砂）：日产量 250m^3，中偏粗，细度模数 3.0～3.1，级配良好，洁白，为建筑业的一种优质环保砂。用该砂除了配制普通混凝土外，还可以生产高性能混凝土，超高性能混凝土。也可以生产优质透水砖。

2) 5～10mm 的碎石：日产量 5m^3，洁净，级配良好，可与 10～20mm 粗骨料复配应用，也可以单独应用，配制 C100 强度等级以上的超高性能混凝土。

3) 泥饼：日产量 200m^3，是一种精细黏土。可以烧制墙地砖；烧制陶粒，与玻璃粉配合，能在 850℃温度下，烧制超轻陶粒；也可与水泥等搭配，生产免烧陶粒等。

(3) 实例

本节中，举例说明上述三种建筑垃圾处理的产品的应用。

1) 用以配制多功能混凝土

多功能混凝土的配比，可参考表 27-1。

建筑垃圾处理产品利用的多功能混凝土（kg/m^3）　　**表 27-1**

种类	水泥	矿粉	粉煤灰	泥饼	微珠	砂	碎石	水	减水剂(%)
C30	180	100	130	20	—	800	950	167	1.2～1.4
C60	350	50	90	20	40	800	950	155	1.3～1.5

注：泥饼、砂及碎石均为钰杰环保股份有限公司对建筑垃圾处理的产品。

2) 免烧陶粒及其防水憎水砌块

用泥饼、粉煤灰、水泥、泡沫塑料粉等配料，搅拌，挤出，造粒后，入太阳能养护窑养护，得到免烧陶粒。利用免烧陶粒可制成砌块及防水憎水砌块，以及轻质墙板等。

27.3　再生骨料透水砖

深圳市建工集团股份有限公司，深圳市建筑废弃物综合利用技术研发中心，将水泥、再生细骨料、微粉与水搅拌后成型，然后用太阳能养护棚中养护后10～

12h 后，拆模放在室温养护 7d 后得到性能良好的再生骨料透水砖。

1. **透水砖配合比**

配合比见表 27-2 所示，粉体总用量分别为 280kg/m³，320kg/m³，380kg/m³，配合比 TS-C 系列的粉体全部为水泥，配合比 TS-ZC 系列的粉体为 80％水泥和 20％微粉。

透水砖配合比 表 27-2

试样编号	水（kg/m³）	水泥（kg/m³）	再生粉体（kg/m³）	再生细骨料（kg/m³）	备注
TS-C1	110	280	0	1350	
TS-ZC1	105	220	60	1350	
TS-C2	122	320	0	1350	
TS-ZC2	120	250	70	1350	
TS-C3	126	380	0	1350	
TS-ZC3	123	300	80	1350	

搅拌完后将试样成型，试样尺寸为 150mm×150mm×50mm，成型后用塑料薄膜覆盖上表面，放入太阳能养护棚中，养护时间 10～12h，如图 27-9 所示。

图 27-9 试样养护（太阳能养护）

2. **透水砖性能**

（1）抗压强度

透水砖的抗压强度如表 27-3 所示。

抗压强度（MPa） 表 27-3

编号	TS-C1	TS-ZC1	TS-C2	TS-ZC2	TS-C3	TS-ZC3
强度	16.5	13.8	26.5	20.8	39.8	35.2

采用再生细骨料取代天然砂，仍然可以配制出较高强度等级的透水砖，随着

水泥用量的增加，透水砖的抗压强度增大。

（2）透水系数

透水砖的透水系数如表 27-4 所示。

透水系数（cm/s）　表 27-4

编号	TS-C1	TS-ZC1	TS-C2	TS-ZC2	TS-C3	TS-ZC3
系数	0.70	0.89	0.55	0.60	0.32	0.35

随着水泥用量的增加，透水砖的透水系数有所下降，但仍然能满足标准要求。

27.4　再生骨料混凝土

深圳市建工集团股份有限公司，深圳市建筑废弃物综合利用技术研发中心研发了再生骨料预拌混凝土。

废弃混凝土是将配制的标准原生混凝土 C20、C40、C60，经加工后分别得到 RCA20、RCA40、RCA60 骨料。水泥："华润"牌 P·O42.5；外加剂：深圳市科隆外加剂有限公司生产的高效减水剂（水剂），浓度为 40%、掺量 2.0%时减水率 28.3%；天然砂：惠州河砂，中砂，细度模数 2.8，含泥量 1.1%；天然粗骨料：中山产碎石，5～25mm 连续粒级，压碎指标 8.9%；粉煤灰：妈湾电厂生产的 F 类Ⅱ级粉煤灰．再生骨料生产采用一级破碎、二级破碎、干搅拌工艺，分别用 A、B、C 工艺表示。

1. 再生骨料的性能

（1）筛分析试验结果

骨料累计筛分试验结果见表 27-5。图 27-10 为采用鄂破+锤破的再生粗骨料。

试验表明，A 工艺生产出来的再生骨料颗粒级配超出标准规定的连续粒级级配范围；B 工艺生产出来的再生骨料颗粒级配符合 GB/T 25177—2010 中 5～25mm 连续粒级的要求，B 工艺处理后再进行干搅拌；C 工艺的颗粒级配与 B 工艺类似，说明 B 工艺处理后的再生骨料干搅拌效果不明显。

再生骨料的筛分析试验结果　表 27-5

生产工艺		累计筛余(%)						
		方孔筛筛孔边长(mm)						
		2.36	4.75	9.50	16.0	19.0	26.5	31.5
标准要求	5～25	95～100	90～100	—	30～70	—	0～5	0
	5～31.5	95～100	90～100	70～90	—	15～45	—	0～5

续表

生产工艺		累计筛余(%)						
		方孔筛筛孔边长(mm)						
		2.36	4.75	9.50	16.0	19.0	26.5	31.5
A工艺	C20	100	100	82	59	49	17	2
	C40	100	100	80	58	49	21	6
	C60	100	100	92	80	72	32	6
B工艺	C20	100	97	82	41	25	1	0
	C40	100	96	79	43	26	3	0
	C60	100	95	80	45	28	3	0
C工艺	C20	100	96	82	40	23	1	0
	C40	100	96	78	42	26	2	0
	C60	100	94	79	43	25	3	0

图 27-10　采用鄂破＋锤破的再生粗骨料

(2) 针片状含量

从表 27-6 试验结果可知：①A 工艺生产出来的再生骨料针片状含量相对较大；②B、C 工艺处理后的针片状含量相对 A 工艺大幅降低；③随着原生混凝土强度的提高，A、B、C 工艺生产出来的再生骨料的针片状颗粒相应增大。

再生骨料针片状含量（%）　　表 27-6

工艺	RCA20	RCA40	RCA60
A工艺	5	6	6
B工艺	2	2	3
C工艺	2	2	2

(3) 再生骨料吸水率

A、B、C 三种工艺生产出来的 RCA20、RCA40、RCA60 骨料的吸水率试验按照 GB/T 17431.2 中规定的试验方法进行，A 工艺生产出来的 RCA20、RCA40 骨料的吸水率试验结果符合 GB/T 25177—2010 中Ⅲ类再生粗骨料的要求，A 工艺 RCA60、B、C 工艺生产出来的再生粗骨料的吸水率试验符合Ⅱ类的要求。如表 27-7 所示。

再生骨料吸水率（%） 表 27-7

工艺	时间	RCA20	RCA40	RCA60
A工艺	1h	6.5	5.7	4.9
	24h	6.8	6.0	5.1
B工艺	1h	4.7	4.7	4.6
	24h	4.9	4.9	4.8
C工艺	1h	4.6	4.5	4.3
	24h	4.8	4.7	4.5

吸水率试验进一步说明，B、C 工艺效果明显，相比简单破碎工艺而言，有效降低了再生粗骨料的吸水率。随着来源混凝土强度的提高，工艺处理效果也随之降低。

(4) 再生骨料表观密度

堆积密度分为紧密和松散两种状态见表 27-8，结果表明不同来源混凝土强度的再生骨料经过 B、C 工艺处理后松散和紧密堆积密度提高了，说明 B、C 工艺处理后骨料的颗粒级配更加合理，工艺处理效果明显。

再生骨料堆积密度（kg/m^3） 表 27-8

工艺种类	RCA20		RCA40		RCA60	
	松散	紧密	松散	紧密	松散	紧密
A工艺	1.260	1.390	1.236	1.394	1.231	1.399
B工艺	1.311	1.440	1.313	1.449	1.322	1.461
C工艺	1.310	1.441	1.315	1.452	1.317	1.462

(5) 压碎指标

各工艺生产出来的再生骨料压碎指标的试验结果如表 27-9 所示。

再生骨料压碎指标 δ_a（%） 表 27-9

工艺类别	RCA20	RCA40	RCA60
A工艺	17.3	16.2	13.0
B工艺	14.0	13.9	11.5
C工艺	13.9	13.7	11.5

A、B、C三种工艺生产出来的再生骨料的压碎指标均符合GB/T 25177—2010中Ⅱ类的标准要求。经B、C工艺处理后再生骨料的压碎指标下降了1.5%～3.4%。B、C工艺活化功效显而易见。随着废弃混凝土强度的提高，B、C工艺处理效果下降。

2. 再生骨料混凝土

依据工艺处理骨料的功效，选取简便经济的二级破碎工艺来制备再生骨料和再生骨料混凝土，再生骨料混凝土的水胶比选0.60、0.45、0.3三种，由于再生细骨料的吸水率较大，配制再生骨料混凝土时细骨料全部采用天然的河砂，再生粗骨料的掺量为50%。

(1) 再生骨料混凝土试验配合比

再生骨料混凝土试验配合比如表27-10所示。

再生骨料混凝土试验配合比 表27-10

编号	水胶比	砂率(%)	水	水泥	天然河砂	天然碎石	再生粗骨料	粉煤灰	减水剂
N-1	0.60	45	175	234	861	1052	0	58	6.13
N-2	0.45	43	175	311	781	1035	0	78	8.17
N-3	0.30	40	175	466	665	997	0	117	13.41
RCA-1	0.60	45	175	234	861	526	526	58	7.30
RCA-2	0.45	43	175	311	781	517	518	78	9.73
RCA-3	0.30	40	175	466	665	498	499	117	15.74

再生骨料混凝土拌合物比原生混凝土拌合物有更好的和易性，在外加剂掺量增加0.4%的情况下，再生骨料混凝土拌合物的坍落度经时损失仍然比空白的要大，原生混凝土强度相对较低时坍落度损失就更快。

(2) 抗压强度

再生骨料混凝土的抗压强度如表27-11所示。

再生骨料混凝土抗压强度 表27-11

编号	坍落度(mm)		7d强度(MPa)	28d强度(MPa)
	0min	60min		
N-1	170	155	26.4	38.2
N-2	195	175	33.8	45.1
N-3	230	225	49.4	58.6
RCA20-1	150	100	21.8	31.6
RCA20-2	200	160	33.3	42.8
RCA20-3	225	190	46.2	49.2

续表

编号	坍落度(mm)		7d 强度(MPa)	28d 强度(MPa)
	0min	60min		
RCA40-1	190	150	26.3	35.4
RCA40-2	190	155	36.7	43.3
RCA40-3	220	200	44.4	53.9
RCA60-1	190	175	29.1	39.0
RCA60-2	215	200	34.9	45.9
RCA60-3	220	215	47.4	55.3

由抗压强度试验结果得出：

1）在同一水胶比条件下，再生骨料混凝土与基准混凝土相比，28d 龄期标准立方体抗压强度都有所降低。

2）原生混凝土强度影响再生骨料混凝土的 28d 龄期标准立方体抗压强度，当所配制的再生骨料混凝土强度等级较低时，原生混凝土的强度影响要小一些，如果所配制的再生骨料混凝土强度较高（水胶比较低）时原生混凝土的强度对再生骨料混凝土的强度影响就相对大一些，在这种情况下可以通过降低再生骨料的掺量来解决。

(3) 静力弹性模量

再生骨料混凝土的静力受压弹性模量试验结果见表 27-12。

再生混凝土的静力受压弹性模量 表 27-12

配合比编号	水胶比	再生骨料取代率(%)	静力受压弹性模量(10^4MPa)
N-2	0.45	0	3.65
RCA20-2	0.45	50	3.24
RCA40-2	0.45	50	3.46
RCA60-2	0.45	50	3.57

试验结果表明再生骨料混凝土的静力受压弹性模量随原生混凝土强度的降低而降低。

(4) 抗折强度

抗折强度结果见表 27-13。

再生骨料混凝土的抗折强度 表 27-13

配合比编号	水胶比	再生骨料取代率(%)	抗折强度(10^4MPa)
N-2	0.45	0	4.64
RCA20-2	0.45	50	4.45
RCA40-2	0.45	50	4.63
RCA60-2	0.45	50	4.76

试验结果表明再生骨料混凝土的抗折强度与普通混凝土的抗折强度相当，说明虽然再生骨料的强度比天然骨料的强度要低，但是再生骨料表面粗糙，且吸水率大，再生骨料表面过渡区的质量优于普通骨料混凝土。

3. 结论

（1）采用一级颚式破碎、二级锤式破碎的生产工艺明显优于仅仅采用颚式破碎的生产工艺。颚破＋锤破工艺生产出来的骨料颗粒规格较好，级配满足标准GB/T 25177—2010中的连续级配的要求，并且部分剔除了黏附在骨料表面的砂浆，强化了再生骨料。

（2）再生骨料混凝土拌合物的坍落度损失比相应空白混凝土大，这和再生骨料表面粗糙，吸水率大有关。

（3）原生混凝土强度，即再生骨料的来源，影响再生骨料混凝土的强度，当再生骨料强度较低时，应适当降低再生骨料的掺量，并尽量配制强度等级低的再生骨料混凝土。

（4）再生骨料的掺加对再生骨料混凝土的抗折强度有贡献，降低了混凝土的静力受压弹性模量。

27.5 生态混凝土

生态混凝土要求的生物对应型和降低环境负荷型两种性能。作为生物对应型混凝土，可确保生物的生息场所，植物的种植，水质的净化，并通过保水改善热收支平衡、通过透水改善水收支平衡。减轻环境负荷型的生态混凝土的特征是使用产业副产品、废弃物（含再生骨材）和水泥量少的混凝土。

多孔混凝土是生物对应型混凝土，是生态混凝土的重要特征。

1. 多孔混凝土

（1）空隙率与强度

种植、水质净化以及和排水性能相关的透水性及降低噪声等附加性能，均以空隙率来评价。

空隙率：占使用材料80％的粗骨料自身的性能（密实度，吸水率，及单位重），水泥浆（Past）·粗骨料比；砂浆（Mortal）·粗骨料比均有很大影响。

一般使用的多孔混凝土的配比，结构上必须有一定的强度（含抗弯强度）和耐久性，水·水泥比是35％左右，粗骨料用量1550～1600kg/m^3，多孔混凝土的形态如图27-11所示。

（2）多孔混凝土的性能

1）强度

与普通混凝土相同，胶结料强度相同的情况下由骨料强度决定；骨料强度相

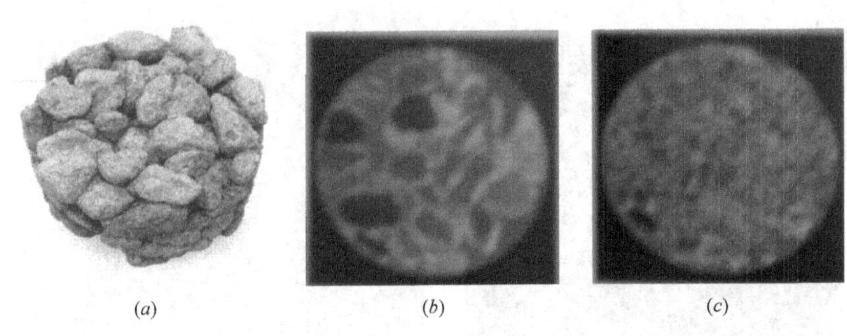

图 27-11　多孔混凝土的形态
（a）粗骨料为主型；（b）粗骨料＋水泥浆；（c）粗骨料＋水泥砂浆

同的情况下，由胶结料强度决定混凝土的强度。空隙率与强度的关系是指数关系，即空隙率增大强度明显降低，当空隙率达到 30%以上时，强度几乎消失。

2）耐久性

在寒冷地区的多孔混凝土的损伤，主要是由于磨耗、研磨造成的；对于空隙率大于 30%的多孔混凝土，抗冻融性能明显降低。纤维增强有助于耐久性和抗弯强度的提高。

3）干燥收缩

多孔混凝土的干燥收缩，早期收缩较大，后期收缩变小；此外，空隙率越大干燥收缩越小。

（3）应用与效果

1）绿化

多用于在航道及河流、海水中的水工结构物中种植，在多孔混凝土的表面及空隙中，除了附着生物外，还含有高等动植物丰富的生物细胞；除此之外，还有有机物沉淀的分解，亦可有效的改善水质等等。在富营养化的缺氧水域中，作为一种功能材料有修复功能；除此之外，在水中栽培和屋顶绿化中，粗骨料多孔混凝土及其保水性能种植植物并使其生长，在种植方面其优越性已被广泛认可。

2）鱼池应用

对海藻的种植与繁衍是非常有效的，特别是使用硬矿渣碎石为粗骨材的多孔混凝土，其效果更好。如图 27-12、图 27-13 所示。

3）琵琶湖芦苇的大片生长

多孔混凝土块的采用。使芦苇成片的生长，除了为水鸟和鱼提供栖息地之外，还有防止湖岸不被侵蚀、保持水质等的功能。

所用混凝土的组成，W/B=22.5%；

单方混凝土材料用量（kg/m^3）C：177，W：47，G：1422；

设计空隙率，35%；

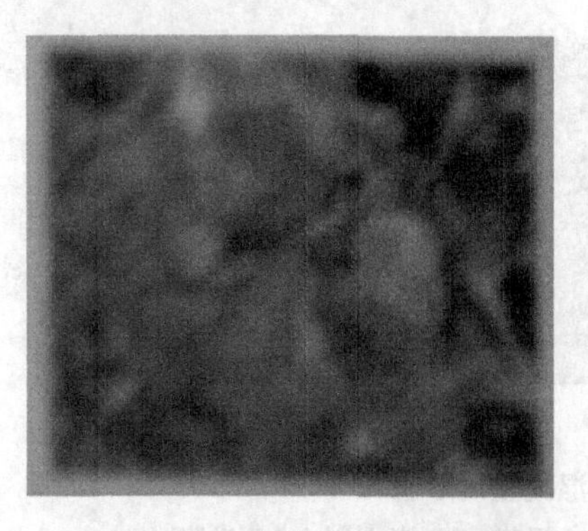
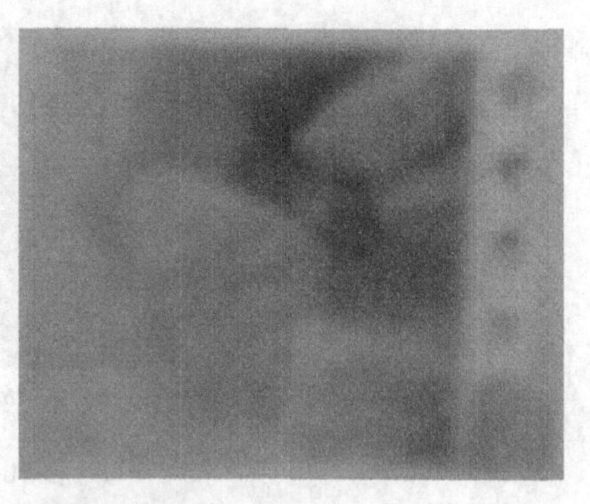

图 27-12 多孔混凝土可种植花草并供生物栖宿

图 27-13 河边或海岸边多孔混凝土种植

28d 抗压强度：6～7N/mm^2。

混凝土块在湖岸砌筑五年之后，在植物生长方面，芦苇的生存率非常高，该种多孔混凝土块还有消波的功能。

4）修复食物链的“螃蟹、青蛙大板”

以往建造的混凝土护坡，对生物都不是易于栖息的地方。没有凸凹，由于颜色比较白，反射很强，整片护坡，无隐蔽之处，使生物生活的空间消失。

“青蛙和螃蟹大板”是为了护坡和墙面能够让生物栖息而开发出来的。再使用大石块砌筑起来具有生物栖息功能形象的大板。螃蟹和青蛙都喜欢墙面凸凹不平能隐身之处。将该种大板做成有隐蔽缝，抑制照射光的色调，故而能使青蛙和螃蟹栖息在连通缝中进入冬眠状态。如图 27-14 所示。

2.“水混凝土”

被混凝土和沥青覆盖的空间，再用土铺上去是困难的。“水混凝土”和土一

图 27-14　修复食物链的“螃蟹、青蛙大板”

样具有吸水、保水、水蒸发的功能，具有必要的水，并具有恢复湿润空间的功能。这种混凝土不仅能防预夏天高温，而且也能防止由于干燥引起的病原菌，道路粉尘，以及花粉等的污染。

人的生活空间是介于水的湿润部分和无水的干燥部分，在两者之间有各种气候的变化，通过这样特有的风土、文化而培育起人类社会。

但是近年来，在这种生活空间中的湿润部分土，基本上为不透水、非保水的混凝土和沥青混凝土所代替，使人类和生物生存的空间从湿润状态变成了干燥，引起环境恶化。

为此，日本鹿岛公司开发了一种与土相近的“水混凝土”。在这种混凝土的配合材料中添加植物纤维，具有吸水、保水、水分蒸发及毛细管作用等功能，有近似于土的保水和散水作用，故称之为水混凝土。

通过调整混凝土的配合材料，使其具有保水、强度、形状等不同功能的材料。以这种不同组合与工程修复需要相对应。进一步发展这种混凝土就成为一种柔软性混凝土。

柔软性混凝土是将水混凝土超轻量化而成，故可用于建筑物的屋顶上进行试验。如图 27-15 所示。图 27-16 为其应用。加入植物纤维的柔性混凝土，表面与土相似，整片可以手拿。

这种软混凝土的表面和里面都可以用隔热涂料涂刷，能发挥不同的功能。涂在里面时，发挥其保水性，使雨水从屋顶流下时，具有缓慢的效果。用这种新的混凝土，创造出安全和舒心的生活空间，这也是城市环境改善的重要手段。

图 27-15 “水混凝土”

图 27-16 “水混凝土”铺设的屋面

27.6 结束语

混凝土是人类社会建设工程中不可缺少的材料。随着建设工程的发展，技术水平的提高，以及生态环境的需要，混凝土材料和技术也在不断地进化，也需要与时俱进。

总的来说，混凝土材料和技术，应具有以下几方面的性能和功能：

(1) 首先保证结构设计对混凝土要求的强度和强度贮备；

(2) 保证混凝土和混凝土结构在所处环境中具有足够的耐久性。也即保证混凝土结构在服役期所要求的个性性能；

(3) 混凝土和混凝土结构必须与生态环境相协调，和人类的生活文化相协调。

这就需要不断发展混凝土的新技术和新材料。而混凝土的结构性能和耐久性能始终是混凝土结构发展的基础和主导。

本章所介绍的新材料、新信息和新技术会给我们发展新型混凝土材料和结构，带来更有成效的参考。

第 28 章　工业废弃物资源化与混凝土应用的研究

28.1　引言

本章所述的工业废弃物如白色垃圾（聚苯泡沫板），造纸白泥，锅炉沉积灰，火山渣铺道砖的下脚料等。这些废弃物在国内大量存在，有些是沉积多年的垃圾，有的已造成了公害。本章以产自海南岛的白色垃圾、锅炉沉积灰和火山渣铺道砖的下脚料为例，展开工业废弃物资源化的研发和应用。所介绍的内容是作者研究成果的一部分。

28.2　火山岩边角料碎石混凝土

火山岩边角料破碎成碎石替代石灰石碎石，配制 C30 混凝土，配比如表28-1所示。混凝土强度如表 28-2 所示。

C30 混凝土配比（kg/m³）　　表 28-1

编号	水泥	矿粉	白泥	砂	碎石		水	外加剂
					生产用	边角料		
6	293	69		790	1048		180	10
7	293	69		790		1048	190	10
8	300		62	790		1048	190	10

混凝土强度　　表 28-2

编号	太阳棚养护(MPa)			编号	标准养护(MPa)		
	3d	7d	28d		3d	7d	28d
6	32.4	37.1	47.2	6-1	27.5	37.0	48.4
7	30.7	36.1	44.2	7-1	28.5	35.4	44.6
8	24.7	28.1	34.0	8-1	25.3	33.5	39.6
9	29.6	34.4	40.3	9-1	31.6	37.1	43.1

表 28-1 中编号 9 未列入，在编号 9 配比中，以超细炉底灰等量取代了编号 8 中的白泥，其他材料用量均同编号 8。编号 6 为基准混凝土，用水量比其他各编

号的混凝土少 10kg/m³，故 28d 的强度偏高，但其他各编号的混凝土也达到了 C30 的强度等级。

28.3 白色垃圾的资源化及应用的研究

利用再生资源，如废弃聚苯泡沫塑料、粉煤灰、锅炉沉积灰、高岭土尾矿、页岩灰渣等，制造防水、保温、隔热的轻质墙体材料及制品。

1. 研发非烧结陶粒

以引气剂、废弃聚苯泡沫塑料粒、沉积粉煤灰、锅炉沉积灰、矿粉、高岭土尾矿、页岩灰渣等为主要原料，掺入石灰及泡花碱及水泥为辅助原料；经配料搅拌，造粒制得非烧结的陶粒。陶粒重度 500～700kg/m³，筒压强度 2.5～4.0MPa。如图 28-1 所示。

图 28-1 非烧结陶粒的外观

2. 新型墙体材料的研发

用这种非烧结陶粒与水泥、沉积粉煤灰、泡沫塑料粒、引气剂，以及硬脂酸乳液按比例配合，经搅拌成型制得各种轻质的建材制品。如屋顶防水保温隔热板、空心砌块及板材等。这是一种新型建筑工程材料及环境工程的领域，是一种低碳，绿色环保的新型墙体材料。如图 28-2、图 28-3 所示。

(1) 超轻混凝土及砌块的制作

超轻骨料：胶凝材料：水＝(150－180)：(400－450)：(120－140)；

外加泡沫料浆 100L，硬脂酸乳液 40L；

以上材料，经计量后投入搅拌机充分搅拌（搅拌 4～5min)，得混凝土拌合物，经成型后，得保温隔热防水板材、砌块或隔墙板。如图 28-4 所示。

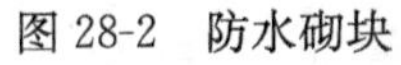

图 28-2　防水砌块

图 28-3　超轻砌块

图 28-4　双盲孔防水砌块及抽芯隔墙板

1）重度 650～750kg/m³ 的超轻保温隔热防水混凝土的配制

超轻保温隔热防水混凝土的配合比如表 28-3 所示。

混凝土的配合比　　表 28-3

塑料粒	引气剂	憎水液	水泥	沉淀灰	矿粉	陶粒	水
8	0.2‰	50	150	250	80	120	140

将上述配料中的水泥、沉淀灰及矿粉倒入搅拌机中，搅拌 1min，倒入计量水及引气剂，再搅拌 2min，得到料浆；倒入计量的非烧结陶粒。泡沫塑料粒，再搅拌 1min，然后倒入憎水乳液，再搅拌 1min，得到超轻保温隔热防水混凝土。

将上述混凝土装入 10cm×10cm×10cm 的三联试模中，测重度。送入太阳能养护棚中养护，24h 后脱模，测抗压强度及 28d 抗压强度为：24h 后脱模强度 1.5MPa；28d 强度 4.0MPa；试件重度 660kg/m³ 的憎水轻质混凝土。

图 28-5 憎水轻质混凝土

2）重度 1000kg/m³ 的轻质高强度混凝土

轻质高强度混凝土的配合比如表 28-4 所示。

轻质高强度混凝土的配合比（kg/m³） 表 28-4

非烧陶粒	塑料粒	引气剂	水泥	沉淀灰	矿粉	水
200	7	0.2‰	150	250	50	140

将上述配料中的水泥、沉淀灰及矿粉倒入搅拌机中，搅拌 1min，倒入计量水及引气剂，再搅拌 2min，得到料浆；倒入计量的泡沫塑料粒，再搅拌 1min，得到轻质混凝土。

混凝土成型后测得重度约 940kg/m³，送入太阳能养护棚中养护，24h 后脱模，测抗压强度 2.5～2.8MPa，28d 抗压强度为 7.5MPa。如图 28-6 所示。

图 28-6 轻质高强度混凝土板材

3）重度 1100～1200kg/m³ 轻质高强混凝土

轻质高强度混凝土的配合比如表 28-5 所示。

轻质高强度混凝土的配合比（kg/m^3）　表 28-5

非烧陶粒	塑料粒	引气剂	水泥	沉淀灰	矿粉	水
370	7	0.2‰	150	250	50	170

将上述配料中的水泥、沉淀灰及矿粉倒入搅拌机中，搅拌 1min，倒入计量水及引气剂，再搅拌 2min，得到料浆；倒入计量的泡沫塑料粒，再搅拌 1min，得到轻质高强混凝土。重度约 1200kg/m^3，送入太阳能养护棚中养护，24h 后脱模，测抗压强度：24h 后脱模强度 2.8MPa，28d 强度 7.8MPa，制成承重保温砌块，如图 28-7 所示。承重、保温、防水空心盲孔砌块，最适宜用于南方建筑的外墙。

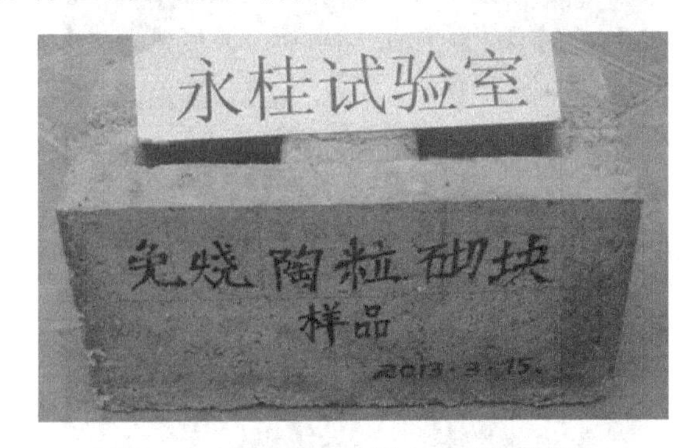

图 28-7　轻质高强混凝土承重保温砌块

4）超轻绝热混凝土（重度 600～700kg/m^3）

超轻绝热混凝土的配合比如表 28-6 所示。

超轻绝热混凝土的配合比（kg/m^3）　表 28-6

乳液	塑料粒	引气剂	水泥	沉淀灰	矿粉	水
50	12	0.2‰	150	250	50	120

超轻空心砌块（单块重 5.0kg）能漂浮于水上，且憎水。28d 强度约 3.0MPa。砌块见图 28-8。

图 28-8　超轻空心防水砌块

(2) 小型中试产品

在试验室研究的基础上，试制了隔墙板及成型了批量砌块。都采用了太阳能养护，达到了低碳节能及利用工业废弃物制造墙体材料的目的。研发的产品有轻质隔墙板（图 28-9），双盲孔轻质砌块（图 28-10）。

图 28-9 10cm×80cm×240cm 的轻质隔墙板

图 28-10 双盲孔轻质砌块

1）内隔墙板的开发

2）双盲孔轻质砌块

3）试验用砌块机及太阳棚

试验用砌块机如图 28-11 所示，试验用太阳能养护棚如图 28-12 所示。这种一次成型 2 块空心盲孔砌块的成型机，最适宜于小规模的个体生产。太阳能养护

图 28-11 砌块成型机

可以做成活动式的，生产出一批空心盲孔砌块后，即可盖上太阳能养护棚。养护效率高，强度发展快。

图 28-12　试验用太阳能养护棚

28.4　生活垃圾发电厂炉渣的处理与应用

海南省老城建成了一座生活垃圾发电厂，每天排放出大量的灰渣，并散发出恶臭，长期堆积，污染了环境，污染了水源，长期下去还可能带来病害。作者和海南水泥制品有限公司开展了生活垃圾发电厂炉渣的处理与应用。

该种灰渣像砂子般粗细，但混杂少部分烧结渣及其他杂物。应用前先将其筛除，然后等量代替混凝土部分细骨料，可以配制 C30～C50 的多功能混凝土。例如：

1. 垃圾发电厂炉渣的多功能混凝土配比（表 28-7）

生活垃圾炉渣多功能混凝土配比　表 28-7

编号	水泥	矿粉	硅粉	砂	炉渣	碎石	水	减水剂
1	250	220	30	800	0	950	150	1.79%
2	250	220	30	600	200	950	142	1.79%
3	250	220	30	500	300	950	139	1.79%

注：编号 1，减水剂为自行复配减水剂，碎石为反击破碎石；
编号 2，同编号 1；
编号 3，减水剂为自行复配减水剂，碎石为火山渣碎石。

2. 新拌混凝土的性能（表 28-8）

新拌混凝土的性能　表 28-8

编号	坍落度(mm)		扩展度(mm)		倒筒时间(s)	
	出机	1h 后	出机	1h 后	出机	1h 后
1	270	265	660×730	680×730	4	3
2	250	245	710×730		5	
3	250				32	

新拌混凝土性能基本符合自密实混凝土的要求，但尚有少量泌水。

3. 混凝土的强度（表 28-9）

混凝土强度（MPa） 表 28-9

编号	脱模时	3d	7d	28d
1	24.7	40.2		
2	26	37.7		
3	21.7	37.8		

4. 沸石粉为增稠剂的多功能混凝土

为改善泌水现象，增加其凝聚性，掺入了沸石粉。

（1）试配配合比（表 28-10）

试验混凝土配合比 表 28-10

水泥	矿粉	粉煤灰	硅粉	沸石粉	砂	炉渣	碎石	水	减水剂
250	120	100	30	20	500	300	850	150	1.79%

（2）新拌混凝土的性能（表 28-11）

新拌混凝土的性能 表 28-11

坍落度(mm)		扩展度(mm)		倒桶时间(s)		U形仪升高(mm)
初始	1h后	初始	1h后	初始	1h后	初始
250	250	630×650	620×640	8	8	320

（3）混凝土强度（表 28-12）

混凝土强度（气温低） 表 28-12

龄期	1d	3d	7d	28d
强度(MPa)	26.6			

5. 多功能混凝土下水管中试

（1）中试混凝土配合比（表 28-13）

多功能混凝土下水管配合比 表 28-13

水泥	矿粉	粉煤灰	硅粉	沸石粉	砂	炉渣	碎石	水	减水剂
250	120	100	30	20	300	500	850	150	1.8

（2）新拌混凝土的性能（表 28-14）

新拌混凝土的性能 表 28-14

坍落度(mm)	扩展度(mm)	倒筒(s)	U形仪(mm)
245	720×730	6s	300

试件强度（1d 脱模强度）18MPa，因下雨天气温低，3d 强度 28MPa。

（3）浇筑的下水管情况

下水管尺寸 ϕ126mm×300mm。

下水管垂直立起，用吊斗浇筑多功能混凝土。免振动成型，自密实，次日脱模，水平堆放。如图 28-13 所示。

(a)　(b)　(c)　(d)　(e)　(f)

图 28-13　多功能混凝土下水管的生产试验

(a) 外模与内模；(b) 组装好的模板；(c) 模板顶视；(d) 吊斗纵顶部浇筑混凝土；(e) 脱模；(f) 多功能混凝土下水管

28.5 小结

工业废弃物资源化，生产混凝土，能降低环境负荷，有利于生态环境。故本章所述的混凝土，也属于生态混凝土。

工业废弃物资源化的处理技术的方法很多，但必须兼顾到废弃物的无毒化，处理过程中和使用过程中对人无害；满足制品的功能和应用，并保证具有长寿命；低成本或不增加产品的成本。

本章所述的工业废弃物资源化的处理和应用，有用来生产陶粒、生产憎水防水砌块、试制板材、生产普通混凝土及多功能混凝土，并用这种混凝土生产了下水管等，这些都是作者的专利技术。仅供读者和业界参考。

混凝土技术的展望

如果从水泥的发明算起，混凝土技术发展至今天，还不足200年的历史，但已经历了多层次深刻的变化。从混凝土早期的水泥：砂：碎石为1：2：4的简单混合而成的人造石，逐步发展到普通混凝土，又从初期的大流动性，发展到干硬性、半干硬性混凝土，并施加强力振动成型，以获得较高强度的混凝土制品。高效减水剂的发明与应用，又使混凝土发展到流动性、高流动性及流态混凝土。粉体技术的应用和高效减水剂的配合，又研发和推出了自密实混凝土。自密实混凝土改变了混凝土的施工工艺和制品的成型工艺，使混凝土技术向省力化、省资源、省能源并与环保相协调的方向发展。

高性能混凝土与超高性能混凝土从强度与耐久性方面把混凝土技术推向了一个新的高度，使混凝土技术有了突破性的进展。今后，将引领混凝土技术向更高的层次发展。

总的来说，混凝土技术是沿着不断地改善工作性，提高强度和提高耐久性方向发展，而混凝土技术发展的基础理论——水灰比规律基本不变，水灰比决定了强度和耐久性的基本关系。

根据我国混凝土材料基本现状来看，砂、石原材料面临着枯竭状态。河砂基本用尽，当前大量的开发人工砂和水洗海砂；河卵石早已用完，只好开山取石，破碎成骨料；但优质的粗细骨料很少。掺合料方面，粉煤灰也缺货量少。面临这种情况，混凝土技术应当降低环境负荷，少用天然资源，多用工业废弃物，也即往绿色（生态）混凝土技术方向发展。

混凝土制品方面，如C80高强度管桩，是我国北京丰台桥梁厂20世纪70年代从日本引进的技术，通过蒸养与蒸压达到C80混凝土强度的要求。这种生产工艺高投入，高能耗，而且生产过程中还有安全隐患。我国钢筋混凝土污水管，采用的离心振动辊压工艺，强劳动、低效、高能耗，产品质量又无保证，使用寿命短等。虽然后来引入了芯模振动成型的生产工艺，但仍是能耗大，生产设备投资大，效率低。还有其他混凝土制品的生产也存在着类似的问题。采用多功能混凝土技术生产混凝土制品，会使混凝土制品生产工艺带来突破性的进展。多功能混凝土技术也是建筑构件生产达到省力化，省能源的重要手段。

总的来说，混凝土技术的发展可归纳如下几个方面：

1. 按用途分类

○固定重金属混凝土；△铸造用混凝土（强度300～400MPa）；◎预制混凝

土制品（200MPa）（PC）的开发；○现浇高强混凝土（150MPa）；◎透水混凝土；◎种植植物混凝土（多孔混凝土）；○屏蔽电磁波混凝土；○抗菌混凝土；◎防辐射屏蔽混凝土；○调湿混凝土；○隔热混凝土；○高抗拉强度混凝土；○100 年、200 年寿命的混凝土；○高变形混凝土；○低碱型水泥混凝土。

2. 按施工分类

◎高流态混凝土；◎自密实混凝土；◎水下不分散混凝土；○调整水化热混凝土；○瞬时凝结砂浆；◎超缓凝混凝土；○低温施工混凝土；◎真空处理混凝土；○自己修补裂缝混凝土；◎不需养护混凝土；◎非破坏性检验。

3. 按耐久性分类

△超高耐久性（200～300 年）混凝土；△裂缝控制混凝土；△抗酸性混凝土；△抗中性化混凝土；△抗冻融混凝土；△抗碱骨料反应混凝土；○耐 300℃左右高温混凝土；○抗爆裂性混凝土；○抗氯化物钢筋。

注：符号说明，◎——已有生产应用；○——试验应用；△——研发中。作者等人研发与推广应用的多功能混凝土，包含了上述三个方面分类的性能。按用途上，属现浇高强混凝土（150MPa）；按施工分类上属自密实混凝土，不需养护混凝土；按耐久性分类上，属抗碱骨料反应混凝土；高耐久性混凝土。也就是说多功能混凝土具有广泛的发展前景。

参考文献

[1] 冯乃谦．高性能混凝土［M］．北京：中国建筑工业出版社，1996.

[2] 冯乃谦．高强混凝土技术［M］．北京：中国建材工业出版社，1992.

[3] 冯乃谦，邢锋．高性能混凝土技术［M］．北京：原子能出版社，2000.

[4] 冯乃谦．流态混凝土［M］．北京：中国铁道出版社，1986.

[5] 冯乃谦．天然沸石混凝土应用技术［M］．北京：中国铁道出版社，1996.

[6] F. H. Wittmann，P. Schwesinger．高性能混凝土［M］．冯乃谦等译．北京：中国铁道出版社，1998.

[7] H. 索默．高性能混凝土耐久性［M］冯乃谦，丁建彤等译．北京：科学出版社，1998.

[8] 日本建筑学会．钢骨钢筋混凝土结构计算标准及解说［M］．冯乃谦等译．北京：原子能出版社，1998.

[9] 冯乃谦．高性能混凝土结构［M］．北京：机械工业出版社，2004.

[10] 冯乃谦．新实用混凝土大全［M］．北京：科学出版社，2005.

[11] 冯乃谦，顾晴霞，郝挺宇．混凝土结构的裂缝与对策［M］．北京：机械工业出版社，2006.

[12] 冯乃谦，邢锋．混凝土与混凝土结构的耐久性［M］．北京：机械工业出版社，2009.

[13] 赵志缙．泵送混凝土［M］．北京：中国建筑工业出版社，1985.

[14] 严陆光，崔容强．21 世纪太阳能新技术［M］．上海：上海交通大学出版社，2005.

[15] 刘数华，冷发光，李丽华．混凝土辅助胶凝材料［M］．北京：中国建材工业出版社，2010.

[16] 古阶祥．沸石［M］．北京：中国建筑工业出版社，1980.

[17] 袭著革，李君文，王福玉．环境卫生纳米应用技术［M］．北京：化学工业出版社，2004.

[18] 吴中伟，廉慧珍．高性能混凝土［M］．北京：中国铁道出版社，1998.

[19] ．郑直，吕达人．中国主要高岭土矿床［M］．北京：北京科学技术出版社，1987.

[20] 洪定海．混凝土中钢筋的腐蚀与保护［M］．北京：中国铁道出版社，1998.

[21] Mario Collepardi．混凝土新技术［M］．刘数华，冷发光，李丽华译北京：中国建材工业出版社，2008.

[22] S. L. Sarkar，S. N. Ghosh. Mineral Admixtures in Cement and Concrete［J］. ABI，1993.

[23] Henry G. Russell. Seventh International Symposium on Utilization of High-Strength/High-Performance Concrete［J］. ACI，2005，Vol. 1～3.

[24] Michael Khrapko，Olafur Walleevik. 9th International Symposium on High Performance Concrete［J］. Rotorua，New Zealand，2011，Vol. 1～3.

[25] 笠井芳夫，坂井悦郎．新 Cement Concrete 用混合材料［J］．日本：技术书院 2006.

[26] 笠井芳夫，小林正几．Cement Concrete 用混合材料［J］．日本：技术书院，1993.

[27] 中国工程建设标准化协会标准．高性能混凝土应用技术规程 CECS 207－2006．北京：

中国计划出版社，2006.
[28] 中国土木工程学会标准. CECS 01：2004 混凝土结构耐久性与施工指南. 北京：中国建筑工业出版社，2005.
[29] 建筑技術学会. 2003 年两岸营建环境及永续经营研讨会论文集. 台北：中国技术学院，2003.
[30] 徐彬. 固态碱组分碱矿渣水泥的研制及其水化机理和性能的研究 [D]. 北京：清华大学，1995.
[31] 赵铁军. 高性能混凝土的渗透性研究 [D]. 北京：清华大学 1997.
[32] 丁浩. 天然沸石作载体制备无机抗菌剂的研究 [D]. 北京：清华大学 2000.
[33] 邓德华. 提高氯氧镁水泥及其制品性能的研究 [D]. 长沙：中南大学. 2005.
[34] 李崇智. 新型聚羧酸系减水剂的合成及其性能的研究 [D]. 北京：清华大学 2004.
[35] 庄青峰. 高性能混凝土的宏观、细观与微观断裂分析及水化计算机模拟 [D]. 北京：清华大学 1997.
[36] 丁建彤. 硬硅钙石型和沸石-石灰系蒸压硅酸钙材料的研究与工业化生产 [D]. 北京：清华大学 1997.
[37] 邢锋. 硅钙合成材料的组成、工艺、结构与性能 [D]. 北京：清华大学 1992.
[38] 冷发光. 荷载作用下混凝土氯离子渗透性及其测试方法研究 [D]. 北京：清华大学 2002.
[39] 纪细煌. 高强混凝土的断裂与内部结构关系研究 [D]. 北京：清华大学 1994.
[40] 陈恩义. 钙矾石类膨胀剂各组分作用机理及其应用的研究 [D]. 北京：清华大学 1995.
[41] 王德怀. 高性能混凝土配比设计与质量控制的计算机化 [D]. 北京：清华大学 1996.
[42] 封孝信. 混凝土骨料碱活性检测及抑制碱骨料反应膨胀的研究 [D]. 北京：清华大学 2002.
[43] 郝挺宇. 天然沸石抑制碱-集料反应及其机理的研究 [D]. 北京：清华大学 2000.
[44] 牛全林. 预防盐碱地混凝土耐久性病害的研究及工程应用 [D]. 北京：清华大学 2004.
[45] 冯乃谦. 天然ゼオライトを建築材料に応用する研究 [D]. 东京：日本明治大学工学部 1991.
[46] 马孝轩. 硅酸盐材料在地下耐久性的试验研究 [J]. 混凝土与水泥制品，1995 (8).
[47] 亢景富. 超量取代法外掺粉煤灰对改善水泥抗硫酸盐侵蚀性能的试验研究 [J]. 混凝土与水泥制品，1995 (8).
[48] 岳云德，等. SF 提高水泥抗盐湖卤水侵蚀的试验研究 [J]. 混凝土与水泥制品，1995 (8).
[49] 元强. 掺粉煤灰砂浆的硫酸盐侵蚀机理与性能劣化模式研究 [D]. 长沙：中南大学，2005.
[50] 刘铁翔. 掺矿渣砂浆的硫酸盐侵蚀机理与性能劣化模式研究 [D]. 长沙：中南大学，2005.

[51] 唐明述. 碱-硅酸盐反应与碱-碳酸盐反应 [J]. 中国工程科学，2000，2 (1).
[52] 西林新蔵. 性能评価型 Concrete（收缩龟裂）(学术交流)，武汉，2009 (10).
[53] 西林新蔵. 日本の高强度、超高强度コンクリート（学术交流)，武汉，2009 (10).
[54] 笠井芳夫. 日本における高强度・超高强度コンクリートの特徴（学术交流)，武汉，2011 (4).
[55] 西林新蔵. Durability of Concrete Structure（一Existence and New 一)（学术交流)，武汉，2011.
[56] 冯桂云，曹双梅. 石灰石粉在水泥中的应用性能研究 [J]. 混凝土，2012 (4).
[57] 肖佳，许彩云. 石灰石粉对水泥混凝土性能影响的研究进展 [J]. 混凝土与水泥制品，2012 (7).
[58] 王朝强等. 免蒸压预应力离心桩用 C80 高强混凝土的配制及其力学性能的研究 [J]. 混凝土与水泥制品，2014 (8).
[59] 廖肇昌. 自充填混凝土施工规范 [J]. 营建资讯，89 (3) (4).
[60] 中华人民共和国建筑工业行业标准 JG/T 188－2006. 混凝土节水保湿养护膜. 北京：中国标准出版社，2006.
[61] 冯乃谦，封孝信，郝挺宇. 高流动性混凝土早期干燥、质量减少与自由收缩关系的研究 [J]. 混凝土与水泥制品，1996 (6).
[62] 牛全林，冯乃谦，张新国. 改性沸石对可溶性碱的吸附性能及其对碱硅酸反应的抑制效果 [J]. 硅酸盐学报，2004 (4).
[63] 王立久，赵湘慧. 生态水泥的研究进展 [J]. 房材与应用，2002 (8).
[64] 中华人民共和国国家标准 GB/T 50107—2010，混凝土强度检验评定标准. 北京：中华人民共和国住房和城乡建设部，2010.
[65] 刘红彬，盛星汉，唐伟奇，等. 偏高岭土对混凝土性能影响的研究进展 [J]. 混凝土，2014 (10).
[66] 冯乃谦，石云兴，牛全林. 沸石减水保塑剂的特性与施工应用 [J]. 混凝土与水泥制品，2009 (2).
[67] 邱玉深. 对混凝土养护方法的思考与建议 [J]. 混凝土与水泥制品，2009 (2).
[68] 沈丽华，余洪方. “混凝土和钢筋混凝土排水管”国家标准编制简介 [J]. 混凝土与水泥制品，2009 (2).
[69] 刘荣进，向玮衡，陈平，丁庆军. 聚合物类混凝土内养护材料研究进展 [J] 混凝土，2014 (9).
[70] 张利娟. 再生微粉-水泥复合胶凝材料的水化性能 [J]. 混凝土与水泥制品，2013 (6).
[71] 王乾峰，贺誉，肖元杰. 高性能混凝土裂缝控制研究综述 [J]. 混凝土，2013 (5).
[72] 李悦，刘雄飞. 水泥基材料收缩及其导致开裂的研究进展 [J]. 混凝土，2014 (3).
[73] 石雲興. 各种鉱物粉末の表面作用ガ高性能コンクリ-トの品質に及ぼす影響に関する研究 [D]. 東京：日本大学生產工学部，2002 (3).
[74] 笠井芳夫. 鉄筋コンクリ-ト構造物の耐久性（学术交流)，成都，2009.
[75] 大城武. コンクリ-ト橋の耐久性とその課題（学术交流)，深圳，2009.

[76] THE CEMENT ASSOCIATION OF JAPAN. CAJ PROCEEDINGS OF CEMENT & CONCRETE. Tokyo：Hattori building，1990（NO. 44).
[77] 八戸工業大学．第32回セメント．コンクリ-ト研究討論会論文報告集．日本：セメント．コンクリ-ト研究会，2005（10).
[78] 魚本健人．コンクリ-ト標準示方書（施工編），東京：日本土木学会，2002.
[79] 冯乃谦．高性能混凝土与超高性能混凝土的发展和应用［J］．施工技术，2009（4).
[80] 胡宜德．武汉市中央商务区废弃混凝土再生集料及步砖生产情况，台北：两岸混凝土技术交流，2011.
[81] 冯乃谦，向井毅，江原恭二．コンクリ-トの强度增進材としてのゼオライトの有效性に関する研究［J］．日本建築学会構造系論文報告集，1988（6).
[82] 冯乃谦，牛全林，封孝信．矿物质粉体对砂浆及混凝土Cl－渗透性的影响［J］．中国工程科学，2002（2).
[83] 冯乃谦．气体载体多孔混凝土的基础研究［J］．硅酸盐学报，1986（3).
[84] 冯乃谦，李桂芝．控制混凝土坍落度损失的载体流化剂［J］．硅酸盐学报，1990（8).
[85] Feng Nai-qian，Yang Hsia-ming，Zu Li-hong . The strength effect of mineral admixture on cement concrete [J]. Cement and Concrete Research，1988（Vol. 18).
[86] N. Q. Feng，Sammy Y. N. Chan，Z. S. He and K. C. Tsng. Shale Ash Concrete [J]. Cement and Concrete Research，1997（Vol. 27).
[87] Feng Nai-qian，Jia Hong Wei and Chen Enyi . Study on the suppression effect of natural zeolite on expansion of concrete Due to alkali-aggregate reaction [J]. Magazine of Concrete Research，1998（3).
[88] Feng Nai-qian，Hao Tingyu . Mechanism of natural zeolite Powder in preventing alkali-silica reaction in concrete [J]. Advances in Cement Research，1998（7).
[89] N. Q. Feng，F. Xing and F. G. Leng . Zeolite ceramsite cellular Concrete [J]. Magazine of Concrete Research，2000（4).
[90] N. Q. Feng，Y-X. Shi and T-Y. Hao. Influence of ultrafine powder on the fluidity and strength of cement paste [J]. Advance in Cement Research，2000（7).
[91] N. Q. Feng，Y-X. Shi and J. -T. Ding. Properties of concrete with ground ultrafine phosphorus slag [J]. ASTM Cement，Concrete and Aggregates，2000（12).
[92] Naiqian Feng，XiaoxinFeng，TingyuHao，FengXing. Effect of Ultrafine mineral powder on the charge passed of the concrete [J]. Cement and Concrete Research，2002.
[93] N. Q. Feng，T. Y. Hao，X. X. Feng. Study of the alkali reactivity of aggregates used in Beijing [J]. Magazine of Concrete Research，2002（8).
[94] J. Moksnes . High-Performance Concrete-A Proven Material With Unfulfilled Potential. Seventh International Symposium on Utilization of HS/HPC. ACI，2005.
[95] M. Schmidt，E. Fehling. Ultra-HPC：Research，Development and Application in Europe. Seventh International Symposium on Utilization of HS/HPC. ACI，2005.
[96] H. Okamura，K. Maekawa，T. Mishima. Performance Based Design For Self-Com-

pacting Structural High-Strength Concrete. Seventh International Symposium on Utilization of HS/HPC. ACI，2005.

[97] N. Q. Feng，J. H. Yan，G. F. Peng. Research，Development，and Application of HPC in China. Seventh International Symposium on Utilization of HS/HPC. ACI，2005.

[98] H. Jinnai，S. Kuroiwa，S. Namiki，and M. Hayakawa. Development And Construction Record on High-Strength Concrete with the Compressive Strength Exceeding 150MPa . Seventh International Symposium on Utilization of HS/HPC. ACI，2005.

[99] N. Q. Feng，H. W. Ye and Z. L. Lin. Research and Application of Multi-Properties Conerte. 10th International Symposium on High performance Conerete—Innovation&Utiligation. Beijing，China，2014.

[100] 游宝坤，吴万春等，U型混凝土膨胀剂，硅酸盐学报，1990. No. 4